EL ESTATUTO BIOLÓGICO Y ONTOLÓGICO DEL EMBRIÓN HUMANO

EL ESTATUTO BIOLÓGICO Y ONTOLÓGICO DEL EMBRIÓN HUMANO

El paradigma epigenético del siglo XXI desde la teoría de la esencia de Xavier Zubiri

FRANCISCO GÜELL

PETER LANG
Bern · Berlin · Bruxelles · Frankfurt am Main · New York · Oxford · Wien

Bibliographic information published by die Deutsche Nationalbibliothek
Die Deutsche Nationalbibliothek lists this publication in the Deutsche Nationalbibliografie; detailed bibliographic data is available on the Internet at ‹http://dnb.d-nb.de›.

ics
Universidad
de Navarra

ISBN 978-3-0343-1282-0 pb.   ISBN 978-3-0352-0169-7 eBook

Hochfeldstrasse 32, CH-3012 Bern, Switzerland
info@peterlang.com, www.peterlang.com

Printed in Hungary

Índice General

Parte segunda:
Descripción y síntesis
del desarrollo embrionario

Parte tercera:
Reflexión interdisciplinar sobre el estatuto del embrión preimplantatoprio

Prólogo

Es un lugar común hablar de la brecha entre las ciencias y las humanidades. Dos culturas, para algunos, dos modos distintos de aproximarse a la realidad, para otros, no exentos de recíprocos desprecios, incomprensiones, y, sobre todo, de ignorancia mutua. Si aceptamos esa polémica división, ¿dónde se encuentra lo que tradicionalmente, y con un reverente sentido de humildad, denominamos en Occidente "filosofía"? No pocos piensan que la filosofía forma parte del mundo de las humanidades. Muchos la entienden tan solo como el territorio del lujo y el adorno de la vida o la acusan de alimentarse de retórica vacía y de habitar los inhóspitos territorios que quedan todavía por conquistar al inexorable avance de las ciencias. Para quienes piensan así, el lugar de la filosofía es un reducto –asequible, sí, pero todavía por conquistar– desde el que esta se permite lanzar críticas injustas y arrogantes contra quienes se empeñan con rigor y seriedad –y, sobre todo, con éxito–en conocer la realidad, sin reprimirse tampoco en ocasiones de aventurar cosmovisiones apresuradas e infundadas.

El trabajo que tengo el honor de presentar es una clara muestra de lo injusto de esa caricatura y pone de manifiesto que cualquier forma de aceptarla empobrece a ambas partes, a la ciencia y a la filosofía. Los problemas éticos y jurídicos en torno a la investigación y manipulación de embriones humanos relacionados con los recientes descubrimientos en la biología y con las nuevas técnicas han animado en las últimas décadas un encendido debate. De entre los diversos países en los que ha tenido lugar, el caso español es quizá en el que ha adoptado un cariz más filosófico, gracias en gran medida a la influencia que las ideas de Xavier Zubiri han ejercido sobre algunos de sus más activos representantes. Es esta situación la que da pie a la investigación que prologo y la que explica el rigor y la profundidad con que ha habido que abordar, en un mismo estudio, tanto la posición filosófica de este filósofo español como los datos biológicos acerca del problema a que aquella se aplica.

La primera parte contiene un detenido examen de los puntos capitales de la metafísica zubiriana, que intenta despejar las dificultades que suscitan para la comprensión de los datos biológicos algunos de los modos de interpretarla. En ella queda patente hasta qué punto el planteamiento de Zubiri se muestra atento a la realidad biológica y el valor de su aportación a la hora de emprender una descripción clara de los "procesos" biológicos que no pierda de vista la unidad del sistema del que forman parte.

El autor reivindica, sumándose a una corriente sólida y renovadora de estudiosos de Zubiri, la importancia de la obra *Sobre la esencia* y la continuidad entre esta y su obra posterior, *Inteligencia sentiente*. Es precisamente en *Sobre la esencia* donde más clara aparece la importancia de los seres vivos en su comprensión de la sustantividad y la esencia, y en la formulación de nociones tan decisivas, y no siempre bien comprendidas, como la de sustantividad, constitución o sistema. Como el autor pone de relieve, Zubiri otorgó una gran importancia a las interpretaciones tempranas que de su pensamiento ontológico llevó a cabo su discípulo Ignacio Ellacuría. El uso y puesta en valor de la tesis doctoral de este discípulo es, de hecho, un aspecto de este trabajo que puede enriquecer con una nueva perspectiva a los estudiosos del pensamiento de este filósofo.

La segunda parte contiene una presentación del desarrollo embrionario desde el punto de vista biológico. Para quien sea conocedor de la materia y de la profusión de datos y estudios sobre ella, su claridad no dejará de resultar admirable. El esfuerzo por ordenar y dar coherencia a los descubrimientos científicos, junto con el rigor a la hora de describirlos, se traduce en una exposición ejemplar, que puede ayudar tanto a los filósofos y juristas interesados en el tema como a los mismos biólogos. El autor hace un esfuerzo, además, por exponer y sintetizar la información que la ciencia nos ofrece hoy sobre la epigénesis y su importancia en el desarrollo orgánico.

En la tercera parte, la propuesta de Zubiri se convierte de modo explícito en un criterio hermenéutico para llevar a cabo aquel que constituye el objetivo de todo el trabajo: una descripción precisa de la realidad biológica que resulte adecuada para la reflexión ontológica y ética. Esta parte contiene una propuesta terminológica que merece ser considerada y discutida por la comunidad científica como un recurso para evitar ambigüedades.

Es un motor de esta empresa, que, en algunos momentos, puede parecer titánica, la convicción que anima al autor de la continuidad que existe entre la investigación biológica y la filosófica. Uno de los objetivos sobre los que el paradigma zubiriano arroja luz es el de encontrar el papel en el desarrollo embrionario, y, en general, de los organismos, de los factores epigenéticos. Su cada vez más probada importancia ¿es incompatible con el carácter sustantivo de aquellos? El problema clásico de la sustancia y de la esencia comparece así a la luz de un debate exquisitamente científico y de gran trascendencia, no solo para comprender el desarrollo de los seres vivos –entre los que se cuenta el ser humano–, sino también para fundar un discurso ético y jurídico adecuado.

Cabe destacar, por ejemplo, el acierto y profundidad con que se presenta la noción de totipotencialidad, la propuesta del concepto de sincrogenización como un neologismo pertinente para explicar el desarrollo de los organismos y una descripción de la funcionalidad, la actividad y el desarrollo del embrión pre-implantatorio, que corrobora la correspondencia entre la reflexión filosófica y la dinámica biológica.

De lo dicho se desprende el interés y la utilidad de este trabajo, tanto para los filósofos como para los biólogos. En él se pone de manifiesto la falta de precisión en que incurren a menudo los biólogos a la hora de usar nociones metabiológicas, y la de los filósofos al aceptar acríticamente algunas descripciones científicas, y constituye un saludable revulsivo para emprender un diálogo interdisciplinar sereno sobre los temas de que se ocupa la ciencia, especialmente sobre aquellos que afectan a la vida humana.

El fruto de esta investigación se enmarca en el proyecto "Mente-cerebro: biología y subjetividad en la filosofía y en la neurociencia contemporánea", y es una buena muestra de sus objetivos. Es muy difícil acercarse a los problemas que plantea el intento de comprender las bases biológicas de la subjetividad sin enmarcarlos en un estudio riguroso del organismo vivo, que respete su carácter diferencial y no intente reducirlo apresuradamente para comprenderlo exclusivamente a la luz de otras realidades más simples y conocidas. La perspectiva zubiriana ofrece una buena ayuda para plantear y resolver problemas, desde un modo de hacer filosofía que no solo reflexiona sobre la ciencia, sino que la precede y acompaña. Su modo de afrontar el saber recoge en buena medida, poniendo al día su base empírica, el aliento de la biología y la metafísica aristotélica. Quienes pertenezcan a esa tradición y no estén familiarizados con la terminología de Zubiri pueden traducir el adjetivo "físico" que este filósofo aplica a la esencia por "constitutivo" –él, de hecho, utiliza indistintamente esos términos– y entender su reflexión como un modo de replantear, con los datos más actualizados de la ciencia biológica, algunos aspectos centrales del tan incomprendido "principio vital" con el que Aristóteles quería referirse a aquel modo de ser que caracteriza y distingue a los seres vivos.

No cabe duda de que la filosofía necesita de las ciencias, a las que históricamente ha engendrado. Pero también resulta claro que, sin la apertura a toda realidad, aun a la que parece más rebelde, y sin el esfuerzo unificador y sinóptico de la filosofía, las ciencias pierden en rigor y coherencia, y corren el riesgo de incurrir en el colapso teórico o en un ritualismo que aplica sin reflexión métodos reductivos e inadecuados. Por eso la filosofía no puede ser solo una ayuda o suplemento externo, sino un motor interno de la búsqueda y de la síntesis científica. Reforzar la condición de filósofo del científico –entendido en estos términos sobrios pero ambiciosos– es, por eso, en mi opinión, una de las más graves urgencias de la ciencia contemporánea.

José Ignacio Murillo
Instituto Cultura y Sociedad, Universidad de Navarra

Claves para una lectura eficaz

Cap. 1. Metafísica y noología en la filosofía de X. Zubiri
Cap. 2. Exposición de la teoría de la sustantividad
Cap. 3. Desarrollo embrionario/Genética/Epigenética
Cap. 4. Síntesis de la influencia epigenética
Cap. 5. Revisión y propuesta terminológica, suficiencia constitucional del embrión y relación entre lo genético y epigenético
Cap. 6. Posturas sobre el estatuto ontológico del embrión
Cap. 7. Desarrollo orgánico desde X. Zubiri

Si su campo de interés es la filosofía de la biología, las ciencias empíricas, o le interesa el estatuto ontológico del embrión, y le interesa conocer la discusión sobre la unidad de la filosofía de Zubiri y su teoría de la sustantividad desde la que explicar el desarrollo orgánico, puede comenzar desde el principio. Si no le interesa la discusión general entorno al planteamiento general filosófico zubiriano, y quiere ir al grano, lea la introducción y continúe desde el C2. Si no le interesa particularmente el problema del estatuto ontológico del embrión, puede, además, prescindir del capítulo 6 a excepción del C6 (5). Para los interesados en el estatuto biológico y ontológico del embrión con independencia del planteamiento zubiriano, imprescindibles C3, C4, C5 (1, 2) y C6, y para introducir el porqué del interés del planteamiento de Zubiri al respecto, puede comenzar leyendo la introducción y C5 (1, 3 y 4.7). Para los que tan sólo quieran conocer la información científica sobre la biología del desarrollo, C3, C4, C5 (1, 2) y C6 (5). C7 es una explicación, teniendo en cuenta lo alcanzado en C2, C3, C4 y C5, del desarrollo orgánico, de la imbricación entre lo genético y epigenético y de la unidad funcional del ser vivo desde una perspectiva zubiriana.

Siglas utilizadas

Siglas utilizadas ordenadas alfabéticamente. Si la bibliografía utilizada ha sido distinta a la primera edición, el año de esta aparecerá entre corchetes. En aquellos trabajos de Xavier Zubiri publicados póstumamente anotaré entre corchetes los detalles y año de la elaboración de dichos contenidos[1].

AXZ	Archivo Xavier Zubiri de la sede de la Fundación Xavier Zubiri de Madrid.
EDR	ZUBIRI, X. "Estructura dinámica de la realidad", Madrid: Alianza Ed., 1989.
FIV	Fecundación in Vitro.
FXZ	Fundación Xavier Zubiri
HD	ZUBIRI, X. "El hombre y Dios", 1° ed. Madrid: Alianza Ed., 1984. [Curso 12 lecciones; 1973].
HV	ZUBIRI, X. "El hombre y la verdad", Madrid: Alianza Ed., 1999. [Curso 2 lecciones; 1966].
IL	ZUBIRI, X. "Inteligencia y logos", Madrid: Alianza Ed., 1982.
IR	ZUBIRI, X. "Inteligencia y razón, Madrid: Alianza Ed., 1983.
IS	ZUBIRI, X. "Inteligencia sentiente", Madrid: Alianza Ed., 1981.
ISE	ELLACURÍA, I. "Índices. Sobre la esencia de Xavier Zubiri", Madrid: Sociedad de Estudios y Publicaciones, 1963.

1 La información ha sido consultada principalmente en cfr. LAZCANO, R. "Repertorio bibliográfico de Xavier Zubiri", Washington DC: The Xavier Zubiri Foundation of North America, 2006. Para una presentación cronológica de la obra zubiriana utilizada en la presente investigación véase la bibliografía fundamental.

NHD ZUBIRI, X. "Naturaleza, Historia y Dios", 4° ed. Madrid: Alianza Ed., 1959. [1° ed. 1944].

PFME ZUBIRI, X. "Problemas Fundamentales de la metafísica occidental", Madrid: Alianza Ed., 1994. [Curso 12 lecciones; 1970].

PTH ZUBIRI, X. "El problema teologal del hombre: cristianismo", Madrid: Alianza Ed./ Fundación Xavier Zubiri, 1999. [Curso titulado "El problema teologal del hombre: "Dios, religión, cristianismo", 26 lecciones; 1971-1972].

SE ZUBIRI, X. "Sobre la esencia", 2. ed. Madrid: Alianza Ed., 2008. [1° ed. 1962].

SH ZUBIRI, X. "Sobre el hombre", 2° reimpresión, Madrid: Alianza Ed., 2007 [1° ed. 1986][2].

SVI ZUBIRI, X. "Sentido de la vida intelectual" en NICOLÁS, J.A., BARROSO, O. (eds.), "Balance y perspectivas de la filosofía de X. Zubiri", Granada: Comares, 2004, p. 7-16. [Discurso; 1982].

SpG Sistema en Posición Germinal

2 Véase la complejidad de la referencia sobre los contenidos de SH en la presentación por parte de Ignacio Ellacuría (cfr. SH, pp. ix-xxiii).

Listado de figuras

Introducción

El estatuto ontológico del embrión y la génesis de la realidad humana son temas que han preocupado a Xavier Zubiri a lo largo de toda su vida. Con su teoría de la sustantividad, el autor ofrecía una explicación estructural metabiológica de la realidad humana que, con su teoría sobre la inteligencia entendida como inteligencia-sentiente y su análisis del dinamismo de la materia, adquirió enormes matices y precisión.

Muchos autores han encontrado en la teoría de la sustantividad un modelo filosófico óptimo para describir la realidad en su dinamismo y complejidad[1]. A su vez, no son pocos los que, desde la perspectiva zubiriana, han abordado el estatuto ontológico del embrión en sus primeras fases del desarrollo. Si esto ha sido posible es porque Xavier Zubiri gestó su teoría de la sustantividad siguiendo con gran interés los datos que las ciencias físico-químicas y biológicas[2] aportaban a mediados del siglo XX.

---

1 Para una presentación de las inquietudes científicas de X. Zubiri y de los motivos que justifican esta investigación, cfr. GÜELL, F., "La deriva interpretativa zubiriana en el análisis sustantivo del embrión", Diálogo Filosófico, 2012, nº82, pp. 73-88.

2 El médico e investigador Francisco Grande Covián escribió: "Al disponerme a escribir estas líneas surge en mi memoria la impresión que cuando conocí a Zubiri, hace más de veinte años, me produjo su enorme interés por los problemas biológicos. Recuerdo que a los pocos minutos de haber iniciado la conversación, Zubiri la había desviado hacia temas biológicos, demostrando, para sorpresa mía, estar profundamente familiarizado con las principales cuestiones debatidas en aquel momento en el campo de la biología. Desde aquella época ha sido testigo más o menos próximo de cómo ese interés de Zubiri por la Biología entrañaba algo más que la simple curiosidad de quien desea estar adecuadamente informado de una ciencia que, como la nuestra, ha venido evolucionando de manera tan sorprendente. Es indudable para mí, que desde hace mucho tiempo existe en el pensamiento de Zubiri el deseo de incorporar a la pura especulación filosófica los resultados de la ciencia

La mayoría de los escritos del filósofo donostiarra dan muestra de su conocimiento enciclopédico no solo en el ámbito de las humanidades, sino en el de las ciencias. Los cursos de eminentes científicos a los que asistió durante su formación en Europa[3], la relación personal cultivada con algunos de los más importantes investigadores del siglo XX[4] y los numerosos reconocimientos que personal[5] e

---

moderna, y en particular, los de la Biología." (GRANDE COVIAN, F. "Zubiri y la biología teórica", en "Homenaje a Xavier Zubiri", Madrid: Editorial Revista de Alcalá, 1953, p. 91).

3 En la Universidad Central de Madrid asistió a cursos del matemático Julio Rey Pastor (cfr. AXZ, caja 11 nº 6), del físico Blas Cabrera (cfr. AXZ, caja 11, nº 17); en la Universidad de Berlín a los de los físicos Erwin Schrödinger (Premio Nobel (PN) de Física en 1933) (cfr. COROMINAS, J., VICENS, J.A. "Xavier Zubiri. La Soledad Sonora", Madrid: Santillana Ediciones Generales, S.L., 2006, p. 226) y Albert Einstein (PN de Física en 1921) (cfr. Ibid p. 228), y del matemático y filósofo Ernst Zermelo (cfr. Ibid 229). Asistió a los foros sobre la teoría de la Gestalt con los psicólogos Wetheimer, Koffka y Wolfgang Köhler (cfr. Ibid 228), y se interesó en los estudios que estaban llevando a cabo en la Universidad de Berlín los embriólogos Hans Spemann (PN de Medicina en 1935) y Otto Mangold y el eminente genetista Richard Goldschmidt (cfr. Ibid 229). Durante el primer curso de la Universidad de Verano de Santander en 1932 departió y asistió a las conferencias de sus colegas alemanes Shrödinger, Köhler y Goldschmidt, del matemático Maurice Fréchet y el físico H.C. Grimm. En París conoció, de la mano del físico Blas Cabrera, a Louis De Broglie (PN de Física 1929) (cfr. Ibid. 391) a quien siguió en un curso durante todo un semestre en el Instituto Henri Poincaré (cfr. AXZ, caja 41, nº 1-2-3).

4 En su estancia en Berlín mantuvo una estrecha relación personal con Schrödinger (cfr. COROMINAS, J., VICENS, J.A. "Xavier Zubiri. La Soledad Sonora", Madrid: Santillana Ediciones Generales, S.L., 2006, p. 227) y Einstein (cfr. Ibid 234), reuniéndose en conversaciones a menudo con el físico Max Planck (PN de Física en 1918) y un joven Werner Heisenberg (PN de Física 1932) (cfr. Ibid 235). Con Schörindger y Heisenberg mantendrá una buena relación durante toda su vida reencontrándose con ambos en España años después (a Heisenberg le acogerá en su casa 20 años después). También cabe destacar la estrecha y duradera relación que Zubiri cultivó con el investigador Severo Ochoa (PN de Medicina en 1959) y el matemático Rey Pastor.

institucionalmente[6] le brindaron, no dejan duda sobre el conocimiento y dedicación del autor al ámbito científico[7].

---

5 A este respecto, entiendo significativo el comentario que Albert Einstein en una de sus conferencias abiertas al público, entre el que se encontraba Zubiri, en la Universidad de Berlín. Tras escribir en una pizarra varias fórmulas matemáticas y observando meditativo la reacción del público, dijo: "Excepto el profesor Zubiri, nadie de ustedes sabrá, probablemente, lo que he escrito... hasta que se lo explique" (Ibid 238). Me parecen también significativas las palabras que le dedicó el médico y ensayista Juan Rof Carballo: "En varios de los magníficos cursos de los pasados años Zubiri se ha ocupado ampliamente de temas biológicos. No porque Zubiri pretenda ser un biólogo, sino porque su manera de entener la filosofía exige poseer, en extensión y profundidad que hasta ahora no se ha visto en filósofo alguno, conocimientos de biología. Ahora bien: lo sorprendente y que justifica que nos hayamos extendido en tan largas consideraciones previas es que, al hablar de biología, Zubiri no sólo nos asombra por la extensión de lo que conoce, sino por la exactitud y seguridad de su visión de lo biológico." (ROF CARBALLO, J. "Zubiri como biólogo", en "Homenaje a Xavier Zubiri", Madrid: Editorial Revista de Alcalá, 1953, p. 219). Véase otros en JIMÉNEZ MORENO, L. "Impacto de la filosofía de Zubiri en la cultura española" en NICOLÁS, J. A., BARROSO, O. (eds.), "Balance y perspectivas de la filosofía de X. Zubiri", Granada: Editorial Comares, 2004, pp. 51-64.

6 Cfr. SAN BALDOMERO UCAR, J.M, "El significado de la vida y filosofía de Xavier Zubiri. (1898-1983). In memoriam en el centenario de su nacimiento", Príncipe de Viana. 1999, 60 (218): pp. 717-718.

7 Es significativo apuntar que Zubiri, lejos de participar como mero oyente, trabajaba activamente en las materias científicas por las que se interesaba. Prueba de ello es el material trabajado por el filósofo existente en el AXZ recogido en el Anexo 1. Además, Zubiri posee varias traducciones al castellano de obras del ámbito científico tales como SCHRÖDINGER, E. "La Nueva Mecánica ondulatoria", Madrid: Ed. Signo. Cursos Universidad Internacional de verano en Santander, 1935), texto reeditado recientemente junto con las anotaciones y reflexiones de Zubiri en las que sintetiza los principales aspectos de la entonces recién descubierta teoría cuántica (cfr. SCHRÖDINGER, E. "La nueva mecánica ondulatoria y otros escritos", Madrid: Biblioteca Nueva, 2001); DE BROGLIE, L. "Materia y Luz", Argentina: Espasa Calpe S.A., 1939; THIBAUD, J. "Vida y transmutaciones de los átomos", 20 ed. Madrid-Buenos Aires: Espasa Calpe S.A., 1942; COLLIN, R. "Las hormonas", 20 ed. Argentina: Espasa Calpe S.A., 1944 y MARCH, A. "La Física del Átomo. Iniciación en las nuevas teorías", Re-

Como veremos a lo largo de la investigación, son muchas las alusiones de Zubiri a los datos aportados por las ciencias y, en especial en lo que respecta al análisis de la realidad humana en sus primeros estadios, al material genético. El libro *Sobre la esencia* surge como intento de sentar las bases teóricas de la realidad en general para concebir de modo particular la estructura de la realidad humana[8]. Es sabido que su redacción comenzó como una nota al pie de las conferencias que en 1959 impartió con el título "Sobre la persona", anotación que se alargó a un apéndice de diez páginas para, después, transformarse en un folleto de treinta que posteriormente daría lugar al libro de difícil lectura[9] que ahora conocemos[10].

Desde mi punto de vista considero que se puede afirmar que gran parte de las reflexiones de *Sobre la esencia* y de los desarrollos metafísicos posteriores estuvieron alentados, entre otras cosas, por el afán de ofrecer una teoría metafísica anclada en lo físico desde la que sistematizar de forma rigurosa la importancia del material gené-

vista de Occidente. 1934, Colección "Nuevos hechos, Nuevas ideas", vol. XXXVIII, la cual incluye Introducción (pp. 17-71) y Prólogo (pp. 9-11) de Zubiri. Todo ello no hace sino corroborar lo que aquí apuntamos: la filosofía de Zubiri se gesta nutriéndose de los avances en la física, química y biología del siglo XX vividos de primera mano por el filósofo donostiarra.

8 Cfr. POSE VARELA, C.A. "Cuatro problemas sobre el hombre en Zubiri", Compostelanum. 2001, XLVI (1,2): p. 31.

9 Me alineo con Juan Zaragüeta en su apreciación sobre el porqué de la dificultad de la obra: "la obra de Zubiri es de difícil lectura para el alto vulgo intelectual e incluso para los profesionales de la filosofía. No es que su estilo peque de oscuro, antes bien es terso y diáfano, pero su conceptuación es a menudo, y a veces, a mi parecer exageradamente tan sutil y abstrusa, que no siempre se hace fácilmente asequible; y la frecuente apelación a neologismos aumenta su dificultad, así como el empleo de fórmulas latinas no corrientes como tecnicismos filosóficos." (ZARAGÜETA, J. "Una obra de Javier Zubiri", Revista de filosofía. 1962, XXI (81-82): p. 279).

10 Todo esto aparece en el contenido de la carta en la que un joven Ignacio Ellacuría relata al R.P. Luis Achaerandio la entrevista que mantuvo con Zubiri con motivo de la preparación de lo que sería el proyecto de la tesis doctoral de Ellacuría dirigida por Zubiri (cfr. ELLACURÍA, I. "Correspondencia con Zubiri" en MOLINA VELÁSQUEZ, C. editor, "Ignacio Ellacuría Escritos filosóficos II", San Salvador: UCA ed., 1999, p. 44).

tico en la constitución orgánica de los seres vivos. Como veremos, en sus escritos aparecen explicaciones que responden de forma precisa a la dinámica intracelular y, más concretamente, a la expresión y regulación génica[11], hechos que el autor conocía de forma privilegiada de la mano de su amigo Severo Ochoa[12].

Esto se puede observar en el escrito encargado al filósofo que aparece publicado en la Gran Enciclopedia del Mundo sobre la figura de Severo Ochoa un año después de la publicación de *Sobre la esencia*. En él se corrobora el conocimiento del autor sobre la expresión génica y su importancia en el desarrollo de los organismos[13]

11 Grande Covián ya apuntó lo que más de medio siglo después corroboraremos con esta investigación: "Zubiri no va a pretender 'tapar los agujeros' de nuestra ignorancia con especulaciones vacías, sino que, utilizando los datos que la biología contemporanea le ofrece, y él conoce profundamente, ha tratado de deducir conceptos que en su día podrán ser útiles al biólogo para explorar con su ayuda alguno de sus innumerables campos desconocidos en la biología." (GRANDE COVIÁN, F. "Zubiri y la biología teórica", en "Homenaje a Xavier Zubiri", Madrid: Editorial Revista de Alcalá, 1953, p. 94).

12 Zubiri no sólo fue asistente sino el principal promotor de los "cursillos privados y técnicos" organizados por la Sociedad de Estudios y Publicaciones donde Severo Ochoa explicó, entre el 8 y 12 de mayo de 1967, cinco lecciones recogidas sobre las bases moleculares de la expresión genética en una publicación cuya presentación y epílogo corrió a cargo del propio Zubiri (cfr. OCHOA, S. "Base molecular de la expresión del mensaje genético" Madrid: Moneda y Crédito, 1969, pp. 9-10 y p. 165).

13 Con el escrito sobre Ochoa nos percatamos de los precisos conocimientos de Zubiri sobre la expresión génica y la relevancia que dentro del panorama científico les otorgó, como décadas después se ha corroborado, certeramente: "Severo Ochoa ha llevado a cabo uno de los logros más sensacionales e imperecederos en la historia de la ciencia de todos los tiempos. En trascendencia y radicalidad, la obra de Ochoa es sólo comparable al descubrimiento de la estructura del átomo por Niels Bohr y pertenece al dominio de conceptos fronterizos a varias disciplinas. Cualquier creación en este orden ponen en conmoción al cuerpo entero del saber humano. (...) lo que ha consagrado universal y definitivamente es su aportación al descubrimiento y al desciframiento de la clave genética. Esta labor ha tenido dos etapas. La primera el descubrimiento de una encima especial –una fosforilasa– gracias a la cual ha podido sintetizar en un tubo de ensayo diversos tipos de ácido ribo-

pero, sobre todo, se muestra la especial atención que considera que ha de prestarse desde la reflexión filosófica al material genético:

> Este descubrimiento del doctor Ochoa está lleno de incalculables consecuencias. Pone en conjunción dos polos hasta ahora distantes como son el de la Biología y la Físico-química, y por eso mismo su resultado es fronterizo a muchas disciplinas y hace entrar en honda meditación a gentes de muy diversa procedencia. A médicos, a biólogos y genetistas, que pueden asistir de una manera espectacular al mecanismo de ciertas mutaciones mediante el cambio de elementos sumamente precisos en las estructuras moleculares. Pero también al filósofo, que algo tiene que pensar acerca de estos logros de la ciencia en orden a la realidad del ser vivo. Subyugados por la idea de que el ser vivo es un organismo, se centró la biología en la investigación de la célula, organismo elemental. Pero tal vez los descubrimientos de Ochoa apoyen la idea que vengo sosteniendo hace muchos años, de que habría que distinguir entre materia viva y organismo.[14]

Dificilmente se entiende el origen de gran parte de su sistema conceptual filosófico y el porqué de su frío y desnudo discurso si prescindimos de los datos científicos[15] que bullían alrededor de su mente inquieta y del modo cómo estos son presentados en las publicaciones científicas[16].

---

nucleico: el descubrimiento le mereció el Premio Nobel de Medicina. En una segunda etapa, valiéndose del descubrimiento logrado en la primera, Ochoa ha logrado sintetizar en tubos de ensayo diversas proteínas y descifrar con ello la clave genética de los 21 aminoácidos" ("Gran Enciclopedia del Mundo", Bilbao: Editorial Durvan, 1963, tomo 14, p. 268).

14 Ibid.

15 No por eso ha de pensarse que Zubiri se entregaba a los datos sin reflexión ni preocupación alguna por caer en un cientificismo. En los primeros escritos de Zubiri recogidos en Naturaleza, Historia y Dios ya anuncia los peligros del hombre del siglo XX a este respecto (cfr. NHD, pp. 19-41).

16 Me alineo con la reflexión de Diego Gracia cuando afirma con respecto a la progenie científica de muchos de los términos zubirianos: "No es que todos estos conceptos estén en esas ciencias del modo y en la forma en que Zubiri los utiliza. Pero es claro que en su descripción Zubiri se ha valido de los datos aportados por esos distintos saberes, por más que el alcance que en él adquieren esos términos sea nuevo y vaya más allá del significado que tienen en sus respectivas ciencias." (GRACIA, D. "Zubiri en los retos actuales de

Por este anclaje al dato científico entiendo que muchos autores han encontrado en su modelo filosófico una enriquecedora perspectiva desde la que abordar el estatuto ontológico del embrión en sus primeras fases del desarrollo. Sustantividad, suficiencia constitucional y talidad son algunos de los términos estrictamente zubirianos que han sido utilizados constantemente en las discusiones que ahondan en el estatus del embrión, términos que han adquirido un papel relevante no solo en reflexiones de ámbito académico, sino también en documentos de carácter oficial[17].

El trabajo que llevaremos a cabo puede enmarcarse dentro de la siguiente cita que, desde las coordenadas de la filosofía de Xavier Zubiri, realiza Diego Gracia:

> el filósofo puede establecer las cualidades formales de la sustantividad, y afirmar que el hombre es persona desde que existe sustantividad; pero fijar el momento en que aparece ésta es, al menos en parte, asunto de saber positivo.[18]

Si desde Zubiri podemos afirmar –ahora sucintamente– que cada persona es estructuralmente una sustantividad, negar el carácter sustantivo que observamos en el embrión implica necesariamente concluir que el embrión no es una persona. En el análisis del sistema-

---

la antropología", en PINTOR RAMOS, A. (Coord.), "Zubiri desde el siglo XXI", Salamanca: Publicaciones Universidad Pontificia de Salamanca, 2009, p. 121).

17 Como trataremos en análisis posteriores, cfr. COMITÉ ASESOR DE ÉTICA EN LA INVESTIGACIÓN CIENTÍFICA Y TECNOLÓGICA "Informe de Investigación Sobre Células Troncales", Fundación Española Para La Ciencia Y Tecnología", 2003, pp. 42-43. La versión utilizada: [Publicación en línea] <www.cnb.csic.es/~transimp/INFORME_CELULAS_TRONCALES.pdf> [Consultada el 24 de noviembre del 2012].

18 GRACIA, D. "La biología frente a la ética y el derecho", VI Cursos de Verano de San Sebastián, Universidad del País Vasco. San Sebastián, 1988, p. 70, citado en VILA CORO, M.D. "Introducción a la Biojurídica", Madrid: Publicaciones Universidad Complutense de Madrid, 1995, p. 72; también en GRACIA, D. "Introducción a la bioética. Siete ensayos", Santa Fe de Bogotá: Ed. El Búho, 1991, p. 170.

tismo del embrión desde la metafísica zubiriana, el papel de la información epigenética de origen materno ha jugado un papel protagonista.

En las dos últimas décadas se han ido descubriendo gradualmente los mecanismos involucrados en la expresión génica y su regulación. Además del material genético, el quehacer científico ha ido demostrando la importancia de los cambios epigenéticos en la diferenciación celular así como, en determinados estadios del embrión, el papel crucial de algunos metabolitos de origen materno para su correcto desarrollo.

Esta necesidad de las modificaciones epigenéticas y de lo aportado por el medio extracelular ha repercutido en el análisis de la consideración sustantiva del embrión. Desde una perspectiva zubiriana, se ha concluido que metabolitos de origen materno poseen, en el conjunto del sistema embrionario, carácter constitutivo o "esencial". Por ese motivo –y sin entrar ahora en precisiones– la modificación y variación de los mismos produciría cambios "esenciales" en el embrión. Si así fuera, habría que esperar a que el sistema embrionario, en un periodo de tiempo habitualmente denominado "proceso constituyente", adquiriera todo lo considerado esencial para poder afirmar que el sistema es un sistema sustantivo y, por ende, reconocer en él una realidad individual.

A su vez el genoma, tras el conocimiento del papel de la epigénesis en la proliferación y diferenciación celular, se ha presentado como necesario pero no suficiente para constituir un sistema sustantivo; por esta razón se ha abogado por la imposibilidad de reconocer el material genético como subsistema de notas constitutivas, tal y como se desprende de los textos zubirianos.

Algunas interpretaciones de la metafísica zubiriana, por su parte, han prescindido de la esencia a la hora de cualificar formalmente la sustantividad, y lo han hecho, principalmente, por dos motivos: o por encontrar incoherencias internas en el planteamiento metafísico zubiriano, o porque al respaldar una interpretación exclusivamente noológica del conjunto de la filosofía del autor a la luz de la Trilogía[19], la esencia se esfuma de la cosa para ser meramente considerada como creación libre de la razón. Sea por una razón, por otra o por las dos, en lo que se refiere al análisis del embrión preimplantatorio, la conclusión sobre el análisis de su sistematismo es la misma: si la caracterización de la sustantividad solo responde a la estructura meramente constitucional, al otorgar a metabolitos de origen materno carácter constitucional, solo podremos reconocer en el sistema suficiencia constitucional (es decir, sustantividad) cuando estos sean incorporados y se concluya el proceso de constitución.

El objetivo principal de la presente investigación es analizar críticamente los planteamientos que han concluido que el embrión preimplantatorio no posee suficiencia constitucional –es decir, no tiene carácter sustantivo– porque necesita factores epigenéticos extraembrionarios para su constitución.

Parte del esfuerzo de este trabajo es, justamente, su carácter multi e interdisciplinar: solo describiendo con minuciosidad el desarrollo del embrión preimplantatorio y haciendo una lectura y exposición fiel de la teoría de la sustantividad y de la esencia zubiriana, estaremos en disposición de analizar críticamente hasta qué punto se han presentado con rigor tanto los hechos científicos en las reflexiones filosóficas como la obra metafísica del filósofo en relación con esos hechos.

La interdisciplinariedad necesaria para alcanzar el objetivo principal nos ha llevado a dividir en tres bloques o partes el conjunto de la investigación: la primera, filosófica (capítulo uno y dos); la segunda, biológica (capítulo tres y cuatro), y la tercera de reflexión interdisciplinar (capítulo cinco, seis y siete).

Dos primeros capítulos forman la primera parte dedicada en exclusiva a la metafísica zubiriana. La frustrada recepción de la metafísica zubiriana[20] me ha obligado a dedicar el primer capítulo a justifi-

19 Integrada por las obras IS, IL e IR. A partir de ahora nos referiremos como Trilogía al conjunto de las tres obras.

20 Con este sugerente y significativo enunciado titula Pintor Ramos el capítulo quinto de su obra Nudos en la filosofía de Xavier Zubiri, reflexión que ha inspirado el primer capítulo introductorio de esta investigación (cfr. PIN-

car la posibilidad del análisis de la esencia[21] dentro del conjunto de la obra del autor. Desde lo alcanzado por Zubiri en la Trilogía, tendremos que dar cabida a la posibilidad de atender a la realidad como momento de las cosas en sí y por sí mismas consideradas, justificando la posibilidad de buscar la esencia en los sistemas sustantivos.

En el capítulo segundo veremos cómo Zubiri se enfrenta a las cosas como sistemas de notas y explicaremos las importantísimas nociones de constitución, sustantividad y esencia. El análisis de la esencia nos llevará hasta la exposición de la unidad esencial desde donde quedará completamente expuesta su teoría, y será entonces cuando discutiremos con aquellas lecturas que han atribuido al planteamiento zubiriano ambigüedades e incoherencias.

En la segunda parte de la investigación me adentraré en la exposición biológica atendiendo a los datos que las ciencias nos muestran sobre el desarrollo embrionario hasta su estado de blastocisto. En el capítulo tercero prestaré especial atención al material genético y a la descripción de la rápida sucesión de fenómenos desencadenados tras la fusión de las membranas gaméticas durante las primeras doce horas, periodo de especial relevancia para posteriores análisis. En el capítulo cuarto he considerado pertinente ofrecer una síntesis de lo expuesto en el tercero haciendo especial hincapié en las modificaciones epigenéticas y en otros mecanismos involucrados en la regulación de las transcripción.

Compuesta por los capítulos cinco, seis y siete, en la tercera y última parte del libro, llevaremos a cabo la reflexión interdisciplinar. Comenzaré el capítulo quinto realizando una propuesta terminológica unificadora que permita anotar fielmente los datos científicos y exprese con rigor el devenir del embrión preimplantatorio. En un simple modelo secuencial recogeré la proliferación celular y la diferenciación tisular que encontramos en el desarrollo del embrión

---

TOR RAMOS, A. "Nudos en la filosofía de Xavier Zubiri", Salamanca: Publicaciones Universidad Pontificia de Salamanca, 2006, pp. 183-246)

21 Este asunto ha sido desarrollado en toda su amplitud en GÜELL, F. "La esencia como creación libre de la razón en X. Zubiri", Pensamiento. (Aceptado en enero del 2013).

temprano. Seguidamente, nos centraremos en el análisis crítico de la interpretación que ha negado la suficiencia constitucional del embrión preimplantatorio al otorgar carácter esencial a los factores epigenéticos. Será entonces momento de situar, fieles a la letra zubiriana, la influencia epigenética y volver sobre la riqueza del significado de "desarrollo" y de "interna determinación".

En el capítulo sexto, y extendiendo el horizonte del análisis a interpretaciones que no se fundamentan en la filosofía zubiriana, realizaré una exposición y análisis crítico de planteamientos aparentemente unívocos que asumen la aparición de la realidad individual desde la fecundación. Entre ellos expondré los argumentos científicos en los que se apoya la propuesta que sitúa la aparición de la realidad individual tras un "periodo constituyente" instantes antes de la primera división mitótica, unas 12 horas después del inicio de la fecundación.

En el séptimo y último capítulo rastrearemos la unidad esencial tal y como fue caracterizada en el desarrollo del embrión preimplantatorio. Con toda la batería filosófica, pondremos en este capítulo a prueba el planteamiento zubiriano como respuesta sistemática a la variedad de datos y situaciones que nos presenta la actualidad científica de la biología del desarrollo.

La metodología es clara. Iremos perfilando al hilo de *Sobre la esencia* la hipótesis zubiriana que explica la estructura y funcionamiento que nos encontramos en la realidad de un organismo individual desde los puntos de vista de su unidad y de su multiplicidad de notas. Perfilada la unidad propia de constitución que encontramos en los organismos vivos, caracterizaremos y ahondaremos en la estructuración e interna determinación de esos sistemas precisando así la noción de sustantividad y esencia. Lo que de forma espontánea caracterizamos como sustantividad cuando este se nos presenta en estado adulto, deviene problemático cuando atendemos a los primeros estadios. Por ello, para determinar a partir de qué momento del desarrollo embrionario nos encontramos ante una sustantividad, tendremos que atender a los datos que la ciencia nos ofrece sobre el desarrollo del embrión: solo conociendo la precisa unidad estructural orgánica en su dinamismo interno, podremos concluir desde cuándo lo que tenemos ante nosotros responde a la caracterización de una realidad sustantiva.[22]

Con respecto al material utilizado, atenderemos a la bibliografía principal y secundaria de Zubiri en lo relativo a la unidad de su obra. Para presentar la teoría de la sustantividad recurriremos a bibliografía principal y secundaria directamente relacionada con la teoría de la sustantividad y la esencia, principalmente a la expuesta en *Sobre la esencia* y precisada en *Estructura Dinámica de la Realidad*, *Problemas Fundamentales de la Metafísica Occidental*, *El Hombre y Dios*, *Espacio, Tiempo y Materia* y *Sobre el Hombre*, así como información relevante consultada en el Catálogo del AXZ y documentos y trabajos relativos a su metafísica existentes en la FXZ. Cabe destacar a este respecto la tesis doctoral de un joven Ignacio Ellacuría (*Principialidad de la esencia en Xavier Zubiri*) y aquellas obras en las que su discípulo reflexionó a este respecto.

Para unificar el criterio en el modo de citar la bibliografía de disciplinas tan dispares (como, por ejemplo, la metafásica y la biología molecular), he decidido acomodar las citas de carácter filosófico a un estilo típicamente científico.

Para recabar información del desarrollo embrionario me he servido principalmente de publicaciones de revistas especializadas y manuales y atlas de referencia internacional. Las principales fuentes de esta búsqueda han sido la National Reference Center for Bioethics Literature del Kennedy Institute of Bioethics (NRLKIB) (Washington DC), la British Library (Londres), el "Information Services Centres (ISCs)" y recursos bibliográficos del King´s College of London (Londres), así como los fondos de la biblioteca de la universidad CEU San Pablo de Madrid y los fondos bibliográfi-

---

22 Sobre la metodología de las investigaciones a este respecto cfr. SERANI MERLO, A. "El viviente humano. Estudios biofilosóficos y antropológicos", Pamplona: Eunsa, 2000, pp. 77-92. Considero también de interés las reflexiones de Antonio Pardo cfr. PARDO CABALLOS, A. "La determinación del comienzo de la vida humana: cuestiones de método", Cuadernos de Bioética. 2007, XVIII (3): pp. 335-345.

cos del Seminario Permanente de Bioética de la Universidad de Navarra dirigido por Natalia López Moratalla.

Agradecimientos

Esta publicación ha sido posible gracias a la financiación del Instituto Cultura y Sociedad (ICS) de la Universidad de Navarra (UNAV). Bajo el marco del proyecto "Mente-cerebro: Biología y subjetividad en la filosofía y en la neurociencia contemporánea", he podido culminar y actualizar la investigación de la tesis doctoral que ha dado lugar a este volumen.

La tesis doctoral ha sido posible gracias a la dirección, paciencia y confianza que ofrecieron la Dra. Elena Postigo, de la Universidad CEU San Pablo (CEU) y el Dr. José Ignacio Murillo, director del proyecto del ICS de la UNAV antes mencionado, en su codirección.

He de agradecer de forma muy especial al Dr. Javier Novo, profesor del Departamento de Genética de la UNAV, por su orientación y su ayuda en la actualización de los aspectos relativos a la genética y epigenética; a la Dra. Idoya Zorroza, de la UNAV, por su orientación e inestimable ayuda; a los infografistas Heber Longás y Covadonga F. Esteban, por su dedicación e infinita paciencia; a Sara Negro, por su eficaz labor en la editorial Peter Lang, y a la Dra. Pilar Fernández Beites, de la Universidad Complutense de Madrid, por la implicación e interés que mostró en la presente investigación.

También he de agradecer la disponibilidad, orientación y magisterio que durante el periodo de mi formación académica e investigadora me han ofrecido la Dra. Natalia López Moratalla, Catedrática de Bioquímica de la UNAV; el Catedrático de Historia de la Filosofía Moderna de la Universidad Pontifica de Salamanca, el Dr. Antonio Pintor Ramos; el Dr. Nicolás Jouve, Catedrático de Genética de la Universidad de Alcalá de Henares; el Dr. Thomas Fowler, presidente de la Fundación Xavier Zubiri Norteamericana; el Dr. Alfonso Gómez-Lobo†, Catedrático de Metafísica de la Universidad Georgetown (GTU); el profesor y Dr. Alejandro Vigo, del ICS y del Departamento de Filosofía de la UNAV; el Dr. Kevin Fitzgerald, profesor e investigador del Departamento de Oncología del GTU Medical Center, el Dr. Rafael del Río, del Grupo Interdisciplinar de Bioética del CEU; el Dr. Gonzalo Herranz, Catedrático de la UNAV; la Dra. Paulina Taboada y el Dr. Patricio Ventura, de la Pontificia Universidad Católica de Chile; la Dra. María Dolores Vila Coro†, de la Cátedra de Bioética y Biojurídica UNESCO. Agradezco la orientación que me han ofrecido en aspectos puntuales de la investigación José María Pardo, médico y Dr. en Teología de la UNAV; al Dr. Ramón Angós, gastroenterólogo de la Clínica Universitaria de Navarra; a los doctores Francisco Javier Peñas, Héctor Mancini e Ignacio Moriyón, químico, físico y microbiólogo respectivamente de la UNAV; a los doctores en filosofía Jon Borobia y Alejandro Martínez, también de la UNAV, y al Dr. en filología Ángel Arias, del CEU. Agradezco la siempre buena disposición de la Srta. Elisa Romeu, secretaria de la FXZ de Madrid, y a su director académico y director de estudios y publicaciones, los doctores Diego Gracia y Antonio González Fernández, por haberme permitido consultar el archivo y los fondos bibliográficos y por su amable atención. También agradezco a José Ellacuría –como le gusta decir a él, de quien es hermano Ignacio Ellacuría– por el para mí entrañable encuentro mantenido; y a Jordi Corominas y Joan Albert Vicens, por su trabajo en la espléndida bibliografía de Xavier Zubiri con la que tanto he disfrutado. He de agradecer el esfuerzo bibliográfico de Sara de Jesús† y Modesto Ferrer en sus respectivas tesis sobre el embrión preimplantatorio que tanto me ha facilitado el conocimiento y acceso a importantes documentos para la elaboración de parte de este trabajo, así como al amabilísimo Dr. Esteban Vargas, de la Universidad Católica de Valparaíso, por el interesantísimo estudio llevado a cabo en su tesis doctoral *Materia y realidad*. Tampoco puedo olvidarme de todos los autores que, citados o no en esta tesis, nos permiten a muchos acceder a lo acontecido en el vientre materno y a reflexionar desde lo ya alcanzado y apuntado explícita o implícitamente en publicaciones de carácter científico, filosófico, e interdisciplinar. A los doctorandos Ahmed Ijaz Malik del School of Oriental and African Studies de la Universidad de Londres y a Mansooreh Saniei, del Kings College of London, a la Dra. Clara Pliego, del Departamento de Genética del Imperial College of London y a Patricia, Laura, Martina, Richard, Doris, Lucinda, Kathleen y todo el equipo de la NRLKIB, a todos ellos, además de por facilitarme enormemente el trabajo, agradecerles las sonrisas con las que amenizaron meses de entera dedicación. Quiero agradecer de forma muy especial a la Universidad CEU San Pablo de Madrid por todo el apoyo que a lo largo de varios años me ha brindado, así como por la posibilidad de iniciar y desarrollar mi camino docente e investigador. Junto con el Banco Santander, la universidad me concedió dos becas de movilidad institucional que, con la inestimable ayuda de Clare Williams, directora del Central for Bioethics and Social Care del Kings College of London y las facilidades y disposición ofrecidas del por mí apreciadísimo Alfonso Gómez Lobo (de GTU), pudieron materializarse en cruciales periodos de investigación en Reino Unido y Estados Unidos.

Por último quiero mencionar a Cipriano Auge†, Luis Arsuaga† y a mi querida Emilín†, siempre ahí, siempre aquí. A ellos les debo el despertar y crecer en el cariño y en la curiosidad con confianza. A Javier Borrego, Fernando González-Ariza, Ana Calvo, y Juan Luis Hernández Mirón y, de forma especial, a Carolina Güell, a Ewen Fortune, a Juan Antonio Presas (el Pintor), a Javi Visiers, a Ángel Arias y a Iñigo Manterola; a todos ellos por hacer de esta etapa no siempre fácil una experiencia alegre e inolvidable: gracias.

Si la presente investigación tiene razón de ser gracias al sacrificio y esfuerzo de Xavier Zubiri, todo este trabajo y mi devenir tiene razón de ser por el sacrificio y esfuerzo de mis padres. Por ellos, y por ti, Isabel, experimento, creo y sigo confiando en el Amor. A vosotros –y también a ti, pequeña criatura– os dedico este libro.

Parte primera:

Metafísica zubiriana

Capítulo 1. La posibilidad de una metafísica noológica como marcha de la razón hacia la esencia de las cosas reales

1 Introducción

Una de las pretensiones que otorga atractivo a la filosofía de Zubiri es el intento de superar el dualismo a la hora de presentar la relación entre inteligencia y realidad. Son dos, a grandes rasgos, los campos que se pretenden reconciliar desde la filosofía de Zubiri: la metafísica y, asumiendo el éxito del término, la noología[1].

Sobre qué entender por metafísica y filosofía primera en Xavier Zubiri, el profesor Diego Gracia realiza una clara delimitación asumida "con todas sus consecuencias"[2] por el profesor Antonio Pintor Ramos. Diego Gracia entiende la filosofía primera como el análisis de la realidad en cuanto que actualizada en la aprehensión primordial, y metafísica al estudio de lo real en cuanto real "allende" la aprehensión[3]. Es preciso remarcar que, a día de hoy, el término filosofía primera en Zubiri ha quedado desplazado[4] por la ya señalada noología[5].

---

1 Baste por ahora entender, como luego explicaré que "Zubiri alude con el término 'noología' a la investigación acerca de lo que estructuralmente y formalmente es la inteligencia." (CONILL, J. "El sentido de la Noología", en NICOLÁS J. A. y BARROSO O. (eds.), "Balance y perspectivas de la filosofía de X. Zubiri", Granada: Editorial Comares, 2004, p. 121).

2 PINTOR RAMOS, A. "Realidad y verdad. Las bases de la filosofía de Zubiri", Salamanca: Universidad Pontificia de Salamanca, 1994. p. 84, nota 36.

3 Cfr. GRACIA, D. "Voluntad de verdad. Para leer a Zubiri", 2° ed. Madrid: Editorial Triacastela, 2007, pp. 111-114.

4 Aunque varios autores, entre los que destaca Pintor Ramos, no son partidarios del uso de la suplantación del término Filosofía primera por noología,

Las interpretaciones sobre el conjunto de la filosofía zubiriana[6] han ido desembocando, en las últimas tres décadas, en una consideración exclusiva del "objeto" de la misma como realidad "de suyo" meramente acontecida en el polo subjetivo, es decir, en la inteligencia. En otras palabras: el devenir de la reflexión filosófica sobre el planteamiento zubiriano se ha inclinado hacia un filosofar desde una perspectiva exclusivamente noológica en virtud de lo ganado en la Trilogía.

Esta delicada situación queda perfectamente descrita en la discusión actual sobre el significado del *prius* explicitado por Zubiri a lo largo de su obra. Juan Bañón sostiene que en *Sobre la esencia* nos encontramos un doble sentido del *prius* del "de suyo": la primeridad intelectiva de la realidad y la primariedad ontológica de la realidad. Bañón afirma que en el llamado "último Zubiri", a pesar de parecer afirmar lo contrario en el prólogo de *Inteligencia sentiente*, abandona definitivamente la primariedad ontológica dando lugar a la tesis de congeneridad[7].

La interpretación que a la luz de la Trilogía ha cristalizado en una primeridad intelectiva de la realidad, no solo ha desplazado la primariedad ontológica nítida durante el denominado "ciclo de

---

en el conjunto de la obra de Zubiri "parece como si se actuase con una división en dos grandes periodos: el periodo 'prenoológico', con todas las subdivisiones que fuesen al caso, y el periodo 'noológico'" (PINTOR RAMOS, A. "Nudos en la filosofía de Xavier Zubiri", Salamanca: Publicaciones Universidad Pontificia de Salamanca, 2006, p. 106).

5 Para una primera y sintética profundización en el estudio histórico del término y su significado en la filosofía zubiriana cfr. CONILL, J. "Balance y perspectivas de la filosofía de X. Zubiri", Granada: Editorial Comares, 2004, pp. 117-128.

6 Para una síntesis de la producción bibliográfica y temas de investigación zubiriana, cfr. ZORROZA, I. "La filosofía de lo real en X. Zubiri", Pamplona: Cuadernos de Pensamiento Español (EUNSA), 2003, nº20, pp. 18-26.

7 Cfr. BAÑÓN. J. "Metafísica y Noología en Zubiri", Salamanca: Publicaciones Universidad Pontificia de Salamanca, 1999, pp. 81-85.

Sobre la esencia'[8] sino que ha aniquilado cualquier posibilidad de metafísica en pro de una estricta noología.

A lo largo del presente capítulo expondré el significado y las implicaciones que tienen la primeridad intelectiva en *Sobre la esencia* apuntada por Bañón[9] –primeridad que, como veremos, en la reflexión filosófica es apuntada como "primariedad", "prioridad" o "primacía"– y la primariedad ontológica.

Ciertamente esa "luz" encendida desde la Trilogía ha alumbrado una nueva vía para abordar el problema que supone adentrarse filosóficamente en el análisis de la relación inteligencia-realidad. Pero, como intentaré mostrar en este primer capítulo, encuentro que en la obra última publicada por Zubiri encontramos textos que implícita y explícitamente apoyan la consideración de la realidad en la cosa en sí y por sí misma.

Esta cuestión no es baladí. Abandonar la primariedad ontológica de la realidad implica el exilio de la reflexión metafísica de *Sobre la esencia* del conjunto de la obra del autor. Al abandono de la primariedad ontológica del "de suyo" se le ha sumado una interpretación demoledora del pilar que fundamenta todo el análisis metafísico de *Sobre la esencia*: la esencia, a la luz de la Trilogía, se esfuma de la cosa para ser meramente considerada como creación libre de la razón. Asumiendo esta perspectiva y atendiendo al decurso de las aproximaciones que suelen realizarse al conjunto de la obra del autor[10], el legado metafísico de Xavier Zubiri queda anulado desde su origen.

---

8 Antonio Pintor Ramos acuña esta denominación al conjunto de la producción del autor desde la publicación de la obra *Sobre la esencia* (1962) hasta el curso "Problemas Fundamentales de la Metafísica Occidental" (1968-1969) recogido en la obra del mismo nombre (cfr. PINTOR RAMOS, A. "Nudos en la filosofía de Xavier Zubiri", Salamanca: Publicaciones Universidad Pontificia de Salamanca, 2006, p. 190).

9 Cfr. BAÑÓN. J. "Metafísica y Noología en Zubiri", Salamanca: Publicaciones Universidad Pontificia de Salamanca, 1999, p. 79; en Zubiri, por ejemplo SE, p. 417.

10 Entiendo que esta perspectiva ha influido también en la espléndida biografía del filósofo realizada por los doctores Jordi Corominas y Joan Albert Vicens.

Aun no siendo un libro cuya intención sea presentar la filosofía de Zubiri, el trabajo no escatima en ofrecer al lector contenidos, aunque sean sintéticos, sobre las temáticas científicas y filosóficas que bullían alrededor del filósofo donostiarra. Me llama la atención que los autores dediquen apenas una cara de la voluminosa obra a explicar el contenido de *Sobre la esencia* (cfr. COROMINAS, J., VICENS, J.A. "Xavier Zubiri. La Soledad Sonora", Madrid: Santillana Ediciones Generales, S.L., 2006, pp. 616-617). Por otro lado, si la intención de los autores era ofrecer una brevísima síntesis de lo tratado en *Sobre la esencia*, no considero que las pocas frases allí presentadas sean precisas y significativas de lo ganado por el autor en la importante obra, y ofrecen, además, una imagen, en mi opinión, poco fiel al rigor expositivo y al pensamiento metafísico zubiriano. Considero significativo que en el poco espacio que brindan a los contenidos de *Sobre la esencia* hagan mención a la expresión "intelección pensante" (Ibid p. 617), expresión que aparece tan sólo en una ocasión al principio de la obra (SE, p. 17), siendo, por otra parte, un término con el que Zubiri se referirá en multitud de ocasiones a la razón en su carácter intelectivo desde la Trilogía (por ejemplo, cfr. IRA, pp. 39-41, 45, 48, 52, 58, 62, 72, 73, 79 y 81). De igual modo entiendo significativo que no hagan siquiera alusión a la hora de presentar someramente los contenidos de *Sobre la esencia* a la unidad esencial, noción fundamental que sustenta toda la teoría de la sustantividad desarrollada en la obra. Si nos trasladamos a las notas referidas desde el texto biográfico, la 23 –aludida a los contenidos de *Sobre la esencia*– se centra en la noción de "prius" como "noción fundamental" presentada en la obra metafísica del autor (cfr. COROMINAS, J., VICENS, J.A. "Xavier Zubiri. La Soledad Sonora", Madrid: Santillana Ediciones Generales, S.L., 2006, p. 808, nota 23). Citando a Diego Gracia, la extensa nota tiene como objetivo explicar cómo en *Sobre la esencia* y hasta 1972, "todavía quedan restos de la interpretación del 'prius' como prioridad 'real' de la cosa previa a la aprehensión. Por el contrario, en Inteligencia sentiente el prius no tiene sentido cronológico o temporal, sino sólo formal" (Ibid p. 898, nota 23). Por su parte, la anotación 25 (Ibid p. 898, nota 25) –que, según mi opinión, no tiene conexión directa con el texto desde donde es citada– considera como "ambigüedad" que Zubiri afirme "en otros lugares del texto" de *Sobre la esencia* que las notas constitutivas formen un sistema. A este respecto adelanto que Zubiri, a lo largo de *Sobre la esencia*, es plenamente consciente de que se pudiera malinterpretar el uso indistinto subsistema/sistema con el que se refiere a lo constitutivo de la sustantividad: "No es que haya dos sistemas de notas, uno de notas meramente constitucionales, otro de notas constitutivas. Como sistema no hay más que uno: el sistema constitucional sustantivo" (SE, p. 191).

Esta interpretación ha declinado la balanza a una noología como modo exclusivo de filosofía primera, llegándose a afirmar que en Zubiri: "No hay realidad si no es para un sujeto; solo este aprehende lo "de suyo""[11].

Pero esta interpretación no es la única: lo ganado en la Trilogía puede dar cabida también a un análisis de la esencia y de la realidad como momento de la cosa real justificando una metafísica dentro del horizonte filosófico del autor. Trataremos de dejar mostrado

---

Zubiri, tras una explicación de por qué considera que las notas constitutivas forman un sistema y exponer el significado del término subsistema y sus peculiaridades (cfr. SE, pp. 191-192) –todo esto será tratado en el capítulo segundo de la presente investigación– nos anuncia que será por esas peculiaridades por lo que casi siempre llamará al subsistema constitutivo simplemente sistema: "Por las dos peculiaridades llamaré casi siempre a este subsistema de notas constitutivas a potiori simplemente 'sistema'" (SE, p. 193). Es también significativo que en el escaso espacio que dedican a los contenidos de la obra en la biografía mencionen el carácter provisional y abierto de la esencia, uno de los aspectos puntuales que han inclinado la balanza a una interpretación estrictamente noológica. Por el contrario, en el capítulo de la biografía dedicado a Inteligencia Sentiente se relata una conversación ficticia –que ocupa tres veces más que lo dedicado a todos los contenidos de *Sobre la esencia*– en donde se presenta a un enfadado e irritado Zubiri golpeando por dos veces la mesa ante una interpretación encarnada en un Ellacuría que intenta abrir la posibilidad de un análisis metafísico (cfr. COROMINAS, J., VICENS, J.A. "Xavier Zubiri. La Soledad Sonora", Madrid: Santillana Ediciones Generales, S.L., 2006, pp. 682-684). Todo esto expuesto en esta amplia nota nos muestra la particular aproximación que han dado en el texto biográfico a la exposición de los contenidos de SE. Hace justicia señalar que la nota 16 a la que remite este episodio, tras inclinarse por una interpretación estrictamente noológica, recoge una cita de Zubiri que, tímidamente introducida –"pero [Zubiri] parece afirmar", escriben– parece abrir una vía para atender desde Inteligencia sentiente a un planteamiento metafísico: hay que entender "lo metafísico no como intelección de lo trascendente, sino como aprehensión sentiente de la física trascendentalidad de lo real" (IS, p. 130, citado en COROMINAS, J., VICENS, J.A. "Xavier Zubiri. La Soledad Sonora", Madrid: Santillana Ediciones Generales, S.L., 2006, p. 828, nota 16).

11 NICOLÁS MARTÍN, J.A. "Realidad como fundamento", Pensamiento. 1986, 42: p. 89.

cómo solo "salvando" lo constitutivo como subsistema esencial último y fundante del resto del sistema constitucional dispondremos de todas las herramientas para el análisis de la estructura de la cosa real.

A lo largo de este primer capítulo trataré de defender, a la luz del conjunto de la obra zubiriana, la interpretación que da cabida a un análisis de la realidad como momento de la cosa en sí y por sí misma considerada. Para ello me serviré de textos del propio Zubiri y de autores que han reflexionado y ahondado en su obra desde los que, entiendo, se puede sostener esta interpretación.

En el presente capítulo traeremos a colación afirmaciones y planteamientos desde la Trilogía que no solo validan, sino parecen exigir una metafísica que, sin olvidar su carácter noológico, describa e indague sobre lo esencial de la cosa real, como por ejemplo "... como no toda realidad está actualizada ni tiene porqué estarlo..."[12], "...la realidad no consiste formalmente ni se agota forzosamente en ser inteligida" [13] o la afirmación del "de suyo" que "como momento de intelección, es formalidad de alteridad, y como momento de la cosa real es su 'de suyo' propio."[14]

En definitiva, en este capítulo pretendo justificar la posibilidad de atender a la realidad en sí y por sí misma considerada, realidad en la que indagar el subsistema esencial. Mi tesis será dar cabida a la consideración de la realidad no solo esenciable y esenciada, sino a la esencia en y de las cosas reales típicamente distintas, aunque esta consideración no sea sino sugerida por la realidad misma aprehendida y afrontada desde la inteligencia.

12 IS, p. 230.
13 IS, p. 230.
14 IS, p. 193.

2 Metafísica noológica y noología: prioridad ontológica y primacía noológica a la luz de la Trilogía

2.1 Estado de la cuestión

Si alguien ha traído a colación el problema sobre el significado del *prius* en la obra zubiriana de forma significativa ha sido, desde mi punto de vista, Juan Bañón en su libro *Metafísica y noología.* En esta publicación realiza un interesante trabajo sobre la evolución y ruptura de la filosofía zubiriana presente en *Sobre la esencia* y la Trilogía.

Con respecto al *prius*, el autor sostiene que en *Sobre la esencia* nos encontramos un doble sentido del *prius* del "de suyo" la primeridad intelectiva de la realidad y la primariedad ontológica de la realidad.

En la primeridad intelectiva de la realidad

> la realidad de lo real en la inteligencia no es un punto de llegada, sino que es lo primero, aquello en lo que la inteligencia está ya situada desde el principio.[15]

La primariedad ontológica, según Bañón posee dos momentos: el primero consiste "simplemente en que el "de suyo" es el primer momento radical de realidad de toda cosa tomada en sí y por sí misma"[16]; el segundo hace hincapié en que esa primariedad "no depende para nada del hecho de la intelección."[17]

Bañón afirma que en la Trilogía Zubiri, a pesar de afirmar nítidamente lo contrario en el prólogo de *Inteligencia sentiente*[18],

15 BAÑÓN, J. "Metafísica y Noología en Zubiri", Salamanca: Publicaciones Universidad Pontificia de Salamanca, 1999, p. 80.

16 Ibid.

17 Ibid.

18 "Ciertamente la investigación sobre la realidad necesita echar mano de alguna conceptuación de lo que sea saber. Pero esta necesidad ¿es una anterioridad? No lo creo, porque no es menos cierto que una investigación acerca de

abandona definitivamente la primariedad ontológica dando lugar a la tesis de congeneridad.[19]

Lo que se esconde bajo este análisis del *prius* es una cuestión de importancia máxima en el significado y alcance que el término "realidad" como "de suyo" va a tener en la obra del filósofo donostiarra.

A lo largo de la obra zubiriana se puede afirmar que, a modo general, su análisis filosófico desprende dos modos de entender la realidad: el "de suyo" en la aprehensión primordial –objeto principal de análisis de la Trilogía– y el "de suyo" como carácter de lo real fruto de la trascendentalidad de la talidad típicamente distinta[20] –objeto principal de *Sobre la esencia*–. ¿Qué "de suyo" es, entonces, realidad?

Las explicaciones que se desentienden del carácter esencial-talitativo de las cosas reales típicamente distintas y de su función trascendental, desde mi punto de vista, desembocan en una única consideración de la realidad como momento exclusivo de la inteligencia, cayendo, tarde o temprano, en un idealismo. Y, por el contrario, aquellas que se desentiendan del carácter noológico de toda metafísica, se situarían en un realismo acrítico.

---

las posibilidades de saber no puede llevarse a cabo, y de hecho nunca se ha llevado a cabo, si no se apela a una conceptuación de la realidad." (IS, pp. 9-10). "Por tanto, publicar este estudio sobre la inteligencia después de haber publicado un estudio sobre la esencia, no significa colmar el vacío de una necesidad insatisfecha; significa, por el contrario, mostrar sobre la marcha que el estudio del saber no es anterior al estudio de la realidad." (IS, p. 10).

19 Cfr. BAÑÓN. J. "Metafísica y Noología en Zubiri", Salamanca: Publicaciones Universidad Pontificia de Salamanca, 1999, pp. 81-85.

20 Idoya Zorroza expone esto que aquí señalo con claridad: "es preciso advertir los dos 'usos' del término realidad: realidad en la aprehensión intelectiva en cuanto actualizada por la inteligencia sentiente; y realidad como lo real en sentido metafísico. Si bien para Zubiri la definición de realidad es común en ambos niveles, expositivamente no podemos confundir ambos sentidos. Sin embargo, no confundirlo tampoco significa que se trate de un término equívoco" (ZORROZA, I. "La filosofía de lo real en X. Zubiri", Pamplona: Cuadernos de Pensamiento Español (EUNSA), 2003, nº20, pp. 48-49).

Pero el problema es claro: en principio podríamos pensar que tenemos una realidad –"de suyo"– en la cosa y otra realidad –"de suyo"– en la aprehensión primordial. Si no hay identidad o relación entre ambos, tendríamos que optar por considerar a uno u otro como "realidad" en sentido zubiriano y, desde ahí, construir toda la filosofía abocada, como hemos indicado, a un idealismo o realismo ingenuo.

También podríamos mantener una aparente compatibilización construyendo dos "filosofías" zubirianas evitando la problemática interrelación de ambas parcelas de análisis: una metafísica centrada en el análisis de la esencia –subsistema por lo que la cosa real es tal– y otra como análisis de la inteligencia sentiente y el modo de quedar de la cosa en la aprehensión. A mi parecer, esto último es justamente lo que ha ocurrido con la interpretación del conjunto de la obra de Zubiri en las últimas décadas, motivo por el cual, entiendo, Pintor Ramos ha denominado a *Sobre la esencia* "libro isla":

> un libro dentro del cual es posible moverse con cierta claridad, pero es temerario salir fuera de él porque ni sabemos cuáles son los pilares en los que se asienta la isla ni tampoco tenemos clara su situación para establecer conexiones con el resto del planeta filosófico.[21]

Zubiri explicita varias veces a lo largo de su obra que la metafísica es la definición formal de la filosofía, pero la continuidad entre metafísica[22] y filosofía primera, es decir, la unidad de toda la filosofía de Zubiri es una cuestión no resuelta entre las distintas interpretaciones actuales. De hecho, en la obra zubiriana, aunque no es una cuestión

---

21 Cfr. PINTOR RAMOS, A. "Nudos en la filosofía de Xavier Zubiri", Salamanca: Publicaciones Universidad Pontificia de Salamanca, 2006, p. 192.

22 No es objeto de este estudio analizar el significado que Zubiri otorga a término metafísica, ya que, entre otras cosas, esta cuestión ha sido tratada con rigor y eficacia por Pintor Ramos, véase apartado C. de "Meta-física" en PINTOR RAMOS, A. "La concepción zubiriana de la Filosofía", en PINTOR RAMOS, A. (Coord.), "Zubiri desde el siglo XXI", Salamanca: Universidad Pontificia de Salamanca, 2009, pp. 459-464.

obviada por el autor, no es un tema que aborde de modo práctico y eficaz.[23] Sin duda es este un denso y complejo tema de reflexión que requeriría un volumen completo, pero del que, ciertamente, no puedo desentenderme: si pretendo afrontar una investigación metafísica he de mostrar un camino que la posibilite dentro del horizonte del autor. Para ello, encuentro en la propuesta de Víctor Tirado un punto de partida desde el cual situar la metafísica dentro del horizonte filosófico zubiriano acorde con la perspectiva noológica ganada en la Trilogía por Zubiri; según el profesor Tirado,

> la Filosofía primera se encuentra lanzada *ab initio* en una doble tarea descriptiva: 1) la de describir el polo objetivo o mundano que se actualiza en la inteligencia (esto sería la *metafísica descriptiva o noológica*); y, 2) la de describir el polo subjetivo o noológico, no las cosas que quedan en el acto, sino el quedar mismo de las cosas (esto sería la *Noología* en sentido estricto). En la práctica, debido a la inseparabilidad de ambos polos, es muy difícil separar tajantemente ambos dinamismos teóricos. Por otro lado es claro que hay un momento ulterior de la reflexión metafísica, que desborda la pura descripción construyendo bosquejos racionales sobre la índole trascendente de lo real (ya sea mundano o subjetivo).[24]

Es esta una forma eficaz de abordar el problema de la metafísica en Zubiri: la denominación metafísica noológica de Víctor Tirado responde fiel a la consideración metafísica de Zubiri cuando este dice que la "metafísica de la realidad como existente y como poseedora de notas propias ha de fundarse inexorablemente en la forma-

23 "(...) si en su núcleo fundamental *Sobre la esencia* es un libro de metafísica, ¿en qué sentido es también "metafísica" la "noología" (o "filosofía de la inteligencia") desarrollada en inteligencia sentiente? La clarificadora distinción didáctica entre una "filosofía primera" y una "metafísica" en sentido restringido ahora no nos resuelve el problema pues, si hay continuidad entre ambos enfoques, ¿dónde está el punto de unión? En cambio, si resultase que hay discontinuidad, ¿cómo es posible que en Zubiri "la filosofía" esté formada por dos continentes heterogéneos?" (Ibid p. 449).

24 TIRADO SAN JUAN, V. M. "Intencionalidad, actualidad y esencia: Husserl y Zubiri", Salamanca: Publicaciones Universidad Pontificia de Salamanca, 2002, p. 164, nota 253.

lidad misma de realidad"[25]. Por ello, y para los objetivos de este capítulo, me alineo con este modo de atender al conjunto de la filosofía de Zubiri, perspectiva que trataré de reforzar a continuación.

2.2 La primariedad ontológica y la posibilidad de una metafísica noológica

En este apartado recogeré textos de la Trilogía desde los que podemos sostener una primariedad ontológica[26] y trataré de exponer el sentido de la congeneridad aludida. Esto, como apunté, no hará sino reforzar la posibilidad de una metafísica noológica que investigue la realidad en sí y por sí misma considerada.

Ciertamente en la Trilogía encontramos textos que apoyan la primariedad noológica frente a la primariedad ontológica. Zubiri afirma en repetidas ocasiones, en referencia al *prius*[27] señalado:

---

25 IS, p. 193.

26 A pesar de lo que he expresado, me alineo con Víctor Tirado cuando afirma que "se revela un tanto ociosa la discusión sobre el estatuto ontológico de los contenidos –en el sentido de si son o no con independencia de darse en la aprehensión–, pues lo verdaderamente significativo es que estos contenidos están ahí siendo de suyo lo que son, como algo que a pesar de constituir mi propia realidad conscia decurrente, se me impone y revela tener una realidad que no tiene –no puede tener– su raíz en mi realidad, que es ontológicamente dependiente de la impositividad de dichos contenidos que la constituyen a ella misma en su realidad medular" (TIRADO SAN JUAN, V. M. "Intencionalidad, actualidad y esencia: Husserl y Zubiri", Salamanca: Publicaciones Universidad Pontificia de Salamanca, 2002, p. 227).

27 He aquí un párrafo donde Pintor Ramos nos sitúa de forma eficaz ante el problema que vamos a tratar a continuación: "¿Qué significa ese prius que Zubiri repite en innumerables veces a lo largo de esa etapa? Sin duda alguna, es un prius en la aprehensión y, por tanto, uno de los polos de la congeneridad; pero, ¿es sólo eso? (...) Indudablemente estamos quizá ante el nudo básico de toda la filosofía de Zubiri." (PINTOR RAMOS, A. "Nudos en la filosofía de Xavier Zubiri", Salamanca: Publicaciones Universidad Pontificia de Salamanca, 2006, p. 123).

al hombre le es presente la nota como real, lo presente mismo es algo que es aprehendido como siendo anterior a su presentarse. (...) Se trata, pues, de una anterioridad muy elemental pero decisiva: el calor calienta porque es "ya" caliente. Este momento del "ya" es justamente la anterioridad de la que hablo. A este momento de anterioridad es al que suelo llamar momento *prius*. Es un *prius* no en el orden del proceso sino en el orden de la aprehensión misma.[28]

En otro lugar Zubiri dice:

> En la impresión de realidad, la formalidad de realidad es, según vimos, un *prius* de la impresión misma. Lo aprehendido es "en propio", esto es, es "de suyo" en la aprehensión pero antes de la aprehensión; está aprehendido pero justamente como algo anterior a la aprehensión.[29]

El *prius* zubiriano aquí expuesto es, en mi opinión, el *prius* de la primeridad de la intelección apuntado por Bañón, es decir, de la realidad en cuanto que aprehendida que aparece como anterior a todo lo que está presente en la aprehensión[30].

Víctor Tirado, atendiendo al *prius* aquí expuesto –interpretación que le ha llevado a Bañón a decantarse por una primariedad de la intelección abandonando la primariedad ontológica– prefiere hablar de "una cierta primacía de la noología sobre la

28 IS, p. 62. Pintor Ramos nos dice refiriéndose a esta misma cita zubiriana: "No es un pasaje aislado; Zubiri reitera una y otra vez la idea como término básico de su análisis; por citar solo la misma obra, cf. IRE 140, 143, 144, 146, 169, 191, 193, 217, 230." (PINTOR RAMOS, A. "Nudos en la filosofía de Xavier Zubiri", Salamanca: Publicaciones Universidad Pontificia de Salamanca, 2006, p. 123, nota al pie 100).

29 IS, p. 140.

30 "Pero el prius, aunque aparece dado en aprehensión, apunta a una anterioridad de lo dado respecto a su aprehensión y, por tanto, el canon de la intelección es ese prius; si no fuese así tampoco habría verdad real, no sería la realidad la que da verdad a la intelección y no sería el dinamismo real el que modaliza la aprehensión primordial en intelecciones ulteriores." (PINTOR RAMOS, A. "Nudos en la filosofía de Xavier Zubiri", Salamanca: Publicaciones Universidad Pontificia de Salamanca, 2006, p. 124).

metafísica"[31]. ¿Qué le lleva a utilizar el término "primacía"? Tirado dice que es una primacía "en la medida en que el acceso a lo real es un acceso desde la inteligencia, por mucho que esa inteligencia no sea tampoco comprensible desde sí misma."[32] Efectivamente es desde la inteligencia desde donde accedemos a la realidad de la cosa y, como apunta el autor madrileño, atendiendo al acceso a la cosa real es más una "primacía" que una primariedad. Pero esa consideración no tiene por qué anular la posibilidad de una consideración de la realidad en sí y por sí misma

El siguiente texto de Jesús Conill es, a mi entender, una buena síntesis de éste asunto que nos ocupa ahora, la "primacía" de la impresión formal de la realidad:

> Ahora importa precisar también qué es la realidad como momento de la cosa misma, aunque todavía dentro de una filosofía de la inteligencia, ya que el "de suyo" es un momento común a la intelección sentiente y a la cosa real: como momento de la intelección es formalidad de alteridad, pero como momento de la cosa real es su "de suyo" propio constitutivo de la realidad.[33]

Atendiendo a la congeneridad, Zubiri dice que la realidad como "de suyo" es un momento común a la intelección sentiente –como formalidad de alteridad, lo que sería la realidad en la aprehensión– y a la cosa real –como *su* "de suyo" propio[34]. El *prius* del "de suyo", dice, es la articulación de la actualidad común a ambos momentos[35]. Sea analizando la realidad como cualificadora de la talidad o la realidad en cuanto que realidad, el "de suyo" siempre va a ser un *prius*: va a ser el fundamento al que remitirá toda consideración de la realidad.

---

31 TIRADO SAN JUAN, V. M. "Intencionalidad, actualidad y esencia: Husserl y Zubiri", Salamanca: Publicaciones Universidad Pontificia de Salamanca, 2002, p. 164.

32 Ibid.

33 CONILL, J. "El crepúsculo de la metafísica", Barcelona: Ed. Anthropos, 1988, p. 226.

34 Cfr. IS, p. 193. Cursiva mía.

35 Cfr. IS, p. 193.

Pero en la Trilogía nos encontramos textos que avalan una primariedad ontológica, primariedad desde la cual justificar una metafísica noológica que tenga como objeto la realidad en sí y por sí misma considerada.

> La cosa real es aprehendida como real en y por sí misma: es "de suyo" lo que es. Como este momento de formalidad es un *prius* de las cosas, resulta que la realidad no consiste formalmente ni se agota forzosamente en ser inteligida.[36]

En este texto se afirma que el "de suyo" es un *prius* "de" las cosas. Aquí se ve cómo desde la Trilogía encontramos referencias a la primariedad ontológica del "de suyo" que aluden tanto al momento radical de realidad de la cosa tomada por sí misma y en sí misma como a la independencia de la realidad frente a la intelección.

En *Sobre la esencia* Zubiri dice que la cosa "se actualiza en la inteligencia, se nos presenta intelectivamente, como siendo "de suyo" antes de estarnos presente"[37]; desde la Trilogía, cuando nos ha dicho que el "momento de formalidad no es sino un *prius* de las cosas"[38], el "de", a mi juicio, apunta a "la positiva y formal 'remisión' a lo que es la cosa antes de la presentación"[39] redactada en *Sobre la esencia*.

En la nueva edición de *Sobre la esencia* en la que se recogen las anotaciones y correcciones que Zubiri hizo a lo largo de su vida sobre la primera edición, al margen de la frase "la misma cosa, aprehendida intelectivamente, me está presente pero de un modo formalmente distinto: no sólo me está presente, sino que lo está formalmente como un *prius* a su presentación misma"[40], el autor anota la siguiente corrección: "'índole' en vez de 'modo'"[41]. Como veremos, el uso de la palabra "índole" atañe de forma precisa a

36 IS, p. 230.
37 SE, pp. 394-395.
38 IS, p. 230.
39 SE, p. 394.
40 SE, p. 394.
41 SE, p. 530.

la condición propia de la cosa –y por propia, previa en el sentido de no requerida para su reposar (actuidad) de nuestra aprehensión–, no así el término "modo".

Cuando Zubiri afirma que hay "dos zonas de la cosas reales, la zona de cosas reales 'en la percepción' y la zona de cosas reales 'allende la percepción'"[42], no hace sino reforzar esta tesis de la posibilidad de una metafísica que discurra –no sin dificultad– sobre las cosas reales del polo objetivo o mundano, aunque, ciertamente, también incluye las cosas en la percepción.

También parece desprenderse la prioridad ontológica y posibilidad de la metafísica noológica cuando Zubiri afirma desde la Trilogía que "no toda realidad está actualizada ni tiene porqué estarlo"[43]. Que no toda realidad está actualizada en nuestra aprehensión ni tenga porqué estarlo implica necesariamente que en el planteamiento de Zubiri hay cosas reales con independencia de que estén inteligidas. Esto no hace sino justificar la posibilidad de una consideración de las cosas reales por sí y en sí mismas con independencia de la aprehensión intelectiva de ellas.

Corrobora esto que estoy aquí defendiendo la cita zubiriana ya traída a colación anteriormente: "la realidad no consiste formalmente ni se agota forzosamente en ser inteligida."[44] Esta afirmación desde lo ganado en la Trilogía no solo abre las puertas a considerar la realidad en sí y por sí misma, sino que se formula desde la perspectiva de la noología.

Atendiendo a lo noológico de la formulación, que la realidad no se agote en ser inteligida es una afirmación que apoya claramente una consideración de la realidad no reducida a su mera aprehensión.

Esta interpretación que trato aquí de mantener se adhiere a la de Pintor Ramos cuando dice que

42 IS, p. 185.
43 IS, p. 230.
44 IS, p. 230.

las cosas son reales y lo son de un determinado modo al margen de que sean o no inteligidas; esto es así porque la intelección no añade ninguna nota *física*[45] a la configuración de la realidad de algo, hasta el punto que no existe ninguna razón para suponer que todas las cosas reales son de hecho inteligidas. Se dirá, sin embargo, que siempre que hablamos de realidad lo hacemos desde nuestra intelección; esto es evidente, pero no significa en absoluto convertir la realidad en algo *inmanente* a la intelección misma. Precisamente lo que de modo formal caracteriza la intelección es que las cosas quedan en ella como siendo de suyo reales y esta realidad aparece, en la intelección misma, como un *prius*, como algo que es 'otro' en el acto intelectivo.[46]

A continuación explicaré dónde, a mi entender, reside la congeneridad en el planteamiento filosófico zubiriano para, después, remontar desde ahí hasta un análisis complementario del *prius*. La congeneridad reside en la realidad de la cosa real y la realidad de la cosa aprehendida en la intelección. Ambas son, a una, dos momentos de la misma realidad.

Ciertamente solo accedemos a la cosa desde lo real percibido; pero si solo contáramos con el modo de quedar en la inteligencia anularíamos la pregunta sobre la congeneridad pues, de hecho, al no haber en la aprehensión distancia entre la realidad allí actualizada y la actualización intelectiva misma no habría dos polos que congenerizar: todo quedaría en la pura aprehensión[47]. Aceptar esta tesis es, entiendo, caer en el idealismo que Zubiri pretendía superar.

La congeneridad entre saber y realidad, es decir, la raíz común entre ambos es la realidad: es justamente el "de suyo", raíz común

45 Pintor Ramos puntualiza en este párrafo que para Zubiri, "físico" posee "el sentido originario griego y no designa una región concreta de cosas, como el pensamiento moderno, sino su carácter real en tanto que opuesto meramente conceptivo" (PINTOR RAMOS, A. "Realidad y verdad. Las bases de la filosofía de Zubiri", Salamanca: Universidad Pontificia de Salamanca, 1994, p. 69, nota 20).

46 Ibid pp. 69-70.

47 "¿Qué quiere decir esa congeneridad? Sin duda, que la inteligencia y realidad tienen un núcleo común, núcleo que es precisamente una actualidad común en la que las cosas quedan como reales y ese quedar hace real la intelección, de tal manera que la aprehensión primordial de realidad es una aprehensión simple." (Ibid p. 122).

de la realidad de la cosa real y de la realidad en la aprehensión, lo que posibilita la pretendida continuidad en la filosofía zubiriana. Zubiri dice que "la índole propia del modo de aprehensión es una mostración de la índole misma de las cosas."[48] Esto, escrito a la altura de *Sobre la esencia*, se mantiene y precisa en la última obra de la Trilogía cuando Zubiri afirma que "el momento de realidad es numérica y físicamente idéntico en el campo y en el mundo."[49] Me apoyo en Pintor Ramos cuando, al atender a esta cita zubiriana, afirma que la unidad de la filosofía de Zubiri pasa por abordar la unidad de los momentos del "de suyo":

> 'la realidad' dada como momento de la cosa en aprehensión ('campo') y 'la realidad' como momento allende toda la aprehensión que funda lo aprehendido ('mundo') no es que sean parecidos o análogos por algún aspecto, sino que son 'numérica y físicamente idénticos'; por tanto, el tema de la unidad de la filosofía es la cuestión de la unidad de la realidad.[50]

Víctor Tirado, en mi opinión, también se sitúa en esta perspectiva cuando se refiere a la co-actualidad:

> Que es co-actualidad quiere decir que no sólo la cosa-manzana se hace actual en el acto intelectivo, sino que el propio acto es actual en la cosa-manzana, siendo dos momentos de una misma actualidad, de un mismo físico "estar" (IRE., 64: *noergia*).[51]

Considero que desde la riqueza del planteamiento filosófico zubiriano (del metafísico noológico y de la noología) tiene más sentido reformular la congeneridad no perdiendo de vista que siempre que

48 SE, p. 393.
49 IRA, p. 268.
50 PINTOR RAMOS, A. "La concepción zubiriana de la Filosofía", en PINTOR RAMOS, A. (Coord.), "Zubiri desde el siglo XXI", Salamanca: Universidad Pontificia de Salamanca, 2009, p. 479.
51 TIRADO SAN JUAN, V. M. "En torno al sujeto o de cómo ubicar a Zubiri en la postmodernidad" en NICOLÁS, J. A., BARROSO, O. (eds.), "Balance y perspectivas de la filosofía de X. Zubiri", Granada: Comares, 2004, pp. 564-565.

accedo a la realidad allende de algo va a ser en y desde la realidad presentada en la aprehensión. Planteándolo así, la relación inteligencia-realidad adquiere una interesante perspectiva.

La aprehensión intelectiva de la cosa es lo que hace que la cosa se presente como un *prius* a su presentación. Esa prioridad podemos entenderla, entonces, como la formal remisión a lo que la cosa es antes de la presentación. Remito de nuevo a Tirado cuando afirma que la cosa real se hace actual en el acto intelectivo "como siendo *ya* de suyo lo que es, como una precondición ontológica del acto mismo"[52]. Aunque la cosa real solo nos es dada en su actualización intelectiva, no es la actualización intelectiva la que constituye la realidad de la cosa.

Haciendo un análisis al más puro estilo zubiriano, referirme en participio a la cosa –como, por ejemplo, "realizado"– encierra la clave para entender bien este punto. Todo uso del participio denota tiempo pasado y aspecto perfectivo. En cuanto a la denotación temporal pasada, "realizado" hace referencia a que es anterior a su presentarse. El prius es "de" la cosa porque la cosa es anterior a su presentación. Por otro lado, en clave perfectiva "realizado" hace referencia a la "plenitud de aquello en que en realidad consiste"[53], a lo acabado de la misma, motivo por el cual se afirma que la intelección no modifica ni añade nada a la realidad de la cosa en sí y por sí misma considerada[54].

Consciente de que afirmar que las cosas reales están "acabadas" no parece muy indicado en la dinámica concepción de la realidad de Zubiri, tan solo, a modo explicativo, he querido hacer referencia a que el *prius* podría entenderse de una forma más clarificadora si atendemos a la cosa real mediante el uso del participio. Es, con lo

52 Ibid p. 564.

53 IS, p. 137.

54 Me alineo con Pintor Ramos cuando afirma: "¿Qué añade la intelección a la realidad? Por lo que respecta a su configuración como cosa, absolutamente nada; lo único que sucede es que una cosa real, ya actual en sus notas, queda siendo también actual en la intelección." (cfr. PINTOR RAMOS, A. "Realidad y verdad. Las bases de la filosofía de Zubiri", Salamanca: Universidad Pontificia de Salamanca, 1994, pp. 69-70).

dicho, desde el carácter perfectivo de lo presentado en el quedar en la aprehensión desde donde, a mi parecer, hay que entender el *prius* y desde donde podemos afirmar la primariedad –o, siguiendo a Víctor Tirado, "precondición"[55]– ontológica.

2.3 ¿Es posible el estudio de la realidad de la cosa real?

En el siguiente texto de *Inteligencia sentiente* se afirma con contundencia lo que quiero sostener: la cosa es real no solo porque yo lo aprehenda como "de suyo", la realidad de la cosa como momento de la cosa es, nos dice Zubiri, *su* "de suyo" propio.

> "De suyo" es un momento radical y formal de la realidad de algo. Es un momento común a la intelección sentiente y a la cosa real: como momento de intelección, es formalidad de alteridad, y como momento de la cosa real es *su* "de suyo" propio.[56]

Lo que a mi entender ha ocurrido en aquellas interpretaciones estrictamente noológicas es que, imbuidos en la realidad aprehendida en la inteligencia, se ha atendido tan solo a lo que de real hay en nuestra aprehensión y se ha desatendido el momento real de la cosa, a aquello desde lo que se nos presenta e impone en la aprehensión responsable del "arranque" noérgico.

> Conocer un objeto y la realidad en él conocida no es simplemente saber lo que una cosa es cuando no se me presenta a mí, sino lo que es mientras se me está presentando. Es decir, hay varios "niveles" de realidad.[57]

En este texto perteneciente a un curso impartido en 1970, Zubiri afirma que podemos atender a la realidad de un objeto con inde-

55 Cfr. TIRADO SAN JUAN, V. M. "En torno al sujeto o de cómo ubicar a Zubiri en la postmodernidad" en NICOLÁS, J. A., BARROSO, O. (eds.), "Balance y perspectivas de la filosofía de X. Zubiri", Granada: Comares, 2004, p. 564.

56 IS, p. 193. Cursiva mía.

57 PFMO, p. 337.

pendencia de su presentación. Opino que el meritorio esfuerzo que ha supuesto la inmersión noológica de la Trilogía ha eliminado el lícito e imprescindible sentido que la palabra *simplemente* otorga al texto citado. Ello ha olvidado la realidad en uno de sus "niveles": la realidad en-de la cosa por sí y en sí misma considerada.

No hay que entender estos niveles como dos realidades distintas, sino como dos momentos de una misma realidad: así como en la conceptuación del acto de aprehensión de realidad –"intelección sentiente"– como "inteligencia sentiente" estamos diferenciando dos momentos del acto sin por ello separarlos, de igual manera ha de diferenciarse sin separar los dos momentos de una misma realidad al conceptuar la realidad de la cosa y la realidad de la cosa real en la aprehensión. Es también significativo que Zubiri se cuestione en la Trilogía explícitamente si está justificada la consideración de la realidad como momento constitutivo de la cosa misma en ella misma y por sí misma considerada, y que su repuesta sea afirmativa:

> ¿Qué es la realidad como momento de la cosa misma?
> La pregunta está justificada porque no se trata ahora de un modo de estar presente, sino de pertenecer a la cosa misma en su radical "en propio".[58]

En la Trilogía encontramos no solo indicios, sino afirmaciones y explicaciones sobre la consideración de la realidad como momento de la cosa misma, y no tan solo como un modo de estar presente en nuestra intelección. Tirado apoya la licitud de la consideración absoluta de la realidad de las cosas consideradas en sí y por sí mismas cuando dice que

> desde el punto de vista de la inteligencia *(ratio actualitis)* es la realidad campal o aquende el principio o fundamento de la realidad mundanal o allende. Por el contrario, desde el estricto punto de vista de la realidad *simpliciter* (*ratio essendi*), el fundamento y principio es la realidad fundamental o mundanal. La co-actualidad de la aprehensión primordial sólo es posible porque

58 IS, p. 191.

> en ella acontecen a una la realidad profunda del animal de realidades (de su inteligencia) y la realidad de la cosa inteligida.[59]

Además, afirma que debe huirse de una interpretación que ponga el *ordo actualiatis* como el orden fundamental:

> Sólo para nosotros, en hombres, es la actualidad el orden fundamental, ya que nuestra implantación en y acceso al mundo sólo es posible por una determinada modalidad de actualidad: la intelectiva; pero en consideración absoluta[60] el *ordo actualiatis* está subordinado al *ordo essendi.* [61]

Aunque algunas veces, y como hemos mostrado anteriormente, Zubiri explicita y justifica la realidad en-de la cosa real, desde mi punto de vista en todo análisis de la intelección sentiente late el momento de la realidad de-en la cosa[62].

---

59 TIRADO SAN JUAN, V. M. "Intencionalidad, actualidad y esencia: Husserl y Zubiri", Salamanca: Publicaciones Universidad Pontificia de Salamanca, 2002, p. 292.

60 Según mi opinión, la afirmación "consideración absoluta" requiere un análisis ulterior que, entre otras cosas, deberá resolver la posición de Dios en esta difícil cuestión.

61 Ibid.

62 Tal y como he tratado en otro lugar, parece necesario tener que aceptar que la realidad pueda entenderse en un sentido fundamental-mundanal porque desde él arranca toda marcha de la razón y se fundamenta toda actualidad intelectiva (cfr. GÜELL, F., "La deriva interpretativa noológica del planteamiento zubiriano: lo que la verdad esconde", en Oriol, M. "Inteligencia y filosofía," Madrid: Editorial Marova, 2012, pp. 451-464). Estoy de acuerdo, a su vez, con Víctor Tirado cuando afirma: "Naturalmente que las cosas son de suyo lo que son al margen de que haya o no esencias abiertas en el cosmos [es decir, hombres que las aprehendan como "de suyo"], y, naturalmente que estos 'de-suyos' son ya de por sí mutuamente respectivos: es lo que ha posibilitado la evolución, por ejemplo. Sin embargo, si no existieran sustantividades inteligentes, este carácter reico sería ciego y, en cierto modo, inexistente". (TIRADO SAN JUAN, V. M. "Intencionalidad, actualidad y esencia: Husserl y Zubiri", Salamanca: Publicaciones Universidad Pontificia de Salamanca, 2002, p. 196).

2.4 La actualidad de una actuidad

Puede observarse que, allá donde hablamos de realidad, aparece ligado el término "actualización". Efectivamente y tal y como Zubiri sugiere, la actualidad es un tema central en su filosofía[63] hasta el punto que, como tantas veces se ha parafraseado en la literatura zubiriana, "debe hacerse urgentemente una filosofía de actualidad."[64]

Situar la actualidad y la realidad en el entramado filosófico zubiriano se transforma en una labor clave, no vayamos a entender, por ejemplo, el disparate –fieles a la filosofía zubiriana– de tomar la realidad como resultado de la actualidad[65]. De hecho, creo que en su correcta posición reside la clave para abordar lo que Pintor Ramos señala como "quizá el nudo básico de la filosofía de Zubiri"[66] que pronto veremos.

Cuando recogíamos desde la Trilogía textos en los que se afirmaba que "no toda realidad está actualizada ni tiene porqué estarlo"[67], esta actualidad hacía referencia a la actualidad intelectiva. Pero, a su vez, dicha afirmación implica que las cosas reales no actualizadas en la intelección (o mientras no lo están) sí poseen cierta actualidad por su estar en acto, por su mera existencia. Zubiri se ve

---

63 Considero significativo que tras la aparición del primer volumen de la Trilogía, Ignacio Ellacuría, a la hora de presentar sintéticamente el significado intelectual de Inteligencia sentiente, se centrara exclusivamente en introducir el neologismo "inteligencia sentiente" y la idea de actualización (cfr. ELLACURÍA, I. "La nueva obra de Zubiri: 'Inteligencia Sentiente'", Razón y Fe. 1981, 994 (203): pp. 132-139).

64 IS, p. 140.

65 "En Zubiri no se puede decir que tenga primacía la actualidad [frente a la realidad] ni incluso que ambas estén en situación estrictamente pareja, pues entonces de alguna manera la 'realidad' sería resultado de la actualidad y no parece que se avance nada distinguiendo sistemáticamente 'reidad' y 'realidad'" (PINTOR RAMOS, A. "Nudos en la filosofía de Xavier Zubiri", Salamanca: Publicaciones Universidad Pontificia de Salamanca, 2006, p. 123).

66 Ibid.

67 IS, p. 230.

entonces obligado a introducir el neologismo "actuidad" para referirse a lo que se ha entendido de forma habitual como "actualidad": "el carácter de acto de una cosa real."[68] "A todo lo real por tener plenitud[69] de aquello en que en realidad consiste y, por consiguiente, por poder actuar"[70] es a lo que Zubiri denomina actuidad.

Por el contrario, la actualidad en Zubiri es siempre, en un primer momento, "el carácter de una realidad respecto a otra, y este respecto es 'presencia' de algo en algo."[71] Pero no solo es pura presentidad. En un segundo momento, es el estar presente algo en algo "desde sí mismo", momento por el que

> la actualidad nos lleva más allá de la pura presentidad. Porque en este "estar presente" lo que confiere su radical carácter a la actualidad no es su presentidad, no es el "estar presente", sino el "estar" de lo presente en cuanto está presente.[72]

Perfilada la actualidad mostremos ahora qué entiende Zubiri por actualidad intelectiva.

---

68 IS, p. 137.

69 He aquí una muestra del significado del uso perfectivo del participio que he propuesto.

70 IS, p. 137.

71 PTH, p. 408. Ayuda a situarse este otro conocido ejemplo de Zubiri: "al decir que los virus son algo que tiene mucha actualidad, decimos que es algo que está hoy en día muy presente a todos. Aquí se percibe ya la diferencia esencial entre actualidad y actuidad. Algo es real en acto cuando tiene la plenitud de su realidad. Los virus son siempre realidades en acto. Sin embargo, su estar presente a todos no es actuidad. Hace no muchos años los virus carecían de esta presencia: no tenían actualidad." (IS, p. 138).

72 Cfr. IS, p. 139. Ellacuría nos aclara todavía más: "La actualidad pertenece a la realidad misma de la cosa actual, pero no le añade ni le quita, ni siquiera modifica formalmente ninguna de sus notas reales. Consiste en un estar presente desde sí mismo, de la propia realidad ante otras realidades y no exclusivamente ante la inteligencia. Consiste en el estar mismo de la presencia, y tiene por ello un estricto carácter físico, expresado en el 'estar' de la presencia" (ELLACURÍA, I. "La nueva obra de Zubiri: 'Inteligencia Sentiente'", Razón y Fe. 1981, 994 (203): p. 137).

> Pues bien, en cuanto real el contenido no hace sino "quedar". El contenido está actualizado, y [en la aprehensión primordial o mera actualización] está tan sólo actualizado: "queda". Lo que pueda haber sido la actuación mutua del aprehensor y de lo aprehendido es algo que no concierne a la formalidad propia de éste. Por lo que concierne a esta formalidad, el contenido no actúa; no hace sino "quedar" en su realidad. Mera actualidad es, pues, actualidad que consiste formalmente en un "quedar". (...)
> En definitiva, lo formalmente propio de la actualidad intelectiva en cuanto intelectiva es ser 'mera' actualidad, esto es tener por término la formalidad de realidad tal como "queda reposando" sobre sí misma.[73]

Zubiri nos decía que "la realidad no consiste formalmente ni se agota forzosamente en ser inteligida"[74], es decir, en ser actualizada; efectivamente, ni toda realidad está actualizada ni toda realidad tiene porqué estarlo[75]. Si de hecho esto no fuera así, la actuidad no tendría cabida alguna y, lo que es más evidente, Zubiri no se hubiera preocupado en introducir este término. Pero no solo hemos de sostener que en Zubiri tiene cabida la actuidad, sino que, como nos apunta el mismo autor, la actuidad es indispensable para toda actualidad:

> la aprehensión (como actualidad que es, (...)) es siempre y sólo actualidad de lo que es "en propio"; esto es, actualidad de la realidad, de la actuidad. Por tanto, toda actualidad es siempre y solo actualidad de lo real, actualidad de una actuidad, es un "estar en actualidad".[76]

Si dijéramos que la actuidad se fundamenta en la actualización intelectiva, caeríamos, entiendo, en el idealismo que se pretende evitar. A este respecto estoy de acuerdo con Víctor Tirado cuando, al afirmar que la actualidad se fundamenta en la actuidad, expone a qué hace referencia la actuidad: "La actualidad tiene su fundamento

---

73 IS, pp. 148-149.
74 IS, p. 230.
75 Cfr. IS, p. 230.
76 IS, p. 140.

en actuidad (en la medida que la actuidad hace referencia a la realidad primaria y primordial *de lo real*)."[77]

Aquí es claro que *de lo real* no puede hacer referencia a lo real en cuanto aprehendido, porque entonces actuidad e actualidad se identificarían. *De lo real* hace referencia *a la realidad primaria y primordial de lo real*, hace referencia al *su* de "*su* de suyo"[78] zubiriano al que antes apuntábamos.

La actualidad y actuidad, en mi opinión, son momentos distintos de la misma realidad, y quizás sea este párrafo zubiriano –al que orientamos con información entre corchetes– uno en los que mejor se ve la riqueza del término:

> Hay un devenir de lo real mismo según su actualidad, distinto de un devenir según la actuidad. Lo cual no significa que en este devenir de actualidad formalmente considerado la cosa adquiera, pierda o modifique sus notas[79]; la realidad no deviene como acto, pero sí deviene formalmente como actualidad. Ciertamente las cosas para ser actuales [actuidad] posiblemente tienen que actuar, esto es, adquirir, perder o modificar notas. Pero esta actuación no es aquello en que formalmente consiste la actualidad [intelectiva] que con aquélla [actuidad] se ha logrado. El devenir de la actualidad no es formalmente un devenir de actuidad.[80]

Zubiri, en este texto, explicita que hay un devenir de la actuidad de lo real mismo distinto al devenir de la actualidad. Y dice más: nos habla de una "actualidad formalmente considerada" que no modifica para nada las notas de la cosa real. Me parece significativo que

77 TIRADO SAN JUAN, V. M. "Intencionalidad, actualidad y esencia: Husserl y Zubiri", Salamanca: Publicaciones Universidad Pontificia de Salamanca, 2002, p. 200. Cursiva mía.

78 En mi opinión, una de las investigaciones que lleva a cabo Idoia Zorroza sobre la filosofía zubiriana se sitúa en este contexto interpretativo con el significativo título *La filosofía de lo real en X. Zubiri* (cfr. ZORROZA, I. "La filosofía de lo real en X. Zubiri", Pamplona: Cuadernos de Pensamiento Español (EUNSA), 2003, nº20).

79 Aquí, desde el plano del devenir de la actualidad intelectiva, afirma lo que recogimos anteriormente cuando decíamos que la intelección no añadía ni quitaba nada a la cosa real.

80 IS, pp. 140-141.

Zubiri hable de una "actualidad formalmente considerada" de lo real, ya que, esta vez sí está especificando qué tipo de actualidad es, es decir, esta indicándonos en qué orden de realidad nos estamos moviendo: en el orden de la realidad aprehendida en la inteligencia (el *Ordo actualitis* del profesor Tirado). Y si lo hace es porque hay otro modo de abordar la realidad, la realidad en y de lo "allende", al que está implícitamente haciendo referencia al hablar de la actuidad de lo real, actuidad que, como veremos, apunta a la actualidad de la unidad esencial en sus notas[81](*Ordo essendi*). Con esta explicación se entiende que Zubiri afirme que la actuidad y la actualidad "no son idénticos, pero eso no significa que sean independientes"[82]: por un lado, la actualidad es siempre actualidad de una actuidad; por otro lado, accedemos a la actuidad –al consistir de la cosa real por sí y en sí misma– a través de la actualidad intelectiva.

La actuidad actualizada por la intelección necesita de una metafísica que la explique, y esa metafísica zubiriana está escrita ya en *Sobre la esencia*, donde la esencia será, tal y como expresa Víctor Tirado, "el principio estructurante de lo real radicado en lo real mismo."[83]

---

81 En los trabajos consultados donde se estudia la evolución del término actualidad entre *Sobre la esencia* y la Trilogía, el significado del término se refiere a la actualización intelectiva descrita en ambas obras (por ejemplo, cfr. BAÑÓN. J. "Metafísica y Noología en Zubiri", Salamanca: Publicaciones Universidad Pontificia de Salamanca, 1999, pp. 172-180 y cfr. HERRANZ YAGÜE, C. "Sobre el concepto de actualidad en Zubiri", Revista Agustiniana. 2001, XLII (127): pp. 43-51) pero no al significado de actualidad existente en la actualización de la unidad esencial en las notas explicitada en *Sobre la esencia* (cfr. SE, pp. 337, 340-342, 356). En el caso que se confirmara que no existen trabajos a este respecto, queda pendiente para posteriores investigaciones una comparación sobre el término actualidad existente entre el análisis noológico y el acontecido en la unidad primaria actualizada en cada nota del constructo. Quizás ese estudio pueda dar luz sobre los dos momentos del "de suyo".

82 IS, p. 140.

83 TIRADO SAN JUAN, V. M. "Intencionalidad, actualidad y esencia: Husserl y Zubiri", Salamanca: Publicaciones Universidad Pontificia de Salamanca, 2002, p. 167.

3 Determinación de la esencia de la cosa real

Hemos mostrado cómo, desde la filosofía de Zubiri, el análisis del "de suyo" tiene razón de ser desde y por la cosa real sentientemente inteligida. Como dejaremos mostrado en el siguiente capítulo, la esencia es aquello por lo que la cosa real es tal, esencia no entendida como "esencia de la realidad, sino realidad en esencia. Por esto, el que lo real tenga una esencia, es una imposición de la realidad profunda misma."[84] Me alineo a este respecto con el profesor Tirado cuando afirma: "En cualquier caso, lo que sí es para él [Zubiri] un dato absoluto, es que las cosas han de tener una esencia."[85]

El discurso metafísico noológico de Zubiri en *Sobre la esencia* trata de la acotación de la esencia dentro de lo dado en la aprehensión. Estoy de acuerdo con Pintor Ramos cuando apunta que

> No es cierto que la mayor parte de 'Sobre la esencia' sea una 'elaboración conceptual' referida a contenidos allende la aprehensión: al contrario, si nos olvidamos ahora de peculiaridades de estilo, la mayor parte del largo y adusto texto es una *descripción* o *análisis* 'metafísico'– en el sentido de 'físico en trans'– orientado por lo que indica el título: la acotación de la esencia dentro de lo dado; si se hubiese reparado en que la esencia aquí buscada es estrictamente física y no conceptual, se habrían evitado la mayoría de las discusiones que ensombrecieron la obra. [86]

Pero hemos de aclarar desde el comienzo que una cosa es que tenga cabida y sentido tratar de salir al encuentro de la esencia de las cosas, y otra distinta será justificar la posibilidad de éxito de determinar las notas talitativas esenciales. Es decir, una cosa es la legitimidad y otra cosa bien distinta lo problemático e inacabable de la empresa.

---

84 IRA, p. 114.

85 TIRADO SAN JUAN, V. M. "Intencionalidad, actualidad y esencia: Husserl y Zubiri", Salamanca: Publicaciones Universidad Pontificia de Salamanca, 2002, p. 299.

86 PINTOR RAMOS, A. "La concepción zubiriana de la Filosofía", en PINTOR RAMOS, A. (Coord.), "Zubiri desde el siglo XXI", Salamanca: Universidad Pontificia de Salamanca, 2009, p. 475.

Aun siendo la esencia, como veremos, un subsistema físico en el que se fundan[87] todas las notas del sistema y el sistema en cuanto tal, el análisis y determinación se manifiesta problemático[88]. En *Sobre la esencia*, encontramos un conocido texto que nos ofrece una clara idea de la panorámica en la que se mueve la reflexión en lo que respecta a la determinación de la esencia, claro ejemplo en la relación entre ciencia y metafísica:

> el albinismo en cuanto tal no es constitutivo, sino meramente constitucional, porque, como es sabido, es un carácter génicamente controlado. Lo constitutivo sería la o las notas génicas que fundan aquél carácter. No basta para ello haber logrado "dar" con el gene que lo controla, porque a su vez este carácter del gene quizá no sea sino algo fundado en estructuras bioquímicas y biofísicas más elementales; éstas serían las notas constitutivas del albino. De aquí que llegar a una nota verdaderamente constitutiva sea un problema siempre abierto; lo que hoy parece último tal vez no lo parezca mañana.[89]

Se ve aquí con nitidez cómo la meta de *Sobre la esencia* es la búsqueda del fundamento de lo real, la esencia. Pero "sólo rarísima vez estamos seguros de haber dado con una nota que sea verdaderamente constitutiva"[90].

Varios especialistas en Zubiri han reflexionado sobre el significado del "rarísima vez", y sobre la posibilidad o no de dar con las notas constitutivas. Es por todos conocido que Zubiri, sin titubeos, afirma la existencia de notas constitutivas, entre las que destaca la inteligencia y, como ya hemos visto, los genes; así que, si nos fijamos en los escritos de Zubiri, podemos afirmar que el filósofo no cuestiona la posibilidad y el sentido de la búsqueda.

---

87 En el capítulo segundo trataremos de explicar el preciso significado que Zubiri otorga a ese fundar.

88 "No hay un problema metafísico, sino que 'metafísica' designa el ámbito de problematismo que emana de las cosas, pero ese problematismo permite distintas formulaciones según el horizonte dentro del cual surjan esas formulaciones." (Ibid p. 460).

89 SE, p. 190.

90 SE, p. 352.

A este respecto me alineo con Ignacio Ellacuría cuando dice que es un proceder justificado ir en busca de lo constitutivo:

> Ir en busca de lo constitutivo más allá de la constitución precisamente en la línea de lo infundado es, evidentemente, un proceder justificado: si la esencia ha de entenderse como fundamento último de la cosa, dentro de la estructura formal de ésta, habrá que buscar aquellas notas que no sean fundadas, porque de lo contrario de esas notas fundadas habrá que preguntar de nuevo por su principio último no extrínseco sino interno.

Diego Gracia ha manifestado la necesidad de eliminar la posibilidad de considerar el subsistema de notas constitucionales constitutivas por responder estas tan solo a una construcción mental del proceder intelectivo. En mi opinión esta actitud de eliminar de raíz la teoría de la esencia zubiriana responde, a mi juicio, a una devaluación de la metafísica expuesta en *Sobre la esencia* desde una interpretación particular de la Trilogía. El autor madrileño nos dice, en relación a la distinción entre la esencia del sistema constitucional, que

> en el orden de la aprehensión, esencia y sustantividad se confunden. El ámbito de la aprehensión es el ámbito de lo esenciable y de lo esenciado, no de la esencia misma.[91]

Por este motivo, afirma, "no nos es posible diferenciar esencia de sustantividad."[92]

Este análisis realizado es, según Gracia, como debe interpretarse el texto de *Sobre la esencia* donde Zubiri afirma que la

> esencia es aquello que hace que lo real sea "tal" como es. Averiguar 'cuál' sea esta esencia, es decir, cuál sea este 'tal', es asunto del saber positivo. *Pero concierne formalmente a la metafísica la conceptuación de la 'talidad' misma.*[93]

---

91 Ibid p. 203.

92 Ibid p. 202.

93 SE, p. 357. Cursiva mía.

La particular interpretación de Gracia está, según él, insinuada en este texto transcrito de *Sobre la esencia*, texto que a su juicio "sólo desde *Inteligencia Sentiente*, ha adquirido perfiles realmente definidos."[94]

El planteamiento de gracia se cimenta en que, según él, Zubiri corrobora su interpretación cuando explicita que la esencia es creación libre de la razón.

> Lo dicho [por un lado, el carácter racional de la esencia al no estar dada directamente en la aprehensión, y, por otro, que la esencia sólo adquiere todo su sentido en el interior del mundo de la razón[95]] queda expresamente corroborado por el propio Zubiri en unas páginas de Inteligencia y Razón: La esencia, dice allí, es creación libre de la razón (IRA 114) [96]

Como he desarrollado en otro trabajo[97], si nos dirigimos a la página 114 de *Inteligencia y razón*, no considero correcto interpretar que allí Zubiri defienda que la esencia es creación libre de la razón en el sentido interpretado por Gracia. A este respecto, la crítica de Ellacuría a una interpretación conceptual de la esencia física zubiriana es de total actualidad.

En mi opinión, acercarse al trabajo de Ellacuría, tal y como veremos a lo largo de la exposición de la teoría de la sustantividad y de la esencia, ofrece mucha luz. Ellacuría, ya en su tesis doctoral dirigida por el propio Zubiri[98], no es ajeno al problema de tratar a la esencia como algo conceptual en el sentido de creado libremente por la razón.

---

94 GRACIA, D. "Voluntad de verdad. Para leer a Zubiri", 2° ed. Madrid: Editorial Triacastela, 2007, p. 203.

95 Cfr. Ibid p. 201.

96 Ibid p. 201.

97 Cfr. GÜELL, F. "La esencia como creación libre de la razón en Xavier Zubiri", Pensamiento. (Aceptado en enero del 2013).

98 Aun dirigida por Zubiri, a efectos formales y para su defensa en la Universidad Complutense de Madrid, fue asumida por el profesor Muñoz Alonso, catedrático de dicha universidad (Cfr. LORIENTE PARDILLO, J.L. "Ignacio Ellacuría", Madrid: Fundación Emmanuel Mounier, 2004, p. 11)

Aunque no será hasta abordar el segundo capítulo cuando daremos sentido a estas nociones, dice que el carácter de infundado de las notas constitutivas, carácter por el cual las reconocemos como constitutivas, podría interpretarse como una construcción mental:

> A alguien le ha parecido que de lo que aquí se trata es de una construcción conceptual: defino diversas clases de notas y con ellas sustituyo lo que es la realidad, distingo notas formales de notas adventicias y entre aquellas notas constitucionales y constitutivas, y tengo que concluir que éstas son infundadas y que, por tanto, no me remiten a ningún otro fundamento dentro de la cosa misma.[99]

También he desarrollado ampliamente en otro lugar[100] la respuesta de Ellacuría:

> Pero aquí no se trata ni por un momento de haber arrancado de conceptos, aunque se haya llegado a ellos; aquí se trata de enfrentarme ante la realidad de la cosa para ver en ella cómo se da una variedad de notas no sólo por su distinción talitativa, sino, por así decirlo, por su rango entitativo; más exactamente, por su condición metafísica.[101]

Termino este apartado con un texto fechado el 11 de noviembre de 1983, e inédito hasta ser recogido en sus "Obras completas". En él, Ellacuría expresa de forma, en mi opinión, brillante y ciertamente premonitoria –pues se acababa de publicar el último tomo de la Trilogía– un análisis sobre la problemática de fondo que hemos aludido en este primer capítulo.

> El realismo de Zubiri adquiere, así, caracteres complejos. En cuanto es un realismo que responde a una Inteligencia sentiente, parece y es, en ocasiones, un estricto materialismo, que escapa a todas las formas de idealismo, aun en las versiones aparentemente menos idealistas de Husserl y Heidegger. Pe-

99 ELLACURÍA, I. Principalidad de la esencia en Xavier Zubiri, Universidad Complutense, Facultad de Filosofía, Madrid, 1965, Tomo 2, p. 647 (tesis).

100 GÜELL, F. "La esencia como creación libre de la razón en Xavier Zubiri", Pensamiento. (Aceptado en enero del 2013).

101 ELLACURÍA, I. "Principalidad de la esencia en Xavier Zubiri", Universidad Complutense, Facultad de Filosofía, Madrid, 1965, Tomo 2, p. 647 (tesis).

ro, a su vez, en cuanto ese realismo responde a una Inteligencia sentiente, se convierte en un realismo trascendental, que, por no ser puramente sensorial, puede parecer idealista o, al menos, intelectualista, sobre todo para aquellos que confunden el rigor del concepto con la huida de la realidad.[102]

4 Conclusión

Todo este capítulo ha tratado de reforzar la interpretación –fiel a la letra de la Trilogía– en la cual está justificado ir filosóficamente a las cosas mismas y a su fundamento.

En el discurso realizado un año antes de su muerte con motivo de la entrega del premio Ramón y Cajal, Zubiri afirmaba que lo real es múltiple no solo

> porque las cosas tienen muchas propiedades distintas, sino también por una razón a mi modo de ver más honda: porque lo que es abierto es su propio carácter de realidad.[103]

Esto, nos dice,

> arrastra a la investigación no de las propiedades de lo real, sino a la investigación del carácter mismo de realidad. Esta investigación es de tipo distinto; es justo lo que pienso que es la *filosofía*. Es la investigación de en qué consiste ser real.[104]

Son las cosas reales las que "arrastran" a la investigación filosófica. En palabras de Ignacio Ellacuría redactadas en 1981 con motivo de la aparición de la obra *Inteligencia sentiente*, Zubiri, a pesar de los

---

102 ELLACURÍA, I. "Zubiri, el filósofo más importante de España" en Molina Velásquez, C. Editor, "Ignacio Ellacuría, Escritos Filosóficos III", San salvador: UCA Ediciones, 2001, p. 361.

103 SVI, p. 9.

104 SVI, p. 9.

avatares personales vividos a lo largo de su trayectoria[105], fue siempre fiel "a sí mismo y a la vocación intelectual que le signó desde sus primeros años: ir a las cosas mismas filosóficamente."[106] Es solo entonces cuando los datos de la experiencia, y más concretamente los que nos ofrecen las ciencias positivas, tienen un lugar preciso en la marcha de la razón.

Ignacio Ellacuría expone con brillantez lo que aquí quiero defender:

> Talitativo implica en su sentido más laxo cualquier contenido de la cosa real, y esto pueden y deben aportarlo las ciencias positivas respecto de ciertas cosas reales y en nuestro caso del hombre; (...) Pero pueden aportar todavía más. Talitativo en sentido riguroso implica aquellas notas constitutivas de la realidad que hacen de una cosa que sea estrictamente tal; las ciencias pueden también, en algunos casos acercarse a esas notas, al menos materialmente y orientadas por lo que de la talidad en cuanto tal dice la filosofía; mas aun, a veces sin las ciencias la filosofía no podrá decir nada en concreto sobre las notas esenciales de una cosa real –por ejemplo, y en el caso del hombre cuál es el concreto organismo animal que es el hombre–, de modo que en este caso su aporte es estrictamente positivo-talitativo: positivo porque se acerca hasta las mismas notas esenciales talitativas, que talifican, hacen tales, a todas las demás notas de la estructura en cuestión.[107]

Es por esta razón y no por otra, por lo que Zubiri afirma que la averiguación de

---

105 En apenas cuatro páginas Ignacio Ellacuría expone sintéticamente lo que fue el contexto socio-cultural que acompañó a Zubiri a lo largo de su vida (cfr. ELLACURÍA, I. "Introducción crítica a la antropología filosófica de Zubiri", Cuadernos salmantinos de filosofía. 1975, II (1): pp. 128-132). Para un análisis completo biográfico, cfr. COROMINAS, J., VICENS, J.A. "Xavier Zubiri. La Soledad Sonora", Madrid: Santillana Ediciones Generales, S.L., 2006.

106 Cfr. ELLACURÍA, I. "La nueva obra de Zubiri: 'Inteligencia Sentiente'", Razón y Fe. 1981, 994 (203): p. 127.

107 ELLACURÍA, I. "Introducción crítica a la antropología filosófica de Zubiri", Cuadernos salmantinos de filosofía. 1975, II (1): p. 172.

> "cuál" sea esta esencia, es decir, cuál sea este "tal", es asunto del saber positivo. Pero concierne formalmente a la metafísica la conceptuación de la "talidad" misma.[108]

Esta conceptuación arranca necesariamente de la talidad típicamente distinta y, como dice Zubiri habiendo dejado prácticamente escrita el último tomo de la Trilogía, arrastra a la investigación filosófica.

En mi opinión, no se puede afirmar, a la luz del "último Zubiri" que su planteamiento noológico anula la posibilidad del objeto de la metafísica (si se quiere, de una metafísica noológica). En palabras del propio Zubiri recogidas por Pintor Ramos, "en un libro sobre la esencia se va a prescindir de la inteligencia y basta con conceder al principio que 'evidentemente sin inteligencia no existiría verdad'"[109].

Pintor Ramos, reflexionando sobre la recepción de la metafísica zubiriana, expone, a mi entender de forma magistral, la actitud de partida para una reflexión sobre la realidad desde una perspectiva que tome en consideración el conjunto de la obra zubiriana.

> *Sobre la esencia* es una obra imprescindible del legado zubiriano que no solo no tiene substituto, sino que no hay atajo para evitarla. Hoy se puede ampliar o matizar, pero no esquivar lo que siguen siendo trabajosas dificultades en su temática y en su exposición (...). *Inteligencia sentiente* recoloca *Sobre la esencia* en la medida en que pone al descubierto los fundamentos de todo el edificio mental zubiriano, pero directamente no anula ni la sustituye en un intento por desquitarse del fracaso anterior; tampoco busca directamente salvarla pues Zubiri se va dando cuenta que se trata de obras que se mueven en planos distintos y ninguna está en función de la otra.[110]

Consciente de la urgencia de seguir reflexionando sobre la unidad de la obra zubiriana y de revisar lo alcanzado en este capítulo introductorio, entiendo que la actitud propuesta por Pintor Ramos –y procurada en esta investigación– no solo es fiel al esfuerzo y com-

---

108 SE, p. 357.

109 PINTOR RAMOS, A. "Nudos en la filosofía de Xavier Zubiri", Salamanca: Publicaciones Universidad Pontificia de Salamanca, 2006, p. 235.

110 Ibid p. 191.

promiso filosófico zubiriano: pienso que solo aceptando los distintos planos del análisis (el metafísico noológico y noología) se puede recoger toda la riqueza y hondura de la investigación sobre la realidad como "de suyo".

Capítulo 2. Teoría zubiriana sobre la sustantividad y sobre la esencia[1]

1 Introducción

En el primer capítulo he intentado mostrar que es posible la metafísica y he intentado situarla dentro del horizonte zubiriano. En este segundo, nos proponemos realizar una exposición de la teoría de la sustantividad y de la esencia zubiriana[2] y seguiremos principalmente

1 He recogido en dos artículos, de forma sintética y con el mismo rigor, la exposición de la metafísica zubiriana que reproduzco en este capítulo (Cfr. GÜELL, F., "Teoría zubiriana de la esencia (I): sobre lo esenciable y lo esenciado", Cuadernos Salmantinos de Filosofía. 2011, Vol. XXXVIII, pp. 165-207 y cfr. GÜELL, F., "Teoría zubiriana de la esencia (II): sobre la esencia", Cuadernos Salmantinos de Filosofía. 2013, Vol. XXXIX, pp. 309-368). Es pertinente anotar que en aquellos artículos no está recogida la exposición zubiriana sobre las combinaciones funcionales, combinaciones químicas y la gradación de sustantividades que aparecen en el subapartado 10 del presente capítulo.

2 Xavier Zubiri propone una teoría de la sustantividad como una explicación de la realidad alternativa a la teoría tradicional de la sustancia. Varios autores señalan que la exposición de la teoría zubiriana de la sustantividad, lejos de ser una crítica, superación o ampliación de la teoría aristotélica de la sustancia, es una actualización de esta. La profesora Idoya Zorroza señala a este respecto: "La teoría aristotélica de la realidad (o de la sustancia) es mucho más rica que la definición que de ella hace Zubiri; de modo que podría entenderse la exposición zubiriana como una actualización y aclaración de esa teoría de la sustancia aristotélica, en el plano de la justificación de la realidad mundanal, más que una crítica radical a ella. La teoría zubiriana de la sustantividad mejor se entiende desde una justa interpretación sin deformaciones de las ideas aristotélicas expuestas en la Metafísica y la Física referidas a la estructura de la realidad física que como crítica o contraposición a ella." (ZORROZA, I. "La filosofía de…", p. 107). Desde mi punto de vista –y aunque no es objetivo de esta tesis–, mi modo de entender esta discusión

la obra *Sobre la esencia.* Este capítulo es de una importancia capital para los objetivos de este libro: en él se fundamentarán análisis posteriores sobre el carácter sustantivo del embrión y sobre las interpretaciones que han negado su suficiencia constitucional, y también se expone el paradigma constitucional desde el que caracterizar al viviente frente a otras realidades y desde el que ofrecer una explicación precisa del desarrollo orgánico.

Antes de introducir sus contenidos, hemos de tener en cuenta algunas consideraciones sobre la lectura que hemos realizado de la obra del autor. Primero, el respeto a su precisa estructura. En la investigación filosófica que lleva a cabo en *Sobre la esencia*, Zubiri, antes de proponer su propia teoría en la que define y caracteriza qué entiende por esencia, anticipa de forma provisional las distintas

pasa por la siguiente reflexión: en el recorrido filosófico en el análisis primero de la esencia y luego de la relación Inteligencia-Realidad, encontramos críticas de Zubiri a los distintos planteamientos de filósofos que van desde Aristóteles hasta Heidegger. Tal y como apuntaba Pintor Ramos, las exposiciones que de varios autores trae a colación Zubiri no pretenden ser una explicación completa de la metafísica de estos filósofos, sino una selección de textos que, guiados por un objetivo concreto, le son útiles para apoyar su tesis (cfr. PINTOR RAMOS, A. "Nudos en la filosofía de Xavier Zubiri", Salamanca: Publicaciones Universidad Pontificia de Salamanca, 2006, pp. 197-199). Considero que las constantes críticas conceptuales que Zubiri realiza en *Sobre la esencia* sobre el uso y contenido de términos de la tradición filosófica tienen la intención de situar poco a poco al lector en unas coordenadas precisas ante las cosas. Para ello va analizando –ciertamente con mayor o menor rigor y acierto– terminología y fórmulas clásicas mostrando, desde lo ganado por ellas, las ambigüedades y/o carencias que a su juicio arrastran; pero el objetivo principal de Zubiri no es, en mi opinión, realizar un análisis destructivo de otros sistemas filosóficos, sino apuntar que aquello traído a colación por él de estos –y no en todo su contexto–, no corresponde con la realidad tal y como él la quiere formular o reformular. Zubiri, con su sistema ya pensado, acude a otros planteamientos para tomar herramientas y es en esa reformulación donde necesariamente tiene que hacer una labor crítica para no "viciar" de significado algunos instrumentos que necesitará en su marcha hacia las cosas mismas. Como veremos, algunos términos vitales en su obra, aun partiendo de lo ganado por otros, son en muchos casos hondamente modificados y enriquecidos.

acepciones de "esencia" para, en una segunda parte todavía introductoria, entablar una sugerente discusión con algunas ideas clásicas acerca de ella. Tras este recorrido introductorio, que se alarga casi cien páginas, el autor destacará algunos puntos que le ayudarán a comenzar su particular andadura filosófica. Por ello tomo las dos primeras partes de la obra como reflexiones provisionales que, tal y como explicitará el propio Zubiri, no tienen como objetivo presentar cuál es su acepción de esencia sino reorientar al lector a lo que será el punto de partida de su original planteamiento.

En segundo lugar y en estrecha relación con el primer punto, considero crucial tener presente desde qué aproximación a la problematicidad de la esencia el autor está realizando el análisis. Zubiri se preocupa por delimitar el objeto de su reflexión de forma nítida y estructura de modo preciso el índice de la obra: en primer lugar, el análisis de lo esenciable, después, el de lo esenciado y, por último, el de la esencia. A mi juicio, solo teniendo presente este esquema podemos comprender qué y por qué el autor dice lo que dice y se expresa del modo que lo hace. No hacerlo así puede desembocar en adjudicar a la esencia afirmaciones y caracterizaciones del ámbito de lo esenciable o la realidad esenciada.

En tercer lugar, hay que considerar en el sentido estricto en el que, a mi juicio, Zubiri entiende la unidad propia del sistema como unidad de "constitución". El autor caracteriza con enorme riqueza el sistema constitucional en su aproximación a lo esenciado, estableciendo las coordenadas de su análisis al presentar la constitución individual en términos de "interna determinación". En mi exposición me someteré con rigor a estas coordenadas desde las que, en mi opinión, ha de abordarse la teoría de la sustantividad pues solo así quedará justificado el adentrarse al análisis interno de la esencia tal y como discurre el autor.

El contenido del presente capítulo, como decíamos, no es sino una exposición de la teoría de la sustantividad y de la esencia. En cuanto concierne al análisis de la esencia y tal y como lo traza Zubiri en su obra, el único modo de adentrarse en ella ha de ser desde el análisis de la sustantividad: la investigación filosófica de *Sobre la esencia* comienza enfrentándose a las cosas como sistemas de notas donde aparece la importantísima noción de sustantividad.

Siguiendo sus pasos en el adentrarse a las cosas mismas, acotaremos el ámbito de la realidad como ámbito de lo formalmente esenciable, la realidad esenciable. Al hilo de *Sobre la esencia* delimitaremos en qué realidades de ese ámbito se halla la esencia, la realidad esenciada[3]. Ubicados en el análisis de lo esenciado y sometido con rigor a las coordenadas constitucionales, mostraré el positivo significado de "constitución" más allá del mero "constituir", el contenido zubiriano de los términos "posición" y "clausura" y la individualidad como unidad numeral modulada internamente.

En el análisis de la esencia misma de lo real y solo sometidos a las coordenadas establecidas en lo esenciado, entenderemos en qué preciso sentido dice el autor que la esencia es infundada, funda al resto de notas, tiene necesidad de lo inesencial y está clausurada. Zubiri sistematizará su reflexión desde una doble perspectiva com-

3 Hay tres hechos que me parecen significativos en el discurrir de Zubiri en lo esenciable y lo esenciado con respecto a su acepción de la esencia. En primer lugar, atendiendo a la estructuración del índice de la tercera parte, observamos que la esencia misma de lo real es abordada a partir del capítulo noveno. En segundo lugar, en las 72 páginas en las que Zubiri expone su propuesta metafísica sobre lo esenciable y lo esenciado (SE, pp. 103-175) tan sólo se nombra una vez "constitutivo", y lo hace en un contexto relacionado con la aprehensión intelectiva con motivo de la estimulidad en los animales ("Que las cosas sean estímulos que el animal siente, esto es, que la estimulación sea algo sentido, es tan obvio que no necesita ni tan siquiera ser mencionado. Pero lo que sí es menester subrayar, porque en ello no se ha reparado, es que 'estímulo' es la formalidad propia y constitutiva del sentir en cuanto tal" (SE, p. 115)). En tercer lugar, el término "subsistema" no aparecerá hasta el artículo primero de la sección segunda del capítulo noveno titulado "La 'esencia' misma de lo real" (SE, p. 195), casi doscientas páginas después del inicio de la obra. Por todo ello entiendo que se puede afirmar que no se podrá ni entender ni presentar la acepción zubiriana de la esencia –es decir, el significado que Zubiri otorga a lo constitutivo- recurriendo a lo alcanzado y afirmado en la reflexión zubiriana sobre lo esenciable y lo esenciado ya que en la descripción zubiriana de lo esenciable y lo esenciado no encontramos todavía una explicación sistemática sobre lo que es la esencia misma de lo real.

plementaria: considerando a la esencia en sí misma (momento de ultimidad) y con respecto al resto de las notas (momento fundante)[4]. El análisis de la esencia culminará con la caracterización de la unidad esencial y la descripción de su actualización en el estado constructo[5].

Considerada en sí y por sí misma, el análisis de la esencia nos irá mostrando hasta qué punto el subsistema constitutivo confiere todo lo que de la sustantividad se había perfilado en su aproximación como sistema de notas constitucionales. Aunque, como decíamos, el "ir a las cosas mismas" siempre discurre de lo sustantivo a la esencia, la caracterización de aquella no podrá entenderse con rigurosidad sin la caracterización de esta. Alcanzado el análisis de la unidad esencial, estaremos en perspectiva de comprender la acepción zubiriana de esencia. Solo entonces podremos abordar con eficacia la caracterización diferencial e imbricación entre la estructura esencial y la estructura de notas constitucionales, objetivo con el que concluiremos esta primera parte de la investigación.

En resumen, en el presente capítulo comenzaremos estableciendo nítidamente las distintas aproximaciones de Zubiri ante la problematicidad del análisis de lo esencial (lo esenciable, lo esenciado y la esencia). Con esta aproximación diferencial presente y tras caracterizar la unidad constitucional y la razón formal de la sustantividad, estaremos en disposición de caracterizar la esencia y comprender en qué sentido Zubiri dice de la esencia momento último y momento fundante. Este análisis describirá el significado de la fundamentalidad y el tipo de necesidad entre lo esencial e inesencial, reflexión que será rescatada en la parte tercera de este trabajo a la

---

4 A lo largo de este análisis sistemático surge el momento quidditativo y los ricos y precisos conceptos zubirianos de phylum y especie. Aunque la presente investigación supone una rectificación y avance de la exposición introductoria de la teoría de la sustantividad y de la esencia de un trabajo previo (cfr. GÜELL, F. "Phylum, especie e individuo en Xavier Zubiri", Anuario Filosófico. 2009, XLI/2: pp. 415-439), en aquel se introduce la interesante noción zubiriana de phylum y de especie (Ibid).

5 La parte central de esta etapa correspondería al contenido de *Sobre la esencia* hasta llegar al orden trascendental (cfr. SE, pp. 175-373).

hora de analizar la índole e imbricación de los factores epigenéticos y el material genético en el desarrollo orgánico.

2 La determinación provisional del concepto de esencia

En la primera parte del libro *Sobre la esencia* titulada "El problema de la esencia" Zubiri, antes de proponer su propia teoría en la que define y caracteriza qué entiende por esencia, anticipa de forma vaga y provisional las distintas acepciones de su significado. En una segunda parte todavía introductoria, el autor entabla una sugerente discusión con algunas ideas clásicas acerca de la esencia. El recorrido introductorio concluye con un resumen sintético[6] que nos sitúa en el punto de salida de su particular andadura filosófica, propuesta que dará comienzo, en el capítulo séptimo, al acotar la realidad como ámbito de lo esenciable. Veamos ahora paso a paso qué aporta Zubiri en cada una de estas tres secciones.

Cuando el autor aborda en esa primera parte, de forma sintética, qué se ha entendido por esencia, nos dice que en su primigenia acepción es aquello que responde a la pregunta del "qué" es algo. Zubiri encuentra tres principales sentidos en respuesta a ese "qué".

En un primer sentido responde a la unidad interna "en virtud de la cual decimos que todas esas notas son de 'la' cosa, y recíprocamente que 'la' cosa posee tales o cuales notas."[7] En esta latísima aproximación a la esencia, "el 'qué' significa todo aquello que de hecho es la cosa real en cuestión con la totalidad de las notas que posee"[8]: el "qué" es "esto".

En un segundo sentido la pregunta por el "qué" responde solo al "conjunto de aquellas notas que posee como propiedad distintiva suya y que no le son indiferentes, sino que constituyen su caracte-

6 No por otro motivo el capítulo sexto lo titula "Resumen introductorio".
7 SE, p. 15.
8 SE, p. 15.

rística mismidad."[9] Aquí lo apuntado ya no es solo "esto", sino "Javier", "perro", etc.

En el tercer y último sentido, la esencia responde a aquellas notas "que no pueden en manera alguna faltar a una cosa real sin que esta deje en estricto rigor de ser lo que es"[10], es decir, el mínimo que ha de tener para que la cosa sea lo que es en el segundo sentido. Zubiri señala que solo cuando se da el paso en el "qué" del "esto" a "Javier" podemos conceptuar con rigor el "qué" esencial de algo, el tercer sentido de esencia; es decir, para alcanzar el tercer sentido de esencia se ha de distinguir, primero, entre aquellas notas que caractericen la mismidad de la cosa real y las otras que le sean indiferentes o accesorias.

Ignacio Ellacuría, en el Índice Esquemático de su obra *Índices*, el trabajo, a mi juicio, más exhaustivo y completo sobre los contenidos de *Sobre la esencia* revisado por el mismo Zubiri, señala que, en este tercer sentido, Zubiri apunta a la esencia "como unidad interna, primaria, necesitante[11] y principial"[12]. Esta caracterización

---

9 SE, p. 16.

10 SE, p. 17.

11 Zubiri introduce en esta determinación provisional un término que ha de ser correctamente considerado y de cuya matización posterior dependerá la correcta comprensión de buena parte de su metafísica. Para explicar el tercer sentido, el autor toma la esencia como "el conjunto unitario de notas que la cosa posee necesariamente" (SE, p. 19). El uso del término "necesidad" que utiliza aquí es, como mostraré, un recurso impreciso y no sistematizado en un contexto introductorio de determinación provisional del "concepto" de esencia, término bien distinto de la precisa y delimitada "necesidad" que el autor perfilará y utilizará en coordenadas distintas y bien definidas en el análisis de la esencia "física" en su imbricación con lo inesencial. Ciertamente el autor utiliza "necesidad" en esta reflexión provisional en un contexto concreto: si lo presenta así es para seguidamente decir que la esencia "no es sólo el conjunto unitario de notas que la cosa posee necesariamente, sino que en ese conjunto unitario su unidad reviste un carácter sumamente preciso" (SE, p. 17): además de interna, la unidad, nos dice, es "primaria y radical", términos que también adquirirán toda su precisión en la caracterización cientos de páginas después.

12 ISE, p. 20.

no hace sino señalar en estos inicios el enfoque[13] que tomará el autor, términos que solo se llenarán de contenido cuando en el capítulo noveno de *Sobre la esencia* aborde la esencia misma de lo real[14].

En definitiva, Zubiri anuncia que la dirección donde se situará su reflexión será la que apunta ese tercer sentido; pero esta vaga determinación provisional del concepto de esencia todavía nada nos dice sobre la caracterización ni el contenido riguroso que le otorgará el autor aunque, ciertamente, nos ayuda a visualizar cuáles serán las coordenadas de salida que constituirán el marco de su reflexión.

En la segunda parte y como ya he apuntado, Zubiri se dedica a reorientar hacia un punto de partida otros modos de aproximarse al significado de esencia. Considero importante ahondar en algunos rasgos de la reflexión zubiriana que aparecen en discusión con otras acepciones y que, a mi juicio, ayudarán a ubicarnos en lo que serán sus coordenadas y aproximaciones a la problematicidad de la esencia.

En el capítulo donde analiza (y critica) la acepción de esencia como sentido, nos dice que la cosa "tiene en sí y formalmente, además de su momento contingente, el momento de necesidad esencial"[15]. Aquí sale a la luz la "necesidad esencial", pero hemos de apuntar que en este contexto Zubiri no pretende presentar su teoría sino afirmar que

---

13 Cfr. ISE, p. 154.

14 Cfr. SE, pp. 175-509. Esto que afirmo se puede ver en el siguiente hecho: cuando en el Índice ideológico de la obra *Índices* Ellacuría señala en qué lugares de *Sobre la esencia* Zubiri explica el rico y variado significado que otorga a la "Unidad esencial", el discípulo no remite ni a las dos primeras partes introductorias ni a la reflexión zubiriana con motivo de lo esenciable y esenciado del capítulo VIII, sino al capítulo IX dedicado a la esencia misma de lo real.

15 SE, p. 31.

> de lo que la cosa es independiente es de la contingencia accidental, pero no de la cosa real, la cual tiene en sí y formalmente, además de su momento contingente, el momento de necesidad esencial.[16]

La necesidad esencial aquí aludida es, como veremos enseguida, un modo de afirmar que solo las cosas reales (entendiendo aquí real en un sentido preciso y crucial todavía no explicado por el autor) poseen momento esencial[17].

Un rasgo, en mi opinión, relevante que ya aparece insinuado en las partes introductorias y que se mantendrá invariable a lo largo de su propuesta metafísica personal es que el autor parte de las cosas "ya" como "unos" –como sistemas unitarios– y se desentiende del origen de esa unidad. Zubiri no problematiza cómo se alcanza esa unidad en las notas múltiples, sino que, a partir de la unidad y desde unas coordenadas concretas, llevará a cabo una clasificación de las notas que componen dicho sistema unitario y analizará el dinamismo interno del mismo desentendiéndose, como digo, del origen de dicha unidad. Pero que no se cuestione el origen de la unidad desde la multiplicidad no implica, claro está, que no la caracterice[18]. El autor abordará la descripción y caracterización de la cosa entendida como un (unidad) sistema (multiplicidad de notas) desde el punto de vista de las notas y desde el punto de vista de la unidad, dando siempre prioridad a la unidad y no abordando nunca a esta como causa de aquellas.

Este punto de partida ya aparece en las reflexiones introductorias cuando nos dice que el tercer sentido usual de esencia presupone la aprehensión del "qué" en el segundo sentido. Es decir, Zubiri

---

16 SE, p. 31.

17 Se aprecia con claridad que esa afirmación la realiza no desde una exposición sistemática y rigurosa de su teoría, sino desde el diálogo con otras corrientes. De hecho, a la altura de esa afirmación ni siquiera ha delimitado el ámbito de lo esenciable, ámbito donde sí sistematizará esa "necesidad" (en contraposición con las cosas-sentido) y desde el que desarrollará todo su discurso.

18 Zubiri insiste a modo de recordatorio a lo largo de su exposición que su planteamiento no discurre en la línea de la originación o causalidad, sino en la precisa línea de la constitución o desde el orden constitucional.

presupone que partimos de un sistema dado sin problematizar su origen:

> Precisamente porque sabemos ya lo que es la cosa (Pedro, perro, hombre, etc.) es por lo que nos vemos forzados por la cosa misma a buscar el concepto de su misma esencia.[19]

Este matiz tiene una relevancia importante para esta investigación: desde el planteamiento zubiriano y, por ejemplo, ante una madre embarazada, no cabe una aproximación que trate de concluir si, viendo la multiplicidad de notas, nos encontramos ante un sistema constitucional o dos. El movimiento ha de ser, desde la perspectiva zubiriana, partir de la hipótesis de que nos encontramos con dos sistemas constitucionales y, analizando uno de ellos –en este caso, el embrionario– observar si responde o no a la caracterización sustantiva.[20]

Otro de los aspectos que comienzan a intuirse fruto de la provisional determinación de la esencia, y como crítica a otros planteamientos, es la relación que sistematizará a lo largo de su propuesta entre la esencia y la cosa real:

> Las cosas no "remiten" a la esencia como a un sentido regulador *a priori* de su realidad. Las cosas guardan con la esencia un respecto más íntimo: no remiten a ella sino que la "poseen" intrínsecamente; las esencias están realizadas "en" las cosas, son un momento intrínseco y formal de ellas.[21]

---

19 SE, p. 18.

20 También podríamos partir de que nos encontramos ante un solo sistema y el análisis trataría de mostrar si las notas y el dinamismo que configura el embrión responden a una "parte" del dinamismo unitario en función de un único sistema tal y como lo hace, por ejemplo, un órgano. Es significativo que aquellos que concluyen que el embrión es parte de la madre se acercan al problema partiendo también de la hipótesis de que son dos los sistemas, siendo tras el análisis de sistema embrionario cuando concluyen que el embrión no posee suficiencia constitucional.

21 SE, p. 30.

Zubiri ofrece en esta primera parte una clave, desde mi punto de vista fundamental, a tener presente cuando nos adentremos en su propuesta metafísica. "La esencia es forzosamente 'esencia-de'; no es esencia a secas (...). En su virtud, en primer lugar, la esencia no es algo independiente de la realidad de hecho."[22] Considero relevante anotar cómo, desde antes de sistematizar su teoría –y prueba de ello es observar la terminología que luego rechazará enérgicamente–, Zubiri ya apunta con claridad que la esencia no debe entenderse como un ente (independiente) sino como un "momento": "La esencia no es ente, sino sólo momento del ente único que es la cosa real"[23].

De manera resumida, en el capítulo titulado "Resumen introductorio", el primero de la tercera parte, Zubiri rescata aquello que considera "útil" de lo discutido en esas cien primeras páginas. Al inicio de este capítulo explicita y corrobora lo que aquí he defendido: la exposición de lo que es "esencia" en este primer centenar de páginas ha sido una "vaga indicación"[24] de lo que se ha formulado usualmente como esencia y no debe tomarse como parte de su teoría, pues explicitarla no era su finalidad[25].

Zubiri comienza desde ese mismo instante a orientar sus propios pasos. De todo lo que ha ido anotando, el autor recoge los cinco puntos "que conviene destacar distintamente"[26] de la determinación provisional que ha llevado a cabo:

1.° La esencia es un momento de una cosa real
2.° Este momento es unidad primaria de sus notas
3.° Esta unidad es intrínseca a la cosa misma
4.° Esta unidad es un principio en que se fundan las demás notas (necesarias o no) de la cosa

22 SE, p. 31.
23 SE, p. 32.
24 SE, p. 100.
25 Cfr. SE, p. 97.
26 SE, p. 98.

5.º La esencia así entendida es, dentro de la cosa, su verdad, la verdad de la realidad.[27]

Detengámonos en algunos aspectos de estos puntos desde donde corroboraremos lo apuntado anteriormente. En el primero de ellos, por un lado, anuncia que la esencia la tomará como "momento", lo cual debe predisponernos a no entenderla como parte separable de la cosa real o cosa dentro de la cosa. Esto es de suma importancia: en su modo de atender a lo esencial, la esencia será reconocida bajo criterios que harán incompatibles entenderla como parte de una cosa o cosa dentro de otra. Por otro lado, queda también implícitamente mostrado que Zubiri da por hecho "una" cosa real ya dada, sin problematizar el tomar las cosas *a priori* como "unas" (lo que no quita que se enfrente a la problematicidad de su descripción).

Otro apunte relevante es que el momento esencial es unidad. En el desarrollo del análisis de la esencia Zubiri la explicará primero como "subsistema" de notas, pero ya desde el punto de salida el autor apunta a la unidad de sus notas como el *leit motiv* de la esencia.

El punto cuarto es de enorme relevancia. Dijimos que en su discurso introductorio Zubiri había anotado la esencia como necesidad intrínseca de la cosa real, o, desde otra perspectiva, la cosa real como poseedora de necesidad esencial. Pues bien, en aquello que el autor propone como el camino del problematismo que seguirán sus pasos, la "necesidad" tiene una ubicación muy concreta en su discurso.

Zubiri dice en aquel punto que la unidad esencial es un principio en el que se "fundan" el resto de las notas "necesarias o no" de la cosa. En sus coordenadas de partida –y todavía sin sistematizar qué entiende por fundar– ubica con precisión el fundar y la necesidad: el término "necesarias" lo reserva para el nivel de análisis que relaciona lo esencial con lo inesencial y no lo utiliza para apuntar la "necesidad" de lo esencial de la cosa o en la cosa.

27 SE, p. 98.

Como veremos con detenimiento, Zubiri traerá a colación la "necesidad" apuntada en la introducción al presentar el orden de lo "esenciable". En ese punto Zubiri también sitúa de forma precisa el término "fundar": la esencia es principio fundante del resto de notas inesenciales.

Fundar y necesidad, desde el mismo arranque de su planteamiento, se sitúan en lugares precisos del razonamiento sintético. Considero que sin esta sistematización no se podrá entender correctamente ni en qué sentido Zubiri afirma que la esencia es infundamentada y fundante del resto de las notas, ni en qué sentido la esencia tiene necesidad del resto de notas constitucionales, ni desde qué perspectiva dice que es principio necesitante.

Al redactar estos cinco puntos el autor ha transformando la discusión de las dos primeras partes provisionales e introductorias en, con sus propias palabras, "el camino que nos ha acercado positivamente al preciso problematismo de la esencia."[28] Zubiri termina el breve capítulo de apenas tres páginas que comprende el resumen introductorio con la hoja de ruta con la que comenzará su particular respuesta a la problematicidad de la esencia.

El análisis originalmente zubiriano sobre la esencia entendida como "momento estructural de lo real"[29], lo llevará a cabo desde tres aproximaciones: lo esenciable, lo esenciado, y la esencia.

Ignacio Ellacuría expresa en su obra *Índices* de forma clara y precisa los pasos que culminan en el análisis de la esencia, paso que seguiremos a continuación para la exposición de la teoría zubiriana de la sustantividad y esencia:

> Pasos del estudio:
> - esenciable: el ámbito dentro del cual existen las cosas con esencia,
> - esenciado: la cosa que dentro de este ámbito posee estrictamente esencia,
> - esencia: momento estructural y formal de esa cosa.[30]

---

28 SE, p. 99.

29 Cuatro quintas partes del volumen comprenden la tercera y última parte de su libro en la que desarrolla su original propuesta bajo el título "La esencia, momento estructural de lo real" (SE, pp. 97-517).

30 ISE, pp. 37-38.

3 Aproximación al ámbito de lo esenciable: esencia como principio necesitante

Zubiri al inicio de su propuesta metafísica anuncia el ámbito de lo esenciable como uno de los tres órdenes del problematismo (lo esenciable, lo esenciado y la esencia misma):

> La esencia, decimos, es el conjunto de lo que no puede faltar a la cosa real, lo que le es necesario a ella. Pero, ¿de qué necesidad se trata? y ¿qué se entiende aquí por realidad? Es justo la delimitación estricta del área de lo "esenciable".[31]

Para delimitar el área o ámbito de lo esenciable hay que averiguar qué cosas poseen necesidad esencial, pero antes hemos de delimitar qué es esa necesidad y qué es la realidad.

En las primeras líneas de su propuesta metafísica Zubiri afirma "en términos generales –y sin entrar por ahora en más precisiones–"[32] y de forma "absolutamente insuficiente"[33] que la esencia es aquello que la cosa real "ha de tener" –de lo que no ha de carecer– "para que la cosa sea tal"[34]. Zubiri dedica el primer capítulo de su edificio metafísico a reconducir este modo de predicar la necesidad esencial:

> Al hablar de que la cosa "ha de tener" una nota para ser tal cosa, si se centra el momento de necesidad en el "ha de tener", lo que se nos da es un concepto de necesidad meramente negativo: "ha de tener" es lo mismo que "no puede carecer de". Pero lo positivo del momento de necesidad está en la otra mitad de la frase, en ese sutil "para que la cosa sea tal".[35]

Zubiri dice aquí que es en el significado de "cosa tal" y no en el "ha de tener" donde ha de ubicarse la necesidad esencial apuntada

31 SE, p. 101
32 SE, p. 103.
33 SE, p. 103.
34 Cfr. SE, p. 103.
35 SE, p. 103.

inicialmente. Diremos, ahora de modo introductorio, que las cosas están formadas por notas siendo nota "todo aquello que pertenece a la cosa o forma parte de ella 'en propiedad', como algo 'suyo'."[36] En este contexto de acotar la realidad esenciable y tal y como apunta Ellacuría, Zubiri "habla de notas en toda la generalidad del vocablo: todos los momentos que la cosa posee sean propiedades o partes"[37]. Siguiendo a Ellacuría, hay que tener presente que en esta primera aproximación de delimitación de un ámbito previo al análisis de lo esenciado y la esencia misma de lo real, Zubiri no necesita precisar qué entiende con rigor por nota, noción que se irá perfilando en su ahondar discursivo.

Hecho este apunte, Zubiri dice que los seres vivos, las sociedades, las galaxias, todo son cosas reales en un primer sentido de realidad: porque actúan sobre el resto de cosas por las propiedades que formalmente poseen. Una mesa también es una cosa y posee notas reales, pero no actúa sobre las demás cosas por su carácter formal de mesa: el carácter de mesa no es una propiedad real suya, no es un momento de su realidad, es "otra cosa": mesa, como veremos, responde a una posibilidad para el hombre, y a estas cosas Zubiri las denominará cosa-sentido.

Las notas arrancan de la realidad fundándose en ella y las posibilidades arrancan del sentido fundándose en dicho sentido. No hay que confundir la dimensión de nota real y la dimensión de posibilidad. Evidentemente la cosa-sentido posee notas reales, y si no tuviera notas reales, no podría ser cosa-sentido; pero las cosas reales arrancan y se fundan en la realidad, y las cosas sentido se fundan en el sentido que las cosas tienen en la vida humana.

La cosa sentido como tal no es una cosa real en sentido zubiriano aunque esta radique en la realidad de la cosa. Solo las cosas reales poseen esencia en el sentido zubiriano aun por perfilar. Las cosas sentido poseen concepto, pero no esencia[38].

---

36 SE, p. 104.

37 ISE, p. 38.

38 No hay que confundir la distinción entre cosa-natural y cosa-artificial (la cual atiende al principio intrínseco y originario de donde nacen o brotan las

En el lenguaje común nos referimos como "real" a todo tipo de cosas, y es que, como apunta Zubiri, aprehendidas por el hombre, las cosas "irreales en sí mismas, producen efectos reales sobre él."[39] Para entender esto Zubiri distingue el "haber de tener para" y el "haber de tener de", es decir, diferencia las acepciones esencia "para" y esencia "de". Una cosa tiene la necesidad "de tener" una serie de notas "para" actuar de determinada forma. Cuando un sistema de notas es necesario para actuar de determinada forma, no hay una necesidad esencial en sentido estricto: la necesidad esencial en sentido estricto es "para ser real". En este caso, el "para" y el "de" se identifican. Un cenicero de plata es una cosa sentido, cosa que no posee esencia –"cenicera"– por sí y en sí misma: es una cosa conceptualizada por el hombre. Pero como cosa-real nos encontramos ante una cosa "de plata". Lo esencial apunta a la estructura argéntea misma. Aunque podemos decir que la estructura es "de" plata, su esencia se refiere a la plata misma: el "de" y el "para" confluyen en su estar siendo plata. A este "de" íntimo Zubiri lo llama cosa real *simpliciter*, y al "para" (por ejemplo, para reflejar la luz) lo llama *secundum quid*. Estamos ahora en disposición de ubicar correctamente la necesidad esencial: el

> momento de "haber de tener" ha de concernir sólo a la realidad, si ha de constituir una necesidad esencial. Toda necesidad esencial es siempre y sólo

---

cosas) y la distinción zubiriana entre cosa-natural y cosa-sentido (que atiende al "modo de existir y de actuar, una vez han sido producidas" (SE, p. 106)). Una cueva puede ser tomada como casa y no por ser natural deja de ser cosa-sentido en cuanto casa. Por el contrario, una insulina sintetizada artificialmente en el laboratorio, no por ser artificial es cosa-sentido. "Frente al concepto moderno de naturaleza como ley, hay que reivindicar aquí al concepto de naturaleza como cosa. Pero frente al concepto griego de cosa natural, como cosa originaria por un principio intrínseco, hay que propugnar el concepto de cosa que actúa formalmente por las propiedades que posee, sea cual sea su origen" (SE, pp. 106-107). Para una breve pero concisa exposición sobre este asunto cfr. GÓMEZ, A. "Esencia y constitución en Zubiri", Pensamiento. 2008, 64 (240): pp. 226-229.

39 SE, p. 108.

una necesidad real, según el concepto de realidad que acabamos de exponer.[40]

Decir que en las cosa reales encontramos necesidad esencial estricta es, en este contexto de análisis, afirmar que la estructura de la realidad no depende de un "para qué" distinta de sí. La necesidad esencial de las cosas se relaciona con el orden de lo esenciable en el sentido de que lo esenciable recubre el ámbito de la realidad *simpliciter* y no las cosas sentido.

Ahora podemos comprender en qué sentido Zubiri apunta la "necesidad esencial" de las cosas reales: la "necesidad esencial" es un modo de aproximación a la descripción de lo que son las cosas reales para Zubiri: toda cosa real se sitúa en el orden de lo esenciable porque "tiene" –"ha de tener"– esencia o, lo que es lo mismo, porque "tiene" esencia se sitúa en el ámbito de lo esenciable.

Estoy de acuerdo con Ellacuría cuando, en el "Índice de materias" de su obra *Índices*, afirma que en la explicación del ámbito de lo esenciable para Zubiri "la necesidad esencial es sólo necesidad real"[41].

En el "Índice ideológico" de la misma obra, el discípulo jesuita explica en qué sentido ha de entenderse la necesidad esencial remitiendo a los pasajes de la obra donde el autor reflexiona sobre lo esenciable:

> NECESIDAD:
> 1. No basta su determinación negativa, VII, 103-104; 1.
> 2. Sólo la N. real es N. esencial, VII, 107.
> 3. La necesidad es relativa por la distinción del 'de' y el 'para' de la esencia, VIII, 109-110.[42]

Estas afirmaciones ubican a la necesidad en el contexto de la reflexión de lo que constituye el área de lo esenciable y no de la definición de la esencia en sí y por sí misma. Me parece del todo signifi-

40 SE, p. 107.
41 ISE, p. 39.
42 ISE, p. 171.

cativo a este respecto que, en la introducción al ámbito de lo esenciado, Zubiri afirme que todas las denominaciones hasta entonces expuestas sobre la realidad *simpliciter* –es decir, todo lo expuesto durante el análisis de lo esenciable–

> no nos dicen nada en concreto acerca de la realidad en sí misma. Tenemos las cosas en las manos, pero casi no hemos hecho sino alcanzarla y darle nombre propio, sin saber bien aún de qué se trata.[43]

Zubiri, explicitado el ámbito de lo esenciable, ha de delimitar aquello que dentro de ese ámbito esté esenciado. Si atendemos a una cosa "tal", por ejemplo, a este tenedor, esta molécula de agua y a este cactus, el cactus y la molécula de agua son "tal" por tener la esencia "de" agua y cactus –respondiendo en estos inicios la "esencia" a un recurso intuitivo no sistematizado– y no por ser "para" algo que le dé "sentido" "agua" o "cactus"; no así el tenedor. Esta sería una aproximación para delimitar el área de lo esenciable, es decir, el área de lo que pudiera estar esenciado.

Intuitivamente, el cactus y la molécula de agua parecen tener "en propiedad", "algo" "físico" por lo que son "tal". Aquello por lo que uno y otro es "tal" no es en ningún caso por un "para"; pero, además, aunque de ambos podemos decir que son "por sí mismos", del cactus sí podemos afirmar con rotundidad que "se va haciendo internamente". Es justamente en el modo por el cual un ser vivo es "tal" lo que, a mi juicio, llama la atención de Zubiri y donde, según él –y según yo lo entiendo–, hemos de ir a buscar aquello que dentro del ámbito de lo esenciable está esenciado.

43 SE, p. 111.

4 Aproximación a la realidad esenciada

4.1 Dimensiones de la realidad

Cuando Zubiri nos decía, en su aproximación a lo esenciable, que para que haya una necesidad esencial no basta que haya necesidad real, estaba afirmando que no toda realidad esenciable está esenciada, es decir, no toda cosa real necesariamente ha de poseer esencia.

> Entiendo como "esenciable" el ámbito sólo dentro del cual existen las cosas que poseen esencia, aunque no todas las que hay en él la posean. Llamo "esenciada" a la cosa que dentro de ese ámbito posee propia y estrictamente esencia.[44]

Porque no todas las cosas reales poseen esencia ha de delimitarse, dentro de lo esenciable, qué realidades están esenciadas. Zubiri caracterizará en su análisis de lo esenciado las cosas que poseen esencia desde el punto de vista de la unidad del sistema.

En su aproximación a la cosa real como cosa esenciada, el filósofo no es ajeno al papel de la inteligencia. Zubiri opta por entrar en lo que será el análisis del contenido de la realidad *simpliciter* a través del análisis de lo verdadero de la realidad *simpliciter* en un capítulo titulado "Realidad y verdad"[45].

Lo que sea verdadero de la realidad en nuestra intelección aparece en la obra *Sobre la esencia* con una intención concreta:

> Ello [el análisis de lo verdadero en la realidad] nos permitirá conceptuar más rigurosamente y con plenitud de contenido lo que es la realidad *simpliciter* de algo.[46]

La explicación que Zubiri hace de la verdad real es aquí una exposición cuyo horizonte se limita a introducir las claves desde las que

44 SE, pp. 100-101.
45 Cfr. SE, pp. 112-135.
46 SE, p. 111.

realizará la clasificación de los contenidos que configuran las cosas *simpliciter*.

Zubiri afirma en *Sobre la esencia* que la inteligencia actualiza la cosa real en la propia inteligencia y, por tanto, lo inteligido en cuanto inteligido es una mera actualización[47]. En la redacción del libro *Sobre la esencia* Zubiri perfila las distintas dimensiones de la verdad real (véase figura 2.1[48]), dimensiones que, además de resultar una reflexión sugerente, nos ofrecerán el panorama desde el cual el autor llevará a cabo la distinción entre los tipos de notas que configuran la unidad estructural de la realidad *simpliciter*.

1. La cosa real es físicamente actual y está formada por multitud de notas. Las notas actualizan la cosa, "y son riqueza no tomadas en y por sí, sino en cuanto actualidad descubridora de la cosa"[49]. La proyección de la realidad entera de la cosa real en la dimensión de la *riqueza* es lo que denomina *manifestación*. El término manifestación no tiene que entenderse como necesitante de una intelección. Al ser actualizadas a su vez por la inteligencia, ponen al descubierto la cosa. La cosa es ratificada por nosotros al ser descubierta en y por las notas, lo que Zubiri llama *patentización*[50].

2. Las notas actualizan en la inteligencia a la cosa real como algo que merece confianza, como algo *fiable*. Es verdad aquello de lo que se puede estar seguro. La seguridad que nos ofrecen responde a la *solidez* con que las notas actualizan la cosa. La actualidad de la cosa real en esta dimensión de solidez es lo que Zubiri llamará *firmeza*.

3. La cosa real está actualizada en sus notas en el respecto general de *estar siendo*. La actualidad de la cosa entera en sus notas en esta dimensión es lo que llamamos *efectividad*. Por su parte, la efectividad de la cosa en la intelección es la *constatación*.

---

47 Cfr. SE, p. 112.

48 Cfr. GÜELL, F. "Phylum, especie e individuo en Xavier Zubiri", Anuario Filosófico. 2009, XLI/2: p. 425.

49 SE, p. 128.

50 Zubiri se esmera en explicar que no hay que confundir la patentización con el concepto de desvelación propio del existencialismo, ya que esta requiere una actualización previa (cfr. SE, pp. 127-128).

Figura 2.1: Esquema de las dimensiones de la realidad en la inteligencia

		RIQUEZA	SOLIDEZ	ESTAR SIENDO
ACTUALIZACIÓN DE NOTAS	en la cosa →	Manifestación	Firmeza	Efectividad
	en la inteligencia →	Patentización	Seguridad	Constatación
MOVIMIENTO DE LA INTELECCIÓN	→	Aventura	Razonable	Ciencia

Zubiri dice que en estas tres dimensiones se matiza la actitud intelectual de cada hombre ante la realidad: la intelección como aventura dará especial relevancia a la riqueza, la intelección en busca de lo razonable nos situara en una actitud intelectual que buscará seguridad y la constatación predominará en la actitud científica.

En definitiva, en la manifestación se actualiza la realidad en su riqueza, en la firmeza se actualiza la realidad en su solidez y en la efectividad se actualiza la cosa en su estar siendo.[51]

La verdad real ha sido tomada por Zubiri como el hilo conductor para descubrir las dimensiones de la realidad, tres respectos que pertenecen a la realidad de la cosa en cuanto tal. En este análisis de la textura dimensional de la realidad –donde las tres dimensiones están mutuamente implicadas–, la plenitud de lo que la cosa es nos ha descubierto en la realidad verdadera la realidad *simpliciter*, y será teniendo presente estos tres modos de actualización de las notas en la cosa desde donde Zubiri iniciará su propuesta clasificatoria de notas de la realidad *simpliciter*.

4.1.1 Primera aproximación al significado de nota

Antes de entrar en sistematizaciones creo necesario recordar qué debe entenderse por realidad –ubicados en coordenadas metafísico-noológicas– y perfilar el significado de nota. Para Zubiri, la realidad es "todo y sólo aquello que actúa sobre las demás cosas o sobre sí

51 Cfr. SE, p. 133.

mismo en virtud, formalmente, de las notas que posee"[52], donde nota no ha de entenderse como "propiedad" que adviene a la cosa, al no ser aquella ningún atributo o propiedad que esta tiene añadida. La nota tampoco nos indica nada presente debajo de ella ni es signo de la cosa –pues, como veremos, la cosa es actual en sus notas[53]–, "la nota no se 'tiene', sino que se 'es' en ella."[54] Bastará por entender nota tal y como lo hace el autor al inicio de su planteamiento filosófico en *Sobre la esencia*, en un sentido amplísimo explicitado como todos los momentos, partes, composición, estructura, todo aquello que la cosa es en propiedad (distinto a "poseer en propiedad"), como algo "suyo".

Es interesante atender a la matización que realiza Zubiri desde *Inteligencia sentiente* sobre el significado de nota atendiendo al momento de la realidad en cuanto aprehendida. Entonces sí aparece la distinción entre nota, cualidad y propiedad:

> la "nota" es lo noto en propio, la cualidad es siempre y sólo cualidad "de" lo real, propiedad es la nota en cuanto emerge (en la forma que fuere) de la índole de una cosa.[55]

Desde una perspectiva metafísica noológica, la "nota", aun aprehendida y presentada como "en propio", es momento de la unidad sistemática de la cosa. La propiedad es el carácter emergente de la nota aprehendida, propiedad que pertenece a algo, "algo" que no es sino la cosa real. La cualidad es siempre lo que nos es presentado en la aprehensión, cualidad que reclama a una nota o sistema de notas. La cualidad en cuanto que cualidad, a diferencia de la nota y la propiedad, no tiene correlato en la realidad, sino que responde al modo de presentación determinado por nuestros sentidos intelectivos.

El análisis metafísico noológico se debe centrar, con lo dicho, en el análisis de las "notas" y "propiedades" de lo "allende" y no en

52 SE, p. 104.
53 Cfr. SE, p. 146.
54 SE, p. 492.
55 IS, p. 56.

el análisis de la realidad en cuanto modo de quedar en la aprehensión. Pero, siendo así, nos encontramos con un problema: son las cualidades sentidas intelectivamente las que nos remiten a las "notas" consideradas en sí mismas y por sí mismas, y no solo eso: las cualidades sensibles no son sino notas "sentidas" consideradas desde nuestra aprehensión. Es por ello por lo que Zubiri dice:

> Nota, cualidad, propiedad pueden usarse como términos sinónimos en sentido lato, y así lo hago yo mismo, pero en rigor formal designan tres aspectos de lo real, de lo "en propio".[56]

A mi juicio y desde una perspectiva metafísica noológica, hemos de diferenciar la noción de nota de la de propiedad y prescindir para la descripción de la realidad estructural de la noción de cualidad, noción que, ciertamente, requeriría de una honda reflexión que sobrepasa los límites que nos hemos propuesto en este libro. Por ello, propiedad será un carácter emergente ya sea de una nota o de un sistema (lo que caracterizaremos como propiedad sistemática).

4.1.2 Primera aproximación a la clasificación de las notas

Zubiri ya mostró el camino que seguiría para caracterizar la unidad de la realidad *simpliciter*: a través de la unidad de la tridimensionalidad de la cosa real. Por ello, aunque la riqueza, solidez y estar siendo se encuentran mutuamente implicadas en la estructura de la realidad *simpliciter*, si se quiere decir algo sobre esa unidad, tendremos que comenzar por la clasificación de notas buscando aquellas que conciernan a las tres dimensiones.

La riqueza no debe entenderse como la simple abundancia de notas, como el mero sumatorio de partes que componen una unidad, un todo. Zubiri dice que la clave de su planteamiento, es de-

56 IS, pp. 55-56. Este asunto no es sino otra forma de atender al problema ya señalado en el primer capítulo y que queda abierto a ulteriores investigaciones.

cir, la unidad de esa tridimensionalidad es entender "la riqueza de la cosa 'para' su sólido estar siendo"[57].

Zubiri se percata de que, cuando atendemos a una cosa real, encontramos algunas notas de la realidad que no son responsables de la solidez de su estar siendo y otras que, por el contrario, juegan un papel determinante en ello. Es justamente desde esta perspectiva desde la que el autor se acerca a discernir los tipos de notas de la realidad *simpliciter*.

En su primera aproximación, el filósofo donostiarra apunta que "hay en toda cosa real notas que se refieren a su conexión activa o pasiva, necesaria o no, con otras realidades"[58]. Como ejemplo de este tipo de notas Zubiri propone la "necesidad de alimento", quedando clasificada estas notas como notas de tipo causal[59], notas "que constituyen las conexiones mismas"[60]. Al no pertenecer estas notas a la cosa considerada en sí misma, es necesario que Zubiri acuda a la conexión para poder perfilarlas de algún modo desde la cosa real.

> Un perro, un hombre, son flacos o gordos, en parte por los alimentos; pero lo que aquí nos importa en este momento es la gordura que de hecho poseen, independientemente de su conexión con el alimento.[61]

Aunque la conexión es un recurso necesario para describir las notas causales desde la cosa, lo que Zubiri toma de forma nítida como criterio determinante para el acercamiento y clasificación de las notas son las tres dimensiones de la realidad *simpliciter*. Lo leemos:

> En las notas de este tipo [las causales], la riqueza es una especie de profusión, muy próxima a la mera abundancia; la solidez es más bien consolidación; y el estar siendo es un mantenerse, una conservación en la realidad.[62]

57 SE, p. 135.
58 SE, p. 135.
59 En la obra zubiriana *El hombre y Dios*, el autor ofrece un cambio de perspectiva en la sistematización de las notas de la realidad (cfr. HD, pp. 20-21) que presentaremos y discutiremos una vez queden expuestas las notas formales.
60 SE, p. 136.
61 SE, p. 136.
62 SE, pp. 135-136.

Zubiri concluye que las notas causales no entran dentro de la consideración de la cosa considerada en sí misma y quedan fuera porque "esta profusión, consolidación y mantenimiento presuponen la riqueza, la solidez y el estar siendo más radicales de la cosa."[63]

Zubiri dirá, siguiendo el mismo camino discursivo, que además de las notas causales tenemos notas formales, explicadas, en un primer momento, como aquellas "no debidas a la conexión de una cosa con otras, o a las debidas a esta conexión, pero consideradas en sí mismas, independientemente de ella".[64] Se ve aquí lo que ya apuntamos: la clasificación atendiendo tan solo a criterios de conexión es poco rigurosa, y es la implicación de estas –debidas o no a la conexión– en las tres dimensiones de la unidad estructural lo que las delimitará respecto de las causales: "Sólo las notas de tipo formal conciernen a la riqueza, solidez y estar siendo de que tratamos"[65].

A partir de ahora el autor se olvidará para el análisis de la unidad estructural de la realidad *simpliciter* de las notas causales y se centrará en las formales; en estas encuentra distinciones internas que le llevan a diferenciar adventicias y constitucionales. Dentro de las formales hay notas que

> posee la cosa sólo por su conexión con otras, aunque lo adquirido por esta conexión sea en sí mismo una nota formal. Hay, en cambio, otras notas formales que no se deben a esta conexión sino a la índole misma de la cosa, o cuando menos, a la sinergia de ambos factores (índole y conexión).[66]

Se aprecia que interpretar la clasificación de las notas en criterios exclusivos de conexión es del todo insuficiente pues las notas causales, adventicias y constitucionales pueden compartir este hecho. Como hemos visto, el autor recurre a ello como una primera aproximación al problema para encauzar su clasificación de las notas en

63 SE, p. 136.
64 SE, p. 136.
65 SE, p. 136.
66 SE, p. 136.

términos –reconocidamente vagos todavía– de "índole", criterio con el que diferencia lo constitucional de lo adventicio:

> A todas estas notas que forman parte de lo que vulgarmente se llama la índole de una cosa llamaré notas de tipo constitucional, a diferencia de las otras que son notas de tipo adventicio.[67]

Zubiri llega entonces al objetivo que se había propuesto: encontrar aquellas notas responsables del sólido estar siendo de la unidad estructural de la realidad *simpliciter*, y lo ha encontrado en aquellas notas que forman parte de lo que en términos vulgares se denomina

---

67 SE, p. 137. Se ha interpretado la diferencia entre constitucional y adventicio del siguiente modo: el diabético tiene niveles de azúcar elevados "por constitución". Su nivel de azúcar entraría dentro de la índole constitucional del sistema. Pero ante el planteamiento "la tarta le ha subido el nivel de azúcar", el nivel de glucosa, aun en el mismo diabético y siendo esta nota formal, sería de índole adventicia. Desde mi punto de vista este planteamiento ayuda a entender el significado de "constitución" frente a lo no implicado en esa constitución (lo adventicio), pero se distancia del significado que a mi juicio otorga el autor al término "nota adventicia", y lo hace por dos motivos: por un lado, afirmar como nota "nivel de glucosa" no entiendo que sea riguroso, pues la nota en sentido estricto no es propiedad y es algo físico, así que entiendo que es más acorde con la cosmovisión zubiriana apuntar a cada molécula de glucosa y no a un índice aproximativo de la concentración de glucosa en sangre. Por otro lado, a mi juicio, en el planteamiento zubiriano "esta" nota no es adventicia o constitucional según se la considere en un sentido u otro: esta nota es constitucional (o, en su caso, adventicia) en sí y por sí misma considerada. Para perfilar qué entiende Zubiri por nota adventicia entiendo que habrá que esperar a que perfile de modo completo qué es lo que llama "índole constitucional" y, a mi juicio, será entonces cuando podamos conocer en qué radica la diferencia entre lo constitucional y lo no constitucional. De hecho, solo al finalizar el análisis de la esencia en sí misma considerada se podrá perfilar con totalidad el sentido que Zubiri otorga a su clasificación de notas. Me alineo con José María Cigüela cuando afirma con sencillez sobre el conjunto de *Sobre la esencia*: "La totalidad del sentido que Zubiri da a las palabras sólo se comprende después de haber leído toda su obra." (CIGÜELA, J.M. "La metafísica de la esencia de Xavier Zubiri", Nordeste. 1965, 7: p. 218).

la “índole” de una cosa, lo que denomina “sistema de notas constitucionales”.

Antes de profundizar en el significado de índole, hemos de señalar que en la exposición que de las notas de la realidad esenciada realiza en la obra *El hombre y Dios*[68], Zubiri deja las notas causales al margen y sustituye la expresión “de tipo constitucional” por el término “formal”. Como consecuencia, en esta obra presenta, por un lado, las notas adventicias y, por otro, las notas formales que incluyen las constitucionales (dentro de las cuales, al analizar la esencia misma de la realidad, diferenciará en ellas las constitutivas). En mi exposición seguiré la propuesta de *Sobre la esencia*, donde ambas son formales en el sentido de que pertenecen a la cosa, aunque, como veremos enseguida, solo las constitucionales y bajo las coordenadas a las que se someterá el planteamiento zubiriano, pertenecen a la índole de la cosa.

Al delimitar de forma vaga el sistema de notas constitucionales como aquellas que responden a la “índole” de la cosa, Zubiri anuncia por primera vez el concepto de “constitución”. La constitución es perfilada, en un primer paso, como la estructura primaria de la cosa integrada por todas las notas constitucionales.

Zubiri hace una primera caracterización del término “constitución” como algo “físico” e “individual”. Nos dice aquí que es “físico” en contraposición a lo que se entiende por “especie” articulada por géneros y diferencia, quedando

> abierto el problema de lo que en cada caso constituye la complexión “física” de la cosa: sus propiedades físico-químicas, psicológicas, sociales, morales, históricas, etc.[69]

También nos dice que la constitución es “individual”. Este aspecto es crucial ya que desde él el autor abrirá la vía para profundizar en lo que entiende por constitución, noción única desde la cual llenar de contenido el significado de sistema constitucional.

68 Cfr. SH, pp. 20 y ss.
69 SE, p. 137.

4.2 Las nociones de "constitución" y de sistema constitucional

Aprehendemos las cosas-realidad como "unas", y la pregunta por la "unidad" que la filosofía se ha cuestionado a lo largo de la historia Zubiri la aborda desde la "constitución".

El autor guipuzcoano dice que las cosas reales que aprehendemos en "la" realidad poseen cierta individualidad, individualidad innegable por las que, entre otras cosas, no confundimos unas cosas con otras. Pero es desde el análisis de la "constitución" desde donde define qué entiende por individualidad.

La constitución no es formal ni primariamente conceptual sino

> la complexión o estructura "física" primaria de la cosa real que determina, físicamente también, todas sus demás notas propias y sus características, acciones y pasiones.[70]

Desde las coordenadas de la "constitución" así entendida, el autor nos dice que nos encontramos con dos tipos de "individuos" que no responden sino a dos tipos de individualidad: numeralidad o individualidad numeral e individualidad o individualidad estricta. Toda cosa real o, digamos ahora mejor, todo individuo, sea cual fuere, es uno y no otro, y encontramos individuos cuya individualidad es meramente numeral pues ella solo consiste en no ser otro: "Por razón de su contenido (...) estos individuos son exacta y exhaustivamente iguales; se distinguen tan sólo por formar una mera multiplicidad numérica."[71] Como veremos más adelante, es este un primer nivel de realidades correspondiente al orden de lo material inorgánico, donde partículas, átomos y moléculas son individuos singulares o exclusivamente numerales, realidades a las que Zubiri denomina *singuli.*

Pero la "individualidad" también posee otro aspecto, la individualidad (o individualidad estricta) propia de aquellas cosas (cosas-realidad) que, además de unidad numeral, poseen una determina-

70 SE, p. 137.
71 SE, p. 138.

ción interna, determinación que no será sino la "función constitucional" propia de la cosa. Estas realidades se nos presentan como unidades que no solo difieren por su contenido sino por su modo propio de ser unas, y es aquí donde se perfila el significado de la constitución:

> en toda realidad individual estricta hay una unidad de contenido de sus notas y una unidad meramente numeral, según la cual aquella realidad es irreductiblemente "esta", "una". Pero no se trata de dos unidades, sino de dos aspectos de una sola unidad intrínsecamente única: la unidad de contenido modela o modifica el carácter de unidad numeral. A esta modulación es a lo que llamo determinación interna. Pues bien, la unidad numeral así modulada o determinada es lo que entiendo por constitución: es el modo propio que "cada" cosa tiene de ser "esta", de ser numeralmente una; (...). Así pues, el "modo" intrínseco y propio de ser física e irreductiblemente "uno" es justo lo que llamo filosóficamente "constitución". [72]

A mi juicio, sobre este concepto de constitución girará toda la metafísica zubiriana y solo teniéndolo presente se podrá obtener toda la riqueza de su planteamiento. No he encontrado ni siquiera en la obra zubiriana mejores palabras que las escritas por su discípulo Ignacio Ellacuría, donde puntualiza la noción de constitución y su centralidad en la unidad del sistema:

> la unidad numeral así modulada o determinada es la constitución: es el modo propio que "cada cosa" tiene de ser "ésta", de ser numéricamente una, la índole del "ser unidad". La cosa no llega a tener tal constitución porque es numeralmente una, sino que es numeralmente una porque tiene tal constitución. Como si dijéramos la cosa no puede dejar de ser otra numeralmente, porque es ya otra por su propia complexión interna distinta.[73]

Con motivo de lo que no ha de entenderse por individualidad, Ellacuría perfila todavía más qué ha de entenderse por constitución:

---

72 SE, p. 140.

73 ELLACURÍA, I. "Principalidad de la esencia en Xavier Zubiri", Madrid: Universidad Complutense. Facultad de Filosofía, 1965, Tomo 2, p. 478.

> La individualidad debe entenderse precisamente en la línea de la constitución. La constitución apunta justamente al problema que suscita la individualidad estricta. En efecto, la individualidad estricta no significa aquello que distingue a una cosa de otra dentro de la misma especie, pues ignora no sólo el concepto de especie, sino aun el de otra cosa con la que podría conceptivamente formarse una especie. (...) La razón es que esa determinación interna no desempeña primariamente una función diferencial, sino una función constitucional propia de la cosa. Es que la determinación esta pertenece formalmente al individuo en cuanto tal y no primaria y formalmente a la mera multiplicidad numérica del momento específico, de modo que lo demás no fuera sino modificación que sobreviene a ésta.[74]

La determinación interna que aquí presenta el autor desempeña una función primariamente constitucional y no meramente diferenciadora. Zubiri va a las cosas mismas de un modo bien preciso: atendiendo al "'modo' intrínseco y propio de ser física e irreductiblemente 'uno'".[75]

A mi juicio, la noción central de "sustantividad" que enseguida alcanzaremos ha de anclarse en el orden constitucional desde donde surge. No habremos de desatender la modulación o interna determinación desde donde se levanta la sistematización de la realidad estructural zubiriana si queremos que su edificio metafísico tenga solidez.

Recapitulemos lo alcanzado hasta ahora: el autor ha comenzado a realizar una clasificación de las notas de la unidad estructural *simpliciter* atendiendo a la riqueza, solidez y estar siendo. Desde esta perspectiva ha encontrado un sistema constitucional que responde a la índole de la cosa en sí y por sí misma considerada; pero, a la hora de caracterizar la unidad de esa constitución ha introducido otra perspectiva que le ha cogido el relevo: la determinación interna. Esta transición que apunto se ve en el siguiente texto del último párrafo del subapartado donde ha descrito la unidad estructural de la realidad:

---

74 Ibid pp. 476-477.

75 SE, p. 140.

> Decía antes que estas tres dimensiones se implican mutuamente en la realidad de la cosa, y que por ello hay que tomar "a una" la riqueza, la solidez y el estar siendo. Pues bien; este "a una" no es sino la "unidad" estructural de la realidad *simpliciter* de algo: su constitución física individual.[76]

Zubiri señalaba que encontramos realidades meramente singulares –por ejemplo, las partículas elementales– y otras –pensemos en un ser vivo– que poseen individualidad. Parecería que la "constitución", tal y como Zubiri la ha explicitado, solo debería apuntar a aquellas realidades con individualidad no meramente numeral, a aquellos sistemas con individualidad en interna determinación. Pero el autor afirma que a la materia inerte y a los mismos *singuli* también les corresponde una "constitución". En el capítulo donde introduce todavía de forma vaga el término constitución, ya lo apunta:

> En rigor, a estos individuos singulares puede aplicarse también el concepto de constitución; pero es inútil hacerlo aquí porque (...) su constitución se reduce a la posesión de caracteres mínimos, exacta y exhaustivamente repetidos en todos estos *singuli*.[77]

Desde el punto de vista de la riqueza, solidez y estar siendo y sin atender al contenido positivo de la unidad de constitución, el sistema que forma una molécula compleja tiene muchas similitudes con un ser vivo y, a su vez, no menos diferencias. Pero desde el punto de vista de la unidad constitucional entendida como sistema con determinación interna parece que solo los seres vivos entrarían dentro de aquella realidad *simpliciter* con constitución física individual.

Zubiri, ante esta situación, propondrá una "gradación" en los distintos tipos de sistemas que encontramos en la realidad *simpliciter*, pero me ha parecido importante hacer esta anotación porque dependerá del contenido que le otorguemos a la noción de "constitución" la misma definición de sustantividad y la caracterización de la esencia. Sigamos describiendo de qué forma Zubiri aborda la

---

76 SE, p. 142.
77 SE, p. 141.

razón formal de la unidad de lo real pues, en ella, último subapartado de la "realidad esenciada", podremos traer a colación apuntes que nos ayudarán a aclarar el significado que Zubiri otorga a la constitución física individual.

4.3 De la unidad propia de la constitución al carácter sustantivo

Habiendo tan solo perfilado qué entiende por constitución, Zubiri afirma que

> es forzoso dar un paso más y preguntarnos cuál es el tipo de unidad propio de la constitución. Solo sabiéndolo –continúa– habremos llegado a comprender la realidad *simpliciter* de algo y, por tanto, la realidad esenciada.[78]

El autor donostiarra comienza explicitando tímidamente que la "unidad" de la unidad constitucional no ha de entenderse ni como fuente ni como causa de las notas; ha de entenderse en un sentido preciso:

> Primaria significa que siendo cualquiera el mecanismo de su producción, en la unidad, una vez existente, cada nota es función de las demás, de suerte que sólo en y por su unidad con las restantes es cada nota lo que es dentro de la cosa real. En este sentido, la unidad domina, es un *prius* respecto de la posesión de cada nota aisladamente considerada. La unidad no es "fuente" de las notas, pero cada nota está presente en la cosa en y por su función "previa" respecto de las demás. Por eso, una vez constituida esta unidad primaria, los elementos constituyentes no guardan formalmente su individual unidad dentro de aquélla.[79]

Es doble el carácter previo que posee la unidad con respecto a las notas que forman la cosa real: por un lado, la unidad constitucional anula cierta individualidad de los elementos constituyentes; por otro lado, en relación al contenido de los elementos, el contenido deja

---

78 SE, p. 143.
79 SE, pp. 143-144.

de ser contenido aislado para ser contenido en función de las demás, en función del sistema.

Con esto se nos anuncia lo que será la clave para distinguir dentro de las notas formales aquellas constitucionales de las no constitucionales, es decir, de las adventicias: las notas constitucionales son tales porque en y por la unidad constitucional poseen una función con respecto a todas las demás. Entiéndase bien: no es nota constitucional por el tipo de función que desempeña, sino porque posee una función con respecto a todas las demás, motivo por el cual formalmente la nota pierde su individual unidad dentro del todo e integra el sistema constitucional. La adventicia, aun pudiendo estar "dentro" del sistema, mantendrá formalmente su individualidad al no tener una función "integrada" con el resto de notas que sí configuran una unidad[80].

Y es ahora cuando Zubiri comienza a perfilar la noción de sistema constitucional. Sistema, nos dice, es el "conjunto concatenado o conexo de notas posicionalmente interdependientes"[81]. Cuando estamos ante una unidad constitucional (unidad primaria en el sentido recién explicitado),

> las notas constitucionales, como momentos de una unidad primaria, lo que constituye es eso que denominamos "sistema". Y es este sistema el que es formalmente tridimensional.[82]

En esta definición de sistema constitucional y aunque Zubiri no explicita la determinación o modulación interna, hemos de percatarnos que nos habla del sistema de notas constitucionales desde una unidad de constitución primaria, unidad de constitución definida positivamente desde la interna determinación.

---

80 Ahora se aprecia lo que ya apuntamos: la conexión fue tan sólo una pista que, de hecho, ayuda a la hora de apuntar el problema, pero, como iremos viendo a lo largo de todo su discurso, serán criterios funcionales los que distinguirán las notas adventicias de las constitucionales y, de entre estas, las constitutivas.

81 SE, p. 146.

82 SE, p. 144.

A mi juicio, la tridimensionalidad de las cosas reales tan solo fue, tal y como explicitó Zubiri, un modo para situarse en la índole de la cosa; aferrados a la índole, las notas constitucionales se explicaron desde la unidad constitucional previa, dando contenido positivo a la unidad de la riqueza en su sólido estar siendo como unidad modulada internamente, es decir, como unidad física individual, individualidad entendida como interna determinación.

Zubiri dice que todo sistema constitucional posee interna concatenación de notas interdependientes ¿En qué consiste esa concatenación? Este punto es y nos será de suma importancia:

> En lo que consiste formalmente la concatenación de notas interdependientes es en la "posición" de cada nota respecto de todas las demás. La posición es algo que se expresa en la función que una nota desempeña respecto de las demás.[83]

Vemos que la "posición" de cada nota se expresa en la función que esa nota desempeña con respecto de las demás; es decir, la posición determinada respecto de todas las demás ha de entenderse en el sentido de que esa nota posee una función determinada respecto de todas las demás notas. Será en el análisis de la esencia cuando Zubiri perfile el significado de "posición" entendida como "función", pero en este nivel previo de análisis de lo esenciado nos encontramos con que la función de las notas respecto a todas las demás responde al tipo de unidad propio de constitución en y por el que las notas son resultado de su propia unidad; es decir, esta es primaria:

> cada nota es función de las demás, de suerte que sólo en y por su unidad con las restantes es cada nota lo que es dentro de la cosa real. En este sentido, la unidad domina, es un *prius* respecto de la posesión de cada nota aisladamente considerada.[84]

83 SE, pp. 144-145.
84 SE, p. 143.

Pero el sistema constitucional que configura las notas de y en la unidad constitucional tiene, además, un carácter preciso: el sistema es clausurado. La clausura ha de ser entendida no

> en el orden de la conexión de las realidades entre sí, sino en el orden de la conexión de las notas de una realidad entre sí, a saber, que estas notas formen algo completo o concluso en el orden de los caracteres formales.[85]

> Si fuera permitido dar una idea figurada de esta conclusión, diríamos que un sistema constitucional es un sistema cíclico de notas; en la figura circular se expresa figurativamente lo que queremos decir. Pero no demos excesivo alcance a esta figura. No todos los sistemas tienen figura cíclica, pero todos tienen lo que los sistemas cíclicos en su circularidad: conclusión, la clausura.[86]

La clausura, insertos en las coordenadas constitucionales ha de entenderse, a mi juicio, desde las coordenadas desde las que ha entendido la "posición", pues no es sino el posicionamiento preciso de las notas por lo que se puede afirmar la clausura de un sistema. Si en el sistema de notas cada una posee una "posición" concreta expresada en la función que la nota posee respecto todas las demás, afirmar que el sistema de notas es clausurado significa que las notas forman algo completo porque la función de cada nota es con respecto de todas las notas del sistema constitucional, función en orden a la unidad: lo clausurado hace referencia a esa interdependencia funcional por la que la función de cada nota solo se explica desde la totalidad del sistema, sistema que no puede ser algo "difuso" sino, a pesar de su multiplicidad interna y su relación con el medio, ha de ser, como prudentemente apunta Zubiri, "como cerrado en sí mismo."[87]

Por otro lado, para comprender, a mi juicio, correctamente la perspectiva de la clausura hemos de caer en la cuenta de que Zubiri está abordando lo que es sistema "de arriba a abajo" y no "de abajo

85 SE, p. 146.
86 SE, p. 146.
87 SE, p. 146.

a arriba". Ello se ve en un matiz de vital importancia: Zubiri dice que todo sistema constitucional es "ante todo la interna concatenación e interdependencia de todas sus notas."[88] La palabra "interna" no es baladí: interna nos señala, tal y como apunta Ignacio Ellacuría, que la concatenación "es resultado de su primaria unidad"[89], y es por ello que el análisis zubiriano de la clausura se realiza atendiendo a un sistema desde la perspectiva de la unidad a las notas y no de las notas a la unidad: no es por el modo en el que unas notas forman sistema por lo que nos "surge" un sistema clausurado, sino al revés: el conjunto concatenado de notas posicionalmente interdependientes lo es por la primaria unidad, y cuando esta unidad es la unidad propia de la constitución (física e individual por interna determinación), el sistema es clausurado, clausura entendida desde una perspectiva funcional de la "posición".

Por lo tanto, la clausura de notas no confiere "unidad" al sistema como se podría interpretar desde una perspectiva topológica meramente extensiva: la clausura confiere a la unidad –unidad primaria por la que el sistema es clausurado– el carácter de totalidad, unidad que en cuanto totalizante y totalizada, como enseguida veremos, decimos que posee suficiencia constitucional.

Antes de continuar veamos cómo Zubiri ha procedido hasta aquí: partiendo de la unidad estructural de la realidad *simpliciter* y apuntando a la triple dimensionalidad de la misma, ha delimitado las notas constitucionales como aquellas que configuran la "índole" de la unidad estructural proponiendo la noción de "constitución" como aquella complexión o estructura "física" e "individual" primaria de la cosa real. El análisis de la constitución nos ha mostrado que la "constitución" se reconoce en aquellas realidades que además de singularidad poseen individualidad apuntada como interna determinación; por ello concluye que la "unidad" estructural de la realidad *simpliciter* tomada "a una" en su triple dimensión es la constitución física individual. Partiendo de la unidad primaria de la estructura de la realidad *simpliciter* y tomando a cada nota constitucional como

88 SE, p. 144.

89 ISE, p. 45.

momento de dicha unidad, Zubiri define el sistema constitucional como sistema clausurado de notas concatenadas posicionalmente interdependientes. Llegados aquí, el autor delimita por primera vez la noción de sustantividad:

> La unidad constitucional es, pues, una unidad primaria cuyas distintas notas no son sino momentos concatenados posicionalmente interdependientes en forma clausurada; es unidad de sistema. Pues bien; este carácter constitucional es justo lo que llamamos "sustantividad". Lo que la constitución constituye es una sustantividad, y la realidad así constituida es una realidad sustantiva.[90]

Vemos en esta cita la precisa imbricación entre nociones fundamentales: la unidad constitucional es unidad primaria; la unidad primaria es unidad primaria de notas concatenadas posicionalmente interdependientes en forma clausurada. A esto así dicho es lo que denomina "carácter constitucional", y a este carácter constitucional lo denomina "sustantividad". Es decir, la sustantividad es, ante todo, carácter constitucional; y la realidad sustantiva es aquella realidad que la "constitución" constituye. Se ve entonces que es la noción filosófica de "constitución" desde la que explicar el "carácter constitucional" motivo por el cual el sistema es sustantivo.

Hemos precisado el concepto de sustantividad y de constitución desde la unidad del sistema. Tendremos ahora que precisar otro importantísimo carácter de la sustantividad: la ya anunciada suficiencia constitucional. Inmersos en análisis de la unidad estructural de lo realidad *simpliciter* es la actualidad de la unidad en las notas lo que confiere a la unidad del sistema suficiencia constitucional.

En este punto creo que es importante introducir los distintos planos desde los cuales, a mi entender, Zubiri va describiendo los distintos caracteres de la realidad *simpliciter*: el orden operativo, orden accional y orden constitucional. El orden accional será el más accesible a la observación, pero este solo se entenderá como la ope-

90 SE, p. 146.

ración de algo "completo" que es "completo" por la integridad primaria en el orden constitucional.

> Toda integración en el orden accional, por ejemplo, en las respuestas del sistema nervioso, no es sino actualización operativa de la integridad primaria de orden constitucional, esto es, del hecho de tratarse de una cosa intrínsecamente "completa".[91]

Pero si en el orden constitucional decimos que es "completo" es porque "esta integridad no es sino la actualización de la realidad primaria: la cosa es 'entera', está 'completa' porque es primariamente 'una'".[92] Aquí Zubiri introduce una reflexión que será crucial para posteriores análisis:

> La actualidad de la unidad en sus notas es lo que confiere al sistema el carácter de totalidad, y es en sí misma una unidad totalizada en ellas. De esta unidad primaria en cuanto actualizada en notas constitucionales que formarán *ab intrínseco* una totalidad, esto es, en cuanto unidad totalizante y totalizada, decimos que es una unidad que posee suficiencia constitucional. La realidad sustantiva así constituida lo está, pues, "suficientemente". Por tanto, aquella unidad intrínseca y clausurada de notas constitucionales, hace de la cosa algo plenario y autónomo, esto es, suficiente, dentro de una línea sumamente precisa: en la línea de la constitución. Pues bien, la suficiencia constitucional es la razón formal de la sustantividad.[93]

Queda pendiente explicar con precisión qué significa "la actualidad" de la unidad en sus notas, pero diremos por ahora que la suficiencia constitucional es conferida por la unidad primaria actualizada en todas las notas (unidad totalizada), que hace de esta multiplicidad de notas una totalidad (unidad totalizante). Por la unidad que es primariamente "una", la cosa es "entera", "completa".[94] La unidad totalizante lo es de un modo ya explicitado: por "constitución". La suficiencia que confiere la unidad actualizada en las notas como

---

91 SE, p. 152.
92 SE, p. 152.
93 SE, pp. 152-153.
94 SE, p. 152.

totalizada en el sistema es no solo por lo que el sistema es "uno" (numeralidad), sino por su modo de ser uno: la interna modulación o determinación interna por lo que es "esta". A mi juicio, cuando Zubiri afirma que todo sistema suficiente en la línea de la constitución es "plenario y autónomo", a lo que apunta con autónomo no puede ser sino al sistema en cuanto determinado internamente, es decir, en la línea de la constitución individual.

Concluyo este importante apartado con un texto magistral de Ellacuría donde describe, a mi juicio con más nitidez que el propio Zubiri, la imbricación entre unidad constitucional, totalidad, clausura, suficiencia constitucional y sustantividad que encontramos en un ser vivo.

> La clausura confiere a la unidad del sistema un carácter de totalidad. 'Cuanto más fuerte y estricta sea la unidad constitucional, tanto más carácter de `todo´ tiene la realidad así constituida, tanto más es y actúa como un todo' (SE, 152). En el orden operativo, esto significa que en la acción va envuelta la primaria integridad de la cosa entera. Toda integración, por ejemplo, en las respuestas del sistema nervioso no es sino la actualización operativa de la integridad primaria de ese orden constitucional, que es un determinado ser vivo en su completud. A su vez, la integridad es la actualización de la unidad primaria, ya que la cosa es entera y completa porque y en cuanto es una. La unidad del sistema es totalizante de la multiplicidad de sus notas: 'la actualidad de la unidad en sus notas es lo que confiere al sistema el carácter de totalidad, y es en sí misma una unidad totalizada de ellas' (SE, 152). El sistema es una unidad total y totalizante; la unidad intrínseca clausurada de notas constitucionales hace de cada cosa algo plenario y autónomo en la línea de la constitución. Precisamente en esta suficiencia constitucional está la razón formal de la sustantividad.[95]

95 ELLACURÍA, I. "La idea de estructura en la filosofía de X. Zubiri" en "Realitas 1", Madrid: Edición Moneda y Crédito, 1974, p. 463.

5 "Constitución" y determinación interna

5.1 Combinaciones, sistema constitucional y sustantividad

La implicación entre las notas y el sistema es uno de los puntos básicos desde el que explicar el pensamiento estructural zubiriano. Al abordar de forma más precisa qué entiende por sustantividad, Zubiri ofrece una interesante tipificación de sistemas atendiendo a sus propiedades. Estas reflexiones, en mi opinión, pueden resultar epecialmente sugerentes para aquellos desarrollos que, enmarcados en la filosofía de la biología, tratan de caracterizar a los seres vivos.

Ni el sistema sustantivo es sin más la suma de las notas (pues hay en el sistema una novedad cualitativa), ni el sistema es una nueva realidad del mismo orden entitativo que las partes. A continuación expondré la tipificación zubiriana de las distintas unidades que encontramos en los sistemas cuando atendemos a las propiedades que emergen de los mismos.

5.1.1 Unidad corporal y unidad de funcionamiento

Las propiedades sistemáticas que emergen de la totalidad del sistema (y no de una nota del sistema) pueden ser de diverso carácter. Un compuesto puede poseer propiedades por un lado, del mismo carácter que sus componentes pero, a su vez, de distinta "magnitud". Si nos encontramos con que todas las propiedades sistémicas responden a la mera adición de las propiedades que emergen de sus elementos, nos encontramos ante una mezcla. Si encontramos que el compuesto posee propiedades que no se explican por la suma de las partes, es decir, que no se pueden distribuir en operación perfectamente inversa a la adición de los elementos del sistema, pero no son "otro" tipo de propiedades, estamos, siguiendo ahora a Ellacuría, ante "un mínimo caso de estructura, que Zubiri llama 'un como elemento compuesto'"[96]. Estas propiedades, nos dice Zubiri,

96 Ibid. p. 460.

> son del mismo carácter que las propiedades que poseen sus componentes, de suerte que, en tal caso, el sistema mismo es, en rigor, como un elemento compuesto.[97]

Este es el caso de compuestos químicos donde nos encontramos con lo que Zubiri denomina combinaciones químicas o de tipo corporal, multiplicidad cuya unidad es un mero cuerpo. En *Sobre la esencia* nos dice,

> Así, el ácido clorhídrico tiene como propiedades sistemáticas cierto calor específico, cierto carácter eléctrico, etc. Distintos de los del hidrógeno y el cloro, que, por su parte también posee un carácter eléctrico y un calor específico (...). Las combinaciones químicas son combinaciones de tipo corporal porque su resultado es un cuerpo de unidad y de índole formal específicamente nueva[98]

En *Sobre el hombre*, leemos también a este respecto:

> El ácido sulfúrico no es una mezcla de azufre, oxígeno, hidrógeno, sino una combinación, esto es, la constitución de un cuerpo nuevo. Es una propiedad sistemática del sistema "azufre-oxígeno-hidrógeno"[99].

Podemos encontrarnos casos en los que la unidad de los elementos determina en el sistema una nueva propiedad sistemática de carácter meramente funcional. Debido a la especial unidad sistemática, el sistema funciona de un modo radicalmente distinto al que corresponde a sus elementos o a su mera adición. La novedad aquí afecta "al sistema funcional en cuanto funcional"[100] y no a la índole formal de sus elementos; son las combinaciones funcionales:

> La combinación funcional, en cambio, es ciertamente una combinación, pues en ella se produce también algo específicamente nuevo, pero la nove-

97 SE, p. 149.
98 SE, pp. 149-150.
99 SH, p. 52.
100 SE, p. 150.

dad no afecta a la índole formal de los elementos del sistema, sino tan sólo al modo como estos funcionan acoplados al sistema, esto es, al sistema funcional en cuanto funcional. Hay sistemas cuyo funcionamiento no es de tipo "combinatorio", sino que es una mera "complicación", algo así como una mezcla funcional; tal es el caso de cualquiera de las que llamamos máquinas; pero hay sistemas cuyo funcionamiento es una verdadera "innovación", esto es, una combinación funcional. Tal es el caso de los organismos. Un organismo no es una simple máquina, pero tampoco es un cuerpo como lo es el ácido clorhídrico. Su unidad corporal es en cuanto sustancia enormemente laxa, no es "una" sustancia corpórea en el sentido riguroso y específico del vocablo. Pero su unidad funcional es estricta y rigurosa.[101]

Comparto la tesis de Ignacio Ellacuría cuando, al atender a la presente reflexión zubiriana, afirma que

Nos encontramos, por tanto, con sistemas de dos tipos. En los del primer tipo –un elemento como compuesto– su 'unidad corporal', por así llamarla, es estricta, y, sin embargo, a esa unidad no corresponde otro tipo de propiedades, su nivel de funcionamiento es el mismo. En los del segundo tipo –sistemas estrictamente tales–, la unidad corporal, la unidad de sustancias es mucho más laxa; la innovación que sus propiedades presentan, la función nueva que realizan, se debe exclusivamente a la nueva estructura. La mayor innovación, manifestada en la novedad cualitativa de las funciones, no se debe a la aparición de nuevos elementos ni a la constitución como de un elemento compuesto; se debe a una nueva estructuración, a la constitución de una nueva estructura con los mismos elementos. Lo decisivo es la estructura y no los elementos en los que la estructura se expresa. Podríamos decir que en la primera casi predominan los elementos sobre el sistema, mientras que en el segundo predomina el sistema sobre los elementos.[102]

---

101 SE, p. 150. En Sobre el hombre apunta esto señalado en *Sobre la esencia*: "Pues bien, la vida sería no una combinación química sin más, sino una especie de combinación funcional por así decirlo. Porque el sistema estructural del viviente no es un nuevo cuerpo, como lo es el ácido sulfúrico, pero posee una propiedad sistemática nueva en su funcionamiento: es combinación funcional, un funcionamiento original." (SH, p. 52).

102 ELLACURÍA, I. "La idea de estructura en la filosofía de X. Zubiri" en "Realitas 1", Madrid: Edición Moneda y Crédito, 1974, pp. 461-462. Este texto de 1974 recoge la distinción que Ellacuría ya realizó en la exposición sintética los contenidos de *Sobre la esencia* en 1965, donde ya se puede observar que, según él, Zubiri considera tan sólo a las combinaciones funcio-

5.1.2 Combinaciones funcionales y noción zubiriana de estructura

Ellacuría apunta con rotundidad que, aunque tanto las unidades corporales como las funcionales son "sistemas", para Zubiri la idea de "estructura" solo remite a aquellas combinaciones funcionales, y estas, solo a los seres vivos.

> A este segundo sistema es al que Zubiri llama combinación funcional y esta nos remite a la idea de estructura. Es la índole del ser vivo: ser combinación funcional.[103]

Zubiri, en las últimas páginas de *Sobre la esencia*, y después de haber hecho todo el recorrido metafísico, parece validar esto aquí afirmado por su discípulo: toda

> articulación entre las notas de una realidad es estructura cuando por ella posee propiedades sistemáticas, algo irreductible a la mera copulación interna de elementos.[104]

En esta afirmación hemos de prestar atención a que "algo" no hace referencia a las propiedades, sino a la estructura. Eso se ve claro porque afirma "copulación interna de elementos" y no "adición de las propiedades de sus elementos". De hecho, mediante la copulación interna de distintos elementos sí podemos obtener nuevas propiedades sistemáticas irreductibles a sus partes siempre y cuando

---

nales sistemas de carácter sustantivo: "Las propiedades sistemáticas pueden dar lugar a simples mezclas o a combinaciones funcionales: -Mezcla: las propiedades sistemáticas son del mismo carácter que el de los componentes; son de carácter medial respecto de los elementos mezclados. -Combinación funcional: es un sistema sustantivo con sustantividad irreductible a la de sus componentes, pero sólo en el orden funcional con una unidad funcional rigurosa." (ISE, p. 46). Ciertamente no desarrolla en esta exposición la distinción entre mezcla y combinación química como la hace Zubiri, pero, en mi opinión, eso recalca todavía más la falta de interés por un ámbito donde no acontecen los sistemas sustantivos.

103 ELLACURÍA, I. "La idea de estructura en la filosofía de X. Zubiri" en "Realitas 1", Madrid: Edición Moneda y Crédito, 1974, p. 462.

104 SE, p. 513.

digamos que estas propiedades sistemáticas nunca han de ser de distinto tipo de las de sus elementos, es decir, una nueva funcionalidad. No hay más que proceder a la copulación interna de varios átomos separados para formar un nuevo compuesto químico y observar que aparecen nuevas propiedades sistemáticas irreductibles a sus partes.

Pero lo que no podemos, y eso es lo característico de la idea de estructura que presenta Zubiri en esa afirmación, es mediante la copulación interna de partes separadas obtener una nueva estructura con propiedades sistemáticas, si esta estructura hace referencia a una combinación funcional y esas propiedades sistemáticas hacen referencia a nuevas propiedades funcionales. Es decir, podemos conectar dos moléculas de hidrógeno y una de oxígeno y obtenemos una molécula de agua (un sistema con nuevas propiedades sistemáticas), pero no podemos mediante la copulación de cuatro patas, tronco y cabeza obtener un perro (un sistema con nuevas propiedades sistemáticas funcionales). Vemos de qué forma Zubiri diferencia nítidamente lo que es el sistema que configura un compuesto químico del carácter estructural de un ser vivo a partir del análisis de las propiedades sistémicas.

Desde esta perspectiva parece que tendríamos que afirmar que todo aquello que cae bajo el análisis de la estructuralidad de lo real *simpliciter*, es decir, la sustantividad, ha de apuntar a las combinaciones funcionales pues en ellas se nos remite a la idea zubiriana de estructura[105].

Ellacuría, en un artículo[106] donde se reproduce una conferencia que él mismo impartió bajo el título "El hombre realidad personal, según la concepción de Zubiri" en 1964, escribe que

---

105 Ciertamente, de aquellas unidades corporales Ellacuría nos remitía a "mínima estructura" (ELLACURÍA, I. "La idea de estructura en la filosofía de X. Zubiri" en "Realitas 1", Madrid: Edición Moneda y Crédito, 1974, p. 460), así que parece que aun con la rotundidad de la afirmación queda una vía abierta para considerar estructura a los compuestos, aunque, en ese contexto, Zubiri no lo afirme.

106 Cfr. ELLACURÍA. I. "El hombre realidad personal, según la concepción de Zubiri", Revista de psiquiatría y psicología médica de Europa y America,

El ser vivo tiene, evidentemente, partes estructurales, pero con mayor evidencia tiene unidad. Las partes no son simplemente partes que constituyen un todo; sea de lo que fuere de su origen concreto, son ya de sí partes de una unidad primaria, que es la única substantiva. En ella, 'cada momento está determinado por todos los demás, y a su vez los determina a todos' (HRP, 61). 'Esta unidad en cuanto constitutiva de la realidad física de algo' (HRP, 61-62) es la estructura, de la que depende la substantividad como tensión y habitud, que son sus momentos operativos. 'Sólo en las estructuras está el momento formal constitutivo de la substantividad' (HRP, 62). Sólo en ellas, la substantividad es suficiencia constitucional, en orden a la independencia y control; sólo en ellas se halla la esencia.[107]

Este texto junto con lo alcanzado anteriormente parece apuntar que las "estructuras" en las que se halla la esencia nos han de remitir a los sistemas donde predomina la unidad sistemática frente a los elementos (que no es sino el modo como se expresa un sistema con unidad primaria o previa). Parece entonces que podríamos sostener que solo se halla esencia en la estructura a la que remiten las combinaciones funcionales, estructuras de las que depende la substantividad como habitud y tensión, estructuras que remiten a la sustantividad con suficiencia constitucional en orden a la independencia y control: los seres vivos.

5.1.3 Combinaciones funcionales y sistema constitucional

Lo alcanzado en la descripción de las combinaciones funcionales apunta, a mi juicio, a lo que salió al paso de Zubiri con motivo de un análisis bien preciso: con la caracterización del sistema constitucional. Allí nos decía que todo sistema constitucional es una interna concatenación de notas interdependientes. Por un lado, *interna*

1964, 6: pp. 403-407 y cfr. ELLACURÍA. I. "El hombre realidad personal, según la concepción de Zubiri", Revista de psiquiatría y psicología médica de Europa y America, 1964, 7: pp. 483-508, recogidos en ELLACURÍA, I. "Antropología de Xavier Zubiri" en CARLOS MOLINA VELÁSQUEZ (Ed.) "Ignacio Ellacuría Escritos Filosóficos II", El Salvador: UCA Editores, 1999, pp. 71-137.

107 SE, p. 79.

hacía referencia a que la unidad era previa, es decir, sistemas donde la unidad del sistema predomina sobre los elementos del sistema (lo que caracteriza a las combinaciones funcionales frente al resto de los sistemas). Por otro lado, la concatenación se entendía como "posición" de cada nota respecto de las demás donde la posición expresa la función que una nota desempeña frente al resto y la interdependencia recalca que la función es función respecto de las demás. Pero había otro carácter preciso en el sistema constitucional: la clausura. Si la posición era entendida en coordenadas de funcionalidad, la clausura no podía sino estar enmarcada en esa misma perspectiva.

Si en el sistema de notas cada una posee una "posición" concreta expresada en la función que la nota posee respecto todas las demás, afirmar que el sistema de notas posee clausura significa que la función de cada nota no es tan solo respecto del resto de notas sino que está determinada, a su vez, por la totalidad de las mismas. Dicho desde el análisis de la unidad clausurada de lo esenciado: en un sistema constitucional toda nota constitucional determina la función de todas las demás porque el sistema es siempre una estructura clausurada.

Vemos entonces cómo los sistemas con combinación funcional remiten con toda claridad a la idea zubiriana de estructura, sistemas que se mueven en las coordenadas funcionales de "posición" y "clausura" desde la que Zubiri ha perfilado la "constitución", el sistema constitucional y el carácter sustantivo.

¿Quiere esto decir que el hombre posee la misma esencia que el resto de seres vivos? En absoluto[108]. Zubiri, en su metafísica, mos-

---

108 Comparto la visión de Ellacuría sobre el acercamiento de Zubiri al análisis de la esencia humana desde el análisis de la esencia a los seres vivos: "Zubiri comienza por unos análisis de tipo biológico, como veremos inmediatamente. En general, lo operativo descubre lo estructural, los comportamientos y los aconteceres radican en las estructuras. Se empezará con el hombre como ser vivo, como ser biológicamente vivo. ¿Por qué? El hombre es, por de pronto, una realidad intramundana, y su vida, de inmediato, puede compararse en sus similitudes y diferencias con más realismo respecto de los animales que de otros presuntos seres vivos. (...) El hombre se nos presenta, por de pronto, próximo al animal. Con él mantiene una dimensión en común

trará que solo el hombre posee una esencia abierta y una individualidad estricta y, con rigor, solo él es estrictamente sustantivo[109]. Pero lo que aquí he querido defender es que la caracterización de la sustantividad solo parece poder aplicarse con rigor a los seres vivos, ya que, alineándome con Ellacuría, solo las combinaciones funcionales responden a la idea estricta de estructura zubiriana.

5.1.4 Combinaciones químicas y sistema constitucional

Analicemos ahora las combinaciones químicas no desde la unidad del sistema, sino desde los elementos que la componen. Zubiri señala que el sistema constitucional es aquel que posee interna concatenación de notas interdependientes y que esta concatenación consiste en que la "función" de cada nota lo era respecto de todas las demás. Por ello, una nota constitucional es aquella que desempeña una función respecto de todas las demás notas de ese sistema. Si afirmamos que una combinación química es un sistema constitucional, los átomos de una molécula serían notas constitucionales por poseer una función con respecto a todas las demás. ¿Es esto así?

---

en la que se contrapone, la de ser seres vivos. Si queremos, pues, 'aprehender de una manera la esencia de hombre' habrá que precisar 'la índole esencial de todo ser vivo' (HRP, 56)." (ELLACURÍA, I. "Antropología de Xavier Zubiri" en CARLOS MOLINA VELÁSQUEZ (Ed.) "Ignacio Ellacuría Escritos Filosóficos II", El Salvador: UCA Editores, 1999, pp. 75-76).

109 La presente investigación se enmarca en el análisis de la diversidad formalmente talitativa y no en la diversidad talitativa según su función trascendental –para la distinción entre los análisis cfr. SE, pp. 499-500–. Es en la reflexión trascendental de la esencia donde el filósofo distingue la apertura como tipicidad trascendental distintiva del hombre respecto del resto de organismos vivos –en el carácter estructural de lo real de la sustantividades humanas, la esencia de cada hombre es esencia abierta a todo los real en cuanto real no así la del resto de seres vivos– (cfr. SE, pp. 500-508). En nuestra tesis cuestionamos la falta de suficiencia constitucional atribuida al embrión preimplantatorio por la falta de factores epigenéticos, es decir, nos movemos en un plano talitativo donde "toda esencia, sin excepción, tiene sus notas talitativas según su unidad clausurada" (SE., p. 499) y no en el nivel de análisis donde aparece la peculiaridad de la individualidad de la sustantividad humana frente al resto de los seres vivos.

Si tomamos una molécula de agua, podemos preguntarnos por la composición que tiene y atender a la posición que sus átomos ocupan en el sistema. Como es sabido, cada molécula de agua posee un átomo de oxígeno y dos de hidrógeno. El ángulo entre sus átomos es, redondeando, de 104 grados y cada átomo de hidrógeno está unido covalentemente al oxígeno. Esto y otras características confiere al "todo" una corporalidad muy precisa de la que emergen nuevas propiedades físico-químicas sistemáticas, propiedades que, emergiendo del sistema, son irreductibles a sus partes. ¿Pero hemos dicho algo de la función que posee un átomo de hidrógeno con respecto al del oxígeno, con respecto al otro de hidrógeno y con respecto a la molécula de agua que compone? Podríamos decir que una de ellas puede ser en mayor o menor medida responsable de una nueva propiedad sistémica y, por supuesto, de toda propiedad del sistema de carácter aditivo, pero con respecto a la "función" de una sobre las otras dos parece que nos encontramos ante un problema, problema que no encontramos cuando tenemos que afirmar la función de un órgano con respecto a todos los demás en un organismo. El significado de "función química" en la Química teórica nos puede ofrecer algo de luz.

Función química hace referencia a las propiedades comunes que caracterizan a un grupo de sustancias con motivo de poseer un mismo grupo funcional. Pongamos un ejemplo. Los hidrocarburos son los compuestos orgánicos más simples y están formados tan solo por carbono e hidrógeno. Cuando los hidrógenos de los hidrocarburos son sustituidos por átomos de otro elemento o por un agrupamiento de átomos, se obtienen compuestos derivados que adquieren nuevas propiedades sistemáticas muy diferentes, presentando el compuesto por ello corporalidades muy distintas. A ese átomo o grupo de átomos que representan la diferencia entre un hidrocarburo y el nuevo cuerpo se le llama grupo funcional. Es decir, se denomina grupo funcional al átomo o grupo de átomos que caracteriza a una clase de compuestos orgánicos, grupo funcional que determina las propiedades químicas de las sustancias que lo poseen modificando las propiedades de la molécula en su totalidad; por lo tanto, se llama función química a las propiedades comunes que caracterizan a un grupo de sustancias que tienen estructura semejante por poseer un determinado grupo funcional.

A mi juicio, el uso de ese término desde la química no se mueve en coordenadas de "constitución" entendida como "interna determinación" ni de "posición" entendida como función. El término "función" en la Química teórica se ha consolidado como instrumento de clasificación del mismo modo que la Biología ha entendido de forma análoga familia, género o especie. Pongamos un ejemplo: las "funciones oxigenadas" abarcan aquellos compuestos que tienen un "grupo funcional" hidroxilo, los alcoholes; los que poseen un "grupo funcional" alcoxi, los éteres; los que poseen un "grupo funcional" carbonilo, que pueden ser aldehídos o cetonas; etc. Las denominadas "funciones nitrogenadas" abarcan aquellos compuestos que poseen un "grupo funcional" amino, donde nos encontramos a los clasificados como aminas e iminas; etc.

Zubiri, en su exposición teórica de lo que entiende por "individualidad" desde las coordenadas de "constitución" es tajante:

> La individualidad no desempeña primariamente una función diferencial, es decir, no se trata de aquellos caracteres que, "añadidos" a la índole específica de la realidad, la hacen distinta de otras de la misma especie.[110]

Por otra parte, desde la perspectiva química es al compuesto al que se le atribuye una función (no por otro motivo suele utilizarse indistintamente "compuesto" y "función") pero nunca entendida, como en el caso de las combinaciones funcionales, como una propiedad de otro tipo a las propiedades de sus elementos.

Nos da una idea del ámbito en el que se mueve las combinaciones químicas cuando en ellas es posible añadir o quitar un grupo funcional a una molécula haciendo que esta adquiera una nueva corporalidad con nuevas propiedades sistemáticas (por lo que caería en la clasificación de otro "grupo funcional"). Este punto es de especial relevancia pues aquí se ve una diferencia abismal entre las

110 SE, p. 165.

combinaciones funcionales y las químicas: en las combinaciones químicas podemos añadir o quitar uno o varios átomos y nos surge una nueva unidad corporal con propiedades sistemáticas distintas a la unidad corporal previa, y este hecho es imposible en una combinación funcional: en el caso que pudiéramos quitar "limpiamente" una "parte" de las combinadas funcionalmente, el sistema dejaría de responder a una unidad funcional y no se transformaría en "otra" combinación funcional.

Pero este no es el análisis que perseguíamos. La pregunta es si podemos decir que en una molécula un átomo está en función de todos los demás átomos al igual que un órgano está en función de todos los demás en un ser vivo. Pues bien, la función de una nota o subsistema en un ser vivo es función por serlo con respecto a todas las demás notas de y en la unidad: su función está definida por y desde el resto de notas, y nunca por su consideración absoluta[111]. La función de los microtúbulos (como explicaremos más adelante) está definida desde su función imbricada en el resto de biomoléculas de una célula en mitosis. Pero en los átomos de una molécula comprendemos que esto no ocurre así: si habláramos de la "función" de un átomo de una molécula con respecto a los demás, esta no vendría definida desde los demás átomos; es decir, para hallar la "función" de un carbono en la sacarosa no tendríamos que acudir al resto de átomos porque, puestos a otorgar funcionalidad a un átomo en una molécula, esta se explicaría a sí misma no necesitando una consideración respectiva de los otros constituyentes del sistema.

Por ese motivo entiendo que en las combinaciones químicas y, en general, en las unidades corporales (no funcionales), hemos de hablar de "posición" en términos de "conexión" (enlace) y "localización", todo ello bajo términos de mera "estabilidad" y no de

111 En la sustantividad, las notas integradas (o al integrarse) en la unidad primaria de constitución pierden su propia individualidad formal (cfr. SE, p. 156), pues, formalmente, están en unidad funcional con el resto de notas: un azúcar es igualmente azúcar dentro o fuera de un organismo, pero dentro de él, al estar su función "integrada" con respecto a todas las demás y ordenada a todo, es totalizada en y por la unidad constitucional totalizante.

"posición" en clave funcional; es decir, las unidades definidas por Zubiri como corporales no pueden ser abordadas bajo coordenadas constitucionales y de interna determinación pues, en mi opinión y con base en las reflexiones aquí traídas a colación, las notas que las componen no son reconocidas bajo criterios de constitucionalidad como notas constitucionales. Por ello parece que se podría afirmar que los átomos que componen una molécula tienen una posición con respecto a todas las demás, pero esa posición no debe (porque no puede) entenderse desde coordenadas constitucionales en clave funcional sino en meros términos de localización y conexión.

A mi juicio, podemos afirmar que, por un lado, el uso de la noción "función" en la Química teórica se mueve en la perspectiva de aquello que poseen en común compuestos responsables de que la molécula adquiera determinadas propiedades sistemáticas que podrán tener una función en su interacción con otras moléculas. Por otro lado y atendiendo a criterios funcionales de constitucionalidad, no encontramos entre los átomos de una molécula una unidad propia de constitución, es decir, los átomos no están en "función" de todos los demás sino tan solo tienen una posición entendida en términos de localización y conexión.

Por todo ello, los *singuli*, mezclas y combinaciones químicas, parecen no responder a la idea de "estructura" zubiriana y no ajustarse a la caracterización sustantiva de los sistemas. Ello no implica que no encontremos una progresión en la estabilidad de la materia que nos lleve a un punto de enorme complejidad, pero, según mi opinión, no deberíamos asignarle el carácter sustantivo pues, alineándome en este punto con Ellacuría, en esos sistemas con unidad meramente corporal no se expresará ni la noción de estructura zubiriana ni la riqueza de lo que será su dinamismo de interna determinación.

5.1.5 Organismos vivos y sustantividad

Un ladrido ante ese desconocido que se acerca no es solo algo irreductible a las partes de este perro como es irreductible a sus átomos la nueva polaridad de la molécula de agua. Ese ladrido es una novedad que solo tiene razón de ser desde la unidad estructural de este perro y desde la respuesta de esa unidad estructural ante una situación que, de hecho, en nada afecta a las partes del perro que, de un modo reduccionista, podríamos asignar como "responsables" de la acción de ladrar.

Por otra parte, la función atribuida a una molécula se debe, como hemos visto, a un grupo de átomos en su consideración absoluta, no así en las combinaciones funcionales: es el grupo hidroxilo del fenol el que acidifica, pero no son las patas del perro las que huyen.

A su vez, lo que mantiene unitario a un compuesto químico no es el tipo de funcionamiento que resulta de la configuración de sus átomos pues, tal y como afirma Zubiri, las propiedades sistemáticas de las combinaciones químicas no son de tipo funcional. Por el contrario, sí es el tipo de funcionamiento lo que mantiene unitario a los sistemas en combinación funcional, motivo por lo que, como hemos señalado, un sistema es estructura.

En definitiva, los sistemas en combinación funcional remiten con toda claridad a la idea zubiriana de estructura, sistema que se mueven en las coordenadas funcionales de "posición" y "clausura" desde la que Zubiri ha perfilado la "constitución", el sistema constitucional y el carácter sustantivo.

Si, por el contrario, prescindimos del sentido "fuerte" de "constitución" con el que Zubiri describe la determinación interna, nos situamos en unas coordenadas donde el análisis de las realidades vivas se realiza sin distinción a como lo hacemos en las realidades inertes; entonces, sometemos a lo orgánico a un análisis de partes y todos donde la unidad de los seres vivos se diferencia de la inerte tan solo en la "intensidad" de la misma y no en su "modo"; modo que, entiendo, Zubiri ha perfilado desde la precisa noción de "constitución".

Como veremos, Zubiri aborda esta situación mediante una gradación sustantiva. Veremos como el autor habla de las realidades no vivas como cuasi-sustantivas, pero ¿implica el "cuasi" un "no" como cuando se afirma en un partido de fútbol que ha sido "casi gol"? Veremos enseguida que del mismo modo hablará de individualidad y de "estricta" individualidad, pero ya he de apuntar que para los limitados objetivos de este trabajo (aplicación de la descripción en el orden talitativo de la teoría de la sustantividad en el embrión preimplantatorio), en nada afecta la consideración sustantiva o no de las combinaciones químicas, y esto, a mi juicio, no hace sino apoyar más lo que aquí he cuestionado: la riqueza de la exposición de lo esenciado y la esencia en orden talitativo surge, sin lugar a dudas, del análisis de individualidades no meramente singulares.

Por otra parte, a pesar de que la postura de considerar con carácter sustantivo solo a las combinaciones funcionales posee en su contra textos y alusiones del autor, entiendo que el mismo Zubiri deja una puerta abierta a esta lectura: que afirme explícitamente que no todas las cosas reales del área de lo esenciable poseen esencia y, por otro lado, que afirme (como veremos) que toda sustantividad posee un momento esencial fundante, nos muestra que la aplicación del carácter sustantivo exclusivo a los seres vivos se ajusta al horizonte metafísico intramundano, no así una lectura en la que todo lo real por ser real posea (en mayor o menor medida) carácter sustantivo y haya de poseer esencia.

Por todo esto entiendo que aplicar la noción de sustantividad exclusivamente a los organismos vivos es una propuesta que, aunque arriesgada por las implicaciones que de ello se pudiera derivar en el conjunto de su obra, podría tener cabida desde las reflexiones que se desprenden de la descripción del sistema sustantivo en su orden talitativo realizada en *Sobre la esencia*.

Aunque dejo abierta esta reflexión para futuras investigaciones, tendré este apunte en consideración para continuar con mi exposición de la teoría de la sustantividad. Si lo hago es porque ello nada cambia la descripción talitativa de la sustantividad tal y como la lleva a cabo Zubiri, y menos todavía del análisis talitativo de la esencia. Lo problemático, desde mi punto de vista, sería tratar de hacer justamente lo contrario: aplicar o rastrear toda la riqueza y el rigor alcanzado en el análisis de la sustantividad y, sobre todo, de la esencia, en las realidades inertes.

5.2 "Constitución" en sentido fuerte

La necesidad de otorgar a la "constitución" sentido positivo de interna determinación queda señalado, a mi entender de forma significativa, en la siguiente cita de *Sobre la esencia*:

> Pero hay otro tipo de individuos [en contraposición a aquellos individuos cuya individualidad consiste "solo" en no ser otro] cuya unidad e interno contenido son eminentemente positivos y se expresan por el vocablo y el concepto de "constitución". La individualidad *stricto senso* no es una simple unidad numeral. Esta unidad numeral, tan fundamental en muchos aspectos del problema (...) es radicalmente insuficiente en estas individualidades. La individualidad propiamente dicha, además de unidad numeral, posee interna determinación.[112]

El autor es consciente de la radical insuficiencia de incluir en su planteamiento constitucional aquello que no posea interna determinación. A pesar de ello, al comienzo del último apartado de lo esenciado titulado "Sustantividad e individualidad" afirma todo lo contrario de lo aquí vengo sosteniendo:

> Ya advertí que con rigor el concepto de constitución puede aplicarse también a la realidad meramente singular. Apliquémoslo por un instante para no restar generalidad a algunas afirmaciones. Como toda constitución es radicalmente individual, resulta que la sustantividad es formalmente individual en sentido amplio, esto es, sea singular, sea estrictamente individual.[113]

Pero habiendo proclamado el carácter general de su teoría, el autor continúa el texto citado afirmando: "Para terminar, pues, con el tema de la sustantividad, hay que precisar algo más la índole de este su carácter radical y formalmente individual."[114] En ese precisar[115], Zubiri afirma lo que ya logró en sus análisis anteriores: la individualidad es un momento de la sustantividad en cuanto tal por lo que

112 SE, p. 138.
113 SE, pp. 164-165.
114 SE, p. 165.
115 Cfr. SE, pp. 165-174.

toda su realidad sustantiva es formalmente "esta", y nos dirá que ese "esta" es una unidad suficiente e irreductible que tiene dos aspectos[116]: el ser "uno" y el serlo por "determinación interna". Zubiri vuelve a hacer referencia a las partículas elementales de la física cuántica, los átomos y las moléculas de las que afirma tener tan solo el carácter numeral. Y es a los seres vivos y al hombre en los que reconoce sistemas con interna determinación:

> Un ser vivo tiene por lo menos incoativamente eso que en el caso del hombre es una estricta individualidad. "Esta" realidad tiene una unidad no sólo numeral sino internamente determinada. Para designarla es para lo que he introducido el concepto de constitución individual; la constitución es algo eminentemente positivo y lleno de contenido. Cada sustantividad tiene su modo peculiar de ser una y total, de ser "esta". Y este modo es justo la constitucionalidad formal y estrictamente individual.[117]

Zubiri consolida aquí la diferencia entre una "constitución individual" como una constitución donde la unidad numeral es internamente determinada de forma positiva y llena de contenido y otra "constitución" referida a un "este" sin interna determinación. Zubiri advierte que el concepto de "constitución" es igual de aplicable en unos y en otros, pero tan solo adjudica a los seres vivos y al hombre la interna determinación, una constitución positiva y llena de contenido. Considero entonces que se puede afirmar que la "constitución" que hace referencia a las cosas inertes sin interna determinación es una constitución "negativa y vacía de contenido". ¿Qué es una "constitución" sin contenido?

El inicial objetivo de la redacción de *Sobre la esencia*, tal y como hemos señalado, fue explicar la esencia de y en la estructura de los seres vivos. Esta pretensión de limitado alcance se ubicó dentro de una sola teoría general que pudiera dar cuenta de la unidad de todos los sistemas de la realidad *simpliciter* y de su dinamismo, todo ello en orden talitativo que, en función trascendental, nos sitúa en

116 Cfr. SE, p. 166.
117 SE, p. 166.

la consideración trascendental de la realidad[118]. A mi juicio, Zubiri es consciente de que todo su análisis de la esencia en sí y por sí misma considerada que llevará a cabo pasa por otorgar a la esencia una función que solo tiene cabida en unas coordenadas de "determinación interna", de "constitución" en sentido "fuerte". De hecho, en las últimas líneas antes de comenzar el capítulo noveno donde se sumerge en la esencia misma de lo real, allana el terreno para que tenga sentido ahondar en la esencia tal y como se propuso cuando escribió la nota al pie desde la que surgió la obra:

> Esta realidad *simpliciter* es la realidad verdadera, es decir, aquella que primariamente está dimensionalmente actualizada en la riqueza y solidez de su estar siendo. Y esta realidad verdadera es la realidad en cuanto posee una estricta "constitución", esto es, en cuanto unidad primaria e intrínseca, en cuanto sistema clausurado y total de notas constitucionales. En la suficiencia en este orden constitucional consiste el carácter formal de la unidad estructural de la realidad *simpliciter*: la sustantividad individual. He aquí la realidad esenciada.
>
> Esto supuesto: ¿qué es la "esencia" misma de esta "realidad esenciada"?[119]

Vemos cómo tras 174 páginas de reflexión y justo en el momento de acotar lo esenciado para iniciar el análisis de la esencia misma el autor utiliza los términos "estricta constitución" y "sustantividad individual"[120]. Estos términos, a mi juicio, no pueden sino apuntar a la "constitución" en sentido fuerte. Por otra parte hay un hecho, en mi opinión, significativo: de qué modo, inmerso en el análisis de la

118 La reflexión zubiriana en el orden talitativo puede resultar muy útil a la hora de comprender el dinamismo que encontramos en las realidades vivas y puede ser, a mi juicio, valiosa para las ciencias biológicas. Por otro lado, consciente de las implicaciones que esta lectura pudiera causar en el orden trascendental, el análisis de las mismas sobrepasa los objetivos de esta tesis. Dejo entonces abierto para posteriores investigaciones tales implicaciones.

119 SE, p. 174.

120 Si toda sustantividad es por definición individual, entiendo que la expresión "sustantividad individual" más que una redundancia es el modo de Zubiri de referirse a la individualidad internamente modulada y no a la individualidad numeral.

esencia y cientos de páginas después de tratar este tema, recuerda sintetizando lo alcanzado en el análisis de la sustantividad,

> Decía entonces que toda realidad sustantiva es por sí misma individual, es "esta" realidad sustantiva; donde el "esta" afecta primaria y formalmente a la complexión constitucional entera de la cosa en cuestión. En su virtud, la realidad sustantiva, decía, no es una unidad meramente singular, sino una unidad intrínsecamente determinada en su modo mismo de ser "una"; y este modo es lo que he llamado "constitución" en sentido filosófico.[121]

Allí no queda duda de que Zubiri da por hecho que lo alcanzado en su análisis de lo esenciado como sustantividad responde a un sistema con unidad propia de "constitución" en sentido filosófico de interna determinación, dejando explícitamente fuera las unidades numerales y corroborando esta lectura que aquí sostengo.

Tal y como señalé al principio de este capítulo, someterse a lo que el autor alcanza cuando describe la noción de "constitución" en sentido fuerte nos lleva a, por lo menos, cuestionar del ámbito de lo constitucional a los sistemas que, aun siendo "uno" no son "tal" por poseer interna determinación: su "tal" responde, en el mejor de los casos, a un "uno" en combinación química con propiedades sistemáticas.

El problema que nos encontramos es que esa determinación interna en sentido fuerte no ha sido explicada con rigor sino, en cierta manera, tan solo apuntada y levemente perfilada. Comparto la tesis de Juan Zaragüeta cuando afirma en un artículo sobre la obra de su amigo y discípulo:

> En cuanto a la individualidad, me hubiera gustado [que Zubiri] dedicara alguna atención al temperamente (sic.) y al carácter, que hacen de cada uno de nosotros, no uno de tantos, sino con originalidad más o menos acentuada; ello se echa de menos colectivamente en las diferencias de raza, sexo y edad. Creo que ello va implicado en cuanto dice sobre individualidad como

121 SE, p. 212.

algo más que singularidad, pero la puntualización de este extremo bajo su pluma hubiera ganado mucho.[122]

Ciertamente Zubiri ni puntualiza la interna determinación ni luego la desarrolla en aspectos concretos del dinamismo constitucional de la realidad humana. Sin perder de vista que nos encontramos todavía en el análisis de lo esenciado, el que así sea responde, a mi juicio, a que el análisis llevado a cabo allí ha tomado en consideración la unidad estructural de la realidad y el carácter formal de la unidad de lo real, la unidad constitucional; pero esa determinación interna se ubica "internamente" y será en esa "interioridad" de lo constitucional donde entrará en juego el momento constitutivo y su imbricación con el resto del sistema constitucional. Como veremos, esa relación entre lo constitucional y su momento esencial se moverá dentro de las coordenadas que ha establecido ya en este acercamiento al sistema constitucional, en coordenadas de determinación funcional. En pleno análisis interno de la esencia nos dirá:

> La esencia, en efecto, es un momento físico de la sustantividad y, por tanto, las notas constitucionales no están fundadas en la esencia en forma de originación, sino en forma de determinación funcional.[123]

La explicación de la determinación interna no es sino la relación entre lo esencial y meramente constitucional, donde la esencia será esencia por la función que desempeñara en el sistema, función que no es sino la determinación funcional del resto de notas constitucionales.

---

122 ZARAGÜETA, J. "Una obra de Javier Zubiri", Revista de filosofía. 1962, XXI (81-82): p. 277. Considero que la observación de Zaragüeta es de enorme interés. Ciertamente el sistema constitucional de, por ejemplo, los caucásicos es distinto al de los orientales, pero, no será distinto por tener distinta determinación interna: el "mecanismo constitucional" de determinación interna será el mismo, y las diferencias entre sistemas constitucionales entre razas, edad y sexos se fundamentará, como veremos, en el momento constitutivo.

123 SE, p. 303.

Como se puede observar en el análisis de lo esenciado y en todo lo dicho hasta aquí sobre la sustantividad, Zubiri ha prescindido totalmente la alusión a lo esencial constitutivo. Y es que solo desde el análisis del momento constitutivo podremos dar contenido a esa "interna determinación", mecanismo constitucional, como veremos, fundamentado en la esencia.

5.3 Niveles de realidad

La discusión que aquí he planteado sobre el sentido fuerte o no de constitución fue abordada por Zubiri, como ya he señalado, con una gradación del carácter sustantivo. Me resulta de todas maneras significativo que en el contexto del análisis del orden talitativo que lleva a cabo en *Sobre la esencia* nos encontramos con las siguientes formulaciones cuando se trata de corroborar en los singulares lo que va alcanzando en su discurso filosófico: "como estos singulares son raros y además tienen carácter especial, me referiré en lo sucesivo tan sólo a las individualidades estrictas"[124], "en rigor, a estos individuos singulares puede aplicarse también el concepto de constitución; pero es inútil hacerlo aquí"[125], "esta unidad numeral, tan fundamental en muchos aspectos del problema (...) es, sin embargo, radicalmente insuficiente"[126], "el concepto [de constitución] es aplicable también a la individualidad singular, pero para mayor claridad, prescindamos nuevamente de los *singuli*"[127], etc.

Atendamos ahora a los distintos niveles de realidades que nos encontramos en la realidad tal y como los desarrolla Zubiri para, después, centrarnos en la caracterización de la esencia. El autor considera las cosas del mundo desde un punto de vista estructural-dinámico. El mundo, más que una conexión de realidades sustantivas estrictamente individuales, se nos muestra como "un movi-

124 SE, p. 141.
125 SE, p. 141.
126 SE, pp. 138-139.
127 SE, p. 166.

miento progresivo y evolutivo desde la realidad meramente singular a la estricta realidad individual sustantiva;"[128] Zubiri atiende entonces al progreso no solo de la perfección de la realidad misma, sino también al de la unidad. Esta concepción dinámica nos ofrece una realidad estratificada en niveles estructurales que presentaré a continuación.

Nos encontramos con un primer nivel de realidades: el orden de lo material inorgánico. En lo inanimado, partículas, átomos y moléculas poseen una singularidad (individualidad singular) pero no una individualidad (o estricta individualidad). Hay en este orden una "multiplicidad indefinida puramente numérica"[129], pero no interna determinación. He aquí las partículas elementales en este primer nivel de realidades, los ya introducidos *singuli.*

Un segundo orden corresponde a la estabilización de la materia, paso "intermediario entre la mera singularidad y el primer esbozo de sustantividad individual"[130], donde no hay dos trozos de materia idénticos. En ella Zubiri habla de "simples 'conformaciones', esto es, meros agregados de unidades singulares dotados de 'unicidad'."[131]

Hay otro orden descrito como vitalización de la materia estable, un estadio previo a la individualidad estricta ("cuasi-individualidad"[132]) que abarca a todos los seres vivos, exceptuando al hombre. Zubiri, tan solo unas líneas más abajo, se refiere a los seres vivos en los mismos términos con los que describió a los meros agregados, como "el primer esbozo o *primordium* de sustantividad individual"[133]. En este tercer momento nos encontramos con "cuasi-sustantividades", "cuasi-individualidad"[134] o, en otros términos, individualidades no estrictas.

128 SE, p. 171.
129 SE, p. 171.
130 SE, p. 172.
131 SE, p. 172.
132 SE, p. 172.
133 SE, p. 172.
134 SE, p. 172.

En último lugar nos encontramos en cada hombre ante la "'inteligización' de la animalidad"[135], motivo por el cual se afirma que todo hombre es una sustantividad con individualidad estricta.

Predicar de la individualidad y sustantividad "primer esbozo", "estricta", "primordium", "cuasi", "plena", "rudimentaria" y "más", y, sobre todo, predicarla de igual modo en distintos niveles, nos muestra la maraña terminológica en la que se mueve el autor a lo largo de su reflexión. Es por todos aceptada la progresiva complejidad existente entre los *singuli* y la realidad humana atendiendo principalmente a la individualidad y sustantividad, progresión que lleva a Zubiri a predicar de estos términos los adjetivos ya señalados. Pero esto no obsta para poder afirmar, según lo traído aquí a colación, que, "estrictamente", solo los seres vivos poseen sustantividad pues, como hemos señalado, solo a ellos puede adjudicárseles la noción zubiriana de estructura, y dentro de ellos, solo el hombre posee individualidad estricta.

Nos encontramos, entonces, con un primer grado correspondiente a las realidades inertes que abarcan a los *singuli,* los compuestos químicos, los agregados y las combinaciones químicas. En ellos encontramos, en el mejor de los casos, sistemas con unidad corporal. El segundo corresponde a sistemas donde vemos unidades de constitución en sentido fuerte, constitución individual, y corresponde a todos los seres vivos. Dentro de ese segundo nivel de realidades encontramos una, la humana, que posee constitución individual en sentido estricto.

Hasta ahora no he hecho alusión al carácter sustantivo que Zubiri otorga al cosmos. Deliberadamente he dejado esta cuestión sin mencionar pues, aunque la sustantividad del cosmos es un problema tangencial a la hora de abordar el carácter sustantivo del embrión –en las reflexiones que desde Zubiri se han llevado a cabo sobre la suficiencia constitucional del embrión no se han tenido presente– no por ello es irrelevante para la sostenibilidad del conjunto de la teoría de la sustantividad.

---

135 SE, p. 173.

Son varios los pasajes en la obra zubiriana donde Zubiri explicita el cosmos es la sustantividad única[136] y estricta donde lo que aparentemente hemos considerado sustantividades no serían sino "notas" de una única sustantividad[137], cosmos entendido como "unidad primaria" de los meros fragmentos que lo pueblan, único sistema material con plenitud sustantiva[138].

Considerar al cosmos como un gran todo final formado por todas las meras partes –todos considerados parcialmente incluyendo las infinitas relaciones– ha sido una constante a lo largo de toda la historia de la filosofía, pero ¿puede ser el cosmos considerado como una sustantividad?, y, en caso de serlo, ¿qué implicaciones conlleva para el conjunto del planteamiento sustantivo zubiriano? Relego dicha reflexión a posteriores investigaciones para no perder de vista el objetivo del presente trabajo ni el ritmo de la explicación[139]. Procedo entonces a continuación a exponer la estratificación de realidades sustantivas atendiendo, esta vez, a la constitución en sentido fuerte.

5.4 Los niveles de realidad atendiendo a la constitución en sentido fuerte

5.4.1 Lo real inerte

Los *singuli* con tan solo "unidad numeral" no poseen unidad propia de la "constitución" en sentido fuerte. Por ello considero que estos

136 Cfr. SE, p. 171.

137 Cfr. SH, p. 466.

138 Cfr. EDR, p. 98.

139 Estoy de acuerdo con Pilar Fernández Beites cuando reflexiona sobre las implicaciones que en la propia filosofía zubiriana conlleva tomar en serio esta posición que Zubiri toma en varios pasajes de su obra (cfr. FERNÁNDEZ BEITES, P. "¿Es el cosmos la única sustantividad material?", Cuadernos salmantinos de filosofía. 2006, XXXIII: pp. 463-489). La publicación del curso oral "Acerca del mundo" que Zubiri dictó en 1960 puede ofrecer un importante material para abordar esta cuestión (cfr. ZUBIRI, X. "Acerca del mundo", Madrid: Alianza Editorial, 2010).

individuos con mera unidad numeral del ámbito de lo esenciable no son realidades esenciadas.

Los "agregados de unidades singulares dotados de 'unicidad',"[140] como se desprende de la lectura que hemos realizado, tampoco poseen la unidad propia de "constitución". Estos compuestos pueden ser meras mezclas o combinaciones químicas. Las combinaciones químicas poseen una unidad corporal que pueden ser objeto de estudio en términos de estabilización de la materia y aparición de nuevas propiedades sistemáticas del mismo tipo que sus elementos, estabilidad "en cierto modo, estática, en las 'partes' internas, debida a la agrupación dominantemente molecular."[141] Aquí Zubiri toma a los elementos químicos como "partes" que componen un todo con mayor o menor solidez en su estar siendo, pero es el "estar siendo" del sistema el que nos muestra que su unidad ni es unidad precisa de constitución (individuos internamente determinados), ni hace que el sistema funcione de manera distinta al funcionamiento de los elementos que lo componen.

Por todo ello, los *singuli*, mezclas y combinaciones químicas no responden a la idea estricta de "estructura" zubiriana y, por ende, a la clasificación de los sistemas como sustantivos. En cierto modo, no hago sino adquirir compromiso con el significado de "cuasi-sustantividad" que Zubiri les otorga, pues *cuasi*, aun siendo un recurso de aproximación, afirma una negación. Pero ello no implica que no encontremos una progresión en la estabilidad de la materia que nos lleve a un punto de enorme complejidad aunque, a mi juicio, no podamos asignarle el carácter sustantivo, pues, apoyándome en este punto en Ellacuría, el sistema no se expresará la noción de estructura zubiriana.

5.4.2 Los seres vivos: sustantividades individuales

Atendiendo al sistema podemos afirmar que en los seres vivos cada nota que configura la índole del sistema es "índole" (es de índole

140 SE, p. 172.
141 SE, p. 172.

constitucional) justamente porque tiene una función integrada en el todo (respecto del resto de notas y para el todo) y por el todo (pues la unidad constitucional es primaria o, desde el punto de vista de las notas, la concatenación es interna).

Atendiendo a las propiedades sistemáticas, solo los organismos vivos poseen combinación funcional y propiedades sistémicas que son verdadera innovación, únicos a los que cabe, según mi opinión y por lo dicho, reconocerlos como estructuras con carácter constitucional y, únicos, junto con el hombre, a los que cabe denominar realidad *simpliciter* esenciada. A mi juicio solo estos sistemas poseen constitución individual en el sentido de ser unidades numerales moduladas por interna determinación, carácter por los que los denominaré meras sustantividades (sustantividad).

En el hombre encontramos constitución individual estricta, pero si la individualidad es cualitativamente distinta, es decir, estricta, no es porque solo ellos sean sistemas constitucionales individuales por propia determinación, sino por el modo cualitativamente distinto de esa propia determinación. En el hombre, diremos encontramos sustantividad estricta.

5.5 Conclusión

Muchas de las nociones surgidas hasta aquí en el análisis de la realidad esenciada requieren de una revisión profunda pues mucho de lo alcanzado no es sino manifestación de caracteres propios de la esencia en sí misma considerada. En este sentido estoy de acuerdo con Ellacuría cuando afirma que con la exposición de la teoría zubiriana de la sustantividad como estructura

> No pretendemos analizar todavía los conceptos estructurales que aparecen en el estudio de la sustantividad. Conceptos como el de sistema, clausura, posición y significación, totalidad, son capitales para determinar lo que es estructura. Pero en la concepción de Zubiri, el momento de sustantividad no expresa la raíz y el principio de lo que es la cosa: esto corresponde al momento de esencia. Pero hay algo más: si el momento de sustantividad mani-

> fiesta lo que es el momento esencial, esto se debe a que la sustantividad está principiada por la esencia. Y es, por lo tanto, en el análisis de la esencia en donde cobran todo su sentido esos mismos conceptos fundamentales de sistema, clausura, etc. Entonces es cuando los volveremos a encontrar. Pero, por otra parte, era menester anunciarlos ya, porque son manifiestos a nivel de sustantividad. La sustantividad es la realidad esenciada y lleva consigo caracteres de la esencia.[142]

Por ello, la primera conclusión de esta primera parte de la exposición ha de tener en consideración que los términos que han ido apareciendo con motivo de la caracterización de la sustantividad bajo coordenadas de interna determinación cobrarán todo su contenido tan solo en el análisis sobre la esencia.

La línea discursiva que Zubiri sigue en el ámbito de lo esenciado ha sido precisa: tras reconocer que las notas que "a una" conforman la riqueza sólida del estar siendo de la unidad estructural de la realidad *simpliciter* son las notas que responden a la índole de la cosa, describe esa unidad como unidad propia de "constitución" delimitando así las coordenadas desde las que analizará la unidad estructural de la realidad. Será la "constitución" lo que explica que ciertos individuos además de "uno" sean "tal" de un modo preciso: por interna determinación.

Partiendo de la unidad de la estructura de la realidad *simpliciter*, la unidad es unidad primaria de notas concatenadas posicionalmente interdependientes en forma clausurada. A esto así dicho es lo que denomina "carácter constitucional", y a este carácter constitucional lo denomina "sustantividad": la realidad sustantiva es aquella realidad que la "constitución" constituye.

En el orden constitucional decimos del sistema "completo" porque "esta integridad no es sino la actualización de la realidad primaria: la cosa es 'entera', está 'completa' porque es primariamente 'una'."[143] La unidad constitucional en cuanto unidad totalizada (unidad primaria actualizada en todas las notas) y totalizante

---

142 ELLACURÍA, I. "La idea de estructura en la filosofía de X. Zubiri" en "Realitas 1", Madrid: Edición Moneda y Crédito, 1974, pp. 463-464.

143 SE, p. 152.

(que hace de esta multiplicidad de notas una totalidad) posee suficiencia constitucional. Porque la unidad es primariamente "una", la cosa es "entera", "completa".[144] La suficiencia que confiere la unidad actualizada en las notas como totalizada en el sistema es no solo por lo que el sistema es "uno" (numeralidad), sino por su modo de ser uno: la interna modulación o determinación interna por lo que es "esta".

Analizando los tipos de propiedades que encontramos en los sistemas, y prestando atención a las propiedades sistémicas, Zubiri realiza una distinción entre aquellos que poseen unidad corporal y los que poseen unidad funcional. Las combinaciones funcionales se definen por la novedad del "tipo" de propiedad sistemática: la novedad en la función que realizan los sistemas, propiedades no solo irreductibles a la adición de las propiedades de sus elementos sino propiedades que no encontramos en ninguno de sus elementos y que no pueden originarse a través de su copulación. Lo decisivo en estos sistemas no son los elementos en los que se expresa esta unidad estructural sino la estructuración misma, y solo los seres vivos parecen expresar esta idea estricta de estructura desde la que Zubiri se adentrará en el análisis de la sustantividad y de la esencia.

Desde mi punto de vista, cuando la "constitución" se entiende a partir de la "composición" de combinaciones químicas como un mero "constituir" se vacía el sentido "eminentemente positivo y lleno de contenido"[145] de la "constitución". Esto es posible al prescindir, por un lado, de la determinación interna y, por otro, de la centralidad de la funcionalidad en la que enraíza todo su discurso. Podemos decir sintéticamente que, a mi juicio, Zubiri –y en la lectura que aquí hemos realizado– entre los binomios posición-función y combinación-función confiere centralidad a la funcionalidad.

En definitiva, atendiendo con rigor a la definición de sistema sustantivo como sistema clausurado de notas concatenadas y posicionalmente interdependientes, y tras mostrar que el sentido que

144 Cfr. SE, p. 152.
145 SE, p. 166.

Zubiri otorga a la "posición" y "clausura" no hace sino referencia a la funcionalidad de las notas de la unidad constitucional del sistema, entiendo justificado abrir una discusión donde reconocer unidad propia de "constitución" (lo que he apuntado como "constitución en sentido fuerte") y carácter de estructura tan solo a las combinaciones funcionales.

6 La esencia misma de lo real: las notas esenciales

Dentro del ámbito de lo esenciable encontramos la realidad esenciada, y esta nos sitúa ante sistemas con unidad propia de constitución donde rastrear la esencia. En el análisis que hemos llevado acabo hasta ahora siguiendo principalmente el hilo de *Sobre la esencia* Zubiri, tras un diálogo con otras ideas de esencia (parte primera y parte segunda), ha acotado el ámbito de lo esenciable y, habiendo delimitado lo esenciado, ha procedido a su caracterización. Toda su reflexión hasta este momento "tan solo" nos ha allanado el terreno para abordar la problematicidad de la esencia considerada en sí misma.

Tal y como apunté, tener presente la estructura del índice de *Sobre la esencia* es crucial para la precisa acepción de la esencia misma de la cosa real. Zubiri comienza el capítulo noveno y último de la obra (capítulo que ocupa más de dos tercios de la totalidad) dando contenido a aquellos cinco puntos que rescató de su parte introductoria sobre lo que, a su juicio, debía de contener el carácter propio de la esencia.

Perfilada la esencia como momento de la realidad sustantiva y siendo la sustantividad un sistema de notas constitucionales, Zubiri averigua y caracteriza cuáles de entre las notas constitucionales son esenciales mostrando en dónde reside la esencialidad. Esta anotación es crucial: no se puede averiguar qué es la esencia sin criterio de esencialidad. El criterio es anunciado con claridad: la infundamentalidad entendida en la precisa línea de la constitución. Qué es subsistema y qué es infundamentalidad son cosas que el autor nos ha de aclarar.

La aparentemente ambigüedad[146] en la delimitación de lo constitutivo como subsistema y, a veces explícitamente también, como sistema, es una de las críticas que han apoyado una interpretación exclusivamente noológica del conjunto de la obra zubiriana. Desde otro punto de vista, que Zubiri caracterice como clausurado el sistema constitucional y, a su vez, al subsistema constitutivo, se presenta como una incoherencia y ha llevado, o a prescindir de lo constitutivo, o a otorgar la caracterización de lo constitutivo a todo el sistema constitucional. Veremos con detenimiento bajo qué coordenadas y atendiendo a qué criterios se predica la clausura de la esencia y del sistema constitucional para afrontar este problema.

Por otra parte, el autor es plenamente consciente de la necesidad de ulteriores aclaraciones del significado de esta infundamentalidad por la que, sin más explicaciones, distingue el momento constitutivo del momento constitucional.

Es en el análisis interno de la esencia donde el autor se esfuerza por sistematizar y afirmar con rigor qué significa ese carácter de infundamentalidad que define a lo constitutivo en cuanto tal. Para ello Zubiri procede de un modo preciso: en una primera aproximación, atiende a las notas constitutivas consideradas en sí mismas, para, después, considerarlas en su relación con las demás.

146 Véase la nota al pie nº 10 del primer capítulo donde, analizando la perspectiva tomada por los autores de la bibliografía zubiriana a la hora de presentar los contenidos de *Sobre la esencia*, se tomaba como ambiguo el uso indistinto de Zubiri entre sistema y subsistema (cfr. COROMINAS, J., VICENS, J.A. "Xavier Zubiri. La Soledad Sonora", Madrid: Santillana Ediciones Generales, S.L., 2006, p. 809, nota 25).

6.1 *Carácter propio de la esencia*

6.1.1 *Algo físico*

Zubiri nos dice que hay un primer sentido a la hora de responder a la pregunta "qué es" algo, y ese sentido corresponde con lo que solemos llamar "definición". Zubiri prefiere llamar a la definición "esencia conceptual", que correspondería con la denominación de "especie": el conjunto de rasgos que permiten colocar una cosa en la línea de los géneros de las cosas, representando una determinada figura dentro de ese género.

Pero hay un segundo sentido al que Zubiri se refiere como "esencia metafísica", y es aquel en el que la esencia constituye el perfil de suficiencia formal de una cosa como realidad propia, independiente de su conexión específica y genérica con las demás. Es en este segundo sentido donde se sitúa la reflexión sobre la esencia zubiriana. El autor nos quiere decir que la esencia es física en oposición a conceptual y específico, es "algo" físico en y de la cosa y no es de ninguna manera algo abstracto o relacional. Es algo, en esta todavía imprecisa aproximación, que

> trata del momento físico individual, esto es, del momento nuclear por así decirlo, de la raíz de la realidad sustantiva tomada en sí misma, donde se halla el secreto, la razón, la clave o la fuente –poco importan ahora estos vocablos– de todas las propiedades o actuaciones de la cosa en su primigenia individualidad.[147]

6.1.2 *Momento físico*

Lo esencial físico no es una parte cualquiera, sino un "momento físico" el cual concentra las raíces que determinan las propiedades de la cosa en cuestión[148]. Hablamos de la esencia como momento físico de la sustantividad, de un momento físico del sistema constitucional abordado desde su individualidad entendida como interna determinación.

---

147 SE, p. 177.

148 Cfr. SE, p. 178.

Zubiri achaca al lenguaje usual el tener una concepción física de la esencia como "parte esencial" o elemento de la cosa:

> En efecto, podría entenderse por esencia física un "elemento", esto es, una "parte" de lo cosa, justo su "parte esencial" (...) Por ser parte puede a veces extraerse de ella, y a ese "extracto" suele llamársele también a veces esencia.[149]

Esta acepción, nos dice, no está solo en el lenguaje usual, sino sistematizado en la filosofía india; si Zubiri en un principio la presenta de ese modo es para, enseguida, rechazarla:

> La esencia no es como una segunda cosa dentro de la cosa esenciada. La esencia no es cosa esencial, sino lo esencial de la cosa. (...) la esencia no puede ser una verdadera "cosa" nuclear ni seminal, no puede ser un extracto, sino un mero "momento" de la cosa real, a lo sumo, su "momento nuclear".[150]

Pero "momento", siendo un término crucial dentro de la acepción zubiriana de esencia –aparece a lo largo de todo su planteamiento filosófico– es uno de los pocos que Zubiri no tematiza. En el "Glosario de términos filosóficos zubirianos" de la Fundación Americana Xabier Zubiri, hacen una interesante aproximación a los distintos usos del término empleados por Zubiri[151]. En ella afirman que

---

149 SE, p. 178.

150 SE, p. 180.

151 "Exceptuando tal vez 'carácter', la palabra filosófica que más utiliza y menos explica Zubiri es, sin duda, 'momento'. Sin embargo, su importancia en el pensamiento zubiriano es notable; basta comprobar que Zubiri la usa abiertamente, bien como idéntica a 'nota' (SE, 104), 'carácter' (SE,157), 'aspecto' (SE,285), 'dimensión' (SE, 495), parte (IR,39) o 'función' (RTE), bien en el sentido de 'faceta', 'proceso' (DHSH [ZUBIRI, X. "La dimensión histórica del ser humano", en "Realitas 1", Madrid: Ed. Moneda y Crédito, 1974]), 'manera de ser' (SH,65), 'formalidad' (NIH [ZUBIRI, X. "Notas sobre la inteligencia humana". Asclepio. 1967, XVIII-XIX: pp. 341-353]) o 'dimensión' (IR,272) de nuevo. Aunque Zubiri tiene buen cuidado de no confundirla con 'elemento' o 'parte' (SE,178), 'cosa' (SE, 212), 'principio' (SE, 137) o 'propiedad' (SE, 485), en ningún instante se detiene

quizás es que no pueda haber ninguna "definición" de "momento", por la sencilla razón de que Zubiri no emplea este vocablo ni en su sentido lógico ni temporal[152].

Desde mi punto de vista, y apoyándome en Thomas B. Fowler, Juan Diego Blanco, A. R. Caponigri, momento es un término que, aplicado en el contexto de la esencia, ni debe entenderse como "instante", ni como algo "abstracto", sino que más bien responde a contrarrestar el peso que tiene entender la esencia como "parte" o como "cosa dentro de una cosa". A mi juicio, con este término Zubiri quiere distanciarse de la interpretación de su propuesta de la sustantividad como una teoría de todos y partes. Zubiri dice que

> Savia, jugo vital, etc., es decir, el extracto dinámico son sólo una cosa dentro de otra, un cosa más sutil que ésta, pero tan sólo como ella. Y esto es imposible, porque la esencia es algo que afecta a la sustantividad, y la sustantividad es a su vez solamente un "momento" de la cosa real.[153]

Como veremos a lo largo de la investigación, su propuesta se irá distanciando de entender la esencia como parte o subsistema separable, y me alineo con Fowler, Blanco y Caponigri cuando afirman que cuando Zubiri alude al momento a un sistema,

> Siendo las realidades sistemas y no sustancias, 'momento' significa, realmente, 'subsistema' (SE, 212) del sistema en cuestión, distintos como momentos pero inseparables en tanto que momentos del sistema. Zubiri rechaza por

---

Zubiri formalmente en ella, definiéndola o describiéndola como tal, pese a ser indudablemente una noción muy relevante en su obra: 'realidad es momento' (SE, 458), 'el momento de realidad' (SSV, 365 [ZUBIRI, X. "Sobre el sentimiento y la volición", Madrid: Alianza, 1992, pp. 11-69]), 'actualidad es un momento' (DHSH) 'nota es momento' (RR [ZUBIRI, X. "Respectividad de lo real" en "Realitas 3-4", Madrid, Editorial Moneda y Crédito, 1972, pp. 13-43), 'el Ser es tan sólo un momento de la realidad' (Pról. NHD), 'la cosa, momento del mundo' (IR, 269)." [Publicación en línea] <www.zubiri.org/general/glossary.htm> [Consultado el 25 de octubre de 2010].

152 Ibid.

153 SE, p. 180.

> ello el sentido meramente crono-lógico de 'sucesión' y emplea el sentido metafísico de 'fundación': 'los momentos se fundan unos en otros y no simplemente se suceden unos a otros' (DHSH).[154]

En mi opinión, si hacemos hincapié en entender el criterio de constitucionalidad y de esencialidad en clave funcional, "momento" podría responder a la selección de aquellas notas que "a una" responden a la solidez del estar siendo dicho criterio. Si las notas constitucionales son aquellas que poseen una función con respecto a todas las demás por y para la unidad del sistema, el momento constitucional de la sustantividad no es sino la selección de esas notas, de la estructura de esas notas. Si la esencia de un sistema sustantivo es esencia por la función concreta que desempeña, el momento esencial de la sustantividad será la selección de las notas que en la solidez de su estar siendo responden a ese criterio.

Por otro lado, encuentro en el momento angular de la física una interesante analogía con dos aspectos relacionados con la esencia. Tanto el momento angular L como el momento lineal p son magnitudes que expresan la cantidad de movimiento de un cuerpo, cantidad que se mantiene constante bajo ciertas condiciones de simetría (traslacional o rotacional) en un sistema. Pues bien, el momento angular (L) relaciona la cantidad de "movimiento" p o momento lineal (p = masa x velocidad) de un cuerpo con la distancia d a un punto (0). No me interesa tanto la fórmula en la que se expresa (d x p = L) sino apreciar que, en este esquema, p lo es respecto de un punto 0, y L no se entiende sin un punto 0 al que remita p, pero tampoco sin un cuerpo en movimiento p.

Pues bien, encuentro aquí una interesante analogía: en el esquema constitucional toda nota constitucional se fundamentará en lo constitutivo, y consciente del salto de plano y la enorme distancia entre un caso y otro, así como no cabe entender L sin p no cabe entender unas notas "esenciales" sin otras notas a las que estén determinando, función que, justamente, las hace esenciales. A su vez,

154 [Publicación en línea] <www.zubiri.org/general/glossary.htm> [Consultado el 25 de octubre de 2010].

no cabe entender una nota "constitucional" sin algo constitutivo en el que se fundamente al igual que es necesario para p un punto 0 desde el que se orienta L. Consciente de las limitaciones de esta analogía, también podríamos decir que la función de la nota por lo que esta es constitucional lo es porque "gira" alrededor de un punto que le determina, lo constitutivo.

Ciertamente el uso del término momento para referirse al subsistema constitutivo o sistema constitucional, y en muchas ocasiones a las notas, no ha sido delimitado por Zubiri, pero si encajamos sin discusión la propuesta de sistema constitucional y esta no es sino un momento de la cosa real (momento diferencial que responde a la índole entendida como notas con una función con respecto a todas las demás e integrada en la unidad), sin discusión ha de ser tomado lo esencial de la cosa como momento físico de la sustantividad (momento diferencial que responde, como veremos en breve, a la funcionalidad diferencial frente al resto de notas constitucionales). Es decir: rechazar el subsistema esencial por ser momento del sistema constitucional llevaría también a rechazar el sistema constitucional por ser este momento de la cosa real.

6.1.3 Momento físico sometido a coordenadas constitucionales

Zubiri dice que la esencia como momento es de orden entitativo y no operacional. Esto significa que

> no se trata de un momento que concierne a las actividades o pasividades de una cosa respecto a las demás, sino de un momento que concierne a las notas que hemos llamado de tipo formal y de carácter constitucional.[155]

Por lo tanto, cuando Zubiri afirma "momento entitativo" para diferenciarlo de "operativo" hace referencia a que es un momento constitucional donde lo operativo del sistema es, como enseguida veremos, consecutivo. Este punto es de vital importancia. Aquí Zubiri explicita lo que ya he anunciado: el análisis de la esencia como momento físico se somete a las coordenadas de la constitu-

155 SE, pp. 180-181.

ción, y es sometido a esas coordenadas desde las que caracterizará la esencia y desde las que deberemos de situar el subsistema constitutivo. Decir que lo constitutivo es momento físico de carácter constitucional no es sino afirmar que son notas constitucionales, es decir, que son notas de la índole de la cosa y están implicadas (veremos cómo) en su determinación interna. En definitiva, no es un momento que responda a las operaciones del sistema frente a otros sistemas (respectividad externa), sino algo que tiene que ver con su propia índole (respectividad interna), índole constitucional que fundada, como veremos, en su momento constitutivo, hace del orden operativo algo consecutivo:

> Las acciones y pasiones [orden operativo] son consecutivas a la respectividad en que se hallan las cosas reales por su constitución entitativa [orden constitucional].[156]

Afirmar que el momento esencial es entitativo y no operativo no es sino un modo de afirmar que la operatividad del sistema es consecutiva a la estructura constitucional y por ello la "esencia como momento físico es, pues, de carácter constitucional y no meramente operativo."[157] Tendremos que esperar a ahondar en el discurso para poder comprender correctamente esto que aquí Zubiri esboza ya que, aun siendo lo constitutivo también de índole constitucional, deberemos exponer el criterio de esencialidad para perfilar completamente el momento físico esencial.

6.1.4 La esencia es esencia por su función individual constitucional

No interesa para caracterizar la esencia cuáles son las notas esenciales en cuanto notas, "sino en qué consiste su 'función' esencial en cuanto tal dentro de la cosa."[158] Este asunto es de una relevancia máxima para esta investigación y para entender correcta y completamente la teoría de la sustantividad y de la esencia de Zubiri.

---

156 SE, p. 181.
157 SE, p. 181.
158 SE, p. 183.

Decíamos que lo constitucional era constitucional porque cada nota tenía una función determinada frente a todas las demás notas constitucionales, función que estaba integrada en, por y para la unidad. Las notas constitutivas, como ya se ha dicho, pertenecen a la índole de la cosa (por ello son de carácter constitucional), pero analizando el sistema desde la función concreta que desempeñan en orden a la determinación interna, las notas esenciales poseen una función diferencial frente a todas las demás notas constitucionales. El carácter esencial de una nota estriba, entonces, en su función: "Es justamente por la función por lo que la esencia es esencia."[159]

Zubiri precisa muy bien cuál es esa función de la cosa esenciada, criterio de esencialidad con el que rastrear el sistema constitucional para hallar lo esencial: la función individual constitucional que concierne a la interna determinación. La esencia es

> el conjunto de notas de algo en cuanto posee una "función propia" individual, de orden constitucional, y que concierne formalmente a la sustantividad, esto es, a la suficiencia constitucional de algo.[160]

Es una función individual constitucional "en orden a la 'suficiencia', esto es, en orden a la clausura y totalidad del sistema constitucional en cuanto tal"[161]. Véase cómo el significado de esta función individualizadora no hace sino referencia a la interna determinación que modulaba la unidad numeral por lo que el sistema constitucional era "tal", interna determinación de la unidad numeral con la que Zubiri daba contenido a la individualidad de la "constitución" desde la que se definía la suficiencia constitucional.

159 SE, p. 183.
160 SE, p. 186.
161 SE, pp. 185-186.

6.2 Análisis interno de la esencia: las notas esenciales

6.2.1 En qué sentido es subsistema y clausurado

Decíamos que uno de los aspectos puntuales de la metafísica zubiriana responsables de la deriva hacia una interpretación exclusivamente noológica ha pasado por tomar como "ambigua"[162] la delimitación zubiriana de subsistema al encontrar en su texto la mención de esta como sistema.

¿Cómo podemos hablar de un "subsistema", y menos aun de un "sistema" constitutivo en el interior de una sustantividad si esta es, por definición, un único sistema? Para el autor la esencia es un momento físico y nunca una parte o una cosa dentro de una cosa. Cuando aborda el uso del término "subsistema", aunque no es comparable a la problemática de la esencia que tratará enseguida, expone a modo introductorio y como ejemplo que en los 'órganos' y 'aparatos' de los seres vivos encontramos "grupos que tienen un cierto carácter de unidad y de sistema"[163] a pesar de pertenecer al sistema total. Consciente de que estos ejemplos no son sistemas en sentido estricto[164], en esta primera anotación Zubiri hace ver que el carácter sistemático de un grupo de notas dentro de una sustantividad no es algo que forzosamente nos haga ni salir ni negar la unidad total.

---

162 Cfr. COROMINAS, J., VICENS, J.A. "Xavier Zubiri. La Soledad Sonora", Madrid: Santillana Ediciones Generales, S.L., 2006, p. 809, nota 25.

163 SE, pp. 191-192.

164 Cfr. SE, p. 191. Zubiri no cae en la falacia que consiste en identificar de forma simplista un órgano con una función específica; de ahí que, entre otras cosas, afirme que tan sólo posee "cierto carácter" de unidad y sistema. Por poner un ejemplo, afirmar que la función del pulmón es respiratoria, no es del todo correcto. La misma fisiología, que trocea la realidad para comprenderla, nos muestra que, por sus vasos sanguíneos, el pulmón forma parte del sistema cardiocirculatorio, que puede ser también considerado un órgano perteneciente al sistema inmunitario, y por sus nervios y ganglios, forma parte del sistema nervioso (cfr. SERANI MERLO, A. "El viviente humano. Estudios biofilosóficos y antropológicos", Pamplona: Eunsa, 2000. p. 38).

Tras una primera aproximación anunciadamente imprecisa, Zubiri apunta qué entiende por subsistema: "Sub" no significa aquí ni algo oculto, ni algo "debajo de" ni "bajo de", sino "dentro de"[165]. Esta delimitación del término subsistema abarca tanto a lo constitutivo como a los "órganos" y "aparatos", pero ahora nos dirá que el sistema constitutivo se distingue radicalmente de todos los subsistemas antes aludidos pues solo este está dotado de plena suficiencia[166].

Ante esta explicación surge un problema: ¿acaso no había afirmado Zubiri en su exposición sobre el carácter sustantivo que era el sistema constitucional el que poseía plena suficiencia? Con este escollo se han encontrado muchas de las lecturas de su obra y, como veremos en el desarrollo de este trabajo, esta aparente incoherencia surgirá de no otorgar a la suficiencia constitucional –y a lo que será la suficiencia del momento constitutivo– su sentido profundo.

Recordemos, por la importancia de este punto, el significado que Zubiri otorga a la suficiencia del sistema constitucional. La suficiencia del sistema constitucional es una suficiencia conferida por la unidad totalizada (actualizada en todas las notas) y totalizante (hace de esta multiplicidad de notas una totalidad). Porque la unidad es primariamente "una" la cosa es "entera", "completa".[167] Entonces, por la unidad primaria Zubiri afirmaba que la concatenación era "interna", concatenación clausurada de notas posicionalmente interdependientes, es decir, algo plenario y autónomo. Pues bien, "en cuanto unidad totalizante y totalizada, decimos que es una unidad que posee suficiencia constitucional"[168],

> unidad intrínseca y clausurada de notas constitucionales [que] hace de la cosa algo plenario y autónomo, esto es, suficiente, dentro de una línea sumamente precisa: en la línea de la constitución.[169]

165 Cfr. SE, p. 192.
166 Cfr. SE, p. 192.
167 Cfr. SE, p. 152.
168 SE, pp. 152-153.
169 SE, pp. 152-153.

Ya expusimos en qué sentido había que entender posición y clausura: la posición se expresaba en la función, y las notas constitucionales eran constitucionales porque tenían una función respecto de todas las demás, función integrada en, por y para esa unidad propia y primaria de "constitución"; por todo esto podemos definir el sistema constitucional como sistema de notas clausurado.

Aunque habrá que profundizar en el significado de índole y posición para ofrecer una respuesta completa de la clausura del momento constitutivo, con lo dicho ya podemos orientar la cuestión: lo constitutivo pertenece al sistema constitucional y, en cuanto tal, posee una función con respecto a las demás e integrada en la unidad. No por otro motivo Zubiri afirma que

> No es que haya dos sistemas de notas, uno de notas meramente constitucionales, otro de notas constitutivas. Como sistema no hay más que uno: el sistema constitucional sustantivo.[170]

Pero si atendemos a la función que desempeñan las notas constitucionales, aunque todas ellas comparten el tener una función con respecto a las demás, Zubiri reconoce esenciales a aquellas cuya función es concreta y diferencial: la función individual constitucional ya anunciada. Pero lo importante ahora es que la función de lo constitutivo es distinta a la función de las notas meramente constitucionales: como veremos más adelante, la esencia posee función estructurante y lo meramente constitucional tendrá diversas funciones según cada caso, pero nunca "estructurante" pues están siendo "estructuradas". ¿En qué sentido? En el sentido, como dejaremos precisado en el análisis de la esencia, en que su posición (función) e índole (si pertenecen o no a la índole constitucional) está determinada por la esencia.

Pero con independencia de la falta de precisión de lo que signifique determinación funcional a estas alturas, lo clave es que lo constitutivo es tal por la función diferencial en el sistema.

170 SE, p. 191.

Dicho esto, ya podemos realizar una primera aproximación al sentido de la clausura del subsistema constitutivo: la posición expresada en la función es clausura constitutiva por la función concreta y diferencial del subsistema con el resto del sistema constitucional. Así entendida, la clausura de la esencia no implica el estatus de "independencia" que mediante el término "sistema cerrado" suele otorgársele a sistemas en teorías donde la posición es entendida en coordenadas meramente topológicas. Estoy de acuerdo con Ellacuría cuando afirma que

> no debe concebirse la esencia como un sistema cerrado, que se relacionase con otro sistema cerrado, que sería la sustantividad, sino que la totalidad de la cosa real es un sistema único.[171]

Con lo alcanzado hasta este momento, que el subsistema sea clausurado nos dice que nos encontramos ante un subsistema con una función concreta y diferencial que desempeña en el sistema constitucional. La clausura constitucional y constitutiva se presenta, en esta primera aproximación al problema, compatible; pues en el preciso sentido que se afirma, no lleva a incoherencia alguna.

Ahora se entiende por qué Zubiri afirmaba que tanto el subsistema constitutivo como el subsistema constitucional no son sino momentos de la cosa real, momentos que aquí, a mi juicio, han de ser entendidos como estructura: se han seleccionado bajo el criterio funcional en coordenadas de "constitución" las notas constitucionales, es decir, nos hemos "quedado" solo con las notas que tienen una función respecto a todas las demás, notas que son "a una" la índole de la cosa, la estructura. El subsistema constitutivo también es momento porque ha sido delimitado, aun bajo las mismas coordenadas de constitución, por otro criterio funcional: ser principio estructurante en el orden de la constitución, función que, como veremos, se descubre en una estructura de notas que denomina constitutivas, unidad estructural por la que las notas meramente

171 ELLACURÍA, I. "La idea de estructura en la filosofía de X. Zubiri" en "Realitas 1", Madrid: Edición Moneda y Crédito, 1974, p. 465.

constitucionales, apoyadas en ella, serán momentos de la unidad de sustantividad[172].

Zubiri tiene que precisar el significado de "principio", de "estructurante" y de "estar apoyadas", pero antes de proceder a explicarlo, anuncia porqué a ese subsistema ha de concedérsele el título de "sistema" y explica porqué solo por lo constitutivo el resto de notas serán (o no) constitucionales. He aquí la caracterización de la esencia como momento último y momento fundante, es decir, ser infundadas en orden constitucional. En mi opinión, es el anuncio que el autor realiza al justificar el porqué del uso terminológico indistinto entre sistema y subsistema lo que hace a la exposición no ambigua –como se le ha criticado–, sino incompleta y necesitada de posteriores aclaraciones que, de hecho, le siguen en la obra.

> El subsistema tiene entonces dos peculiaridades. Es, en primer lugar, un subsistema dotado de plena suficiencia; sólo apoyadas en él cobran carácter sistemático las notas meramente constitucionales.
> En segundo lugar, es un subsistema "primario" en el sentido de que reposa sobre sí mismo; su unidad no le viene de nada, sino que es algo "uno" en sí mismo y por sí mismo. En este sentido es un sistema parcial, pero en forma distinta a como lo son todos los demás subsistemas: es un núcleo "formal" de la sustantividad; es, si se quiere, el subsistema fundamental.
> Por estas dos particularidades llamaré casi siempre a este subsistema de notas constitutivas *a potiori*, simplemente "sistema".[173]

Zubiri nos anuncia en ese texto las particularidades que le llevarán a denominar habitualmente al subsistema constitutivo simplemente sistema; pero, insisto, solo podrá conocerse el alcance completo por el cual el autor afirma que ese subsistema no solo posee cierta suficiencia como otros subsistemas sino que también posee "plena suficiencia" cuando sepamos en qué sentido afirma que lo constitutivo es momento último y momento fundante; solo la explicación de esos momentos describirán con precisión el carácter infundado de la esencia.

---

172 Cfr. SE, p. 191.
173 SE, pp. 192-193.

6.2.2 Hoja de ruta del análisis sobre el significado de la infundamentalidad de la esencia

Antes de proceder a la caracterización de la esencia, es práctico disponer de lo que he llamado "hoja de ruta". Esto ayudará a no perderse en el prolijo análisis filosófico. Para Zubiri, las notas esenciales son, ante todo, notas infundadas:

> Ante todo, infundadas y, por tanto, últimas en el orden constitucional, las notas esenciales o constitutivas no dependen formalmente de las demás notas constitucionales y adventicias.[174]

Siempre instalados en la perspectiva constitucional, si decimos que unas notas no dependen formalmente de otras o no se fundan en otras –veremos enseguida en qué consiste ese no "depender formalmente" o "fundar"–, tendrá sentido indagar en aquellas que sean fundamento último. Y lo no fundado en el orden constitucional es, en el planteamiento zubiriano, lo constitutivo; es decir, el carácter constitutivo o esencial es la "infundamentalidad". Pues bien, esas notas, porque son infundadas, son últimas y, veremos a continuación, fundantes. En qué sentido dice Zubiri de ellas que son infundadas residirá la explicación zubiriana de la esencia:

> Pero todo necesita ulteriores aclaraciones. Hemos caracterizado, en efecto, a las notas constitutivas llamándolas "infundadas". Pero esto sin más es algo predominantemente negativo; es menester, por tanto, precisar ahora con algún rigor mayor en qué consiste positivamente ese carácter. Y ello transparecerá considerando tanto las notas en sí mismas cuando en su relación con las demás. Consideradas en sí mismas, las notas esenciales son el "momento último" de la sustantividad. Consideradas respecto de las demás notas constitucionales, las notas esenciales son el "momento fundante" de ellas. Estos dos caracteres –ser momento último y ser momento fundante– expresan rigurosamente y de un modo positivo lo que es ser constitutivo en cuanto tal. Analicémoslos separadamente.[175]

---

174 SE, p. 196.

175 SE, pp. 193-194.

Este texto, a mi juicio, es capital en la estructura de *Sobre la esencia* por ser punto de inflexión entre lo que ha sido la preparación del terreno hasta alcanzar lo esencial y lo que será la exposición de la acepción zubiriana de la esencia[176]. En él nos dice que la infundamentalidad ha de ser explicada desde una doble vertiente: como momento de ultimidad y como momento fundante. El análisis de la ultimidad nos descubrirá, a su vez, tres caracteres de las notas constitutivas: su condición factual, su carácter entitativo individual y la inalterabilidad:

> Las notas esenciales son notas infundadas y, a fuer de tales, constitutivas. Consideradas en sí mismas, son notas "últimas". Esta ultimidad posee tres caracteres: ser de condición factual, de carácter entitativo y formal individual, y de contenido constitutivo inalterable. Consideradas no en sí mismas, sino respecto de las demás notas, las notas esenciales, al ser infundadas, son "fundantes" de aquéllas.[177]

En resumen, la esencia, vista desde sus notas y por ser estas infundadas, es fundamento de todo lo que es la realidad esenciada: consideradas en sí mismas, son notas "últimas", y consideradas respecto las demás notas, son "fundantes" de aquellas[178]. Al analizar el carácter fundante de lo constitutivo Zubiri, por fin, explicará el significado de "fundar". Entonces aparecerán las importantísimas nociones de determinación funcional y de necesidad necesitante y posibilitante; con estas podremos comprender la imbricación entre el momento constitutivo y el resto de las notas del sistema sustantivo, explicación desde la que comprender el desarrollo orgánico. A modo esquemático, presentamos ahora la hoja de ruta con los pasos que seguirá el autor en la siguiente figura:

---

176 Por ese motivo, aquellas reflexiones acerca de lo que es constitucional y constitutivo o esencial dela teoría zubiriana hayan considerado tan sólo las exposiciones anteriores a este punto de la obra, a mi juicio, no han podido comprender lo esencial del planteamiento zubiriano.

177 SE, pp. 262-263.

178 Cfr. SE, pp. 262 -263.

Figura 2.2: Significado de infundado

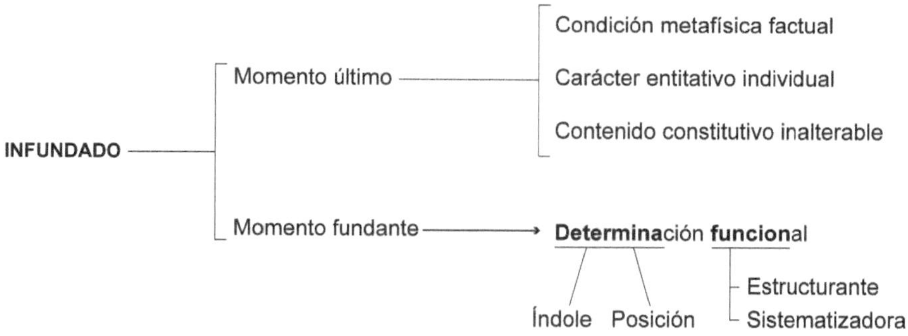

Solo exponiendo con rigor este esquema podremos comprender el mecanismo constitucional de interna determinación y analizar críticamente el modo como se ha entendido el planteamiento del autor en el debate contemporáneo.

Por último hemos de realizar a modo de recordatorio dos apuntes importantes. En primer lugar, no hemos de olvidarnos que el análisis zubiriano de la sustantividad, y ahora en particular de la esencia, no hace referencia a sistemas que estén por constituir, sino a sistemas físicamente constituidos. Y, en segundo lugar, si bajo criterios de constitucionalidad nos preguntamos por el carácter formalmente constitucional de las notas constitucionales, ahora, en la misma línea, nos interesará indagar el carácter formal esencial, es decir, la esencialidad de las notas esenciales.

7 "Infundado" como momento último de la sustantividad

7.1 Condición factual: "solamente ser real"

Cuando Zubiri dice que las notas esenciales son, ante todo, infundadas y, por consiguiente, últimas en el orden constitucional, afirma que las notas esenciales "no dependen formalmente de las demás notas constitucionales y adventicias"[179]. Esto le lleva a afirmar que, "al no depender de otras, lo único que de ellas puede y debe decirse es que 'solamente son'"[180]. La condición de las notas constitutivas no es ni la contingencia ni la necesidad, sino "solamente ser real". La delimitación de esta expresión nos ofrecerá ulteriores precisiones.

"Solamente ser real" podría hacer referencia a la aprehensión de que algo "es", como una mera constatación de esa realidad, lo que vulgarmente se llama "hecho"[181]. Pero este modo precisivo de considerar la realidad no implica la menor clasificación acerca de la condición de la realidad en sí misma. Todas las realidades pueden considerarse como "meros hechos", y esta consideración no da lugar a diferenciar lo esencial de lo inesencial, ya que todas "son" igualmente.

Para una correcta comprensión hay que percatarse que el adverbio "meramente" no se expresa desde la perspectiva de cómo veo las cosas (solo esto), sino que, de forma positiva, muestra la "condición metafísica"[182] de la realidad. ¿Qué significa condición metafísica? La condición no tiene que ser entendida como un "si" condicional. Puede ser entendida como "condicionamiento" posterior, una modulación de la previa realidad de la cosa. Es un "acon-

179 SE, p. 196.
180 SE, p. 196.
181 Cfr. SE, p. 196.
182 SE, p. 198.

dicionamiento" que presupone una estructura previa[183]. Si referimos intelectivamente al fundamento de una cosa, la cosa misma nos descubre un carácter intrínseco suyo, es decir, la respectividad a aquel fundamento. Esta respectividad, es

> en primer lugar, un carácter intrínseco de la cosa, le afecta en su índole misma, y no un mero punto extrínseco sobre ella; por eso decimos que es "condición" de ella.[184]

Pero, por otro lado, "solamente ser real" no apunta a una condición apoyada sobre la previa realidad de la cosa, sino a una condición fundamental para que la cosa pueda ser "tal". Es algo "en" la cosa pero no entendida como algo *a posteriori* o conceptual, sino *a priori*, algo "'previo' a su realidad misma, o cuando menos, congénere a ella."[185]

Real y previa (o congénere) es la denominada "condición metafísica": "Es el carácter intrínseco que tiene la cosa en su manera de ser real respecto de un 'fundamento'."[186] Afirmar que las notas constitutivas carecen de fundamento, es decir, la afirmación "que solamente son" es la expresión metafísica de la realidad esencial. La referencia y fundamento pueden ir en la línea de la originación (remitiéndonos a su causa eficiente), pero será en la línea de la "constitución" como tendremos que entender tanto su estatus de últimas como su ser fundante.

La condición metafísica de lo infundado "es un positivo reposar real y efectivamente sobre sí mismas."[187] No nos remiten a nada distinto a ellas, es un mero replegarse sobre sí mismas:

---

183 Cfr. SE, p. 198.
184 SE, p. 198.
185 SE, p. 199.
186 SE, p. 199. Zubiri indica que en el curso de este análisis deja de lado la realidad tomada en cuanto creada y su análisis comienza considerando lo creado en cuanto creado y se limita a las condiciones intramundanas (cfr. SE, p. 201).
187 SE, p. 206.

Si intentamos referir las notas esenciales a un presunto fundamento suyo en la línea estructural formal, resulta que dichas notas no nos remiten a nada distinto de ellas mismas, sino que, por el contrario, nos "repliegan" sobre sí mismas.[188]

Las notas esenciales "no son ni contingentes, ni necesarias; son simplemente absolutas"[189]. Absoluto es "solamente ser". Hagamos una primera aproximación de qué entiende Zubiri por absoluto.

Absoluto como condición metafísica no se predica en orden a la originación sino siempre bajo coordenadas de "constitución": las notas son por y en sí mismas suficientes para constituir sistema. Como veremos, "suficiencia" no significa que desde el punto de visa de su origen su existir no necesite de ninguna otra realidad, ni tampoco que ese "constituir" haya de entenderse como una construcción: el sistema "ya" esta constituido aunque está "sometido" a interna determinación.

En entender lo absoluto como "'autosuficiencia' en el orden de la constitución de un sistema sustantivo"[190] reside, a mi juicio, una de las claves para entender la acepción de esencia en Zubiri: parecería que para una interpretación no constructivista de dicha afirmación, "de un sistema sustantivo" tiene que estar funcionando como determinante del sustantivo principal, "autosuficiencia", y no como determinante de "constitución". Es decir, que la fórmula tendría que ser {en el orden de la constitución} *de* {un sistema sustantivo}, y no {en el orden} *de* {la constitución de un sistema sustantivo}. Pero esto, a mi juicio, no va al fondo radical de la cuestión. Lo que a mi entender apunta esta fórmula es que la "autosuficiencia" ha de someterse a las coordenadas *en* {el orden de la constitución del sistema sustantivo}, es decir, *en coordenadas de interna determinación.* En mi opinión, autosuficiencia hace referencia a que, analizada bajo coordenadas de interna determinación, la esencia no se "constituye": "solamente es". Solo así, líneas abajo, Zubiri puede concluir sin incoherencia con lo dicho que no hay

188 SE, p. 206.
189 SE, p. 207.
190 SE, p. 207.

que confundir la razón formal de la sustantividad y la razón formal de la esencia:

> La razón formal de la esencia, de lo absoluto, no es la suficiencia en el orden de la constitución (sustantividad), sino la suficiencia "por sí misma" (esencia) en dicho orden.[191]

Esta sutileza es de enorme importancia: "la razón formal de la sustantividad es la suficiencia en el orden constitucional"[192], pero no todas las notas que forman el sistema constitucional son capaces de constituir la sustantividad sin estar así mismas internamente determinadas, es decir, siendo "por sí mismas". La razón formal de la esencia es la suficiencia "por sí misma", siendo lo absoluto lo autosuficiente en el sentido de la suficiencia "por sí misma" para constituir un sistema[193], es decir, sin ser determinadas en orden a la constitución para constituir una sistema sustantivo.

No hay que entender lo absoluto como algo "'de hecho', pero que podría no haber sido"[194]. Lo absoluto no es necesario, pero tampoco es contingente. Lo "fáctico" es la condición metafísica de la contingencia –lo que no es constitutivo es contingente–, y la condición metafísica de lo absoluto –la manera de ser real de la esencia– es denominado por Zubiri "factual"[195] para diferenciarlo así de lo fáctico. Ni lo fáctico ni lo factual están fundados en necesidad ninguna, pero lo factual no está fundado en nada intramundano ni necesaria ni contingentemente y lo fáctico está fundado contingentemente en lo factual.

En definitiva, lo "absoluto es lo que es y nada más; es *simpliciter* realidad y nada más."[196] La esencia es absoluta en el sentido de autosuficiente –en el preciso orden de la "constitución"– y pura-

191 SE, p. 207.
192 SE, p. 207.
193 Cfr. SE, p. 207.
194 SE, p. 208.
195 Cfr. SE, p. 208.
196 SE, p. 208. Para ser precisos, si quisiéramos utilizar el vocablo "hecho" habría que denominarlo "hecho absoluto", puro *factum* (cfr. SE, p. 209).

mente factual. En la línea de constitución la esencia es el último ensamblaje de las realidades sustantivas, de ahí la rotundidad y hondura de la afirmación zubiriana: "La ultimidad estructural del mundo es pura factualidad esencial."[197]

Pero esta explicación queda incompleta si no precisamos la autosuficiencia en el orden de la "constitución". La función aquí, lo insinuamos, tenía una relevancia total, y sobre ella versará el carácter entitativo individual.

7.2 Carácter entitativo individual

La función de la esencia no es especificante sino estructurante constituyente: "La función estructurante de la esencia no consiste en dar a la realidad mera 'unidad numeral', sino en darle "constitución"."[198]

Es importante tener presente esta diferencia: una cosa es analizar el carácter individual de la sustantividad y otro el carácter individual de la esencia. El individuo es tan solo el sistema individual completo, pero es su sistema de notas constitutivas lo que le confiere la individualidad. ¿Cómo? Por medio del mecanismo de constitución, por interna determinación. La realidad sustantiva –recordémoslo de nuevo, pues en este sentido gira todo el análisis de la teoría sistemática zubiriana–

> no es una realidad meramente singular, sino una unidad intrínsecamente determinada en su modo de ser "una", y este modo es lo que he llamado "constitución" en sentido filosófico.[199]

No hay que entender al subsistema esencial como un individuo nuclear dentro del sistema constitucional, ya que la esencia no es una "cosa" sino un "momento" de la cosa. Es decir: el individuo es el sistema sustantivado, pero "su 'individualidad' le viene de su

197 SE, p. 209.
198 SE, p. 211.
199 SE, p. 212.

'momento' constitutivo."[200] El momento constitutivo confiere individualidad al sistema sustantivado, o lo que es lo mismo, el sistema sustantivo es individual por la individualidad conferida del momento constitutivo. A ese "conferir" aquí señalado solo se le podrá dar sentido cuando Zubiri aborde la esencia en su consideración con el resto de notas, como momento fundante; será entonces cuando se explicitará con precisión el mecanismo constitucional de determinación interna, mecanismo que reconocerá en la esencia el ensamblaje último y fundante.

Lo constitutivo y lo constitucional, aun siendo dos momentos fruto de criterios funcionales distintos, no pueden escindirse el uno del otro:

> No son sino dos momentos de una misma cosa; momentos de los cuales el primero es la raíz de la individualidad, y gracias al cual el segundo cobra carácter individual.[201]

La esencia es, entonces, hecho absolutamente individual[202], y porque en lo constitutivo radica la individualidad, el sistema es individual (es decir, constitucional).

7.3 Contenido constituido inalterable

Además de ser absolutas e individuales, las notas esenciales son constitutivamente inalterables en la línea de la mismidad. No es que no sean alterables (lo cual sería absurdo), sino que para que el sistema siga siendo el mismo, no tienen que ser alteradas.

Hay notas que cuando se alteran no alteran la mismidad de lo real, solo la modifican o modulan internamente. Por la modificación de estas notas referidas al orden de la concreción surge la mediática descripción zubiriana del sistema sustantivo que no siendo

200 SE, p. 212.
201 SE, p. 213.
202 Cfr. SE, p. 213.

"lo" mismo, sigue siendo "el" mismo[203]. Al alterarse las notas constitucionales constitutivas, por el contrario, ya no se tiene "el" mismo, se tiene "otra" realidad. En este sentido decimos que las notas constitucionales constitutivas son inalterables y que "la esencia constituye precisa y formalmente el momento de mismidad."[204] Que el sistema sustantivo sea siempre "el" mismo sin ser "lo" mismo deriva, entonces, del contenido de las notas esenciales en cuanto esenciales.

Zubiri alerta de que no tenemos que caer en dos equivocaciones a este respecto: no hay que confundir la identidad con la mismidad, ni la permanencia de la sustancia con la mismidad de la sustantividad. El autor señala que la identidad es un carácter trascendental de todo ente: todo ente es idéntico a sí mismo y la identidad es, a lo sumo, un concepto objetivo de la mismidad[205]. También advierte de la importancia de no confundir la permanencia de una sustancia y la mismidad sustantiva: no basta la primera para encontrar la segunda. De hecho, encontramos en algunas sustantividades sustancias insustantivas que "permanecen" como sustancias pero que nada tienen que ver con el concepto de mismidad, del mismo modo que algunas sustantividades pueden canjear sustancias sin perder la sustantividad[206].

En resumen, la inalterabilidad y la mismidad son caracteres que competen primariamente a las notas esenciales, y, como ya apuntamos y profundizaremos a continuación al tratar la esencia como momento fundante, de forma derivada, a la sustantividad.

---

203 Cfr. SE, p. 249.
204 SE, p. 249.
205 Cfr. SE, p. 250.
206 Cfr. SE, p. 251.

8 "Infundado" como momento fundante de la sustantividad

Nos encontramos, en este punto, ante un asunto crucial. Trataremos de recuperar la precisión de la letra zubiriana para entender en qué consiste este fundar ya que, desde mi punto de vista, no se ha prestado suficientemente atención al rigor con que Zubiri explicita y entiende la esencia como momento fundante[207].

Hasta ahora hemos analizado la esencia considerando las notas esenciales en sí mismas. Ahora nos centraremos en la consideración de las notas esenciales con respecto a las demás notas, como momento "fundante" de aquellas, en el significado de la esencia como fundamento.

Perfilado con rigor este aspecto, procederemos en este subapartado a abordar lo que dejamos pendiente: en qué consiste ese "apoyarse" de las notas meramente constitucionales en las constitutivas, la fundamentalidad de las notas meramente constitucionales, y en qué sentido lo constitutivo fundamenta a lo adventicio.

Situado con rigor la esencia como momento fundante, podremos traer a colación la rica descripción que Zubiri hace de la necesidad que lo fundante tiene de las notas meramente constitucionales y de las adventicias.

En definitiva, ahora daremos contenido a los términos de aquel cuarto punto donde afirmaba, en sus primeros pasos, que la esencia

207 Diego Gracia apunta lo problemático de precisar ese fundar: "Evidentemente, son notas de la sustantividad; por tanto, notas sustantivas, no meramente adventicias. Pero dentro de las notas sustantivas las hay de varios tipos, como ya sabemos. Están las constitutivas y las constitucionales. Las constitucionales se fundan en las constitutivas. El problema está en decir con alguna precisión en qué consiste ese fundar, o de qué modo fundan. Uno tiende a pensar que las notas constitucionales derivan directamente de las constitutivas" (GRACIA, D. "Zubiri en los retos actuales de la antropología", en PINTOR RAMOS, A. (Coord.), "Zubiri desde el siglo XXI", Salamanca: Universidad Pontificia de Salamanca, 2009, pp. 122-123).

era aquel principio en que se fundan las demás notas (necesarias o no) de la cosa.

8.1 Carácter fundante de la esencia

8.1.1 Determinación funcional

Comencemos sin demora el carácter fundante de la esencia. Fundante no significa que las notas constitutivas son la base sobre la que se "apoyan" el resto de notas, significa no "bajo de" sino "dentro de". "La sustantividad no está formada por 'estratificación' sino por 'determinación' unitaria."[208] Determinación es pues el significado de fundamento, pero, apunta Zubiri, este puede todavía interpretarse de dos maneras.

Por un lado, como "hacer emerger", opción que se mueve en la línea de la originación intrínseca. Por otro, y el que nos interesa, en la línea de la "constitución" en el sentido de que dado un subsistema de notas constitutivas, el sistema sustantivo no puede dejar de poseer tales o cuales notas en determinada posición: lo decisivo es que tales notas estén determinadas unívocamente en función de las demás, lo que Zubiri ha llamado "posición".[209] El determinante originante puede ser una sustancia o quizás una serie de ellas, pero desde el punto de vista posicional, la determinación es "determinación meramente 'funcional'"[210]. En el planteamiento propuesto por Zubiri toda posición es posición "respecto-de", es decir, función "respecto-de".

> Pues bien, las notas esenciales son fundantes, precisa y formalmente, como determinantes funcionales de cada una de las notas que posee la realidad en orden a su sustantividad.[211]

---

208 SE, p. 264.
209 Cfr. SE, p. 265.
210 SE, p. 265.
211 SE, p. 267.

Toda nota de la sustantividad tiene fijada su posición y significado por el subsistema de notas constitucionales constitutivas, y así forman un sistema con la esencia y entre sí mismas y queda constituido el sistema sustantivo. Esta constitución tiene un aspecto material y otro formal: por un lado, la esencia "determina la índole y la posición de cada nota"[212]. Y, por otro lado, "la esencia confiere carácter de sistema a la constitución entera de la sustantividad, es el sub-sistema fundamental, fundacional, de la sustantividad."[213]

> La razón formal de la sustantividad, decíamos, es la suficiencia en el orden constitucional. Dentro de ella, la razón formal de la esencia es la suficiencia de las notas para constituir "por sí mismas" un sistema sustantivo. Pues bien, precisamente por ello, el resto de las notas de la sustantividad cobran suficiencia sistemática, la cobran "por algo otro", a saber, por la esencia. La esencia es sistema por sí misma; el resto de la sustantividad es sistema *ab alio, ab essentia.* Queda esclarecida con ello la función fundante de la esencia en orden a la sustantividad, a diferencia de la función originante de la sustancia.[214]

Llegados a este punto, podemos comenzar a sintetizar los frutos del análisis de la esencia. La esencia no lo es según su consideración absoluta, sino –decía Zubiri– según la función que esta desempeña sobre la cosa real. Pues bien, su caracterización es doble. Por un lado, es momento constitutivo "último" (absoluto, individual e inalterable) de la sustantividad, y por otro lado tiene función estructurante y "sistematizadora" de la sustantividad determinante de la posición y la índole de las demás notas.

Hasta aquí Zubiri ha descrito la determinación funcional desde el punto de vista de lo que determina, de la esencia. Enfoquemos ahora el análisis de la determinación desde lo determinado, desde la posicionalidad e índole de toda nota determinada por lo esencial. Lo esencial es lo infundado, y lo inesencial es lo fundado, fundamentación que ha de ser entendida dentro de las coordenadas de la

212 SE, p. 267.
213 SE, p. 267.
214 SE, p. 267.

constitución en clave funcional. Pero dentro de lo fundado tenemos, en una primera aproximación, notas que pertenecen a la índole de la sustantividad y otras que no, es decir, encontrábamos notas que poseen una función respecto de todas las demás notas (notas constitucionales) y aquellas notas que no poseen función integrada con la totalidad (notas adventicias).

Pues bien, no es sino la esencia la que, en última instancia, determina que una nota posea una función con respecto de todas las demás. En esta determinación reside la fundamentalidad y por ella decimos que la esencia es determinante de la "posición" e "índole" del resto de notas de la sustantividad.

8.1.2 Precisión del significado de posición e índole

Decíamos que la posición se expresa en la función que cada nota desempeña con respecto a las demás. Pues bien, la expresión funcional de esa posición no es sino la significación de esa nota con respecto al sistema total, y la determinación funcional de la esencia lo que determina es justamente la posición.

El concepto de función tiene, con todo lo hasta aquí dicho, una estrecha relación con el de estructura. La esencia es principio estructurante, y "principiar" no es sino determinar la posición de una nota –función estructurante–; es decir, por lo constitutivo la nota posee una función con respecto de todas las notas o, con otras palabras, por lo constitutivo la nota es de la índole de la cosa, por lo constitutivo la nota constitucional es de índole constitucional. Si la estructura constitucional no era sino la interna concatenación de notas interdependientes, concatenación que consistía en una posición expresada en la función, vemos que la función de la esencia no es sino ser principio estructurante no ya de cada nota, sino del todo.

En mi opinión, este punto es uno de los más difíciles e importantes. A mi modo de ver, Ellacuría se percató de su importancia y profundizó y perfiló con rigor el significado de "posición" entendida como función. A él seguiremos en esta reflexión.

El jesuita ahondó en la mediación del carácter de determinación funcional de la esencia entre las notas meramente constitucionales y la totalidad del sistema en orden a la constitución de la realidad sustantiva de la teoría zubiriana. Para Ellacuría, la "posición" aludida por Zubiri no se trata de un mero problema de localización espacial,

> Supone, además, una referencia que podríamos llamar cualificada, por cuanto sitúa a cada nota en su 'lugar', de modo que, en principio, es deducible unívocamente, dados los demás elementos del sistema o, mejor, el sistema como totalidad. Más aún, la posición nos indica la jerarquía de la nota y la especificidad de su función, a lo que alude la expresión, por tantos motivos desdichada, pero explicativa de más de una realidad: 'son de distinta posición'. En ese sentido, la función es consecuente a la posición, al menos en su consideración formal. Según sea la posición que ocupen determinadas notas, así será el sistema constituido. De nuevo, aquí, más que los elementos constituyentes –también importantes–, lo que influye es la posición que ocupan en el sistema. Para ocupar una posición determinada se requerirán ciertas propiedades precisas, pero lo que esas notas aportarán a la especificidad del sistema se deberá formalmente a la posición que ocupen en él. (...)
> La posición no es una mera yuxtaposición ni un mero ordenamiento jerárquico, sino que implica, por lo pronto, una versión de cada una de las notas, y, por otro lado, una funcionalidad física de todas entre sí, pero primariamente respecto de la totalidad.[215]

Esta reflexión se mueve en el plano estructural de las notas constitucionales, es decir, hace referencia a lo que es la posición de las notas de y en la estructura constitucional. Vemos, siguiendo a Ellacuría, el error que supone entender la sistematicidad del planteamiento de Zubiri en coordenadas topológicas o de mera localización.

215 ELLACURÍA, I. "La idea de estructura en la filosofía de X. Zubiri" en "Realitas 1", Madrid: Edición Moneda y Crédito, 1974, pp. 470-471. Precisado el significado de 'posición', podemos apoyar, siguiendo a Ellacuría, la acepción de estructura en Zubiri que antes habíamos traído a colación con motivo de las combinaciones funcionales "cuando la totalidad tiene prioridad sobre las partes, cuando esa totalidad está estructuralmente posicionada, cuando la determinación es del todo a las partes... nos encontramos formalmente con una estructura" (Ibid p. 472).

En la siguiente cita, Ellacuría sintetiza y aclara el difícil texto zubiriano acerca de la determinación funcional y cómo, dentro de ese único sistema constitucional con todas las notas posicionadas, hallamos una estructura de notas esenciales, el subsistema esencial.

> El sistema entero y no sólo el subsistema esencial es el que está posicionado. Pero las notas esenciales tienen su posición por razón de sí mismas, en mutua determinación, y, además, tienen una precisa función determinante respecto de las notas no constitutivas. Lo que las notas constitutivas hacen es fijar la posición y significación de cada nota respecto de ellas mismas. Pero como las notas constitutivas forman de por sí un sistema, son formalmente sistemáticas, resulta que cada nota meramente constitucional forma sistema con la esencia, y, por tanto, se va constituyendo así el sistema total de la sustantividad.[216]

Aparece en este texto la esencia en sus dos momentos: por un lado, como momento último en orden constitucional, pues la estructura de la esencia –la posición de las notas esenciales– es por razón de sí misma, estando las notas constitutivas en mutua determinación (determinación que habrá que explicar desde la unidad esencial); y, por otro lado, como momento fundante, por su precisa función determinante. Ahora podemos entender la función "estructurante" y "sistematizadora" de la esencia: porque en su momento último es estructura y es a su vez momento fundante, cada nota meramente constitucional forma sistema con la estructura esencial constituyendo así el sistema total de la sustantividad. Zubiri apunta esta función estructurante como "construcción".

> Esta 'construcción' tiene dos aspectos. Primero, un aspecto 'material': la esencia determina la índole y la posición de cada nota de la sustantividad. Segundo, un aspecto formal: la esencia confiere el carácter de sistema a la constitución entera de la sustantividad, es el sub-sistema fundamental, fundacional, de la sustantividad.[217]

216 Ibid.
217 SE, p. 267.

Zubiri anota esta determinación como "construcción" –tan solo una vez en *Sobre la esencia*–, y lo hace entrecomillado pues tiene un sentido estricto estructural. Ellacuría nos dice, remitiendo a este término entre comillas, que "no significa un hacer indiferenciado, sino un estricto estructurar."[218] Construcción no es sino estructuración, y la estructura no es sino lo construido.

Perfilemos ahora el sentido en el que Zubiri afirma que la esencia es momento "entitativo" y no operacional, pues parecería que la "estructuración", con más motivo después de ser denominada "construcción", no puede no ser operacional. Hemos de caer en la cuenta de que en orden a la constitución, la esencia es ya sistema por sí misma, está, digamos, "autoposicionada" sin "operación" o "construcción" alguna, y en ese sentido es momento "entitativo". No se trata pues que su función sea entitativa, sino que en orden a la constitución es un "momento entitativo" cuya función es estructurante.

Hasta ahora nos hemos centrado en la "posición", y no hemos aludido a la índole. Si no lo hemos hecho es porque solo habiendo precisado el significado de posición y de estructuración puede entenderse completamente el de índole. Una nota será de la índole de la cosa, es decir, de índole constitucional, si está estructurada con el sistema primario, es decir, si es estructurada por el subsistema.

Esto se traduce en lo que ya dejamos anotado: vemos que una nota es constitucional porque posee una función con respecto a todas las demás, y esa función lo es del todo por entrar, digámoslo así, en "sincronía" con el subsistema primario el cual "posiciona" a esa nota (función estructurante) en función del todo (función sistematizadora). La multiplicidad meramente constitucional por estar sincronizada con el subsistema primario posee una posición en función de todas las demás y del todo. Por otro lado, que una nota del sistema sustantivo no posea una función con respecto a todas las demás y, por lo tanto, no esté en función del todo, nos indica que no está "estructurada" por el subsistema primario. Estas notas son

218 ELLACURÍA, I. "La idea de estructura en la filosofía de X. Zubiri" en "Realitas 1", Madrid: Edición Moneda y Crédito, 1974, p. 472.

aquellas que no son de índole constitucional sino adventicias, notas que, como veremos, no serán indiferentes al subsistema esencial.

La fundamentalidad de la esencia es, como hemos visto, de carácter estructural: la determinación funcional no es sino estructuración. Ahondar en la fundamentalidad de la esencia en las notas meramente constitucionales y, seguidamente, ver cómo la esencia no es indiferente para las notas adventicias nos permitirá comprender completamente el hecho de la determinación funcional, el momento fundante de la esencia.

8.2 Fundamentalidad de las notas constitucionales no constitutivas

La determinación de las notas meramente constitucionales es una determinación necesaria y sistemática por la necesaria conexión con la esencia de aquellas y porque la esencia determina la índole y posición de las notas en el sistema sustantivo.

Esta necesidad esencial hay que entenderla como determinante de su conexión "funcional" con la esencia, como necesidad sistemática en clave funcional. La necesidad sistemática nos habla entonces en términos de funcionalidad y no en coordenadas topológicas de mera localización; y esa necesidad ha de entenderse no en el sentido de lo que ha de tener o no ha de carecer, sino en el sentido de necesidad sistemática, necesidad para "entrar" en la índole constitucional del sistema.

Por ello, para las notas constitucionales no constitutivas, la fundamentalidad o determinación funcional es necesidad: para ellas, la esencia es "necesitante", la esencia es principio necesitante de todas las demás. La esencia tiene, considerada respecto de las demás notas constitucionales, una función sistematizadora en orden al sistema sustantivo y una función estructural en orden a la estructura constitucional. Que la esencia determine funcionalmente al resto de notas significa que, por la esencia, el resto de notas poseen una posición (función) en orden a la sustantividad; esa determinación funcional se traduce en que la esencia determina la índole de las notas de la sustantividad, es decir, si son o no constitucionales. Pero ha de entenderse bien este punto: no tiene por qué determinar directamente la función de cada nota, sino que será con respecto a lo constitutivo aquello por lo que cada nota tendrá una función con respecto a todas las demás en orden a la sustantividad.

Pongamos un primer ejemplo que, aunque requiera un distanciamiento considerable de lo que Zubiri pueda entender por sistema sustantivo, nos ayudará en determinados puntos a entender esta sistematización. Tomemos como modelo estructural una fundación, por ejemplo, la Fundación Xavier Zubiri (FXZ).

Sometidos a coordenadas constitucionales tendríamos que fijarnos, dentro de la FXZ, en aquellas notas que tienen una "función" con respecto a todo el sistema. Encontramos entonces un Patronato integrado por un presidente, el Excmo. Sr. D. José Lladó Fernández-Urrutia y varios vocales[219]. El patronato tiene una función concreta establecida por ley: gobernar, representar, salvaguardar y difundir el patrimonio legado por Zubiri.

También tenemos un Director Académico, el Excmo. Sr. D. Diego Gracia Guillén. Las funciones de Director de Estudios y Publicaciones están a cargo del Profesor Antonio González Fernández. La Dra. Marta Lladó Arburúa es Secretaria General, y la Srta. Elisa Romeu *asume las funciones* de Secretaria de la Fundación.

Por otra parte, la FXZ tiene una ubicación: está en el 5° B del n° 80 de la calle Núñez de Balboa de Madrid. En ese piso se lleva a cabo las labores propias de la Fundación (cursos, seminarios, etc.), y se reúnen los libros y archivos del autor así como documentos en referencia al filósofo. Soy consciente de las limitaciones del ejemplo y de que para Zubiri una Fundación no corresponde a un sistema sustantivo, pero para el objetivo que ha sido propuesto, supongamos que así fuera (y para acercar la analogía, supongamos que todo el personal de la Fundación y todas las actividades se realizaran dentro de ella).

219 Información obtenida de la página WEB de la FXZ, cfr. <www.zubiri.-net/?page_id=89>[Consultado el 2 septiembre del 2010].

En una aproximación a "lo esenciado", es decir, al sistema constitucional, vemos que si hemos tomado como "constitucionales" a esas notas (patronato, dirección académica, secretaría...) es porque desempeñan una función dentro del sistema, una función que poseen "respecto a todas las demás", función, además, sometida a una coordenadas precisas: apuntan a la "interna determinación", es decir, al modo como está estructurada y se va estructurando la FXZ que la hace no solo una, sino distinta a otras fundaciones.

Si dentro del mismo ejemplo, un indigente entrara a escondidas por una ventana y se acomodara en un rincón de la FXZ, aun estando "dentro" de los límites de la Fundación y, en cierto modo, inter-actuando con ella, no pertenecería a la índole constitucional al no poseer una función con respecto al resto de "notas" de la Fundación.

Una nota es adventicia, con lo dicho, no por ser advenida (ya explicamos que las constitucionales también podían haber sido "advenidas"), sino por carecer de una función respecto de todas las demás. Las adventicias son notas que no entran en el ámbito de lo constitucional, presuponen el sistema ya constituido y pertenecen a él por factores extrínsecos[220].

¿Qué posee carácter distintivo de esencialidad dentro de la unidad constitucional de la FXZ? Zubiri nos dijo que ha de ser aquello último que no se fundamenta más que en sí mismo (no hay que apuntar a nada fuera de sí mismo para dar cuenta de su "constitución" en el sistema, es aquello que "solamente es"). A su vez, tiene que ser en lo que se fundamente todo el sistema, un principio necesitante y fundante al que apunte en última instancia la función de cada nota meramente constitucional. Con estos criterios, lo esencial de la FXZ no es sino la obra zubiriana, el legado "físico" del autor, el patrimonio a gestionar, gobernar y expandir.

He de hacer un apunte con motivo de este ejemplo. Si lo clave es la función, entiendo que esa "necesidad" de las notas constitucionales se mueve en coordenadas de funcionalidad, necesidad de lo

220 Cfr. ZUBIRI, X. "El hombre y su cuerpo", Asclepio. Sociedad Española de Antropología Física, 1973, XXV: p. 11.

constitucional que apunta a la nota y a su posición en la estructura en términos de función y no en términos absolutos de nota. Es decir, lo clave en el planteamiento zubiriano no es la persona concreta que ocupa una función, sino la función que ha de desempeñar aquel que esté en esa "posición". Evidentemente, no cualquier nota podrá "estructurarse" con el sistema primario (por ejemplo, el Secretario Académico deberá conocer el castellano y no podrá tener 8 años de edad) ni podrá "ordenarse" de cualquier forma dentro del sistema total (la Srta. Romeu siendo una eficiente secretaria, no estaría en disposición de asumir la "posición" del Director Académico).

Esta analogía es enormemente limitada, pues aunque entiendo que recoge de manera fiel el sentido zubiriano de índole y posición y a la esencia como principio necesitante y último, no se ve que el modo específico de "funcionar" de la esencia, función que no es sino hacer sistema.

Zubiri ofrece una explicación precisa de lo que es el desarrollo. La estructura de la realidad es dinámica, y bajo coordenadas constitucionales entendidas como interna determinación, el desarrollo es definido como la transformación de notas constitucionales no constitutivas sin modificación constitutiva, modificaciones funcionales determinadas por la esencia conforme el sistema se va modulando internamente. Dicho con otras palabras, el desarrollo consiste en la transformación de notas meramente constitucionales no constitutivas, transformación fundada en el momento constitutivo mediante la cual el resto de las notas adquieren su posición, es decir, su función respecto de la totalidad del sistema.

Esta noción de "desarrollo" es de vital importancia para entender correctamente el planteamiento dinámico-estructural del filósofo vasco, y, a demás, es enormemente fructífero a la hora de entender el desarrollo de los organismos vivos. Esta noción, de vital importancia para los objetivos de esta investigación, será retomada y analizada más adelante, pero baste ahora haber dejado enunciado el preciso significado de desarrollo ubicado en el dinamismo estructural del sistema sustantivo.

Antes de continuar, quiero traer a colación una cita de Zubiri que, en mi opinión, sintetiza de forma precisa lo alcanzado hasta este momento:

> Las notas constitucionales son aquellas que constituyen la sustantividad completa de lo real. Aquello de que es principio la esencia es, pues, la sustantividad. La sustantividad es un sistema de notas dotado de suficiencia en el orden de la constitución; dentro de este sistema la esencia es el momento fundante, el sistema de notas constitutivas. Y el modo como la esencia es principio, su principialidad en cuanto esencia, es ser "determinante posicional" o "funcional" de las notas de la sustantividad.[221]

8.3 Distinción entre infundamentalidad, necesidad y suficiencia

Solo habiendo presentado en qué sentido afirma Zubiri que la esencia es momento último y momento fundante estamos en disposición de entender la imbricación en el discurso zubiriano entre infundamentalidad, necesidad y suficiencia.

Para este apartado me apoyaré en la exposición de Ignacio Ellacuría. A mi juicio, aunque en el discurso de Zubiri subyace la distinción entre los tres términos, el filósofo no entiende necesario presentarla de forma sistemática. Ellacuría, por el contrario, prestó especial atención en su tesis doctoral a este punto preocupándose en aclarar el significado y el sentido que Zubiri les otorga en su caracterización de la esencia:

> Un sistema de notas puede ser suficiente, aunque necesite de muchas cosas, aún en el orden estructural. El sistema de notas constitutivas necesita, pues, de las notas constitucionales, pero haciéndolas él mismo necesarias. Y las necesita, además, no para su propio fundamento, sino para su propia expansión. Esto podrá considerarse como una limitación. Pero la suficiencia constitucional prescinde de suyo de toda idea de limitación e ilimitación. Nada

221 SE, pp. 512-513.

de esto tiene que ver con la esencial clausura que compete a toda sustantividad.[222]

Ellacuría tiene muy claro en qué nivel de análisis se mueve Zubiri y no confunde la infundamentalidad y la necesidad. La infundamentalidad en la precisa línea de la "constitución" permite que lo esencial esté necesitado de notas que fundamentar, y esa necesidad responde a que el sistema constitucional ha de ser por determinación interna de un modo y no de otro. Esto le lleva a Ellacuría a realizar unas afirmaciones sobre las notas constitutivas que, tan solo teniendo presente las precisas coordenadas constitucionales, se pueden reconocer como zubirianas:

> Casi podría concederse que necesitan de otras aun para ser lo que son, a condición de que se deslindase bien el que no las necesitan para su propio fundamento, pues en la línea de su propia estructura carecen de fundamento distinto de su propia realidad sistemática. Estas notas constitutivas tienen necesidad de fundamentar otras notas. Claro que sin estas notas necesitadas, las notas constitucionales, las notas constitutivas no podrían seguir existiendo, a pesar de su suficiencia constitucional.[223]

Aquí es clave dar significado preciso a "en la línea de la propia estructura": "Esta fundamentalidad de la esencia tiene su estructura propia precisamente por ser determinante funcional de las notas que pueden tener distinto carácter"[224], es decir, la propia estructura se expresa en la función propia, única y diferencial de la esencia, el ser momento fundante.

Esta explicación de Ellacuría requiere una distinción clave para comprender, a mi juicio, la propuesta zubiriana: "una cosa es la suficiencia en la línea de no estar fundamentadas y otra la suficiencia

222 ELLACURÍA, I. "Principalidad de la esencia en Xavier Zubiri", Madrid: Universidad Complutense. Facultad de Filosofía, 1965, Tomo 2, pp. 758-759.

223 Ibid. p. 759.

224 ELLACURÍA, I. "Principalidad de la esencia en Xavier Zubiri", Madrid: Universidad Complutense. Facultad de Filosofía, 1965, Tomo 3, p. 1074.

en la línea de fundamentar necesariamente otras notas."[225] Solo desde esta sutil distinción se entiende en qué sentido en el planteamiento zubiriano lo constitutivo es clausurado, aunque digamos que esté necesitado, pues no hemos de confundir lo esencial con lo necesario ni la negación de toda necesidad con la infundamentalidad.

> Pero tampoco va esto [la necesidad] contra el carácter de suficiencia de las notas constitutivas. Y no va, porque primero ha de distinguirse entre que es necesario que la esencia constitutiva tenga notas constitucionales, y que sean necesarias tales notas constitucionales: el que en vez de una nota constitucional hubiera de haber otra, aunque siempre alguna, no mutaría la esencia misma, seguiría siendo "la" misma esencia constitutiva, aunque ya no fuera "lo" mismo[226].

Esta afirmación solo puede ser correcta si tenemos presente la distinción entre la necesidad de notas constitucionales y la necesidad de "tales" notas constitucionales. Cuando hablamos de la necesidad de "notas constitucionales" nos referimos a la necesidad de una nota en cuanto a su "posición" en el sistema, posición entendida como "función" que, por ser constitucional, está en función de todas las demás. Es decir, ha de darse necesariamente esa función. Lo que sí da igual es que sea "tal" o "cual" nota la que cumpla esa función, función por la que tal (o cual) nota es nota constitucional. Por eso lo importante es que haya siempre algún contenido que realice esa función, contenido que por la función que desempeñará, será nota constitucional, y no porque sea este o aquel contenido talitativo el que ocupe esa "posición"[227]. Ciertamente, el contenido no es indi-

225 ELLACURÍA, I. "Principalidad de la esencia en Xavier Zubiri", Madrid: Universidad Complutense. Facultad de Filosofía, 1965, Tomo 2, p. 758.

226 Ibid. 759.

227 En una cita traída anteriormente a colación donde Ellacuría precisaba el significado de 'posición' ya hacía referencia a este asunto: "más que los elementos constituyentes –también importantes–, lo que influye es la posición que ocupan en el sistema." (ELLACURÍA, I. "La idea de estructura en la filosofía de X. Zubiri" en "Realitas 1", Madrid: Edición Moneda y Crédito, 1974, p. 470).

ferente, pues una función requerirá de un "tipo" de contenido concreto, pero dentro de ese "tipo" de contenido da igual que sea "tal" o "cual" nota: lo importante es que cumpla la función, y que esta esté integrada respecto de las demás.

En esto difieren de las notas adventicias en un punto crucial: cuando se dice de estas que da igual una u otra pero lo importante es que haya alguna, aunque se estén utilizando los mismos términos que lo dicho con respecto de las constitucionales, con las adventicias nos estamos moviendo "fuera" del sistema constitucional al no tener estas una función con respecto a las demás: la importancia aludida en la afirmación "lo importante es que haya alguna" sobre las notas constitucionales es una importancia para la constitución del sistema, para su interna determinación; pero la importancia de esa misma afirmación sobre las adventicias está, como veremos enseguida, en orden a la concreción, importancia que no conlleva ninguna función en orden constitucional.

Instalados en un análisis en coordenadas de la "constitución" y volviendo al ejemplo de la FXZ, lo que aquí quiero defender es que lo necesario no es que sea Diego Gracia el que cumpla las funciones de Director Académico para la determinación interna de la fundación: lo clave es la función del Director Académico, y lo necesario es que haya alguien capacitado que realice esa función. Que en vez de Diego Gracia hubiera asumido las funciones Ignacio Ellacuría en nada afectaría a lo constitutivo, pues la obra escrita por Zubiri es infundamentada: en coordenadas de "constitución", "reposa sobre sí misma"; pero ello no sería indiferente a la FXZ pues esta no sería "lo" mismo: la Fundación dejaría de ser "lo mismo" pues en la "interna determinación" por la que la Fundación es "tal" las funciones del Director Académico juegan un importante papel. La necesidad e importancia del papel de Diego Gracia en la FXZ, en lenguaje zubiriano, quedaría sistematizado como un papel "constitucional". Si, por ejemplo, hubiera sido Ignacio Ellacuría quien hubiera asumido la "posición", es decir, las "funciones" de dirección académica, probablemente la deriva interpretativa de la obra del autor hubiera sido distinta. Por otra parte, la función del

Director Académico parece de mayor responsabilidad que la función de la secretaria, pero en términos constitucionales ambas son notas de la misma índole pues lo que les hace ser tales no es su función particular, sino que su función lo sea con respecto de todas las demás notas, función en orden a la unidad de la FXZ. Otra cosa será lo "resentida" que quede la estructura de la FXZ si encontramos ineficacia en una u otra posición, tema que, en mi opinión y, como dejaré apuntado, tiene cabida dentro de la teoría de la sustantivad zubiriana.

Desde este ángulo vemos que la clausura que comporta la suficiencia constitucional (la FXZ) y la constitutiva (la obra zubiriana) ha de entenderse, como hemos repetido, en clave funcional y no porque encontremos un sistema extensionalmente delimitado o un subsistema recortado en otro. La clave funcional desde la que ha de entenderse la clausura de la esencia no proviene de una suficiencia entendida como limitación excluyente: la esencia es clausurada en el sentido de que solo el momento constitutivo es infundamentado, con todo el significado que a ese término le hemos otorgado.

En la siguiente cita Zubiri sintetiza con enorme precisión todo lo que hasta aquí he defendido y recoge, a mi juicio de forma magistral, lo que ha explicado en el centenar de páginas de *Sobre la esencia* que la preceden. De comprender cada término, no confundirlo y ubicarlo con precisión en su sintético razonamiento depende, a mi juicio, la comprensión de su propuesta metafísica: "La esencia, pues, es fundante de las notas inesenciales como determinante funcional necesario de ellas."[228]

8.4 Fundamentalidad de las notas adventicias

Frente a la aparente "indiferencia" de la esencia frente a las notas adventicias, Zubiri descubre una determinación que sí desempeña en ellas el subsistema constitutivo: la determinación del ámbito de lo posible. Encontramos indiferencia pero dentro de un ámbito

228 SE, p. 274.

definido por la esencia. Dejando de lado la determinación funcional que "ejerce" sobre lo constitucional, la esencia "determina el tipo de actividades y de pasividades que 'puede' poseer la realidad sustantiva."[229]

El sistema sustantivo, lejos de ser ajeno a lo adventicio, ha de poseer notas adventicias, y cuál sea el abanico de notas adventicias posibles viene prefijado por la esencia. A su vez, aunque las notas adventicias no entran en la interna determinación de la unidad constitucional, sí "concretizan" la sustantividad.

Tomando la ubicación de un sistema como nota adventicia, se entiende con facilidad que la ubicación no emerge de la constitución del sistema, el sistema no "da de sí" el estar en un lugar o en otro, pero, como hemos señalado, es lo constitucional lo que prefija el ámbito de esa variación (un cactus no puede estar en el sol), y si lo constitucional está estructurado por la función estructurante de la esencia, la posibilitación del ámbito de lo adventicio esta prefijado por la esencia. La alteración de las notas adventicias mismas es lo que el autor llama "variación". La variación de notas (adventicias) concretiza el sistema sustantivo. Pero no solo está determinado el tipo o ámbito de nota indiferente, sino que lo está determinado con necesidad. "A un cuerpo le 'es indiferente' ocupar este lugar; 'puede' ocupar varios; pero 'ha de ocupar' necesariamente alguno."[230] Al hombre, en principio, le es indiferente ocupar un lugar u otro. Pero su esencia –entendida como lo venimos haciendo desde Zubiri desde una perspectiva constitucional como momento físico infundado– al no ser de espíritu puro, sí le determina que tiene que ocupar "algún" lugar.

Zubiri llama posibilidad a la unidad entre poder y necesidad. La esencia es determinante funcional necesitante de las notas constitucionales, pero también posee "necesidad posibilitante" de las notas adventicias.

---

229 SE, p. 272.
230 SE, p. 272.

8.5 Notas necesitadas y posibilitadas por lo constitutivo

Tal y como acabamos de ver y partiendo del núcleo constitutivo, la fundamentalidad de la constitutivo no solo se descubre en las notas de índole constitucional, sino también en las notas aparentemente indiferentes a la esencia, "ámbito dentro del cual la cosa juega con relativa indiferencia de su esencia."[231] Zubiri señala que tendríamos que hablar de dos tipos de necesidades de las notas infundadas: necesidad necesitante de las notas meramente constitucionales y la necesidad posibilitante de las notas adventicias.

Zubiri, en *Espacio, Tiempo y Materia* matiza la relación entre variación y potenciación implicada en lo adventicio:

> Esta variación es una potenciación progrediente. Es potenciación: cada sustantividad material, decía, define el ámbito de sus notas adventicias. Y esta definición es justo la potenciación: no todas las cosas materiales tienen potencialidades para cualquier nota adventicia. Es *progrediente*: porque las nuevas notas se van determinando en función de las notas adventicias anteriores; el decurso de esta determinación va definiendo progresivamente el ámbito de la variación.[232]

Siguiendo con el ejemplo de la FXZ, vemos que, desde la aproximación de la esencia como momento, el patrimonio tiene necesidad necesitante de que haya un patronato. Aproximándonos desde el sistema constitucional y atendiendo a lo meramente constitucional, vemos que para el patronato la obra zubiriana es principio necesitante.

Esta necesidad en ningún caso, decía, ha de entenderse como lo que no ha de faltar, a modo de consecución, sino desde coordenadas constitucionales: desde la unidad de la "constitución" es inapelable que la obra "sea": la mera afirmación del patronato (y más aun si lo entendemos en clave "funcional") solo tiene razón de ser desde un patrimonio "previo".

---

231 SE, p. 273.
232 ETM, p. 480.

Veamos cuánto da de sí este ejemplo. Que la Fundación esté ubicada en la calle Núñez de Balboa 80 de Madrid, antigua residencia de Zubiri, ha "concretado" a la Fundación haciendo de ella algo distinto de lo que hubiera sido ubicarla en el polígono industrial de Bufalvent a las afueras de Manresa. Además, las dimensiones del patrimonio legado por Zubiri han permitido que la ubicación sea el piso actual. De igual manera, un sujeto que cometiera allanamiento de morada en la Fundación podría ubicarse en una de las esquinas de la casa, pero no lo podría hacer un elefante asiático adulto al no permitirlo las dimensiones. En otro sentido, la obra zubiriana posibilita el tipo de regalos y premios advenidos en sus estanterías: un Príncipe de Asturias tendría cabida, pero difícilmente una Medalla Olímpica. Pensando en posibles regalos, sí encontramos cuadros –aunque no de 5 x 4 metros– y, de ninguna manera, una piscina olímpica.

Se puede apreciar, con todo lo hasta aquí dicho, el doble carácter de la esencia como determinante de lo inesencial: por un lado, es lo primario de la índole de las demás notas y, por otro lado, determina la unidad modulada individualmente de toda la realidad.

9 La esencia misma de lo real: la unidad esencial

Zubiri se percata que, habiendo profundizado en la esencia como subsistema, todavía no ha tematizado cómo se "forma" un sistema "por sí mismo" para "constituir" una unidad "primaria".

Así como la unidad constitucional respondía a una descripción del sistema y su unidad, sistema reconocido bajo criterios funcionales de constitucionalidad aplicados a la multiplicidad de la unidad primaria, la unidad esencial apunta a la unidad que encontramos en aquel subsistema reconocido bajo criterios funcionales de esencialidad.

En su análisis de la unidad esencial Zubiri lleva a cabo una aproximación analítica a la esencia en sí y por sí misma considerada, es decir, a la esencia como momento último y no como momento fundante del resto de notas meramente constitucionales. Esto implica que todo lo que alcance en este análisis corresponderá a la caracterización de la estructura esencial (a la que en este apartado denomina simplemente "sistema" por estar considerando la esencia como momento último) y no de la estructura constitucional.

Este análisis que desde esta perspectiva deja fuera el resto de notas constitucionales, tendrá, desde el punto de vista de sus notas, la caracterización de término constructo y, desde el punto de vista de la unidad, la caracterización de término absoluto. La unidad esencial será alcanzada desde el análisis de la constructividad de la esencia.

Que la unidad pueda ser considerada en sí y por sí misma no contradice que afirmemos que solo encontramos unidad esencial en sistemas sustantivos, pues el sistema esencial solo es sistema siendo momento de un sistema sustantivo, es decir, siendo un "subsistema".

Sobre la unidad del sistema constitutivo, el autor nos dice que

> no está meramente presente en las notas, no es mera "presencia" (...), sino que es un "hacer", el hacer propio de la unidad, a saber, "hacer" sistema. El hacer es un "*determinar*" en cada nota, la unidad exigencial según la cual cada nota es "nota-de".[233]

A continuación ofrecemos, siguiendo el camino marcado en *Sobre la esencia*, los cuatro pasos que nos situarán en el punto de partida de la recta final para alcanzar la caracterización de la esencia y, desde ella, poder comprender la propuesta sustantiva:

1. "La esencia es un sistema de notas constitutivas; por tanto, en cuanto sistema es algo 'uno', es una *unidad* esencial".[234]

233 ETM, p. 448.
234 SE, p. 285.

2. "Esta unidad esencial es un carácter en orden a formar un sistema *por sí mismas*"[235] –ultimidad–. El problema es pues desmenuzar el significado del *por sí mismas*.
3. "'por sí mismas' no significa 'en sí mismas' (...) 'por sí mismas' es un momento de las notas según su propia y formal realidad física."[236]
4. El momento físico 'por sí mismas' tiene dos aspectos: uno *intrínseco* suyo por el cual cada nota está vertida "desde sí" hacia las demás y constituye una unidad, a la que denomina *solidaridad*; y otro según el cual cada nota está vertida 'desde sí misma' hacia las demás 'de antemano', formando no solo una unidad, sino una unidad *primaria*.[237]

Entonces, dos son las cuestiones a tratar del problema de la unidad esencial: su razón formal intrínseca y primariedad.

9.1 Sobre la razón formal de la unidad esencial

9.1.1 Índole de la unidad esencial

¿Qué significa un intrínseco vertido desde sí hacia las demás? *Versión* en el leguaje habitual implica –apunta Zubiri– la existencia de dos notas donde, entre ellas, se fundamenta una relación. Pero en el caso de la esencia, la versión pertenece intrínsecamente a la realidad física de una nota en cuanto realidad, y ello implica que esa versión no solo precede a la relación (es "pre-relacional"[238]) y a la nota misma, sino que "presupone la realidad ya constituida de sus relatos"[239]. En este análisis de la esencia, discurrimos de nuevo de la unidad estructural a la nota, y no de la copulación o conexión de las notas a la estructura.

235 SE, p. 285.
236 SE, p. 285.
237 Cfr. SE, pp. 285-286.
238 SE, p. 287.
239 SE, p. 287.

A este carácter constitutivo de la versión es lo que Zubiri introduce con la noción clave de respectividad interna. La nota esencial no solo "está" con respecto a otras notas esenciales, sino, como momento pre-relacional, "es" constitutivamente respectiva. "La versión intrínseca a las demás notas es una respectividad interna, y la índole física de cada nota en cuanto constitutivamente respectiva es ser 'nota-de'"[240].

De forma gráfica Zubiri señala que la nota constitutiva "no es 'nota' + 'de' las demás, sino que es 'nota-de' las demás"[241]. Este "de" resulta pertenecer a la nota misma, y es, concretamente, la versión intrínseca de cada nota. Ser "nota-de" no expresa relación sino respectividad interna: "Expresa que la realidad misma de la nota es por y desde sí misma, esto es, constitutivamente, es 'realidad-de' las demás notas del sistema"[242] constitutivo. Aunque lo subrayaremos más adelante, es necesario situarse en la posicionalidad por la que una nota es "nota-de" en clave funcional: la estructura de "notas-de" no es sino una estructura consistente en notas en cuya función están contenidas las funciones de todas las demás "notas-de", es decir, la función es "a una" en todo el subsistema.

Zubiri dice que la esencia es "por sí misma". "Como equivalente a un 'desde sí mismas', el 'por sí mismas' consiste en el carecer intrínseca y formalmente constructo de cada nota en orden a la realidad física"[243] de su propia estructura esencial. No ha de confundirse el nivel de respectividad que puede darse entre dos o más sustantividades –respectividad externa– o cuando esta apunta a las notas constitutivas –respectividad interna–, lo que aquí nos interesa.

240 SE, p. 288. A este respecto, Zubiri apunta un ejemplo sobre la sensibilidad humana: "no es que la sensibilidad [humana] sea lo que es por su entidad 'absoluta', por así decirlo, y que sea 'humana' por el hecho de que forma parte del hombre, sino que, por el contrario, la sensibilidad es, ya en su constitutiva realidad física, una sensibilidad constitutivamente 'humana' y por eso es por lo que forma parte del hombre" (SE, p. 288).

241 SE, p. 289.

242 SE, p. 290.

243 SE, p. 292.

No ha de confundirse la respectividad que puede darse entre dos o más sustantividades, la respectividad externa, de la respectividad entre notas esenciales, la respectividad interna que aquí nos interesa. Y digo esto porque el autor propone un ejemplo en el plano de la respectividad externa para anunciar dos conceptos de vital importancia de la interna: el estado constructo y el estado absoluto. En la frase "la casa de Pedro", dice Zubiri, no habría que entender el "de" afectando morfológicamente a Pedro (como sí se aprecia en *domus Petri*), sino incluyendo la idea de genitivo a la casa para que exprese así la pertenencia de la casa a Pedro: "casa-de Pedro". Zubiri, aclarado esto, denomina "estado constructo" a la casa y "estado absoluto" a Pedro[244].

Zubiri afirma que "cada nota esencial tiene un carácter físico formal e intrínsecamente constructo"[245]. Me parece muy importante por lo que está en juego reproducir *in extenso* el texto del autor:

> lo construido en este estado constructo lo está según la unidad sistemática de la esencia (...). El "de" de *una* nota (...) hace que ésta tenga y solo pueda tener ésta su realidad física con aquellas otras notas "de" las que es nota. En su virtud, al ser por sí misma una "nota de", es, *eo ipso*, una realidad en una unidad intrínseca y formal con las demás notas del sistema. Pero, por otro lado, esto mismo acontece con *todas* las notas de dicho sistema. (...). En su virtud, cada nota no es del sistema a título de mera "parte" suya, sino a título de "momento" de su unidad. El sistema y solo el sistema mismo es aquello "de" quien son todas y cada una de las notas. Por ser de carácter constructo, esta unidad total es intrínseca y formal: tal es la unidad esencial. En su primer aspecto, como equivalente de un "desde sí misma", el "por sí misma" consiste en el carácter intrínseca y formalmente constructo de cada nota en orden a la realidad física. Estar vertida desde sí misma a las demás es simplemente tener realidad física sólo en esta unidad con ellas.[246]

Zubiri ha realizado con este análisis una primera caracterización de la índole de la unidad esencial: "Es la unidad intrínseca de un siste-

244 Zubiri propone un nuevo *organum* conceptual entorno al "estado constructo" con el que conceptualizar metafísicamente la esencia.

245 SE, p. 292.

246 SE, p. 292.

ma en el que sus notas constitutivas tienen por sí mismas el carácter físico 'constructo' de ser 'notas-de'".[247]

9.1.2 Carácter propio de la unidad sistemática en cuanto tal

Las "notas-de" solo pueden tener realidad física con todas las notas del sistema constitutivo de esta esencia física, así que Zubiri dirá que la razón formal de la nota esencial será co-herir con las demás. "La unidad esencial es formalmente una unidad de co-herencia *per se*. Esta coherencia es la unidad formal del sistema en cuanto tal."[248]

La unidad esencial es unidad entre notas, unidad de coherencia. En primer lugar, por el carácter constitutivamente constructo de las notas esenciales, estas notas son "notas-de" todas las demás formando una unidad directamente entre sí: "El carácter *per se* de la unidad esencial significa ser uno 'directamente', por su intrínseco y formal carácter constructo."[249]

El término absoluto de las notas esenciales es la unidad esencial misma y no la unidad constitucional pues, como anuncié, estamos ante un análisis de la esencia en sí y por sí misma considerada, sistema esencial alcanzado bajo criterios de funcionalidad distintos al del sistema constitucional. Una nota constitucional constitutiva –cada "nota-de"– "no puede tener realidad física sino 'con' todas las demás notas de 'esta' esencia física determinada."[250] Sobre esta idea girará toda la caracterización de la esencia zubiriana.

Como ya hemos indicado, y esto es importante, es en el coherir de cada nota con las demás donde nos encontramos con su razón formal. "La unidad esencial, en efecto, es la unidad de coherencia *per se* de la esencia constitutiva."[251]

---

247 SE, p. 293.
248 SE, p. 298.
249 SE, p. 297.
250 SE, p. 298.
251 SE, p. 299. Zubiri alerta de que esta unidad esencial entendida no como carácter metafísico, sino como correlato real de un concepto objetivo, podría confundirse con la consistencia. La consistencia, dice Zubiri, deriva de

9.1.3 Sobre la primariedad de la unidad esencial

Zubiri nos dice que la unidad esencial es primaria. ¿Qué significa esa primariedad? Situémonos en el subsistema de notas constitucionales constitutivas. Estas no poseen sistematicidad en y por sí mismas y, recordando lo ya explicitado, su carácter estricto y formal es ser "nota-de" las demás notas esenciales. A continuación, un primer esbozo de cómo el autor explica la "anterioridad" de la unidad coherencial:

> Las notas son lo que son físicamente, tan sólo en la unidad del sistema, una unidad *per se* cuya índole formal es ser unidad coherencial. Y por esto es por lo que la unidad es "anterior" a las notas.[252]

El término constructo siempre presupone al término absoluto, de ahí que la unidad está en cada nota como momento absoluto y, de alguna manera, previa a la realidad física de la nota. ¿Cuál es esa manera de estar previa?[253]

Si el carácter de las notas de la esencia es ser "nota-de" las demás, el carácter de la unidad coherencial es ser "en" todas las notas del subsistema constitutivo. Profundizando en el "de" Zubiri alcanza el "en". A cada nota le pertenece intrínsecamente su versión a todas las demás, pero el "de" de quien las notas son "notas-de" no son simplemente "todas" las demás, sino el "todo" unitario, es decir, la unidad misma[254].

La unidad, por ser término absoluto está presente a las notas como algo anterior en ellas. A continuación, Zubiri explica el estar

---

la coherencia: "La realidad consiste justamente en aquello en lo que y por lo que es coherente" (SE, p. 298).

252 SE, p. 324.

253 En este punto Zubiri realiza una descripción y crítica de lo que a lo largo de la historia de la filosofía se ha entendido sobre este punto, llegando a la conclusión de que la prioridad de la unidad en la esencia constitutiva de la realidad "es, ciertamente, una primariedad física pero no es ni sustancial ni genérica." (SE, p. 327).

254 Cfr. SE, p. 328.

de la unidad en cada nota, concluyendo que la anterioridad de la unidad "en" cada nota es "dominancia"[255] "constitutiva"[256].

> La unidad está en cada nota como momento absoluto y previo de su propia realidad física. Es un estar estrictamente físico. Por consiguiente, la unidad está en cada una de las notas y no fuera de ellas, pero está en ellas como dominándolas en su propia realidad física.[257]

La unidad domina intrínsecamente en cada nota esencial como exigencia del todo esencial, unidad que es momento exigencial de cada nota constitutiva. Este punto es sumamente importante: la unidad esencial de las notas y, en consecuencia, la unión intrínseca de cada nota esencial con todas las demás, se da de forma precisa:

> la unidad esencial de las notas no es mera unidad *per se*, sino que es unidad cuya perseidad tiene un carácter sumamente preciso y positivo: perseidad exigencial. Cada nota, pues, no sólo está en unión intrínseca con las demás, sino que este estar es algo más que mero estar, es un estar exigitivo 'desde la unidad'[258]. No es una unidad tan sólo en el sentido negativo de la indivisión, sino en el positivo de la exigencialidad.[259]

Hay que ser precavido a la hora de entender "exigencial" y utilizarlo en el orden entitativo –constitutivo– y no operativo. El exigir de lo exigente no lo es en cuanto acción que lleva a término distinto; el exigir ha de entenderse como exigencia del modo de estar constituido el exigente (estrictamente, su modo de ser). Se trata de una necesidad interna constitutiva, una necesidad exigencial que po-

255 Cfr. SE, p. 328.

256 SE, p. 328. El término fue una aclaración que Zubiri añade a mano a su ejemplar publicado, añadido que recoge la segunda edición de *Sobre la esencia* (SE, p. 528).

257 SE, p. 328.

258 SE, p. 328. El término fue un añadido que Zubiri realiza sobre el texto de la primera edición que la nueva edición de *Sobre la esencia* recoge (cfr. SE, p. 528), anotación que apoya la idea que aquí vengo sosteniendo: todo análisis sistemático de Zubiri es fruto de una unidad previa incuestionada en cuanto a su origen.

259 SE, p. 329.

dríamos decir es desde sí y bajo ningún concepto puede confundirse con una necesidad causal.

> Exigir es estar constituido en la plenitud concreta de su propia realidad formal, tan sólo estando desde sí mismo, formal y positivamente, necesitado de la formalidad de otro, esto es, envolver por necesidad física en su propia realidad formal la realidad formal de otro, de suerte que sin ésta sería físicamente imposible aquella.[260]

La unidad coherencial "no es sólo unidad indisoluble por *sí misma*, sino unidad *exigitiva* de lo otro desde sí mismo."[261] El exigir entitativo es el carácter positivo de la unidad coherencial, exigencia del todo en cada nota.

¿En qué consiste la anterioridad de la unidad exigencial? No es ni prioridad en el orden del conocimiento ni, como hemos adelantado, prioridad causal: es prioridad en el orden constitutivo, donde la realidad es actualidad y "el momento de actualidad tiene prioridad sobre su contenido, (...) [tratándose] en última instancia de la prioridad del acto sobre la potencia;"[262] pero "no es 'mera' actualidad, sino que es una actualidad de un tipo sumamente especial"[263]:

> Porque, en virtud de esta unidad, cada nota no es esencial tan sólo en el sentido de que está siéndolo efectivamente, sino en el sentido de que está siéndolo exigencialmente, exigiendo las demás en coherencia interna. De ahí que la unidad no es anterior a las notas tan sólo como *todo acto* es anterior a la potencia, sino como *este acto* exigencial es anterior, por así decirlo, a su realización, es decir, porque es una exigencia que actualmente está llevando cada nota a las demás. La prioridad es, pues, una prioridad en el orden constitutivo, pero de índole dominante y exigencial.[264]

Actualidad y exigencia son los dos caracteres que, tomados a una, responden adecuadamente a la prioridad de la unidad coherencial

260 SE, p. 331.
261 SE, p. 331.
262 SE, p. 332.
263 SE, p. 332.
264 SE, pp. 332-333.

en cada nota. "La unidad coherencial exigencial es lo que hace que cada nota sea lo que es: nota esencial."[265] Explicitada la prioridad de la unidad esencial, queda otra cuestión por resolver, cuestión que, habiéndola dejado para el final, es la que va a otorgar sentido a todo lo que hasta ahora hemos dicho sobre el término constructo: la función de la unidad esencial.

9.1.4 Función de la unidad esencial

Si la unidad coherencial exigencial hace que cada nota sea real y físicamente lo que es, es decir, esencial, habrá que explicitar qué es eso que llamamos "realidad", ya que, como hemos visto, la realidad de la nota esencial podría ser entendida como término absoluto o término constructo. La realidad física de las notas esenciales consiste en ser "nota-de", en estado no absoluto sino constructo, estando toda nota-de en cada nota-de: "sólo su estado constructo constituye, en cada nota, su realidad esencial en cuanto tal."[266] Leamos a continuación este párrafo donde Zubiri lo explica con minuciosidad:

> lo que hace la unidad coherencial no es el contenido propio de cada nota esencial en su estado absoluto. Lo que hace la unidad coherencial, es decir, el término de la unidad coherencial como momento primario de la esencia, es precisa y formalmente la realidad esencial de cada nota, su "ser esencial", su esencialidad. La esencialidad de cada nota no reposa sobre sí misma ni sobre su unión con las demás, sino sobre un intrínseco momento suyo, a saber, sobre la unidad esencial. Tal es la primariedad de la unidad esencial. Primariedad es la prioridad según la cual la unidad determina exigencialmente la realidad esencial en cuanto esencial.[267]

Una aclaración del autor a este respecto: la unidad esencial no es algo extrínseco a las notas. Tampoco hay que entenderla como fuente de las mismas y menos todavía como algo subyacente u oculto a las notas. La unidad es "algo real tan sólo en ellas mis-

265 SE, p. 333.
266 SE, p. 334.
267 SE, p. 334.

mas"[268] y la primariedad de la unidad es, con lo dicho, la "prioridad de la respectividad interna sobre cada una de las notas respectivas."[269] Diremos, sobre la primariedad de la unidad, que en cada "nota-de", antes de su realización y actualización como nota tal, está la actual exigencia de todas las demás, de la totalidad de las notas constitutivas. Es entonces, considerando "a una" los caracteres de actualidad y exigencia, cuando aprehendemos correctamente la unidad coherencial en cada nota esencial y su prioridad.

> Sólo tomando a una estos caracteres de actualidad y exigencia habremos aprehendido adecuadamente eso que es la prioridad de la unidad coherencial en cada nota. A esto es a lo que he llamado "primariedad" de la unidad esencial. Cada nota es la realidad de su intrínseca exigencia. Es decir, la unidad coherencial exigencial es lo que hace que cada nota sea lo que es: nota esencial.[270]

Nos encontramos entonces con dos perspectivas de la esencialidad: la de la unidad primaria o radical y la del constructo. Son dos maneras de acercarse al problema de la esencia por sí misma considerada. Zubiri nos introduce este análisis con un clarificador ejemplo partiendo de la ya comentada frase "La casa de Pedro". Nos encontramos con dos perspectivas de acercamiento a dicha frase donde la posesión es carácter único. La posesión es común pero de distintos modos respecto de Pedro y la casa:

> Pedro, como posidente, está en la casa. La casa, como poseída, es de Pedro. "En" y "de" son los dos modos como la posesión se constituye unitariamente en "casa-de Pedro".[271]

En el estudio de la esencialidad nos encontramos, por un lado, la estructura de "notas-de", término constructo y, por otro lado, la unidad esencial, término absoluto. El carácter común es, en ambos

---

268 SE, p. 335.
269 SE, p. 335.
270 SE, pp. 332-333.
271 SE, pp. 336-337.

lados, la esencialidad y la presencia es "actualidad". La unidad confiere realidad esencial a las notas esenciales, y cada nota esencial, a su vez, es actual en el constructo por la unidad que exigencialmente es actual en cada "nota-de" (figura 2.3).

Figura 2.3: Esenciación

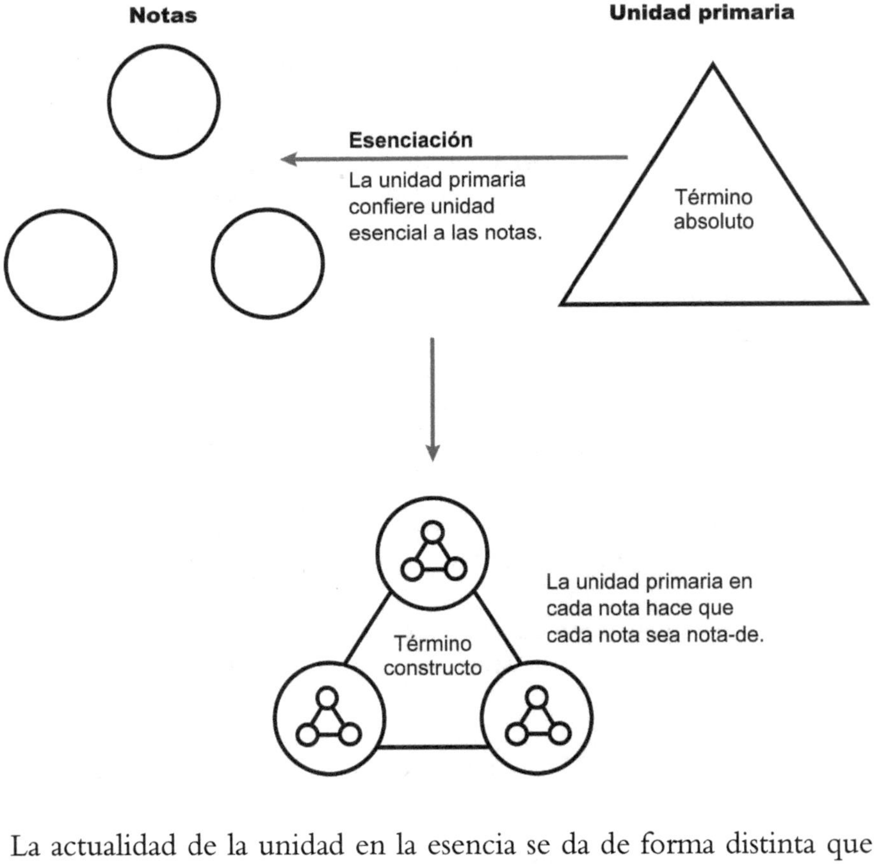

La actualidad de la unidad en la esencia se da de forma distinta que la actualidad de las notas esenciales: "la unidad es actual estando 'en' cada nota, y cada nota es actual siendo 'nota-de'."[272]

272 SE, p. 337.

Aunque "en" y "de" son los dos momentos de la esencia constitutiva en cuanto constitutiva, se da una anterioridad del "en" frente al "de", o lo que es lo mismo, hay una anterioridad de la unidad frente a las notas. Y es por esto por lo que,

> desde el punto de vista del "de", las notas *componen* la esencia; pero desde el punto de vista del "en", la esencia (...) *constituye* el carácter esencial de las notas.[273]

A mi juicio, con la cursiva Zubiri quiso hacer notar la imprecisión que se concede para la explicación porque, tal y como discurre, en rigor, ni las "notas-de" son una composición ni la unidad en las notas se constituye. Ciertamente desde ambos puntos de vista pueden describirse así, pero, con rigor, al no tratarse de un proceso, ambos términos son manifiestamente imprecisos.

Anunciando el uso del vocablo "ser" no en su uso ontológico sino como útil gramatical, Zubiri denomina a la unidad primaria "ser" y a las notas esenciadas como "sido".[274]

Desde mi punto de vista esta formulación es bastante acertada ya que, teniendo ambos el carácter de "siendo", el "sido" lo es por la primacía del "ser", *prius* por el que es "sido".

> Por razón de las notas, la esencia es la realidad de su intrínseca exigencia; es (...) lo sido de su propio ser, (...) es la actualización entitativa de su unidad coherencial. Las tres fórmulas son equivalentes, y juntas expresan la primariedad de la unidad esencial. Tal es la índole de la unidad esencial: por su razón formal es unidad coherencial, y por su rango entitativo es una unidad primaria.[275]

Aquí resulta de vital importancia entender qué quiere decir el autor con el término actualizar, ya que no es difícil caer en la idea de "algo" "separado" que otorga unidad esencial a otro "algo".

---

273 SE, p. 337. Cursiva de Zubiri.

274 Cfr. SE, p. 337. El autor aclara que "sido" no tiene aquí el sentido de un pasado temporal, sino el sentido de un pasivo presente, una especie de presente resultativo. (Cfr. SE, p. 338).

275 SE, p. 342.

El hacer mismo de la unidad coherencial exigencial es "actualizar", pero hay que puntualizar qué entendemos si decimos que el "ser" se comporta como acto y el "sido" como actualizado. Unidad no debe entenderse como "unificante", o lo que es lo mismo, actual no debe entenderse como actividad:

> La unidad no es "uni-ficante"; es actual, pero no es activa, por tanto, es meramente un "momento", el momento de actualidad; como momento es un acto que está reposando sobre sí mismo y que por estarlo es la actualización del "ser-esencial" de las notas. "Sido" no es ser resultado de una actividad, sino ser actualizado.[276]

Tampoco ha de entenderse la esenciación de la unidad como un "proceso" y al "sido" como algo "devenido":

> El origen de las cosas intramundanas es siempre procesual, y desde este punto de vista no sólo las notas, sino también su unidad son algo "sido". Pero aquí no se trata de esto sino de la interna articulación actual de lo real en cuanto que ya es. Mientras se tienen procesualidad, aun no hay cosa real ni, por tanto, esencia constitutiva. En el instante en que existe esta esencia, la procesualidad (...) queda ya atrás; pero es entonces y sólo entonces cuando justamente surge el problema de la estructura formal de la esencia constitutiva: su unidad y sus notas. La dualidad de unidad y notas es una dualidad momentual no en el devenir originante de una cosa, sino en la realidad ya devenida. Unidad y notas son momentos de la actualidad, no fases momentuales de un devenir. (...) Entre la unidad y las notas no "media" proceso ninguno: es simplemente una dualidad momentual entre acto y actualización.[277]

En este pasaje Zubiri nos aclara que el objetivo de su estudio de la esencia no es qué hace a algo ser real, sino cuál es la estructura interna de la cosa real en cuanto ya es. Me apoyo en las reflexiones de Ellacuría sobre cómo no ha de entenderse esta primariedad de la unidad:

---

276 SE, p. 340.
277 SE, pp. 340-341.

La unidad, en efecto, no es independiente de las notas que son sus analizadores; esto es importante para no entender la unidad esencial en términos idealistas o platónicos: la unidad es la unidad real en las notas y de las notas, de modo que la estructuración es real y no ideal. Más aún, el elemento formalmente unitario es un momento intrínseco de cada nota, el momento de versión a las demás. Lo que ocurre, sin embargo, es que en cada nota el momento de esencialidad estriba en su momento de versión, y no en su puro momento de realidad, tal como lo expresa el concepto objetivo; es decir, en cada nota prima su momento unitario y estructural.[278]

Diré ahora que es importante percatarse que Zubiri, en todo el recorrido que hemos realizado, está analizando lo que es inmediatamente accesible, la cosa real "física" que conforma lo que él llama a la altura de *Sobre la esencia* lo "intramundano". Más exactamente, apunta a cuál es la estructura formal y última de las cosas reales. Pero esto no significa ni que la realidad física se agote en pura materialidad, ni que aquellas irreductibles a la materia –como por ejemplo las tratadas por el autor, la inteligencia o Dios– no puedan abordarse filosóficamente aunque, según se aprecia por su modo de filosofar, sea indispensable empezar por lo físico, pues toda marcha del inteligir humano comienza con impresiones sensibles, aunque estas sean impresiones de realidad.

10 Esencia y talidad

Zubiri ha concluido que la determinación interna por la que una cosa "tal" además de "una" es "tal" se fundamenta en la esencia, pero antes de abordar positivamente cuál es ese "tal" –cuál es su contenido–, es la reflexión metafísica la que tiene que encargarse de conceptualizar ese tal, la "talidad"[279] misma.

---

278 ELLACURÍA, I. "La idea de estructura en la filosofía de X. Zubiri" en "Realitas 1", Madrid: Edición Moneda y Crédito, 1974, p. 468.

279 Cfr. SE, p. 357.

Zubiri dice que el subsistema constitutivo es aquello por lo cual lo real es "tal" y como es y no de otra manera, de donde surge el neologismo "talidad". Se dice que lo talitativo es aquello por lo que la realidad es tal. En las reflexiones zubirianas, "talidad" y "contenido" suelen ser, al inicio de su propuesta en *Sobre la esencia*, indistintamente utilizadas. Lo talitativo desde la reflexión zubiriana suele utilizarse en sentido laxo haciendo referencia a cualquier contenido de la cosa real; pero en orden riguroso, "talidad" hace referencia a aquellas notas que hace que una cosa sea "tal" cosa, es decir, aquellas notas constitutivas de la realidad.

Con esto dicho, considero que ha de entenderse como "cosa" tal a todo contenido del sistema que pertenece a la índole de "tal" cosa. He aquí la talidad laxamente considerada. Pero si atendemos a aquello que fundamenta que tal cosa sea "tal", la talidad será solo el subsistema constitutivo, la esencia. Es por ello comprensible que en los inicios del análisis en *Sobre la esencia*, al no haberse alcanzado el perfil preciso del subsistema constitutivo, el autor apunte a la talidad al sistema constitucional.

Por ello, y siguiendo a Ignacio Ellacuría[280], podemos considerar lo talitativo en sentido laxo o riguroso. En sentido laxo, talitativo hace referencia al contenido de la cosa real, pero en orden riguroso, "talidad" hace referencia a aquellas notas que hace que una cosa sea "tal" cosa, a aquellas notas constitutivas de la realidad que hacen que la cosa sea estrictamente tal cosa.

Decíamos que podemos afirmar que la multiplicidad de contenidos de una "cosa" tal pertenece a la unidad de "tal" cosa; esta es la consideración laxa o no rigurosa de la talidad. Este acercamiento a la talidad se realiza atendiendo a la multiplicidad en unidad sistemática, a la "cosa", sin decir nada sobre su unidad. Pero si atendemos al contenido que le hace a la cosa ser "tal", la talidad responde, vimos de qué modo, al subsistema constitutivo, al término constructo de la esencia. Aquí podemos acercarnos a lo constitutivo como constructo de "notas-de" o analizar su unidad esencial o tér-

280 ELLACURÍA, I. "Introducción crítica a la antropología filosófica de Zubiri", Cuadernos salmantinos de filosofía. 1975, II (1): p. 172.

mino absoluto. Es esta la consideración rigurosa de la talidad, el sentido que interesa en el análisis de la esencia y que, lógicamente, solo puede ser alcanzado conforme profundicemos en ella.

En el análisis llevado a cabo hasta ahora hemos prescindido de comentar el contenido de las notas constitutivas ya que es por razón de su unidad constructa y no por su contenido por lo que las notas esenciales son esenciales. Pero, como es lógico, el contenido no puede ser ajeno a la nota:

> Precisamente porque las notas esenciales son físicas, intrínseca y formalmente "notas-de", su contenido mismo es "de" la unidad sistemática. (...) Ser "nota de" es, pues, ser también "contenido-de". Y el "contenido-de" es justamente la talidad de las notas (...), lo que hace de la esencia "tal" esencia. Por consiguiente, la esencia no es "tal" porque "tiene", así sin más, determinadas notas, sino por el modo peculiar y preciso de tenerlas. Este modo no es determinación diferencial de un género, sino constructividad de notas físicas, esto es, ser "notas-de".[281]

10.1 Profundizando en la talidad estrictamente considerada

El término constructo tiene la función de "talificar", es decir, la esencia, en la línea de la talidad, es una realidad "talificante": por ser unidad de "notas-de" el constructo confiere "tal" contenido a un sistema, y lo confiere imbricado en el mecanismo ya explicado donde es la estructura última sobre la que se apoyan el resto de notas: por interna determinación. Zubiri apunta que solo el constructo, el subsistema esencial, hace a la realidad "tal" y como es; las notas constitucionales no constitutivas y adventicias "presuponen que la realidad es ya tal, presuponen la realidad talificada, y le confieren determinaciones ulteriores a su talidad."[282]

Zubiri precisa con rigurosidad la esencia conforme avanza en su análisis. Ahora, desde la perspectiva de la talidad, precisa lo presentado con anterioridad: "la esencia es el grupo de notas necesarias y

281 SE, p. 359.
282 SE, p. 359.

suficientes para formar sistema por sí mismas"[283], sistema que, en el análisis que está llevando a cabo (y atendiendo al plural de "por sí *mismas*"), hace referencia al sistema constructo y no al sistema sustantivo:

> Ese grupo de notas [las que componen la esencia] es el grupo de todas y solas las "notas-de". Y como ser "nota-de" es ser talificante, resulta que en última instancia la esencia es desde este punto de vista el grupo de notas necesarias y suficientes para componer una realidad que sea "tal" en el sentido preciso del concepto que acabamos de explicar. Es, si se me permite la expresión, auto-suficiencia talificante.[284]

¿Talificante de qué? Del estado absoluto, de la unidad misma. Además de las notas, también la unidad esencial misma es "tal" unidad, unidad esencial "tal" conferida ("talificada") por las notas. La talidad esencial es, entonces, un carácter de la esencia física que ciñe íntegramente ambos términos de la única realidad esencial[285]. Pero que en orden a la talidad sean las notas constitutivas las que talifiquen la unidad no significa que la unidad deje de ser primaria y coherencial:

> La unidad, en efecto, se halla "en" cada nota como exigencia intrínseca del todo. Esta exigencia es lo que confiere a cada nota su carácter de "nota-de". Por este carácter es por lo que las notas son talificantes. Por consiguiente, gracias a la primariedad de la unidad esencial y solo gracias a ella es por lo que las notas entran en la esencia talificando la unidad.[286]

Esenciar es, en este orden, "actualizar la talidad como momento esencial"[287], es decir, hacer las notas talificantes. Con lo dicho, Zubiri entiende que el contenido de la talidad pende del contenido de las notas, pero el "contenido-de" las notas, lo que hace que la esencia sea "tal", pende de la unidad. Esto hace que la unidad no sea tan

283 SE, pp. 360-361.
284 SE, p. 361.
285 Cfr. SE, p. 360.
286 SE, p. 360.
287 SE, p. 360.

solo lo que hace de las notas algo unitario, "sino que es una unidad intrínseca y formalmente 'tal' *qua* unidad."[288] Cada sustantividad posee entonces "su propia e irreductible talidad esencial individual."[289] La talidad estrictamente considerada es momento de la talidad laxamente considerada (es decir, la esencia es momento de la sustantividad) pero, atendiendo al mecanismo constitucional de interna determinación de todo el sistema, la esencia

> no es sólo el sistema de notas constitutivas, sino que es un momento por el que la talidad física individual de cada nota está exigencialmente "reclamando" en cierto modo las demás.[290]

La siguiente cita está recogida en las últimas páginas de la reflexión sobre la esencia desde el orden talitativo, páginas antes de adentrarse en el orden trascendental. En ella Zubiri se mueve con toda la terminología que ha desarrollado y precisado durante más de 360 páginas, y me parece significativo que para explicar la reclamación exigencial se refiera a los seres vivos; si esto es así es porque, a mi juicio, solo cabe referirse a ellos:

> si pudiéramos ver en esta su última y plena realidad cualquier nota de un ser vivo, estaríamos viendo que esa nota no es "tal" como es sino en y por su unidad exigencial con las demás, es decir, reclamándolas, y que esta "reclamación" es un momento de la constitución intrínseca completa de la nota en cuestión.[291]

La unidad constructa solo concierne al ámbito entitativo, pero en el orden operativo sí podemos hablar de una estricta unidad exigencial. Es más, "lo exigitivo de la actividad es un desgajamiento, precisamente porque la estructura es exigencialmente 'constructa'".[292] Zubiri redacta con precisión y claridad este complejo asunto:

---

288 SE, p. 361.
289 SE, p. 361.
290 SE, p. 361.
291 SE, p. 363.
292 SE, p. 365.

> Lo que llamamos ser "tal" no es poseer un *cuadro unitario* de notas, sino una *exigencia primaria*: la constructividad en la línea de la talidad. En este sentido –y solo en este– ser "tal" es anterior y superior a tener tales o cuales notas[293].

Hasta ahora hemos analizado la talidad en el orden entitativo de cada nota, pero, como ya dijimos, cada "nota-de" lo es por estar en exigencia de todas las demás notas esenciales, y ahora el autor realizará el análisis de la talidad en orden al "todo". "La unidad exigencial *qua* exigencial deja a las notas en esa unidad formal que hemos llamado 'co-herencia'."[294] Lo que nos interesa es indagar en la forma de coherencia impuesta por la exigencia talitativa a las "notas-de", y esta forma va a tener dos momentos expresados en la fórmula de clausura cíclica.

Comencemos por la clausura de la esencia. Si cada nota esencial es "tal" por lo que en ella imprime la exigencia del resto, el resto tiene que ser limitado[295]. Es justamente la "co-limitación" mutua de las notas en la talidad lo que hace que cada nota sea de modo pleno y completo tal realidad esencial, y "esta 'co-limitación' de la talidad es esa forma de coherencia que llamamos *clausura*."[296]

Zubiri señala que el término clausura ya lo habíamos utilizado para caracterizar al sistema sustantivo, pero según dice, siendo estrictos, solo puede llamarse clausurada a la esencia "porque sólo ella lo está por sí misma."[297]

---

293 SE, p. 365.

294 SE, p. 366.

295 SE, p. 366. Zubiri señala que si desde la filosofía se ha planteado que todo individuo tiene infinitas notas ha sido por confundir los predicados objetivos y las notas físicas, pero una "misma nota física individual puede ser considerada desde infinitos puntos de vista, a los cuales corresponden infinitos predicados objetivos y, sin embargo, físicamente es una sola nota individual. La esencia es unidad de notas físicas y no unidad –ni analítica ni sintética– de predicados objetivos." (SE, pp. 366-367).

296 SE, p. 367.

297 SE, p. 367.

Concluyendo este primer momento, el autor afirma: "La esencia está 'constructa' en sus notas, según 'clausura talitativa'."[298] Ellacuría hace a este respecto una anotación aclaradora:

> La sustantividad es también clausurada, pero lo es porque la esencia es clausura. El concepto 'co-limitación' puede parecer negativo: cada nota estaría limitada por lo que son las demás; pero, si en lugar de él empleamos el correspondiente etimológicamente 'de-finición', nos encontraremos con un sentido plenamente positivo: cada nota codefine de las demás, entra en su definición, porque cada una entra exigitivamente en la realidad de las demás. Lo que la clausura pone en claro es la mutua determinación última de todas las notas entre sí.[299]

A pesar de esta aclaración necesitamos precisar más sobre esta clausura no excluyente y alcanzar así el segundo momento. Zubiri previene que al estar hablando de limitación como razón de una determinación, no podemos olvidar que estamos tratando notas físicas y no los momentos conceptivos género y diferencia, momentos que, además, no son correlativos con la determinación a la que aludimos.[300] En las notas físicas

> su clausura es aquello en virtud de lo cual cada nota no sólo determina a las demás, sino que está también determinada por ellas. La clausura es rigurosa "co-determinación".[301]

A este respecto Zubiri comienza proponiendo un ejemplo simbólico manifiestamente impreciso en el que empieza a ver errores para ir perfilando correctamente el significado de clausura.

Si tomamos una serie lineal finita de notas donde la primera determina la segunda, la segunda la tercera, etc., nos encontramos con

---

298 SE, p. 367.

299 ELLACURÍA, I. "La idea de estructura en la filosofía de X. Zubiri" en "Realitas 1", Madrid: Edición Moneda y Crédito, 1974, p. 479.

300 Cfr. SE, pp. 367-368. A este respecto el autor apunta: "El género no determina la diferencia, sino que es tan sólo determinable por ella; sólo ésa determina aquél" (SE, p. 368).

301 SE, p. 368.

que la última tan solo es determinada por la penúltima. En este caso, la primera determinaría a todas las demás pero esta no estaría determinada por ninguna. La solución para que cada nota determine la talidad de todas las demás y a su vez su talidad esté determinada por el resto sería enlazar esa última nota con la primera. Es decir, la clausura es clausura cíclica. Zubiri es consciente de las limitaciones de esta denominación:

> Tomada *stricto senso,* esta denominación es meramente simbólica, porque las notas esenciales no constituyen "serie" de ninguna especie. Lo que se quiere decir es que en la constructividad de las notas esenciales "tales" como son, todas las notas se "co-determinan" mutuamente y, por tanto, si pudiéramos "ver", digámoslo una vez más, la talidad física integral de una sola nota cualquiera, ella nos mostraría constructamente en su seno no sólo "otras" notas sino "todas" las demás. (...) Diremos entonces que el todo coherencial de las notas en el orden de la talidad es *clausura cíclica.*[302]

Con esto dicho el autor afirma que aunque el contenido de tal nota pende tan solo de la nota misma, su talidad en cuanto talidad pende de la unidad como momento primario del subsistema esencial. En conclusión:

> la talidad que la unidad confiere a cada nota se confiere como mero "punto de aplicación" (...) de la talidad primaria, clausurada y cíclica en que consiste la unidad esencial. Por ser clausurada y cíclica, la unidad esencial es "tal" de una vez, por así decirlo. Y sólo por ello puede ser "tal" cada una de las notas. La unidad esencial en cuanto unidad es una primaria unidad de talidad.[303]

Desde el punto de vista de la talidad se ve en qué consiste la constructividad de "notas-de": su función por la que la estructura fue reconocida como tal es "a una" en todas ellas, algo distintivo por lo que las notas esenciales son "nota-de" frente a las meramente constitucionales. Ese "a una" de la esencia reconocida por su función es, desde el punto de vista talitativo, *ser "tal" de una vez.*

---

302 SE, pp. 368-369.
303 SE, p. 368.

11 Estructura esencial y estructura constitucional

Habiendo expuesto qué entiende Zubiri por sustantividad y esencia siguiendo principalmente su propuesta metafísica en *Sobre la esencia*, nos serviremos de las explicaciones que en *Espacio, Tiempo y Materia* aluden a las estructuras constitucionales y esenciales para introducir de qué modo, a mi juicio, han de entenderse dentro de su metafísica.

Zubiri profundiza en *Espacio Tiempo y Materia* el significado de posición y estructura. Allí, en referencia a la estructura constitucional, alude a las notas constitucionales como algo materialmente "ex" entendido como "fuera de los demás, pero intrínsecamente y formalmente 'de' los demás"[304]. En *Sobre la esencia* la constitucionalidad, expusimos, es reconocida en aquellas notas que en y por la unidad constitucional poseen una función con respecto "de" todas las demás. Esto había que entenderlo bien: no es nota constitucional por el tipo de función que desempeña, sino porque posee una función con respecto a todas las demás, su "posición" en el sistema no es sino una función "de" todas las demás, motivo por el cual la nota pierde formalmente su individual unidad dentro del todo e integra el sistema constitucional. La descripción de *Espacio, Tiempo y Materia* es, como vemos, equivalente en lo que respecta al modo de entender la estructura constitucional.

Zubiri reconoce la esencialidad en un tipo de función que desempeña un subsistema del sistema constitucional: aquellas que determinan funcionalmente al resto de notas constitucionales (a las implicadas en la interna determinación del sistema sustantivo) son las notas esenciales de la realidad (aquellas con unidad propia de "constitución"). Analizando la estructura esencial, la caracteriza como constructo consistente en notas que son "notas-de". En su obra *Espacio, tiempo y materia* donde, como apuntamos, cada nota constitucional era un "ex" que había perdido la individualidad en la unidad por ser "de" las demás, Zubiri nos dice que en el constructo

304 ETM, p. 353.

"cada elemento de su multiplicidad es un 'ex-de',"[305] modo paralelo de describir la respectividad interna de la esencia como "nota-de".

Con lo dicho, por ser función "de" todas las demás, las notas constitucionales son constitucionales y están en función "de" el resto de notas constitucionales integradas en y por la unidad del sistema. Pero desde la perspectiva de la función concreta que desempeñan, hay unas notas que son "notas-de" cuya función les hace ser, ante todo y formalmente, un "ex-de" las notas que poseen esa misma función por la que la estructura es constructa.

Pues bien, he de hacer dos anotaciones necesarias para aclarar esta exposición que todavía puede interpretarse equívocamente. La primera es de carácter general y ya ha sido anunciada: Zubiri no afirma que un sumatorio de "notas-de" dan como resultado el término constructo: es hallado y descrito como constructo cuando caracterizamos su especial consistencia, pues, como señalamos, la versión pertenece intrínsecamente a la realidad física de una nota en cuanto realidad, y ello implica que esa versión es "prerelacional"[306], precede a la nota misma presuponiendo el constructo. Estoy de acuerdo con Ignacio Ellacuría cuando afirma: "Lo radical no es que la unidad sea el acto resultante de las notas, sino que la unidad sea algo primario respecto a ellas."[307]

No tener presente esta apreciación nos sitúa en unas coordenadas de análisis diametralmente opuesto a las zubirianas, pues tanto la unidad esencial como la constitucional es primaria, es decir, las estructuras son "resultantes" de su previa unidad.

En segundo lugar, tanto la "nota-de" como el "ex-de" hacen referencia a la estructura de la esencia, y toda estructura (sea esencial o no) lo es desde el punto de vista de la posición de unas notas con otras. ¿Cómo entendía Zubiri esa posición? En clave funcional: que una nota esencial sea "nota-de" o "ex-de" las demás "notas-de" no significa ni que por su posición cada nota constitutiva esté en una

305 ETM, p. 354.
306 SE, p. 287.
307 ISE, p. 154.

estrecha relación con otras en coordenadas meramente topológicas de forma "fuerte", ni que todas esas notas sean partes interconectadas y compongan el constructo como término. El término constructo no es una estructura término de una fuerte unión o relación de partes esenciales sino término de una unidad esencial.

Aunque durante todo mi discurso basado en la letra zubiriana he criticado aquella visión y defendido esta, reúno ahora tres citas que han salido con motivo de la explicación de la esencia que, a mi juicio, apoyan y sintetizan la lectura que aquí he realizado:

> En su virtud, cada nota no es del sistema a título de mera "parte" suya, sino a título de "momento" de su unidad. El sistema y solo el sistema mismo es aquello "de" quien son todas y cada una de las notas[308]
>
> (...) el estado constructo "nota-de" no expresaría una "relación" sino algo *toto caelo* distinto: la respectividad interna[309]
>
> La esencialidad de cada nota no reposa sobre sí misma ni sobre su unión con las demás, sino sobre un intrínseco momento suyo, a saber, sobre la unidad esencial.[310]

Basándome en la exposición que he llevado a cabo, una nota esencial es "nota-de" porque su función es "a una" con el resto de "notas-de", es decir, la función es función del constructo. Con esta observación me pongo en la perspectiva de lo que comenté en primer lugar: no es un sumatorio de "notas-de" el que origina el constructo. Lo que aquí quiero decir es que, a diferencia de las notas meramente constitucionales, no cabe en el constructo tomar una función por cada nota-de en que aquel consiste: la posición expresada en la función de una nota por la que la nota es esencial es función esencial cuando es "a una" el constructo, y la forma que tiene Zubiri de explicar esta peculiaridad funcional del subsistema constitutivo es decir que sus notas son "nota-de": "Por ser clausurada y cíclica, la unidad esencial es "tal" de una vez, por así decirlo"[311]. Y

308 SE, p. 292.
309 SE, p. 290.
310 SE, p. 334.
311 SE, p. 368.

no por otro motivo, cuando atiende al tipo de función que desempeña la esencia, la determinación funcional de esta "pone en juego, para cada nota constitucional, la totalidad del sistema constitutivo"[312]:

> es el sistema constitutivo entero y no una parte de sus notas lo que determina la posición y, por tanto, la significación de la nota [constitucional] en cuestión.[313]

Si esto es así y distintivo de cualquier otra nota o subsistema del sistema constitucional es por la unidad funcional especial que posee el subsistema constitutivo, motivo por el que es reconocido y denominado término constructo.

Nos movemos entonces en dos ámbitos distintos: como poseedoras de una función con respecto a todas las demás, todo el sistema constitucional es estructura, "ex" entendido como fuera "de" las demás pero formalmente "de" las demás. Pero si atendemos a la función concreta de cada una de las notas del sistema constitucional, observamos que un subsistema, por su función, es la esencia: función que, por un lado, no le viene de "otro" sino de "sí mismo", y, por otro lado, una función que, además, solo ellas poseen: determinar la índole y posición del resto de notas del sistema. Atendiendo a ese criterio funcional, la estructura esencial posee un doble carácter distintivo al resto de notas y subsistemas de notas que pueden formar estructuras dentro del sistema constitucional: por un lado, porque su función es ser determinación funcional del resto de notas y, por otro lado, porque su funcionamiento es "a una". Por su función es esencial, y por su funcionamiento es caracterizado con clausura cíclica, como constructo. Este "a una" se explica desde la unidad esencial, unidad caracterizada con toda la riqueza que hemos apuntado (coherencial, exigencial y primaria).

Esta unidad que esencializa las notas del constructo es distinta a la de otros subsistemas y a la unidad del sistema constitucional.

---

312 SE, p. 266.
313 SE, p. 266.

Como se ve, es bajo coordenadas funcionales por el que el sistema constitucional es momento de la sustantividad y la esencia momento del momento constitucional, pero es siguiendo criterios funcionales distintos desde los cuales atendemos a la unidad constitucional o a la unidad esencial y, por ende, a las estructuras en las que estas se actualizan.

A mi juicio, el guion que le hace a la "nota-de" término constructo es el modo que tiene Zubiri de hacer hincapié en esa unidad distintiva cuya distinción hemos dejado aquí explicada. Pero solo atendiendo desde una perspectiva funcional se puede apreciar esta diferencia, ya que bajo coordenadas estructurales meramente topológicas de posición-conexión, no solo no encontramos diferencias en las conexiones entre las notas que componen un sistema (o, si las encontramos, tendríamos que acudir a términos vagos como uniones débiles o fuertes), sino que convertimos a la esencia en parte o cosa dentro de la cosa alejándonos de la visión metafísica zubiriana.

Resumiendo, podemos afirmar que es bajo coordenadas funcionales como el sistema constitucional es momento de la sustantividad y la esencia momento del momento constitucional, pero es siguiendo criterios funcionales distintos desde los cuales atendemos a la unidad constitucional o a la unidad esencial: por lo que cada nota esencial es "nota-de" el resto de notas esenciales es distinto al motivo por lo que una nota constitucional es "nota de" el resto de notas constitucionales.

Decíamos en la introducción que algunas interpretaciones de la obra zubiriana entienden incompatible la caracterización de la esencia y la caracterización del sistema constitucional. Según ellas, lo explicitado por Zubiri conduce a un callejón sin salida: o se admite la clausura en el subsistema esencial o se admite en el sistema constitucional.

El trabajo expositivo y la reflexión que he llevado a cabo sobre la teoría de la sustantividad y de la esencia nos ofrecen, a mi juicio, las herramientas necesarias para abordar este aparente problema. Tal y como he tratado de mostrar a lo largo de esta exposición, la incompatibilidad entre ambas clausuras no acontece si se tiene presente que los criterios funcionales de esencialidad y constitucionalidad son distintos y las estructuras clausuradas responden a dos descripciones desde dos aproximaciones complementarias a una misma cosa real.

Si se dice esencial clausura es porque la esencia en su multiplicidad de notas desempeña "a una" una función concreta, función que, además, implica el determinar a otras notas, determinación por la que podemos decir que todas las notas constitucionales forman un sistema clausurado pues cada una está en función de todas las demás. Así entendida, la clausura que predica Zubiri no implica ni independencia ni incompatibilidad, aunque, a menudo, referirse a los sistemas como "cerrados", "completos" o "finales" –o, insistiendo en la concordancia en singular por la diferencia de criterios, "cerrado", "completo" o "final" – parezca otorgárselas[314].

En mi opinión, enfrentar ambas clausuras tiene su origen en, distanciándose de la propuesta zubiriana, entender la noción de

314 Gracia, por ejemplo, afirma: "Hay veces que Zubiri llama a las notas constitutivas o esenciales 'sistema' y no 'subsistema' (cfr. SE, 267). Al lector no puede menos que extrañar este cambio, ya que la idea defendida en el libro es que el sistema completo no puede ser más que el sustantivo, es decir, el que forman las notas constitucionales" (GRACIA, D. "La madurez de Zubiri (1960-1983) en GARRIDO, M. *et al.* "El legado filosófico español e hispanoamericano del siglo XX", Madrid: Ediciones Cátedra, 2009, p. 719. Cursiva mía). Este modo de entender la clausura puede entreverse también en la siguiente exposición de la teoría de la sustantividad por parte de Fernández Beites: "La 'sustantividad' es definida, en efecto, como un sistema clausurado y total de notas constitucionales, de modo que podemos afirmar que el sistema es justamente un 'todo' (sistema 'total') y las notas son las partes de dicho todo. Además, es claro que el sistema se entiende como un todo en sentido estricto, pues a través de la clausura se está exigiendo que el todo sea final". (FERNÁNDEZ BEITES, P., "Tipos de todos (o sustantividades), según Xavier Zubiri", Daímon. Revista Internacional de Filosofía. 2010, 49: p. 83). Estoy de acuerdo con Ellacuría, a este respecto, cuando afirma que "no debe concebirse la esencia como un sistema cerrado, que se relacionase con otro sistema cerrado, que sería la sustantividad" (ELLACURÍA, I. "La idea de estructura en la filosofía de X. Zubiri" en "Realitas 1", Madrid: Edición Moneda y Crédito, 1974. p. 91).

constitución en el sentido vulgar de "constituir"[315]. La sustantividad, entonces, se entiende como un todo constituido por partes independientes interconectadas, y lo constitutivo como un subsistema de partes o elementos básicos que soporta o sustenta al resto de partes constitucionales[316]. Esta lectura es la que, a mi juicio, conduce al callejón sin salida y lleva a rechazar el planteamiento zubiriano y emprender propuestas alternativas[317].

---

315 Esto lo he abordado en Cfr. GÜELL, F. "La deriva interpretativa zubiriana en el análisis sustantivo del embrión", Diálogo Filosófico. 2012, nº82: pp. 73-88.

316 En mi opinión, la interpretación por parte de Gracia de la teoría de la sustantividad y de la esencia desarrollada en *Sobre la esencia* dista, por los motivos expuestos, de la propuesta genuina de Zubiri. Leamos al autor madrileño: "El sistema de notas sustantivo o constitucional debe distinguirse de lo que él [Zubiri] va a llamar ahora el subsistema de notas constitutivo, es decir, el propio de las sustancias que están en la base y soportan o sustentan las notas constitucionales y, en consecuencia, la sustantividad. Dentro del sistema sustantivo hay un subsistema, el de las sustancias o elementos constitutivos básicos. Eso es lo que Zubiri llama subsistema constitutivo o esencial, o simplemente esencia. La descripción de esto constituye el cuerpo fundamental del libro Sobre al esencia" (GRACIA, D. "La madurez de Zubiri (1960-1983) en GARRIDO, M. *et al.* "El legado filosófico español e hispanoamericano del siglo XX", Madrid: Ediciones Cátedra, 2009, p. 718). A pesar de sus diferencias, también Fernández Beites se separa de la propuesta de Zubiri, según la entiendo, cuando afirma que "la teoría de la sustantividad es, en realidad, una teoría de todos y partes del tipo de la propuesta por Husserl"(FERNÁNDEZ BEITES, P. "Sobre la esencia... humana", Pensamiento. 2007, 63(236): p. 240) y, en otro lugar, que "lo peculiar de la sustantividad consiste en ser un todo formado principalmente por partes independientes (aunque, por supuesto, también haya de contener partes abstractas)" (FERNÁNDEZ BEITES, P. "Teoría de todos y partes: Husserl y Zubiri", Signos Filosóficos. 2010, Vol. IX, núm. 17: p. 65).

317 Dos de las propuestas alternativas que surgen como reacción a este problema son la de Gracia y Fernández Beites. Gracia ha dado cobertura tan solo a lo constitucional prescindiendo de toda consideración constitutiva. Esta interpretación ya aparecía hace más de dos décadas de forma explícita en el capítulo dedicado a *Sobre la esencia* de su libro *Voluntad de verdad*: "En el orden de la aprehensión, esencia y sustantividad se confunden. El ámbito de la aprehensión es el ámbito de lo esenciable y de lo esenciado, no de la esencia

Afirmar la clausura de un sistema por su color y, dentro de ese sistema, afirmar la clausura de un subsistema por su textura, es compatible y coherente. Precisemos este asunto con una analogía de

---

misma" (GRACIA, D. "Voluntad de verdad. Para leer a Zubiri", 2° ed. Madrid: Editorial Triacastela, 2007. p. 203), con lo que "no nos es posible diferenciar esencia de sustantividad." (GRACIA, D. "Voluntad de verdad. Para leer a Zubiri", 2° ed. Madrid: Editorial Triacastela, 2007, p. 202). Fernández Beites, por su parte, entiende, tras su interpretación de la letra zubiriana, que lo constitucional ha de ser esencial: "En efecto, la sustantividad no es una 'sustancia' invariable, sino un todo formado por partes o notas invariables y variables, de modo que la articulación de dichas partes hace posible dar cuenta del dinamismo. Hay notas invariables, las 'notas constitutivas' que dan lugar a la esencia en sentido estricto y que corresponderían a la sustancia clásica. Pero lo importante es que a ellas no se oponen sólo los accidentes, las 'notas adventicias', como denomina Zubiri a los accidentes, sino que Zubiri distingue un tercer tipo de notas que son las que aquí nos interesan: las 'notas constitucionales'. Las notas constitucionales forman la sustantividad de modo no accidental y, sin embargo, son variables. Pues bien, mi propuesta es tomar en serio la afirmación zubiriana de que lo constitucional no es accidental (adventicio), porque creo que esto sólo puede significar, aunque Zubiri no llegue a sostenerlo explícitamente, que lo constitucional es esencial" (FERNÁNDEZ BEITES, P. "Sobre la esencia... humana", Pensamiento. 2007, 63(236): p. 241). Pienso que esta interpretación que equipara lo constitutivo con la esencia tradicional, lo constitucional con lo no accidental y lo adventicio con lo accidental se sitúa en unas coordenadas distintas al análisis filosófico de Zubiri. Todo ello surge, en mi opinión, de la siguiente interpretación de Fernández Beites que, con base en lo expuesto en el punto 8.3 del presente capítulo, anula la riqueza del planteamiento esencial zubiriano: "Para Zubiri, fundado significa necesitado." (FERNÁNDEZ BEITES, P. "Sobre la esencia... humana", Pensamiento. 2007, 63(236): p. 248. Cursiva de la autora). Por otro lado, y desde mi punto de vista, la clasificación de notas como constitutivas y constitucionales que Zubiri realiza en *Sobre el hombre,* frente a la clasificación que previamente había establecido en *Sobre la esencia* como notas constitucionales constitutivas y notas constitucionales no constitutivas, es una simplificación que ahorra mucha tinta pero que ha llevado a entender lo constitutivo como separado de lo constitucional. No podemos olvidar que, sea del modo que fuere, las "notas constitucionales son aquellas que constituyen la sustantividad completa de lo real." (SE, p. 511).

mayor alcance. Supongamos que en un coro un grupo canta al unísono marcando la tonalidad y un ritmo preciso, y el resto de los miembros de la coral cantan cada uno por separado o en grupos armonizando con la tonalidad y siguiendo el ritmo marcado "a una" por el "subsistema fundamental". Decir que hay un grupo principal "clausurado" porque cantan "a una" y, además, es aquel que "determina" los cánticos del resto y, a su vez, afirmar que es "un" coro, es decir, un coro "clausurado" pues todos poseen una voz con respecto a todas las demás voces por y en una misma obra, es perfectamente compatible y coherente.

12 Conclusión

Pintor Ramos, reflexionando sobre la frustrada recepción de la metafísica zubiriana, expone, a mi entender de forma magistral, la actitud de partida para una reflexión sobre la realidad desde una perspectiva que tome en consideración la teoría de la sustantividad y de la esencia desarrollada por Zubiri.

> *Sobre la esencia* es una obra imprescindible del legado zubiriano que no solo no tiene substituto, sino que no hay atajo para evitarla. Hoy se puede ampliar o matizar, pero no esquivar lo que siguen siendo trabajosas dificultades en su temática y en su exposición[318]

Consciente de la urgencia de reflexionar sobre la unidad de la obra zubiriana y de revisar lo alcanzado en este trabajo, entiendo que la actitud propuesta por Pintor Ramos –y procurada en esta investigación– responde al esfuerzo y rigor filosófico de Zubiri.

En síntesis, podemos afirmar que, aunque el filósofo vasco discurre en su reflexión del sistema sustantivo al momento esencial, la caracterización de aquel no podrá entenderse con rigurosidad sin la

318 PINTOR RAMOS, A. "Nudos en la filosofía de Xavier Zubiri", Salamanca: Publicaciones Universidad Pontificia de Salamanca, 2006. p. 191.

caracterización de este. Sistema, clausura, posición y totalidad son conceptos capitales para comprender el planteamiento de Zubiri, pero aunque aparecen y se perfilan en el análisis del sistema constitucional –lo que corresponde a la primera entrega de este trabajo–, sólo en el análisis de la esencia cobran su preciso significado y, con ellos, la teoría de la sustantividad sentido.

Zubiri, en su "ir a las cosas mismas", se preguntó con radicalidad por el fundamento último de las cosas reales en orden a la constitución. Este compromiso con la realidad en sí y por sí misma considerada le llevó a descubrir la ultimidad estructural desde la que dar explicación última y primera a la

> unidad intrínseca y clausurada de notas constitucionales, [que] hace de la cosa algo plenario y autónomo, esto es, suficiente, dentro de una línea sumamente precisa: en la línea de la constitución[319].

En esta ultimidad estructural el filósofo vasco reconoció lo esencial, lo infundado. Caracterizada la esencia como momento último y fundante de la cosa real, Zubiri descubre que el sistema constitucional es "tal" por haber sido "tal" la unidad coherencial, exigencial y primaria actualizada en cada nota, unidad esencial por la que estas son "nota-de" y el subsistema constructo. Por la función esencial "a una" estructurante del resto de notas, la esencia posee función sistemática: por la esencia, la multiplicidad es unidad constitucional, y el sistema, sustantividad.

Siguiendo fiel a la letra y al desarrollo ordenado de la propuesta zubiriana sobre la esencia, he pretendido mostrar en este capítulo que la teoría de la sustantividad exige ser coronada y, a su vez, sostenida, por, en, y desde la unidad esencial.

En definitiva, y tal y como hemos visto a lo largo de este denso capítulo, la metafísica de Zubiri transcurre sometida a unas precisas coordenadas de constitución. Para comprender el significado de esencia y sustantividad en su orden talitativo, entiendo que (a) se ha de atender a los distintos criterios de funcionalidad desde los que

---

319 SE, p. 153.

Zubiri reconoce el momento constitucional y el momento constitutivo del sistema sustantivo y distingue la índole constitucional de lo adventicio; (b) ha de atenderse al momento fundante de lo constitutivo como determinación de la índole y posición en clave funcional, necesitado de lo inesencial, y a su momento último en orden constitucional, (c) y ha de distinguirse en la esencia zubiriana la estructura de notas esenciales y la unidad esencial en ellas.

Estas consideraciones previenen de (1) entender lo constitucional y adventicio bajo criterios de conexión; (2) entender la "posición" (y por ende, la suficiencia constitucional y clausura) en términos de localización espacial; (3) confundir lo esencial con lo necesario y la negación de toda necesidad con la infundamentalidad, y (4) no distinguir el análisis de la sustantividad en orden a la interna determinación con su análisis en orden a la causalidad, originación o persistencia.

Tener presente estos puntos es, a mi modo de ver, requisito indispensable para comprender con toda precisión y riqueza la teoría de la sustantividad y las reflexiones sobre la esencia de Zubiri.

Parte segunda:

Descripción y síntesis del desarrollo embrionario

Capítulo 3. Descripción biológica del embrión preimplantatorio

1 Introducción

Si el objetivo final de este libro es pronunciarnos sobre el carácter o no sustantivo del embrión, hemos de realizar un estudio en profundidad sobre las notas que lo configuran. Indagar en la estructura y funcionamiento del embrión nos permitirá comprobar si el sistema embrionario nos remite a lo alcanzado en el análisis filosófico. Zubiri nos decía que

> porque las notas esenciales son física, intrínseca y formalmente "notas-de", su contenido mismo es "de" la unidad sistemática. (...) Ser "nota de" es, pues, ser también "contenido-de". Y el "contenido-de" es justamente la talidad de las notas (...), lo que hace de la esencia "tal" esencia. Por consiguiente, la esencia no es "tal" porque "tiene", así sin más, determinadas notas, sino por el modo peculiar y preciso de tenerlas.[1]

Las acciones y funcionalidad de los contenidos que forman los sistemas nos remiten al modo peculiar y preciso en que están estructurados. Por ello, indagar la actividad y funcionalidad nos remitirá necesariamente a la estructura del sistema, estructura en la que rastrearemos en busca de un subsistema cuyas características respondan a la caracterización zubiriana de la esencia.

Afín a la postura que he mantenido a lo largo de toda la investigación es la posición que Ignacio Ellacuría toma en el siguiente texto. En él, a mi juicio, se sitúa de forma correcta el lugar de los datos de las ciencias que, cuando pueden y estimamos como útiles, nos ofrecen información relevante para un análisis metabiológico.

1 SE, p. 359.

> lo propio de la metafísica no está sólo en la conceptuación, no lo está en decir conceptualmente qué es en abstracto y universal la talidad, sino en ver que la realidad es forzosamente en cada una de las cosas reales constructividad talitativa y en ver cómo en cada esencia se configura la talidad en cuanto tal, una vez que las ciencias han hecho presentes –cuando lo pueden hacer– los datos materialmente talitativos de la realidad.[2]

Creo interesante traer a colación un dato que, aparentemente anecdótico, me resulta muy significativo y sintetiza muy bien la necesidad de profundizar en el ámbito de la filosofía y las ciencias conjuntamente. Las doctoras Natalia López Moratalla y María Iraburu escriben:

> Cada ser vivo tiene una vida suya y propia, con un inicio y un final; y un desarrollo temporal en el que se completa, crece, se adapta a diversas circunstancias y transmite vida. Desde esta perspectiva, el inicio de la vida de un individuo se puede definir como un proceso constitutivo.[3]

Este texto aparece en la primera página del primer capítulo del libro *Los quince primeros días de una vida humana*, libro de referencia en todo trabajo que pretenda presentar la descripción biológica del embrión temprano. Pues bien, considero interesante apuntar que a Zubiri le lleva 189 páginas de su libro *Sobre la esencia* alcanzar el concepto de "constitutivo" y centenares de páginas abordar la "identidad humana"; pero a su vez, la descripción del embrión preimplantatorio abordada con rigor en las 212 páginas del libro de Moratalla e Iraburu, Zubiri la sintetiza en un indeterminado "plasma germinal".

El objetivo de este capítulo será realizar una descripción de las estructuras y el dinamismo del embrión preimplantatorio atendiendo a los datos que las ciencias nos ofrecen. Solo así podremos, en los capítulos posteriores, indagar si desde una perspectiva zubiriana

---

2 ELLACURÍA, I. "Introducción crítica a la antropología filosófica de Zubiri", Cuadernos salmantinos de filosofía. 1975, II (1): p. 172.

3 LÓPEZ MORATALLA, N., IRABURU ELIZALDE M. "Los quince primeros días de una vida humana", 2º ed. Pamplona: EUNSA, 2006, p. 17.

encontramos en su estructura y dinamismo la caracterización de un sistema constitucional en desarrollo.

La actividad del sistema parece responder, atendiendo al conjunto de información que nos ofrecen las ciencias, a un todo por lo cual cada biomolécula está perfectamente imbricada dentro de la compleja maquinaria celular y al servicio del funcionamiento óptimo del sistema. A su vez, y tal como nos muestra las distintas disciplinas científicas, se observa que el genoma posee una importancia incontestable en el devenir del desarrollo y en la identidad específica del sistema individual.

También se ha mostrado que la funcionalidad del ADN está regulada por modificaciones epigenéticas y otros mecanismos de regulación de la transcripción donde pueden estar involucrados metabolitos extraembrionarios, factores de una importancia incuestionable para la proliferación y diferenciación del embrión.

La indiscutible relevancia de la epigénesis en el desarrollo celular ha creado un debate sobre el rango de importancia de los factores epigenéticos frente al material genético, cuestión central en esta investigación que trataremos de abordar desde una perspectiva zubiriana en el siguiente capítulo. Por ello, además de llevar a cabo una minuciosa descripción biológica del embrión preimplantatorio, prestaremos especial atención a la descripción y clasificación de la influencia epigenética.

Tras unas consideraciones básicas preliminares, comenzaremos el capítulo describiendo el encuentro entre los gametos. Prestaremos especial atención a la sucesión de fenómenos desencadenados en las primeras horas tras la fusión de las membranas gaméticas, el inicio de la fecundación. Allí abordaremos no solo aspectos genéticos, sino la dinámica general acontecida en la célula cuando el sistema embrionario unicelular se encuentra en estado de pronúcleos y apunta a la primera división mitótica.

Seguidamente, describiremos la segmentación y blastulación atendiendo, principalmente, a la diferenciación progresiva de cada célula o grupo de células. Por último, en lo que concierne al desarrollo del embrión temprano, describiré el blastocisto y su formación previa a la implantación.

A pesar de que en esta investigación nos hemos centrado en el embrión preimplantatorio, es decir, en aquel que nos encontramos antes de comenzar su proceso de implantación, en este apartado describiré someramente la anidación. De este modo se presentará el influjo de factores maternos en la realidad embrionaria y mostraremos completamente la formación de todos los ejes que nos encontraremos en el organismo adulto.

En resumen, en este capítulo describiré desde una perspectiva biológica el desarrollo pre-implantacional del embrión[4] y traeré a colación aquellos aspectos que considero relevantes y necesarios para, en los siguientes capítulos, ofrecer una explicación precisa del

---

4 Para una profundización sobre la fecundación y el desarrollo del embrión preimplantatorio recomiendo la siguiente bibliografía: cfr. LÓPEZ MORATALLA, N., IRABURU ELIZALDE, M. "Los quince primeros días de una vida humana", 2° ed. Pamplona: EUNSA, 2006, y a los manuales cfr. MOORE, K.L., PERSAUD, T.V.N. "Embriología clínica", 8° ed. Barcelona: Elsevier España S.L, 2008; cfr. SADLER, T.W. "Langman´s medical embryology" 11° ed. Maryland: Lippincott Williams & Wilkins, 2010; cfr. EYNARD, A.R., VALENTICH, M.A., ROVASIO, R.A. "Histología y Embriología del ser humano", 4° ed. Buenos Aires: Editorial Médica Panamericana, 2008; cfr. SHOUENWOLF, G.C., BRAUER, P.R., BLEYL, S.B, FRANCIS-WEST, P.F. "Larsen´s human embryology", Philadelphia: Churchill Livingstone Elsevier, 2009. Para una primera aproximación rigurosa y sintética a la biología del desarrollo del embrión preimplantatorio recomiendo los capítulos 1 y 2 de cfr. NÚÑEZ DE CASTRO, I. "De la dignidad del embrión", Madrid: Universidad Pontificia de Comillas, 2008, pp. 13-92. Para consideraciones genéticas es muy útil por su progresiva sistematización cfr. JOUVE, N. "Explorando los genes", Madrid: Ediciones Encuentro, S.A., 2008, en especial los capítulos séptimo y octavo. Cabe también destacar las actas de la duodécima Asamblea General de la Pontificia Academia para la Vida recogidas en SGRECCIA, E., LAFFITTE, J. (eds.), "El embrión humano en la fase de preimplantación, Madrid: Biblioteca de Autores Cristianos, 2008. Para profundizar en aspectos relacionados con la biología molecular del gen, cfr. WATSON, J. D., BAKER T. A. *et al.* "Biología Molecular del Gen", 5° ed. Madrid: Panamericana Editorial Médica, 2008.

desarrollo biológico y proceder a un análisis de inspiración zubiriana sobre el estatuto ontológico del embrión.

A su vez, señalaré aquellos momentos del desarrollo embrionario que repercuten directamente en posturas antropológicas para, posteriormente, recuperarlos sintéticamente, e introduciré algunas reflexiones metabiológicas relevantes para, después, abordarlas mediante un análisis crítico en todo su alcance.

2 Consideraciones preliminares

El término "embrión preimplantatorio" aparece por primera vez publicado en un artículo de la revista *Scientifican American*[5] en 1979 firmado por Clifford Grobstein. Esta expresión hace referencia al desarrollo embrionario desde la formación del cigoto hasta la del blastocisto, antes de que este se adhiera al epitelio del endometrio e inicie la implantación.

Afrontar la descripción biológica de un organismo, y más todavía si nos referimos a sus primeros estadios, requiere necesariamente prestar especial atención a la información genética en él contenida sin por ello descuidar el resto del sistema celular. Aquella es una secuencia precisa de los cuatro nucleótidos diferentes que forman el ADN[6], secuencia de unos 3100 millones de nucleótidos en el hom-

5 GROBSTEIN, C. "External human fertlization", Scientific American. 1979, 240 (6): pp. 57-67.

6 Cada cadena es un polímero alternado de desoxirribosa (monosacáridos) y fosfatos, y en cada monosacárido se halla unida una de las cuatro bases que componen el ADN: adenina, guanina, timina y citosina. Mientras la columna de desoxirribosas y fosfatos es regular, el orden de las bases es irregular. Ésta irregularidad es la causa del contenido de lo que habitualmente se denomina "información genética". El apareamiento entre las bases de las cadenas mantiene a estas juntas, uniones mediadas por enlaces de hidrógeno específicos: la timina de una cadena siempre se aparea con la adenina de otra, mientras que la guanina lo hace siempre con la citosina. Por ello se dice que

bre que, en dos juegos con distinta información para los mismos caracteres (en realidad son dos cadenas polidesoxirribonucleotídicas que suman 6200 millones de nucleótidos), configuran el genoma humano.

Otra cuestión importante es comprender los mecanismos por los que a partir de secuencias concretas de ADN se sintetizan nuevas biomoléculas mediante el proceso denominado "expresión génica". Aunque lo veremos a lo largo de toda la investigación, la expresión génica es el proceso por el cual la información de la doble hélice de ADN se convierte, por el proceso de transcripción, en transcritos de ARN, y este, mediante el proceso de traducción, en proteínas.

La transcripción es pues el primer paso de la expresión génica, y comprende la copia de secuencias de ADN, los comúnmente denominados genes, en secuencias de ARN, el denominado ARN mensajero. Este proceso es catalizado por la enzima ARN polimerasa. Solo algunas regiones del genoma se transcriben, y las regiones elegidas varían en células diferentes o en diversos momentos de una sola. Las distintas regiones pueden transcribirse en grado diverso –una sola o miles de veces–. Veremos más adelante la sorprendente información que el proyecto ENCODE (acrónimo de Encyclopedia of DNA Elements) ha proporcionado recientemente sobre los lugares y productos de la transcripción del genoma humano; baste, en estos inicios de la exposición, con una síntesis sencilla.

La traducción comprende, entonces, la decodificación de la información de secuencias de nucleótidos que configura el ARN mensajero en la secuencia lineal de los aminoácidos que configura una cadena polipeptídica, cadena que configura las proteínas[7]. La

la doble hélice es complementaria. Para un análisis en profundidad de la estructura y topografía del ADN, cfr. WATSON, J. D., BAKER T. A. *et al.* "Biología Molecular del Gen", 5° ed. Madrid: Panamericana Editorial Médica, 2008, pp. 108-133.

7 El código genético es "universal" –en rigor habría que decir "casi universal" (WATSON, J. D., BAKER T. A. *et al.* "Biología Molecular del Gen", 5° ed. Madrid: Panamericana Editorial Médica, 2008, p. 508) pero baste para lo que ahora interesa– y está presente en todos los organismos vivos. De las 64

trascripción se produce en el núcleo, pero la traducción tiene lugar en el citoplasma (en unos orgánulos denominados ribosomas). Será suficiente por ahora tener presente que la expresión génica comprende el proceso por el cual la información de un gen es transcrita a ARN para ser traducida en proteínas[8].

A modo general y asumiendo ahora imprecisiones que iré subsanando, realizada la fecundación del ovocito por el espermatozoide, es decir, la unión de los dos gametos, se produce la fusión de los respectivos pronúcleos, las estructuras portadoras del material genético. Esta fusión de los gametos y su material genético se ha llamado "singamia" (del griego *syn* que significa junto con, y *gámos*, matrimonio). De esta unión resulta –sin entrar ahora en precisiones terminológicas– el "cigoto" (del griego *zygon:* yugo, unión).

Dos células haploides[9] se fusionan formando una nueva célula, una unidad biológica cuya dotación genética será de 46 cromosomas, 23 suministrados por el gameto masculino y 23 por el femenino. Se produce así la integración en una sola célula de dos largas moléculas de ADN de distinto origen y distinta entre sí, pero necesaria para completar la dotación diploide propia del cigoto y, por ende, de los tejidos somáticos. Surge entonces un nuevo sistema con un proyecto de proliferación y diferenciación celular que permanece respectivamente delineado e inscrito de manera estable en el genoma del cigoto.

---

combinaciones posibles en tripletes de los cuatro nucleótidos, 61 significan uno de los 20 aminoácidos específicos y 3 son señales de terminación de la cadena polipeptídica. Para profundizar cfr. Ibid pp. 493-511.

8 Para profundizar en mecanismos de transcripción, cfr. Ibid pp. 373-406. Para los mecanismos de traducción, cfr. Ibid pp. 441-491.

9 Célula diploide es aquella que, en el caso del hombre, posee 46 cromosomas ordenados en 23 pares. La célula haploide es aquella que posee la mitad de cromosomas, en el caso del hombre 23 (tan sólo un representante de los 23 pares que constituyen la células haploide). Los gametos, el óvulo en la mujer y el espermatozoide en el varón, son células haploides. Las células diploides suelen representarse con la numeración "2n" y a las haploides con "n", de tal manera que en la fecundación, la unión de dos células haploides, los gametos, dan lugar a una diploide, el cigoto (n+n=2n).

Hay un término de especial relevancia que tendremos que precisar para evitar ambigüedades en su uso cuando ahondemos en la reflexión interdisciplinar: el cromosoma. En el diccionario de genética de la Universidad Oxford el cromosoma es definido, en los núcleos de organismos eucariotas, como "una de las estructuras filiformes consistente de cromatina y portadora de información genética ordenada en una secuencia lineal,"[10] y la cromatina, según el mismo diccionario, es "el complejo de ácidos nucleicos (ADN y ARN) y proteínas (histonas y no histónicas) que componen los cromosomas eucarióticos"[11]. Considero que la definición de cromosoma que en el glosario de términos de una de sus obras ofrece el Catedrático de Genética de la Universidad de Alcalá de Henares, el profesor Nicolás Jouve, reúne y completa de forma precisa ambas definiciones:

> Material hereditario ordenado. Estructura autorreplicativa que contiene genes ordenados linealmente. Su número, morfología y organización son características específicas del organismo. Su complejidad, en cuanto a la cantidad de ADN y proteínas asociadas, es muy diferente en los eucariontes y procariontes.[12]

Tras esta primera aproximación a la noción de ADN y cromosoma, en la figura 3.1 podemos apreciar gráficamente la estructura de la cadena, su replicación y superenrollamiento en cromátidas. Esta imagen, que habremos de retener, irá cobrando sentido cuando introduzcamos el ciclo celular mitótico, proceso de división celular responsable de la proliferación y la diferenciación celular en los organismos.

---

10 KING, R.C., STANSFIELD, W.D., MULLIGAN, P.K. "A dictionary of genetics", 7 ed. New York: Oxford University Press, 2006. [one of the threadlike structures consisting of chromatin and carrying genetic information].

11 Ibid p. 7, 9. [The complex of nucleic acids (DNA and RNA) and proteins (histones and non histones) comprising eukaryotic chromosomes].

12 JOUVE, N. "Explorando los genes", Madrid: Ediciones Encuentro, S.A., 2008, p. 484.

Figura 3.1: Replicación del ADN y formación de cromátidas

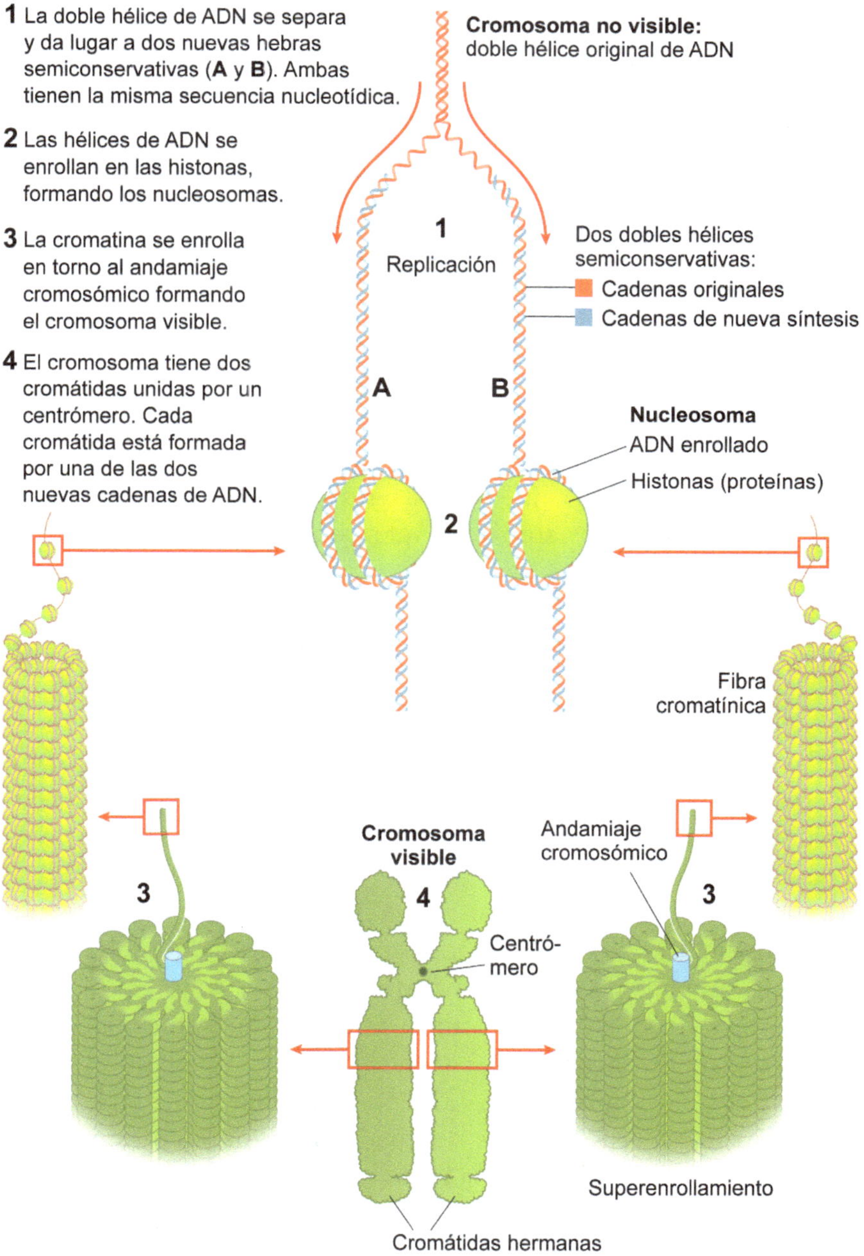

Como veremos a continuación, la mitosis implica el reparto equitativo de los materiales celulares entre las dos células hijas. Por tanto, la mitosis es un mecanismo que permite a la célula distribuir en las mismas cantidades los materiales duplicados durante la interfase, duplicación que en el ADN recibe también el nombre de replicación.

Mostraremos a lo largo de la investigación las ambigüedades que existen a la hora de utilizar la terminología en referencia al ciclo celular y la mitosis, ambigüedades académicamente establecidas en las descripciones científicas y en las reflexiones sobre el estatuto biológico y ontológico del embrión.

2.1 El ciclo celular mitótico

Normalmente se afirma que en los seres superiores con reproducción sexual, las células somáticas que configuran el conjunto del organismo son diploides, células cuyo origen remonta a la célula resultante de la fusión de los gametos que, a través del proceso de fecundación, reunieron dos juegos de *n* cromosomas, uno de cada parental.

Desde la célula inicial se produce un aumento del número de células del sistema mediante el mecanismo de la mitosis. En las fases de crecimiento activo del número de células, cada célula va a originar dos nuevas células pasando por varios estadios que constituyen el llamado ciclo celular.

El ciclo celular mitótico es un conjunto ordenado de eventos mediante el cual una célula da origen a dos células adquiriendo estas el mismo número de cromosomas que aquella. Como es de suponer, la replicación del ADN previa a la división celular juega un papel crucial. En la figura 3.2 se muestran las etapas por las que atraviesa el ciclo celular (G1-S-G2-M), etapas que describiré a continuación. En síntesis, a través del mecanismo mitótico se produce el reparto de los productos de la replicación en las dos células hijas.

Figura 3.2: Ciclo celular mitótico en eucariontes

Ejemplo con una célula de un solo cromosoma

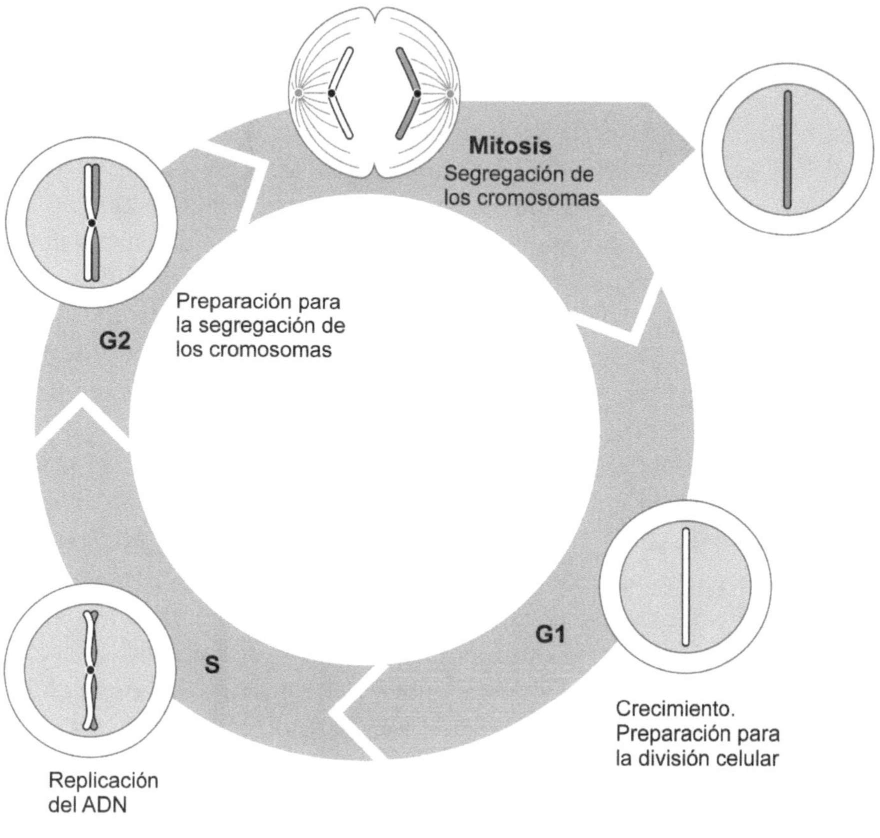

Esta actividad celular es la que tiene lugar normalmente durante el desarrollo y la proliferación celular tanto del embrión preimplantatorio como en los tejidos somáticos de estadios posteriores.

El estado G1 quiere decir "Gap 1" (Intervalo 1) y corresponde al período previo a la síntesis del ADN en las células que van a entrar en mitosis. El estado S representa la "síntesis", periodo donde se produce la replicación del ADN y, en general, una gran actividad nuclear en la que el cigoto es susceptible de ser dañado más fácilmente.

El estado G2 representa "Gap 2" (Intervalo 2) y es la fase de latencia previa al reparto de los cromosomas entre las dos células hijas que tendrá lugar en la división celular. El estado M representa la "Mitosis"[13] entendida como división no reduccional que asegura el carácter diploide de las dos células hijas y de los linajes celulares propios de los tejidos somáticos. En el proceso mitótico podemos distinguir cuatro fases: la profase, la metafase, anafase y telofase.

Los periodos G1, S y G2 se incluyen dentro de un periodo denominado Interfase, periodo que corresponde a la fase que se da entre cada mitosis, fase en el cual la célula está ocupada en la actividad metabólica preparándose para la siguiente división celular. Los cromosomas no se disciernen claramente en el núcleo y una mancha oscura llamada nucleolo puede ser visible. La célula en interfase puede contener un par de centriolos, centros de organización de microtúbulos encargados de la organización de la mitosis.

En la mitosis y ahora de forma sintética, habiéndose replicado previamente el ADN en la interfase, la profase se inicia con la condensación del ADN y desintegración de la membrana nuclear, de forma que en la metafase se visualizan los cromosomas. Los cromosomas aparecen en este estadio compuestos por dos elementos genéticamente idénticos inicialmente unidos, las cromátidas, las cuales se separan en la anafase produciéndose el reparto a las dos células hijas. Todo esto garantiza que cada una de las células resultantes tras la telofase posea una réplica de cada cromosoma de la célula originaria y por tanto que ambas sean, en principio, genéticamente iguales e iguales a la célula que les dio origen. Abordemos sucintamente las fases de la mitosis:

Profase: es el primer estadio de la mitosis propiamente dicha. En el núcleo la cromatina comienza a condensarse y se vuelve visible al microscopio óptico como 46 cromosomas. Los centriolos

---

13 Para un estudio de actualidad y profundidad que, aun centrado en la configuración del ADN, recoge de forma completa lo acontecido en la mitosis, cfr. GÜTTINGER, S., LAURELL, E., KUTAY, U. "Orchstrating nuclear envelope disassembly and reassembly during mitosis", Nature Reviews Molecular Cell Biology. 2009, 10 (3): pp. 178-191.

comienzan a moverse a los polos opuestos de la célula y las fibras del áster se extienden desde los centrómeros cromosómicos a los centriolos. Estas fibras cruzan la célula para formar el huso mitótico.

Prometafase: la membrana nuclear se disuelve, marcando el comienzo de la prometafase. Determinadas proteínas se adhieren a los centrómeros creando los cinetocoros. Los microtúbulos se adhieren a los cinetocoros y los cromosomas comienzan a migrar al ecuador de la célula.

Metafase (figura 3.3-1): las fibras del huso marcan los polos de la célula. Los cromosomas, compuestos por dos cromátidas unidas por anillos de cohesina, se alinean en la llamada placa ecuatorial o metafásica y tiene lugar lo que a lo largo de la investigación denominaremos "sincronización metafásica". Esta organización ayuda a asegurar que en la próxima fase, cuando los cromosomas se separan, cada nuevo núcleo dispondrá de una copia idéntica y completa de ADN. El estadio de sincronización metafásica va a ser crucial para posteriores reflexiones.

Anafase (figura 3.3-2): las cromátidas se separan al destruirse la cohesión y son arrastradas por el movimiento de los cinetocoros, alejándose. Las cromátidas hermanas de cada cromosoma se dirigen a polos opuestos de la célula. De este modo, a cada polo de la célula se dirige un juego completo de cromátidas. El movimiento de las mismas es el resultado de una combinación del movimiento del cinetocoro a lo largo de los microtúbulos del huso y de la interacción física de los microtúbulos polares.

Telofase: las cromátidas llegan a los polos opuestos de la célula y se forman nuevas membranas alrededor de los núcleos resultantes. Las cromátidas se descondensan, se dispersan y no son en esta etapa visibles bajo el microscopio óptico. Las fibras del huso se dispersan y la citocinesis o la partición de la célula puede comenzar durante esta etapa.

Citocinesis: en células animales la citocinesis ocurre cuando un anillo fibroso compuesto de una proteína llamada actina, alrededor del centro de la célula, se contrae pellizcando la célula en dos células hijas (cada una con su respectivo núcleo).

Figura 3.3: Sincronización metafásica e inicio de la anafase

1 Tras situarse los cromosomas en el ecuador de la célula, los cinetocoros de cada par de cromátidas hermanas que configuran el cromosoma se unen a polos opuestos del huso mitótico.

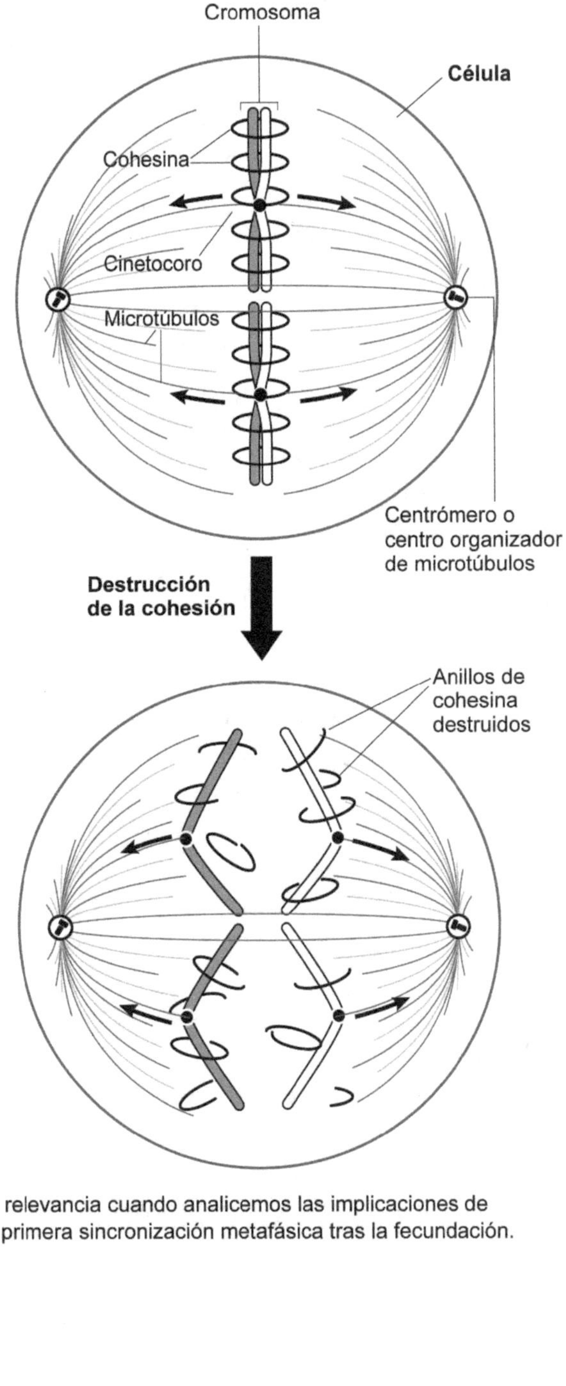

2 Destruidos los anillos de cohesina que vinculan las cromátidas, estas migrarán a polos opuestos.

▸ Este estadio será de especial relevancia cuando analicemos las implicaciones de lo ocurrido antes y durante la primera sincronización metafásica tras la fecundación.

2.1.1 Aclaración terminológica

Habiendo introducido el significado de ADN y el de cromosoma, y tras esta somera exposición de lo acontecido en el ciclo celular, podemos hacer una observación que traeremos a colación en la reflexión interdisciplinar. El cromosoma, dijimos, es una estructura compuesta por una molécula de ADN en forma de larguísima cadena y asociada a proteínas[14]. Es decir, cada cromosoma se forma por una larga cadena de este ácido nucleico y proteínas[15]. Siendo precisos, es a cada una de las 23 moléculas de ADN y proteínas asociadas a la que, con independencia de su replicación y superenrollamiento, debe denominarse cromosoma.

Una célula diploide –por ejemplo, humana– será aquella que tenga el ADN en dos juegos completos de 23 cromosomas, cada par con uno de origen masculino y femenino y, a excepción del par 23 en varones –el implicado en los caracteres sexuales, el famoso par XY-, con información para los mismos caracteres. Por este motivo se denomina a los cromosomas de cada pareja "cromosomas homólogos", y se habla de 23 pares y no de, por ejemplo, 13 tríos.

En estado de mitosis y tras las replicación del ADN, las 23 moléculas se han replicado y podemos hablar, entonces, de 46 moléculas de ADN que configurarán, una vez superenrollados, 23 pares de cromosomas visibles. Esto aquí apuntado es de especial relevancia: cada cromosoma "visible" responde, en el fondo, a dos moléculas de ADN con la misma secuencia nucleotídica –denominadas "cromátidas hermanas"–, secuencias repetidas resultantes del proceso de replicación de la molécula de ADN originaria y molde, replicación previa al superenrollamiento del ADN y a la formación de las cromátidas, es decir, previa a la formación de la estructura cromosómica visible.

Si entendiéramos que un cromosoma es aquella estructura formada por dos copias de una misma molécula de ADN superenrolla-

---

14 Cfr. LATSCHMAN, D.S. "Gene control", New York-Abingdon: Garland Science, 2010, p. 393.

15 Cfr. WATSON, J. D., BAKER T. A. *et al.* "Biología Molecular del Gen", 5° ed. Madrid: Panamericana Editorial Médica, 2008, p. 139.

da en cromátidas unidas por un cinetocoro (es decir, la estructura en "X" que observamos en la metafase), afirmar que las células somáticas son aquellas que poseen 23 pares de cromosomas no sería preciso pues en la fase S y G1, aunque sí poseen un juego diploide de ADN, el material genético no posee el ADN replicado ni la estructura está organizada en cromátidas. Ciertamente, desde la replicación del ADN la célula se encuentra en una etapa muy peculiar en la que, si atendemos a su material genético –y habiendo prácticamente duplicado los metabolitos–, nos encontramos ante una sola célula con la carga genética correspondiente a dos células. En definitiva, la carga diploide de una célula, con lo dicho, aunque paradigmáticamente se corrobora cuando se visualizan los 46 cromosomas, no está determinada ni por la autorreplicación ni por la visualización de los mismos, sino por la posesión de 23 pares de moléculas de ADN y proteínas asociadas debidamente ordenadas. Esto aquí apuntado será de especial relevancia a la hora de analizar la carga genética total del sistema unicelular embrionario en estado de pronúcleos.

2.2 La meiosis: ovogénesis y espermatogénesis[16]

Además de la proliferación celular en los tejidos somáticos y en el embrión preimplantatorio –fruto de sucesivas mitosis–, en los seres con reproducción sexual encontramos un tejido germinal especializado en la producción de las células gaméticas o reproductoras, los gametos (óvulos y espermatozoides) mediante un mecanismo citológico muy especial denominado meiosis o reducción cromosómica. En él se produce una reducción del material genético de células diploides a haploides: el mecanismo para producir gametos.

La particularidad de este mecanismo consiste en que las células precursoras de los gametos se dividen dos veces, aunque las molécu-

16 Para una descripción en profundidad, cfr. SHOUENWOLF, G.C. *et al.* "Larsen´s human embryology", Philadelphia: Churchill Livingstone Elsevier, 2009, pp. 17-39.

las de ADN solo se replican una vez. Esto hace que al final del proceso las células gaméticas posean el ADN equivalente a 23 cromosomas (y no 23 pares). Además de la reducción del número de cromosomas durante la meiosis se produce el fenómeno de la recombinación: todas las células gaméticas presentan una combinación genética distinta, producto de la recombinación (*crossing over*) de los genes de origen paterno y materno tras el intercambio de regiones entre cromosomas homólogos durante la larga profase de la primera división meiótica.

La recombinación implicará que todos los gametos producidos por un mismo individuo porten combinaciones genéticas distintas entre los gametos resultantes y distintas a la célula progenitora. Dado que todos los gametos son diferentes, la combinación de cualquier gameto paterno con otro materno dará, a su vez, una combinación genética inédita, singular y distinta a la de los padres y a cualquier otra combinación.

La gametogénesis femenina u ovulación comienza con la maduración del ovocito en el ovario. La primera división meiótica del ovocito primario da lugar a dos células diploides de diferente tamaño, el denominado ovocito secundario y el primer corpúsculo polar[17]. Durante la segunda división meiótica el ovocito secundario en estado de metafase es liberado del ovario a las trompas de falopio (ovulación), pero la segunda división solo se completará en el caso de que el óvulo[18] sea fecundado.

17 Los cuerpos polares (el primario y, como veremos, el secundario) resultan de las divisiones asimétricas del oocito (primario y secundario respectivamente) y están formados por núcleo y membrana, pero no poseen citoplasma (cfr. SMITH, A. D. (ed.), "Oxford Dictionary of Biochemistry and Molecular Biology", Oxford: Oxford University Press, 1997, p. 518).

18 Las células gaméticas femeninas pasan por distintas etapas en la oogénesis u ovogénesis: oogonia es la célula diploide que sufrirá la meiosis, ovocito (u oocito) se denominan a las células en la etapa de meiosis y óvulo al gameto liberado del ovario tras la ovulación (cfr. LÓPEZ MORATALLA, N., IRABURU ELIZALDE, M. "Los quince primeros días de una vida humana", 2° ed. Pamplona: EUNSA, 2006, p. 62).

El óvulo es una célula peculiar. Por el proceso llamado *auxocitosis*[19] la célula incrementa notablemente su tamaño, de forma que la célula que resulta es la más grande del individuo con 140 μm (la cabeza del espermatozoide tan solo tiene un tamaño de 5 a 8μm). El óvulo está recubierto de una envoltura glicoproteica denominada zona pelúcida, que, como veremos, acompañará al embrión en su desarrollo preimplantatorio. Rodeando a esta zona o capa pelúcida se encuentran un conjunto de células denominadas células foliculares o del oóforo, rodeadas por una matriz extracelular. Como veremos más adelante, el espermatozoide tendrá que atravesar las células del oóforo o cúmulo del oóforo y luego la zona pelúcida para alcanzar el óvulo. Tal y como anotamos, solo tras la fusión de las membranas citoplasmáticas de los gametos continuará la meiosis del óvulo (detenida en la metafase de la segunda división). Solo entonces el segundo cuerpo polar, que, al igual que el óvulo tendrá un juego de 23 cromátidas, es liberado. Al igual que el primero, el segundo cuerpo polar queda adherido a la membrana plasmática celular y degenerará.

La gametogénesis referente a la línea celular masculina recibe el nombre de espermatogénesis y responde al proceso de reducción cromosómica de la célula diploide original, la espermatogonia, en células haploides denominadas espermatozoides. En el caso de la línea germinal femenina, hemos visto que la ovogonia, tras dos divisiones meióticas, originaba un solo óvulo (y dos corpúsculos polares). En la espermatogénesis, una espermatogonia originará 4 espermatozoides sin detenerse el proceso meiótico.

Los espermatozoides están constituidos por una cabeza, el cuerpo y la cola o flagelo. En la cabeza, rodeada por una vesícula denominada acrosoma, se encuentra el núcleo con el patrimonio genético paterno. El acrosoma posee un conjunto de enzimas hidrolíticas que serán necesarias para alcanzar el objetivo principal: la pe-

19 La asimetría en la división meiótica acompañada de un aumento en el número de mitocondrias y acumulación de ARN mensajero y otras sustancias de reservas en previsión de una posible fecundación e inicio del desarrollo del embrión son los responsables de ese crecimiento.

netración del núcleo del espermatozoide a través de la membrana plasmática en el interior del óvulo. El cuerpo central está compuesto de mitocondrias, encargadas de suministrar energía para el movimiento del flagelo responsable de la motilidad al espermatozoide[20]. Los gametos masculinos deben residir cierto tiempo en el tracto genital femenino para estar capacitados para fecundar. Este conjunto de cambios, que responden principalmente a la respuesta de los espermatozoides a las hormonas esteroideas segregadas en el oviducto, reciben el nombre de "capacitación"[21].

Baste para el objetivo de esta investigación dejarlo así señalado[22]. Continuemos describiendo biológicamente el encuentro de ambos gametos, la fecundación.

3 La fecundación

La fusión de los gametos se produce en la zona más amplia de las trompas de falopio, lo que se denomina ampolla de la trompa uterina. Tras la capacitación antes señalada, los espermatozoides llegan

---

20 "La integridad y número adecuado de mitocondrias son necesarios para la motilidad de los espermatozoides; en los varones normozoospermárticos los espermatozoides muestran un alto grado de motilidad y una gran actividad mitocondrial siendo el lactato el principal sustrato energético". (NÚÑEZ DE CASTRO, I. "De la dignidad del embrión", Madrid: Universidad Pontificia de Comillas, 2008, p. 54).

21 La capacitación implica un cambio en el patrón de movilidad (se vuelven más activos) y una serie de cambios moleculares y metabólicos que le permitirán llegar al lugar de la fecundación y afrontarla con posibilidades de éxito. De unos 200 millones de espermatozoides depositados en el tracto femenino tan solo alrededor de una veintena alcanzará al óvulo (cfr. Ibid p. 54).

22 Para un introductorio acercamiento a la gametogénesis, cfr. NÚÑEZ DE CASTRO, I. "De la dignidad del embrión", Madrid: Universidad Pontificia de Comillas, 2008, pp. 52-54; para un estudio más completo, cfr. LÓPEZ MORATALLA, N., IRABURU ELIZALDE, M. "Los quince primeros días de una vida humana", 2º ed. Pamplona: EUNSA, 2006, pp. 62-66.

hasta la ubicación del óvulo por su movilidad y por las contracciones tanto del útero como de las trompas de falopio. La fecundación consiste en la fusión de dos gametos, cada uno procedente de un parental. De este modo aparece un sistema (habitualmente denominado cigoto[23]) con una carga genética diploide (2n) –con dos juegos de ADN, uno de origen materno y otro paterno–, visibles por primera vez en pares de cromosomas homólogos en la primera metafase.

En el caso del hombre, y, por extensión, en los restantes organismos con reproducción sexual, hemos hablado de espermatozoides y óvulos, las células gaméticas procedentes de los tejidos germinales de los parentales masculino y femenino. La fusión de las membranas citoplasmáticas gaméticas origina, con lo dicho, un nuevo sistema unicelular en desarrollo, el cual, a través de mecanismos de proliferación y diferenciación celular, irá conformándose gradualmente en distintos estadios pluricelulares bien estudiados. El genoma de un organismo pluricelular, entendido como el conjunto global de la información genética contenida en las moléculas de ADN del cigoto, se mantiene invariable en todas y cada una de las células del organismo (originadas mediante mitosis, por sucesivas divisiones celulares a partir de su estadio unicelular) durante todo su desarrollo (a excepción de mutación somática y la reducción meiótica)[24].

Tras la fecundación, el sistema iniciará la etapa de traslación desde la trompa de falopio hasta el útero, etapa durante la cual ocurre la segmentación (sucesivas divisiones mitóticas) y su respectivo incremento del número de células, células habitualmente denominadas "blastómeras" (del griego *blastos*, germen y *méros*, parte).

---

23 Dejamos para un análisis crítico posterior las dos interpretaciones del momento en el que aparece el fenotipo cigoto: a partir de la fusión de las membranas gaméticas o a partir de la primera sincronización metafásica. Por ahora y tal y como hemos hecho desde el inicio de la presente investigación, nos referiremos al estadio unicelular resultante de la interacción gamética indistintamente como cigoto, sistema unicelular o, simplemente, sistema.

24 Cfr. JOUVE, N. "Explorando los genes", Madrid: Ediciones Encuentro, S.A., 2008, p. 488.

Como hemos apuntado, la fecundación es un proceso que requiere de una preparación previa de los gametos masculino y femenino. Ambos tienen que pasar de un estado de represión de su actividad génica a otro en el que sean capaces de interrelacionarse y activarse el uno al otro. La fecundación se inicia con el mutuo reconocimiento y activación de los gametos paterno y materno maduros. Veamos detenidamente esta cuestión.

3.1 Interacción de los gametos y formación del nuevo sistema

La fusión de los gametos es un proceso complejo, que implica una serie de cambios estructurales y bioquímicos a lo largo de una secuencia temporal de acontecimientos. Como señalaremos con detenimiento, la entrada del espermio inicia un proceso de autoorganización celular caracterizada por la activación de los componentes biológicos celulares de origen materno (el material biológico citoplasmático heredado del óvulo maduro), cambios de polaridad en el sistema que implicarán una marcada asimetría y una reorganización bioquímica y espacial del material genético producida por modificaciones epigenéticas. Antes de la fusión de las membranas de ambos gametos, el espermatozoide tiene que atravesar unas células que rodean al óvulo, el ya anunciado cúmulo del oóforo, para alcanzar la zona pelúcida. Una vez atravesada la matriz extracelular, las proteínas receptoras de la zona pelúcida tienen que ser reconocidas para que se produzca la adhesión[25] del espermatozoide.

Son cuatro las proteínas que componen la zona pelúcida, la ZP1, ZP2, ZP3 y ZP4. La enzima galactosil transferasa presente en la membrana externa de la cabeza del espermio interacciona con el sustrato formado por la glicoproteína ZP3 del óvulo.

25 Cfr. CABALLERO-CAMPO *et al.* "Biological Effects of recombinant human zona pellucida proteins on sperm function", Biology of reproduction. 2006, 74: pp. 760-768; cfr. COLOMBO, R. "The process of fertilization and its stages. From parental gametes to a developing one–cell embryo" en SGRECCIA E. y LAFFITTE J. (eds.), "The human embryo before implantation, Ciudad del Vaticano: Librería Editrice Vaticana, 2007, p. 103.

Figura 3.4: Pasos generales en la fecundación

1 En la cabeza del espermatozoide está el núcleo con el material genético paterno (ADN y ARN).

2 El espermatozoide tiene que atravesar primero las células del oóforo.

3 Atraviesa la zona pelúcida en un proceso conocido como reacción acrosómica.

4 El núcleo y el flagelo es vertido al interior del citoplasma del óvulo.

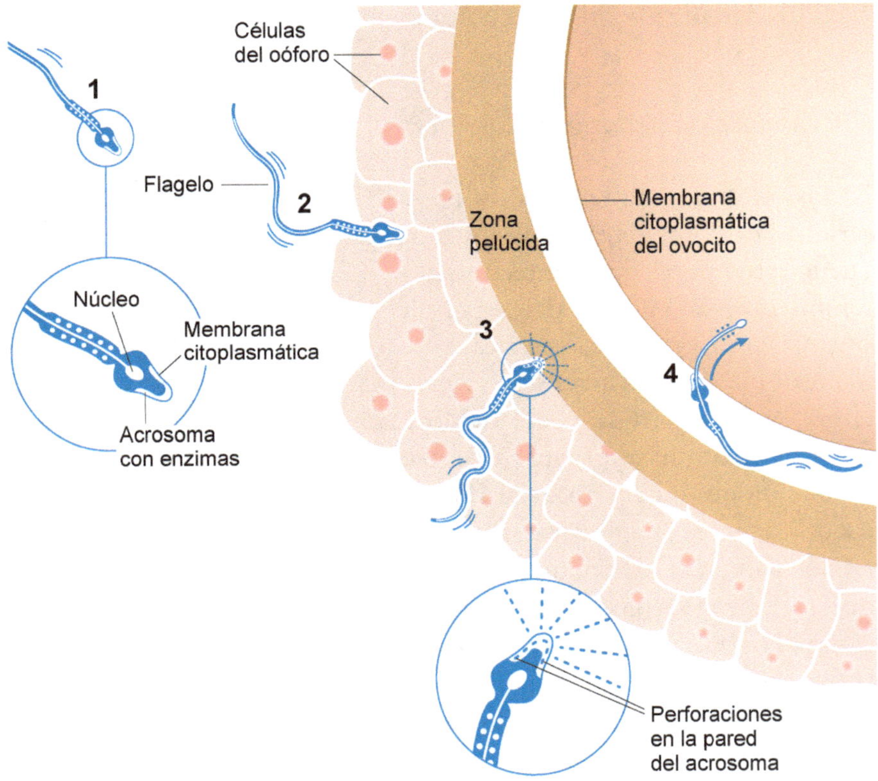

La reacción química que acontece en el espermatozoide resultante de la interacción molecular se denomina reacción acrosómica[26] (véase el paso 3 de la figura 3.4). La reacción acrosómica consiste en

26 Se produce, a su vez, una disminución de motilidad del espermatozoide (cfr. CABALLERO-CAMPO, *et al.* "Biological Effects of recombinant human zona pellucida proteins on sperm function", Biology of reproduction. 2006, 74: pp. 760-768).

la liberación del contenido de la vesícula acrosómica (o acrosoma)[27], vertido que supone unos cambios moleculares que culminan con la fusión de la membrana plasmática del espermio con la membrana externa del acrosoma. Esta fusión da lugar a la formación de poros que permiten la liberación de enzimas contenidas en el gránulo acrosómico a las cubiertas del óvulo. Una de estas enzimas es la pro-acrosina, que al reconocer proteínas específicas del óvulo, se transforman en acrosinas con actividad hidrolítica[28], actividad que se traduce en una excavación bajo la cabeza del espermio.

La fuerza de empuje ejercida por el movimiento del esperma orienta al mismo hacia el óvulo atravesando, primero, la zona pelúcida. La exocitosis enzimática del acrosoma es crucial para que el espermatozoide penetre en las cubiertas del óvulo y consiga fusionarse con la membrana plasmática[29]. Atravesada la zona pelúcida, el espermatozoide se sitúa en el denominado espacio perivitelino, entre la zona pelúcida y la membrana plasmática del óvulo.

La interacción del espermio con la membrana plasmática del óvulo induce cambios morfológicos y bioquímicos que permiten la fusión de la membrana plasmática del óvulo, las membranas corticales del óvulo y la membrana acrosómica del espermio.

Los receptores del espermio para la interacción de las membranas son una serie de proteínas denominadas fertilina-alfa (desintegrina con un dominio metaloproteasa, conocida también como ADAM1), fertilina-beta o ADAM2, cristestina o ADAM3 y la

---

27 A este respecto es muy útil cfr. FORGACS, G., NEWMAN, S.A. "Biological physics of the developing embryo", New York: Cambridge University Press, 2005, p. 233, fig 9.5.

28 La hidrólisis es una reacción química entre el agua y otras sustancias. Al ser disueltas en agua, los iones constituyentes de las sustancias se combinan con los iones procedentes de la disociación o protólisis del agua (con los iones H3O+, OH- o con ambos). Podemos decir, de forma sintética y para lo que aquí nos interesa, que el agua previamente disociada (hidrólisis: del griego: ὕδωρ (hudōr), *agua*; y λύσις (lisis), *pérdida* o *disociación*) reacciona con la sustancia y rompe el compuesto.

29 Cfr. LÓPEZ MORATALLA, N., IRABURU ELIZALDE M. "Los quince primeros días de una vida humana", 2° ed. Pamplona: EUNSA, 2006, p. 72.

Izumo de la familia de las inmunoglobulinas[30]. Estas proteínas se unen a receptores del ovocito denominados integrinas, a las que acompañan también otras proteínas como la CD9 y la GPI[31].

A esta unión fertilinas-interinas me referiré a partir de ahora, y a lo largo de toda la investigación, como la interacción gamética, siendo este otro de los momentos a retener con precisión por la importancia que adquirirá en reflexiones ulteriores. Por ello diré que, tras el reconocimiento de los gametos, la fusión de los gametos se inicia con la interacción gamética y, como enseguida veremos, concluye con la penetración del patrimonio biológico paterno.

Esta interacción no solo implica la penetración del patrimonio genético paterno. La membrana plasmática del óvulo tiene la peculiaridad de poseer microvellosidades. Estas microvellosidades envuelven la cabeza del espermatozoide en un proceso de tipo fagocítico.[32] Tras la interacción de las membranas gaméticas, el flagelo del espermatozoide pierde movilidad[33]. Veremos próximamente cómo el punto donde penetra el espermatozoide parece ser importante para la polaridad que se observa durante el desarrollo del embrión en sus primeras divisiones mitóticas[34].

La interacción de ambas membranas induce la exocitosis de los gránulos corticales de la membrana plasmática del óvulo fecundado, exocitosis que implica un incremento de iones calcio por los canales de tipo T. Este incremento de calcio hiperpolariza toda la membra-

30 Ibid p. 74.

31 Ibid.

32 Cfr. COLOMBO, R. "The process of fertilization and its stages. From parental gametes to a developing one–cell embryo" en SGRECCIA E. y LAFFITTE J. (eds.), "The human embryo before implantation, Ciudad del Vaticano: Librería Editrice Vaticana, 2007, p. 115.

33 Cfr. YANAGIMACHI, R. "Sperm-egg fusion", en DUZGUNES, N., BRONNER, F. (eds.), "Current Topics in Membranes and Transport", Orlando, FL: Academic Press, 1988, p. 19.

34 Cfr. PIOTROSKA, K, ZERNICKA-GOETZ, M. "Role for sperm in spatial patterning of the early mouse embryo", Nature. 2001, 409: pp. 517-521.

na celular desde el punto de entrada del espermatozoide en forma de onda expansiva[35].

3.2 La importancia de las oscilaciones de calcio en el nuevo sistema

Las oscilaciones de calcio fruto de la interacción gamética, responsables de la habitualmente denominada "activación del óvulo", son fundamentales para el inicio del desarrollo del embrión preimplantatorio[36]. La encargada de inducir dichas oscilaciones en la membrana del sistema celular resultante de la interacción gamética parece ser un factor proteico procedente del segmento ecuatorial de la cabeza del espermatozoide[37].

El incremento de calcio, según lo dicho, comienza con la interacción gamética y se prolonga en forma de picos transitorios hasta la

---

35 De toda la bibliografía consultada, el capítulo 9 del libro "Biological Physics of the developing embryo" ofrece, desde mi punto de vista, la exposición más completa y mejor estructurada a este respecto (cfr. FORGACS, G., NEWMAN, S.A. "Biological physics of the developing embryo", New York: Cambridge University Press, 2005, pp. 234-247).

36 Cfr. OZIL, J.P. "The parthenogenesis development of rabbit oocytes after repetitive pulsatile electrical stimulation", Development 1990, 109: pp. 117-127; cfr. VITULLO, A.D, OZIL, J.P. "Repetitive calcium stimuli drive meiotic resumption and pronuclear development during mouse oocyte activation", Developmental Biology. 1992, 151: pp. 128-136; cfr. OZIL, J.P., HUNEAU, D. "Activation of rabbit oocytes: the impact of the Ca2+ signal regime on development", Development. 2001, 128: pp. 917-28; cfr. FORGACS, G., NEWMAN, S.A. "Biological physics of the developing embryo", New York: Cambridge University Press, 2005, p. 242.

37 Cfr. PARRINGTON, J., SWANN, K., SCHEVCHENKO, V.I., SESAY, A.K., LAI, F.A. "Calcium oscillation in mammalian eggs triggered by a soluble sperm protein", Nature. 1996, 379: pp. 364-368; cfr. ROGERS N.T., HOBSON, E., PICKERING, S. *et al.* "Phospholipase Cz causes Ca2+ oscillations and parthenogenetic activation of human oocytes, Reproduction. 2004, 128: pp. 697-702.

formación del pronúcleo masculino[38]. Como hemos señalado, dirigen la exocitosis de los gránulos corticales y el reinicio y final de la meiosis del óvulo detenido en metafase II[39].

Las oscilaciones de calcio también permiten la formación de microtúbulos en el citoplasma del óvulo en la zona de entrada del espermio. Estos microtúbulos forman el citoesqueleto de la célula y facilitarán la entrada del núcleo masculino al citoplasma[40].

El gradiente discontinuo de calcio, y la consecuente "activación del óvulo", está implicado en los principales acontecimientos moleculares de las primeras horas del sistema, tales como la desintegración de la membrana nuclear del patrimonio genético masculino, la formación del pronúcleo masculino y la actividad genética del sistema. En particular, las oscilaciones de calcio reactivan los ARN mensajeros no codificantes de origen materno[41]. Los ARNm no codificantes son los transcritos de segmentos de ADN (secuencias denominadas "unidades de transcripción"[42]), cuya cadena de ribo-

---

38 Cfr. MALCUIT, C., KUROKAWA, M., FISSORE, R.A. "Calcium oscillations and mammalian egg activation", Journal of Cellular Physiology. 2006, 206: pp. 565-573.

39 Cfr. HYSLOP, L.A., NIXON, V.L., LEVASSE, P., UR M. *et al.* "Ca2+ promoted cyclin B1 degradation in mouse oocytes requires the establishment of a metaphase arrest", Developmental Biology. 2004, 269: pp. 206-219.

40 Cfr. FORGACS, G., NEWMAN, S.A. "Biological physics of the developing embryo", New York: Cambridge University Press, 2005, p. 243.

41 Cfr. OZIL, J.P., MARKOULAKI, S., TOTH, S., *et al.* "Egg activation events are regulated by the duration of a sustained [Ca2+] cyt signal in the mouse", Developmental Biology. 2005, 282: pp. 39-54; cfr. AOKI F., HARA, K.T., SCHULTZ, R.M. "Acquisition of transcriptional competence in the 1-cell mouse embryo: requirement for recruitment of maternal mRNAs", Molecular Reproduction and Development. 2003, 64: pp. 270-274.

42 Cfr. LÓPEZ MORATALLA, N., IRABURU ELIZALDE M. "Los quince primeros días de una vida humana", 2° ed. Pamplona: EUNSA, 2006, p. 37. Existen distintos tipos de ARN activos, principalmente el ARN Antisentido y los riboconmutadores. (cfr. Ibid pp. 37-38). En relación con los ARN activos cabe señalar cómo, a nivel terapéutico, la estrategia del ARN Antisentido como inhibidor de la expresión de genes en el cáncer, enfermedades

nucleótidos no se traduce a proteínas. Un tipo concreto de este ARN no codificante son los micro ARN mensajeros (miARN). Estos tienen la capacidad de regular la expresión de otros genes mediante diversos procesos, utilizando para ello la ruta de ribointerferencia[43]. Profundizaremos más adelante en cómo en el citoplasma del cigoto se han encontrado una cantidad significativa de transcritos de ARN heredados del citoplasma del óvulo con un papel importante en el desarrollo del embrión temprano[44].

La liberación de calcio de los gránulos corticales también implica el endurecimiento de la zona pelúcida, la cual convierte la cubierta porosa en una membrana impermeable mediante un proceso denominado *reacción de la zona,* evitando así la fecundación polispérmica[45].

Por último, y como señalaremos con detenimiento próximamente, la activación del óvulo mediante las oscilaciones de iones calcio implica la iniciación de la maquinaria celular para consumar la primera división mitótica.

---

autoinmunes y enfermedades infecciosas ofrecen un buen potencial (cfr. JOUVE, N. "Explorando los genes", Madrid: Ediciones Encuentro, S.A., 2008, p. 377).

43 Cfr. PILLAI, R.S. "MicroRNA function: multiple mechanisms for a tiny RNA?", RNA. Dec. 2005, 11(12): pp. 1753- 1761.

44 Cfr. TANG, F., KANEDA, M., O'CARROLL, D., HAJKOVA, P., BARTON, S.C., SUN, Y.A., LEE, C., TARAKHOVSKY, A., LAO, K., SURANI, M.A. "Maternal microRNAs are essential for mouse zygotic development", Genes Dev. 2007, Mar 15, 21(6): pp. 644-648. Estos miARN activan a su vez ARNm diana (cfr. GLASER, V. "Tapping miRNA-Regulated Pathways", Genetic Eng. Biotech News. 2008, Mar 1, 28 (5): p. 1) que forman parte de una cadena que conllevará a la regulación de un gen.

45 Cfr. CRAN, D.G., MOOR, R.M., IRVINE, R.F. "Initiation of the cortical reaction in hamster and sheep oocytes in response to inositol triphosphate", Journal of Cell Science. 1988, 91: pp. 139-144; cfr. SUN, Q.Y. "Cellular and molecular mechanisms leading to cortical reaction and polyspermy block in mammalian eggs", Microscopy Research and Technique. 2003, 61: pp. 342-348.

Sintéticamente, la interacción de los gametos activa el citoplasma de origen ovular mediante la hiperpolarización de la membrana celular, activación que implica:

A. el reinicio de la metafase dos –y el final de la meiosis con liberación del segundo corpúsculo polar–,

B. la reacción de la zona –para evitar la polispermia–,

C. la penetración del núcleo masculino –y posterior formación de los pronúcleos y migración– ,

D. la activación del ARN mensajeros de origen ovular

E. y, de forma general, la activación de los mecanismos celulares para alcanzar la primera división celular.

Todo esto, a su vez, implica la aparición de un nuevo sistema celular diploide con una singularidad llamativa: cada juego del material genético de origen materno y paterno está rodeado por una membrana.

3.3 Liberación del corpúsculo polar e inicio de un sistema celular diploide

Si, desde un punto de vista biológico, podemos hablar de un único sistema celular tras la fusión de ambos gametos, se debe a que los límites físicos del sistema están perfectamente establecidos por la continuidad de la membrana citoplasmática del sistema. Otra cosa será analizar si el sistema celular resultante, aun siendo "uno" no funciona al "unísono" al estar compuesto por dos conjuntos genéticos no reunidos bajo una misma membrana nuclear (por lo que algunos autores han denominado célula *mixta*[46] o *híbrida*[47]) o, si de lo contrario, su funcionamiento es unitario. *Híbrida* o no –cuestión que trataremos más adelante– nos encontramos, en todo caso, con "una" célula. Describiremos a continuación lo que acontece en esas

---

46 LÓPEZ MORATALLA, N. "Clones humanos", Cuadernos de Bioética. 2009, XX (3): p. 391.

47 LÓPEZ MORATALLA, N., IRABURU ELIZALDE M. "Los quince primeros días de una vida humana", 2° ed. Pamplona: EUNSA, 2006, p. 76.

primeras horas prestando especial atención a la dinámica de los pronúcleos.

La interacción, dijimos, reactiva la meiosis. Atendamos al material genético de origen materno una vez activado el óvulo[48] por el espermatozoide. Las cromátidas se separan: un juego se dirige y apelotona en el polo interno del óvulo, y el otro se vierte fuera de la célula formando el segundo corpúsculo polar. Mientras esto ocurre, se sintetiza con componentes citoplasmáticos el pronúcleo femenino, cuya formación y composición es similar a la de un núcleo en telofase tardía mitótica.

Con la interacción de los gametos (recordemos: la unión fertilinas-interina entre las membranas plasmáticas gaméticas) se activa la meiosis, y diré que, atendiendo a los datos ofrecidos por las investigaciones y a la nomenclatura científica comúnmente aceptada, podemos afirmar que tenemos un nuevo sistema unicelular (rodeado por una membrana celular) diploide cuando se libera el corpúsculo polar (es decir, cuando se expulsa un juego de cromátidas correspondiente al final de la meiosis en su estadio de telofase) una vez incorporado el núcleo masculino haploide al citoplasma.

Trayendo ahora a colación lo que alcanzamos con el ciclo celular mitótico, podemos afirmar los dos siguientes puntos:

1. Si decimos que una célula adulta en estado Gap 1 –correspondiente al período de interfase previo a la síntesis del ADN– es una célula diploide, a pesar de no tener el ADN replicado, no hay motivos para negar la carga diploide del sistema unicelular desde la entrada del núcleo del espermatozoide al óvulo nucleado.
2. Si decimos que una célula adulta en el estado S –representa la "Síntesis", estado en el que se lleva a cabo replicación del ADN– es una célula diploide aunque el ADN replicado no se haya condensado en forma de cromosomas, no hay motivos para negar la carga diploide del sistema unicelular cuan-

48 Más adelante cuestionaré la idoneidad de la designación "activación del óvulo" tan habitual en el ámbito científico e interdisciplinar.

do en los pronúcleos se está realizando la replicación del material genético.

Si he insistido en aclarar esta cuestión ha sido porque, como veremos en la tercera parte de la investigación, encontraremos ambigüedades e imprecisiones a este respecto cuando analicemos críticamente algunas aproximaciones interdisciplinares.

3.4 Formación del pronúcleo "masculino"

La carga genética de origen espermático queda situada cerca del cono de fecundación. Los cambios que sufre el material biológico de origen paterno son mucho más complejos que la formación del pronúcleo femenino. Esos cambios están regulados por metabolitos del citoplasma celular pre-existentes en el óvulo[49] y activados en el inicio de la fecundación.

A partir de ahora denominaré al "citoplasma activado", es decir, al citoplasma de la célula de carga diploide resultante tras la fusión de las membranas plasmáticas gaméticas –activado por dicha fusión– "citoplasma del sistema", fórmula que, ajustándose más a la realidad, justificaré más adelante.

Durante las primeras horas tras el inicio de la fecundación se produce unos cambios en el material biológico de origen paterno, inducidos por metabolitos citoplasmáticos del sistema. La composición de la membrana nuclear que envuelve el patrimonio genético recién vertido en el citoplasma del sistema, tal y como estaba en el espermatozoide, es de una sola capa, y carece de comunicación con el citoplasma espermático. Recién vertida al citoplasma del sistema,

49 Si la penetración del espermatozoide se produce en un estadio madurativo incorrecto del gameto femenino, los factores reguladores pueden no estar presentes, o bien presentar defectos en su composición, lo que comporta la no formación del pronúcleo masculino.

la membrana se rompe y degrada por medio de un factor citoplasmático de origen materno[50].

Mientras se produce la reorganización del ADN –reorganización que, como veremos, no supone la modificación del orden de los nucleótidos– se sintetiza alrededor del mismo una membrana nuclear de doble capa interrumpida por poros, formada en su totalidad por material de origen materno; aproximadamente 12 horas después del inicio de la fecundación el pronúcleo quedará totalmente formado (véase figura 3.5).

Figura 3.5: Célula en estado de pronúcleos

Estado de pronúcleos representado esquemáticamente
y visualizado bajo diferentes contrastes.

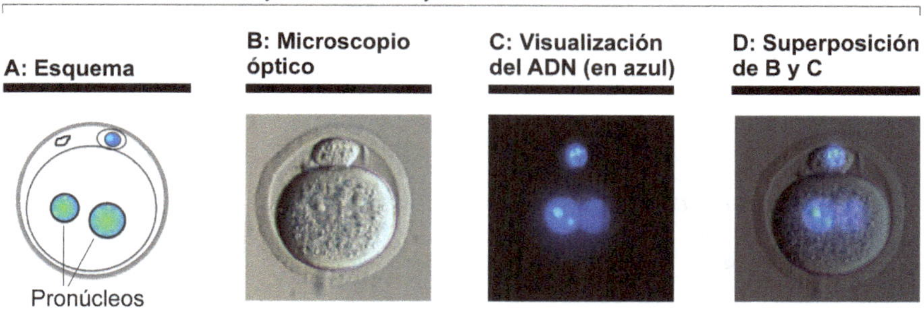

Figura modificada de EGLI, D., ROSAINS, J., BIRKHOFF, G., EGGAN, K. "Developmental reprogramming after chromosome transfer into mitotic mouse zygotes", Nature. 2007, 447: pp. 679-685, fig. 1.

Es importante subrayar para posteriores reflexiones que la envoltura que rodea el material genético de origen paterno en su estado de pronúcleo no procede del espermatozoide: la membrana del denominado "pronúcleo masculino" es principalmente de origen materno. Aunque, para ser exactos, tenemos que decir que la envoltura que configura el pronúcleo está compuesta por factores del citoplasma del sistema unicelular (citoplasma activado por la entrada del espermio).

50 Cfr. BORSUK, E. "Anucleate fragments of parthenogenetic eggs and of maturing oocytes contain complementary factors required for development of a male pronucleus", Mol. Reproduction. Dev. 1991, 29: pp. 150-156.

Son, pues, factores citoplasmáticos del sistema los que configuran la envoltura del pronúcleo masculino y, como veremos con detenimiento, interaccionan con la estructura del ADN modificando su configuración bioquímica y espacial. Pero a su vez, ha sido la fecundación la responsable de activar el citoplasma para que pueda llevar a cabo tales modificaciones.

Recapitulemos: la activación del citoplasma fue fruto del cambio de concentración de iones calcio, y esos cambios de concentración, decíamos, se producían en forma de picos transitorios hasta la visualización de los pronúcleos. El encargado de inducir dichas oscilaciones en la membrana del óvulo fecundado parece ser un factor proteico procedente del segmento ecuatorial de la cabeza del espermatozoide[51]. Queda, pues, mostrado cómo el proceso de formación de los pronúcleos es mediado por la variación en la concentración de iones calcio desencadenada desde la interacción de las membranas gaméticas.

3.5 La asimetría citoplasmática del sistema

El interior del cigoto, como el de la mayoría de las células, representa un ambiente acuoso, densamente cargado con varios miles de moléculas en constante movimiento en presencia de complejos estructurales tales como los orgánulos[52].

Mientras ocurre la formación de los pronúcleos y bajo la batuta de las oscilaciones de calcio, la región que se corresponderá con el polo animal del citoplasma va enriqueciéndose de iones calcio y metabolitos. A su vez, el polo vegetal, región donde se produce la interacción gamética, va quedando empobrecida de este ión. En contra de lo que se ha solido pensar, la simple difusión a través del ambiente intracelular no puede ser el principal mecanismo para

51 Cfr. PARRINGTON, J. *et al.* "Calcium oscillation in mammalian eggs triggered by a soluble sperm protein", Nature. 1996, pp. 364-368.

52 Cfr. ELLIS, R.J., MILTON, A.P. "Cell biology: join the crowd", Nature. 2003, 425: pp. 27-28.

distribuir las moléculas a través del citoplasma[53]. Aquellos mecanismos parecen ser relevantes para la difusión de pequeñas moléculas como los iones de calcio y la que se produce en ambientes extracelulares, pero para las largas distancias y ambientes intracelulares es necesario combinar procesos de difusión con mecanismos bioquímicos[54].

Moléculas reguladoras de la transcripción y ARNm son transportadas a través y a lo largo del citoesqueleto de una región a otra de la célula. Una proteína adaptadora puede unir una región no codificante del ARNm al citoesqueleto, ya sea a un componente específico o directamente al filamento de miosina. Gracias a la polaridad intrínseca de los microtúbulos que forman el citoesqueleto, el complejo ARNm-adaptador se arrastra a lo largo del filamento de forma dirigida desde el extremo negativo al extremo positivo del filamento.

De esta manera nos encontramos, a medida de que avanzan las horas desde la interacción gamética, con una creciente asimetría en el citoplasma, tanto en la concentración de iones calcio como en la de orgánulos y moléculas reguladoras. Por esta asimetría en el estado unicelular del sistema, tras la primera mitosis, las dos células heredarán un contenido citoplasmático diferencial que, como veremos próximamente, les comprometerá a vías distintas de desarrollo. Esta asimetría adquirirá una enorme relevancia en la consideración ontológica diferencial entre el sistema anterior a la primera división y la célula en su primera sincronización metafásica.

3.6 La migración de los pronúcleos y primera sincronización metafásica

Formado el pronúcleo masculino, el sistema unicelular entra en la fase S y comienza la replicación del material genético necesaria para

53 Cfr. FORGACS, G., NEWMAN, S.A. "Biological physics of the developing embryo", New York: Cambridge University Press, 2005, p. 8.

54 Cfr. Ibid p. 9.

la posterior organización y superenrollamiento del ADN en cromosomas visibles y para completar la primera división celular.

Después de su formación, ambos pronúcleos son morfológicamente indistinguibles, excepto por la mayor proximidad del pronúcleo femenino al 2° corpúsculo polar y del masculino a los restos de estructura axonemática de la cola del espermatozoide. El paso siguiente será la migración de los pronúcleos hasta el centro del ovocito.

La elevación de los niveles de calcio induce la formación de microfilamentos que acercarán el pronúcleo femenino al pronúcleo masculino, donde establecerá el huso mitótico. Los centriolos juegan un papel bien estudiado a este respecto. Por un lado, al procentriolo de origen espermático se le incorporan proteínas del citoplasma del sistema constituyendo uno de los dos centriolos de la célula necesarios para alcanzar la primera división celular. Por otro lado, tras el inicio de la fecundación, el centriolo de origen materno se encuentra desactivado y es el paterno el responsable de la formación de los microtúbulos, así como del funcionamiento del huso mitótico durante la primera división celular.[55]

Situadas en el ecuador de la célula, las envolturas nucleares de los pronúcleos se desintegran sin llegar a fundirse, ya que permanecen separadas por una estrecha zona de citoplasma que contiene elementos del retículo endoplasmático liso y mitocondrias. A la desintegración de las envolturas de los pronúcleos le sigue la migración de los cromosomas hacia el huso mitótico[56], así como la alineación de estos en la primera sincronización metafásica (figura 3.6).

---

55 Cfr. TESARIK, J. "Paternal effects on cell division in the human preimplantation embryo", Reproduction BioMedical Online. 2005, 10 (3): pp. 370-375. Este detalle, a mi juicio, será de especial relevancia en la reflexión interdisciplinar.

56 Cfr. SICA, G. "El desarrollo del embrión preimplantatorio", en SGRECCIA, E., LAFFITTE, J. (eds.), "El embrión humano en la fase de preimplantación, Aspectos científicos y consideraciones bioéticas", Madrid: Biblioteca de Autores Cristianos, 2008, p. 41.

Se considera, con lo dicho, que en la especie humana, a pesar de lo explicitado en la introducción de este capítulo, no se produce singamia, entendiendo por ésta la fusión del pronúcleo masculino con el femenino. Es decir, no se "fusionan" los dos pronúcleos –las dos membranas pronucleares– formando un núcleo: lo que ocurre es que se acercan, y, sin "tocarse", se desintegran, desapareciendo mientras se produce la migración del material genético a la placa metafásica. Lo que acontece es una desintegración de las membranas pro-nucleares y una sincronización metafásica del material genético.

La singamia, queda entonces reservada para la fusión de las membranas plasmáticas gaméticas –la interacción gamética– donde sí se produce una fusión para dar lugar a un nuevo sistema.

Figura 3.6: Primera sincronización metafásica

Primera mitosis representada esquemáticamente
y visualizada bajo diferentes contrastes.

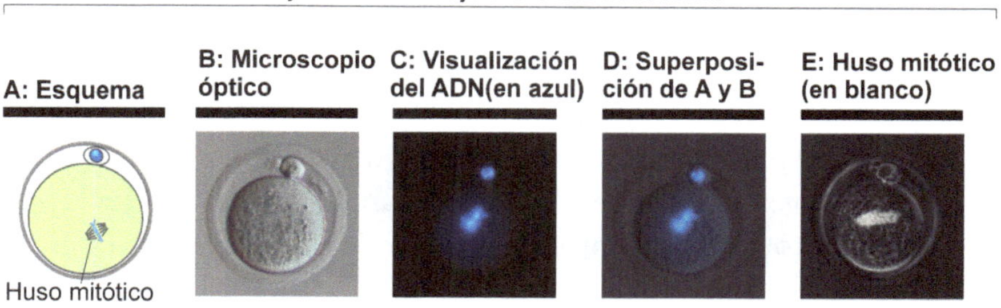

Figura modificada de EGLI, D., ROSAINS, J., BIRKHOFF, G., EGGAN, K. "Developmental reprogramming after chromosome transfer into mitotic mouse zygotes", Nature. 2007, 447: pp. 679-685, fig. 1.

Tras la sincronización metafásica y siguiendo las pautas mitóticas, se produce la anafase, momento en el que las cromátidas que forman los cromosomas se separan y se dirigen cada una a polos opuestos de la célula.

A continuación, entrando en la telofase, las cromátidas alcanzan los polos y alrededor de las mismas se comienzan a formar –en cada polo– la nueva membrana nuclear de lo que será el núcleo de cada célula resultante.

Las cromátidas se descondensan, se dispersan y dejan de ser visibles bajo el microscopio óptico. Tras la dispersión de las fibras del huso tiene lugar la citocinesis, y aproximadamente a las 25-30 horas del inicio de la fecundación nos encontramos ante un sistema bicelular.

4 El material genético del nuevo sistema

En este apartado veremos la dinámica funcional del ADN y del ARN durante las primeras horas tras la interacción de las membranas gaméticas.

El ADN de origen paterno y materno va a sufrir unos importantes cambios a nivel bioquímico y espacial. Dentro de estos cambios encontramos dos de especial relevancia, y bien descritos en los últimos años por investigaciones científicas: la modificación en la configuración espacial del ADN[57] y los cambios en el patrón de metilación[58].

Como veremos, en primer lugar se descondensa el ADN paterno y, una vez descondensado, se reorganiza mediante la incorporación de histonas y otras proteínas maternas en sustitución de protaminas de origen paterno. Por otro lado, se ha observado cómo desde la entrada del núcleo del espermatozoide al citoplasma del óvulo, el material genético del nuevo sistema se somete a una re-

57 Cfr. SANTOS, F., PETERS, A.H, OTTE, A.P., REIK, W., DEAN, W. "Dynamic chromatin modifications characterise the first cell cycle un mouse embryo", Development biology. 2005, 289: pp. 225-236; y a gran escala en la organización de la cromatina, como por ejemplo los dominios de heterocromatina periocéntrica (Cfr. PROBST, A.V., SANTOS, F., RIK, W., ALMOUZNI, G., DEAN, W. "Structural differences in centromeric heterochromatin are spatially reconciled on fertilisation in mouse zygote", Cromosoma. 2007, 116: pp. 403-415).

58 Cfr. SANTOS, F. *et al.* "Dynamic reprogramming of DNA methylation in the early Mouse embryo", Development biology. 2002, 241, pp. 172-182.

programación[59] donde el proceso de metilación juega un papel crucial.

Las moléculas de ADN poseen en algunas de sus citosinas un grupo metilo. Cada secuencia nucleotídica, dependiendo de su origen (paterno o materno)[60] y del grado de diferenciación de la célula, tiene un número y posición concreto de citosinas metiladas (véase figura 3.7). Estas citosinas, como veremos, son marcas del ADN heredables, pero existen mecanismos celulares para variar el patrón de metilación, ya sea mediante la incorporación o eliminación de un grupo metilo.

Figura 3.7: Citosina metilada en la doble hélice de ADN

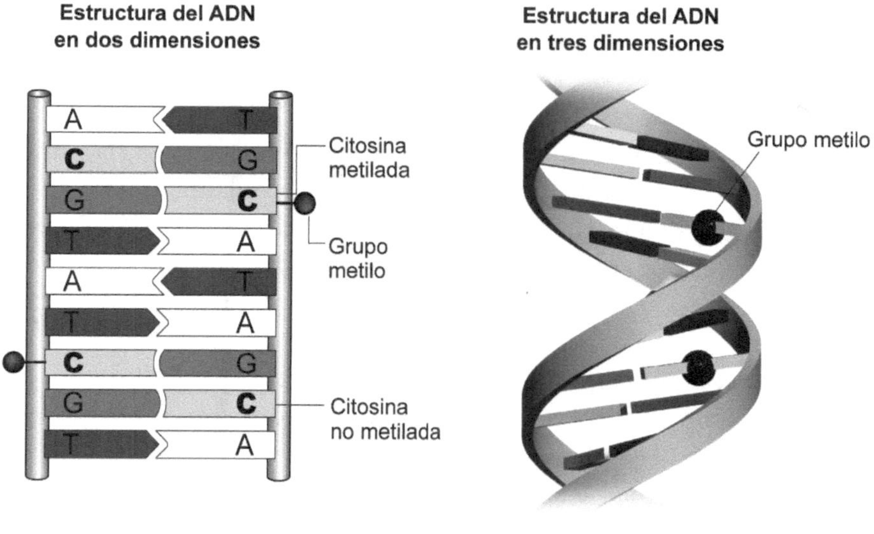

59 Cfr. REIK, W. "Stability and flexibility of epigenetic gene regulation in mammalian development", Nature. 2007, 447: pp. 425–432.

60 Cfr. SURANI, A. "Reprogramming of genome function through epigenetic inheritance", Nature. 2001, 414: pp. 122-128; cfr. FERGUNSON-SMITH, A.C., SURANI, A. "Imprinting and the epigenetic asymmetry between parental genomes", Science. 2001, 293: pp. 1086-1089.

Como enseguida veremos, esta metilación (o desmetilación) afecta principalmente a las citosinas que, por su situación secuencial, silenciarán (o activarán) a un gen adyacente, lo que constituye un importante mecanismo de regulación de la expresión génica.

Con respecto al ARN, observaremos en el sistema unicelular transcritos heredados de los gametos que regulan la funcionalidad del material genético durante las primeras horas tras la interacción de las membranas gaméticas, transcritos que jugarán un papel crucial para la regulación génica y el desarrollo del embrión temprano.

Por último, haremos alusión al papel que desempeñan las oscilaciones de iones calcio en la dinámica del material genético durante la formación de los pronúcleos.

4.1 El ADN en el nuevo sistema

4.1.1 Modificación en la configuración espacial del ADN

Por el elevado grado de compactación del ADN paterno, la remodelación de la cromatina desde su vertido al citoplasma del óvulo es esencial para lograr la competencia transcriptacional del material genético y para el desarrollo del embrión temprano. Este proceso ha de ocurrir antes de la replicación del ADN y del inicio de la mitotis[61].

En la configuración estructural de la cadena de ADN de origen paterno encontramos factores de origen materno que reorganizan espacialmente a la cadena polidesoxirribonucleótida por la incorporación, como hemos señalado, de proteínas maternas en sustitución de protaminas paternas. Por lo tanto, este cambio en la configuración estructural hace referencia principalmente a los cambios en el empaquetamiento en la molécula de ADN del pronúcleo masculino.

61 Cfr. TIMOTHY G. JENKINS, DOUGLAS T. CARRELL, "Dynamic alterations in the paternal epigenetic landscape following fertilization", Front Genet. 2012, 3: p. 143.

El nivel –y dinamismo– en el empaquetamiento de la cromatina –nivel que vendrá determinado por la modificación química de las histonas y la disposición de los nucleosomas[62]– permitirán a proteínas reguladoras unirse o no al ADN, controlando así que determinadas secuencias se expresen o se repriman en los diferentes procesos del desarrollo del organismo Las variantes de histonas desempeñan un papel importante en el establecimiento de regiones especializadas de cromatina y en la regulación de los procesos de desarrollo y diferenciación celular en el embrión preimplantatorio [63].

Aunque será en el próximo capítulo cuando nos centraremos en la modificación química de las histonas, diremos por ahora, que así como la acetilación de las histonas conduce a la activación transcriptacional, la des-acetilación de las histonas crea una estructura cromatínica más condensada, que favorece el silenciamiento de la transcripción de los genes incluidos en la esa región genómica.

4.1.2 El patrón de metilación del ADN

Tal y como hemos introducido, la metilación de secuencias de ADN es un importante factor regulador de la funcionalidad del genoma. En el ADN de vertebrados se metila el carbono 5 de las citosinas que están en el dinucleótido Citosina-Guanina (CpG, donde p hace referencia al grupo fosfato que une ambos nucleótidos). La metilación de determinadas citosinas inhibe la unión de factores de transcripción (la maquinaria implicada en la transcripción) e inactiva al gen imposibilitando la expresión génica.

Algunas secuencias solo cuando están metiladas son reconocidas por proteínas inhibidoras, represores que desactivan los genes cercanos (véase figura 3.8).

---

62 Cfr. SEGAL, E., FONDUFE-MITTENDORF, M., CHEN, L., THÅSTRÖM, A.C., FIELD, Y., MOORE, I.K., WANG, JI-PING Z., WIDOM, J. "A genomic code for nucleosome positioning", Nature. 2006, 442: pp. 772-778.

63 Cfr. SANTENARD, A., TORRES-PADILLA, M.E. "Epigenetic reprogramming in mammalian reproduction: contribution from histone variants", Epigenetics. 2009, 4 (2): pp. 80-84).

Figura 3.8: Regulación de la transcripción génica por la metilación de citosinas

Transcripción génica activa

La unión de los factores de transcripción a secuencias con la citosina sin metilar provoca la transcripción de ADN a ARN.

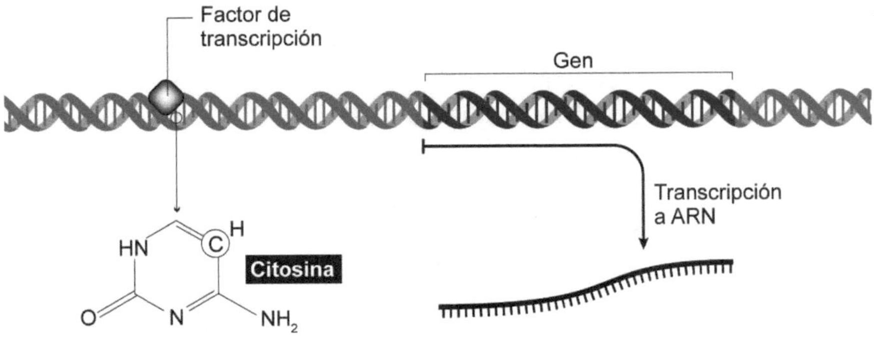

Transcripción génica desactivada

Las secuencias con citosinas metiladas y la unión de proteínas inhibidoras a las citosinas metiladas impide la unión de factores de transcripción, por lo que el gen no se transcribe.

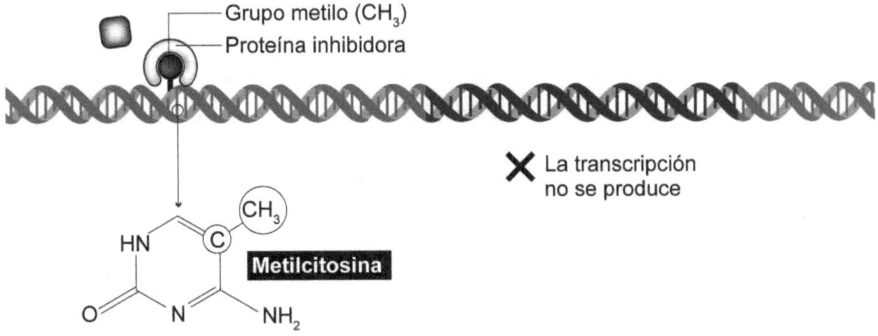

Estas modificaciones también afectan a la estructura espacial del ADN, e introducen cambios en la cascada de instrucciones que regulan la transcripción de los genes en relación con su posición respecto a las citosinas metiladas.

Como hemos indicado, el material genético de origen materno y paterno posee una asimetría en su expresión génica. Ello permite la precisa y necesaria expresión monoalélica[64]. Pues bien, es la especificidad del patrón de metilación, específica para cada secuencia homóloga, lo que va a permitir esa asimetría en la expresión génica.

La configuración bioquímica diferencial del ADN entre cromosomas homólogos es, por decirlo así, "de partida", y procede de la configuración bioquímica del ADN de los gametos. Por el origen parental de esta configuración diferencial, a este fenómeno se le ha denominado "impronta parental". La expresión alélica es crucial para el desarrollo normalizado del organismo, tanto en su estadio embrionario, como en el desarrollo del feto y del adulto[65]. Difiere, de hecho, de tal manera, que es necesario el origen heterosexual de los progenitores[66]. Todo esto no hace sino mostrar la importancia de las modificaciones bioquímicas, ya sea a nivel de histonas, ya sea a nivel de nucleótidos, para una necesaria y precisa expresión génica

64 Es decir, la expresión o de un gen (o secuencia) de un cromosoma materno –denominado alelo materno–, o de su gen (o secuencia) homólogo paterno –el alelo paterno–, pero nunca de ambos.

65 "se ha visto que aquellos relacionados con la obtención de nutrientes por parte del embrión, del feto, del lactante e incluso del adulto son expresados preferencialmente por el alelo paterno. (...). La madre, aportaría los nutrientes, primero en el ooplasma del oocito, más tarde a través del endometrio y tras el nacimiento a través de la lactancia. El padre, por su parte, expresaría los genes que contribuirían a un mayor aprovechamiento de los nutrientes. De hecho, alteraciones en el establecimiento de la impronta, con la pérdida de la expresión selectiva del alelo paterno, trae consigo bajo crecimiento embrionario, adelgazamiento de la placenta (y, como consecuencia menor intercambio de nutrientes) y dificultades en la hora de mamar durante la lactancia". (DE JESÚS GÓMEZ, S. "Las últimas causas del plan de desarrollo embrionario de la vida humana", Madrid: Editorial Universidad Francisco de Vitoria, 2009, p. 129).

66 Cfr. LÓPEZ MORATALLA, N., IRABURU ELIZALDE M. "Los quince primeros días de una vida humana", 2° ed. Pamplona: EUNSA, 2006, p. 128.

asincrónica entre los cromosomas homólogos durante el desarrollo del embrión preimplantatorio. El patrón de metilación, como veremos, se va a ir modificando durante todo el proceso de diferenciación celular activando o silenciando genes de forma asimétrica.

Durante la gametogénesis, el ADN del óvulo y del espermatozoide adquiere unas peculiaridades específicas que se mantendrán en los gametos. En una célula diploide, el patrón de metilación del ADN difiere, por este motivo, según su origen (ovular o espermático). Se ha observado también que el patrón de metilación de gametos de un mismo individuo difiere significativamente[67], y aunque las consecuencias funcionales de dichas variaciones se desconocen[68], es un hecho que la variabilidad epigenética de las células germinales proporciona diferentes puntos de partida, aun teniendo en origen los mismos individuos generantes[69]. Varios estudios han demostrado, a este respecto, que niveles globales anómalos de metilación en los espermatozoides están relacionados con problemas en el embarazo.[70]

En el sistema resultante de la interacción de las membranas plasmáticas gaméticas se produce, recíprocamente, una reprogramación diferencial asimétrica de las marcas epigenéticas del ADN de origen materno y paterno, reprogramación que se inicia desde el comienzo de la fecundación y se alarga durante el sistema unicelular en estado de pronúcleos. La reprogramación que sufren los juegos

---

67 Cfr. BLEWITT, M. E., VICKARYOUS, N. K., PALDI, A., KOSEKI, H., WHITELAW, E. "Dynamic reprogramming of DNA methylation at an epigenetically sensitive allele in mice", PLoS Genetics. 2006, 2: e49; cfr. FLANAGAN, J. M. *et al.* "Intra and interindividual epigenetic variation in human germ cells", American Journal Human Genetics. 2006, 79: pp. 67-84.

68 Cfr. BLEWITT, M. E., *et al.* "Dynamic reprogramming of DNA methylation at an epigenetically sensitive allele in mice", PLoS Genetics. 2006, 2: e49.

69 Cfr. PETRONIS, A. "Epigenetics as a unifying principle in the aetiology of complex traits and diseases", Nature. 2010, 465: pp. 721-727.

70 BENCHAIB M., BRAUN V., RESSNIKOF D., LORNAGE J., DURAND P., NIVELEAU A., GUERIN J. F. (2005). "Influence of global sperm DNA methylation on IVF results", Hum. Reprod. 2005, 20: pp. 768–773.

de ADN del nuevo sistema no conlleva un borrado total del patrón de metilación de los gametos: investigaciones sugieren la idea de que existen "marcas" epigenéticas que, existentes en los gametos, se mantienen tras la interacción y formación del sistema[71]. Si atendemos a las particularidades de cada juego de ADN, se puede afirmar que el material genético de origen paterno, tras la interacción de las membranas gaméticas y la aparición del nuevo sistema celular, sufrirá una importante desmetilación[72].

El material genético de origen materno, por el contrario, mantiene un alto grado de metilación, e incluso adquiere nuevas metilaciones.[73] La eliminación de los grupos metilo se lleva a cabo, como hemos dicho, durante las primeras horas tras el inicio de la fecundación, con el sistema en estado de pronúcleos[74].

No hay estudios definitivos sobre el tiempo que tarda en estabilizarse la drástica desmetilización que sufre el ADN de origen paterno, pero lo que parece claro es que el nivel parece estabilizarse para la primera división[75]. Pero el patrón de metilación no sólo va cambiando desde la fecundación a lo largo del desarrollo de embrión preimplantatorio: las modificaciones en el patrón de metilación se producen a lo largo de todo el desarrollo del organismo contribuyendo a que cada célula se diferencie en una línea entre las más de 120 que configuran todos lo tejidos celulares del organismo

71 Cfr. PETRONIS, A. "Epigenetics as a unifying principle in the aetiology of complex traits and diseases", Nature. 2010, 465: pp. 721-727

72 Cfr. MAYER, W., NIVELEAU, A., WALTER, J., FUNDELE, R., HAAF, T. "Demethylation of the zygotic paternal genome", Nature. 2000, 403: pp. 501–502; cfr. OSWALD, J. *et al.* "Active demethylation of the paternal genome in the mouse zygote". Curr. Biol. 2000, 10: pp. 475-478.

73 Cfr. DE JESÚS GÓMEZ, S. "Las últimas causas del plan de desarrollo embrionario de la vida humana", Madrid: Editorial Universidad Francisco de Vitoria, 2009, p. 61.

74 ABDALLA, H., HIRABAYASHI, M., HOCHI, S. "Demethylation dynamics of the paternalgenome in pronuclear-stage bovine zygotes produced by invitro fertilization and ooplasmic in jection of freeze- thawed or freeze-dried spermatozoa", J. Reprod.Dev. 2009, 55: pp. 433–439.

75 JENKINS, T.G., CARRELL, D.T. "Dynamic alterations in the paternal epigenetic landscape following fertilization", Front Genet. 2012, 3: p. 143.

adulto. Con lo dicho, el patrón de metilación varía para alcanzar la diferenciación que nos encontramos en las células somáticas, cuyo patrón es heredable[76] y posee cierta estabilidad en la regeneración tisular. Si digo "cierta estabilidad" es porque se ha comprobado que el grado de metilación se modifica conforme avanza la edad del organismo adulto, y que los cambios son similares en individuos de la misma familia[77].

4.1.3 Modo en el que se producen los cambios en el patrón de metilación

Actualmente se están investigando los procesos que salvaguardan al ADN materno de la metilación y aquellos factores involucrados en la desmetilación del ADN paterno del sistema unicelular embrionario. Parece ser que estos procesos y factores no son los que ya se conocen en estadios más avanzados del desarrollo, y varias investigaciones apuntan a que la desmetilación está relacionada con mecanismos de reparación.[78]

De todas maneras, para ofrecer una visión de conjunto sobre los cambios epigenéticos, me centraré en lo que la ciencia nos muestra sobre el modo en el que se producen las modificaciones en el patrón de metilación en estadios más avanzados del desarrollo.

---

76 Por la importancia que adquirirá esta cuestión, traigo a colación una cita de Natalia López Moratalla: "El patrón de metilación de los distintos cromosomas va cambiando desde la constitución del cigoto a lo largo de la vida en cada línea celular en diferenciación, lo que contribuye a que cada célula del organismo adquiera una identidad biológica como célula de hígado, de riñón, etc." (LÓPEZ MORATALLA, N., IRABURU ELIZALDE M. "Los quince primeros días de una vida humana", 2° ed. Pamplona: EUNSA, 2006, pp. 66-67).

77 cfr. BJORNSSON, H.T. *et al.* "Intra-individual Change Over Time in DNA Methylation With Familial Clustering", The Journal of American Medical Association. 2008, 299 (24): pp. 2877-2883).

78 WOSSIDLO, M., ARAND, J., SEBASTIANO, V., LEPIKHOV, K., BOIANI, M., REIN-HARDT, R., SCHOLER, H., ANDWALTER, J. "Dynamic link of DNA demethylation, DNA strand breaks and repair in mouse zygotes. Embo J. 2010, 29: pp. 1877–1888.

Los cambios del patrón de metilación –al igual que las modificaciones espaciales producidas a nivel de histonas– se producen normalmente tras la replicación del ADN por medio de enzimas encargadas de mantener o modificar el patrón en las nuevas moléculas semiconservativas.

Cada una de las dos moléculas de ADN en forma de doble hélice resultante del proceso de replicación posee una hebra nueva. Esta nueva hebra –denominada ADN hemi-metilado– en principio no posee las citosinas metiladas tal y como estaban en la hebra inicial. Dicho con otras palabras: tras la replicación del ADN, ambas dobles hélices conservarán una cadena con la citosina en cuestión metilada (la proveniente de la molécula original), mientras que la cadena de nueva síntesis estará sin metilar (véase figura 3.9).

Para mantener el mismo patrón de metilación de la hebra original, tendrán que entrar en acción las llamadas metilasas de mantenimiento (más concretamente, la DNMT1, es decir, la ADN-metiltransferasa-1), que metilan aquellas citosinas en la misma posición en la que se encontraban en la hebra inicial.

Si lo que se pretende es provocar una pérdida de metilación, estudios centrados en la reprogramación del núcleo para la obtención de células madre inducidas (iPS) nos muestran cómo, de forma pasiva, tras cada replicación –siempre semiconservativa , las nuevas moléculas de ADN van perdiendo citosinas metiladas; la desmetilación del material genético puede darse, entonces, de forma progresiva.

Por último, nos encontramos con unas enzimas, las metilasas de novo (las DNMT3A y DNMT3B), que introducen un grupo metilo sin necesidad de que en la hebra originaria existiera una citosina metilada (véase figura 3.9).

Figura 3.9: Modo de acción de las metilasas de mantenimiento

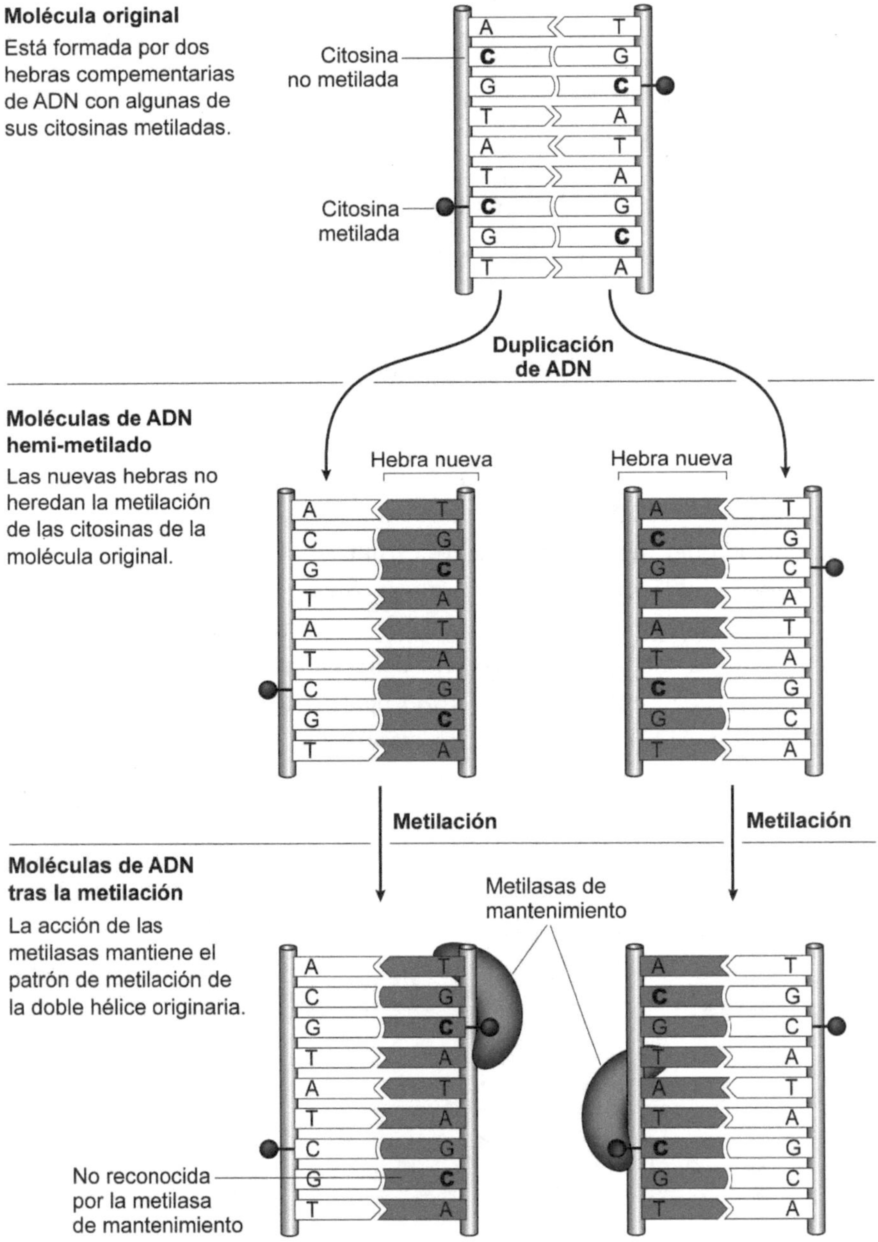

De todas maneras, los mecanismos de metilación y desmetilación están íntimamente relacionados con otros procesos, creando así un entramado complejo de reacciones. Por poner un ejemplo, una investigación[79] ha puesto de relieve una desaminasa en embriones de ratón de un día, la "*cytidine deaminases AID*", y cómo, en su ausencia, la metilación del genoma es tres veces mayor. La misma investigación ha puesto en relieve que en ausencia de la metilasa Np95 el nivel de metilación del genoma en células del embrión preimplantatorio de ratón es menor. Otro trabajo ha descubierto cómo el componente Elp3 del complejo elongador está implicado en el proceso de desmetilación del genoma paterno en el cigoto[80]. Aunque, como he dicho, este campo concreto se encuentra en plena efervescencia de resultados, lo que nos ha interesado aquí mostrar es que varias investigaciones apuntan a distintos mecanismos que permiten mantener o modificar (sea desmetilando, sea metilando) el patrón de metilación a lo largo del ciclo celular, y desde el sistema en estado de pronúcleos.

4.1.4 Genes improntados

Encontramos unos genes sometidos a la impronta o "genes improntados" cuyo estado de metilación se mantiene intacto a lo largo de todo el desarrollo del organismo. De esta forma, un gen de origen determinado –masculino o femenino– estará siempre desactivado, y su homólogo siempre activado. Los genes H19 y el Igf2 situados en el cromosoma 11 son dos ejemplos bien estudiados en el genoma humano donde se aprecia la expresión de un gen y el silenciamiento de su homólogo. El H19 se expresa en el materno y se silencia

79 Cfr. POPP, C., DEAN, W. *et al.* "Genome-wide erasure of DNA methylation in mouse primordial germ cells is affected by AID deficiency", Nature. 25 Feb 2010, 463: pp. 1101-1106.

80 Cfr. OKADA, Y., YAMAGATA, K., HONG, K., WAKAYAMA, T., ZHANG, Y. "A role for the elongator complex in zygotic paternal genome demethylation", Nature. 2010, 463 (7280): pp. 554-559.

en el paterno, siendo cierto lo contrario en el Igf2[81]. Para la expresión diferencial de estos genes son fundamentales, además de la metilación de una secuencia, un secuencia denominada amplificador (adyacente al gen H19) y una secuencia llamada aislador (entre los genes Igf2 y H19). El amplificador, cuando tiene unido unas proteínas activadoras, podría activar en principio ambos genes, pero si en el cromosoma materno solo se activa el H19 y en el paterno solo el Igf2 es por el aislador y su estado de metilación (véase figura 3.10).

Aunque en el próximo capítulo profundizaremos en estas cuestiones, de estos apartados dedicados a la paradigmática metilación de las citosinas es importante retener, por un lado, que el patrón de metilación es causa directa de la inactivación de la expresión génica, y, por otro lado, que puede determinar la unión de ciertas proteínas que bloquearán todavía más la transcripción de dichos genes.

4.2 El ARN

4.2.1 Transcritos de ARN en el sistema unicelular

En el inicio de la fecundación, el desarrollo del sistema está regulado principalmente por factores del citoplasma del sistema de origen materno, los cuales, como hemos visto, suelen inducir cambios precisos en la posición en las citosinas metiladas y en el empaquetamiento condicionando el destino de la célula.

Existe una estrategia de regulación que, en el embrión unicelular, tiene una gran importancia: los ARN mensajeros de origen ovular inactivos. Encontramos en el citoplasma del sistema resultante de la interacción gamética transcritos de ARN heredados del óvulo, es decir, productos de la transcripción del ADN del óvulo antes de ser fecundado.

81 Cfr. WATSON, J. D., BAKER, T. A. *et al.* "Biología Molecular del Gen", 5° ed. Madrid: Panamericana Editorial Médica, 2008, pp. 599-600.

Figura 3.10: Ejemplo de impronta genética

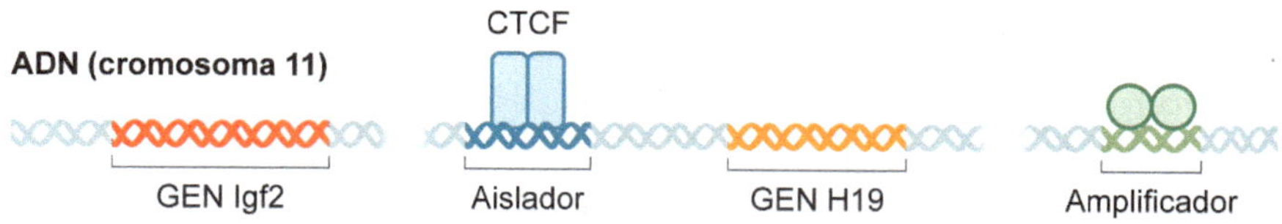

A lo largo de todo el desarrollo el gen Igf2 y el gen H19 del cromosoma 11 está silenciado en uno de los cromosomas homólogos, es decir, ambos no pueden estar silenciados al mismo tiempo en el mismo cromosoma homólogo. El H19 se silencia en el cromosoma de origen paterno, y el Igf2 se silencia en el materno, de modo que el H19 se expresa solo en el cromosoma materno y el Igf2 en el paterno.

Cromosoma 11 paterno

1 Aislador y H19 metilados

2 CTCF no puede unirse al aislador

3 El amplificador puede activar el gen Igf2

4 El gen Igf2 se transcribe

5 El gen H19 no se transcribe

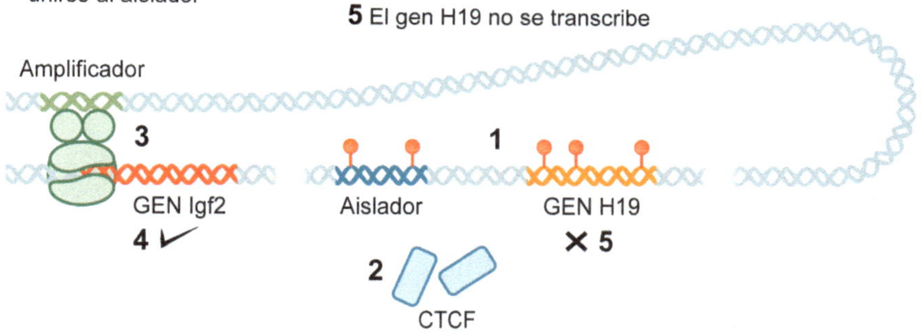

Cromosoma 11 materno

1 Aislador y H19 sin metilar

2 CTCF puede unirse al aislador

3 CTCF impide el acceso y la unión del amplificador al gen Igf2

4 El gen Igf2 no se transcribe

5 El gen H19 se transcribe

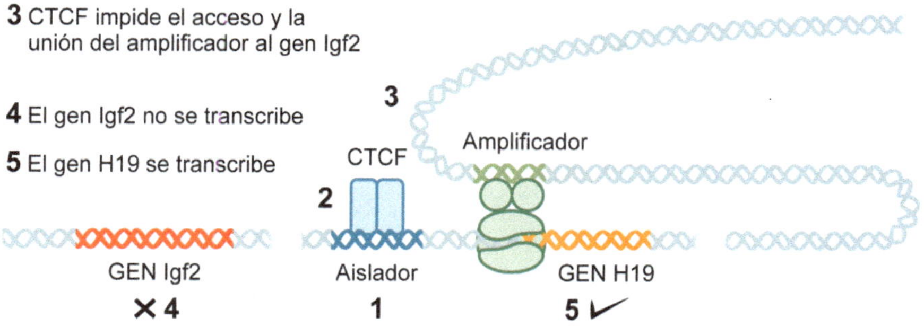

Estas secuencias de ARN se mantienen en el citoplasma del óvulo "a la espera", en forma de complejos denominados Ribonucleoproteínas (más concretamente, partículas denominadas *heterogeneous nuclear ribonucleoproteins* (hnRNPs)[82]. En estos complejos, el ARN se encuentra inhabilitado para continuar el proceso de expresión génica y completar con la traducción la síntesis de proteínas. Tras la fecundación, en el sistema unicelular los ARNs atrapados en forma de partículas denominadas hnRNP se liberan y son traducidos a proteínas[83]. Con la traducción de estos ARNm de origen materno se sintetizan las moléculas necesarias para la división celular y las proteínas de membrana que permitirán interacciones específicas del embrión temprano con el medio (véase figura 3.11).

Figura 3.11: Activación del ARN mensajero de origen materno

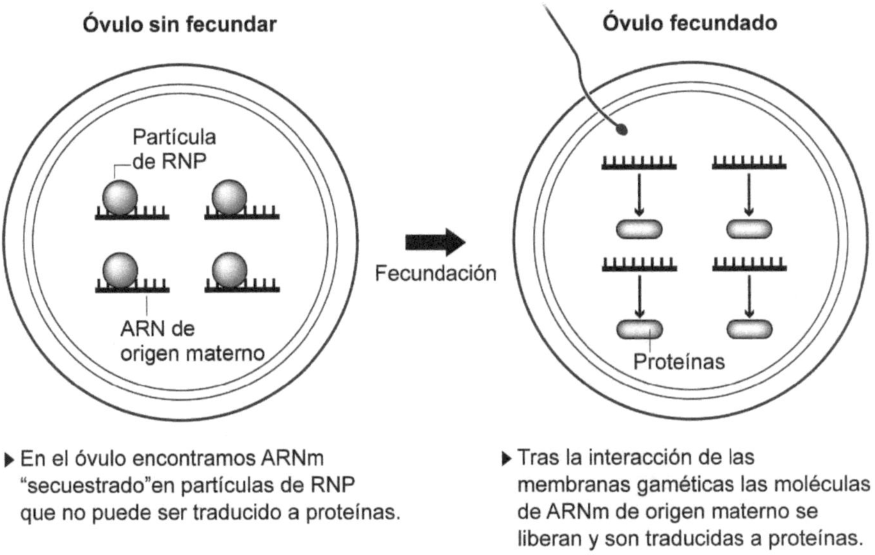

82 LATSCHMAN, D.S. "Gene control", New York-Abingdon: Garland Science, 2010, p. 273;

83 SCHIER A. F. "The maternal-zygotic transition: death and birth of RNAs", 2007, Science. 316 (5823): pp. 406-407

Investigaciones recientes han mostrado que en las primeras horas tras la interacción de las membranas gaméticas encontramos una gran actividad reguladora que afecta a la funcionalidad del ADN. Además del ARN secuestrado de origen ovular, en el citoplasma del sistema en ratones se ha encontrado ARN mensajero y miARN (micro ARN no codificante) de origen espermático[84]. Se conocen hasta seis miARN expresados en el esperma y en el cigoto, pero no en el óvulo[85].

Recientemente se han identificado dieciséis nuevos miRNA de origen paterno que podrían ser esenciales para la primera división mitótica. De hecho, una investigación ha mostrado que la inhibición de uno de estos ARN no codificantes, el miR-34c, inhibe la síntesis de DNA y suprime la primera división celular[86]. Es interesante señalar que este inhibidor es efectivo si se suministra antes de la fase S del embrión unicelular, es decir, antes de la síntesis de proteínas, cuando el cigoto está en estado de pronúcleos.

Los datos biológicos nos muestran, con lo dicho, que encontramos transcritos de origen espermático que juegan un papel crucial para la dinámica unitaria del sistema embrionario en mamíferos antes y durante el estado de pronúcleos.

Hemos de afirmar, dicho esto, que estos resultados provienen de estudios en ratones, entre otras cosas, porque el inicio de la transcripción del genoma del sistema unicelular es difícil de detectar

---

84 Cfr. DADOUNE, J. P. "Spermatozoal RNAs: What about their functions?" Microsc Res Tech. 2009, 72: pp. 536–551.Cfr.

85 Cfr. WEI-MIN LIUA, B., RONALD T. K. PANG, PHILIP C. N. CHIUA, BENANCY, P. C. WONG, KAIQIN LAO, KAI-FAI LEE, WILLIAM S. B. YEUNGA "Sperm-borne microRNA-34c is required for the first cleavage division in mouse", Proceedings of the National Academy of Sciences. 2012, 109 (2): pp. 490-494; Cfr. OSTERMEIER, G., KRAWETZ, S. *et al.* "Delivering spermatozoan RNA to the oocyte", Nature. 2004, 429: p. 154.

86 Cfr. WEI-MIN LIUA, B., RONALD T. K. PANG, PHILIP C. N. CHIUA, BENANCY, P. C. WONG, KAIQIN LAO, KAI-FAI LEE, WILLIAM S. B. YEUNGA "Sperm-borne microRNA-34c is required for the first cleavage division in mouse", Proceedings of the National Academy of Sciences. 2012, 109 (2): pp. 490-494.

y estudiar. La gran cantidad de transcritos de ARN heredados de los gametos, y la rápida degradación de estos durante las primeras horas tras la interacción gamética, han sido las razones por las que el estudio de la transcripción del genoma del ADN en el estadio unicelular ha sido esquivada por los investigadores[87]. Lo que sí se ha identificado es, en ratones, un pequeño grupo de miRNAs transcritos del genoma del sistema embrionario en los primeros instantes del embrión de dos células[88].

De todas maneras, estos datos nos dan una idea de que todo apunta a que no es acorde con el dato científico ni afirmar que el desarrollo del óvulo recién fecundado está solo controlado por ARN de origen ovular, ni describir el citoplasma del sistema en estado de pronúcleos como un conjunto de materiales de origen materno y paterno heredados y "errantes"[89]. Próximamente veremos hasta qué punto puede sostenerse que el ADN del "óvulo recién fecundado" se encuentra, por lo dicho, inactivo.

4.3 Oscilaciones de calcio y actividad del material genético

Decíamos anteriormente que el proceso de formación de los pronúcleos ha sido mediado por la variación en la concentración de iones calcio desencadenada tras la interacción gamética. Pero además de esto, las oscilaciones inducen la transcripción de ciertos genes en el estadio de pronúcleos, transcripción no solo necesaria para el desarrollo futuro del embrión, sino también para el desarrollo de los acontecimientos celulares que permiten que se alcancen las primeras divisiones mitóticas[90].

87 Cfr. TIMOTHY G. JENKINS, DOUGLAS T. CARRELL, "Dynamic alterations in the paternal epigenetic landscape following fertilization", Front Genet. 2012, 3: p. 143.

88 Cfr. Ibid.

89 Sobre este importante asunto volveremos en reflexiones posteriores.

90 Cfr. OZIL, J.P., BANREZES, B., TÓTH, S., PAN, H., SCHULLTZ, R.M. "Ca+ oscillatory pattern in fertilized mouse eggs affects gene expres-

No solo el orden correcto de los eventos descritos desde la fusión de las membranas gaméticas está mediado por las oscilaciones de calcio: la actividad genética que tiene lugar hasta la primera sincronización metafásica está regulada por el gradiente discontinuo de calcio, habiéndose mostrado que un cambio en dichas oscilaciones compromete el desarrollo del embrión.

Por ejemplo, al disminuir las oscilaciones de calcio, el 20% de los transcritos son mal regulados y los genes implicados en la adhesión celular sufren alteraciones en la expresión. Por otro lado, la hiperestimulación de la célula afecta a la regulación de un 3% de los transcritos afectando principalmente a genes implicados en el metabolismo[91].

A su vez, que un estudio muestre que la inhibición de ciertos genes se traduce en anomalías que afectan a las dos primeras divisiones mitóticas[92] nos da una idea de la importancia de la actividad génica en el estado unicelular. Y es que el genoma de todo organismo en estado unicelular tiene que prepararse para la primera división mitótica y entrar en estado "S" o de Síntesis de forma sincrónica en el pronúcleo masculino y femenino.

El genoma, entonces, ha de encargarse necesariamente de codificar proteínas (enzimas y precursores de síntesis de ADN, enzima para la síntesis y ensamblaje, etc.) para que la célula pueda entrar y cumplir con la fase M que le sucede.

---

sion and development to term", Developmental Biology. 2006, 300 (2): pp. 534-544.

91 Cfr. OZIL, J.P. *et al.* "Ca+ oscillatory pattern in fertilized mouse eggs affects gene expression and development to term", Developmental Biology. 2006, 300 (2): pp. 534-544.

92 La inhibición del gen MED inhibe la primera división mitótica (cfr. DUAN, J.Z., ZAHNG, J.P., ZHU, S.X. "A novel gene involved in mouseembryonic development", Yi Chuan Xue Bao. 2006, 33 (8): pp. 692-701).

5 La segmentación

5.1 Sistema de dos células y tres células

Continuemos describiendo el devenir del sistema unicelular en su desarrollo preimplantatorio. La primera segmentación se completa aproximadamente a las 24 horas de la interacción gamética tras una citoquinesis que se alarga aproximadamente 15 minutos[93]. Nos encontramos, tras la primera mitosis, con un embrión en estadio bicelular sin incremento del tamaño del sistema: este se encuentra encerrado en la zona pelúcida. Durante las primeras etapas del desarrollo correspondientes a los primeros días, el embrión tiene un tamaño de entre 0,1-0,15mm.

Que una célula que conformaba el sistema bicelular pudiera hipotéticamente completar el desarrollo al ser separada de la otra (ya fuera destruyendo una[94] o separándola como en los casos de gemelación[95]) animó a pensar que en las primeras divisiones las células resultantes eran equivalentes y totipotenciales. De hecho, en una aproximación superficial el tamaño y la morfología parecían ser la misma, pero hemos de apuntar que, en contra de lo que la comunidad científica ha mantenido y numerosos trabajos científicos apuntan –entre ellos, por ejemplo, los de Tarkowski y Tsunoda y Mclaren citados en la página anterior– no hay comprobación experi-

93 Cfr. WONG, C. *et al.* "Non-invasive imaging of human embryos before embryonic genome activation predicts development to the blastocyst stage", Nature Biotechnology. 2010 | doi: 10.1038/nbt.1686. [Publicado en línea el 3 de octubre del 2010].

94 Cfr. TARKOWSKI, A.K. "Experiments on the development of isolated balstomers of mouse eggs", Nature. 1959, 184: pp. 1286-1287.

95 Cfr. TSUNODA, Y., MCLAREN, A. "Effect of various procedures on the viability of mouse embryos containing half the normal number of blastomers", Journal Reproduction Fertile. 1983, 69: pp. 315-322.

mental de la totipotencialidad de las células del embrión de dos células[96].

La teoría de la fisión asumía que la polarización del embrión se llevaba a cabo tras la anidación pero, tal y como hemos mostrado en la descripción del desarrollo embrionario y atendiendo a los últimos datos, desde la primera célula existe una polarización que hace de la primera división dos células asimétricas. Esto será necesariamente traído a colación en la tercera parte, pero baste ahora dejarlo anotado.

A cada célula resultante de las divisiones mitóticas que configuran el embrión pluricelular se le denomina habitualmente blastómero. La primera división celular es asimétrica y encontramos en los dos blastómeros diferencias tanto en el tamaño celular como en las características moleculares.

Varios estudios de principios de la década de los 2000[97] apuntaban que era la predisposición espacial la que iba a determinar[98] la línea celular de las células resultantes tras la primera división en los

96 El profesor Gonzalo Herranz ha comprobado que no hay constancia empírica de que tras la fisión de un embrión de dos o cuatro blastómeros las células resultantes completen el desarrollo. Las teorías sobre la gemelaridad monocigótica y la quimerización, tal como apuntaremos más adelante, "carecen de base factual" habiéndose "impuesto como doctrina única y oficial, de modo que constituyen el punto de partida de innumerables trabajos de bioéticos, juristas y teólogos" (HERRANZ, G. "La biología de la bioética: usos y abusos de los datos científicos", Jornada de clausura del Máster de Bioética, Universidad Católica de Murcia, 22 de enero del 2009).

97 Cfr. PIOTROWSKA-NITSCHE, K., WIANNY, F., PEDERSEN, R.A., ZERNICKA-GOETZ M. "Blastomeres arising from the first cleavage division have distinguishable fates in normal mouse development", Development. 2001, 128: pp. 3739-3748; cfr. GARDNER, R.L. "Specification of embryonic axes begins before cleavage in normal mouse development, Development. 2001, 128: pp. 839-847.

98 En biología celular se denomina "determinación" al estado que adquiere una célula (o población celular) en desarrollo, por medio del cual dicha célula o población ha elegido un determinado destino. Dicha determinación ocurre con anterioridad a las manifestaciones estructurales y fisiológicas características de dicha célula o población (cfr. GÓMEZ DUMM, C. "Embriología humana. Atlas y texto", Buenos Aires: El Ateneo, 2003, p. 29).

mamíferos. Se observó que las diferencias entre los dos blastómeros del embrión bicelular comprometían el destino de cada uno de ellos: uno de los blastómeros daría lugar, tras varias mitosis, a una línea celular que mantendrá la pluripotencialidad[99], el embrioblasto (o Masa Celular Interna del blastocisto); el otro blastómero, perdiendo la pluripotencialidad[100], daría lugar al trofoblasto (cubierta celular que protegerá al embrioblasto).

---

99 Se conoce que algunos de los genes implicados en la pluripotencialidad son el Nanog (cfr. CHAMBERS, I., COLBY, D., ROBERTSON, M., NICHOLS, J., LEE, S., TWEEDIE, S., SMITH, A. "Functional expression cloning of Nanog, a pluripotency sustaining factor in embryonic stem cells", Cell. 2003, 113: pp. 643–655), el Oct3/4 (cfr. NICHOLS, J., ZEVNIK, B., ANASTASSIADIS, K., NIWA, H., KLEWE-NEBENIUS, D., CHAMBERS, I., SCHOLER H., SMITH, A. "Formation of pluripotent stem cells in the mammalian embryo depends on the POU transcription factor Oct4", Cell, 1998, 95: pp. 379–391), y el Sox2 (Cfr. AVILION, A. NICOLIS, S.K. PEVNY, L.H. PEREZ, L. VIVIAN N., LOVELL-BADGE, R. "Multipotent cell lineages in early mouse development depend on SOX2 function", Genes Dev. 2003, 17: pp. 126–140). El Nanog y Oct4 suelen ser inhibidos en las células especializadas por la expresión de los genes responsables de la especialización de los tejidos. El Oct4 se empieza a expresar en el embrión de dos células manteniendo su actividad en la mórula y, formado el blastocisto, en las células del hipoblasto. Tras la anidación y en el comienzo de la gastrulación (para profundizar en este proceso puede consultarse cfr. STERN, D. ed. "Gastrulation, from cells to Embryo", New York: Cold Spring Harbor, 2004, pp. 275-287) sigue expresándose en el ectodermo embrionario aunque su expresión decae paulatinamente en las células. Este gen (y como él, muchos otros) demuestran cómo se va organizando de forma paulatina sin discontinuidad el embrión (cfr. DE JESÚS GÓMEZ, S. "Las últimas causas del plan de desarrollo embrionario de la vida humana", Madrid: Editorial Universidad Francisco de Vitoria, 2009, p. 57).

100 Por otro lado, se ha comprobado que la expresión del gen Cdx2 (cfr. RUSS, A.P., WATTLER, S., COLLEDGE, W.H., APARICIO, S.A., CARLTON, M.B., PEARCE, J.J., BARTON, S.C., SURANI, M.A., RYAN, K., NEHLS, M.C., WILSON V., EVANS, M.J. "Eomesodermin is required for mouse trophoblast development and mesoderm formation", Nature. 2000, 404: pp. 95–99 y cfr. MCCONNELL, J., PETRIE, L., STENNARD, F., RYAN K., NICHOLS, J. "Eomesodermin is expressed in mouse oocytes and pre-implantation embryos", Mol. Reprod. Dev.

En el embrión de dos blastómeros uno de ellos presenta una tendencia clara a dividirse con antelación (con una diferencia aproximada de una hora[101]) originando una etapa de tres células[102]. Un marcaje realizado en estudios posteriores ha mostrado cómo es la célula de división precoz desde la que se formará preferentemente la línea celular del embrioblasto[103], y la célula de división tardía la que dará lugar fundamentalmente a las células del trofoblasto. Ya anunciamos el porqué de esta asincronía: la asimétrica concentración de iones calcio y de moléculas reguladoras de la transcripción hacen que la célula hija que ocupó dicha región siga un camino de desarrollo distinto que la que ocupaba la región más pobre en metabolitos e iones. Los iones calcio y los factores de transcripción de la célula enriquecida aceleran la división celular y, dividiéndose meridionalmente antes que su vecina, origina dos células pluripotentes en un sistema tricelular. Las divisiones celulares tienen una marcada asincronía en las primeras etapas del desarrollo y es frecuente encontrar en sistemas embrionarios tempranos un número impar de

2005, 71: pp. 399–404) y su regulación por el factor citoplasmático Tead4 (cfr. NISHIOKA, N., SHINJI YAMAMOTO, N., KIYONARI, H., SATO, H., SAWADA., A., OTA, M., NAKAO, N., SASAKI, H. "Tead4 is required for specification of trophectoderm in pre-implantation mouse embryos", Mechanisms of Development. 2008, 125 (3-4): pp. 270-283) es responsable de la diferenciación de una de la célula pobre en calcio a trofoectodermo.

101 Cfr. WONG, C. *et al.* "Non-invasive imaging of human embryos before embryonic genome activation predicts development to the blastocyst stage", Nature Biotechnology. 2010 | doi: 10.1038/nbt.1686. [Publicado en línea el 3 de octubre del 2010].

102 Cfr. PIOTROWSKA-NITSCHE, K. *et al.* "Blastomeres arising from the first cleavage division have distinguishable fates in normal mouse development", Development. 2001, 128: pp. 3739-3748.

103 Cfr. PIOTROWSKA-NITSCHE, K., ZERNICKA-GOETZ, M. "Spatial arrangement of individual 4-cell stage blastomeres and the order in which they are generated correlate with blastocyst pattern in the mouse embryo", Mechanisms of Development. 2005, 122: pp. 487-500; cfr. PIOTROWSKA-NITSCHE, K., PEREA-GOMEZ, A., HARAGUCHI, S. et al. "Four-cell stage mouse blastomeres have different developmental properties", Development. 2005, 132: pp. 479-490.

células. En este estadio tricelular nos encontramos, entonces, con dos células ricas en calcio que mediante la expresión de determinados genes inhiben la expresión de los genes específicos de los tejidos manteniendo la pluripotencialidad; una tercera (de división más lenta) habrá perdido la pluripotencialidad y codificará los factores específicos del tejido extraembrionario. La teoría corroborada experimentalmente nos muestra que en el estado de dos células encontramos un compromiso diferencial de los blastómeros[104].

5.2 Sistema de entre cuatro y ocho células

Aproximadamente unas 40 horas después de la fecundación el embrión alcanza el estadio de 4 células y se encuentra muy próximo al útero tras haber sido empujado por las fimbrias de las trompas de falopio hacia la cavidad uterina. Como hemos dejado indicado, al estar el embrión preimplantatorio encapsulado en la zona pelúcida, las células se tornan más pequeñas con cada segmentación.

Para estudiar y comprobar si el destino de los blastómeros del embrión de 4 células difiere entre sí se han realizado experimentos con quimeras formadas por blastómeros equivalentes[105]. De ellos puede concluirse, por un lado, que los cuatro no son idénticos pues tienen una capacidad proliferativa diferente y, por otro lado, que el

---

104 Hemos de apuntar que el compromiso diferencial es "preferente" pero no está "absolutamente condicionado" (cfr. NOMBELA, C., SIMÓN, C. "Células madre", Madrid: CESIC, 2010, p. 40). A nivel molecular, es la interacción entre los genes Oct3/4 y el Cdx2 la que determina la diferenciación en trofoectodermo (cfr. NIWA, H., TOYOOKA, Y., SHIMOSATO, D., STRUMPF, D., TAKAHASHI, K., YAGI R., ROSSANT, J. "Interaction between Oct3/4 and Cdx2 determines trophectoderm differentiation", Cell. 2005, 123: pp. 917–929).

105 Cfr. PIOTROWSKA-NITSCHE, K. *et al.* "For cell stage mouse blastomers have different developmental properties", Development. 2005, 132: pp. 479-490.

grado de compromiso diferencial de los blastómeros provenientes de la división tardía es mayor[106].

Hasta la etapa de 8 células los blastómeros están agrupados de forma poco compacta, pero tras el tercer ciclo de mitosis (y debido al aumento de la actividad de la 1-4-galactosil transferasa en la superficie de las membranas de los blastómeros), los cuatro blastómeros que están en el interior aumentan al máximo los contactos, compactándose. Se ha mostrado que la expresión de los genes ZQ1 y Cx43 codifica los componentes para la adhesión de las células, y cómo esta expresión aumenta en el estadio de 4 células previo a la compactación[107]. A este conjunto se denomina pluriblasto, y al conjunto de cuatro células que queda en el exterior se le denomina trofoblasto.

En el conjunto del sistema y ya desde el estadio de dos células se produce una comunicación intercelular necesaria para el proceso de diferenciación. Dichas interacciones celulares son marcadamente distintas entre las células porque, tal y como dijimos, recibirán señales distintas dependiendo de su ubicación y de la relación con sus vecinas[108].

Efectivamente, entre los blastómeros del pluriblasto y trofoblasto empezamos a encontrar marcadas diferencias en su bioquímica: las células del exterior sufren una redistribución de los componentes

---

106 Cfr. DE JESÚS GÓMEZ, S. "Las últimas causas del plan de desarrollo embrionario de la vida humana", Madrid: Editorial Universidad Francisco de Vitoria, 2009, p. 49.

107 Cfr. TIAN WANG, Q., PIOTROWSKA-NITSCHE, K., CIEMERYCH, M.A., MILENKOVIC, L., SCOTT, M.P., DAVIS, R.W., ZERNICKA-GOETZ, M. "A genorme-Wide Study of Gene Activity Reveals Developmental Signaling Pathways in the Preimplantation Mouse Embryo", Developmental Cell. 2004, 6: pp. 133-144. Sobre este asunto es bastante práctica la síntesis que Natalia López Moratalla realiza sobre el artículo citado en cfr. LÓPEZ MORATALLA, N., IRABURU ELIZALDE M. "Los quince primeros días de una vida humana", 2° ed. Pamplona: EUNSA, 2006, p. 150).

108 HARTWELL, L., HOOD, L., GOLDBERG M., REYNOLDS, A., SILVER, L., VERES, R. " Genetics, from genes to genomas", 3° ed. Mc Graw Hill Science, 2008, pp. 747-748.

del citoesqueleto y de la superficie celular, y encontramos, por primera vez de forma incipiente, la polaridad morfológicamente visible.[109]

Los transcritos de ARN analizados en las células a partir de este estadio muestran que se expresan una mayor variedad de genes aunque aparecen, a su vez, en una concentración más baja[110]. El aumento de complejidad de la actividad génica responde al aumento de las funciones del embrión y a su creciente complejidad organizativa.

Como anunciamos, las células del pluriblasto tienen la diferenciación comprometida a embrioblasto y las del trofoblasto originarán el trofoblasto epidérmico. Las células del trofoblasto comenzarán en su estado de 8 células a expresar el gen Cdx2 indispensable para la diferenciación en trofoectodermo[111].

Investigaciones *in vitro* han mostrado que las células del pluriblasto mantienen la pluripotencialidad (es decir, reubicadas en el exterior, pueden originar trofoectodermo) y que, por el contrario, las del trofoblasto la han perdido.[112] En este estado de 8 células y como resultado de la simetría celular acontecida en la compactación[113], se establece el eje radial de forma irreversible[114].

---

109 Cfr. DE JESÚS GÓMEZ, S. "Las últimas causas del plan de desarrollo embrionario de la vida humana", Madrid: Editorial Universidad Francisco de Vitoria, 2009, p. 49.

110 Cfr. TIAN WANG, Q. *et al.* "A genorme-Wide Study of Gene Activity Reveals Developmental Signaling Pathways in the Preimplantation Mouse Embryo", Developmental Cell. 2004, 6: pp. 133-144.

111 Cfr. STRUMPF, D., MAO, C., YAMANAKA, Y., RALSTON, A., CHAWENGSAKSOPHAK, K., BECK F., ROSSANT, J. "Cdx2 is required for correct cell fate specification and differentiation of trophectoderm in the mouse blastocyst", Development. 2005, 132: pp. 2093-2102.

112 Cfr. DE JESÚS GÓMEZ, S. "Las últimas causas del plan de desarrollo embrionario de la vida humana", Madrid: Editorial Universidad Francisco de Vitoria, 2009, p. 50.

113 Para una descripción precisa de los tres tipos de divisiones celulares que acontecen en los blastómeros, cfr. Ibid pp. 49-50.

Conforme se producen divisiones celulares, aparecen de forma ordenada glicoesfingolípidos, glicoproteínas y proteínas de membrana encargadas de mantener el orden celular responsable de que cada blastómero del embrión de hasta 8 células ocupe una ubicación determinada[115].

Esta interacción entre células, además de mantener adheridos los blastómeros, posibilitando la sincronización del crecimiento del conjunto y notificando a cada célula la presencia de las otras, implica caminos de señalizaciones concretos que derivan en una expresión génica determinada necesaria en la diferenciación celular[116].

5.3 Sistema de dieciséis a treinta y dos células

El estadio de 16 células se alcanza alrededor de los tres días después de la fecundación, y el embrión suele recibir el nombre de mórula en este estadio.

Hemos anunciado ya la polarización: en el estadio de 8 a 16 células se produce una separación de un grupo de células que mantendrán la pluripotencia, las células apolares, de las células polares. Las apolares formarán la masa interna del embrión o embrioblasto, células que serán progenitoras del futuro cuerpo del embrión y de algunas células extra-embrionarias. De las polares surgirá la masa celular externa o trofoblasto que dará lugar al trofoectodermo de donde surgirán estructuras extra-embrionarias como la placenta.[117]

---

114 LÓPEZ MORATALLA, N., IRABURU ELIZALDE M. "Los quince primeros días de una vida humana", 2° ed. Pamplona: EUNSA, 2006, p. 100.

115 Ibid p. 142.

116 Ibid. Para profundizar en los marcadores específicos de las diferentes etapas del desarrollo del embrión preimplantatorio, cfr. Ibid pp. 143-145.

117 Cfr. HILLMAN, N., SHERMAN, M.I., GRAHAM, C.F. "The effect of spatial arrangement on cell determination during mouse development", J. Embryol. Exp. Morphol. 1972, 28: pp. 263-278; cfr. GRAHAM, C.F., DEUSSEN, Z.A. "Features of cell lineage in pre-implantation mouse development", J. Embryol. Exp. Morphol. 1978, 48: pp. 53-72; cfr. SURA-

Los genes que codifican los factores de transcripción y regulan la diferenciación celular y pluripotencia señalada se inducen en la compactación, y alcanzarán el máximo nivel en el blastocisto[118].

En el estadio de 16 a 32 células, durante el cuarto ciclo mitótico del sistema, la distribución de las células es de forma homogénea, y apenas existe relación entre las células del interior y del exterior (es decir, se afianza la independencia entre ambas capas).

Por el contrario, completado el quinto ciclo mitótico, nos encontraremos con células internas que podrán provenir de células externas, y estas células, unidas más estrechamente a las células del exterior que a las del interior, favorecerán la entrada de fluido para la formación de una cavidad que se denominará blastocele.[119]

Como vemos, el orden y la orientación en la división celular en el embrión preimplantatorio sigue influyendo en el destino de las células y en la formación del blastocisto. Que la distribución asimétrica de las proteínas PAR3 y PKC sea un factor que influye de manera clara en el grado de polaridad de cada célula[120] ha corroborado que el orden y la orientación que debe seguir cada blastómero está determinado por la polaridad del mismo.

NI, M.A., BARTON, S.C. "Spatial distribution of blastomeres is dependent on cell division order and interactions in mouse morulae", Dev. Biol. 1984, 102: pp. 335-343.

118 Cfr. TIAN WANG, Q. *et al.* "A genorme-Wide Study of Gene Activity Reveals Developmental Signaling Pathways in the Preimplantation Mouse Embryo", Developmental Cell. 2004, 6: pp. 133-144.

119 Cfr. DE JESÚS GÓMEZ, S. "Las últimas causas del plan de desarrollo embrionario de la vida humana", Madrid: Editorial Universidad Francisco de Vitoria, 2009, p. 50.

120 Cfr. Ibid pp. 51-52. Sara de Jesús reflexiona en vista a estos descubrimientos: "La distribución asimétrica de las proteínas indicadas son un reflejo de la acción génica diferencial, y además constituye el elemento fundamental para inducir la expresión diferencial de nuevos genes a lo largo del desarrollo, de acuerdo con la presencia y/o cantidad de estas proteínas en cada célula" (Ibid p. 52).

5.4 Cavitación y formación del blastocisto

La mórula de aproximadamente 68 células entra en el útero hacia el cuarto día después de la fecundación. Cuando el sistema posee entre 68 y 124 células comienza a penetrar líquido en los espacios intercelulares en un fenómeno denominado cavitación.

Poco a poco estos pequeños espacios entre células se convierten en una única cavidad que recibe el nombre de blastocele; entre el cuarto y quinto día, el embrión recibe el nombre de blastocisto.

En esta estructura nos encontramos con dos tejidos diferenciados: la masa celular interna y la masa celular externa. Aquella, también llamada "embrioblasto", se va a concentrar en un polo del embrión, el denominado polo embrionario, mientras que la masa celular externa va a formar la pared epitelial del blastocisto, capa de células denominada "trofoblasto".

Aunque es en este estadio cuando podemos atender al eje embrionario-abembrionario del blastocisto, hemos de recordar que en la mórula de 32 células comenzaba a formarse el blastocele incipiente en el polo abembrionario como consecuencia directa de la diversificación de las células a lo largo del eje radial.[121]

El blastocisto de aproximadamente 124 células queda nítidamente conformado por dos capas, el embrioblasto[122] y el trofoblasto epidérmico, diferenciación absolutamente necesaria para el desarrollo del embrión y su implantación.

---

121 Cfr. LÓPEZ MORATALLA, N., IRABURU ELIZALDE M. "Los quince primeros días de una vida humana", 2° ed. Pamplona: EUNSA, 2006, p. 102.

122 La embriología ha ofrecido información importante sobre las vías de regulación clave en la diferenciación de las células madre embrionarias (ESC), dando lugar a avances en el modelado de la gastrulación y en la inducción eficiente de endodermo, mesodermo y ectodermo (cfr. MURRY, C. E., KELLER, G. "Differentiation of Embryonic Stem Cells to Clinically Relevant Populations: Lessons from Embryonic Development", Cell. 2008, 132: pp. 661-680).

6 La anidación

El objeto de esta investigación es el embrión preimplantatorio, es decir, aquel que encontramos antes de comenzar su proceso de implantación. En este apartado describiré someramente la anidación para hacer notar el influjo de metabolitos de origen materno que influirán en la regulación génica del embrión. Además, abordar sucintamente la implantación me permitirá contextualizar completamente el desarrollo del embrión preimplantatorio y anotar la aparición efectiva del eje dorso-ventral, rostro-caudal y derecha-izquierda del sistema embrionario.

Hemos descrito que las células que componen el embrión en sus primeras divisiones son desiguales entre sí y poseen una auto organización asimétrica. Esta proliferación y diferenciación celular se produce a lo largo del desarrollo preimplantatorio mediante interacciones intercelulares específicas y la expresión de diferentes genes según la posición que ocupan en el embrión temprano. Lejos de encontrarnos ante un organismo homogéneo e indiferenciado, nos encontramos con una determinación espacial y temporal de cada una de las células que forman un nuevo organismo. La complejidad creciente en el patrón de multiplicación y diferenciación celular que se sucede desde el sistema unicelular hasta el blastocisto aumenta exponencialmente en la implantación.

El blastocisto maduro, una vez situado en la cavidad uterina, se desprende de la zona pelúcida permitiendo así el inicio de la implantación. El blastocisto tiene ahora una forma ovalada, y antes de que se produzca la anidación nos encontramos con que posee dos capas diferenciadas: las células de la masa celular interna o embrioblasto y el trofoectodermo. Veamos los pasos sucesivos en los que se produce la anidación para luego volver sobre la composición y capas del blastocisto.

6.1La anidación y la interacción embrión-madre

La gráfica denominación del proceso lo sugiere: el blastocisto va a anidarse y lo hará en la pared del útero. La pared del útero está formada por tres capas: el endometrio, el miometrio y el perimetrio. El endometrio experimenta unos cambios que se producen por la interacción hormonal del ovario (fase folicular o proliferativa, la fase secretora o luteínica y la fase menstrual).

Al producirse la fecundación, el cigoto va a emitir unas hormonas al cuerpo de la madre para preparar la pared del útero con el fin de que esta no de paso a la fase menstrual.

La implantación es un proceso necesario para el desarrollo embrionario, ya que sin ella el embrión preimplantatorio desembocaría en sucesivas divisiones hasta formar una masa celular de aproximadamente 300 blastómeros sin diferenciación determinada, llamada comúnmente en las reflexiones interdisciplinares "mola hidatiforme".[123]

Como veremos, es necesario el diálogo bioquímico entre el embrión y la madre para que se produzca la implantación, diálogo que apunta a la consecución de tres funciones: el reconocimiento, la adhesión y la tolerancia inmunológica.[124]

---

123 ALONSO BEDATE, C. "Reflexiones sobre cuestiones de vida y muerte: Hacia un nuevo paradigma de comprensión del valor ético de la entidad biológica humana en desarrollo", en ABEL, F., BONÉ, E., HARVEY, J.C. (eds.) "La vida humana: Origen y desarrollo. Reflexiones bioéticas de científicos y moralistas", Federación Internacional de Universidades Católicas, Madrid: Universidad Pontificia de Comillas, 1989, p. 70; cfr. LAIN, P. "El cuerpo humano, Teoría actual", Madrid: Espasa Calpe, 1989, p. 298. Hemos de apuntar que en terminología médica "mola hidatiforme" hace referencia a aquella implantación en la que "el trofoblasto se desarrolla y forma membranas placentarias, a pesar de que exista escaso tejido embrionario o ninguno" (SADLER, T.W. "Langman embriología médica con orientación clínica", 9° ed. Buenos Aires: Editorial Panamericana, 2004, p. 65). En el capítulo sexto traeremos a colación una reflexión a este respecto.

124 Para una descripción sobre los factores fundamentales del diálogo bioquímico entre la madre y el embrión, cfr. DE JESÚS GÓMEZ, S. "Las últimas

El útero tiene que estar receptivo en el momento en que se produce la implantación. La presencia de progestágeno y un pico nidatorio de estrógenos marcará la denominada ventana de receptividad, ventana que, a su vez y fruto de ese diálogo, podría permanecer más tiempo abierta por influencia del embrión[125]. Por otro lado no es suficiente que el endometrio esté preparado: si el blastocisto no está metabólica y genéticamente activo, no se implantará.[126]

Desde un punto de vista inmunológico se observan dos mecanismos del sistema embrionario. Por un lado, este no expresa en sus membranas celulares aquellas proteínas que puedan desencadenar una respuesta inmune de la madre, pero sí activa la HLA-G, molécula implicada en la recepción del factor materno LIF que, a modo de reacción en cadena, inducirá la expresión de genes específicos para que el tejido extraembrionario no obtenga respuesta inmunitaria del endometrio materno. Por otro lado, el blastocisto induce la producción de la hormona corticoprina la cual induce la muerte de los linfocitos T maternos presentes en el endometrio.[127]

Para que se produzca la adhesión es necesario que el blastocisto se libere de la zona pelúcida. Esto requiere la producción de una hormona de origen embrionario (ISP1) y otra producida por la madre (ISP2).[128]

La adhesión se producirá por cambios en el endotelio materno mediados por la acción de los estrógenos. La implantación en cuanto tal –lo que hemos denominado adhesión anteriormente– se lleva a cabo, a su vez, en tres etapas[129]: la de aposición, adhesión al útero y la de la penetración en el estroma endometrial[130].

---

causas del plan de desarrollo embrionario de la vida humana", Madrid: Editorial Universidad Francisco de Vitoria, 2009, pp. 99-105.

125 Cfr. Ibid p. 99.

126 Cfr. Ibid.

127 Cfr. Ibid pp. 101-102.

128 Cfr. O´SULLIVAN, C.M., RANCOURT, S.L., LIU, S.Y., RANCOURT, D.E. "A novel murine tryptase involved in blastocyst hatching and outgrowth", Reproduction. 2001, 122: pp. 61-71.

129 Para profundizar en estas etapas acudir a cualquiera de los manuales de embriología ya señalados, por ejemplo, cfr MOORE, K.L., PERSAUD,

6.2 Desarrollo del blastocisto

Centrémonos ahora en el desarrollo del blastocisto. Como señalamos, la forma y tamaño del blastocisto se modifica ampliando la asimetría bilateral entre las capas internas. Momentos antes de la implantación, este tiene una forma ovalada y el embrioblasto comienza su diferenciación en epiblasto o ectodermo primario (el cual, dará lugar al ectodermo, endodermo –secundario– y mesodermo embrionarios) y una incipiente capa de hipoblasto[131] o endodermo primario[132] (endodermo extraembrionario) que rodea la superficie del blastocele; el trofoectodermo epidérmico deja de estar en estado incipiente.

T.V.N. "Embriología clínica", 8° ed. Barcelona: Elsevier España S.L, 2008; cfr. SADLER, T.W. "Langman´s medical embryology" 11° ed. Maryland: Lippincott Williams & Wilkins, 2010, cfr. EYNARD, A.R., *et al.* "Histología y Embriología del ser humano", 4° ed. Buenos Aires: Editorial Médica Panamericana, 2008; cfr. SHOUENWOLF, G.C. *et al.* "Larsen´s human embryology", Philadelphia: Churchill Livingstone Elsevier, 2009.

130 También puede denominarse "proceso de adhesión, de invasión y finalmente la implantación." (Cfr. GUERRA, J. M., FERNÁNDEZ-MORÍS, J. "Aspectos científicos de la inseminación artificial", en J. GAFO (ed.), "Procreación humana asistida: aspectos técnicos, éticos y legales", Madrid, 1998, p. 27.

131 Las células del hipoblasto del embrión poseen potencial para generar prácticamente cualquier tipo de tejido (cfr. EVANS, M. J., KAUFMAN, M. H. "Establishment in culture of pluripotential cells from mouse embryos", Nature. 1981, 292: pp. 154–156; cfr. MARTIN, G. R. "Isolation of a pluripotent cell line from early mouse embryos cultured in medium conditioned by teratocarcinoma stem cells", Proc. Natl Acad. Sci. USA. 1981, 78: pp. 7634–7638; cfr. BROOK, F. A., GARDNER, R. L. "The origin and efficient derivation of "embryonic stem cells in the mouse", Proc. Natl Acad. Sci. USA. 1997, 94: pp. 5709–5712; cfr. TESAR, P. J. "Derivation of germ-line-competent embryonic stem cell lines from preblastocyst mouse embryos", Proc. Natl Acad. Sci. USA. 2005, 102: pp. 8239–8244; cfr. CHUNG, Y. *et al.* "Embryonic and extraembryonic stem cell lines derived from single mouse blastomeres", Nature. 2006, 439: pp. 216–219).

132 LARSEN, W.J. "Embriología humana", Madrid: Elsevier Science, 2003, p. 39.

En relación con las simetrías pre-establecidas, la migración de grupos celulares en direcciones determinadas amplía la asimetría bilateral de los tejidos del blastocisto[133]. Al inicio de la anidación, el sistema posee una diferenciación de las células de la masa celular interna[134] y de las del trofoectodermo. El trofoblasto da lugar al citotrofoblasto y al sincitiotrofoblasto. En el embrioblasto nos encontramos con una capa hipoblástica y otra epiblástica, capas que forman un disco plano que recibe el nombre de disco germinativo bilaminar. Al octavo día aparece la cavidad amniótica.

Es al inicio de la anidación cuando se traza la orientación de los ejes dorso-ventral (o antero-posterior)[135] y rostral-caudal (o cabeza-cola) del embrión[136], ejes que se harán visibles al finalizar el proceso de implantación a la segunda semana. Son dos factores[137] los que

---

133 La capacidad de generar protuberancias salientes de la célula y la adhesión celular a la matriz extracelular contribuyen a la movilidad activa de grupos celulares. Se ha visto que estas propiedades pueden ser reguladas de forma individual por la célula, lo que sugiere que pueden ser utilizados de forma combinatoria (cfr. MONTELL, D.J. *et al.* "Morphogenetic Cell Movements: Diversity from Modular Mechanical Properties", Science. 2008, 232: pp. 1502-1505).

134 Para profundizar en el desarrollo inicial de las diferentes líneas pluripotenciales, cfr. ROSSANT, J. "Stem Cells and Early Lineage Development", Cell. 2008, 132: pp. 527-531.

135 Cfr. MESNARD, D., FILIPE, M., BELO J.A., ZERNICKA-GOETZ, M. "The Anterior-Posterior Axis Emerges Respecting the Morphology of the Mouse Embryo that Changesand Aligns with the Uterus before Gastrulation", Current Biology. 2004, 14 (3): pp. 184-196.

136 Para una comprensión de los mecanismos moleculares implicados en la polaridad celular, en la asimetría celular, en la migración de las células y la expresión génica responsable del establecimiento de los ejes corporales en el principio del ciclo vital, cfr. LÓPEZ MORATALLA, N., IRABURU ELIZALDE M. "Los quince primeros días de una vida humana", 2º ed. Pamplona: EUNSA, 2006, pp. 98-132.

137 "El movimiento asimétrico de las células del hipoblasto para formar el cilindro embrionario; y el desplazamiento del punto de implantación respecto del eje embriónico-abembriónico, que creará asimetrías en la parte extraembriónica del cilindro." (Ibid p. 105).

originan las asimetrías por las que se inducirán la expresión de ciertos genes responsables de los ejes dorso-ventral[138] y rostral-caudal[139].

Al noveno día el blastocisto continúa con la penetración en el estroma endometrial. Al décimo día el embrión y sus membranas asociadas están embebidos por el endometrio. El duodécimo día el blastocisto está prácticamente enterrado en el endometrio y aparece el mesodermo extraembrionario, grupo de células comprendidas entre el citotrofoblasto y la cavidad exocelómica, que dará lugar al corion. Por el contrario, el desarrollo del disco germinativo bilaminar es más lento y en estos momentos mide entre 0,1 y 0,2 milímetros. El decimocuarto día la implantación ha terminado.

Hemos visto hasta ahora como la masa celular interna del blastocisto constituye el epiblasto del disco germinal sustentado por el endodermo primitivo. Cuando comienza la gastrulación, la línea primitiva en el centro del disco genera una capa de mesodermo que separa el epiblasto[140] y el hipoblasto o endodermo primitivo. El endodermo definitivo se generará para remplazar el endodermo primitivo. El trofoectodermo del blastocisto producirá sincitiotrofoblastos invasores que promoverán la inserción y la invasión del embrión en la pared uterina.

---

138 La interacción entre las células de la parte distal de la zona extraembriónica y las de la región proximal de la zona embriónica induce la expresión de genes a ambos lados del embrión trazándose así la asimetría rostro-caudal. (cfr. Ibid p. 105).

139 "Las células del endodermo visceral, situadas en el área más distal de la región embriónica del cilindro, avanzan hacia la región proximal y determinan el polo anterior del eje antero-posterior [o dorso ventral]: en esta región anterior, o rostral, reprimen los genes posteriores e inducen la expresión de estos en la zona opuesta, posterior o caudal" (Ibid pp. 105-106).

140 Además de obtener células pluripotentes de las ya comentadas ESC (lo recordamos, células madre embrionarias provenientes de la Masa Celular Interna del blastocisto), se han obtenido ESC pluripotentes derivadas de células del epiblasto del embrión post-implantatorio, las denominadas EpiSCs ("post-implantation epiblast derived stem cells"). Tanto unas como otras comparten patrones de expresión génica (cfr. TESAR, *et al.* "New cell lines from mouse epiblast share defining features with human embryonic stem cells", Nature. 2007, 448: pp. 196-199).

En la figura esquemática (figura 3.12) nos hacemos una idea de esta continuidad en la progresiva diferenciación del blastocisto a lo largo de la implantación. Es al final de la implantación, y con el inicio de la gastrulación, al decimoquinto día, cuando la migración asimétrica de células del polo vegetativo del embrión establece el eje izquierda-derecha[141].

6.3 Anotación sobre la continuidad del proceso: los ejes y la asimetría citoplasmática del embrión

Recién estrenado el siglo XXI, hemos asistido a unos descubrimientos sobre la importancia de la primera división para el establecimiento de los ejes en el organismo, hallazgos que animaron a la investigadora Helen Pearson a afirmar en un artículo de gran repercusión mediática, bajo el título "Your destiny, from day one", que

> Nuestro mundo se formó en las primeras 24 horas después de la concepción. Dónde surgiría tu cabeza y tus pies y en qué lado se formaría tu espalda y en cual tu vientre fue definiéndose en los minutos y horas después de que el óvulo y espermatozoide se unieran.[142]

Sobre la relación entre el plano de separación de los dos primeros blastómeros y la unión embrionaria-abembrionaria del blastocisto se encontramos distintas conclusiones y múltiples controversias[143].

---

141 Las células de la zona extraembriónica procedentes del polo vegetativo del embrión que se extienden desde la zona anterior proximal hasta la mitad posterior realizan un desplazamiento diagonal. Este desplazamiento asimétrico crea una asimetría a ambos lados de la parte embriónica distinguiéndose localizaciones diferentes de células del polo vegetativo de la parte derecha frente a la parte izquierda del cilindro. (cfr. LÓPEZ MORATALLA, N., IRABURU ELIZALDE M. "Los quince primeros días de una vida humana", 2° ed. Pamplona: EUNSA, 2006, p. 107).

142 PEARSON, H. "Your destiny from day one", Nature. 2002, 418: pp. 14-15. Artículo comentario a los artículos de Gardner y Zernicka-Goetz.

143 Cfr. ZERNICKA-GOETZ, M. "Las células de embriones tempranos de ratón siguen un desarrollo comprometido", en SGRECCIA, E. y LAFFIT-

Figura 3.12: Diferenciación celular durante la segunda semana del desarrollo embrionario

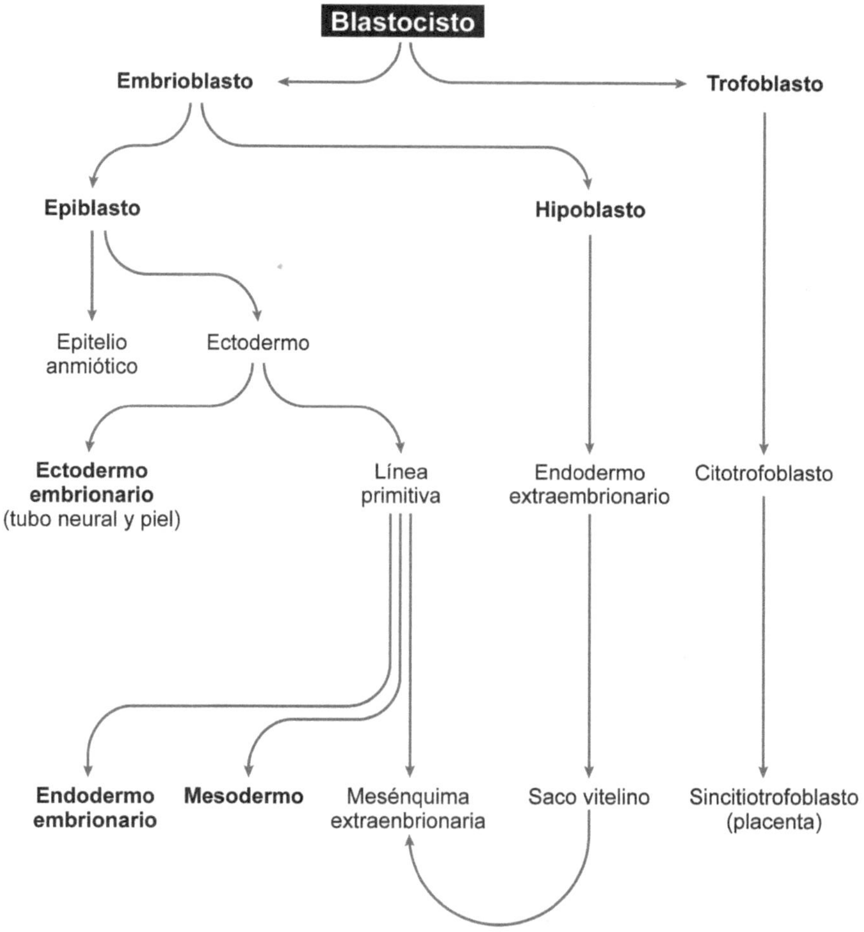

TE, J. eds. "El embrión humano en la fase de preimplantación, Aspectos científicos y consideraciones bioéticas", Madrid: Biblioteca de Autores Cristianos, 2008, p. 35. El debate entre los defensores del modelo regulativo y los que defendían la existencia de patrones predeterminantes podía seguirse en la revista *Nature* (cfr. HIIRAGI, T., LOUVET-VALLÉE, S., SOLTER, D., MARO, B. "Does prepatterning occur in the mouse egg?", Nature. 2006, 442: E3-E4; cfr. PLUSA, B., HADJANTONAKIS, *et al.* "Does prepatterning occur in the mouse egg?" Nature. 2006, 442: E4).

A día de hoy las investigaciones avalan la importancia de la primera división para el establecimiento de los ejes, aunque, como veremos, nos encontramos con distintos enfoques complementarios.

Hay diversas opiniones sobre la importancia del lugar de entrada del espermatozoide (SEP) en la determinación de los ejes del organismo. Por un lado encontramos autores que afirman que el SEP determinaría la configuración del plano en el cual se realiza la primera división mitótica[144]. Por otro lado, otros sostienen que la polaridad está relacionada con el lugar de formación del segundo corpúsculo polar[145]. En palabras de López Moratalla, ambos planteamientos son compatibles:

> El eje *animal-vegetativo* (A:V) es identificable durante la fecundación y la formación del cigoto gracias a que el segundo corpúsculo polar permanece adherido a la superficie del embrión y sirve así como marcador del *linaje celular*. Por tanto, la polaridad heredada del óvulo y el propio proceso de la

144 Son principalmente tres trabajos los que apoyan y concretan esta tesis: cfr. PIOTROWSKA, K., ZERNICKA-GOETZ, M. "Role for sperm in spatial patterning of the early mouse embryo", Nature. 2001, 409: pp. 517-521; cfr. ZERNICKA-GOETZ, M. "Patterning of the embryo: the first spatial decisions in the life of a mouse", Development 2002, 129: pp. 815-829 y cfr. GRAY, D. "First cleavage of the mouse embryos responds to change in egg shape at fertilization", Curr. Biol. 2004, 14: pp. 397-405. Zernicka –Goetz sostiene que la "correlación de la primera división con el SEP podría deberse a que el espermatozoide influye en la forma del óvulo, ya que el SEP se correlaciona con el eje corto del óvulo a lo largo del cual tiende a darse la división" (ZERNICKA-GOETZ, M. "Las células de embriones tempranos de ratón siguen un desarrollo comprometido", en SGRECCIA, E. y LAFFITTE, J. eds. "El embrión humano en la fase de preimplantación, Aspectos científicos y consideraciones bioéticas", Madrid: Biblioteca de Autores Cristianos, 2008, p. 34).

145 Cfr. GULYAS, B.A. "A re-examination of cleavage patterns in eutherian mammalian eggs: rotation of blastomere pairs during second cleavage in the rabbit", J. Exp. Zool. 1975, 193: pp. 235-248; cfr. GARDNER, R.L. "The early blastocyst is bilaterally symmetrical and its axis of symmetry is aligned with the animal-vegetal axis of the zygote in the mouse", Development. 1997, 124: pp. 289-301.

> fecundación colaboran en el establecimiento del cigoto como célula polarizada y capaz de división asimétrica.[146]

Un dato interesante y que recogeremos en posteriores análisis es que la morfología del óvulo antes de ser fecundado influye en el lugar de donde se producirá la interacción entre los gametos. El óvulo está ligeramente ovalado, y es el eje corto de la elipse el que marcará el polo animal (donde se sitúa el segundo corpúsculo polar) y el polo vegetal (lugar de entrada del espermatozoide o SEP). El espermatozoide nunca entrará por la región animal, por lo que la morfología del óvulo es otro factor determinante en el plano de la primera división[147].

La primera división se realiza normalmente siguiendo la línea que se marca entre SEP (que siempre penetra desde el hemisferio vegetal) y el polo animal (marcado por el segundo corpúsculo polar), eje que, como hemos dicho, por la propia asimetría del óvulo y el cono de fecundación es el eje corto de la elipse. Pero a su vez, encontramos estudios que han observado cigotos cuyo plano de división mitótica no guarda relación ni con el SEP ni con el eje vegetal-animal, cuestionando la relevancia del SEP y, por ende, la configuración de los planos en el estadio unicelular embrionario.

Sara de Jesús señala en su tesis doctoral una respuesta a estos casos: la determinante forma del óvulo hace que, si esta fuera modificada por su manipulación en los medios de cultivo, el plano de división no guardaría relación con el polo animal ni con el SEP.[148] Lo que apoya esta tesis es que se ha demostrado que cuando experimentalmente se elonga el cigoto siguiendo otra orientación, la pri-

---

146 LÓPEZ MORATALLA, N., IRABURU ELIZALDE M. "Los quince primeros días de una vida humana", 2° ed. Pamplona: EUNSA, 2006, p. 100.

147 Cfr. DE JESÚS GÓMEZ, S. "Las últimas causas del plan de desarrollo embrionario de la vida humana", Madrid: Editorial Universidad Francisco de Vitoria, 2009, p. 43.

148 Cfr. Ibid.

mera división sigue el eje corto aunque este no tenga relación con el eje animal ni con el SEP.[149]

Pues bien, en condiciones normales diremos que las investigaciones parecen apoyar que el SEP y el segundo corpúsculo polar marcan la línea que será el eje de la primera división mitótica, eje desde el cual, como veremos a continuación, quedarán fijados los ejes del embrión. De Jesús realiza una perfecta síntesis descriptiva de cómo los distintos ejes del embrión preimplantatorio se han ido apoyando en etapas anteriores hasta fundamentarse en el plano de la primera división mitótica.

> el eje animal-vegetal del cigoto es preservado a lo largo del desarrollo preimplantatorio y se relaciona con la polaridad del blastocisto. Es más, tras la implantación, el eje antero-posterior coincide con el plano que divide en el blastocisto la zona embriónica de la abembriónica. Lo que será la zona ventral del embrión procede de la ICM [Masa Celular Interna] en contacto con el blastocele y la zona dorsal procede de la ICM en contacto con el trofoblasto. Por tanto, la aparición de la notocorda, que mantendrá a partir de ese momento la polaridad antero-posterior en el desarrollo, es el resultado del mantenimiento de la polaridad a lo largo del desarrollo previo.[150]

Ahora ya podemos completar la secuencia: dijimos más arriba que en la primera división celular uno de los blastómeros iba a originar el embrioblasto y otro el trofoblasto. Pues bien, ahora podemos decir que una de las dos células del embrión bicelular, rica en iones calcio, origina principalmente el cuerpo del feto (y, por proliferación, al cuerpo del organismo adulto) y otro de los blastómeros originará las capas extraembrionarias.

Según el lugar en el que están localizadas (en el exterior o interior), las células adquieren propiedades distintas debido, por un lado, al ambiente diferencial al que están expuestas, y, por otro, a los dominios basales o apicales heredados como resultado de las divi-

149 Cfr. Ibid.

150 Ibid p. 45.

siones asimétricas de las células progenitoras polarizadas.[151] Para comprender el destino de cada blastómero y el devenir de los linajes celulares del sistema embrionario preimplantatorio, no podemos desentendernos de los factores epigenéticos del embrión[152]. De hecho, lo que subyace a la importancia de la asimetría en lo que respecta a la diferenciación celular diferencial es que en las regiones donde el flujo haya arrastrado más metabolitos, la nueva célula que "atrape" bajo su nueva membrana plasmática esa "región" de plasma heredará una concentración y un tipo de metabolitos distinta que su vecina.

Esas diferencias cuantitativas y cualitativas citoplasmáticas se traducen, entre otras cosas, en la presencia de metabolitos que a través de diferentes procesos podrán modificar la expresión genética y, de forma general, la dinámica funcional del ADN de la nueva célula transformando consiguientemente su composición citoplasmática que, a su vez, podrán heredar de forma diferencial las células hijas en la siguiente división mitótica.

Como ya hemos señalado, el material genético, conforme avanza el desarrollo celular, padece modificaciones epigenéticas. Estas, que serán motivo de análisis y sistematización en el siguiente capítulo, deben entenderse como cambios heredables en la función génica sin por ello conllevar cambios en las secuencias del ADN.[153]

Veremos que en el desarrollo embrionario estas modificaciones son las responsables de que genes de blastómeros concretos sufran alteraciones que impliquen una activación o inactivación de la expresión de ciertos genes en la célula y el linaje celular derivado.

En la siguiente página presento un esquema (figura 3.13) para apreciar visualmente la continuidad del desarrollo del embrión preimplantatorio

151 Cfr. ZERNICKA-GOETZ, M. "Development cell biology: cleavage pattern and emerging asymmetry of the mouse embryo", Nature Reviews Molecular Cell Biology. 2005, 6: pp. 919-928.

152 Cfr. DELL, H. "Market from the start", Nature. 2007, 455: p. 157.

153 Cfr. JOUVE, N. "Explorando los genes", Madrid: Ediciones Encuentro, S.A., 2008, p. 203.

Figura 3.13: Establecimiento de los ejes en el embrión humano

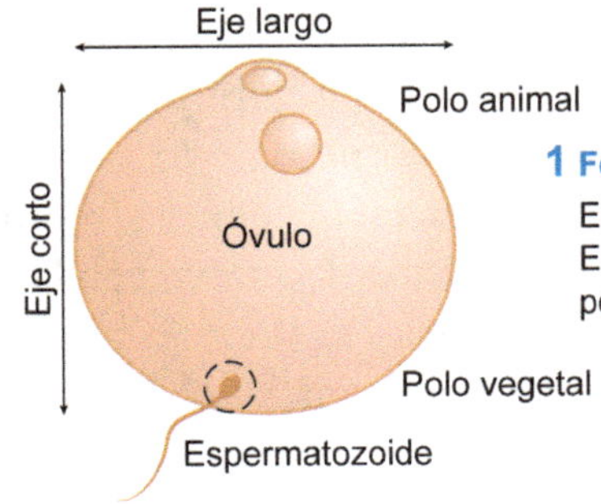

1 Fecundación

El óvulo está ligeramente achatado. El espermatozoide accede al interior por el eje corto.

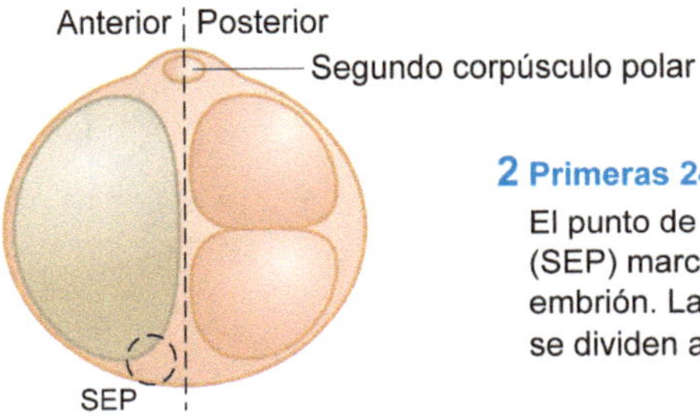

2 Primeras 24 horas

El punto de entrada del espermatozoide (SEP) marca el eje antero/posterior del embrión. Las células de la zona posterior se dividen antes.

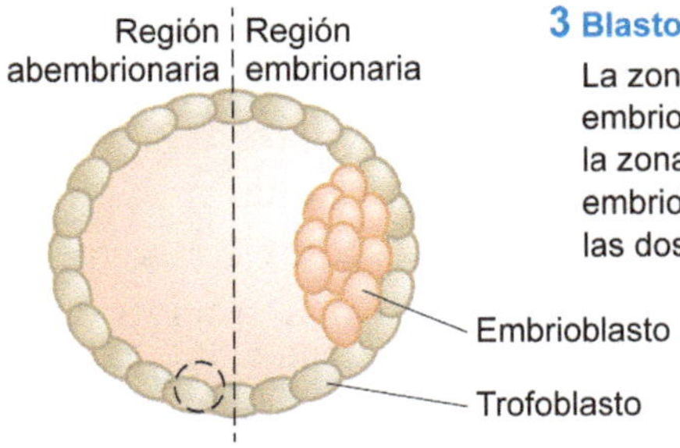

3 Blastocisto

La zona posterior se convierte en la región embrionaria del blastocisto. Las células de la zona anterior dan lugar al trofoblasto. El embrioblasto procede principalmente de las dos células de la zona posterior.

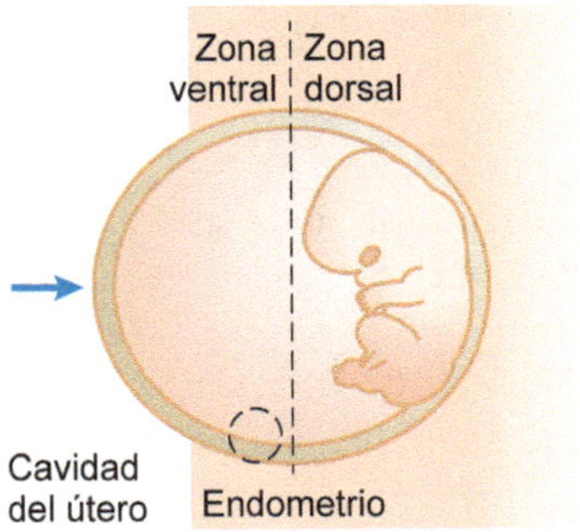

4 Implantación

El cuerpo del embrión se forma a partir del embrioblasto, y se anida en el endometrio con la región dorsal (de espaldas). La región ventral apunta a la cavidad uterina.

Una investigación ha trazado el mapa de las trayectorias que siguen las células pluripotenciales del blastocisto de un ratón in vivo hasta los tres linajes propios del desarrollo de los mamíferos; el endodermo primitivo, el trofoblasto y el ectodermo primitivo/endodermo neural[154].

Tal y como hemos mostrado, los ejes y las trayectorias de diferenciación seguidas desde los primeros blastómeros nos indican la continuidad en el proceso no solo en el desarrollo del embrión preimplantatorio sino a lo largo de todo el desarrollo biológico del organismo pluricelular.

154 Cfr. AIBA, K., NEDOREZOV, T., PIAO, Y., NISIYAMA, A., MATOBA, R., SHAROVAR, L.V., SHAROVA, A.A., YAMANAKA, S., NIWA, H., KO, M.S.H. "Defining Developmental Potency and Cell Lineage Trajectories by Expression Profiling of Differentiating Mouse Embryonic Stem Cells" DNA Research. 2009, 16: pp. 73-80.

Capítulo 4. Síntesis de los aspectos biológicos implicados en el análisis ontológico del embrión preimplantatorio

1 Introducción

Tras describir detalladamente lo acontecido en el desarrollo del embrión preimplantatorio, considero pertinente sintetizar los factores y procesos implicados en la expresión génica y en su regulación. Por un lado, expondremos sistemáticamente los cambios epigenéticos, es decir, los cambios heredables en la cromatina que, afectando a la función génica, no afectan al orden de los nucleótidos; por otro lado, expondré sistemáticamente aquellos procesos y estructuras no heredables implicadas en la expresión génica y su regulación.

Nos encontramos ahora en disposición de hacer una importante observación. En las reflexiones sobre el estatus ontológico del embrión se ha utilizado la noción de "factores epigenéticos" de un modo que, a día de hoy, no es coherente con su uso científico. Tal y como he expuesto arriba, la epigenética, estrictamente hablando, hace referencia a cambios heredables en el material genético que no supongan una alteración en la secuencia nucleotídica, es decir, modificaciones que hereda el linaje celular de forma temporal o estable que afectan a la expresión génica. Estos cambios se refieren, principalmente, a la metilación de las citosinas y a la modificación química de las histonas. Por el contrario, en la reflexión interdisciplinar ha sido habitual entender como "factor epigenético" a cualquier metabolito significativamente implicado en la expresión génica y en su regulación, sean o no heredables. Por poner un ejemplo ilustrativo, y como veremos más adelante, se ha entendido a la hormona materna T4 como ejemplo paradigmático de la influencia epigenética en el embrión:

> Un ejemplo paradigmático (dados los conocimientos actuales) de información epigenética procedente de la madre (simbióntica) esencial para el desarrollo cualitativo y eficaz del sistema nervioso en humanos y que por lo mismo debe entenderse como integrante del programa del desarrollo del embrión es la función de la hormona T4 materna[1].

En la presente investigación nos interesa presentar el hecho biológico implicado en la discusión sobre el estatuto ontológico del embrión. Por ese motivo, aunque actualmente la comunidad científica no denominaría "factor epigenético" ni a la hormona T4, ni a ningún metabolito implicado en una cadena cuyo producto final estuviera implicado en la regulación génica, por los objetivos perseguidos en esta investigación, cuando sea necesario, y por exigencias de la discusión, entenderemos la "epigénesis" de una manera más amplia, podríamos decir, como "influencia epigenética". Lo haremos, entonces, al modo como se ha solido entender "epigénesis" en la reflexión interdisciplinar, modo, por otra parte y como veremos en el próximo subapartado, heredado de la comunidad científica antes de que la disciplina se consolidara como tal. De todas maneras, en esta investigación, y fieles al estado actual de la ciencia, nos atendremos a una clasificación que respete el uso científico actual de los términos.

Pero para los objetivos de esta investigación, más importante que el modo de clasificar los procesos y cambios biológicos es conocerlos, es decir, comprender el hecho biológico tal y como es. Sólo teniendo claro qué ocurre a nivel celular y molecular podremos después analizar la veracidad del dato científico. Lo que nos interesa en esta empresa es, con lo dicho, mostrar cómo se ha tomado el hecho biológico en las descripciones habituales del desarrollo embrionario y analizar el rigor con que el dato científico es for-

1 Cfr. BEDATE, C. A., "El Estatuto ético del embrión humano", en MAYOR ZARAGOZA. F., ALONSO BEDATE, C. (coords.), "Gen-Ética", Barcelona: Ariel editorial, 2003, p. 39.

mulado desde posiciones que, interdisciplinarmente, abordan el estatus del embrión.

Antes de proceder a la síntesis de los procesos biológicos comprobaremos, en el siguiente subapartado, que no sólo en la reflexión interdisciplinar existe discusión sobre la importancia de la epigénesis en el desarrollo del embrión. Veremos que dentro de la comunidad científica hay una discusión interna, no sobre los mecanismos y actividad epigenética o sobre la importancia de la epigénesis en el desarrollo (pues es un hecho más que corroborado), sino sobre si es lo genético o lo epigenético lo principal o esencial del desarrollo.

A este respecto, es interesante constatar las carencias semánticas que desde el ámbito científico afloran cuando, desde un análisis metabiológico, no hay apenas distinción en el uso de los términos "importante", "principal", "necesario", "fundamental" o "esencial".

2 Epigenética y consolidación del paradigma epigenético

Con respecto a la importancia de la influencia epigenética en el desarrollo embrionario y, en general, en la diferenciación celular, encontrábamos desde mediados del siglo pasado cierta controversia. La discusión se producía, a grandes rasgos, entre aquellos que defendían un modelo explicativo epigenético como lo determinante del desarrollo del embrión y los que entendían el genoma como el máximo responsable. Está discusión ha ido adquiriendo distintos matices conforme se han ido conociendo con más precisión el desarrollo biológico del embrión.

Entiendo que todo esto queda recogido de forma sintética y significativa en las publicaciones especializadas de referencia de mediados del siglo XX. Tras el descubrimiento de la bioquímica el ADN y su relación con los genes por Oswal Avery y justo antes del descubrimiento de su estructura en doble hélice, en el apartado titulado "Epigénesis y preformación" del manual de referencia *Human embryology* firmado en 1945 por Hamilton, Boyd y Mossman podemos leer:

> La investigación en embriología durante los últimos cien años, ha demostrado de forma concluyente que el proceso de desarrollo es de naturaleza epigenética, pero la doctrina de la preformación ha sido reintroducida, en forma modificada, en la explicación de los hechos establecidos por la genética moderna.[2]

El mismo capítulo de la tercera edición revisada en 1964 –y tras dos décadas de estudios moleculares– se inclina por una postura "preformacionista" y reconoce, tímida pero claramente, un vacío que será cubierto, décadas después, por la epigenética:

> La investigación en embriología durante los últimos cien años ha demostrado que el proceso de desarrollo es de naturaleza epigenética (...) sin embargo, la genética moderna ha mostrado que los genes localizados en los cromosomas del núcleo del cigoto (el huevo fertilizado), contienen la información necesaria que permite que ocurra el desarrollo normal. La constitución hereditaria de un individuo está determinada por el complemento de genes presente en los cromosomas y en este sentido, la ontogenia consiste esencialmente en la revelación gradual del plan almacenado en el genoma. Por tanto, la opinión actual sobre la herencia y constitución del organismo es rigurosamente pre-formacionista. Cómo y cuándo entran en juego los diferentes genes en el proceso de desarrollo no está todavía establecido.[3]

Durante las más de cuatro décadas que han transcurrido desde esta visión, se han ido desvelando gradualmente las incógnitas del "cómo y cuándo" apuntado por Hamilton, Boyd y Bossman. En los últimos años se ha revelado que, en gran medida, la información

---

2 HAMILTON W.J., BOYD, G.J., MOSSMAN, H.W. "Human Embryology", 1° ed. Cambridge: Heffer, 1945, p. 4.

3 HAMILTON W.J., BOYD, G.J., MOSSMAN, H.W. "Human Embryology", 3° ed. Cambridge: W. Heffer & Sons, 1964, p. 6. En la edición cuarta de 1972 encontramos, en este apartado, el mismo texto reproducido íntegramente (cfr. HAMILTON W.J., BOYD, G.J., MOSSMAN, H.W. "Human Embryology", 4° ed. Cambridge: W. Heffer & Sons, 1972, p. 6).

almacenada en el genoma está regulada por factores de origen epigenético.

En la introducción de una publicación reciente, en el capítulo titulado "Control genético en el desarrollo embrionario" podemos leer, 46 años después, cómo se ha ido rellenando y perfilando ese vacío:

> Uno de los problemas centrales de las ciencias biológicas es entender el modo en el que sólo una célula, el óvulo fertilizado (el cigoto) se desarrolla en un organismo multicelular con un inmenso rango de diferentes tipos celulares, cada uno formado en el tiempo y lugar apropiado en relación con otras células. Como discutiremos en este capítulo, la regulación de la transcripción génica por factores específicos juega un papel crucial en el proceso. Parte de esos factores de transcripción se expresan en tiempos y lugares específicos durante el desarrollo embrionario. Dicha regulación de la síntesis de factores de transcripción contrasta con la regulación de la actividad de los factores de transcripción que se produce en respuesta a mecanismos de señalización celular.[4]

Atendiendo al desarrollo del embrión preimplantatorio, la regulación epigenética se presenta como la máxima responsable del desarrollo y especialización celular. En esta línea se sitúa el llamado "paradigma epigenético". La epigenética es definida por *A dictionary of Genetics* de la Universidad de Oxford como

> El estudio de mecanismos que traen consigo efectos fenotípicos. Clones de células pueden heredar cambios fenotípicos que no son debidos a las secuencias de nucleótidos del genoma. Proteínas portadoras de ADN codificadas por genes reguladores producen a veces cambios epigenéticos que pueden mantenerse durante la división mitótica de las células de diferentes tejidos somáticos en organismos pluricelulares. No obstante, la meiosis parece reajustar el genoma a algún estado básico para que el programa de desarrollo de la especie se despliegue de nuevo con cada nueva generación.[5]

---

4 LATSCHMAN, D.S. "Gene control", New York-Abingdon: Garland Science, 2010, p. 273.

5 KING, R.C. *et al.* "A dictionary of genetics", 7 ed. New York: Oxford University Press, 2006, p. 146. [The study of the mechanisms by which genes bring about their phenotypic effects. Clones of cells may inherit phe-

El paradigma epigenético se ha ido consolidando, en mi opinión, avivado por una crítica hacia actitudes "fijistas" que entendían de forma simplista que toda la información está contenida en los genes desde el inicio de la fecundación.

Por otra parte, atendiendo a la importancia señalada en el capítulo anterior del compromiso que las células adquieren tras la primera división del cigoto, parecería que el modelo regulativo no tiene cabida a este respecto. Dejando esta discusión a un lado, de lo que no cabe duda es que durante la última década las ciencias se encuentran sumidas en el paradigma epigenético, y que la epigénesis ha adquirido una relevancia incuestionable en la descripción del desarrollo embrionario y en la diferenciación celular.

De hecho, la comunidad científica no cuestiona la necesidad e importancia de conocer e investigar la epigenia para explicar completa y correctamente la dinámica celular, y se afirma, sin titubeos que "el desarrollo del embrión en los mamíferos es, por definición, epigenético"[6]. Pero no solo eso: tal y como apunta una reciente investigación, la constatación de la estabilidad parcial epigenética en las células somáticas y de línea germinal permite conocer los mecanismos moleculares de la herencia y puede proporcionar un nuevo

---

notypic changes that are not due to changed nucleotide sequences in the genome. DNA-binding proteins encode by regulatory genes sometimes produce epigenetic changes that can be preserved during the mitotic division of the cells of different somatic tissues in a multicellular organism. However, meiosis seems to reset the genome to some baseline epigenetic state, so that the developmental program of the species unfolds anew with each new generation].

6 SANTENARD, A., TORRES-PADILLA, M.E. "Epigenetic reprogramming in mammalian reproduction: contribution from histone variants", Epigenetics. 2009, 4 (2): pp. 80-84. Esta afirmación aparece en el Abstrac de un reciente artículo –ya traído a colación en la descripción del desarrollo embrionario– que ha descubierto cómo nuevas variantes de proteínas –histonas H3.3 o H2A.Z– son candidatos potenciales a desempeñar un papel importante ayudando a establecer las regiones especializadas de la cromatina y la regulación de los procesos de desarrollo y diferenciación celular en el embrión preimplantatorio. Es este uno de los cientos de ejemplos de investigaciones que describen los mecanismos epigenéticos.

marco para la búsqueda de factores etiológicos en rasgos complejos y enfermedades[7].

Aunque la epigenética es un paradigma consolidado firmemente y asumido por la comunidad científica en los últimos años, entiendo que sí es necesario matizar qué significado tiene el término "esencial" cuando este, desde una perspectiva científica y sin ninguna precisión semántica, se aplica a la epigénesis. Desde mi punto de vista, es esta falta de rigor la causante de que actualmente nos encontremos con discusiones a este respecto dentro de la comunidad científica. Pongamos un ejemplo de este debate todavía abierto en nuestros días.

La universalidad de los fundamentos de la regulación génica en todos los organismos y tipos celulares ha animado a parte de la comunidad científica internacional a sacar adelante el Consorcio Internacional del Epigenoma Humano (IHEC)[8]. El objetivo del IHEC es crear un mapa genómico que recoja las modificaciones epigenéticas y, con ellas, la variabilidad de la expresión génica con el objetivo principal de ayudar a los biólogos a comprender cómo el epigenoma influye en la salud y la enfermedad. Las bases que fundamentan este objetivo han creado, como veremos a continuación, un controvertido debate dentro de la comunidad científica internacional.

En un artículo de marzo de 2010 firmado por la Editorial de la revista *Nature* titulado "Time for epigenome", se afirma, en clave de apoyo al IHEC –y de su subvención por la Nacional Institute of Health Roadmap Initiative–, que

> En 2004, los proyectos genoma a gran escala ya indicaban que las secuencias de genoma, intra e interespecífico, eran demasiado similares como para ser

---

7 Cfr. PETRONIS, A. "Epigenetics as a unifying principle in the aetiology of complex traits and diseases", Nature. 2010, 465: pp. 721-727.

8 En 2005, la Asociación Americana para la Investigación del Cáncer auspició un Workshop con especialistas en epigenética del cáncer. En él, se comenzó a perfilar el antrepoyecto de lo que en enero del 2010 se ha concretado como el IHEC. (cfr. EDITORIAL "Time for epigenome", Nature. 2010, 463: p. 587).

capaz de explicar la diversidad de la vida. Era evidente la epigenética –aquellos cambios en la expresión genética causada por la modificación química del ADN y sus proteínas asociadas– podría explicar mucho acerca de cómo esos códigos genéticos similares se expresan de manera única en diferentes células, en diferentes condiciones ambientales y en diferentes momentos.[9]

Ante estas afirmaciones de la Editorial varios científicos han lanzado duras críticas. Mark Ptashne, del Sloan Kettering Institute de Nueva York, Oliver Hobert, del Columbia University Medical Center y Eric Davidson, de la Division of Biology del California Institut of Technology, atónitos[10], han sido rotundos afirmando que el párrafo de la editorial aquí transcrito "parece no tener en cuenta los principios de la regulación génica y de la biología evolutiva y del desarrollo que se han establecido durante los últimos 50 años"[11]. Ptashne, Hobert y Davinson son contundentes:

Con respecto a la 'Epigenómica', deseamos hacer hincapié en que las "marcas" de la cromatina y las modificaciones químicas locales del ADN, como la metilación, son consecuencia de las interacciones de secuencias específicas de ADN y de proteínas (y ARN) que reclutan enzimas modificadoras con objetivos concretos. Las modificaciones epigenéticas son por tanto dependientes directamente de la secuencia genómica. Esas 'marcas' son los efectos

9 Ibid p. 587. [By 2004, large-scale genome projects were already indicating that genome sequences, within and across species, were too similar to be able to explain the diversity of life. It was instead clear that epigenetics — those changes to gene expression caused by chemical modification of DNA and its associated protein— could explain much about how these similar genetic codes are expressed uniquely in different cells, in different environmental conditions and at different times.]

10 Cfr. PTASHNE, M., HOBERT, O., DAVIDSON, E. "Questions over the scientific basis of epigenome project", Nature. 25 March 2010, 464: p. 487 | doi:10.1038/464487c [Publicado en línea el 24 de marzo].

11 Ibid. ["We were astonished to see two sentences in your Editorial on the International Human Epigenome Consortium (Nature 463, 587; 2010) that seem to disregard principles of gene regulation and of evolutionary and developmental biology that have been established during the past 50 years"].

de las interacciones reguladoras de secuencias específicas, no las causas de la expresión génica específica de tipos celulares.[12]

Esto nos muestra que, aunque ciertamente el paradigma epigenético es una realidad asumida e incuestionada dentro del ámbito científico, es necesario un modelo explicativo que perfile inequívocamente lo acontecido y ofrezca a la limitada perspectiva científica herramientas para explicar con precisión y en su conjunto el dinamismo del sistema.

A continuación analizaremos de modo sistemático los factores y procesos implicados en la expresión génica y en su regulación que han ido apareciendo a lo largo de la descripción del desarrollo preimplantatorio para, primero desde una perspectiva descriptiva biológica, y más tarde atendiendo a las herramientas descriptivas que Zubiri utiliza para abordar el dinamismo de la realidad, poder situarnos con claridad y precisión ante este debate.

12 Ibid. [With respect to 'epigenomics', we wish to stress that chromatin 'marks' and local chemical modifications of DNA, such as methylation, are the consequences of DNA-sequence-specific interactions of proteins (and RNA) that recruit modifying enzymes to specific targets. They are thus directly dependent on the genomic sequence. Such marks are the effects of sequence-specific regulatory interactions, not the causes of cell-type-specific gene expression]. Son muchos los científicos que no encuentran en las bases que sutentan la creación del IHEC una correspondencia real con los hechos observados desde la investigación. En 2008 ocho eminentes científicos trataron con detalle esta cuestión redactando una carta a la que se asociaron medio centenar de científicos de todo el mundo exponiendo las serias reservas sobre la base científica del proyecto epigenoma. Una versión modificada de la carta apareció en "Science" (cfr. MADHANI *et al.* "Epigenomics: A Roadmap, But to Where?", Science. 2008, 322: pp. 43-44), y la carta completa se puede encontrar en [Publicación en línea] http://madhanilab.ucsf.edu/epigenomics. [Consultado el 24 de abril del 2010].

3 Cambios epigenéticos[13]

3.1 Metilación de las citosinas

Como ya hemos dejado indicado, el proceso de metilación es un importantísimo mecanismo de regulación en la expresión genética, o, dicho de forma más amplia, regulador de la actividad funcional del ADN. La transcripción puede silenciarse si el ADN es metilado por las enzimas denominadas ADN metilasas. Este silenciamiento puede darse, principalmente, de dos maneras.

Por un lado, la metilación de secuencias de ADN puede inhibir la unión de las proteínas implicadas en la maquinaria de la transcripción y bloquear la expresión génica. Por otro lado, algunas secuencias solo son reconocidas por represores específicos cuando están metiladas, represores que desactivan los genes cercanos mediante el reclutamiento de histonas desacetilasas (véase figura 4.1).

En los distintos estados del desarrollo se produce la metilación de determinadas bases de unas secuencias de unos genes en unas células, y de otras bases en otros. Esto determinará en muchos casos la especialización de los tejidos en los que dichas células se diferenciarán.

---

13 Hasta ahora hemos entendido la regulación génica como aquella que regula el silenciamiento –o activación- de determinados genes. En el embrión temprano, el silenciamiento y activación de determinados genes juegan un papel crucial para la diferenciación de los primeros blastómeros, diferenciación necesaria para la correcta aparición de las capas embrionarias y extraembrionarias y, en última estancia, de los tejidos. Pero la regulación epigenética hace también referencia a la regulación del nivel de expresión, es decir, a la regulación de cuántas veces y con cuánta rapidez se expresa un gen o un grupo de genes de determinada región. En este capítulo sintetizaremos los mecanismos epigenéticos y, cuando sea pertienente, haré algún comentario específico sobre la regulación del nivel de expresión, regulación que se da indisolublemente en todos los estadios del organismo, incluido en el embrión temprano.

Figura 4.1: Inactivación de un gen mediante la metilación del ADN

Activo

El gen activo se transcribe cuando la maquinaria de transcripción (complejo ARN Polimerasa y factores de transcripción) se sitúa en regiones involucradas en la transcripción.

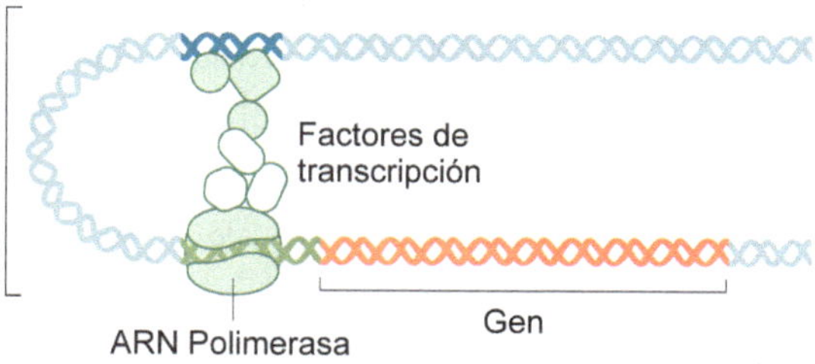

Inactivo

Cuando no tenemos la maquinaria de transcripción, el gen no se expresa.

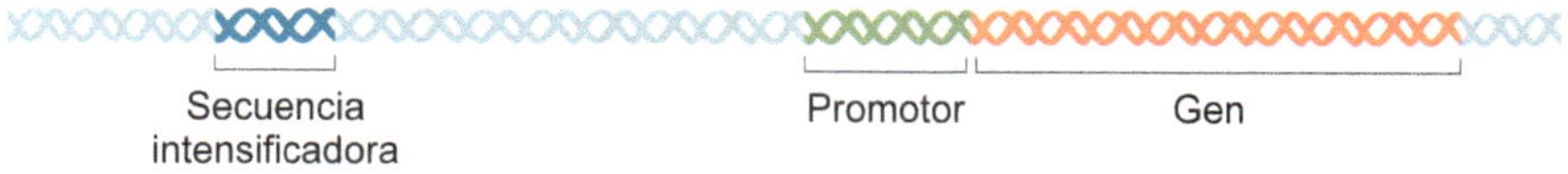

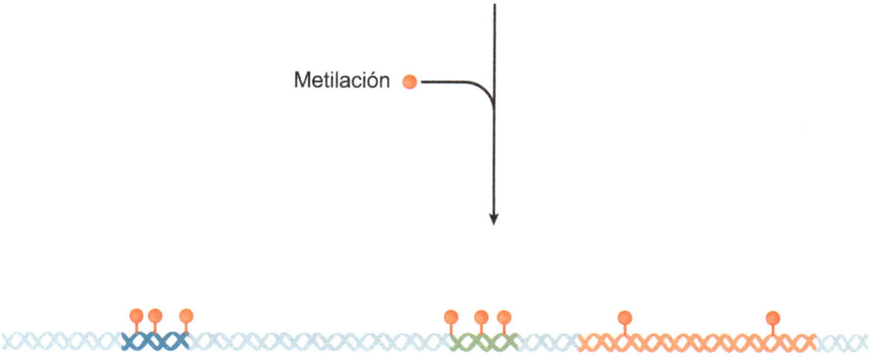

Inactivado

Cuando las citosinas de la secuencia del ADN de las regiones involucradas en la transcripción son metiladas, la maquinaria de transcripción no puede unirse al ADN, quedando el gen inactivado.

Dejamos señalado la importancia del gen Nanog y Oct4 en el mantenimiento de la pluripotencia. El Nanog y Oct4 son inactivados mediante un proceso de metilación en la maduración de los gametos. Tras la fertilización, el gen Oct4 se empieza a expresar en el embrión de dos células y mantiene su actividad en la mórula y, como hemos visto, en las células del epiblasto. Tras la anidación y en el comienzo de la gastrulación sigue expresándose en el ectodermo embrionario aunque su expresión decae paulatinamente. Pues bien, la activación del Oct4 y Nanog, encargados de mantener la pluripotencia, son activados e inactivados a lo largo del desarrollo del sistema mediante el mecanismo epigenético de metilación y, como veremos a continuación, mediante otro mecanismo epigenético que ya anunciamos y que enseguida retomaremos: la modificación de las histonas.

3.2 Modificación de la configuración espacial de la cromatina

La actividad transcriptacional basal es esencialmente restrictiva: los promotores están en estado inactivo hasta que se ponen en marcha por la acción de los elementos llamados "activadores" y el ensamblaje de la maquinaria de transcripción. Para que comience la transcripción del ADN es necesario, entonces, que la cromatina de esa región esté relativamente descondensada, ya que de este modo queda expuesta más fácilmente la doble hélice y se permite el acceso de la maquinaria necesaria para que se inicie la transcripción[14].

Los nucleosomas son, por tanto, un elemento fundamental para mantener este estado basal restrictivo pues impiden el acceso de la

---

14 Los genes transcripcionalmente activos se asocian habitualmente con sitios hipersensibles a DNAsa I, regiones cortas (unos pocos cientos de pares de bases) formadas por ADN no asociado a nucleosomas, precisamente porque se encuentra unido a factores de transcripción. Para una explicación más completa (Cfr. NOVO, F. J. "Genética Humana", Madrid: Pearson, 2007, pp. 71-78, obra actualizada en [Publicación en línea] <www.unav.es/adi-/servlet/Web2?course=4000001559&action=verWeb&pagina=96711> [consultado el 7 de noviembre 2012].

maquinaria transcriptacional a los promotores, impidiendo, entonces, la expresión génica. Pues bien, como apuntamos, determinadas proteínas tenían la capacidad de, uniéndose a la estructura del ADN, producir plegamientos activando o silenciando determinados genes. Estas proteínas pueden ser nucleosómicas (es decir, histonas modificadas) o no nucleosómicas.

Las no nucleosómicas las abordaremos en breve en el subapartado de arquitectura nuclear. Los nucleosomas están compuestos por un octámero de cuatro histonas. Sus colas N-terminal son objeto de más de 100 modificaciones diferentes post-translacionales, incluyendo acetilación, metilación, fosforilación y ubiquitinación, ya sea para activar o inhibir los efectos de transcripción.

Por ejemplo, se conoce que la acetilación de las histonas conduce a la activación transcripcional, y la des-acetilación de las histonas crea una estructura cromatínica más condensada que favorece el silenciamiento de la transcripción de los genes incluidos en dicha región genómica.

Es conocido el silenciamiento temporal de genes por medio de histonas modificadas en aquellos que tienen que ser silenciados en las primeras etapas del desarrollo, para posteriormente ser activados. La modificación de histonas es un mecanismo fácilmente reversible cuando la expresión del gen silenciado es necesaria[15]. El silenciamiento en células pluripotentes de las familias de genes *homeobox*, *distal-less homeobox*, *paired box* y *sine-oculis-related homeobox* por medio de las histonas es un ejemplo más que pertinente en la descripción del embrión preimplantatorio.

---

15 En este sentido, se ha comprobado que los factores HDAC1 y HDAC2 (Histone De-Acetylase), cuya función es des-acetilar las histonas, están presentes en el complejo Sin3-NcoR, un co-represor transcripcional que regula la expresión de genes importantes en el ciclo celular y en el desarrollo embrionario (Cfr. NOVO, F. J. "Genética Humana", Madrid: Pearson, 2007, pp. 71-78, obra actualizada en [Publicación en línea] <www.unav.es-/adi/servlet/Web2?course=4000001559&action=verWeb&pagina=96711> [consultado el 1 de noviembre de 2012].

El silenciamiento por empaquetamiento de la cromatina suele ir acompañado de la metilación de las citosinas, encontrando tal y como apuntaremos, no uno sino varios mecanismos de silenciamiento interactuando conjuntamente (véase figura 4.2).

4 Mecanismos de regulación de la transcripción

El proceso del desarrollo del embrión temprano es modulado por una cascada ininterrumpida de señales que pueden ser clasificadas según su procedencia: son señales autocrinas si son de origen celular, paracrinas si son transmitidas célula a célula, ectocrinas si son procedentes del ambiente materno y endocrinas si proceden de los órganos secretores que se van desarrollando en el feto.

Por otro lado, la regulación de la expresión génica de cualquier célula se produce en tres momentos del proceso: en la transcripción, en el procesamiento del ARN y en la traducción, etc.

Encontramos tres mecanismos implicados en la regulación a nivel de transcripción: los factores de transcripción, los *enhancers* (inductores) y un grupo de mecanismos moleculares que modifican la expresión del ADN y que hereda el linaje celular de forma temporal o estable, los factores epigenéticos tratados en el subapartado anterior.

Aunque lo que más nos va a interesar en esta investigación son los mecanismos que regulan la iniciación de la transcripción, a riesgo de resultar en demasía elemental o de simplificar en exceso, ofreceré un panorama general sobre la regulación a nivel del procesamiento del ARN.

Además de estos tres mecanismos reguladores, encontramos, íntimamente relacionadas con la regulación de la expresión génica, la arquitectura nuclear y el nicho celular. Todo esto será tratado de modo sintético a continuación.

Figura 4.2: Modificaciones epigenéticas

La fibra de cromatina posee una configuración permisiva (transcripción posible) o silenciadora (transcripción impedida) en función de lo abierta o cerrada que esté. La apertura o cierre de las fibras de cromatina dependerá de la configuración bioquímica del ADN y de las histonas.

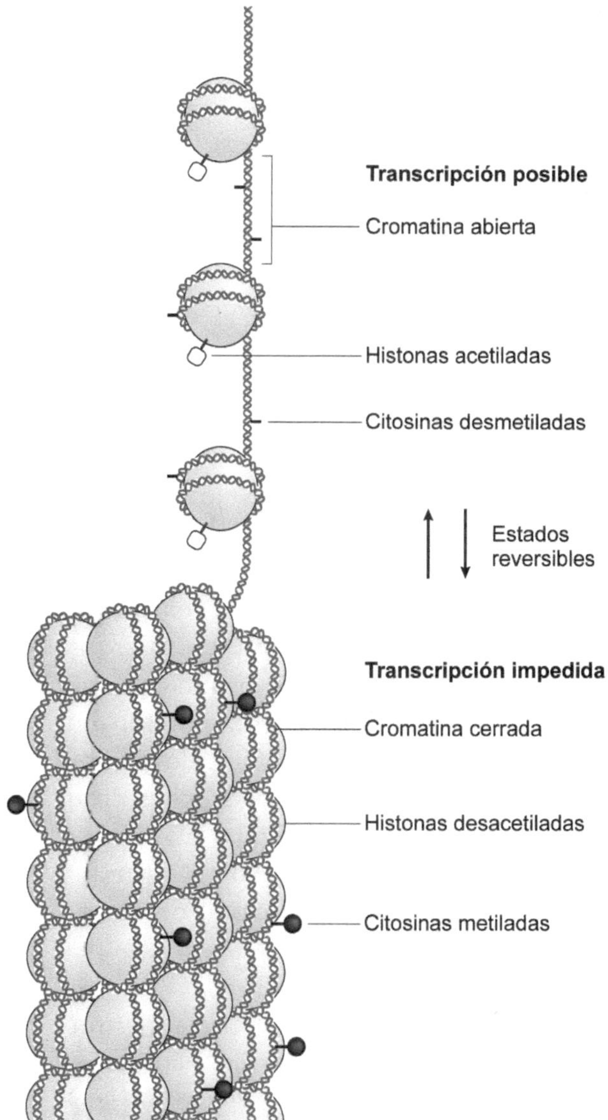

4.1 Regulación a nivel de procesamiento de ARN

Una secuencia de ADN transcriptacionalmente activa, lo que comúnmente se ha denominado gen, origina, por el proceso de transcripción, un transcrito de ARN primario (es decir, una cadena precursora de ARN mensajero). Pues bien, este transcrito primario puede ser editado de distintas formas, es decir, puede ser precursor de distintos ARN mensajeros maduros. Esto nos muestra que una misma secuencia de ADN puede dar lugar a distintos tipos de ARN mensajeros maduros, es decir, a distintas proteínas.

Un mismo transcrito primario puede descartar un exón, tener distintos puntos de corte para un intrón o mantener un intrón que en otro transcrito se eliminaría[16]. Es decir, qué partes de la secuencia se desechan (intrones) y cuáles se ensamblan y se traducen a proteínas (exones) no están siempre prefijadas en la secuencia de ADN. ¿Quién regula cómo se edita el transcrito primario? Los denominados "somites cirujanos" o *spliceosome*.

Formados por un conjunto complejo de moléculas de más de un centenar de ARN individuales y proteínas, los somites cirujanos son macromoléculas flexibles y reversibles, sin duda, una de las más complejas y más difíciles de estudiar en la célula eucariota[17].

En síntesis, se puede afirmar que estas macromoléculas son las encargadas de cortar y empalmar las distintas secuencias de cadenas precursoras de ARNm (descartar intrones y empalmar exones) para originar ARN mensajeros maduros. Cuándo y cómo se produce la edición alternativa de un gen por los somites cirujanos viene determinado, a su vez, por unas moléculas reguladoras (denominadas proteínas SR[18]), proteínas que aparecen en diversas versiones según el tipo celular y/o tejido y según el grado de desarrollo de los mismos.

---

16 GIL, A. "El otro genoma", Investigación y Ciencia. 2010, 59: pp. 4-11.

17 HOSKINS, A. A., , MOORE, M. J. "The spliceosome: a flexible, reversible macromolecular machine", Trends in Biochemical Sciences. 2012, 37 (5): pp. 179-188.

18 GIL, A. "El otro genoma", Investigación y Ciencia. 2010, 59: pp. 4-11.

Ahora se entenderá cómo actúan en el óvulo recién fecundado las moléculas hnRNP. Lo recordamos: proteínas se unían a la cadena precursora de ARN mensajero quedando este "secuestrado", es decir, inhabilitado para continuar la expresión. Pues bien, lo que ocurre es que aquel complejo inhibe la acción del *splicesome* o somite cirujano, inhibiendo, por tanto, el corte y empalme de la cadena precursora de ARN mensjero, es decir, imposibilitando la originación de ARN mensajero maduro y listo para ser codificado.

La composición y activación de los somites cirujanos depende de la expresión génica relacionada con la síntesis de cada versión de las proteínas que las forman. No es fácil percatarse de que, a grandes rasgos, nos encontramos ante el problema sobre la prioridad entre el huevo y la gallina: la configuración específica del ADN que sintetiza determinadas versiones de proteínas vendrá determinada por factores epigenéticos, factores que, a su vez, dependerán de la expresión previa de determinadas secuencias de ADN que, a su vez, etc. Esta breve introducción sobre la regulación a nivel de procesamiento del ARN, además de ofrecer un panorama general, nos servirá para entender el por qué algunos autores están cuestionado la centralidad y el sentido de la noción de "gen".

4.2 Inductores de origen extraembrionario

Los factores de transcripción son un grupo de proteínas que se unen a secuencias de ADN previas a la transcripción, a los denominados promotores. El promotor es la región que se encuentra por delante de la región codificante de un gen, región fundamental para la expresión génica por ser el lugar de reconocimiento de la enzima ARN polimerasa II que realizará la transcripción del ADN en ARN mensajero.

Tal y como se muestra en la figura 4.3, estos factores de transcripción pueden también unirse a secuencias denominadas secuencias intensificadoras que activarán, a su vez, a la enzima ARN polimerasa.

Figura 4.3: Acción de los factores de transcripción en la regulación de la expresión génica

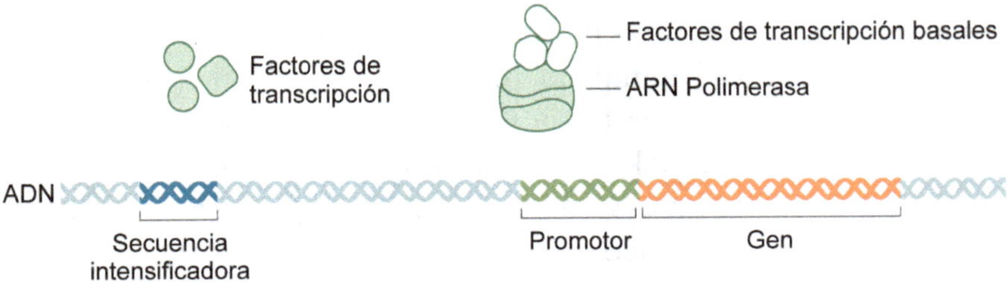

1 Los factores de transcripción se unen a la secuencia intensificadora y activan a modo de interruptor la ARN Polimerasa.

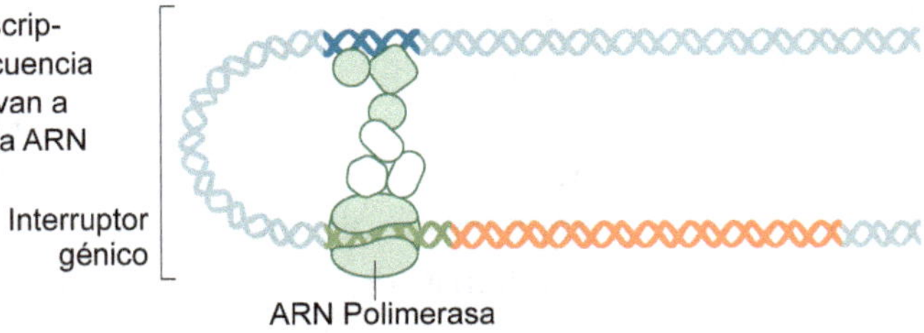

2 Una vez activada, la enzima ARN polimerasa realiza la transcripción, dando lugar a un tránscrito de ARN.

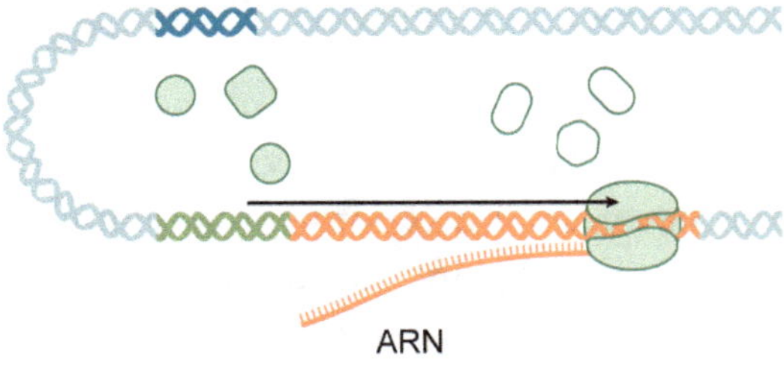

3 Algunos de los transcritos de ARN (aquellos denominados ARN codificantes) se traducen o codifican proteínas mediante la acción de los ribosomas.

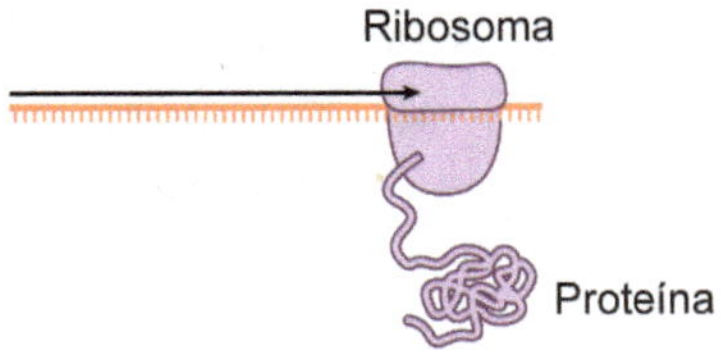

Los factores de transcripción pueden ser activados por otros elementos y estos, a su vez, por otros a modo de cascada. Los elementos que activan a los factores de transcripción son justamente los denominados "inductores". Cuando, en las células embrionarias, cualquier elemento de la cascada de reacciones es ectocrino, se ha solido afirmar –infelizmente, como ya hemos expuesto– que nos encontramos ante un "factor epigenético" de origen materno, factor sin el cual no se consigue el objetivo final: que se regule la expresión de un gen.

Los denominados factores de crecimiento son un buen ejemplo de esto que estamos diciendo. Tal y como indica su denominación, son factores que activan la cascada de acontecimientos celulares cuyo fin es la activación de un factor de transcripción implicado en el crecimiento de todo el sistema.

Aquellas reacciones en cascada en las que están implicados los factores de crecimiento comienzan con el reconocimiento del ligando iniciador por su receptor específico en la superficie celular. Esta unión se comunica al dominio intracelular y desde allí la señal se trasmite al regulador de la transcripción relevante por medio de una cascada de cinasas que permitirá la expresión de determinados genes[19].

Estos reguladores se pueden controlar o por el desenmascaramiento de una región activadora, o por el transporte de complejos activadores o inhibidores del citoplasma al núcleo[20]. Por otro lado,

19 Cfr. DE JESÚS GÓMEZ, S. "Las últimas causas del plan de desarrollo embrionario de la vida humana", Madrid: Editorial Universidad Francisco de Vitoria, 2009, p. 58. Para un análisis de los siguientes caminos de activación cfr. Ibid. p. 58-60. Para un ejemplo ilustrado de dos típicos ejemplos de vías de transducción de señales, cfr. WATSON, J. D., BAKER T. A. *et al.* "Biología Molecular del Gen", 5° ed. Madrid: Panamericana Editorial Médica, 2008, p. 592.

20 Veamos un par de ejemplos significativos. A la región promotora del gen GAL1 se une la proteína GAL4. Otra proteína, la GAL 80 se une a la GAL4 obstruyendo la región activadora. En presencia de galactosa se produce la separación de la GAL 80 y se produce la activación del gen por la proteína "desenmascarada" GAL4. Encontramos otro ejemplo donde el desenmasca-

muchos activadores y represores se mantienen en el citoplasma inactivos, y es el ligando señalizador el que les activa para que se desplacen al núcleo y realicen su función.

Se ha mostrado que los factores de crecimiento (o ligando iniciador) en condiciones normales son administrados por las células no ciliadas del epitelio del oviducto y del endometrio materno, y los receptores son sintetizados por el embrión. Pero también hay situaciones en las que es el embrión el que expresa ambos (factor y receptor) y, en otras, madre y embrión se encargan de sintetizar el factor y el receptor[21].

Existe una sincronía entre el lugar, el tiempo y la síntesis de los factores de crecimiento administrados por la madre y el lugar, el momento del desarrollo y la expresión del receptor por parte del embrión.[22] A su vez, los gradientes de moléculas de señalización secretadas pueden inducir a las células a seguir vías diferentes de desarrollo de acuerdo con su localización[23].

Por otro lado, atendiendo a la posibilidad de la fecundación y al desarrollo pre-implantacional *in vitro*, se concluye que los factores de crecimiento sintetizados por la madre, aunque favorecen el crecimiento del embrión, no son necesarios para que este alcance el estadio de blastocisto.

---

ramiento está implicado una fosforilación dependiente del ligando. La proteína E2F se une a los genes cuya función será que la célula entre en la fase S del ciclo celular. Una segunda proteína represora llamada Retinoblastoma (Rb) controla la actividad de E2F uniéndose a ella y bloqueando su activación por medio del reclutamiento de una enzima desatecilasa que reprime los genes diana. La fosforilación de la Rb conlleva a la separación de esa proteína de la E2F y activando los genes que permiten que la célula entre en la fase S. (cfr. WATSON, J. D., BAKER T. A. *et al.* "Biología Molecular del Gen", 5° ed. Madrid: Panamericana Editorial Médica, 2008, pp. 593-594).

21 Cfr. DE JESÚS GÓMEZ, S. "Las últimas causas del plan de desarrollo embrionario de la vida humana", Madrid: Editorial Universidad Francisco de Vitoria, 2009, p. 97.

22 Cfr. Ibid. p. 98.

23 Cfr. WATSON, J. D., BAKER T. A. *et al.* "Biología Molecular del Gen", 5° ed. Madrid: Panamericana Editorial Médica, 2008, pp. 618-620.

4.3 Productos reguladores: ARN no codificante y proteínas de propia síntesis

Vimos también la importancia de transcritos de ARN no codificantes de origen gamético, que juegan un papel clave en la regulación de la funcionalidad del ADN del embrión en estadio unicelular.

En los últimos años, y en el marco del proyecto ENCODE, se ha sido testigo de un aumento de un nuevo tipo de ARN no codificantes denominados "ARN no codificantes largos" (en inglés *long no coding RNA* o *lncRNA*) con importantes funciones reguladoras de la expresión génica[24]. Uno de los primeros y mejor estudiados lncRNA y directamente implicado en la regulación de la expresión génica del embrión pre-implantatorio es el Xist. Este transcrito es un ARN no codificante encargado del silenciamiento –junto con modificaciones de histonas y cambios en el ADN– del cromosoma X de origen paterno de las células del trofoblasto[25] (se entiende, de un blastocisto femenino).

No son muchos los estudios que describen la rica actividad de regulación de la expresión génica diferencial para los distintos estadios del embrión preimplantatorio humano[26]. Sabemos que las necesidades proteicas de los acontecimientos que ocurren en las pri-

---

24 Cfr. MERCER, T. R., DINGER, M. E.; MATTICK, J. S. "Long noncoding RNAs: Insights into functions". Nature Reviews Genetics, 2009, 10 (3): pp. 155–159; AMARAL, P. P., CLARK, M. B., GASCOIGNE, D. K., DINGER, M. E., MATTICK, J. S. "LncRNAdb: A reference database for long noncoding RNAs", Nucleic Acids Research. 2010, 39: pp. D146-D151).

25 Cfr. WUTZ, A., GRIBNAU, J. "X inactivation Xplained", Current Opinion in Genetics & Development. October 2007, 17 (5): pp. 387–93.

26 Cfr. WONG, C., LOEWKE, K. BOSSERT, N., BEHR, B., DE JONGE, C., BAER, T., REIJO PERA, R. "Non-invasive imaging of human embryos before embryonic genome activation predicts development to the blastocyst stage", Nature Biotechnology. 2010 | doi: 10.1038/nbt.1686. [Publicado en línea el 3 de octubre del 2010]; cfr. TIAN WANG, Q. *et al.* "A genorme-Wide Study of Gene Activity Reveals Developmental Signaling Pathways in the Preimplantation Mouse Embryo", Developmental Cell. 2004, 6: pp. 133-144.

meras 24 horas desde la interacción gamética (que incluye el estadio previo a la sincronización metafásica) están codificadas, mayoritariamente, por la síntesis de proteínas desde ARNm de origen materno secuestrado en los complejos RNP.[27]

Las proteínas codificadas por el ARNm de origen materno juegan un papel importante en la reanudación de la meiosis del oocito, en el inicio de la primera mitosis en el embrión, en el establecimiento de la polaridad del cigoto y en la regulación de errores y reparación del material genético.[28] Como dejamos señalado, los ARN no codificantes identificados en el estadio unicelular de origen gamético también juegan un papel crucial para que pueda completarse el ciclo celular y, así, alcanzar el estadio de dos células. Una investigación ha demostrado que el microRNA-34c de origen paterno es necesario para que tenga lugar la síntesis de proteínas en el sistema unicelular en estado de pronúcleos.

Por otra parte, es sabido que desde las primeras divisiones mitóticas, las tareas celulares van dependiendo paulatinamente en mayor grado de la expresión génica del sistema, hasta ser prácticamente responsable de la totalidad de las mismas[29].

¿A qué se debe el protagonismo del ARN mensajero secuestrado de origen materno y del ARN no codificante heredado en este estadio? Se debe a que la existencia y uso de estos transcritos heredados elimina la necesidad de una transcripción extensiva del genoma del embrión por la ARN telomerasa, transcripción que podría interferir con la rápida replicación del ADN por la ADN polimerasa[30].

---

27 BIANCHI E., SETTE, C. "Post-Transcriptional Control of Gene Expression in Mouse Early Embryo Development: A View from the Tip of the Iceberg", Genes. 2011, 2: pp. 345-359.

28 DE JESÚS GÓMEZ, S. "Las últimas causas del plan de desarrollo embrionario de la vida humana", Madrid: Editorial Universidad Francisco de Vitoria, 2009, pp. 29-30.

29 LATSCHMAN, D.S. "Gene control", New York-Abingdon: Garland Science, 2010, p. 276

30 Ibid pp. 273-274.

De este modo (véase figura 4.4) se protege la replicación más importante del desarrollo (y las importantísimas que le siguen): un error aquí sería un lastre para la carga genética de todas las células durante toda la vida del organismo.

Figura 4.4: Activación del ARN mensajero de origen materno

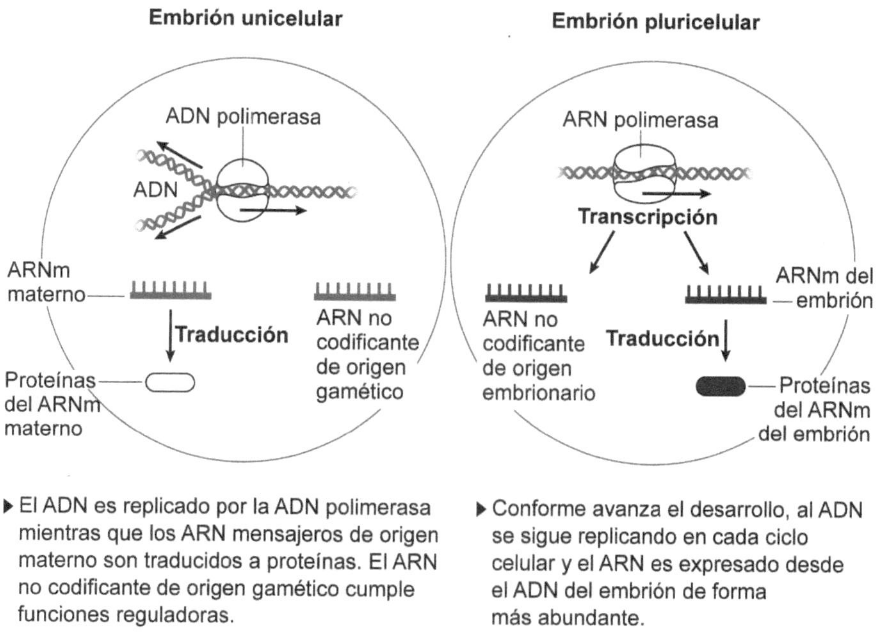

Ante este panorama, podemos ya perfilar una respuesta a la pregunta de si es el ADN o el ARNm el que dirige los procesos moleculares que encontramos en la célula, cuyo evento fundamental será la primera división. Es ya significativo el hecho de que, como apuntamos, los ARNm de origen materno requieren una regulación post transcriptacional externa a ellos mismos para su funcionalidad. Sara de Jesús Gómez, tras una rigurosa investigación, responde a esta cuestión:

> En todos estos procesos el ARN materno tiene un papel importante, pero secundario, subordinado al genoma del cigoto, proporcionándole factores para su activación y subsiguiente expresión. No sólo los productos de transcripción materna regulan estos primeros eventos, sino lo propios transcritos del embrión parecen tener un papel capital.[31]

A esto hemos de añadir que, tal y como acabos de explicar, el papel protagonista del ARNm de origen materno responde a una estrategia metabólica del nuevo sistema para facilitar la replicación en estadios donde esta es, si cabe, más vital que en otros estadios por ser la primera y la única.

4.4 Arquitectura nuclear

El núcleo de los mamíferos se compone principalmente de los complejos del poro nuclear, la membrana nuclear externa e interna separada por un espacio luminal y la lámina nuclear. La lámina nuclear es una malla proteica fina fuertemente asociada con proteínas de la membrana nuclear[32].

Además de su función bien establecida en el mantenimiento de la estabilidad mecánica del núcleo, cada vez es más evidente que la lamina nuclear y sus proteínas asociadas son intermediarios para las proteínas encargadas de regular la síntesis de ADN, la transcripción del gen, la progresión del ciclo celular, la diferenciación celular y otros mecanismos tales como las respuestas ante ADN dañado, la organización de la cromatina y la migración celular[33].

El núcleo de las células de los mamíferos se caracteriza por la heterogeneidad morfológica y funcional como consecuencia de la

---

31 DE JESÚS GÓMEZ, S. "Las últimas causas del plan de desarrollo embrionario de la vida humana", Madrid: Editorial Universidad Francisco de Vitoria, 2009, p. 30.

32 Cfr. BROERS J.L., *et al.* "Nuclear lamins: laminopathies and their role in premature ageing", Physiol. Rev. 2006, 86: pp. 967-1008.

33 Cfr. VERSTRAETEN V.L., BROERS J.L., RAMAEKERS F.C., VAN STEENSEL M.A. "The nuclear envelope, a key structure in cellular integrity and gene expression" Curr. Med. Chem. 2007, 14: pp. 1231-1248.

existencia de distintos compartimentos nucleares. Principalmente nos encontramos con dos compartimentos, los cuerpos nucleares proteicos y los dominios de cromatina[34].

Dentro de los dominios de cromatina observamos diferencias morfológicas que marcan dos regiones denominadas eucromatina y heterocromatina. En la eucromatina, la cromatina está menos condensada y nos encontramos con más densidad de genes siendo esta región transcriptacionalmente más activa por la presencia de histonas hiperacetiladas H3 y H4. Por el contrario, en la heterocromatina, el material genético se encuentra más condensado, hay menor densidad de genes y hay menos actividad transcriptacional por ser una región rica en histonas H3 metiladas en el residuo de lisina 9[35].

Se han descubierto genes que, teniendo que silenciarse para el correcto desarrollo celular, cambian su posición habitual para inactivarse asociándose a dominios de heterocromatina[36]. Además de esto y de modo general, en las distintas estructuras y compartimentos del núcleo la posición del genoma y el ambiente molecular que le rodea confieren al núcleo una estructura definida y una dinámica interna[37].

La transcripción diferencial que encontramos como consecuencia de la posición y dinámica de las subestructuras nucleares es, a su vez, regulada por la interacción de dichas estructuras con la membrana nuclear y la permanencia de la organización cromosómica de la mitosis. La importancia de la arquitectura nuclear que se está demostrando en la regulación de la expresión génica es incuestionable,

---

34 Cfr. DUNDR, M., MISTELI, T. "Funcional architecture in the cell nucleus", The biochemical journal. 2001, 356: pp. 297-310.

35 Cfr. DE JESÚS GÓMEZ, S. "Las últimas causas del plan de desarrollo embrionario de la vida humana", Madrid: Editorial Universidad Francisco de Vitoria, 2009, pp. 135-136.

36 Cfr. MARSHALL, W.F. "Gene expresión and nuclear architecture during development and differentiation", Mechanisms of development. 2003, 120: pp. 1217-1230.

37 Cfr. DE JESÚS GÓMEZ, S. "Las últimas causas del plan de desarrollo embrionario de la vida humana", Madrid: Editorial Universidad Francisco de Vitoria, 2009, pp. 136-145.

aunque, a día de hoy, las investigaciones científicas estén dando los primeros pasos.

4.5 Importancia del nicho

Para que la célula reciba e interprete adecuadamente una señal ectocrina o paracrina, además de encontrarse en un estado concreto correspondiente a esa señal, ha de situarse en su propio nicho.

Un nicho es un microambiente formado por una organización espacial de células y material extracelular donde se sitúan células indiferenciadas y desde el que se aportan las necesidades funcionales para promover su mantenimiento y regular su proliferación autorrenovadora o madurativa[38].

Cada célula, entonces, recibe distintas señales o gradientes moleculares ectocrinas y paracrinas según la posición que ocupe en el sistema. A su vez, la célula recibe información del sitio que ocupan en el sistema, información que se traduce en una vía de señalización molecular de señales que, en definitiva, entrarán a formar parte de la dinámica epigenética intracelular.

De hecho, se ha observado cómo *in vitro* el nicho o microambiente que rodea a las células pluripotenciales mantiene y regula a estas[39]. Podemos entonces concluir que tanto el contacto célula a célula como los gradientes de moléculas de señalización secretadas pueden inducir a células a seguir vías diferentes de desarrollo de acuerdo con su localización.

---

38 Cfr. MORRISON, S.J., SPRADLING, A.C. "Stem cells and niches: mechanisms that promote stem cell maintenance throughout life", Cell. 2008, 132(4): pp. 598-611.

39 Cfr. Ibid.

5 Interrelación de los factores reguladores de los estados de expresión

Hasta ahora hemos realizado una clasificación de los distintos modos de regulación de la transcripción génica, pero, de hecho, lo que nos encontramos es una interrelación entre todos ellos. En palabras de las doctoras Moratalla y Tomás y Garrido:

> Las vías de señalización molecular conducen la señal exterior hasta el núcleo de la célula, y transmiten así la indicación de inducir o de silenciar la expresión de determinados genes. Así, la activación de las vías de señalización intracelulares modifica el estado del genoma: informan a cada una de las células de su identidad como parte de un todo.[40]

En la figura 4.5 se recoge un esquema de la actividad genética y regulación tal y como actualmente se supone en organismos eucariontes. Dentro de esas vías de señalización habría que añadir factores de crecimiento, factores de transcripción, ARN mensajero y metilasas y desmetilasas que, a modo de reacción en cadena, modificaran el patrón de 'metilación'.

Con respecto a los factores reguladores de origen materno, y tal y como hemos mostrado, se sabe desde hace décadas que actúan generalmente a través de intermediarios fruto de la expresión génica del sistema embrionario[41].

---

40 TOMÁS Y GARRIDO, G., LÓPEZ MORATALLA, N. "De la totipotencialidad del cigoto a las células troncales maduras y de reserva", Cuadernos de Bioética. 2009, XX (3): p. 322.

41 Cfr. NEWMAN SMITH, E.D., ROTHMAN, J.H. "The maternal to zygotic transition in embryonic patterning of *Caenorhabditis elegans*", Current Opinion in Genetics and Development. 1998, 4: pp. 472-480; cfr. SESHGIRI, P. B., BAVISTER, B. D., WILLIAMSON, J.L., AIKEN, M. "Qualittive comparison of protein production at different stages of hamster pre-implantation development", Cell Differentiation and Development. 1990, 31: pp. 161-168.

Figura 4.5: Esquema de la regulación de la transcripción por los transcritos celulares

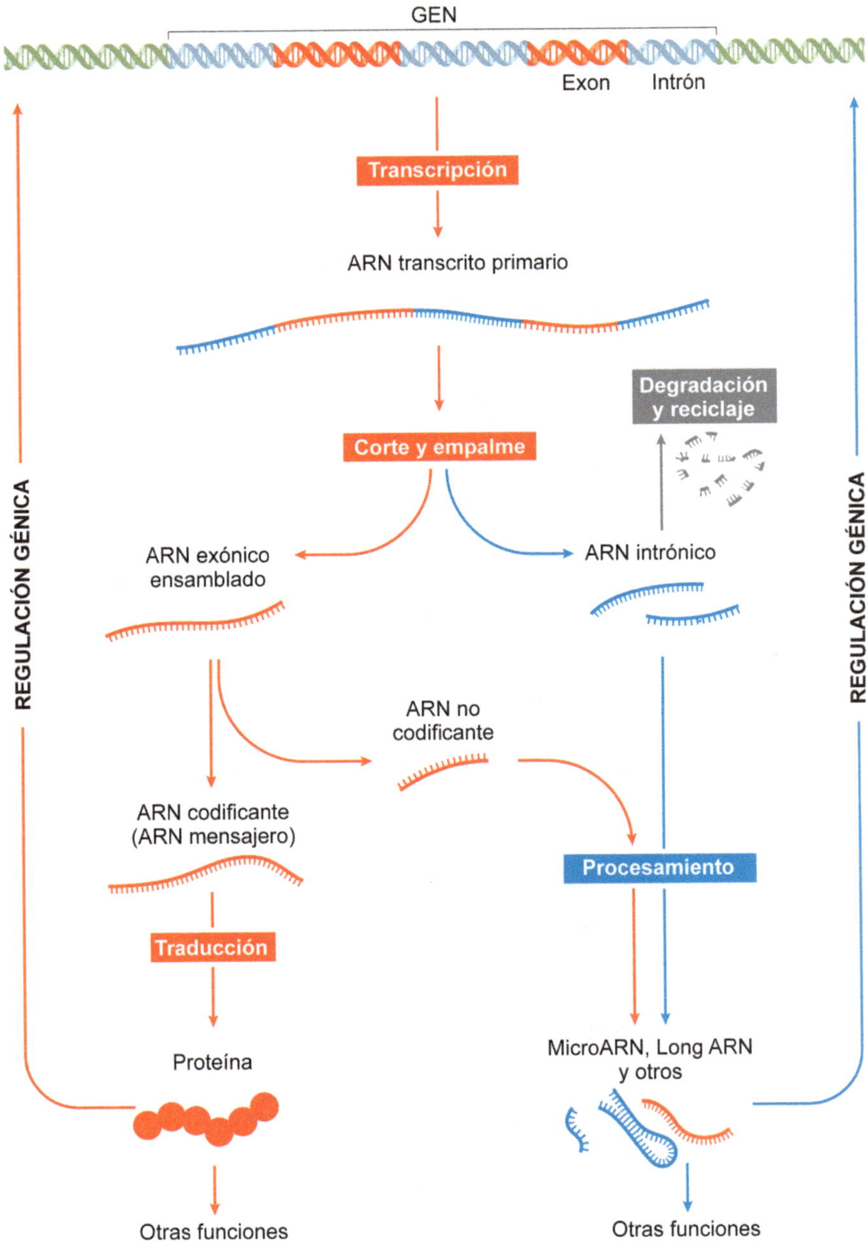

Podría parecer que la arquitectura nuclear fuera ajena a estos factores moleculares, pero, como veremos a continuación, la metilación, el reclutamiento de histonas y la arquitectura que observamos en el núcleo de las células está interrelacionada.

Los genes permanecen inactivados por metilación de secuencias de ADN cercanas. Estas secuencias metiladas, por el hecho de estarlo, pueden ser reconocidas por proteínas de unión al ADN (por ejemplo, la MeCP2). En ese caso los genes quedan desactivados. Por decirlo así, para que vuelva a estar activado hay que hacer más esfuerzo que si estuviera inactivado tan solo por metilación.

Estas proteínas de unión, a su vez, pueden reclutar histonas desacetilasas e histonas metilasas. Este reclutamiento de histonas modifica la cromatina cercana y transforma esas regiones en heterocromatina, desactivando completamente los genes allí presentes.

En las células de los mamíferos se observan grandes regiones del genoma metilados que, por la incorporación de proteínas a esas secuencias metiladas, acabarán formando parte de la heterocromatina, moviéndonos ya a nivel de la arquitectura nuclear.

En la bibliografía consultada no parece haber consenso en el uso de términos como inactivo, inactivado, desactivado, bloqueado silenciado, reprimido, etc. Por ese motivo he entendido práctico utilizar los términos gen inactivo (cuando no se está transcribiendo porque, simplemente, no hay maquinaria de transcripción), gen inactivado, gen desactivado y gen desactivado por completo, tal y como aparece explicado en la figura 4.6.

Volvamos ahora a la relación entre la metilación, el ARN y las proteínas inductoras con dos estudios recientes. Una investigación[42] ha mostrado cómo, en células diferenciadas, una proteína se une a la desamilasa ("cytidine desaminasa AID") inactivándola y quedando por ello los promotores del Oct4 y Nanog –genes que confieren pluripotencialidad a las células– metilados y desactivados.

---

42 Cfr. BHUTANI, N., BRADY, J.J., DAMIAN, M., SACCO, A., CORBEL, S.Y., BLAU, H. M. "Reprogramming towards pluripotency requires AID-dependent DNA demethylation", Nature. 2010, 463: pp. 1042-1047.

Figura 4.6: Desactivación de un gen mediante la metilación del ADN y la modificación de histonas

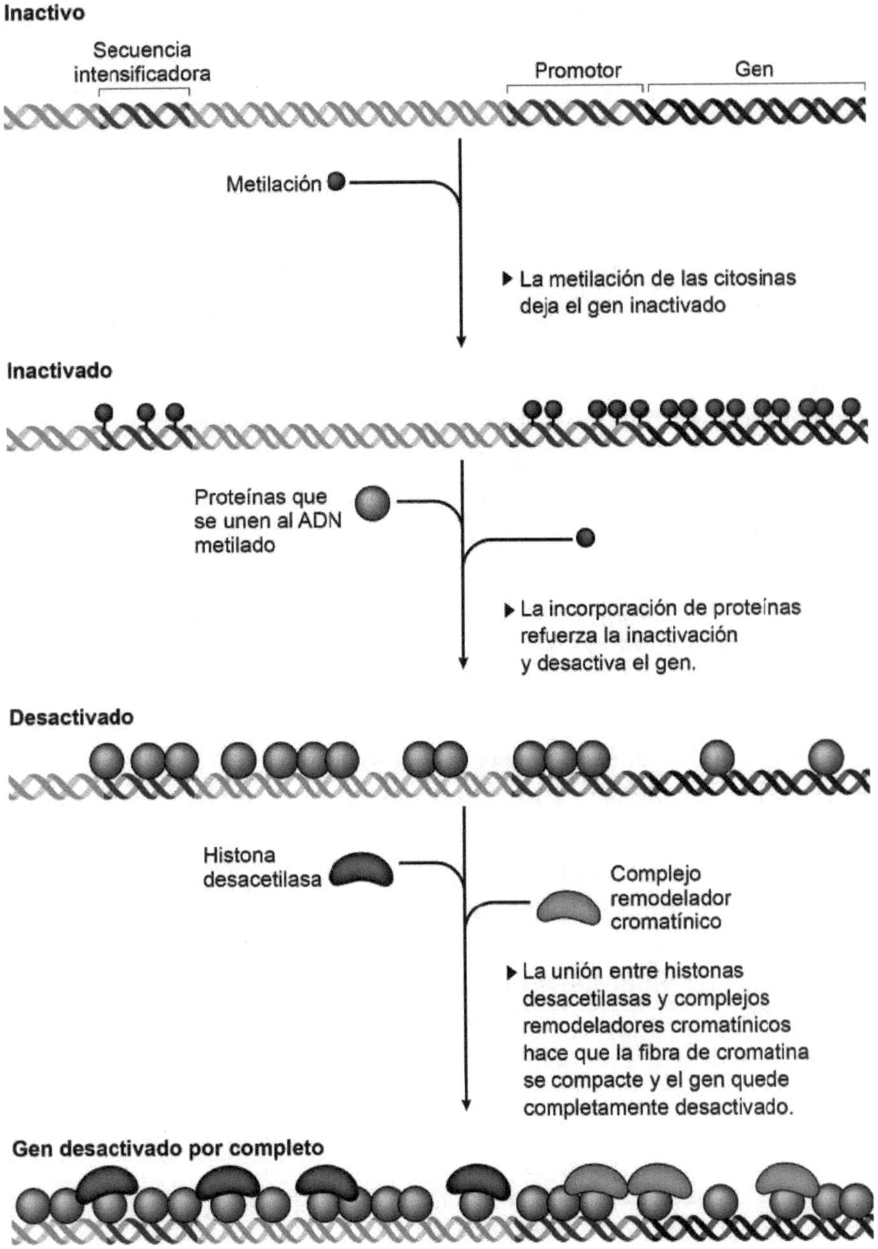

En la misma investigación se muestra que secuencias de ARN mensajero inducen la AID promoviendo la desmetilación e inducción de los promotores de los genes Oct4 y Nanog. Otro estudio muestra la relación entre la desmetilación que sufre el genoma de origen paterno cuando el sistema está en estado de pronúcleos y los ARN no codificantes de origen materno.[43]

Factores de inducción, promotores, desmetilasas y ARN mensajeros forman un conjunto de reacciones en cadena, rompecabezas que, poco a poco, las investigaciones van recomponiendo sobre el papel.

6 Casos particulares sobre la influencia de la epigénesis

6.1 La clonación por transferencia nuclear

Para adquirir una visión de conjunto sobre la influencia epigenética considero útil tener conocimiento de lo que ocurre cuando se generan organismos clónicos a través de transferencia nuclear. En este subapartado expondremos el paradigmático caso de la oveja Dolly, primer mamífero clónico[44] logrado por Ian Wilmunt[45].

---

43 En dicho estudio se introduce ARN mensajero que codifica para la proteína Elp3 (componente del complejo elongador implicado en la desmetilación del genoma paterno en el cigoto) con una mutación en el dominio SAM (S-adenosylmethionine) en el ovocito en estado de meiosis II previo a la fecundación. La investigación muestra cómo ese ARN mensajero mutado influye empobreciendo la desmetilación del genoma masculino una vez producida la fecundación. (cfr. OKADA, Y. *et al.* "A role for the elongator complex in zygotic paternal genome demethylation", Nature. 2010, 463 (7280): pp. 554-558).

44 Para una aproximación tanto a los aspectos biológicos como a la repercusión mediática de lo que supuso este hito científico, es interesante el artículo del Dr. Harry Griffin, del Roslin Institute de Edimburgo (cfr. GRIFFIN, H. "La clonación de Dolly", en CASADO, M., GONZÁLEZ-DUARTE, R.

El equipo de Wilmunt cultivó células epiteliales de oveja de 6 años de la raza Finn Dorset preñada manteniéndolas en estado G1. Tras obtener oocitos en estadio de metafase II de distintas razas de ovejas, procedieron a fusionar el núcleo de las células epiteliales en los óvulos enucleados. La fusión la lograban con pulsos eléctricos en ambas membranas gaméticas, pulsos que estimulaban al oocito a comenzar el desarrollo. De 430 óvulos fertilizados, se obtuvieron 277 sistemas unicelulares, los cuales se cultivaron por separado durante 6 días. Tan solo se obtuvieron 29 blastocistos aparentemente normales, los cuales se transfirieron a 29 hembras reproductoras. El único éxito fue un embrión implantado en una hembra Scottish Blackface, cuyo resultado fue la mediática Oveja Dolly. Los otro 28 murieron en estadio de fetos o neonatos con alteraciones en el desarrollo.

Lo que ocurre en la clonación no es difícil de entender después de lo expuesto hasta ahora. Se produce un borrado de las marcas epigenéticas propias del tejido epitelial del genoma de la célula adulta transferida y se establece una configuración genética totipotencial. Todo apuntaba a que los factores de transcripción presentes en el citoplasma eran los responsables de esa reprogramación, ya que al cambiar el ambiente citoplasmático, el patrón de expresión del genoma se modificaba.

Investigaciones recientes han mostrado que el citoplasma del sistema originado tras la clonación no es capaz de llevar a cabo la correcta reprogramación epigenética que ocurre de forma natural, lo que, unido a factores todavía desconocidos, determinaría los errores del desarrollo observados[46].

"Los retos de la genética en el siglo XXI: genética y bioética", Barcelona: Edicions Universitat de Barcelona. 1999, pp. 203-213).

45 Cfr. CAMPBELL, K.H., MCWHIR, J., RITCHIE, W.A., WILMUT, I. "Sheep cloned by nuclear transfer from a cultured cell line", Nature. 1996, 380: pp. 64-66.

46 Cfr. REIK, W., DEAN, W. "Back to the beginning", Nature. 2002, 420: p. 127, citado en DE JESÚS GÓMEZ, S. "Las últimas causas del plan de desarrollo embrionario de la vida humana", Madrid: Editorial Universidad Francisco de Vitoria, 2009, p. 87.

De la descripción realizada sobre el desarrollo embrionario podemos apuntar que la ausencia de los factores que provienen del espermatozoide[47] así como la competencia del centrosoma del oocito donante para organizar adecuadamente el citoesqueleto[48] son, en parte, causantes del desarrollo insatisfactorio del sistema.

Wilmut ya se percató de los problemas de salud de Dolly y, desde entonces, se ha demostrado que los animales clonados, por su condición de clónicos, arrastran cierto tipo enfermedades. Las anormalidades típicas que nos encontramos en estos animales son anomalías en la expresión genética en el estadio de embriones, elongación de los telómeros, obesidad en adultos, problemas del sistema inmunológico y, a menudo, aumento de la susceptibilidad al cáncer así como muerte prematura[49].

Los errores observados en el desarrollo del embrión clónico están relacionados con la expresión disminuida de los genes implicados en la transcripción. A este respecto se han documentado patrones anormales de expresión en la mayoría de los órganos de ratones clónicos, expresión aberrante del gen Oct4 fundamental para establecer la pluripotencia y errores en la expresión de los genes responsable de la inactivación del cromosoma X[50]. Los fallos en la re-

---

47 Cfr. KATAYAMA, M., ZHONG, Z. *et al.* "Mitochondrial distribution and microtubule organization in fertilized and cloned porcine embryos: implications for developmental potential", Development Biology. 2006, 299: pp. 206-220, citado en DE JESÚS GÓMEZ, S. "Las últimas causas del plan de desarrollo embrionario de la vida humana", Madrid: Editorial Universidad Francisco de Vitoria, 2009, p. 88.

48 Cfr. SUN, Q.Y., SCHATTEN, H. "Centrosome inheritance after fertilization and nuclear transfer in mamals", Adv Exp Med Biol. 2007, 591: pp. 58-71 citado en DE JESÚS GÓMEZ, S. "Las últimas causas del plan de desarrollo embrionario de la vida humana", Madrid: Editorial Universidad Francisco de Vitoria, 2009, p. 88.

49 Cfr. THUAN, N.V., KISHIGAMI, S., WAKAYAMA, T. "How to improve the success rate of mouse cloning technology", J. Reprod. Dev. 2010, 56: pp. 20–30.

50 Cfr. DE JESÚS GÓMEZ, S. "Las últimas causas del plan de desarrollo embrionario de la vida humana", Madrid: Editorial Universidad Francisco de Vitoria, 2009, p. 88.

programación del núcleo adulto no solo son responsables de anormalidades en el desarrollo visibles en animales clonados adultos, también lo son de la baja eficiencia en la obtención de células madre pluripotentes a partir de embriones clonados[51]. Se ha observado que el fenotipo del animal clónico no es idéntico al del animal clonado donante. Diferencias en el tamaño y en el temperamento entre ovejas clonadas a partir del mismo donante muestran la importancia del desarrollo epigenético y efectos del ambiente[52].

Un ejemplo que muestra con claridad la influencia de la epigénesis es lo que recientemente se ha sabido acerca de las abejas. Se ha descubierto que las abejas reinas y sus trabajadoras son clones. A pesar de la idéntica secuencia de ADN, las reinas y sus trabajadores tienen diferentes comportamientos, morfologías y capacidad reproductiva. La diferenciación estriba en que las reinas han sido aquellas larvas alimentadas exclusivamente con jalea real, a diferencia del resto de larvas. La composición de la jalea real causante de tal efecto se desconoce, pero sus efectos en gran medida se pueden imitar al disminuir los niveles de un solo regulador epigenético, la ADN metiltransferasa DNMT3.[53]

Con estas observaciones sobre lo acontecido en la clonación, he querido mostrar con más claridad la influencia y fuerza de la epigénesis en el desarrollo de individuos con una misma secuencia de ADN. Aunque todavía no se ha conseguido llevar a término el desarrollo de primates clónicos, en la actualidad está prohibida la implantación de blastocistos humanos clonados, aunque la clonación con aspiraciones terapéuticas –para la obtención de células

51 Cfr. YAMANAKA, S., BLAU, H.M. "Nuclear reprogramming to a pluripotent state by three approaches", Nature. 2010, 465: pp. 704-712.

52 Cfr. DE JESÚS GÓMEZ, S. "Las últimas causas del plan de desarrollo embrionario de la vida humana", Madrid: Editorial Universidad Francisco de Vitoria, 2009, p. 87.

53 KUCHARSKI, R., MALESZKA, J., FORET, S., MALESZKA, R. "Nutritional control of reproductive status in honeybees via DNA methylation", Science. 2008, 319: pp. 1827-1830 citado en YAMANAKA, S., BLAU, H.M. "Nuclear reprogramming to a pluripotent state by three approaches", Nature. 2010, 465: pp. 704-712.

madre embrionarias[54]– está permitida en nuestro país bajo el epígrafe "transferencia nuclear somática"[55].

6.2 Inducción a la pluripotencialidad de células somáticas

La reprogramación de un núcleo ya diferenciado en totipotencial supuso la puesta en práctica de las técnicas de clonación y animó al reconocido investigador Shin´ya Yamanaka a indagar en los mecanismos con un objetivo preciso: lograr deshacer el camino recorrido por las células especializadas e inducirlas a estados de indiferenciación[56].

La inducción a la pluripotencialidad de células somáticas a través de la incorporación de, en un primer momento, genes utilizando vectores víricos[57] y, en un segundo momento, mediante la in-

54 Cfr. YANG, X. et al. "Nuclear reprogramming of cloned embryos and its implications for therapeutic cloning", Nature Genet. 2007, 39: pp. 295-302.

55 Cfr. Artículo 33 de la Ley 14/2007, del 3 de julio, de Investigación Biomédica (Boletín Oficial del Estado 159 del 04/07/ 2007 Sec 1, pp. 28826-28848). Es interesante el análisis crítico que Bellver Capella realiza con respecto a la clonación en esta Ley (cfr. BELLVER CAPELLA, V. "Células madre, genes, clones: el sendero del posthumanismo", en GERMAN ZURRIARÁIN, R. (Coord.), "Células madre: Ciencia, Ética y Derecho", Madrid: Eiunsa, 2009, pp. 153-156).

56 En declaraciones al New York Times, Yamanaka explicaba la motivación que le llevó a tal descubrimiento: "Cuando vi el embrión, de repente me di cuenta de que había muy pequeña diferencia entre él y mis hijas. Pensé: no podemos seguir destruyendo embriones para nuestra investigación. Tiene que haber otra manera." FACKLER, M. "Risk Taking Is in His Genes", New York Times. 11 de diciembre del 2007. [Publicación en línea] www.nytimes.com/2007/12/11/science/11prof.html?pagewanted=all&_r-=0 [Consultada el 12 de enero del 2013].

57 Cfr. TAKAHASHI, K., YAMANAKA, S. "Induction of pluripotent stem cells from mouse embryonic and adult fibroblast cultures by defined factors", Cell. 2006, 126: pp. 663-676; cfr. WERNIG, M. *et al.* "*In Vitro* reprogramming of fibroblasts into a pluripotent ES-celllike state", Nature. 2007, 448: pp. 318-324; cfr. MAHERALI, N. *et al.* "Directly repro-

troducción de vectores multi-proteicos[58], dieron paso desde noviembre del 2006 a las células madre inducidas (iPS). Su existencia es prueba indiscutible de la importancia de los genes en el destino y diferenciación de las diferentes líneas celulares embrionarias y, a su vez, de la importancia de los factores epigenéticos en el devenir del sistema.[59]

---

grammed fibroblasts show global epigenetic remodeling and widespread tissue contribution", Cell Stem Cell. 2007, 1: pp. 55–70; cfr. TAKAHASHI, K. *et al.* "Induction of pluripotent stem cells from adult human fibroblasts by defined factors", Cell. 2007, 131: pp. 861–872; cfr. YU, J. *et al.* "Induced pluripotent stem cell lines derived from human somatic cells", Science. 2007, 318: pp. 1917–1920; cfr. PARK, I.H. *et al.* "Reprogramming of human somatic cells to pluripotency with defined factors", Nature. 2008, 451: pp. 141–146; cfr. OKITA, K., ICHISAKA, T., YAMANAKA, S. "Generation of germline-competent induced pluripotent stem cells", Nature. 2007, 448: pp. 313–317.

58 Cfr. STADTFELD, M., NAGAYA, M., UTIKAL, J., WEIR, G., HOCHEDLINGER, K. "Induced Pluripotent Stem Cells Generated Without Viral Integration", Science. 2008, 322 (5903): pp. 945-949; cfr. KAJI, K., NORRBY, K., PACA, A., MILEIKOVSKY, M., MOHSENI, P., WOLTJEN, K. "Virus-free induction of pluripotency and subsequent excision of reprogramming factors", Nature. 2009, 458: pp. 771-775.

59 Investigaciones sobre la reprogramación de células adultas para la obtención de iPS han mostrado cómo las células con los telómeros cortos no pueden inducirse a la pluripotencialidad (cfr. MARION, R. M. *et al.* "Telomeres acquire embryonic stem cell characteristics in induced pluripotent stem cells", Cell Stem Cell. 2009, 4: pp. 141–154 y Cfr. DAVY, P., ALLSOPP, R. "Balancing out the ends during iPSC nuclear reprogramming", Cell Stem Cell. 2009, 4 (2): pp. 95–96). Otra investigación muestra cómo la proteína p53 (también conocida como Trp53 en ratones y TP53 en seres humanos) está críticamente involucrada en la prevención de la reprogramación de las células que llevan diversos tipos de daño en el ADN, incluyendo los telómeros cortos (cfr. MARION, R. M., STRATI, K., LI, H., MURGA, M., BLANCO, R., ORTEGA, S., FERNÁNDEZ-CAPETILLO, O., SERRANO, M., BLASCO, M.A. "A p53-mediated DNA damage response limits reprogramming to ensure iPS cell genomic integrity", Nature. 2009, 460: pp. 1149-1153).

En la segunda mitad del 2009 se mostró la posibilidad de que una línea de iPS pudiera generar ratones adultos completos mediante la complementación de estas células a blastocistos tetraploides[60].

La técnica utilizada en los tres trabajos que paralelamente abordaron esta cuestión fue muy similar: se obtuvieron blastocistos de embriones genéticamente modificados, blastocistos con tan solo la capa externa del trofoblasto capaces de generar las capas extraembrionarias. Seguidamente se inyectó en el interior del blastocisto modificado iPS para, posteriormente, proceder a la implantación en ratones hembra. Los ratones adultos resultantes nacidos tenían las mismas características genéticas de los roedores utilizados para generar iPS.[61]

Este anuncio es, como se puede apreciar, relevante. Vemos cómo iPS pueden reprogramarse para dar lugar a las células del embrioblasto, células que van a determinar el desarrollo del cuerpo del embrión. Además, esta investigación nos muestra la posibilidad de tener en un mismo embrión distinta carga genética entra las células del trofoblasto y embrioblasto. Esta sorprendente situación será analizada en la tercera parte de la investigación.

Otro claro ejemplo de la plasticidad de estas células nos lo muestra la diferenciación de iPS a células germinales primordiales. A partir de aquellas, se han obtenido espermatozoides y óvulos maduros con una correcta reprogramación epigenética[62]. En concreto,

---

60 Cfr. KANG, L., WANG, J., ZHANG, Y. *et al.* "iPS cells can support full-term development of tetraploid blastocyst-complemented embryos", Cell Stem Cell. 2009, 5: pp. 135-138; cfr. ZHAO, X., LI, W., ZHUO, L. *et al.* "iPS cells produce viable mice through tetraploid complementation", Nature. 2009, 461: pp. 86-90 y Cfr. BOLAND, M., HAZEN, J., NAZOR, K., *et al.* "Adult mice generated from induced pluripotent stem cells", Nature. 2009, 461: pp. 91-94.

61 El equipo de Zhao logró producir 31 ratones vivos y fértiles a partir de 37 líneas celulares iPS provenientes de fibroblastos de la piel (cfr. ZHAO, X. *et al.* "iPS cells produce viable mice through tetraploid complementation", Nature. 2009, 461: pp. 86-90).

62 EDITORIAL, "Artificially Induced Oocytes", Science. 2012, 16 November, 338 (6109): p. 862.

los óvulos han mostrado un óptimo potencial para completar la segunda división meiótica una vez fertilizados, e implantados, han dado lugar a individuos adultos sanos[63].

6.3 Conclusión desde una perspectiva científica sobre la posición epigenética

Hemos mostrado que la diferenciación celular y, consecuentemente, el desarrollo embrionario es fruto de la progresiva, ordenada y coordinada expresión de la información contenida en el genoma, expresión regulada por –y necesitada de– cambios epigenéticos. Estos cambios epigenéticos están regulados por la propia dinámica funcional del ADN, dinámica regulada a su vez por procesos y metabolitos celulares cuyo origen puede ser intraembrionarios o extraembrionarios, es decir, provenientes del medio.

En el caso del sistema unicelular resultante de la fecundación, esta regulación proviene principalmente de metabolitos heredados del citoplasma del óvulo o liberados por el espermatozoide (por ejemplo, ARN no recombinante tales como el miRNA o el lncRNA).

Dicho esto podemos afirmar que factores embrionarios y extraembrionarios están directamente implicados, a través de reacciones en cadena, en el cómo y cuándo de la transcripción y traducción del ADN mediante mecanismos de activación y silenciamiento de secuencias concretas, motivo por el cual poseen una importancia indiscutible en el desarrollo del embrión preimplantatorio.

Si los cambios epigenéticos son cambios heredables en el material genético que no suponen una alteración en la secuencia nucleotídica (principalmente la metilación de las citosinas y la modificación química de las histonas), a todo el conjunto de mecanismos

63 KATSUHIKO HAYASHI, SUGAKO OGUSHI, KAZUKI KURIMOTO, SO SHIMAMOTO, HIROSHI OHTA, MITINORI SAITOU, "Offspring from Oocytes Derived from in Vitro Primordial Germ Cell–like Cells in Mice", Science. 2012, 16 November, 338 (6109): pp. 971-975.

y procesos implicados de forma más o menos directa en los cambios epigenéticos es lo que he denominado "influencia epigenética".

Entiendo que cabe una actitud acorde con la realidad que reúna las perspectivas genética y epigenética, actitud que recoge Sara de Jesús cuando afirma en las conclusiones de su tesis que en el genoma está contenido la información estructural y funcional del nuevo ser, pero que esta necesita imbricarse en una maquinaria compleja para su correcto desarrollo.

> En definitiva, el genoma contiene tanto la información estructural y funcional del nuevo ser como las instrucciones necesarias para expresarla en el tiempo y lugar adecuado. Sin embargo, tanto una como otra, necesita que el genoma esté dentro de la compleja maquinaria de funcionamiento celular. El ejemplo que nos ofrece la clonación nos ayuda a comprender el peso del genoma en el desarrollo. El genoma necesita de los factores celulares para reprogramarse y llegar al estado epigenético de totipotencia. Sin embargo, no basta la presencia de los factores del oocito para que se reproduzca la adecuada regulación epigenética del oocito, pues estos sólo logran una programación defectuosa.[64]

Por todo lo hasta ahora expuesto considero necesario afrontar la problemática sobre la posición de lo genético y lo epigenético partiendo de una clasificación rigurosa del significado de términos tan habituales en esta discusión como "importante", "necesario", "esencial" y "fundamental". Sin una previa clasificación y caracterización de las notas que componen una realidad sistemática, sin una unificación de criterios, la discusión difícilmente será fructífera.

Alcanzado este punto, se hace necesario adentrarnos en territorio interdisciplinar para, en primer lugar, unificar la terminología biológica que responda fiel e inequívocamente al dinamismo observado y a las distintas estructuras implicadas. Tras ello, será necesario recordar desde una perspectiva filosófica la caracterización de lo

---

64 DE JESÚS GÓMEZ, S. "Las últimas causas del plan de desarrollo embrionario de la vida humana", Madrid: Editorial Universidad Francisco de Vitoria, 2009, pp. 144-145.

esencial e investigar si encontramos algo en el sistema que se ajuste a ello.

Zubiri no poseía la información de que ahora disponemos sobre la influencia epigenética en la expresión génica y por ello, en mi opinión, no pudo corroborar su intuición. Nosotros, analizando la estructura, actividad y función del genoma y de los factores epigenéticos, tenemos más información con la que poner a prueba su explicación teórica.

En la primera parte de este trabajo de investigación, y tras clasificar el horizonte filosófico zubiriano, he procedido a una exposición de la teoría de la esencia. Procedamos ahora, tras la descripción del desarrollo del embrión preimplantatorio en esta segunda parte, a su análisis interdisciplinar.

Parte tercera:

Reflexión interdisciplinar sobre el estatuto del embrión preimplantatorio

Capítulo 5. Índole de los factores epigenéticos en el análisis de la suficiencia constitucional del embrión

1 Introducción

Al inicio de la investigación hemos situado la metafísica zubiriana y explicado la teoría de la sustantividad. En la parte anterior hemos descrito biológicamente el desarrollo del embrión preimplantatorio. Con el terreno preparado, en este capítulo ofreceremos y pondremos a prueba un modelo teórico con el que explicar con precisión el desarrollo orgánico, y nos preguntaremos si, atendiendo a la teoría de la sustantividad de Zubiri, podemos reconocer en el embrión preimplantatorio un sistema sustantivo.

A pesar de ser varias las objeciones usualmente apuntadas para asumir una consideración no personal del embrión, aquellas que aluden a la filosofía de Zubiri se apoyan en una supuesta falta de suficiencia constitucional debida a la existencia de factores extraembrionarios. Desde esta postura se afirma que, hasta que el embrión no completa un periodo constituyente, no hay sino un único campo sustantivo: el materno.

Zubiri reflexionó a lo largo de su vida sobre el momento del inicio de la sustantividad humana atendiendo al desarrollo biológico y, probablemente, este sea uno de los puntos donde su metafísica ha obtenido más popularidad y ejercido mayor influencia. Prácticamente todo trabajo que aborde el estatuto ontológico del embrión en el ámbito hispano afronta –o por lo menos apunta– la problemática de la importancia de los factores maternos aludiendo a la "suficiencia constitucional". Para valorar el alcance de la influencia zubiriana baste con atender al *Informe de Investigación Sobre Células Troncales* del Comité Asesor de Ética en la Investigación Científica y Tecnológica[1] solicitado por el Gobierno de España. En el capítulo dedicado al estatuto ontológico del embrión[2], se afirma que en la sociedad actual encontramos una posición a ese respecto que, a mi modo de ver, merece ser transcrita *in extenso* para percatarnos del alcance de la influencia de la metafísica de Zubiri:

> La segunda posición entiende, por su parte, que aunque desde el óvulo fecundado se pudiera hablar de continuidad, el proceso es constitutivo de la realidad personal misma, y a lo largo del proceso se distinguen etapas que suponen cualidades nuevas hasta adquirir la suficiencia constitucional, que no se tendría desde el origen, sino que se adquiriría en el tiempo. Según algunos autores, el embrión no tiene de forma intrínseca y autónoma todas las capacidades para transformarse en otra cosa diferente que tiene cualidades nuevas, porque las interacciones son esenciales. (...) El proceso no es continuo, sino un proceso en continuidad, en el que en tiempos definidos se originan novedades. El individuo permanece el mismo en un continuo durante todo el proceso de desarrollo, pero experimenta cambios que colocan a la entidad "el mismo" en escalas de constitución diferente: no permanecerá siempre lo mismo.
> Desde esta perspectiva el embrión tiene el estatuto ontológico propio del ser humano cuando tiene suficiencia constitucional. La realidad es un campo estructurado o una estructura clausurada de elementos o notas. Cuando esa estructura es coherente alcanza la suficiencia constitucional y, por tanto, la sustantividad. A partir de entonces el feto tendrá personeidad, será persona ontológicamente. También entonces acontece la mismidad constitucional.

---

1 COMITÉ ASESOR DE ÉTICA EN LA INVESTIGACIÓN CIENTÍFICA Y TECNOLÓGICA Informe de Investigación Sobre Células Troncales" (Fundación Española Para La Ciencia Y Tecnología" 2003) A partir de ahora, CAEICT. La versión utilizada sobre la cual se cita se encuentra en: [Publicación en línea] <www.cnb.csic.es/~transimp/INFORME_CELULAS_TRONCALES.pdf> [Consultado el 24 de noviembre del 2012]. Cabe destacar que en las fuentes bibliográficas citadas de los aspectos éticos (cfr. CAEICT, pp. 83-84), además de las 7 citas pertenecientes a comités y asociaciones nacionales e internacionales, ocho de las trece restantes pertenecen a Diego Gracia, Carlos Alonso Bedate, Adela Cortina y Juan Ramón Lacadena con dos publicaciones cada uno.

2 CAEICT, pp. 41-43.

Desde esta posición el cigoto no contiene el todo valorativo del término, ya que no contiene el todo ni siquiera como posibilidad, por no ser potencia intrínseca y autónoma de llegar a ser el acto, la persona. Lo emergente en un proceso evolutivo no puede entenderse sin lo anterior.[3]

Para preguntarnos si podemos reconocer en el embrión un sistema con suficiencia constitucional tendremos que indagar en su estructura. Descubrir un sistema de notas que respondan a la caracterización del subsistema constitucional constitutivo confirmará que estamos ante una estructura constitucional, un sistema sustantivo.

Como ya dejamos señalado en el capítulo anterior, desde el descubrimiento de la doble hélice de ADN la asignación del genoma como estructura determinante y fundamental en el desarrollo del embrión temprano se ha visto desplazada por el creciente protagonismo de la influencia epigenética determinante de la expresión génica y del desarrollo embrionario. En este capítulo, atendiendo a la información científica recogida en la presente investigación, comprobaremos si la hipótesis del genoma como lo esencial del embrión preimplantatorio responde a la caracterización del subsistema constitutivo del sistema sustantivo zubiriano.

Para ello expondré aquellas posturas que, influidas por la aparición del término preembrión en el ámbito anglosajón, han negado la suficiencia constitucional del embrión alegando la existencia de factores extraembrionarios de carácter esencial. También analizaremos críticamente la postura que, aludiendo a la metafísica zubiriana, afirma que el material genético no puede ser considerado subsistema constitutivo por ser el genoma condición necesaria pero no suficiente del desarrollo.

Todo esto nos hará cuestionar si la relación entre lo constitutivo y lo constitucional alegada por dichas posturas es fiel a la letra zubiriana. Aquí será vital no confundir lo infundado con lo necesitado y atender correctamente tanto al inequívoco sentido en que Zubiri afirma que las notas constitutivas son infundas, como a la fundamentación en orden a la constitución de lo fundado en lo

3 CAEICT, pp. 42-43.

infundado. La imbricación interna entre lo constitutivo y lo meramente constitucional del sistema quedará perfilada con la precisa noción zubiriana de desarrollo. Todo este análisis crítico me servirá para subrayar la precisa relación entre el momento constitutivo y el resto del sistema constitucional, y discurrir, fiel a la letra y rigor zubiriano, si encontramos dicha relación entre (diré ahora sin precisión) lo genético y el resto del sistema celular.

Pero antes de todo ello, he considerado pertinente –y en cierto modo, necesario– proponer una nomenclatura que delimite con precisión la realidad que va aconteciendo en el desarrollo del embrión preimplantatorio. Debidamente justificada, la propuesta terminológica facilitará tanto la descripción del dinamismo embrionario como el diálogo que, desde una perspectiva metabiológica, mantendremos con aquellas interpretaciones que se han adentrado en el estatuto ontológico del embrión.

A modo de fórmula, la nueva nomenclatura se ajustará secuencialmente a la realidad física tal y como las ciencias nos muestran que va aconteciendo en el desarrollo del embrión preimplantatorio (sistema en posición germinal), especificará con exactitud subestructuras celulares (epigenoma) y recogerá la unidad del dinamismo celular que apreciamos en el sistema (sincrogenización).

2 Propuesta terminológica

2.1 Genoma, epigenoma, transcriptoma, apogenoma, fenoma y ambioma

Creo necesario comenzar esta síntesis de lo ganado en la parte biológica trayendo a colación algunos términos que faciliten una descripción sintética de las subestructuras moleculares existentes en el embrión preimplantatorio. También considero importante delimitarlos pues, con algunos de ellos, varios autores han reflexionado y concluido acerca de la suficiencia constitucional del embrión preimplantatorio, y será práctico tenerlos presentes a la hora de valorar el estado actual de la cuestión.

"Genoma" hace referencia al conjunto de información genética de una célula, siendo paradigmático del término todo el conjunto de ADN contenido en el juego diploide presente en el cigoto, y, a partir del cigoto, en el resto de células que componen un organismo adulto. En el caso del hombre y como hemos señalado ya, corresponde a aproximadamente 3200 millones de pares de nucleótidos los cuales, replicados y superenrollados, nos aparecen de forma visible y nítida en 23 pares de cromosomas en la metafase.[4]

Como es sabido, en el genoma está contenida a modo de tripletes los patrones que posibilitarán, mediante la interacción con el resto del sistema, la transcripción de estas secuencias a ARN y la traducción de este a proteínas. Como dejamos anunciado son tres los principales procesos en los que, directa e indirectamente, está involucrado el ADN: la replicación (el ADN se duplica para su transmisión en copias idénticas a la descendencia), la transcripción (se transcriben moléculas de ARN desde determinadas secuencias de ADN) y la traducción (mediante la cual algunos transcritos de ARN -el ARN codificante- se traduce a proteínas). Es decir, a partir del ADN se produce ARN y a partir del ARN se sintetizan proteínas.

De los 3200 millones de pares de bases (Mb) del genoma humano, se ha afirmado que unas 1200 Mb son genes[5] y secuencias relacionadas con genes. Los 25000 genes ocupan 48 Mb, representando el 36 por cien del total de genoma. Cabe apuntar que de ese 36 por cien, tan solo el 1,5 contiene información que se traducirá a

4 Aunque no es relevante para el análisis aquí presente, cabe señalar que nos encontramos en el interior de las mitocondrias moléculas circulares de ADN de 16.559 pb que albergan 37 genes y se transmiten por vía materna (cfr. JOUVE, N. "Explorando los genes", Madrid: Ediciones Encuentro, S.A., 2008, p. 478).

5 Secuencias de ADN que contienen información para la síntesis de proteínas delimitadas por un codón de iniciación y otro codón de terminación. Son también llamadas marcos abiertos de lectura.

proteínas, o lo que es lo mismo: del cien por cien del genoma tan solo el 1,5 son secuencias con información de genes estructurales. El 62,5 por cien del genoma que no está relacionado directamente con los genes –unos 2000 Mb– es denominado "gen intragenético", siendo algo menos de las tres cuartas parte del mismo secuencias repetidas[6].

Estas cifras proporcionadas principalmente por el "Proyecto Genoma Humano" han sido completadas y corregidas con otro proyecto del National Human Genome Research Institute (NHGRI), el proyecto ENCODE (acrónimo de Encyclopedia of DNA Elements). El ENCODE comenzó como proyecto piloto en el 2003, y durante la última década se ha encargado de hacer un análisis exhaustivo del genoma humano centrándose en identificar los elementos funcionales de la secuencia de ADN humano que nos encontramos en las distintas líneas celulares. En los últimos años se ha ampliado de forma significativa la información sobre los transcritos primarios y maduros, así como la localización de las principales modificaciones de histonas, los sitios de unión de los factores de transcripción, los sitios de inicio de la transcripción, etc.[7]

Merece la pena detenernos en algunos de los sorprendentes resultados de este proyecto. Se ha visto que aproximadamente el 80 por cien de los nucleótidos del genoma tienen alguna función en sentido amplio, es decir, son transcritos en al menos un tipo celular. Se ha visto también que hay más de ocho millones de sitios en el genoma a los que se une algún factor de transcripción, lo cual ha permitido entender mucho mejor la especificidad de la expresión génica del tejido. Esto nos da una idea de la complejidad de la di-

---

6 Cfr. WATSON, J. D., BAKER T. A. *et al.* "Biología Molecular del Gen", 5° ed. Madrid: Panamericana Editorial Médica, 2008, p. 149, fig. 7-4.

7 El 5 de septiembre de 2012 la revista Nature publicó varios artículos con los resultados de la segunda fase del proyecto ENCODE en la que participaron más de 400 personas y se analizaron 1.640 conjuntos de datos obtenidos de 147 líneas celulares diferentes. Esa información, junto con la aparecida en otros 30 artículos científicos publicados simultáneamente en otras revistas, se puede consultar en [Publicación en línea] <www.nature.com/encode/-#/threads> [Consultado el 12 de noviembre del 2012].

námica funcional genética, y de cómo la ciencia está avanzando a este respecto y abriendo nuevos horizontes[8].

De todas maneras, para la presente investigación nos es suficiente tener claro el siguiente esquema: a partir de ciertas secuencias de ADN, tras el proceso de transcripción y regulación post-transcriptacional, se originan productos (ya sea ARN no codificante o, tras la traducción, proteínas), los cuales, tras una serie de reacciones y procesos (por ejemplo, unidos a determinados metabolitos ectocrinos, exocrinos o paracrinos), permiten o impiden la transcripción de otras secuencias y/o regulan la regulación, valga la redundancia, post-transcriptacional. Es decir, podemos encontrar secuencias o grupos de secuencias cuyo producto tenga carácter regulador de la transcripción de otras secuencias, y/o de la maduración de los transcritos primarios y/o de la traducción a proteínas. Los productos de los genes o secuencias implicadas en la regulación pueden activar o reprimir, por un lado, a una secuencia o a un grupo de secuencias de ADN o ARN cuyos productos estén también implicados en la regulación; o, por otro lado, a una o varias secuencias cuyos productos finales sean, en gran medida, característicos de los diversos tejidos y órganos, es decir, productos principalmente responsables de que podamos afirmar que tal célula pertenece a tal capa o tal tejido celular a partir de su diferenciación de una célula multipotencial.

Al grupo particular de genes o secuencias transcriptacionalmente activas en los diferentes estadios del desarrollo es a lo que, siguiendo a algunos autores, denominaré apogenoma[9]. Es decir, a cada apogenoma le corresponderá un conjunto diferente de transcritos expresados, el transcriptoma, parte del cual (los ARN codifi-

---

8 Para una exposición sintética y rigurosa de lo alcanzado por el proyecto ENCODE [Publicación en línea] <www.unav.es/adi/¬servlet/Web2?course¬=-4000001559&action=verWeb&pagina=96706> [Consultado el 12 de noviembre del 2012], web que actualiza los contenidos de NOVO, F. J. "Genética Humana", Madrid: Pearson, 2007.

9 Cfr. GARCÍA-BELLIDO, A. "Hacia una gramática generativa", Madrid: Real Academia de Ciencias Exactas, Físicas y Naturales, 1984, p. 24.

cantes) sintetizará, en principio, un conjunto de proteínas, el proteoma.

Antes de continuar, y con lo alcanzado hasta ahora, quiero hacer una pequeña anotación. Desde la filosofía de la biología se ha cuestionado la idoneidad de la noción de "gen" [10], más concretamente, de la denominada *classical molecular gene concept*, gen entendido como un tramo de ADN que codifica un producto funcional, ya sea una cadena polipeptídica o una cadena de ARN[11]. Aunque esta discusión merece ser considerada en toda su amplitud en otra publicación, se puede afirmar que los descubrimientos científicos sobre el papel central del ARN y, más concretamente, sobre la regulación post-transcriptacional en los mecanismos de proliferación y diferenciación celular, nos han mostrado la insuficiencia de los modelos explicativos imperantes en la segunda mitad del siglo XX, que, además de no tener presente la necesaria influencia epigenética, entendían la relación entre las secuencias de ADN y sus productos como una relación de uno a uno (es decir, una secuencia concreta de ADN se transcribe en uno y siempre el mismo ARN mensajero maduro, ARN que se traduce en una y siempre la misma proteína). Pienso que el error consistió en la extrapolación gratuita de esa relación "uno a uno" de la que se tenía constancia –y que, de hecho, se da en multitud de secuencias– a todas las secuencias transcriptacionalmente activas del genoma; pero, en mi opinión, ese error en nada afecta a lo verdaderamente esencial del dogma central de la biología molecular: que secuencias de ADN transcriben ARN, y que de este se sintetizan proteínas. Ciertamente, el proyec-

10 Para una revisión al respecto, EL-HANI, C. N. "Between the cross and the sword: the crisis of the gene concept", Genetics and Molecular biology. 2007, 30: pp. 297-307.

11 Cfr. GRIFFITHS, P. E., NEUMANN, R. D., "The many face of the gene. Bioscience. 1999, 49: pp. 656-662; cfr. STOTZ, K., GRIFFITHS, P. E., KNIGHT, R. "How biologist conceptualize genes: an empirical study", Studies in the history and philosophy of biological and biomedical sciences. 2004, 34: pp. 647-673; EL-HANI, C. N. "Between the cross and the sword: the crisis of the gene concept", Genetics and Molecular biology. 2007, 30: pp. 297-307.

to ENCODE y los avances en el estudio de la regulación post-transcriptacional nos dejan meridianamente clara la necesidad de revisar los modelos explicativos y precisar el lenguaje; pero, al reaccionar ante dicha simplicidad y extrapolación, primero cuestionando las contribuciones y la utilidad del concepto de gen y, después, proponiendo que la noción de "gen" y la centralidad funcional recaiga en otras estructuras (por ejemplo, en la unidad funcional del ARN mensajero maduro o en la unidad cromosómica), se corre el riesgo, en mi opinión, de alejarse más de la realidad[12]. Ciertamente, los modelos facilitan que el observador penetre en una dimensión de lo que pretende describir, pero, a su vez, no hemos de perder de vista que el observador queda limitado por el modelo. No es que se tenga que evitar todo modelo o paradigma; de hecho, en esta investigación propongo unas nociones y un marco que, pienso, pueden ofrecer luz sobre la caracterización del viviente y la relación entre lo genético y epigenético. Lo que no hemos de olvidar es que nos aproximamos a la realidad desde nociones y modelos, y pienso que hay que estar alerta pues, si ya es un problema grave dar prioridad al modelo, todavía lo es más que éste suplante a la realidad.

Continuando con nuestra propuesta terminológica, pienso que introducir la noción de epigenoma será de mucha ayuda para comprender la relación entre el ADN y el resto de estructuras y, por ende, la descripción del embrión pre-implantatorio. Epigenoma, entendido en el marco del ya anunciado Consorcio Internacional del Epigenoma Humano, hace referencia a la realización de un mapa genómico que abarque las modificaciones epigenéticas, es decir, la confección de un mapa que recoja no solo la secuencia nucleotídica (lo que viene llevando a cabo el Proyecto Genoma Humano) sino que plasme la influencia epigenética y la regulación de esta en la expresión génica.

Dejando a un lado la controversia ya señalada que en el ámbito científico despierta este proyecto, encontramos en la literatura científica que este término es entendido como la información transpor-

12 Pienso que, quizás, algunas de estas propuestas puedan estar motivadas por una reacción desmesurada ante cualquier atisbo de determinismo genético.

tada por el genoma que no está codificada en el ADN. Esta información[13] hace referencia principalmente a la metilación del ADN en los nucleótidos con citosina, la modificación de histonas y sus variantes incorporadas a los nucleosomas[14].

Considero que en la descripción del embrión preimplantatorio podemos precisar el término epigenoma, siguiendo en todo caso la línea semántica utilizada en el ámbito científico, como la configuración bioquímica del ADN y la configuración bioquímica y estructural de las fibras de la cromatina que la célula posee en un determinado estadio del desarrollo celular. La configuración concreta del material genético de una célula determina la transcripción posible, y a esa configuración particular del ADN y de las fibras cromatínicas la denominaremos "epigenoma". Es importante no perder de vista dos detalles en esta definición: por un lado, no estamos hablando de la configuración química y estructural de un momento concreto de la célula (es decir, la que la célula posee en un momento de su ciclo celular), sino la configuración característica de un estadio (por ejemplo, del cigoto, de una célula concreta del trofoblasto o de esta célula epitelial). Y digo esto porque, como es sabido, ni todas las células de un mismo tejido poseen el mismo epigenoma, ni cada célula posee la misma configuración epigenética a lo largo de su ciclo celular, aunque, por otro lado, se pueda conocer la regulación de ciertos genes considerados como característicos de este o aquel fenotipo. Por otro lado, no nos interesa aquí el trasncriptoma resul-

---

13 Existe un amplio debate sobre si es o no es correcto el uso de la noción de "información" en la generalizada expresión "información genética". Hasta ahora no la hemos problematizado pues entiendo que, para los objetivos de esta investigación, no es esencial adentrarnos en tal discusión. Para una aproximación a esta importante cuestión, GODFREY-SMITH P. "Information in Biology" en HULL D., RUSE M. (eds) "The cambridge Companion to the Philosophy of Biology", Cambridge University Press: Cambridge, 2007, pp. 103-107, cfr. GODFREY-SMITH P. "On the theoretical role of 'Genetic Coding'", Philosophy of Science. 2000, 67: pp. 26-44.

14 Cfr. EGLI, D., BRKHOFF G., EGGAN, K. "Mediators of reprogramming: transcription factors and transitions through mitosis", Molecular Cell Biology. 2008, 9: p. 506, box 1.

tante de ese estadio, y menos todavía restringirnos al proteoma, nos interesa cuál es la transcripción posible (sea o no transcrito el ADN y sean o no codificantes y/o codificados los transcritos).

La presencia física del genoma (secuencia polinucleotídica) no se puede entender sin una precisa configuración estructural y bioquímica, y es justamente por ello por lo que considero útil proponer este término, no como mapa en abstracto, ni como información independiente del ADN, sino como el estado físico concreto de cada cadena polidesoxinucleótida imbricada indisolublemente en una estructura cromatínica y espacialmente situada en la célula, estado implicado inapelablemente en la proliferación, diferenciación y en el metabolismo celular. En el concepto de epigenoma que delimito aquí están implícitas las modificaciones epigenéticas que concretizan cada uno de los epigenomas que nos encontramos en todas las células de un organismo.

Por otro lado, las modificaciones epigenéticas, tal y como hemos visto, hacen referencia en la mayoría de los casos a la unión reversible de ciertos grupos químicos a las fibras cromatínicas que dan como resultado una alteración de la capacidad de transcripción sin que ello implique un cambio en el genoma[15]. En la regulación de estos grupos químicos pueden estar implicados metabolitos citoplasmáticos ectocrinos. Pues bien, diremos que la regulación génica recibe influencia del "ambioma" concreto en el que se encuentre la célula o el organismo en cuestión. En el epigenoma están presentes, con lo explicado, el genoma y la influencia del ambioma. Por último, la realidad sistemática total resultante del metabolismo celular es lo que denominamos fenotipo[16].

Aclaremos todo esto con unos ejemplos. Nuestras células de la retina poseen la misma secuencia de ADN (lo que se denomina

15 Cfr. JOUVE, N. "Explorando los genes", Madrid: Ediciones Encuentro, S.A., 2008, p. 493.

16 "los procesos y operaciones que resultan de las interacción entre productos génicos y metabólicos constituyen el 'fenoma'. Así, apogenomas particulares determinarán diferentes fenomas". (Cfr. GARCÍA-BELLIDO, A. "Hacia una gramática generativa", Madrid: Real Academia de Ciencias Exactas, Físicas y Naturales, 1984, p. 24).

usualmente como "genoma") que las células de la piel gracias al proceso de replicación culminado en sucesivas mitosis desde el cigoto; pero, evidentemente, el epigenoma y la composición celular global de ambas es distinta. Las diferencias epigenómicas son las responsables de que el apogenoma entre una y otra difieran. Ello hace que el transcriptoma y el proteoma den como resultado –junto con otros factores tales como la posición de cada célula dentro del conjunto– un fenotipo distinto. En el desarrollo del embrión preimplantatorio ocurre lo mismo: aunque el epigenoma y, consecuentemente, el apogenoma del embrión en su estadio de dos blastómeros es ya distinto en cada célula, se ve con más claridad cuando en el estadio de 8 blastómeros unas células se diferenciarán en trofoblasto y otras en embrioblasto, cada una con fenotipo distinto.

Traslademos ahora esta nomenclatura al nivel del organismo entero. Una oruga posee en sus células la misma secuencia polidesoxinucleótida que la mariposa que surgirá tras la metamorfosis. Tal y como he señalado, el fenotipo distinto responde a una epigenómica diferencial del conjunto de las células del estado larvario y el estado adulto. De forma también "extrema" se ve en el caso de las abejas antes traída a colación: la influencia epigenética aportada desde el ambioma en el caso del huevo destinado a ser reina (en ese caso, la composición de la jalea real que ingiere, a diferencia del resto de huevos, durante todo su estado larvario) es determinante para que, aun con la misma secuencia que sus, permítanme, miles de "hermanos gemelos", su fenotipo sea profundamente distinto a todos ellos.

A lo largo de la investigación mostraré cómo la falta de rigor semántico existente es causante de muchas controversias no solo en una reflexión interdisciplinar, sino en la mera descripción científica[17]. Entiendo que delimitar con más precisión los términos geno-

17 Un ejemplo claro son las controversias ya señaladas en la subvención del Human Epigenome Project (cfr. MADHANI, H.D. *et al.* "Epigenomics: A Roadmap, But to Where?", Science. 2008, 322: pp 43-44) creadas por las imprecisiones semánticas denunciadas por parte de la comunidad científica (cfr. HENIKOFF, S. *et al.* "Epigenomics: A Roadmap to Chromatin" Sci-

ma, epigenoma, apogenoma, ambioma y fenoma ayudará a describir la maquinaria procesual que observamos en el desarrollo unitario del embrión temprano facilitando una formulación precisa. Esta precisión es y será especialmente requerida cuando tengamos que recurrir sintéticamente a la información científica desde una reflexión interdisciplinar.

2.2 Sistema en Posición Germinal (SpG)

Llegados a este punto, voy a proponer una nueva nomenclatura que me permitirá disponer de una terminología rigurosa y práctica para la descripción sintética del embrión precoz y su posterior análisis filosófico.

Para ello recordaremos ideas ya anunciadas en la descripción biológica a modo de síntesis del embrión preimplantatorio. En el sistema unicelular diploide resultante de la interacción de los gametos, sistema entendido como el conjunto de moléculas biológicas reunidas por y en la membrana plasmática, acontece una programación y estructuración de todos sus elementos (no solo genéticos) en el que se nos aparece un sistema que funciona de manera sincronizada y unidireccional para alcanzar, por de pronto, su estadio de dos células.

Tras describir lo acontecido en aquel sistema devenido, dejamos mostrado que no hay duda sobre cuándo podemos afirmar que nos encontramos ante una célula diploide. El genoma del sistema unicelular hace entonces referencia al ADN contenido en el mismo con independencia de su configuración y su ubicación (en la placa metafásica o los pronúcleos); el único epigenoma en ese estadio hace referencia a la bioquímica, configuración espacial y ubicación del ADN que, en este periodo, se encuentra, tal y como describimos, en un intenso dinamismo.

---

ence. 2008, 322: p. 853; cfr. LEDFORD, H. "No more third time lucky", Nature. 2008, 455: pp. 1023-1028) alrededor de los argumentos que la NIH Roadmap Initiative ofreció sobre la importancia de dicho proyecto.

Tras la primera división mitótica cada uno de los dos blastómeros que configuran el embrión de dos células, aun con la misma secuencia de ADN, posee una configuración genómica distinta, pudiendo hablar ya de dos epigenomas diferenciados. Los distintos epigenomas se caracterizan por estar bioquímica y espacio-temporalmente configurados de forma diferente en función de la interacción entre el material genético y epigenético, así como de la ubicación posicional del ADN en el núcleo y de la célula en el conjunto del sistema.

Mi propuesta, llegados a este punto, es la siguiente: entender con la denominación "sistema en posición germinal" (SpG) aquella configuración biomolecular (genética y no genética) que conforma al sistema embrionario desde su estadio unicelular acontecido desde la interacción gamética hasta el inicio de la implantación. Hay que apuntar que las siglas SpG apuntan a la estructura configurada del sistema SpG. No debemos caer en una actitud reduccionista e identificar el SpG con el genoma, ni tan siquiera con el epigenoma: SpG hace referencia a todo el sistema. Aunque "resultante" de la interacción de los gametos, SpG no ha de tomarse como "resultado" sino como modo de estar constituido.

Hablar del SpG es hablar del sistema embrionario unicelular en dinamismo, y por extensión –como dejaremos explicado en el siguiente subapartado–, del embrión preimplantatorio. El SpG es un sistema que mantendrá invariable su secuencia de ADN (gracias al ya explicitado ciclo celular mitótico) a lo largo de todo su devenir diferencial proliferativo en epigenomas diferenciados. Por supuesto la expresión génica y el metabolismo celular diferencial irá transformando la composición y configuración química del SpG y, en consecuencia, su fenotipo.

2.3 Dinamismo proliferativo del SpG

El dinamismo ha de ser recogido en la descripción biológica. Por ello, diré que en "SpG 0 (1)", "SpG" hace referencia al sistema en su estadio "0" pues todavía no se ha completado ninguna división celular, y "(1)" apunta a la célula que lo forma. El comúnmente denominado cigoto, es, con lo dicho, SpG 0 (1).

Dentro del SpG 0 (1) nos encontramos con dos momentos importantes que dejamos señalados en la descripción biológica y que retomaremos en posteriores análisis. Uno es el periodo que comprende entre la interacción de las membranas gaméticas y la primera sincronización metafásica, y el otro discurre de la sincronización metafásica a la aparición de dos células. Pues bien, al primer periodo lo denominaré "sistema en posición pronuclear" (SpP) y al segundo, "sistema en posición metafásica" (SpM).

Aclarada esta precisión, y una vez finalizada la primera división mitótica –entrando en el periodo denominado segmentación–, nos encontramos con SpG 1 (2,3): el SPG ha completado su primera división, el estadio "1", y está compuesto por dos células denominadas (2) y (3).

Tras la segunda división mitótica, SpG 2 (4,5,6,7) hace referencia al sistema en su segunda división con cuatro células, denominadas (4), (5), (6) y (7) respectivamente. ¿A qué se debe esta numeración de las células? No es difícil entender el desarrollo embrionario como un proceso en el que de la primera célula, la célula "1", nos surge la célula "1" y "2" para encontrarnos seguidamente con el grupo "1, 2, 3, 4". Este planteamiento usual suele llevar a equívocos. Al SpG en su primer estadio de una célula no "le crece" una célula, ni se multiplica, ni se añade, ni si quiera se "divide". La división comúnmente entendida implica reducción, y en la mitosis no se produce netamente una reducción. Lo que ocurre es que, tal y como dejamos explicitado en la mitosis, tras duplicarse el material genético y proliferar el citoplasmático, se constituyen, a partir de la primera, dos células con la misma carga genética (genoma).

Ninguna de las células del conjunto SpG 1 (2,3) puede ser nunca la célula inicial de SpG 0 de la que provienen. Si fuera así, la nomenclatura la hubiera establecido del siguiente modo: SpG 2 (1,2,3,4). Este último planteamiento apuntado, tan poco acorde con la realidad, se ha depositado implícitamente en la explicación sobre el desarrollo embrionario. Esto lo corrobora la extendida a la par que desacertada fórmula que se refiere a las células resultantes de la mitosis como "células hijas", desacertada pues los hijos ni implican la desaparición de su madre ni resultan de su división.

La nueva nomenclatura, en cambio, describe el fenómeno que nos aparece: ninguna célula del SpG 1 es la misma que la célula del SpG 0, de ahí que la célula de SpG 0 se denomine (1), y las células del SpG 1 se denominen (2) y (3). Por otro lado, y como dejamos con esta descripción señalada, podemos ahora afirmar que desde un punto de vista terminológico el sistema (SpG) es siempre el mismo sin ser lo mismo.

Tenemos pues un sistema unicelular embrionario, el SpG 0 (1), que a las 24 horas aproximadamente dará lugar al sistema en posición germinal bicelular, el SpG 1 (2,3). Como dejamos señalado, las divisiones celulares tienen una marcada asincronía en las primeras etapas del desarrollo y es frecuente encontrar un número impar de células. A este respecto no importa no recoger esa asincronía numérica ya que, asumiendo las limitaciones estáticas de toda descripción del dinamismo, lo que aquí importará será asumir que necesariamente cada SpG deberá alcanzar el número de células establecidas en su programa sincrogenético, aunque temporalmente tenga cabida cierto margen de asincronía mitótica.

En la segmentación asincrónica del SpG 1 (2,3) una de las células del sistema bicelular se divide con anterioridad, y son justamente las células resultantes del blastómero de división temprana de las que surgirán principalmente aquellas que configurarán el embrioblasto. Entonces nos encontramos con SpG 1´ (4,5,3), siendo "3" la célula que conformará mayoritariamente el trofoblasto. Aunque no es muy habitual en los análisis del estatuto del embrión apuntar a su estadio tricelular, un estudio reciente ha tomado el tiempo que transcurre entre las divisiones de los blastómeros (2) y (3) en FIV como criterio de viabilidad del SpG hasta el estado de blastocisto[18], adquiriendo a este respecto una notable relevancia SpG 1´.

18 WONG, C. *et al.* "Non-invasive imaging of human embryos before embryonic genome activation predicts development to the blastocyst stage",

Es momento de hacer una aclaración: lo que he denominado como número de mitosis parece apuntar, dicho así, al número de mitosis que soporta cada célula del sistema; pero hemos visto que, de hecho, entre SpG 1 y SpG 2 no se da una mitosis sino dos, y entre SpG 2 y SpG 3 no se dará una sino cuatro, una por cada blastómero. Por ello es más preciso atender a esa numeración como "ciclos mitóticos del sistema". Entiendo que en esta descripción y para hacer el discurso más ligero, basta con denominarlas tan solo "mitosis" siempre y cuando tengamos presente esta aclaración. Continuemos, dicho esto, con la descripción.

Tras ese estado impar de blastómeros, se alcanzaría SpG 2 (4,5,6,7). Decíamos en el capítulo tercero que en SpG 1 y SpG 2 las células estaban agrupadas de forma poco compacta. En SpG 3, en cambio, los cuatro blastómeros que están en el interior aumentan al máximo los contactos compactándose y formando el pluriblasto. Recordemos que los blastómeros del pluriblasto ya tienen comprometido su diferenciación a embrioblasto. Las cuatro células externas denominadas trofoblasto originarán, tras sucesivas mitosis, el trofoectodermo epidérmico. En este estadio, una fórmula enriquecida y todavía manejable numéricamente sería SpG 3 ([7,8,9,10] P, [11,12,13,14] T) donde la (P) corresponde al pluriblasto y la (T) al trofoblasto, pero es comprensible que en vez de numerar las células se atienda a la marcada diferenciación celular de esta etapa, así que lo mantendré como SpG 3 (P_4, T_4).

El SpG 4 corresponde al fenotipo mórula de aproximadamente 16 células. Tenemos entonces SpG 4 (P, T) donde (P) –al igual que en SpG 3– es el pluriblasto y (T) el trofoblasto, y donde, si se quiere indicar, el subíndice 8 haría referencia al número aproximado de células que configuran cada capa.

Considero acertado no continuar con el formato que anota el número de células en lo que respecta a las divisiones mitóticas. Ciertamente desde el estadio de dos células y durante todo el desa-

---

Nature Biotechnology. 2010 | doi: 10.1038/nbt.1686. [Publicado en línea el 3 de octubre del 2010]. Según el estudio, entre las mitosis de ambos blastómeros la duración ha de ser de aproximadamente 11 horas.

rrollo del embrión se da un ritmo de crecimiento distinto entre blastómeros debido, entre otras cosas, a la diferencia en la expresión génica entre los blastómeros[19], si bien hasta el estadio de mórula de aproximadamente 16 células las descripciones científicas suelen presuponer cierta continuidad y homogeneidad en el ritmo proliferativo, aceptando, eso sí, cierta asincronía. Pero a partir de la diferenciación de las células que originarán el trofoectodermo epidérmico y el embrioblasto deja de aludirse a un ritmo compartido. Por este motivo, a partir de ahora la numeración que marcaba el número de ciclos de mitosis apuntará al estadio en el que se encuentra el SpG.

Del paso de SpG 4 a 5 se produce la polarización celular ya apuntada. Comienza entonces un transporte vectorial de fluidos hacia la zona interna del sistema que acabará por formar un incipiente blastocele. Por ello, a SpG 5 lo denominaré (P_{16}, T_{16}) o, sencillamente, SpG5 (P, T) si no se quiere hacer hincapié en el número aproximado de células y se tiene en cuenta exclusivamente a los grupos celulares diferenciados.

En SpG 6 (de entre aproximadamente 64 y 128 células) los grupos celulares se van diferenciando y ya podemos hablar de embrioblasto (E) y trofoectodermo epidérmico incipiente (t), denominándolo SpG 6 (E,t).

El SpG 7 corresponderá al fenotipo blastocisto temprano, estructura celular que nos encontramos justo antes de iniciar la implantación. Al sistema lo denominaré SpG 7 (e,h,t), donde (h) corresponde al hipoblasto o endodermo primario, capa de células que colindan con el blastocele, (e) al epiblasto o ectodermo primario, y (t) al trofoectodermo epidérmico que, en SpG 7, ha dejado de estar en estado incipiente. Ya justificamos porqué en la presente investigación hemos tomado como objeto el embrión preimplantatorio, y SpG 7 será el último estadio que tomemos en consideración.

La descripción sintética presentada es más completa si dejamos indicado en la formulación la variable tiempo. A modo de subíndice anotaré el tiempo en días en los que acontece dichos sistemas,

19 Ibid.

decisión que requerirá una justificación que ofreceré una vez completada la formulación propuesta.

En SpG 0 (1) nos movemos en el transcurso del primer día, motivo por el cual, aunque debería asignarlo como SpG 0 $(1)_0$, mantendré la fórmula SpG 0 prescindiendo también del (1). Esto se entiende si nos percatamos de que este el único estadio del SpG que se identifica con una célula, y por ese motivo también SpP y SpM se presentarán sin mayor precisión.

SpG 1 (2,3) corresponde con el sistema embrionario bicelular y, según señalamos en el apartado del desarrollo embrionario, surge aproximadamente a las 25 horas después de la fusión de las membranas gaméticas. Por ese motivo, lo formularemos SpG 1 $(2,3)_1$ haciendo referencia el "1" del subíndice a la aparición de sistema bicelular tras el primer día desde el inicio de la fecundación.

SpG 1´ (4,5,3) aparece al finalizar el primer día y puede tener una duración entre minutos y pocas horas hasta que el sistema alcanza cuatro blastómeros, SpG (4,5,6,7). Por ello, cuando sea necesario aludir al estadio de tres blastómeros, ambos tendrán el mismos subíndice, SpG 1´ $(4,5,3)_{1\text{-}2}$ y SpG 2 $(4,5,6,7)_{1\text{-}2}$, pues en el caso que se nombren en el mismo contexto, no habrá dudas de su sucesión.

SpG 3, al darse entre el final del segundo e inicio del tercer día, le corresponderá SpG 3 $(P_4,T_4)_{2\text{-}3}$; SpG 4 $(P_8,T_8)_3$, por aparecer la mórula de aproximadamente 16 blastómeros durante el tercer día y SpG 5 $(P,T)_{3\text{-}4}$ por aparecer al finalizar el mismo.

El sistema de aproximadamente entre 64 y 120 células que aparece durante el cuarto día, SpG 6 $(E,t)_{4,}$ y por fin el blastocisto temprano, SpG 7 $(e,h,t)_{4\text{-}5}$, al finalizar el cuarto día.

A pesar de la aparente complejidad, considero que, una vez familiarizados con las siglas y las reglas que lo rigen, la propuesta resulta sencilla, precisa y eficaz de cara a utilizarla en descripciones embriológicas y, en general, en el ámbito científico.

A continuación expongo la propuesta de forma sintética:

- SpP: sistema resultante de la fusión de las membranas plasmáticas de los gametos.

- SpM: sistema en metafase de la primera división mitótica.
- SpG 0: cuando no sea necesario precisar en qué momento se encuentra el sistema unicelular.
- SpG 1 $(2,3)_1$: sistema resultante tras completarse el primer ciclo mitótico (SpG 1) formado por dos células ("2" y "3") aparecido aproximadamente a las 25 horas, es decir, el primer día.
- SpG 1´ $(4,5,3)_{1-2}$: tan solo en el caso de que se atienda al estadio de tres células resultado de la mitosis del blastómero "2" y formado por las células "4", "5", y "3", aparecido día y medio tras el inicio de la fecundación.
- SpG 2 $(4,5,6,7)_{1-2}$: sistema resultante tras completarse el segundo ciclo mitótico del mismo configurado por cuatro blastómeros, "4", "5", "6" y "7", aparecido poco más de un día y medio tras el inicio de la fecundación.
- SpG 3 $(P,T)_{2-3}$: sistema resultante del tercer ciclo mitótico formado por dos capas, el pluriblasto (P) y trofoblasto (T), cada una configurada por aproximadamente 4 células, surgido al inicio del tercer día.
- SpG 4 $(P,T)_3$: mórula de aproximadamente 16 blastómeros formada por dos capas, pluriblasto (P) y trofoblasto (T), cada una de ellas compuesta por aproximadamente 8 blastómeros, formada a mediados del tercer día tras completarse el cuarto ciclo mitótico.
- SpG 5 $(P,T)_{3-4}$: mórula de aproximadamente 32 blastómeros, formada por el pluriblasto (P) y el trofoblasto (T) y formada tras el quinto ciclo mitótico al finalizar el tercer día.
- SpG 6 $(E,t)_4$: sistema de entre 64-128 blastómeros formada al inicio del cuarto día durante el cual, tras la cavitación, quedará configurada por dos capas, embrioblasto (E) y trofoectodermo epidérmico (t) incipiente.

Tabla 5.1: Información contenida en la formulación del SpG

NOMENCLATURA PROPUESTA SpG 3 $(P_{4}, T_{4})_{2\text{-}3}$ SpG: Sistema en posición germinal; 3: Fase; P, T: Denominación de células/capas; 4: Nº de células; 2-3: Día de aparición	CICLO DE MITOSIS DEL SISTEMA	COMPOSICIÓN DEL SISTEMA: CAPAS		COMPOSICIÓN DEL SISTEMA: CÉLULAS		DÍA DE APARICIÓN
		Denominación	Nº	Denominación	Nº	
SpG 0 (1): Sistema en posición Pronuclear (SpP) / Sistema en posición Metafásica (SpM)	0	–	1	1	1	0
SpG 1 (2,3)	1	–	2	(2, 3)	2	1
SpG 1' (4,5,3) $_{1\text{-}2}$	1	–	3	(4, 5, 3)	3	1
SpG 2 (4,5,6,7) $_{1\text{-}2}$	2	–	4	(4, 5, 6, 7)	4	1
SpG 3 $(P_{4}, T_{4})_{2\text{-}3}$	3	Pluriblasto (P) Trofoblasto (T)	4* 4*		8*	2
SpG 4 $(P_{8}, T_{8})_{3}$	4	Pluriblasto (P) Trofoblasto (T)	8* 8*	–	16*	3
SpG 5 $(P, T)_{3\text{-}4}$	5	Pluriblasto (P) Trofoblasto (T)		–	32*	3
SpG 6 $(E, t)_{4}$	6	Embrioblasto (E) Trofoectodermo (t)	–	–	>64*	4
SpG 7 $(e, h, t)_{4\text{-}5}$	7	Epiblasto (e) Hipoblasto (h) Trofoectodermo (t)		–	128*	4

*Aproximaciones

- SpG 7 $(e,h,t)_{4\text{-}5}$: blastocisto temprano de aproximadamente 128 células acontecido durante el cuarto día y formado por el embrioblasto, que se ha diferenciado en epiblasto (e) y una incipiente capa de hipoblasto (h), y por el trofoectodermo epidérmico (t).

En la figura 5.1 he presentado esquemáticamente la propuesta terminológica con la información que la formulación recoge, es decir, con los ciclos de mitosis, la composición celular y el tiempo de aparición.

2.4 Justificación y ventajas de la propuesta del SpG

Aunque está admitido de forma general que al embrión unicelular [SpG0 (1)] se le denomina cigoto, como veremos detenidamente está en discusión si este apunta al sistema acontecido desde la primera sincronización metafísica tras un proceso constituyente [SpM] o desde la misma interacción gamética [SpP]. No es difícil observar que formular el problema aludiendo a la nomenclatura propuesta facilita el abordar con precisión, eficacia y economía el problema.

Por otro lado, actualmente hay variedad de términos utilizados en cuanto a la denominación de SpG 1 $(2,3)_1$: "embrión bicelular", "embrión de dos células", "embrión de dos blastómeras", no habiendo tampoco una fórmula unificada para SpG 2 y SpG 3. En la bibliografía tampoco parece haber unanimidad en el uso del término mórula[20] utilizándose para análisis precisos fórmulas tales como "en el embrión de dieciséis células" o "en el estadio de treinta y dos células del embrión".

---

20 "Cuando el embrión consta de unas 16 células, en ocasiones se denomina mórula" (CARLSON, B. M. "Embriología humana y biología del desarrollo" 4º ed. Barcelona: Elsevier España S.L., 2009, p. 43). "Cuando existen entre 12 y 32 blastómeros, el ser humano en desarrollo se denomina mórula" (MOORE, K.L., PERSAUD, T.V.N. "Embriología clínica", 8º ed. Barcelona: Elsevier España S.L, 2008, p. 35).

A su vez entiendo que es más práctico en vez de tener que afirmar "en el embrión en estado de mórula de 32 células", poder escribir "SpG 3"; y, por ejemplo, en vez de describir "en el embrión de entre 64 y 120 células formado por embrioblasto y trofoectodermo epidérmico incipiente que aparece al cuarto día", afirmar con la misma precisión "en SpG 6 $(E,t)_4$". La ecuación está pensada de tal manera que no siempre es necesario transcribir toda la fórmula, sino solo cuanto de aquella sea necesaria. Por ejemplo, antes, cuando he dicho que encontramos variedad de términos en la bibliografía para formular "SpG 1 $(2,3)_1$", hubiera sido suficiente haber redactado "SpG 1". Si, por poner otro ejemplo, quisiéramos anotar que arrancar un blastómero del embrión en estado de 16 células –necesario para realizar un diagnóstico genético preimplantacional– podría ser una de las causas del aumento significativo del riesgo de determinadas enfermedades en la salud de los nacidos por FIV frente a los nacidos por fecundación natural[21], sería suficiente con escribir que el blastómero se arranca en SpG 3, sin hacer referencia ni a sus capas [SpG 3 (P,T)], ni al número de las células de cada capa [SpG 3 (P_4,T_4)], ni apuntar que dicho estadio aparece al inicio del tercer día [SpG 3 $(P_4,T_4)_{2-3}$].

Por otra parte –y ahora justifico el porqué de la anotación en días en mi formulación– a la hora de establecer una cronología en el desarrollo tampoco encontramos univocidad en las publicaciones especializadas. Con respecto a lo acontecido en las primeras horas tras la interacción de las membranas de los gametos, los estudios parecen apuntar que los pronúcleos se forman entre las 3 y las 10 horas post inseminación, la fase S comienza entre las 8 y 14 horas, y

21 Cfr. REEFHUIS, J., HONEIN, M.A, SCHIEVE, L.A., CORREA, A., HOBBS, C.A., RASMUSSEN, S.A. "Assisted reproductive technology and major structural birth defects in the United States", Hum. Reprod. 2008, 24(2): pp. 360-366; cfr. SANCHÍS CALVO, MARCOS PUIGC, B., JUAN GARCÍA, L., MORALES SUÁREZ-VARELAD, M.M., ABELEDO GÓMEZ, A., BALANZA MACHANCOSA, R., PINEDA CAPLLIUREA, A., TAMARIT BORDESC, G., GIMENO CLEMENTE, N., CERVERO MARTÍ L. "Características de los recién nacidos tras fecundación *in vitro*", Anales de Pediatría. 2009, 70 (4): pp. 333-339.

finaliza entre las 10 y 18 horas[22]. La fase M se observa entre las 22 y 31 horas y la primera división mitótica al estadio de dos células se produce entre 24 y 33 horas post inseminación[23].

En manuales de consulta de referencia internacional sobre el desarrollo embrionario encontramos discrepancias afirmando unos que SpG 1 surge a las 24 horas[24], y otros a las 30 horas[25]. En otros, apuntan al periodo comprendido entre ambos límites[26], y también se generaliza afirmando que la proliferación "avanza aproximadamente a una división diaria"[27]

Las diferencias asignadas sobre la medición en horas en las que se produce las primeras mitosis, aunque menores, también nos dan una idea de la necesidad de unificar criterios. El intervalo de la aparición de SpG 2 se ensancha entre 40[28], 48[29] y 60[30] horas, y a partir de SpG 3 encontramos diferencias más acusadas. Por ejemplo, en el manual *Embriología funcional* se afirma que "las divisiones de seg-

---

22 LÓPEZ MORATALLA, N., IRABURU ELIZALDE M. "Los quince primeros días de una vida humana", 2° ed. Pamplona: EUNSA, 2006, p. 78.

23 Ibid p. 78.

24 Cfr. SHOUENWOLF, G.C., *et al.* "Larsen´s human embryology", Philadelphia: Churchill Livingstone Elsevier, 2009, p. 41.

25 Cfr. SADLER, T.W. "Langman´s medical embryology" 11° ed. Maryland: Lippincott Williams & Wilkins, 2010, p. 41, fig. 3.8; cfr. MOORE, K. L Y PERSAUD T.V.N. "Embriología clínica", 8° ed. Barcelona: Elsevier España S.L, 2008, p. 35; cfr. EYNARD, A.R., *et al.* "Histología y Embriología del ser humano", 4° ed. Buenos Aires: Editorial Médica Panamericana, 2008, p. 145.

26 Cfr. VEECK, L., ZANINOVIC, N. (eds.), "An atlas of human blastocyst", London-New York-Washington: Parthenon Publishing Group. 2003: p. 22.

27 Cfr. CARLSON, B.M. "Embriología humana y biología de desarrollo", 3° ed. Madrid: Elsevier Science. 2005, p. 44.

28 Cfr. SHOUENWOLF, G.C, *et al.* "Larsen´s human embryology", Philadelphia: Churchill Livingstone Elsevier, 2009, p. 41.

29 Curiosamente también en Ibid p. 42, fig. 1-16.

30 Cfr. ZURRIARÁIN, R.G. "Los embriones humanos congelados", Madrid: Ediciones Internacionales Universitarias S.L. 2007, p. 57, tabla 1.

mentación tardan unas 72 horas hasta la etapa de 8 células"[31], en el *Langsman's medical embryology*, que "el estado de 12 a 16 células se alcanza al tercer día"[32] y el *Larsen's human embryology* indica que "el estado de 6 a 12 células se alcanza al tercer día, y al cuarto la mórula de 16 a 32"[33]. Lo que aquí quiero señalar no es tanto la falta de rigurosidad de un hecho que, ciertamente, ni sigue ni tiene por qué seguir una pauta idéntica. Tal es así que una investigación reciente apunta las diferencias en la fisiología entre SpG de distinto sexo que van más allá de la mera composición cromosómica[34] y, por otro lado, hay estudios que muestran la flexibilidad y las distintas causas que afectan al tiempo en el que se dan las divisiones *in vitro*[35].

Lo que he pretendido mostrar es que es habitual para la descripción del desarrollo del embrión preimplantatorio recurrir a indeterminaciones tales como "comienza *unas* 30 horas después de la fecundación"[36], "*sobre* las 40 horas"[37], "*alrededor* del segundo día"[38], "se forma *unos* tres días después de la fecundación"[39], "*hacia*

31 ROHEN, J.W., LÜTJEN-DRECOLL, E. "Embrionlogía funcional", 3° ed. Madrid: Editoral Médica Paramericana. 2008, p. 25.

32 Cfr. SADLER, T.W. "Langman's medical embryology" 11° ed. Maryland: Lippincott Williams & Wilkins, 2010, p. 41, fig. 3.8;

33 SHOUENWOLF, G.C. *et al.* "Larsen's human embryology", Philadelphia: Churchill Livingstone Elsevier, 2009, p. 41.

34 GARDNER, D.G., LARMAN, M.G., THOUAS, G.A. "Sex-related physiology of the preimplantation embryo", Molecular Human Reproduction. 2010. 16 (8): pp. 539–547.

35 LECHNIAK, D., PERS-KAMCZYC, E., PAWLAK, P. "Timming of the first zygotic cleavage as a marker of developmental potential of mammalian embryos", Reproductive biology. 2008, 8 (1): pp. 23-42.

36 MOORE, K.L., PERSAUD, T.V.N. "Embriología clínica", 8° ed. Barcelona: Elsevier España S.L, 2008, p. 35. Cursiva mía.

37 SHOUENWOLF, G.C. *et al.* "Larsen's human embryology", Philadelphia: Churchill Livingstone Elsevier, 2009, p. 41. Cursiva mía.

38 EYNARD, A.R., *et al.* "Histología y Embriología del ser humano", 4° ed. Buenos Aires: Editorial Médica Panamericana, 2008, p. 145. Cursiva mía.

39 MOORE, K.L., PERSAUD, T.V.N. "Embriología clínica", 8° ed. Barcelona: Elsevier España S.L, 2008, p. 35. Cursiva mía.

el tercer día" [40] o "*aproximadamente* al tercer día tras la fecundación"[41]. Todo ello es comprensible porque no todo sistema ha de comportarse con idéntica exactitud. A esto ha de sumarse que la información que tenemos obtenida de experimentos con FIV es probablemente aproximada a lo que ocurriría *in vivo*.

Una reciente investigación interesada en hallar criterios de viabilidad no invasivos en las primeras divisiones mitóticas del embrión[42] ha realizado un estudio estadístico midiendo la duración de la primera citoquinesis y la duración entre SpG1 - SpG1' - SpG2 (se empieza ya a comprobar la utilidad de esta nomenclatura). En él, y con motivo de poder descartar para la FIV aquellos embriones que siguen un desarrollo anómalo y no llegarán a blastocisto, se ha dado por primera vez datos algo más precisos que nos dan una idea del rango en horas de la proliferación celular.

Siendo la información más reciente y precisa de la que disponemos, desde ella he reubicado la información acontecida en el resto de bibliografía para perfilar el criterio temporal en mi propuesta. De todas maneras, he de apuntar que este estudio, como he señalado, precisa principalmente la duración entre SpG 0 y SpG 2.

En la tabla 5.2 muestro la coherencia y continuidad de la formulación propuesta y cómo esta incluye y apunta completa y eficazmente los datos aportados por la bibliografía especializada. Lejos de responder a la falta de precisión en las investigaciones, la intención que me ha llevado a realizar esta propuesta ha sido, dentro de la flexibilidad que la realidad biológica nos muestra, proceder a la unificación de criterios.

---

40 EYNARD, A.R., *et al.* "Histología y Embriología del ser humano", 4° ed. Buenos Aires: Editorial Médica Panamericana, 2008, p. 145. Cursiva mía.

41 SADLER, T.W. "Langman´s medical embryology" 11° ed. Maryland: Lippincott Williams & Wilkins, 2010, p. 41. Cursiva mía.

42 Cfr. WONG, C. *et al.* "Non-invasive imaging of human embryos before embryonic genome activation predicts development to the blastocyst stage", Nature Biotechnology. 2010 | doi: 10.1038/nbt.1686. [Publicado en línea el 3 de octubre del 2010].

Tabla 5.2: Correlación entre la terminología del SpG y la información del desarrollo embrionario

TERMINOLOGÍA			CICLO DE MITOSIS	CÉLULAS (número)	CAPAS		HITOS RELEVANTES	CRONOLOGÍA		ETAPA
Propuesta		Habitual						Aparición*	Duración* (horas)	
SpG 0 (1)	**SpP**	¿Cigoto?	0	1			Metafase	0 horas	12	Segmentación
	SpM	Cigoto						12 h	12	
SpG 1 (2,3)			1	2				23 h	11	
SpG 1' (4,5,3) $_{1-2}$				3				36 h	1	
SpG 2 (4,5,6,7) $_{1-2}$			2	4				37 h	18	
SpG 3 $(P_4, T_4)_{2-3}$		¿Mórula?	3	8*			Compactación	2º/3er día	12	
SpG 4 $(P_8, T_8)_3$		Mórula	4	16*	Pluriblasto (P)	Trofoblasto (T)	Polarización	3er d	12	
SpG 5 $(P, T)_{3-4}$			5	32*				3er/4º d	12	
SpG 6 $(E, t)_4$			6	>64*	Embrioblasto (E)	Trofoectodermo epidérmico (t)	Cavitación	4º d	12	
SpG 7 $(e, h, t)_{4-5}$		Blastocisto	7	128*	Epiblasto (e) Hipoblasto (h)			4º/5º d	12	Blastulación

*Aproximaciones

Con independencia de la posible valoración diferencial que se le pudiera otorgar al sistema en sus diferentes estadios (lo que justificaría una denominación también diferencial), hace justicia denominar al sistema bajo una nomenclatura única que recoja de forma fiel la unidad, continuidad y temporalidad[43] observable científicamente en su dinamismo biológico. Esa denominación unitaria aquí planteada recoge fielmente el carácter secuencial: el sistema en posición germinal.

Estos son los motivos que me han llevado a unificar criterios proponiendo esta sencilla fórmula secuencial para describir la dinámica de la realidad embrionaria[44].

2.5 Sincrogenización

Tras el análisis biológico descriptivo del devenir del sistema que realizamos anteriormente, podemos afirmar que el SpG es un sistema abierto (es decir, es un sistema que posee una interacción mole-

43 La cronología está tomada de la información obtenida de la siguiente bibliografía: cfr. WONG, C. *et al.* "Non-invasive imaging of human embryos before embryonic genome activation predicts development to the blastocyst stage", Nature Biotechnology. 2010 | doi: 10.1038/nbt.1686. [Publicado en línea el 3 de octubre del 2010]; cfr. SADLER, T.W. "Langman´s medical embryology" 11° ed. Maryland: Lippincott Williams & Wilkins, 2010, pp. 41-43; cfr. MOORE, K.L., PERSAUD, T.V.N. "Embriología clínica", 8° ed. Barcelona: Elsevier España S.L, 2008, pp. 35-37; cfr. CARLSON, B. M. "Embriología humana y biología del desarrollo" 4° ed. Barcelona: Elsevier España S.L., 2009, pp. 43-45; cfr. EYNARD, A.R., *et al.* "Histología y Embriología del ser humano", 4° ed. Buenos Aires: Editorial Médica Panamericana, 2008, p. 145; cfr. SHOUENWOLF, G.C. *et al.* "Larsen´s human embryology", Philadelphia: Churchill Livingstone Elsevier, 2009, p. 41; cfr. LÓPEZ MORATALLA, N. IRABURU ELIZALDE, M. "Los quince primeros días de una vida humana", 2° ed. Pamplona: EUNSA, 2006, p. 146.

44 Apuntar que al compartir todos los mamíferos este esquema de dinamismo mitótico en el desarrollo preimplantacional, reajustando mínimamente la fórmula se podría dar explicación al dinamismo del embrión precoz de otras especies. Dejo esta posibilidad abierta cara a futuras investigaciones.

cular con el medio externo, con el ambioma) con una configuración unitaria entre las biomoléculas que la forman (genéticas y no genéticas) y una programación sincronizada cuyo primer objetivo es alcanzar la primera división. Es importante subrayar que la sincronización no se refiere tan solo a la actividad del material genético, sino que afecta a todo el sistema. Como ya hemos señalado, esa sincronización biológica en SpG 0 es ya conocida entre el material genético de origen materno y paterno, sincronización también visible en el inicio de la replicación en los distintos pronúcleos o entre la periodicidad de las oscilaciones de calcio en la membrana y los procesos del sistema.

No nos preocupa en este nivel de análisis cuál es el origen del SpG. Puede producirse de manera natural o artificial. *In vivo* o *in vitro*, si acontece una nueva realidad con una sincronización unidireccional entre los elementos biológicos del sistema que apuntan a una primera división, entonces podemos comenzar afirmando que lo allí presente es SpG.

Dicho esto, podríamos entonces afirmar que la mayoría de las células somáticas poseen una sincronización unidireccional para alcanzar el estadio de dos células. Lo que diferencia al SpG de otros sistemas unicelulares diploides es el ser totipotencial. Expresado ahora de forma precisa, a dicha sincronización unidireccional totipotencial del material biológico que apunta hacia un estado unificado y cualificado de sus elementos en su devenir dinámico proliferativo la denominaré con el neologismo "sincrogenización". Describamos, para evitar malentendidos, qué queremos decir con totipotencialidad y unidireccionalidad.

La totipotencialidad que aquí propongo es distinta al sentido que posee en la biología, es decir, a la mera posibilidad que posee una célula –el cigoto, por ejemplo– de desarrollarse en un organismo completo. Tampoco considero que la totipotencialidad ha de apuntar a la posibilidad de que una célula, siendo ya "todo" y requiriendo tan solo tiempo e interacciones con el medio, se desarrolle completamente.

A mi juicio, y fiel a lo acontecido en los organismos vivos, entiendo que la totipotencialidad, por un lado, debe ser un término que apunte al sistema, sea este unicelular o pluricelular, ya que es el sistema el que es un todo. Es decir, el fenotipo unicelular y el fenotipo mórula son sistemas igual de completos para el estadio en el que acontecen, igual de totipotenciales. Por otro lado, cuando se dice que el cigoto es un sistema celular totipotencial, es "todo" "potente" no porque lo "pueda todo", lo "vaya a poder todo" o siendo ya "todo" vaya a poder completar su desarrollo[45]. La totipotencialidad ha de entenderse, fiel a lo acontecido, porque siendo "todo" está "pudiendo" y, como he apuntado, no debe depender del estado unicelular o pluricelular del mismo. A lo largo de la investigación ahondaremos en este sentido de totipotencialidad que, con lo ahora apuntado, entiendo más completo y más acorde con la realidad que aquellos comúnmente utilizados a los que antes he hecho referencia.

Será el sistema en su devenir el que irá, mientras no tenga interferencias que se lo impidan, desarrollándose en un sistema pluricelular con un fenotipo primero embrión, luego feto, luego bebé, luego niño y por fin adulto, siempre toti-potente. Diremos entonces que SpG 0 es totipotente al igual que SpG 4. Como vemos, la totipotencialidad se fundamenta en la sincrogenización propia del SpG, y no al revés. Porque los elementos están sincrogenizados el sistema es un sistema totipotencial.

Atendamos ahora a la unidireccionalidad. La unidireccionalidad hace referencia, en el SpG 0 (1), al camino orientado en una precisa dirección de diferenciación y progresiva complejidad al que apunta dicho sistema unicelular (fenotipo cigoto) siempre y cuando no sea interferido activa o pasivamente. Cabe apuntar que la unidireccio-

45 A mi juicio, es así como lo entienden la mayor parte de aquellos que defienden la realidad individual desde el estadio unicelular del embrión: "ser 'todo' el individuo, teniendo en acto todas las potencialidades que corresponden a la etapa concreta de su vida por la que pasa en ese momento. (...) la realidad es el individuo concreto con la edad concreta en ese momento". (LÓPEZ MORATALLA, N. "Clones humanos", Cuadernos de bioética. 2009, XX (3): p. 390).

nalidad apunta a la direccionalidad del sistema y no de cada célula, aunque, evidentemente, el SpG 0 (1) sea un sistema unicelular.[46] Podemos entonces decir que la sincrogenización se mantiene a lo largo del SpG.[47]

Observando al SpG, "que se dé (5)" es un objetivo presente antes de la aparición del SpG 2 y que se mantiene en SpG 2. Esto se aprecia en la biología del desarrollo molecular del SpG. La compactación que se inicia en SpG 3 está marcada por la aparición de *tight junctions* y *gap junctions* cuyos componentes (conexinas 43 y 201) se están expresando desde el SpG 2.[48] Desde el punto de vista del desarrollo cabe afirmar que los hechos que ocurren en cualquier estadio del SpG son parte de la realización de lo que ocurrirá en estadios posteriores.

Por otro lado, cuando se desliga una célula a SpG, por ejemplo (11) a SpG 3, resultando entonces SpG 3 (P_4, T_3), el carácter retroactivo unidireccional queda plasmado en el SpG 3 cuando se da a sí mismo y desde sí mismo (11). Aunque este hecho será tratado más adelante en profundidad, el carácter retroactivo unidireccional co-

---

46 Esto que denomino "unidireccionalidad" está recogido, según mi opinión, en la segunda conclusión del comunicado final de la duodécima Asamblea General de la Pontificia Academia para la Vida: "La biología, y más en particular, la embriología, constatan que hay una dirección definida de desarrollo: esto significa que el proceso está 'orientado' –en el tiempo– en la dirección de una progresiva diferenciación y adquisición de complejidad y no puede retroceder a fases ya recorridas." (SGRECCIA, E., LAFFITTE. J. (eds.), "El embrión humano en la fase de preimplantación, Madrid: Biblioteca de Autores Cristianos, 2008, p. 18).

47 Ciertamente esta sincrogenización se dará a lo largo del desarrollo de todo el organismo. El término correspondería a la causa del programa del desarrollo anotado por la Dra. Moratalla y entendido como "una secuencia de mensajes ordenados en el tiempo y coordinados en el espacio orgánico que permite la diferenciación armónica y sincronizada de las diversas partes del cuerpo" (TOMÁS Y GARRIDO, G., LÓPEZ MORATALLA, N. "De la totipotencialidad del cigoto a las células troncales maduras y de reserva", Cuadernos de Bioética. 2009, XX (3): p. 326).

48 Cfr. VIAL CORREA, J. "El embrión humano", Ars Medica. 2002, 4 (6): p. 18.

rrobora lo que antes decíamos: cada célula tiene en su sistema el legado del número de divisiones que arrastra así como la información de su célula progenitora en su epigenoma y la ubicación propia y contigua. Solo siendo así una determinada célula (y no cualquier otra o todas), ante la desaparición de su vecina, se replica para dar al sistema una célula desgajada con las características epigenómicas de la perdida y distinta a sí misma.

Esto no quita que en determinados momentos del desarrollo SpG haya perdido la capacidad de darse a sí mismo el blastómero con el epigenoma concreto desaparecido. La unidireccionalidad a la que aquí apunto es que SpGz tiene siempre previsto SpG z+1, pero no al revés. Anótese que se podría apuntar que la reprogramación acontecida en células somáticas para la obtención de iPS parecerían contradecir la "unidireccionalidad", pero esta ha de ser entendida con mayor radicalidad y atendiendo a todo el sistema.

Sabemos que a través de modificaciones epigenéticas se puede inducir una célula para que alcance una diferenciación concreta "de llegada", y en el caso de la iPS, a una desdiferenciación, es decir, a un estado de pluripotencialidad. Pues bien, en un primer análisis podemos notar que es la "unidireccionalidad" –intrínseca, si se quiere– del sistema lo que permite justamente modificar el rumbo para que el sistema responda "unidireccionalmente" a ese punto marcado de llegada, que se traduce en marcas epigenéticas concretas. Porque responde unidireccionalmente a interacciones concretas, artificialmente podemos reprogramarla.

Pero esta objeción que se podría hacer al cuestionar la "unidireccionalidad" por la existencia de células madre inducidas (iPS) ha de ser abordada atendiendo a la unidireccionalidad radical que encontramos en el SpG distinta de la direccionalidad que observamos en las iPS. Nótese que una iPS (y toda célula aislada de su organismo) no puede ser caracterizada como lo es un SpG, entre otras cosas, por no tener esa precisa "unidireccionalidad" que acontece radicalmente en sistemas "totipotenciales", unidireccionalidad totipotencial que define al organismo en cualquiera de sus estadios.

Traer a colación lo acontecido en las abejas ayudará a entender este asunto. Decíamos que los huevos que pone la abeja reina eran genéticamente iguales entre ellos (por ser clones suyos), pero aquellos podían desarrollarse en abejas trabajadoras o en abejas reina dependiendo de su alimentación. Aquí, y en contra de lo que he dicho, se podría argüir que el "todo" posee "dos direcciones" distintas dependiendo de la alimentación. Ante esto se ha de decir que es la "unidireccionalidad" intrínseca del sistema lo que permite que el sistema responda "unidireccionalmente" ante interacciones distintas –y precisas– con el medio. Porque responde unidireccionalmente a las interacciones con el medio, el "todo" puede desarrollarse en reina o en trabajador, sin por ello dejar de ser "todo" y sin por ello quedar afectado al sentido de "unidireccionalidad" que aquí estoy defendiendo.

He de apuntar que, consciente de las limitaciones de este análisis, será contando con el despliegue de la teoría de la sustantividad cuando podremos abordar esta cuestión con todo rigor y precisión. Adelantaré ahora que el abanico fenotípico responde a transformaciones que se fundan en la unidireccionalidad del sistema, unidireccionalidad por la cual una larva de abeja puede dar lugar a una abeja fenotipo reina o fenotipo trabajadora, pero por transformación epigenética no podrá constituir "cualquier cosa" ni de "cualquier modo".

Ahora se entenderá mejor el error que supone afirmar que las miles de enfermedades genéticas son prueba de que no existe ningún tipo de camino delimitado ni programa genético trazado concreto, y que en los primeros estadios todo es un "campo" indeterminado a expensas de un medio instructor: que podamos precisar y contabilizar las enfermedades genéticas no hace sino mostrar que hay un orden traducido en una precisa sucesión de acontecimientos genéticos y epigenéticos (no por ello sin flexibilidad).

Esta discusión sirve para perfilar el sentido de unidireccionalidad por el que aquí abogo, sentido que en el SpG tiene fácil expresión: SpG 5 tiene previsto –o, si se quiere, apunta– a SpG 6, pero nunca al revés. He ahí la unidireccionalidad a la que hago referencia. Y es justamente la reprogramación autoconfigurativa que observamos en un periodo determinado del SpG (cuando el SpG tiene la capacidad de darse a sí mismo y desde sí mismo un blastómero que ha sido eliminado) cuando se nos muestra la unidireccionalidad y totipotencialidad del sistema con una asombrosa claridad.

Podemos, de todas maneras, poner punto final a este apartado –que no es sino un punto y aparte del presente capítulo– recurriendo nuevamente a las abejas. Decíamos que son las "interacciones" con el medio las responsables de que un huevo puesto por la abeja reina se desarrolle en reina o trabajadora y que, más asombrosamente, reina y trabajadoras no son sino organismos clónicos. ¿Son las interacciones esenciales? ¿Son necesarias? ¿Qué implicaciones tiene que sean una u otra? ¿Cómo va a tener el ADN algo que ver con lo esencial si encontramos organismos con el mismo ADN que, además, pueden llegar a ser tan distintos?

Haber perfilado la nomenclatura biológica hará más factible describir sintéticamente y con propiedad lo que acontece en el desarrollo de SpG cuando, en los próximos apartados y ya inmersos en una perspectiva multidisciplinar, abordemos la índole y posición de los factores epigenéticos en el SpG. Con todas las cartas sobre la mesa y desde una perspectiva zubiriana, analizaremos la esencialidad, necesidad y fundamentalidad en el material genético y epigenético así como la consideración sustantiva del SpG; pero antes, conozcamos cuál ha sido la evolución y tratamiento del embrión desde una perspectiva zubiriana, el estado actual de la cuestión.

3 Estado de la cuestión

La perspectiva de no reconocer en el embrión el estatus personal hasta su implantación se origina cuando, a finales de los setenta y los ochenta, varias asociaciones[49] y autores[50] consideraron que el embarazo comienza con la implantación y no con la fecundación, postura que encontró también acogida en publicaciones teológicas[51].

A este respecto cabe diferenciar la postura de aquellos que consideran que desde el inicio de la implantación podemos considerar que el embrión es ya un individuo humano, y aquellos que apuntan que es tras el final de la implantación –a partir del día 15 tras la fecundación– cuando nos encontramos ante una realidad personal.

La postura de los primeros aludidos está sintetizada y expuesta con enorme claridad en el análisis que, sobre las objeciones existen-

---

49 Sociedad Americana de Fertilidad (cfr. AMERICAN FERTILITY SOCIETY, "Ethical Consideration of the New Reproductive Technology", Fertil Steril. 1986, 46 (3) suppl: pp. 1s-94s), el Colegio Americano de Obstetras y Ginecólogos (ACOG) (cfr. HUGHES, E.C (ed.) "Obstetric Gynaecologic Terminology with sections on neonatology and glossary of congenital anomalies", Philadelphia: F.A. Davis Company, 1972, p. 299 y Cfr. ACOG Commite Opinion: Committee on Ethics. "Pre-embryo Research: History, Scientific Background, and Ethical Considerations", Int J Gynaecol Obstet. 1994, 45: pp. 201-301), citados en cfr. FERRER COLOMER, M. "El término 'preembrión': Génesis, bases biológicas que lo sustentan y uso en la literatura científica y bioética", Universidad de Murcia, 2007, pp. 50, 168 y 194.

50 Cfr. MCLAREN, A. "Prelude to embryogenesis", in BOOK, G., O´CONNOR, M. (eds). "Human embryo research: yes or no?", The CIBA Foundation. London: ed. Tavistock 1986, pp. 5-23; cfr. GROBSTEIN, C. "The early development of human embryos", J Med Philos. 1985, 10: pp. 213-236, citados en cfr. FERRER COLOMER, M. "El término 'preembrión': Génesis, bases biológicas que lo sustentan y uso en la literatura científica y bioética", Universidad de Murcia, 2007, p. 206.

51 Cfr. DIAMOND, J. "Abortion, Animation, and biological Hominizaion", Theological Studies. 1975, 36: pp. 305-324; cfr. SHANNON, T. A., WOLTER, A.B. "Reflexions on the Moral Status of the Pre-Embryo", Theological Studies. 1990, 51: pp. 603-626, citados en cfr. FERRER COLOMER, M. "El término 'preembrión': Génesis, bases biológicas que lo sustentan y uso en la literatura científica y bioética", Universidad de Murcia, 2007, p. 206.

tes que cuestionan la existencia de un individuo humano desde la concepción, realiza el Dr. Ángelo Serra[52]:

> Una opinión, indicada como la preferida por los ginecólogos, niega el estado de "individuo humano" al embrión hasta el estadio de la implantación. La razón aludida es –según F. Abel[53]– que sólo en el momento de la implantación el embrión adquiere aquella "información extracigótica que debe provenir de la madre y es imprescindible para la constitución del ser humano y para que éste llegue a ser un miembro de la comunidad humana". Por este motivo –prosigue F. Abel– el obstetra "no considera que ofende la dignidad de criatura de Dios por no reconocerla en el cigoto y, especialmente, en el cigoto *in vitro*. Él la reconoce en el blastocisto".[54]

La postura de aquellos que atienden al inicio de la realidad del individuo humano desde el final de la anidación se apoyan en el mismo argumento, solo que es al final de la misma, con la aparición de la línea primitiva, cuando se afirma que se comienza a estar ante una realidad personal. En palabras de la embrióloga Anne McLaren, es al final de la implantación cuando aparece una "entidad espacialmente definida que puede desarrollarse directamente en un feto y luego en un neonato"[55].

Desde esta perspectiva es la línea primitiva la que anuncia que las células empiezan a actuar unitariamente para dar lugar a un único individuo humano, postura íntimamente ligada a la hipótesis que tomaba como posible la gemelación hasta el día 14 de desarrollo.

---

52 Angelo Serra es Profesor de Genética humana en la Cátedra de Genética Humana de la Facultad de Medicina de la Universidad Sacro Cuore de Roma.

53 ABEL, F. "Nascita e morte dell´uomo: prospettive della biología e della medicina", en BIOLO, S. (Ed.) "Nasita e morte dell´uomo: Problema filosofici e scientifici della bioética", Genova: Marita, 1993, pp. 37-53.

54 SERRA, A. "La ley de desarrollo de embrión humano revela cuándo 'Yo' soy 'Yo'" en LÓPEZ BARAHONA, M., LUCAS LUCAS, R. "El inicio de la vida: Identidad y estatuto del embrión humano", Madrid: Biblioteca de Autores Cristianos, 1999, p. 41. Se entiende, blastocisto implantado.

55 MCLAREN, A. "Prelude to embryogenesis", in BOOK, G., O´CONNOR, M. (eds). "Human embryo research: yes or no?", The CIBA Foundation. London: ed. Tavistock 1986 pp. 5-23.

Ambas posiciones estuvieron influidas por el surco que abrió el Ethics Advisory Board estadounidense en 1979[56] y reconfortadas por la introducción del término "pre-embrión", usado por primera vez en la literatura científica en ese mismo año por el embriólogo Clifford Grobstein[57] para definir la realidad de esos primeros 14 días como previa a la realidad personal. El término adquirió enorme influencia internacional al hacerse eco las publicaciones científicas[58] de las discusiones que tuvieron lugar en el parlamento británico a mediados de los ochenta, discusiones decisivas para la aprobación del uso de embriones humanos para la investigación[59] en ese país[60].

56 Cfr. HERRANZ, G. "La biología de la bioética: usos y abusos de los datos científicos", Jornada de clausura del Máster de Bioética, Universidad Católica de Murcia, 22 de enero del 2009). Para un análisis sobre los contenidos, cfr. FERRER COLOMER, M. "El término 'preembrión': Génesis, bases biológicas que lo sustentan y uso en la literatura científica y bioética", Universidad de Murcia, 2007, pp. 64-68.

57 Cfr. GROBSTEIN, C. "External human fertlization", Scientific American. 1979, 240 (6): pp. 33-43.

58 "El embrión propiamente es reconocible por primera vez alrededor del día 15 después de la fertilización, cuando una especializada región de células llamada `estría primitiva´ (la emergente de la columna espinal) aparece por primera vez. Antes de este periodo, no puede decirse que existe un definitivo embrión." (HUXLEY, Sir A. "Research in the Embryo", New Science. 1985, (April 11): p. 2). "Si esta entidad formada alrededor de la estria primitiva es el embrión (como generalmente está acordado), ¿cómo llamamos a la entera colección de células derivadas del huevo fertilizado, de la cuál el embrión es una minúscula parte? En los años recientes, los investigadores hemos desarrollado el mal hábito de llamar al conjunto de las células, también en este primer estadio, embrión. Para los no especialistas esto es confuso... Otras palabras para nombrar a esa totalidad de células derivadas del óvulo fertilizado son: concebido, cigoto, preembrión y pro-embrión (ver Henderson Dictionary of Biological Terms, 9° edición, 1985). Yo usaré el término 'preembrión' (...)" (MCLAREN, A. "Why study early human development?", New Science. 1986 (April 24): p. 49).

59 Un factor relevante en la introducción del término pre-embrión fue el entusiasmo investigador y la creciente práctica de la FIV (cfr. PARDO, A. "Cuestiones de bioética", Madrid: RIALP, 2010, pp. 85-86).

60 Cfr. GREAT BRITAIN, DEPARTAMENT OF HEALTH AN SOCIAL SECURITY. "Report of the Committee on Inquiry into Human Fertiliza-

Tras el acuñamiento, promoción y triunfo del término "preembrión" en Gran Bretaña[61], su difusión no tardó en traspasar fronteras.

Antes de adentrarnos en un análisis argumentativo he de señalar que, a pesar de que el término preembrión ha quedado en desuso por su falta de rigor científico[62], la perspectiva de no considerar al embrión preimplantatorio como una realidad personal es una de las posturas implícitamente más aceptada[63].

---

tion and Embryology", London: Her Majesty´s Stationery Office, 1984. Publicación conocida como informe WARNOCK.

61 Cfr. FERRER COLOMER, M. "El término 'preembrión': Génesis, bases biológicas que lo sustentan y uso en la literatura científica y bioética", Universidad de Murcia, 2007, pp. 83-92.

62 Modesto Ferrer Colomer, en su interesante tesis titulada "El término 'preembrión': Génesis, bases biológicas que lo sustentan y uso en la literatura científica y bioética", realiza un exhaustivo trabajo sobre el término preembrión. "Analizando las bases biológicas aportadas por los defensores del término no hemos encontrado nuevos datos que no se conocieran anteriormente y que pudieran hacer pensar en la existencia de una realidad 'preembrionaria' y, como consecuencia, la necesidad de un nuevo neologismo para designarla. Más bien parece que los nuevos datos aportados por la actual biología del desarrollo muestran la vida embrionaria como una realidad continua y pueden contribuir a hacer ver lo inadecuado del término. Debido a esto, el término prácticamente no se encuentra en los libros actuales de embriología, ni en la mayoría de diccionarios médicos y legales. Tampoco lo hemos encontrado en la mayoría de las legislaciones de los países sobre técnicas de reproducción asistida a excepción de España. (...) En conclusión, nos parece que la aparición del término preembrión parece responder a la creación de un concepto metabiológico acuñado para mantener, con base a aparentes datos científicos, una justificación que facilite evitar los planteamientos éticos derivados de la destrucción de embriones humanos cuando se opta por no mantener un respeto incondicionado del embrión". (Ibid pp. 427-428).

63 Véase, por ejemplo, la defnición de "preembrión somático" del artículo 2. f. de la Ley 1/2007 de 16 de marzo por la que se regula la investigación en reprogramación celular con finalidad exclusivamente terapéutica en Andalucía: "grupo de células resultantes de la división progresiva de la forma celular creada mediante técnicas de reprogramación celular, como la transferencia

En nuestro país –y permitiéndome abrir un paréntesis en nuestro recorrido histórico con un salto de dos décadas– esta influencia queda patente cuando, en el capítulo "La embriología y el problema de las constitución de la sustantividad humana" del libro *Ética en los confines de la vida*[64], Diego Gracia, en apenas 4 páginas cita 11 veces artículos de Grobstein[65], los mismos que, durante el debate anglosajón, apoyaban el uso en la investigación con embriones. Pero Gracia, como veremos enseguida, da un paso más:

> He expuesto con cierto detenimiento la tesis de Grobstein, porque ella refleja una mentalidad bien extendida (...). Grobstein compagina el rechazo del preformacionismo con la aceptación de que todos los patrones de desarrollo están genéticamente determinados. (...) Ahora bien, esto es lo que hoy resulta más que discutible, y por eso parece que el tema del desarrollo embriológico y de la ética de ese proceso debe establecerse sobre nuevas bases, que consideren la información extragenética, hasta un cierto momento, no como accidental sino como constitutiva. Tan esencial y constitutiva como la propia información genética. [66]

Tal y como es sabido, la postura de no reconocer suficiencia constitucional en el embrión preimplantatorio lleva décadas siendo abanderada por Diego Gracia. La primera publicación que he tenido constancia a lo largo de esta investigación en la cual, desde una perspectiva explícita zubiriana, se aborda la temática del inicio del estatuto personal del embrión es un artículo del Dr. Gracia publicado en la revista médica *Jano*[67] en 1985. Tras apuntar muy somera-

---

nuclear u otras equivalentes, desde que se aplica la técnica hasta catorce días más tarde".

64 GRACIA, D. "Ética de los confines de la vida, Ética y Vida: Estudios de Bioética, nº 3", Santa Fe, Bogotá: Editorial El Buho, 1998, pp. 107-122.

65 Cfr. Ibid pp. 118-122, notas 40, 41, 42, 43, 44, 45, 46, 47 y 48.

66 GRACIA, D. "Problemas filosóficos en genética y embriología," en ABEL, F.R., CAÑON, C. (eds.), "La mediación de la filosofía en la construcción de la bioética", Madrid: Universidad Pontificia de Comillas, 1993, p. 240 y GRACIA, D. "Ética de los confines de la vida, Ética y Vida: Estudios de Bioética, nº 3", Santa Fe, Bogotá: Editorial El Buho, 1998, p. 121.

67 Cfr. GRACIA, D. "Cuestiones filosóficas sobre la génesis humana", Jano. 1986, XXX (723): pp. 32-41. Este texto se amplía significativamente –con

mente por qué el hombre es persona –por "la capacidad de aprehender las cosas como realidades"[68]–, el autor se cuestiona desde cuándo el hombre es persona y si lo es desde el primer momento:

> Si con ello [que es persona desde el primer momento] quiere darse a entender el primer momento del óvulo tras la fecundación, la respuesta no puede ser más que negativa. Es evidente que a partir de entonces la célula germinal es de algún modo humana, toda vez que tiene la dotación cromosómica propia de la especie humana, pero no está tan claro que ahí pueda hablarse en el rigor de los términos de sustantividad, ni por tanto de realidad personal.[69]

Gracia hace aquí referencia a los datos a los que, por aquel entonces, apuntaban las ciencias, tales como la gemelación y el quimerismo[70]. Afirmaba el autor: "En cualquier caso, es una cuestión que

---

idéntico resumen y conclusiones– en el capítulo "Problemas filosóficos de la génesis humana" de su libro *Ética de los confines de la vida* (cfr. GRACIA, D. "Ética de los confines de la vida, Ética y Vida: Estudios de Bioética, nº 3", Santa Fe, Bogotá: Editorial El Buho, 1998, pp. 157-182), contenido que, según indica una nota al pie del mismo (cfr. GRACIA, D. "Introducción a la bioética. Siete ensayos", Santa Fe de Bogotá: Ed. El Búho, 1991, p. 157, nota *), corresponde con la ponencia presentada en las Jornadas de Estudio que el Instituto Universitario de Matrimonio y Familia organizó en Madrid en 1985 con el título "La familia ante las nuevas fronteras de reproducción asistida" y publicada en la obra *La fecundación aritificial: ciencia y ética* (cfr. Varios, "La fecundación artificial: ciencia y ética", P.S. Madrid, 1985).

68 GRACIA, D. "Cuestiones filosóficas sobre la génesis humana", Jano. 1986, XXX (723): p. 36.

69 Ibid p. 37.

70 Cfr. Ibid p. 37. Clifford Grobstein expone el argumento de la gemelación para apoyar la propuesta del término pre-embrión en su primer artículo (cfr. GROBSTEIN, C. "External human fertlization", Scientific American. 1979, 240 (6): pp. 33-43). En otro artículo justamente un año antes de la publicación de Gracia, Grobstein alude a la gemelación y al quimerismo como objeción para no reconocer en el embrión preimplantatorio el carácter personal (cfr. GROBSTEIN, C. "The early development of human embryos", J Med Philos. 1985, 10: pp. 213-236).

han de resolver los científicos"[71].

En los cursos de verano organizados por la Universidad de San Sebastián de 1988, relata que él mismo trasladó estos "datos científicos" a Zubiri cuando estaba revisando su escrito "Génesis de la realidad humana", datos que, según sus palabras, le obligaban a realizar ciertas matizaciones.

> Varias veces he contado cómo le planteé, meses antes de su fallecimiento, una objeción a su razonamiento. Se trataba de la objeción que aducen genetistas y biólogos para afirmar que la 'unidad' y 'unicidad' (propiedades formales de la sustantividad) del zigoto no se logran más que con la anidación, es decir, en torno al día 14. Se quedó muy sorprendido por estos datos que desconocía, que no alteraban su punto de vista, pero sí obligaban a ciertas matizaciones.[72]

Traigamos a colación las líneas que, dentro de toda la producción zubiriana y con motivo de esta información trasladada al autor, parecían cuestionar "su" razonamiento, es decir, que la realidad personal comienza desde el inicio de la fecundación. En *Sobre el*

---

71 GRACIA, D. "Cuestiones filosóficas sobre la génesis humana", Jano. 1986, XXX (723): p. 37.

72 GRACIA, D. "La biología frente a la ética y el derecho", VI Cursos de Verano de San Sebastián, Universidad del País Vasco. San Sebastián, 1988, p. 70, citado en VILA CORO, M.D. "Introducción a la Biojurídica", Madrid: Publicaciones Universidad Complutense de Madrid, 1995, p. 72; el texto está íntegramente reproducido (a excepción de la primera frase, que se modifica levemente con: "Yo le planteé, meses antes de su fallecimiento, el peso de los argumentos que aducen...) en cfr. GRACIA, D. "Introducción a la bioética. Siete ensayos", Santa Fe de Bogotá: Ed. El Búho, 1991, p. 170, narración que se realiza en los siguientes términos en lo que a la gemelación respecta en una publicación del 2004: "Aparecieron las clásicas posturas extremas conocidas como pro-vida y pro-elección, así como las más conocidas actitudes intermedias. Una de estas tesis defendía y defiende que no cabe hablar de vida específicamente humana antes de la implantación en el útero, lo que en la especie humana acontece a lo largo de la segunda semana de gestación" (GRACIA, D. "El seminario 'Xavier Zubiri' de Madrid", en NICOLÁS, J.A., BARROSO, O. (eds.), "Balance y perspectivas de la filosofía de X. Zubiri", Granada: Comares, 2004, p. 752).

hombre Zubiri afirmaba que lo concebido en la fecundación: "Es una unidad física, intrínseca, y constitutiva. En su virtud, lo que se concibe en la concepción es un hombre."[73] A este texto le corresponde, en su nueva edición, una cita de los editores que señala: "Nota de Xavier Zubiri: la célula germinal ¿es un hombre?"[74] En otro lugar de la obra, a propósito del brotar de la psique desde la célula germinal, Zubiri escribía: "Brotar, pues, no es florecer, no es surgir, sino que es algo más radical: es *brotar-desde* las estructuras de la célula germinal misma"[75]. A modo de nota al pie, se puede leer: "Nota de los editores: Zubiri anota al margen: 'pero, ¿cuándo?'"'[76].

Es en uno de los párrafos recogidos en la publicación *El hombre y Dios* donde Zubiri parece modificar la teoría por él defendida en miles de páginas hasta entonces:

> Se es persona –escribe Zubiri– en el sentido de personeidad, por el mero hecho de ser realidad humana, esto es, de tener inteligencia. Ciertamente el embrión humano adquiere inteligencia y por tanto personeidad en un momento casi imposible de definir; pero llegado ese momento ese embrión tiene personeidad. Todo el proceso genético anterior a este momento es por esto tan sólo un proceso de hominización.[77]

Aunque por motivos distintos, el origen de la sustantividad personal aparece, con lo citado, tras el resultado de un proceso de hominización. No entraremos en esta investigación a analizar la teoría de la formación pasiva de la inteligencia[78] ni del surgir de esta[79] pero,

73 SH, p. 474.

74 SH, p. 474, Cita 1.

75 SH, p. 464.

76 SH, p. 464, Cita 1.

77 HD, p. 50. La argumentación e implicaciones que residen en este párrafo han sido rigurosa y críticamente analizadas por Fernández Beites (cfr. FERNÁNDEZ BEITES, P. "Embriones y muerte cerebral", Madrid: Ediciones Cristiandad, 2007, pp. 158-160).

78 Aunque de enorme interés, el asunto sobrepasa el objetivo de esta tesis. Pilar Fenández Beites aborda esta cuestión y reconoce –apoyándose en el concepto de actividad pasiva y la diferencia entre potencia y facultad– que desde el

según apunta Zubiri en este escrito, cabe la posibilidad de una primera etapa genética en la que se produce un proceso de hominización en el que no tendríamos sustantividad personal ni persona en ningún sentido[80]; es decir, aunque por otros motivos, sería tras un "proceso constituyente" cuando nos encontraríamos ante una realidad personal.

Antes de cerrar el paréntesis y a modo de breve análisis crítico, he de realizar un apunte sobre la información "científica" que Gracia trasladó a Zubiri con motivo de la gemelación y quimerismo. Aun de enorme repercusión mediática a lo largo de los 90 y habiendo sido elaborada "respetando escrupulosamente los datos científicos e intentando guardar fidelidad a la realidad y pensándola con auténtica 'voluntad de verdad'"[81], la gemelación y quimerismo como argumentación en contra del carácter personal del embrión ha sido cada vez menos recurrente en los textos por, entiendo, dos motivos. El primero, tal y como se ha mostrado a lo largo de dos

cigoto encontramos la inteligencia en formación o actividad pasiva (cfr. Ibid pp. 116-136).

79 Véase Anexo 2.

80 Cfr. FERNÁNDEZ BEITES, P. "Embriones y muerte cerebral", Madrid: Ediciones Cristiandad, 2007, p. 159.

81 Cfr. GRACIA, D. "Cuestiones filosóficas sobre la génesis humana", Jano. 1986, XXX (723): p. 41 y GRACIA, D. "Introducción a la bioética. Siete ensayos", Santa Fe de Bogotá: Ed. El Búho, 1991, p. 182. Esta objeción fue sintéticamente expuesta por el profesor Juan Ramón Lacadena, Catedrático de Genética de la Universidad de la Laguna. Véase la compilación de los trabajos del autor realizados entre 1986 y 1995 en LACADENA, J.R. "Individuación y mismidad genética en el desarrollo humano", en ZARAGOZA, M., BEDATE, C.A. (coords.), "Gen-Ética", Barcelona: Ariel editorial, 2003. pp. 113-122. Aunque el Catedrático de Genética muestra conocimiento e interés en el modo en el que Gracia y Bedate abordan este asunto desde la perspectiva zubiriana (cfr. Ibid p. 121), en esta investigación no he tenido constancia de que Lacadena se adentre en el análisis de la índole constitucional o constitutiva de los factores epigenéticos.

décadas de investigación, por los abusos a que han sido sometidos los datos que los científicos han ofrecido para la reflexión bioética[82].

Muchos de estos datos aparentemente sólidos y contrastados han resultado no tener ninguna evidencia empírica[83] y la información ofrecida por las ciencias, de hecho, cuestionan tales hipótesis[84].

82 "Hablar de abusos puede parecer duro, pero no lo es. Lo cierto es que, entre los científicos que jugaron un papel importante en la revolución reproductiva humana, abundaron los que pusieron su indudable experticia científica y su influencia social al servicio de su ideología utilitarista, eficientista, y a ella sacrificaron la verdad. En el conflicto de intereses entre su objetividad científica y sus proyectos sociobiológicos prevalecieron estos, y, no dudaron, con la mejor de las intenciones probablemente, en dar una orientación sesgada a sus estudios y experimentos, en interpretar sus datos de forma amañada" (HERRANZ, G. "La biología de la bioética: usos y abusos de los datos científicos", Jornada de clausura del Máster de Bioética, Universidad Católica de Murcia, 22 de enero del 2009). María Dolores Vila-Coro concluye un breve apartado dedicado a la exposición del planteamiento metafísico zubiriano y a la crítica de la interpretación que de este realiza Diego Gracia (cfr. VILA CORO, M.D. "Introducción a la Biojurídica", Madrid: Publicaciones Universidad Complutense de Madrid, 1995, pp. 69-73) afirmando que si Zubiri se cuestionó el inicio de la sustantividad "fue debido a la información errónea que le fue facilitada." (Ibid. p. 73).

83 Cfr. LÓPEZ MORATALLA, N y IRABURU ELIZALDE M. "Los quince primeros días de una vida humana", 2º ed. Pamplona: EUNSA, 2006, pp. 151-165.

84 "Si los gemelos se generasen a partir de un solo embrión, el proceso no consistiría en la simple partición de un individuo en 'mitades', o 'cuartos'. La existencia de ejes que organizan el conjunto de células derivadas de la multiplicación del cigoto no permite referirse a una fisión del embrión, como si se tratara de una realidad biológica simétrica y homogénea." (TOMÁS Y GARRIDO, G., LÓPEZ MORATALLA, N. "De la totipotencialidad del cigoto a las células troncales maduras y de reserva", Cuadernos de Bioética. 2009, XX (3): p. 327). A este respecto es interesante el completo análisis que el doctor Modesto Ferrer Colomer realiza en su tesis doctoral (cfr. FERRER COLOMER, M. "El término 'preembrión': Génesis, bases biológicas que lo sustentan y uso en la literatura científica y bioética", Universidad de Murcia, 2007, pp. 230-260). (RUDDER BAKER, L. "When does a Person Begin?" en LIZZA, J.P. (ed.) "Defining the beginning and end of life", Maryland: The Johns Hopkins University Press, 2009, p. 386).

Tal y como adelantamos en el capítulo de la descripción del desarrollo embrionario, el profesor Gonzalo Herranz, fruto de una investigación a este respecto, concluye:

> a. Que esas tres afirmaciones (sobre generalidad monocigótica, quimerización, y composición celular del embrión joven) se han impuesto como doctrina única y oficial, de modo que constituyen el punto de partida de innumerables trabajos de bioéticos, juristas y teólogos.
> b. Que estas tres afirmaciones carecen de base factual. Son, en particular la primera, sorprendentes ejemplos, en pleno siglo XXI, de lo que Francis Bacon llamó *idola tribus*, errores universalmente aceptados.[85]

Esta inestabilidad cada vez más manifiesta es la que, a mi juicio, ha empujado a Diego Gracia a afirmar recientemente en una entrevista:

> Yo creo que a veces los científicos se pasan. Cuando se dice que la ciencia demuestra que desde el primer momento un embrión es un ser humano, yo creo que eso no es verdad y la ciencia no puede decir nada ni a favor ni en contra. La ciencia sabe lo que sabe, utiliza las técnicas que tiene y nada más. Y la cuestión no es una cuestión científica, es ética. Lo que me parece absolutamente incorrecto es que unos señores se atribuyan unas prerrogativas que no tienen y que digan 'nosotros como científicos'. Eso es incorrecto y

---

85 HERRANZ, G. "La biología de la bioética: usos y abusos de los datos científicos", Jornada de clausura del Máster de Bioética, Universidad Católica de Murcia, 22 de enero del 2009). Herranz ha demostrado cómo, sorprendentemente, la cronología de la gemelación aceptada por la comunidad científica y establecida actualmente en los manuales de texto en 14 días proviene de un modelo hipotético, imaginado en 1922 por G. W. Corner y presentado como un ejercicio especulativo en una publicación introducida por Corner en los siguientes términos: "Voy a permitirme ahora un breve ejercicio de imaginación sobre la morfogénesis de los gemelos monocoriónicos humanos". Aunque hay cientos de artículos que abordar este fenómeno y sus posibles causas, jamás ha sido probado experimentalmente (cfr. Ibid). Con respecto a los argumentos sobre el quimerismo la situación es mucho más difusa. A pesar de lo que podrían sugerir publicaciones en revistas especializaras, Gonzalo Herranz, tras un riguroso estudio sobre las mismas, nos dice que las hipótesis en torno al cuándo y cómo tienen lugar "son argumentos escritos en arena" (Ibid).

> no se puede decir y esos señores están utilizando la ciencia de un modo que no es correcto. Están manipulando a la gente.[86]

Aunque parezca mentira, todavía encontramos en publicaciones de ámbito académico y de reconocido prestigio internacional razonamientos que se fundamentan en la posibilidad de gemelación a los 14 días:

> Un organismo humano no puede venir a la existencia hasta que no haya ninguna posibilidad de gemelación –alrededor de dos semanas después de la fertilización[87]

El segundo motivo de la progresiva falta de protagonismo de estos argumentos ha sido, entiendo, que la reflexión filosófica, habiendo asumido acríticamente las hipótesis como teorías empíricamente contrastadas, ha ofrecido explicaciones metabiológicas[88] que reconocen el estatus personal del embrión preimplantatorio.

---

86 [Publicación en línea] elprogreso.galiciae.com/nova/29386.html [Consultado el 23 de noviembre del 2009]. Es interesante comparar estas declaraciones con aquella cita de Gracia recogida en la introducción de la presente investigación (p. 31).

87 RUDDER BAKER, L. "When does a Person Begin?" en LIZZA, J.P. (ed.) "Defining the beginning and end of life", Maryland: The Johns Hopkins University Press, 2009, p. 386.

88 Son varias las reflexiones filosóficas (desde la perspectiva zubiriana y no zubiriana) que han propuesto vías para abordar lo aparentemente acontecido (por ejemplo, Cfr. VILA CORO, M.D. "Introducción a la Biojurídica", Madrid: Publicaciones Universidad Complutense de Madrid, 1995, pp. 29-86; a modo sintético, cfr. NÚÑEZ DE CASTRO, I. "De la dignidad del embrión", Madrid: Universidad Pontificia de Comillas, 2008, pp. 84-89; de forma más amplia cfr. FERRER COLOMER, M. "El término 'preembrión': Génesis, bases biológicas que lo sustentan y uso en la literatura científica y bioética", Universidad de Murcia, 2007, pp. 230-256). José Luis Velayos, Catedrático de Anatomía y Embriología de la Universidad de Navarra, en su análisis metabiológico sobre el ser humano como unidad donde aborda estos aspectos (cfr. VELAYOS, J.L. "El ser humano como una unidad", Debate Actual. 2009, 10: pp. 33-41), recoge un interesante fragmento de una entrevista al Profesor Jérôme Lejeune en la cual, aun recurriendo a

Cerrando ya es el amplio paréntesis, y volviendo de nuevo a los análisis que se realizaban en España en los ochenta, Pedro Laín Entralgo[89], atento a los avances de la biología del desarrollo, explicaba que la determinación de que un cigoto llegue a ser persona humana depende

> a) de la progresiva actualización de su propia información genética; b) de la actualización de las informaciones surgidas *de novo* durante el proceso em-

---

un argumento falaz, se aprecia la actitud del eminente profesor ante la problemática: "ante la menor duda de que un embrión pudiera producir dos seres, en buena lógica habría que respetarlo doblemente" (Ibid p. 37). Pilar Fernández Beites propone una teoría de inspiración zubiriana desde la cual afirmar que en los primerísimos estadios del embrión nos encontramos con un sistema sustantivo individual pero con singularidad indeterminada (cfr. FERNÁNDEZ BEITES, P. "El estatuto ontológico del embrión preimplantatorio y la ley de reproducción asistida", Communio. Nueva época. 2006, 1: pp. 131-141). Yo muestro cómo atender a la esencia desde su unidad esencial y no sólo desde el punto de vista talitativo puede abrir un nuevo camino para abordar la gemelación (cfr. GÜELL, F. "Gemelación y suficiencia constitucional: compatibilidad en la realidad pre-implantatoria" en "Filosofía práctica y persona humana", Madrid: Diálogo Filosófico, 2004, pp. 337-346). Desde la reflexión filosófica no entraremos al análisis de estas tesis porque, como he dejado señalado anteriormente, recientemente se ha mostrado cómo desde un punto de vista biológico no se conoce desde qué momento, por qué y cómo nos encontramos con hermanos con la misma carga genética y organismos que poseen células con dos genomas distintos. Por otro lado, desde mi punto de vista y aceptando la existencia de gemelos monocigóticos, me alineo con Gonzalo Herranz cuando afirma que quizás en un futuro "los mapas de marcadores moleculares nos puedan mostrar que ya desde el principio hay dos donde ahora sólo vemos uno" (cfr. HERRANZ, G. "La biología de la bioética: usos y abusos de los datos científicos", Jornada de clausura del Máster de Bioética, Universidad Católica de Murcia, 22 de enero del 2009).

89 Para una síntesis de la posición antropológica de Laín Entralgo con respecto al inicio de la vida, el problema mente-cuerpo-alma y la relación ciencia y fe, así como para analizar la relación –y distanciamiento– de las posturas de Laín con el planteamiento de Zubiri, cfr. SAVIGNANO, A. "Ocho miradas al pensamiento español del siglo XX", Pamplona: Cuadernos de Pensamiento Español (EUNSA), nº 39, 2010, pp. 93-110.

brionario (actividad informante, pero no codificada, de moléculas contenidas en el interior de la célula); c) de informaciones exógenas, ajenas al control de cada uno de los elementos iniciales del zigoto.[90]

Refiriéndose a los factores epigenéticos de origen materno, Laín Entralgo afirma que durante distintos estadios del desarrollo la actualización de la capacidad informante aparece de forma gradual y mediante la concurrente intervención de moléculas de origen extracigótico[91]. Esto hace que, aunque se observe una continuidad en el desarrollo (no hay ruptura de una etapa con la anterior), la continuidad procesual "lleva consigo la existencia de novedades cualitativas"[92].

Basándose en Carlos Alonso Bedate[93], Laín Entralgo apoya la consideración personal del embrión solo cuando el compromiso de diferenciación celular deje de depender de factores extracigóticos y el embrión represente –citando a aquel– "la constitución de un sistema en el cual el sujeto que va a nacer comienza a estar definido, aunque no sea más que bajo la forma de un esbozo."[94] Laín afirmaba que

> la paulatina conversión del blastocisto en gástrula parece ser, pues, el lapso temporal en que se establece de manera firme la definitiva hominización del embrión humano.[95]

---

90 ENTRALGO, L. "El cuerpo humano: teoría actual", Madrid: Espasa Calpe, 1989, p. 90.

91 Cfr. Ibid pp. 90-91.

92 Ibid pp. 90-91.

93 Cfr. ALONSO BEDATE, C. "Reflexiones sobre cuestiones de vida y muerte: Hacia un nuevo paradigma de comprensión del valor ético de la entidad biológica humana en desarrollo", en ABEL, F., BONÉ, E., HARVEY, J.C. (eds.) "La vida humana: Origen y desarrollo. Reflexiones bioéticas de científicos y moralistas", Federación Internacional de Universidades Católicas, Madrid: Universidad Pontificia de Comillas, 1989, pp. 57-81.

94 ENTRALGO, L. "El cuerpo humano: teoría actual", Madrid: Espasa Calpe, 1989, p. 91.

95 Ibid. Frente a este razonamiento ampliamente extendido, y en una primera aproximación biológica, adelanto que se ha de tener en cuenta que los factores extrínsecos son sólo incorporados al sistema gracias a mecanismos del

Siguiendo la misma línea, su discípulo Diego Gracia apuntaba en los 90[96] que el embrión, al necesitar factores extracigóticos para su correcto desarrollo, no tiene suficiencia constitucional al no poseer todo lo esencial.

> El argumento de Alonso Bedate se puede resumir diciendo que no toda la información que necesita un cigoto está codificada en el genoma. Por lo pronto, esa información sólo codifica proteínas, no hidratos de carbono ni lípidos. Y en segundo lugar, todo lo que adviene al zigoto desde fuera de él, como son las sustancias de todo tipo que atraviesan la barrera placentaria desde el torrente sanguíneo de la madre, por definición no están codificadas en el genoma del nuevo ser. Y sin embargo, todas esas sustancias son información operativa para el embrión. Yo diría más, y es que [refiriéndose a los factores epigenéticos extraembionarios] son también información "constitutiva".[97]

Por todo ello Gracia concluye afirmando que si

---

propio sistema que permiten su paso. Esta tesis es también defendida por el académico Antonio García Bellido, refiriéndose a las modulaciones en el desarrollo causadas por elementos epigenéticos como "operaciones permisivas más bien que instructivas" (GARCÍA-BELLIDO, A. "Hacia una gramática genética", discurso en la Real Academia de Ciencias Exactas Físicas y Naturales, Madrid, 1984, p. 40.) necesitadas de apogenomas siempre preexistentes.

96 Cfr. GRACIA, D. "Problemas filosóficos en genética y embriología", en ABEL, FR. Y CAÑON, C. (ed.), "La mediación de la filosofía en la construcción de la bioética", Madrid: Universidad Pontificia de Comillas, 1993, pp. 217-254, texto repetido íntegramente en GRACIA, D. "Ética de los confines de la vida, Ética y Vida: Estudios de Bioética, nº 3", Santa Fe, Bogotá: Editorial El Buho, 1998, pp. 95-136.

97 GRACIA, D. "Problemas filosóficos en genética y embriología", en ABEL, FR. Y CAÑON, C. (ed.), "La mediación de la filosofía en la construcción de la bioética", Madrid: Universidad Pontificia de Comillas, 1993, p. 246 y GRACIA, D. "Ética de los confines de la vida, Ética y Vida: Estudios de Bioética, nº 3", Santa Fe, Bogotá: Editorial El Buho, 1998, p. 127.

> la información constitutiva se compone a la vez de información genética e información extragenética, y esta última es tan constitutiva o constituyente como la propia información genética[98]

en "las primeras etapas del desarrollo no hay más campo sustantivo que el de la madre"[99]. En una publicación de 1995, el autor afirmaba que, por muy intuitivo que resulte tomar el genoma como lo constitutivo y el desarrollo como consecutivo, esto no es así:

> Genoma no es igual a constitución. No tiene sentido afirmar que todo el proceso del desarrollo es meramente consecutivo. Más bien parece necesario afirmar lo contrario, que hay un proceso constituyente, durante el cual toda la información, tanto la genética como la extragenética, debe ser considerada como esencial para la aparición de un nuevo ser.[100]

Por su parte, Alonso Bedate explica que los elementos epigenéticos maternos durante el estadio de la implantación son no solo necesarios, sino esenciales para el desarrollo morfogenético del embrión. Para el autor, la esencialidad de estas notas implica necesariamente una falta de suficiencia constitucional en el embrión preimplantatorio[101]. Desde un punto de vista biológico, Bedate expone:

---

98 GRACIA, D. "Problemas filosóficos en genética y embriología", en ABEL, FR. Y CAÑON, C. (ed.), "La mediación de la filosofía en la construcción de la bioética", Madrid: Universidad Pontificia de Comillas, 1993, p. 247, y GRACIA, D. "Ética de los confines de la vida, Ética y Vida: Estudios de Bioética, nº 3", Santa Fe, Bogotá: Editorial El Buho, 1998, p. 128.

99 GRACIA, D. "Problemas filosóficos en genética y embriología", en ABEL, FR. Y CAÑON, C. (ed.), "La mediación de la filosofía en la construcción de la bioética", Madrid: Universidad Pontificia de Comillas, 1993, p. 251 y GRACIA, D. "Ética de los confines de la vida, Ética y Vida: Estudios de Bioética, nº 3", Santa Fe, Bogotá: Editorial El Buho, 1998, p. 132.

100 GRACIA, D. "La vida: Origen y evolución", en GONZÁLEZ DE POSADA, F. (ed.), "Cosmología. El sistema Solar: La Tierra, la vida, el hombre, Pozuelo de Alarcón (Madrid): Patronato Municipal de Cultura – Amigos de la Cultura Científica. 1995, pp. 93-94.

101 Cfr. ALONSO BEDATE, C. A. "El Estatuto ético del embrión humano", en MAYOR ZARAGOZA. F., ALONSO BEDATE, C. (coords.), "Gen-Ética", Barcelona: Ariel editorial, 2003, pp. 36-40. De forma más extensa,

> No podemos olvidar que la capacidad del embrión de adquirir su estado fenoménico humano está dada, entre otras cosas, por la implantación en el útero pues ésta constituye una de las primeras señales epigenéticas, externas al embrión, que conducen a que se emprenda el desarrollo y diferenciación morfológica.[102]

Ciertamente, la interacción del blastocisto en la implantación conduce a una diferenciación organizada precisa del SpG. En el caso que la implantación no ocurra, se produce un crecimiento de las células sin diferenciación y sin organización embrionaria dando lugar a una mola hidatiforme.

Aludiendo a ello, Bedate afirma que se puede decir que las señales derivadas de la implantación revelan y hacen posible la realización de las actividades y posibilidades del embrión[103].

Los planteamientos hasta aquí expuestos surgen como crítica a la hipotética consideración de la información no-genética como algo meramente adventicio, como crítica a considerar,

> como generalmente se hace, que esa información no-genética tiene un carácter meramente adventicio porque el programa de un nuevo ser está ya perfectamente fijado en su genoma.[104]

Entonces, y en respuesta a esto, se afirma que

(cfr. ALONSO BEDATE, C. "El valor ontológico del embrión humano: una visión alternativa" y "Estatuto ético del embrión humano: reflexiones ante una situación límite: ¿Es posible una visión alternativa? en BECA I. J. P. "El embrión", Chile: Editorial Mediterráneo Ltda. Santiago, 2002, pp. 52-126).

102 ALONSO BEDATE, C. "El valor ontológico del embrión humano: una visión alternativa" y "Estatuto ético del embrión humano: reflexiones ante una situación límite: ¿Es posible una visión alternativa? en BECA I. J. P. "El embrión", Chile: Editorial Mediterráneo Ltda. Santiago, 2002, p. 77.

103 Cfr. Ibid p. 77.

104 GRACIA, D. "La vida: Origen y evolución", en GONZÁLEZ DE POSADA, F. (ed.), "Cosmología. El sistema Solar: La Tierra, la vida, el hombre, Pozuelo de Alarcón (Madrid): Patronato Municipal de Cultura – Amigos de la Cultura Científica. 1995, p. 94.

> la información extra-genética de las primeras fases del desarrollo no puede ser conceptuada como meramente adventicia, por tanto, (...) no está formada por lo que Zubiri llamó 'notas adventicias' o 'notas de tipo causal', sino por 'notas constitutivas' y 'notas constitucionales', es decir, por 'notas de tipo formal'.[105]

Refiriéndose al momento de aparición del sistema sustantivo, Gracia afirma que si los factores extracigóticos epigenéticos son incorporados con anterioridad a la aparición de la sustantividad,

> tienen carácter constitucional y no meramente adventicio; por el contrario, cuando llegan después de ese momento, tienen el carácter de lo que Zubiri llama notas "adventicias".[106]

En 2003 Diego Gracia, con motivo de un análisis del estudio de las células madre embrionarias, nos dice:

---

105 GRACIA, D. "Problemas filosóficos en genética y embriología", en ABEL, FR. Y CAÑON, C. (ed.), "La mediación de la filosofía en la construcción de la bioética", Madrid: Universidad Pontificia de Comillas, 1993, p. 249. La misma idea se repite en una publiación posterior: "Hay epigénesis, y el logro de la sustantividad es siempre un proceso epigenético. Negar esto es desconocer lo evidente" (GRACIA, D. "Ética de los confines de la vida, Ética y Vida: Estudios de Bioética, nº 3", Santa Fe, Bogotá: Editorial El Buho, 1998, p. 169).

106 GRACIA, D. "Problemas filosóficos en genética y embriología", en ABEL, FR. Y CAÑON, C. (ed.), "La mediación de la filosofía en la construcción de la bioética", Madrid: Universidad Pontificia de Comillas, 1993, p. 241 y GRACIA, D. "Ética de los confines de la vida, Ética y Vida: Estudios de Bioética, nº 3", Santa Fe, Bogotá: Editorial El Buho, 1998, p. 122.). Pilar Fernández Beites descubre la incontestable circularidad de que adolece esta interpretación en la que, por un lado, la sustantividad del sistema depende de la incorporación de notas constitucionales pero, a su vez, es el sistema el que determina cuándo esas notas incorporadas son constitucionales o adventicias (cfr. FERNÁNDEZ BEITES, P. "Sustantividad humana: embrión y 'actividad pasiva' de la inteligencia", en "Filosofía práctica y persona humana", Salamanca: Publicaciones Universidad Pontificia de Salamanca, 2004, pp. 245-255).

> la célula embrionaria no se identifica sin más con la célula indiferenciada, sino que para que pueda ser considerada embrionaria ha de hallarse en un contexto adecuado para dar lugar a una realidad biológica entera. La fase embrionaria es ese contexto, que dará lugar a una nueva realidad biológica, siempre que converjan, voluntaria o involuntariamente, todas y cada una de las condiciones que son necesarias para el logro de esa nueva realidad biológica. En cuanto falla alguna de esas condiciones, el nuevo ser no llega a su término de diferenciación; es decir, interrumpe su proceso de constitución.[107]

En definitiva:

> Una célula totipotente [cigoto] no sería sin más un embrión, ni un embrión podría identificarse con un ser vivo ya constituido. El periodo embrionario sería, pues, el periodo constituyente, y un embrión sería un ser vivo en proceso de constitución.[108]

Gracia no hace referencia explícita en esta publicación al carácter constitutivo de los factores epigenéticos de origen materno[109], base

107 GRACIA, D. "El estatuto de las células embrionarias", en MAYOR ZARAGOZA, F., BEDATE, C.A. (coords.), "Gen-Ética", Barcelona: Ariel Editorial, 2003, pp. 83-84 y GRACIA, D. "Como arqueros al blanco. Estudios de bioética", Madrid: Triacastela, 2004, p. 385.

108 GRACIA, D. "El estatuto de las células embrionarias", en MAYOR ZARAGOZA, F., BEDATE, C.A. (coords.), "Gen-Ética", Barcelona: Ariel Editorial, 2003, p. 84 y GRACIA, D. "Como arqueros al blanco. Estudios de bioética", Madrid: Triacastela, 2004, p. 386. Bedate apoya, recurriendo de nuevo a los factores epigenéticos, esta postura: "Que el Zigoto no *es la misma realidad* que el individuo generado al final del desarrollo lo sugiere el hecho de que si un zigoto genéticamente normal se coloca en el endometrio de una madre homocigótica para PAH (no sometida a tratamiento) nace con microcefalia y otros trastornos severos y que ese zigoto generaría un individuo normal si se gestara en la misma madre sometida a una dieta de alimentación específica." (BEDATE, C. A. "El Estatuto ético del embrión humano", en MAYOR ZARAGOZA. F., ALONSO BEDATE, C. (coords.), "Gen-Ética", Barcelona: Ariel editorial, 2003, p. 42).

109 Bedate, en esta publicación, sí lo hace: "si el zigoto tuviera como constitutivo el mismo y la misma cosa a través del desarrollo embrionario no se explica cómo puede ser alterado en su talidad tan drásticamente por informacio-

sobre la cual en trabajos anteriores concluía que en las primeras etapas del desarrollo no hay más campo sustantivo que el materno[110]. En esta publicación prescinde de analizar la índole de las notas afirmando que

> El carácter embrionario se define más por el contexto, por el medio, por la presencia de los inductores adecuados en el momento adecuado, que por la totipotencialidad.[111]

Sea como fuere, la consideración del embrión como parte de la madre se deriva en que aquello que le ofrece el medio tiene carácter constitutivo pero no adventicio, razón por la cual el embrión no es sustantivo. En un trabajo del 2004, Gracia niega el carácter constitutivo al material genético al ser la información genética condición necesaria pero no suficiente para el surgimiento de una nueva realidad humana[112], y afirma que

> La información genética no sólo no tiene sustantividad sino que no puede identificarse ni con el subsistema esencial o constitutivo. Información genética no es igual a esencia constitutiva, sino, en el mejor de los casos, a esencia quidditativa. La esencia constitutiva es individual, en tanto que el sistema genético es específico. El caso de los gemelos univitelinos demuestra bien que dos personas con la misma información genética tienen dos esencias

---

nes extra-embrión" (Ibid p. 44). Toda esta tesis puede ser estudiada en su artículo "BEDATE, C. A. "An ontological view of the human embryo. A paradigm", Eur. J. Endocrinol. 2004, 151: pp. U17-U24.

110 Cfr. GRACIA, D. "Problemas filosóficos en genética y embriología", en ABEL, FR. Y CAÑON, C. (ed.), "La mediación de la filosofía en la construcción de la bioética", Madrid: Universidad Pontificia de Comillas, 1993, p. 251 y GRACIA, D. "Ética de los confines de la vida, Ética y Vida: Estudios de Bioética, nº 3", Santa Fe, Bogotá: Editorial El Buho, 1998, p. 132.

111 GRACIA, D. "El estatuto de las células embrionarias", en MAYOR ZARAGOZA, F., BEDATE, C.A. (coords.), "Gen-Ética", Barcelona: Ariel Editorial, 2003, p. 81 y GRACIA, D. "Como arqueros al blanco. Estudios de bioética", Madrid: Triacastela, 2004, p. 383.

112 Cfr. GRACIA, D. "La antropología de Zubiri", en NICOLÁS, J.A. Y BARROSO, O. (eds.), "Balance y perspectivas de la filosofía de X. Zubiri", Granada: Comares, 2004, p. 112.

constitutivas distintas; es decir, son seres humanos esencialmente distintos. La información genética no puede identificarse con la esencia constitutiva, y menos con la sustantividad. A partir de la información genética, se inicia lo que siguiendo a Zubiri cabe llamar un "proceso constituyente". Ése es el que va a dotar de una constitución y una sustantividad individuales y propias.[113]

En una reciente obra el autor vuelve a apuntar al problema derivado de considerar al material genético como un subsistema constitutivo necesitado, a su vez, de un medio e interacciones epigenéticas, reavivando así su tesis de los 90.

Supongamos, en el ejemplo anterior, que el gen es una nota constitutiva[114]. Tendemos a pensar que funda directamente y sin mediaciones las tres notas

---

113 Ibid p. 113.

114 Diego Gracia afirma que es una suposición porque previamente ha afirmado que "el gen no puede llamarse sin más nota constitutiva, ya que él también está constituido, tiene una constitución, es un sistema dentro de un sistema" (Gracia, D. "Zubiri en los retos actuales de la antropología", en PINTOR RAMOS, A. (Coord.), "Zubiri desde el siglo XXI", Salamanca: Publicaciones Universidad Pontificia de Salamanca, 2009, p. 123). Fieles a la letra zubiriana, considero, como he advertido en la primera parte de este libro, que no se puede equiparar "estar constituido" y "tener constitución". Para hacer esta afirmación el autor recurre a las palabras de Zubiri cuando dice: "Lo constitutivo sería la o las notas que fundan aquel carácter. No basta por ello con haber logrado 'dar' con el gene que lo controla, porque a su vez ese carácter del gene quizá no sea sino fundado en estructuras bioquímicas y biofísicas más elementales; éstas serían las notas del albino" (SE, p. 190). Ciertamente, este párrafo aislado de toda la metafísica zubiriana podría dar a entender que el hecho de que los genes estén "fundados" en estructuras bioquímicas y biofísicas más elementales no las convierten en "últimas" pues estarían "fundadas" en otras que sí serían notas constitutivas. Pero para una correcta interpretación es vital haber entendido qué quiere decir Zubiri con el significado de "fundar". De hecho es, como veremos, desde una errónea interpretación del sentido u orden desde el que se entiende la fundamentalidad de lo constitutivo desde donde Gracia realiza las objeciones. Zubiri se percató de la posibilidad de la errónea interpretación a la que podía conducir ese párrafo y, aclarando qué había querido decir al anotar las estructuras biofísicas o bioquímicas en las que tal vez estaban fundadas los genes, escribía

> constitucionales citadas, la blancura de la piel, el color azul de los ojos y la sordera. Pero esto, incluso en los rasgos monogenéticos, no es así. Los rasgos fenotípicos son siempre el resultado de múltiples interacciones de los genes con su medio, que a la postre es todo ser vivo, e incluso estructuras externas a él (placenta, medio materno, etc.). No hay pues causalidad directa del fenotipo por parte del genotipo. La cosa es mucho más compleja. El genotipo es condición necesaria pero no suficiente.[115]

Todas estas citas son, a mi entender, no solo significativas por su actualidad sino de enorme trascendencia. En ellas su autor cristaliza su modo de interpretar la relación entre las notas constitucionales y constitutivas, modo que, como ya hemos dejado mostrado y analizaremos a continuación, es esencialmente distinto al explicitado por Xavier Zubiri.

4 Análisis de la posición de la influencia epigenética desde una perspectiva zubiriana

Desde mi punto de vista y tal y como indiqué en el capítulo segundo, no se ha prestado suficiente atención a la rigurosidad con la que Zubiri explicita el carácter fundamentante de la esencia. Aun siendo una cuestión ciertamente problemática[116], entiendo que en la obra

---

seguidamente: "De aquí que llegar a una nota verdaderamente constitutiva sea un problema abierto; lo que hoy parece último tal vez no lo parezca mañana. Pero la meta es filosóficamente clara. Sólo con estas notas tendríamos la unidad primaria de lo real, es decir, el modo primario de ser intrínsea e irreductiblemente 'uno'. A esto y sólo a esto llamo 'constitutivo'. Es un concepto, pues, que está en una línea distinta de lo usual al emplear el vocablo: en la línea de lo constitucional" (SE, p. 192).

115 GRACIA, D. "Zubiri en los retos actuales de la antropología", en PINTOR RAMOS, A. (Coord.), "Zubiri desde el siglo XXI", Salamanca: Publicaciones Universidad Pontificia de Salamanca, 2009, p. 123.

116 "dentro de las notas sustantivas las hay de varios tipos, como ya sabemos. Están las constitutivas, y las constitucionales. Las constitucionales se fundan

zubiriana reside no sin dificultad una respuesta nítida y precisa a esta cuestión. La posición de los factores epigenéticos y de la influencia epigenética de origen materno en el sistema requiere previamente una buena caracterización de lo constitutivo y del modo en el que lo esencial funda el resto del sistema.

Por ello en el segundo capítulo dejé indicado que sería ahora cuando iba a volver sobre la fundamentalidad de las notas constitutivas. Recuperaremos sintéticamente la precisión de la letra zubiriana para explicar en qué consiste ese fundar, y para ello primero volveré a traer a colación en qué sentido dice el autor que las notas constitutivas son "infundadas". Seguidamente trataré de modo esquemático de qué modo las notas meramente constitucionales se fundan en el momento constitutivo trayendo a colación en qué sentido ha de entenderse la necesidad de lo constitutivo frente al resto constitucional.

Será entonces cuando estamos en disposición de abordar la índole y posición de la influencia epigenética a la luz del sistematismo sustantivo zubiriano. Para completar la propuesta zubiriana en el análisis del SpG, expondré y rastrearé la fundamentalidad y la necesidad de lo esencial no ya sobre lo meramente constitucional, sino frente a lo adventicio.

Para todo ello procederé del siguiente modo: tras un discurso estrictamente filosófico sobre la relación de fundamentación y necesidad entre las notas esenciales e inesenciales, mostraré cómo –inmersos ya en las coordenadas zubirianas– dicha sistematización filosófica es un valioso modelo para entender y describir la interacción genética y no genética que acontece en el SpG por sí y en sí mismo considerado.

---

en las constitutivas. El problema está en decir con alguna precisión en qué consiste ese fundar, o de qué modo fundan." (Ibid pp. 122-123).

4.1 Infundamentalidad del momento genómico

4.1.1 Momento fundante del momento genómico del SpG

Recuperaremos ahora la consideración de las notas esenciales con respecto a las demás notas para analizar su posible correspondencia con la dinámica celular embrionaria. "Consideradas no en sí mismas, sino respecto de las demás notas, las notas esenciales, al ser infundadas, son 'fundantes' de aquellas."[117] Fundamentalidad es determinación funcional, determinación por la que la esencia es principio estructurante. A su vez, esa determinación hace a la esencia, como dejamos visto, por un lado necesitante de las demás notas constitucionales y, desde otro lado, principio necesitante de las notas meramente constitucionales.

Lo esencial es lo fundante y lo inesencial, lo fundado, términos que han de ser entendidos dentro de las coordenadas de la constitución en clave funcional, clave funcional que no solo "permite" hablar de necesidad, sino que la implica: si, por un lado, la esencia "no es esencia por las notas según su *consideratio absoluta*, sino según la función que esas notas desempeñan en la cosa real"[118], y, además,

> las notas esenciales son fundantes, precisa y formalmente, como determinantes funcionales de cada una de las notas que posee la realidad en orden a la sustantividad[119],

si esto es así, en la funcionalidad tomada como criterio de esencialidad está implícita la necesidad del sistema constitucional.

La esencia se entiende desde esta perspectiva no como un subsistema-parte que por la adición de partes constitucionales forma un sistema, sino como un subsistema-momento del sistema "ya" constitucional; hablar de esencia implica hablar del sistema constitucional del que "ya" es momento, y lo es porque "ya" está determinan-

---

117 SE, pp. 262-263.

118 SE, p. 268.

119 SE, p. 267.

do funcionalmente el resto de notas, determinación por las que estas son "ya" constitucionales y sistema. Efectivamente, para Zubiri lo constitucional es tal porque las notas están unívocamente determinadas en función de todas las demás, función determinada por lo constitutivo.

Dejamos explicado que la fundamentalidad tiene un aspecto material y otro formal: por un lado determina la posición e índole de cada nota; por otro lado, "la esencia confiere carácter de sistema a la constitución entera de la sustantividad, es el sub-sistema fundamental, fundacional, de la sustantividad"[120]; no por otro motivo se dice que su función es estructurante y sistemática.

En definitiva, el criterio de la esencialidad reside, partiendo de un sistema con unidad propia de "constitución", en la función. En un sistema en interna determinación algunas notas remiten a otras (aquellas son las meramente constitucionales) mientras que otras no remiten sino a sí mismas (las constitutivas). La función de estas últimas es, dijimos, determinar que la "posición" del resto de notas lo sea respecto de todas las demás, motivo por el cual se dice que lo constitutivo tiene función estructurante y, a su vez, sistemática o sistematizadora: función en orden a la unidad estructural del sistema.

La relación entre lo constitucional y lo constitutivo referida al genoma y al resto del sistema es explícita en la siguiente cita zubiriana que, con sus limitaciones, apoya la tesis que aquí defenderé.

> el código genético de un ser vivo (...) en cuanto código no es primeramente algo que recibe unas determinaciones ulteriores, sino que es lo que las determina, sea respecto de las estructuras, sea respecto de lo adventicio.[121]

Nuestro objeto de análisis es el embrión preimplantatorio, el SpG, y el análisis lo enfocaremos en su dinámica celular, comenzando primero por SpG 0, el embrión en su estado unicelular. Veremos a continuación si rastreando en el SpG 0 –y, en general, atendiendo a

120 SE, p. 267.

121 ETM, pp. 387-388.

organismos unicelulares–, bajo criterios constitucionales de interna determinación, podemos describir al ADN como momento último y determinante funcional. A ese ADN, comúnmente denominado "genoma", lo denominaré desde ahora y por ahora sin más explicaciones "momento genómico" del epigenoma –próximamente nos detendremos a justificar la idoneidad y precisión de esta terminología. Es decir, veremos si rastreando en el SpG0 podemos describir al momento genómico del epigenoma como momento último y determinante funcional del sistema. Si una nota posee una función unívocamente imbricada en la totalidad del sistema, habría que observar si es en última instancia el momento genómico al que remite su posición en el sistema, si podemos decir que el momento genómico ha sido principio estructurante por el que esa nota está estructurada con una función respecto a todas las demás notas.

Sara de Jesús apunta que

> el genoma contiene tanto la información estructural y funcional del nuevo ser como las instrucciones necesarias para expresarla en el tiempo y lugar adecuado. Sin embargo, tanto una como otra, necesita que el genoma esté dentro de la compleja maquinaria de funcionamiento celular. [122]

En la descripción biológica encontramos los mismos términos que ha empleado Zubiri para el engranaje entre lo constitutivo y meramente constitucional: a mi juicio, la *información funcional y estructural* apuntada por De Jesús hace referencia a la función estructurante (donde "posición" es "función") de lo constitutivo; las *instrucciones necesarias para expresarlas* hace referencia a la función sistematizadora del momento genómico; *la maquinaria de funcionamiento celular* hace referencia al único sistema constitucional en interna determinación; y la necesidad (*necesita*) de *que el genoma esté dentro* del sistema hace referencia al genoma como momento (momento genómico) y como principio necesitante de lo meramente constitucional.

122 DE JESÚS GÓMEZ, S. "Las últimas causas del plan de desarrollo embrionario de la vida humana", Madrid: Editorial Universidad Francisco de Vitoria, 2009, pp. 144-145.

La determinación puede ser, entonces, el significado del fundamento del momento genómico, y su fundamentalidad podría entenderse como determinación funcional. Como veremos, el no reconocerlo como subsistema esencial infundamentado por la necesidad de factores extrínsecos no es sino fruto de dos errores interpretativos: por un lado, se toma a lo esencial como algo "separado" e independiente del sistema constitucional y, por otro, su infundamentalidad se confunde con la falta de necesidad.

Esta primera aproximación analítica requerirá apartados posteriores para profundizar en el momento genómico como determinante de la posición e índole que hace a una nota constitucional en el SpG, momento en que situaremos con rigor la índole de los factores epigenéticos. Ahora haremos una primera aproximación por la otra vertiente de la infundamentalidad: la ultimidad del momento genómico.

4.1.2 Momento de ultimidad del momento genómico

Analizando el SpG 2 desde un plano descriptivo biológico, el momento genómico de un epigenoma, es decir, la secuencia de nucleótidos de un blastómero, nos remite, en la línea de originación, a la secuencia de ADN del que fue replicada. En última instancia, en orden a la originación, el genoma nos remite al genoma resultante de la fusión de los gametos, a SpG 0. Pero en orden a la constitución, la secuencia de desoxirribonucleótidos no nos remite a otras notas. No hay "constitución" entendida como "determinación interna" en el subsistema genómico: el momento genómico "sido", "es".

Lo epigenético, recordemos, permite cambios necesarios para la proliferación y diferenciación del sistema, pero la secuencia nucleotídica y su función no remite a nada distinto de ella, y es en ese sentido que podemos decir que es infundada. El significado de "carecer" cuando afirmamos que el genoma carece de fundamento es preciso:

"carecer" no significa aquí un mero "no tener", porque a diferencia de lo que sucede con los conceptos objetivos, la realidad física no tiene determinaciones negativas. "Carecer" es la simple expresión objetiva de algo positivo *in re*, que transparece en el repliegue: es un positivo reposar real y efectivamente sobre sí mismas.[123]

Podemos afirmar que la precisa secuencia de nucleótidos es, situados en el orden constitucional, el subsistema primario que reposa sobre sí mismo en cuanto que es uno en y por sí mismo. Pero dicho subsistema siempre posee una determinada configuración epigenómica, o lo que es lo mismo: al no ser parte sino momento, lo constitutivo es inapelable momento del sistema sustantivo, subsistema que, como dejamos mostrado, tiene necesidad del resto de notas constitucionales. Pero, como explicamos, esta necesidad en nada afecta a la infundamentalidad de lo esencial.

Acorde con la estructura dinámica celular descrita, no existe una "independencia" del material genético y la denominación de este como momento físico del SpG[124] es, entiendo, acorde con la realidad. Por ello es por lo que he propuesto el término epigenoma, el cual solo se entiende desde la relación del material genético –momento genómico– con el resto del material biológico "constitucional" del sistema.

Tal y como mostraremos a continuación, atendiendo a los datos de la biología celular y del desarrollo molecular, podemos afirmar que la relación entre el momento genómico del epigenoma (con una precisa y cambiante configuración química y espacial) y el sistema celular puede explicarse en los términos en los que Zubiri

123 SE, p. 203. El verbo "transparecer" no aparece en la vigésimo segunda edición del Diccionario de la Lengua Española de la Real Academia Española (RAE). Probablemente Zubiri quería apuntar al verbo "trasparecer" que, al igual que la palabra "traslucir" –palabra que traducida al portugués es justamente "transpadecer"– significa, según versa la RAE, "dejarse ver al través de otra más o menos transparente".

124 Tal y como afirma Bedate: "El ADN no *constituye* un organismo. El organismo se *constituye* por su todo en interrelación integrada" (BEDATE, C. A. "El Estatuto ético del embrión humano", en MAYOR ZARAGOZA. F., ALONSO BEDATE, C. (coords.), "Gen-Ética", Barcelona: Ariel editorial, 2003, p. 41).

expone la relación entre el subsistema fundamental y el sistema sustantivo.

Es ahora, después de lo expuesto, cuando podemos atender con propiedad a la objeción de la influencia epigenética ectocrina interpretada como notas esenciales que niegan la suficiencia constitucional al SpG. La meta será mostrar cómo solo fundadas en la estructura genómica, el resto de las notas inesenciales del sistema cobran carácter sistemático, momento por el que las meramente constitucionales poseen una función con respecto a las demás notas en orden al sistema. Esta fundación, como ya lo explicamos en el capítulo segundo, no debe entenderse en coordenadas de mera localización sino en clave funcional.

4.2 Determinación funcional constitucional del momento genómico del SpG

4.2.1 Análisis sobre la relevancia del origen extracigótico de lo constitucional

Dijimos que a lo largo del desarrollo del SpG son necesarios factores de crecimiento para el correcto desarrollo del sistema, y que la necesidad de esos factores de crecimiento variaba según el grado de diferenciación y proliferación del sistema.

Tomando como situación paradigmática la anidación, decíamos que factores de crecimiento de origen materno incorporados al sistema se unían a metabolitos citoplasmáticos formando complejos activos que, a modo de cascada, inducían a otras moléculas cuyo objetivo final era activar un factor de transcripción (o, por lo contrario, desactivar el mecanismo de expresión) permitiendo así una expresión génica concreta que se traduce en una diferenciación celular precisa.

Por otro lado, tenemos que recordar que los metabolitos citoplasmáticos del SpG –así como los inductores y los mismos factores de transcripción– son expresados por genes reguladores. Por lo tanto, en ese sentido es la expresión genómica lo que determina si los factores de crecimiento de origen materno cumplirán o no una función con respecto a las demás notas, es decir, si tendrá o no función epigenética (por ejemplo, activadora o inhibidora).

¿Qué ocurre cuando esas notas constitucionales son de origen materno? Estoy de acuerdo con Pilar Fernández Beites cuando afirma que la influencia epigenética de origen materno tiene cabida y diferencia la dimensión constitucional y la dimensión esencial:

> tanto en la etapa embrionaria como en las etapas adultas, los elementos externos pueden hacer variar las notas constitucionales de la sustantividad: la sustantividad es la misma (dimensión constitutiva), pero no es lo mismo (dimensión constitucional).[125]

A su vez, si se atiende fielmente al carácter constitucional, en nada afecta que las notas constitucionales sean de origen materno. Zubiri dice que

> *Las notas de un sistema pueden ser de distinto carácter.* Unas suponen el sistema ya constituido y pertenecen a él por la acción de factores extrínsecos al sistema. Son notas que yo llamo adventicias. Pero hay otras notas que aunque tengan un origen causal exterior, son en sí mismas y formalmente las que forman el sistema. Las llamaremos por esto *notas constitucionales.*[126]

Aquí nos interesan las notas que pertenecen a la índole del sistema en "constitución", las notas constitucionales: para Zubiri el "origen causal" es compatible con que la nota sea constitucional. Vimos los problemas que causaba clasificar las notas según su "conexión", y que el autor clasificara las constitucionales como aquellas que en sí mismas y formalmente forman el sistema no hacía referencia sino a su función respecto de todas las demás, función integrada en el sistema fruto de la unidad primaria del mismo.

Diremos entonces que, aquello incorporado desde el exterior del sistema, en el caso que nos ocupa, desde el ambiente materno,

125 FERNÁNDEZ BEITES, P. "Embriones y muerte cerebral", Madrid: Ediciones Cristiandad, 2007, p. 173.

126 SH, p. 46.

tendrá carácter adventicio a no ser que, fundado en el sistema constitutivo (o, desde la otra perspectiva, determinados funcionalmente en última instancia por el momento genómico del sistema), esos factores cumplan una "función" ordenada a la sustantividad e integrada en el sistema. Siendo así, estas notas tendrían carácter constitucional.

Dejamos con esto mostrado, en una primera aproximación, que el origen de las notas constitucionales sea de fuera del sistema (de origen materno) es algo absolutamente compatible con el carácter de las notas que forman el sistema constitucional[127].

4.2.2 Determinación funcional de lo constitutivo en el SpG

Con lo dicho estamos en disposición de atender a la determinación de la posicionalidad constitucional por la posicionalidad constitutiva. Como en muchos otros lugares de su obra, el filósofo vasco apuntaba a los genes como lo constitutivo:

> Toda posicionalidad constitucional está determinada por una posicionalidad constitutiva. Más aun, la posicionalidad constitucional, determinada por la posicionalidad constitutiva, no se identifica con ésta. Así, en virtud de la posicionalidad, por ejemplo, de los genes, se determina la posicionalidad, bien distinta, de los órganos de un viviente.[128]

---

127 Traigo ahora el ejemplo de la Fundación Xavier Zubiri que puede ayudar a aclarar esta dinámica interna: si al cabo de unos años la Fundación requiere de una segunda secretaria por las nuevas funciones que se han generado en el devenir prolífico interno de la Fundación, esta podría llegar de una Empresa de Trabajo Temporal y ocupar su "lugar". Sus funciones, en última estancia, estarán fundadas (como todo el resto de "funcionarios" del sistema) en la obra zubiriana.

128 Ibid pp. 354-355. Este texto es una cita explícita de Zubiri contraria a la tesis que afirma que hasta la formación de los órganos no podríamos encontrarnos ante una realidad sustantiva. Podríamos, también, realizar una apreciación sutil sobre la relación de lo esencial con lo constitucional: los órganos que forma el adulto también están formados por el epigenoma. Es decir, el momento genómico del epigenoma también forma parte de la estructura de los órganos. Esto nos muestra lo que antes queríamos decir: así como lo constitutivo no debe entenderse como algo independiente a lo constitucio-

A mi juicio, solo atendiendo a esa "posicionalidad" en términos de funcionalidad el texto zubiriano adquiere su preciso significado. Centrándonos ahora en SpG 0 y atendiendo al ADN en su configuración epigenómica como momento del sistema constitucional, es decir, estando junto a todas aquellas notas (histonas, citoesqueleto...) que le confieren una configuración química y espacial particular, diremos que la posicionalidad (en términos funcionales constitucionales) viene determinada por la posicionalidad constitutiva, es decir, está determinada funcionalmente por el momento genómico del epigenoma.

La activación de un factor de transcripción concreto no solo depende del contenido específico de la cascada de reacciones de la que depende su puesta en marcha, también depende de la posición determinada que ocupe dicho factor de transcripción (nota meramente constitucional) con respecto de la secuencia nucleotídica (subsistema constitutivo). Como vemos, en última instancia, es la precisa secuencia de nucleótidos la que determina la región de los promotores.

Esto se aprecia con claridad en la metilación de las citosinas: es, por un lado, la citosina la que, posicionada "por sí misma", "da razón de ser" a la metilación y las metilasas, que poseen su posición, (es decir su función reguladora) "por otro". Como dejamos señalado, es la posición de la citosina la que fundamenta que una metilación concreta pueda tener influencia en la regulación génica. En última instancia, la posición de las metilaciones que juegan un papel clave en la regulación de la expresión génica viene determinada por la posición de las citosinas, es decir, por el momento genómico del epigenoma.

Nos encontramos ahora en disposición de introducir brevemente en la dinámica del SpG el significado de "desarrollo orgánico" para comprobar con qué rigurosidad se ajusta a lo acontecido en el devenir del SpG. Para Zubiri el concepto de "desarrollo"

---

nal sino como un momento de lo constitucional, la posicionalidad constitutiva es un momento de la posicionalidad constitucional.

consiste en la transformación de notas constitucionales no constitutivas, transformación fundada en el momento constitutivo mediante la cual el resto de las notas adquieren su posición y función respecto la totalidad del sistema.

Cuando desde la biología molecular se otorga una importancia insustituible a la epigenia para el desarrollo, no se está sino comprobando lo que Zubiri ya anunció de las notas constitucionales no constitutivas: de ellas lo constitutivo tiene necesidad y de su modificación depende, ni más ni menos, la "constitución" del sistema. Veamos a continuación cómo Zubiri sistematiza esta necesidad.

4.2.3 Determinación funcional necesitante de lo constitucional

Volvamos ahora a este importante asunto que dejamos pendiente. Podría interpretarse que si lo constitutivo tiene necesidad de lo meramente constitucional se anula la fundamentalidad de lo esencial. Como dejamos señalado, que lo constitutivo necesite del resto de notas constitucionales no afecta a su suficiencia ya que es su propia estructura entendida como unidad funcional la que las hace necesarias.

Hace más de 25 años el académico Antonio García Bellido se refería a las modulaciones en el desarrollo causadas por elementos epigenéticos como "operaciones permisivas más bien que instructivas"[129], operaciones necesitadas de apogenomas preexistentes. Sara de Jesús en una investigación reciente sobre lo acontecido en el desarrollo embrionario y el papel de los factores epigenéticos confirma lo apuntado por Bellido: "El papel del genoma en la diferenciación es 'activamente pasivo'. No lo moldean los agentes externos sino que, en cierto sentido, se dejan moldear"[130]. A mi juicio, desde la perspectiva zubiriana, la "actividad pasiva" señalada por Sara de Jesús apunta a la necesidad necesitante implicada en el carácter fundante de lo constitutivo.

---

129 DE JESÚS GÓMEZ, S. "Las últimas causas del plan de desarrollo embrionario de la vida humana", Madrid: Editorial Universidad Francisco de Vitoria, 2009, p. 124.

130 Ibid.

Como ya señalamos, parte de la comunidad científica hace hincapié en que las modificaciones epigenéticas son dependientes de la secuencia genómica[131], lo que a mi juicio se traduce, desde una perspectiva, en que se fundan en ellas y, complementariamente, en que para su formal unidad en el SpG el genoma es principio necesitante.

Afirmar que el genoma necesita de factores epigenéticos para su configuración espacial no afecta a su suficiencia ni a la fundamentalidad: aun necesitándolos para la interna determinación del sistema constitucional, el momento genómico –en orden a "su" constitución– no remite a nada distinto de él siendo "por sí mismo" y no "por otro", y siendo, a su vez, lo que determina la índole y posición del resto de las notas del SpG.

Cuando hablamos de la necesidad de "notas constitucionales" nos referimos a la necesidad de una nota en cuanto a su "posición" en el sistema, posición entendida como "función" que, por ser constitucional, está en función de todas las demás. Es decir, ha de darse necesariamente esa función. Pero también explicamos que lo que sí da igual es que sea "tal" o "cual" contenido el que cumpla esa función, función por la que tal (o cual) contenido es nota constitucional. Lo importante es, entonces, que haya siempre algún contenido que realice esa función, contenido que será nota constitucional por desempeñar la función (por ocupar "su" ción"[132]en la estructura) y no por su contenido talitativo.

Esto se observa fácilmente en el desarrollo embrionario. Los factores de crecimiento son, normalmente, compuestos de naturaleza proteica muy concretos de origen materno. La hormona materna

131 Cfr. PTASHNE, M., HOBERT, O., DAVIDSON, E. "Questions over the scientific basis of epigenome project", Nature. 25 March 2010, 464: p. 487 | doi:10.1038/464487c [Publicado en línea el 24 de marzo].

132 En una cita traída anteriormente a colación donde Ellacuría precisaba el significado de "posición" ya hacía referencia a este asunto: "... más que los elementos constituyentes –también importantes–, lo que influye es la posición que ocupan en el sistema." (ELLACURÍA, I. "La idea de estructura en la filosofía de X. Zubiri" en "Realitas 1", Madrid: Edición Moneda y Crédito, 1974, p. 470).

T4, por ejemplo, es necesaria para el correcto desarrollo del sistema nervioso del embrión, pues, integrada en la unidad del sistema embrionario, jugará un papel crucial en la regulación génica de su genoma[133]. Lo que ahora interesa rescatar es que, aun necesitada necesitantemente, es indiferente que tenga que ser esta T4 y no esta otra T4 si ambas poseen tan solo lo que definimos como individualidad singular. Esto se ve todavía con más claridad en la metilación de las citosinas: da igual que sea un grupo metilo u otro el que metile una citosina, lo importante es que sea uno.

Por otro lado, entiendo que quizás la función constitucional necesitante permita ser cumplida por compuestos similares o sustancias químicas de un mismo grupo funcional. Por ejemplo, si la función necesitante fuera eliminar la metilación de una citosina, entiendo que tiene sentido afirmar que podría dar igual que fuera no ya una u otra desmetilasa del mismo tipo, sino una u otra de tipo distinto pero siempre cumpliendo la misma función: desmetilar.

4.3 Determinación de lo adventicio del momento genómico del SpG

4.3.1 Delimitación del significado de adventicia: algunos ejemplos

Una nota es adventicia no por ser advenida (ya explicamos que las constitucionales también podían haber sido "advenidas"), sino por carecer de una función respecto de todas las demás. Las adventicias son notas que no entran en el ámbito de lo constitucional, presuponen el sistema ya constituido y pertenecen a él por factores extrínsecos[134].

Antes de adentrarnos en la determinación del carácter adventicio, juzgo necesario traer a colación algunos ejemplos de notas ad-

---

133 Cfr. BEDATE, C. A., "El Estatuto ético del embrión humano", en MAYOR ZARAGOZA. F., ALONSO BEDATE, C. (coords.), "Gen-Ética", Barcelona: Ariel editorial, 2003, p. 39.

134 Cfr. ZUBIRI, X. "El hombre y su cuerpo", Asclepio. Sociedad Española de Antropología Física, 1973, XXV: p. 11.

venticias en un sistema sustantivo en estado adulto; esto nos ayudará a perfilar la noción de nota adventicia y diferenciarla de lo constitucional antes de atender a la caracterización del SpG.

La cuestión será encontrar notas que, habiendo sido adquiridas por la conexión con el ambioma, no posean una función con respecto de todas las demás. Encontramos pistas, por ejemplo, en aquello que suponga una infección. Una bacteria o un parásito no es nota constitucional porque haya venido del exterior, sino porque no posee una función con respecto a todas las demás y, menos aun, ordenada a la unidad (diremos que está ordenada a su propia individualidad).

Pero lo adventicio no solo tiene por qué ser algo "ajeno" en cuanto extraño o nocivo. La flora intestinal bacteriana es un ejemplo, digamos, límite: el que posean "funciones" para el todo parece mostrar que nos encontramos ante notas de índole constitucional, pero hemos de percatarnos de dos detalles.

El primero es que aunque parecen estar "dentro" del cuerpo, su ubicación es "externa". La luz del continuo "tubo" que conecta la cabida oral con el ano (cavidad oral, esófago, estómago, intestino delgado, intestino grueso, recto y ano) aunque usualmente se anote como "el interior del cuerpo", no es sino un espacio "exterior": el cuerpo mantiene en su "interior" una superficie de contacto con el exterior para llevar a cabo un rendimiento máximo y seguro en el aprovechamiento energético de lo tomado del medio. Por ello, podemos afirmar que la flora intestinal está ubicada en el exterior, y su "función" no lo es tanto "de" sino "para" el organismo. Analizándola desde su relación con la unidad del sistema, su función responde, como tantas otras en la naturaleza, a una relación simbiótica. Aunque dijimos que la localización no era el criterio de constitucionalidad, la localización "exterior" nos da pistas de la imposibilidad de considerarla constitucional, aunque lo determinante será analizar su función y ver si esta responde al criterio de constitucionalidad.

Por un lado, si quitamos de un golpe toda la flora intestinal, el organismo no podría aprovechar recursos del medio indispensables para *pervivir*; además, la desaparición de la flora conllevaría graves problemas para el sistema inmunitario que podrían acabar con la vida del organismo. Pero si hacemos una analogía con un subsistema con indudable carácter constitucional, comenzamos a ver las diferencias: si pudiéramos quitar directamente los pulmones no falleceríamos por no poder respirar: lo pulmones están en combinación funcional con el resto del cuerpo y no cabe "entender" la unidad constitucional sin pulmones, no habiendo forma de eliminarlos sin con ello desestructurar la unidad no solo meramente posicional, sino funcional. Su desaparición es pues "irreparable" e "insustituible" por otros "medios" (véase que no hablo de una "disfunción", sino de una "amputación"). Pero esto no ocurre así en la eliminación de la flora intestinal, cuya falta, por lo menos teóricamente, podría tratarse de combatir temporalmente.

Por otro lado, las bacterias, como se sabe, son seres vivos unicelulares que mantienen su formal individualidad y las funciones que les otorgamos para el organismo no son sino fruto de su modo de habérselas en orden a su propia pervivencia. Por todo esto, para diferenciar el preciso significado que hemos otorgado a la función de cada nota con respecto a todas las demás en los sistemas constitucionales (sistemas en combinación funcional), en vez de hablar de "función" de la flora intestinal, entiendo más pertinente hablar de su "labor" para la unidad del sistema.

Vemos entonces que, si nos situamos en estrictas coordenadas de constitución, la función ha de ser "en orden a la constitución" y no en orden a la *pervivencia* (su-pervivencia) del sistema ya constituido. Con lo dicho, la flora intestinal es de carácter adventicio, son notas posibilitadas por el sistema. Bajo coordenadas de pervivencia del sistema, son, simplemente, microorganismos con los que se establece una relación simbióntica.

4.3.2 Determinación del ámbito e indiferencia de la nota

Decíamos que la fundamentalidad de la esencia no solo se descubre en las notas que necesariamente forman parte de la sustantividad –constitucionales–, sino también en las notas aparentemente indiferentes a la misma, "ámbito dentro del cual la cosa juega con relativa indiferencia de su esencia."[135] La fundamentalidad lo es en estas notas de la índole, pues es justamente no tener una posición en clave funcional por lo que son de índole no constitucional, es decir, adventicias.

Frente a la aparente "indiferencia" de la esencia sobre estas notas, la esencia es indiferente dentro de un ámbito definido por la esencia. "La esencia determina el tipo de actividades y de pasividades que 'puede' poseer la realidad sustantiva"[136], actividad que no hará sino "concretizar" la sustantividad.

Volvamos por un instante al ejemplo de la flora intestinal. Se ve que la necesidad de esta se mueve en un orden distinto que la de los pulmones: una se mueve en orden constitucional, y otra no. Ambas son necesidades, pero una, como dejamos ya indicado, es "necesitante" (orden constitucional) y otra, como veremos en el siguiente apartado, posibilitante. Pero ahora, en el ámbito de un organismo adulto, parece que estamos afirmando que es el sistema entero el que determina el tipo de notas que pueden ser advenidas, y no la esencia. Pues bien, en coordenadas constitucionales, la determinación del ámbito adventicio lo es tan solo aparentemente de todo el sistema constitucional, pues al estar todo el sistema estructurado por lo constitutivo (es decir, en interna determinación), con rigor, el ámbito de lo adventicio está posibilitado por la "esencia"; pero a su vez, volviendo sobre nuestros pasos, por ser la esencia principio estructurante por el que la estructura es "tal", se puede afirmar que lo adventicio está posibilitado derivadamente también por el sistema constitucional. Cuando antes hemos denominado "aparentemente", lo precisamos ahora como "derivadamente". En última instancia, por lo constitutivo el estómago es "como" es, y por ser así es posible que las bacterias se "asienten" y realicen su labor simbióntica.

Dicho todo esto, atendamos al caso del SpG. Aunque muchas de las reflexiones que hemos realizado en organismos adultos no tienen cabida en el SpG justamente por el grado de desarrollo del

135 SE, p. 273.
136 SE, p. 272.

sistema, se ve con claridad que, por ejemplo, una infección tendría la misma consideración.

Pero el carácter adventicio en el desarrollo del embrión preimplantatorio se ve con claridad en algunos metabolitos del ambioma desde el momento en que se adhieren al sistema al ser reconocidos por receptores de membrana. Nos podemos encontrar en casos en que un metabolito adventicio incorporado al interior de la célula tenga que esperar un tiempo hasta que, por ejemplo, un gen estructural exprese una proteína determinada y, formando con esta un complejo, pase a formar parte de una cadena de reacciones que, por ejemplo, afecte a la expresión génica. A nivel intracelular será difícil conocer con exactitud hasta qué punto un metabolito no cumple con ninguna función con respecto al todo, pero, al menos teóricamente, hasta el momento en que el metabolito estuviera integrado en la dinámica estructural funcional del sistema tendría, siguiendo la sistematización de Zubiri, consideración de adventicia.[137] No habremos de confundir una función respecto de todas las demás, es decir, integrada en la determinación interna del todo, con una "acción" que repercuta en el sistema. Toda función en combinación funcional es función respecto del resto e influye en la estructura funcional del todo, pero la acción de una nota adventicia puede alterar o acompañar a la estructura funcional del sistema sin por ello pertenecer a ella.

Todo lo hasta aquí expuesto requiere de la explicación de la necesidad posibilitante de lo constitutivo para una correcta y completa comprensión.

---

137 En el ejemplo de la FXZ, igual de adventicio es el indigente que entra y se ubica sin permiso en el rincón de una habitación que una señorita que, de pie en ese rincón, espera toda una mañana a que le pongan una mesa, un ordenador y un teléfono para comenzar, por la tarde, su primer día como nueva secretaria.

4.4 *Necesidad posibilitante de la esencia*

4.4.1 *Lo constitutivo como principio posibilitante de lo adventicio*

Esta cita de Zubiri, con sus limitaciones, nos sitúa directamente en la cuestión: "No todo puede advenir a cualquier ser vivo; el ámbito de lo adventicio está determinado por el código mismo." [138]

Decíamos que Zubiri denominaba posibilidad a la unidad entre poder y necesidad. La esencia es, entonces, determinante funcional necesitante y posibilitante de las notas inesenciales, es decir, las notas necesitadas y posibilitadas son el ámbito de lo inesencial en la sustantividad.

Tal y como introducíamos más arriba, Zubiri, al afirmar el carácter fundante de la esencia, reconoce la necesidad de esta también por lo adventicio y la denomina "necesidad posibilitante".

Ahora podemos formular con más precisión la determinación del ámbito de lo adventicio con términos de necesidad: en un sistema en interna determinación la esencia tiene necesidad posibilitante de lo adventicio. Se podría pensar que la necesidad es de todo el sistema, pero ya apuntamos que lo es derivadamente, pues con radicalidad se ha de decir que si es por lo constitutivo por lo que el sistema está estructurado "así", y es por esa estructura por la que un ámbito de notas puede advenir, la necesidad posibilitante lo es de lo constitutivo.

¿Dónde encontramos esa necesidad posibilitante en el SpG? Que no cualquier nota pueda advenir al sistema es algo obvio: el sistema constitucional por su interna determinación interna tiene una estructura (principiada por la esencia) que permitirá que unas notas advengan y otras no. Los distintos mecanismos de transporte activo y pasivo celular apuntan a este ámbito de lo posible. Un receptor específico de membrana no hace sino posibilitar la entrada de determinadas sustancias necesitantes que, una vez integradas funcionalmente, tal y como veremos a continuación, serán de índole constitucional.

---

138 SE, p. 388.

4.4.2 De lo adventicio a lo constitucional

Tal y como hemos señalado, lo que sí puede ocurrir y ocurre es que una nota adventicia adquiera carácter constitucional cuando la necesidad de esta por parte de la esencia sea no posibilitante sino necesitante. Mostraremos ahora aquí cómo es el momento genómico del sistema –momento constitutivo– el que determina la índole y posición de las notas en el sistema.

En el caso del SpG no hay duda de que algunos metabolitos del ambioma son incorporados al sistema tras un reconocimiento y un transporte activo. Ya dijimos que nos podemos encontrar en el caso de que un metabolito incorporado en el sistema sustantivo sea adventicio hasta que, en determinado momento del desarrollo (por ejemplo, cuando un gen estructural expresa una proteína determinada), pasa a formar parte de un proceso cuyo resultado final sea activar la transcripción. Decimos entonces que una nota adventicia ha adquirido carácter constitucional.

Esto es no solo factible sino un hecho constatado en multitud de ocasiones. Este cambio de carácter se ve con más facilidad en el organismo adulto. Recién ingerido un alimento, este, situado en el estómago, puede tardar un tiempo en ser digerido por el organismo. Durante ese periodo de tiempo en el cual la flora intestinal (junto a jugos gástricos, pancreáticos y biliares) degrada el bolo alimenticio, los alimentos serían adventicios. Una vez degradados y absorbidos, lo absorbido formará parte de la constitución del sistema. Por otra parte, el aceite mineral ingerido nunca se digiere y, a pesar de recorrer todo el aparato digestivo y excretor, nunca formará parte del sistema constitucional siendo nota adventicia. La Real Academia Española define digerir como "convertir en el aparato digestivo los alimentos en sustancias asimilables en el organismo." Pues bien, el alimento ingerido tendría una consideración de adventicia, y digerido y asimilados por el organismo, constitucional. Podría ocurrir que algo digerido no fuera asimilado (por ejemplo, una infección bacteriana causada por la ingestión de un alimento en mal estado). Se ve claro que, en ese caso, se ha de dar importancia a la posición no en términos de conexión –digestión– sino en términos de función –asimilación–.

Dicho esto podemos hacer un paralelismo con mayor precisión tomando como sistema al SpG. La incorporación al medio intracelular –activa o pasiva– de sustancias ofrecidas por el medio externo otorgaría a la nota carácter de adventicia, nota que, aun perteneciendo a la cosa misma, no poseen una función con respecto a todas las demás. Cuando, por ejemplo, se activa un gen estructural y expresa una proteína (la denominaré A), dijimos que en muchas ocasiones, para que esta inicie la cadena de reacciones para alcanzar un objetivo preciso –por ejemplo, activar un factor de transcripción–, requiere formar un complejo activador mediante la unión a otra proteína citoplasmática (B). Pues bien, cuando B ha sido recibida del exterior, es adventicia hasta que el sistema requiera su incorporación funcional como constitucional. La síntesis de A reclama la presencia de B para formar un complejo (C), complejo, ahora sí, donde B ha adquirido índole constitucional con una función precisa en el sistema.

Es, dicho esto, cuando se puede comprender qué quiere decir Zubiri cuando afirma que las notas esenciales "talifican" el resto de notas del sistema: lo constitutivo, al determinar la función que ha de cumplirse determina que la nota sea "tal" en y por su cumplimiento.

4.5 Desarrollo del SpG y transformación epigenética

4.5.1 El desarrollo del SpG como transformación epigenética

Veamos ahora cómo, desde la ya perfilada noción filosófica de desarrollo, se puede explicar con precisión la dinámica del embrión preimplantatorio. Hemos considerado que en SpG 0 la índole constitutiva corresponde al momento genómico del sistema, las notas constitucionales no constitutivas corresponderían a los factores epigenéticos y a la compleja maquinaria necesitante que configura la estructura biomolecular, y las de índole adventicia apunta a aquellas notas de origen extraembrionario advenidas y posibilitadas por el sistema sin una función con respecto de todas las demás.

El concepto de "desarrollo" consiste, decíamos, en la transformación de notas constitucionales no constitutivas. El desarrollo del SpG responde, además de a la progresiva diferenciación, al dinamismo que encontramos en el ciclo celular donde la expresión génica adquiere, tal y como expusimos en el capítulo tercero, enorme protagonismo. Veámoslo ahora detenidamente en el SpG atendiendo a la configuración bioquímica del ADN y de las fibras de cromatina.

En SpG 0, la configuración de las fibras cromatínicas hace referencia principalmente a los cambios en el empaquetamiento del ADN de origen paterno. El nivel de empaquetamiento de la cromatina, repitamos, viene determinada por la modificación química de las histonas y la disposición de los nucleosomas[139], mecanismos reguladores de la expresión génica. Vemos en esto una correspondencia con lo expuesto. Es la transformación de notas constitucionales no constitutivas, en este caso, de las histonas, la que modifica la disposición de los nucleosomas. La disposición de las fibras cromatínicas es lo que permitirá a proteínas reguladoras activar o inhibir determinados genes que reposan en esa estructura nucleosómica. Esto, ahora simplificado, tiene, de hecho, mayor complejidad, pues tenemos varios niveles de interacción entre notas constitucionales y constitutivas. Por un lado, las histonas responden perfectamente al perfil de notas constitucionales no constitutivas "necesitadas" por el subsistema constitutivo (necesidad necesitante) para la adquisición de una configuración genómica determinada (lo que hemos denominado epigenoma). Pero, por otro lado, tenemos que contar con la expresión de genes reguladores que expresan transcritos reguladores y codifican proteínas, las cuales, en presencia de otras notas, formarán estructuras a su vez reguladoras que activarán o inhibirán la expresión génica. Nos percatamos también de que la expresión

---

139 Cfr. SEGAL, E. *et al.* "Genomic code for nucleosome positioning", Nature. 2006, 442: pp. 772-778.

de genes reguladores estará, a su vez, regulada por factores epigenéticos.

Vimos que la capacidad de los autosomas de variar su patrón de metilación modificando algunas de las citosinas mediante la incorporación de un grupo metilo en la molécula es otro importante mecanismo epigenético. Aquí se ve con más limpieza que el mecanismo de metilación no es sino una transformación que, dejando invariable el momento genómico, modifica su configuración química, modificación necesaria para la cascada de instrucciones que regulan la expresión de los genes. Lo que interesa es, por un lado, que la secuencia nucleotídica no es modificada y, por otro lado, que lo que cambia es lo constitucional no constitutivo. Esos cambios constitucionales son, por un lado, necesitados necesitantemente por el momento genómico y, por otro lado, responden a una función constitucional: no es sino una nota que posee una función con respecto a todas las demás, función ordenada a la unidad constitucional, es decir, imbricada en la interna determinación del sistema.

Hemos mostrado cómo la configuración bioquímica del ADN y de las fibras cromatínicas, responsable de la diferenciación celular del SpG, pueden explicarse como transformaciones de notas constitucionales no constitutivas, que es el significado que Zubiri propone para la noción de "desarrollo". Es desde esta precisa noción de desarrollo desde donde se ha de interpretar los factores epigenéticos y aquellos metabolitos de origen ectocrino implicados en la regulación génica como notas constitucionales no constitutivas.

Determinar la cascada de reacciones implicadas en la transformación que se nos muestran en "una solución ininterrumpida de hechos –podría decirse infinitesimales– interconectados sin solución de continuidad"[140] es, en este nivel biomolecular, una tarea compleja, tarea que podría definir perfectamente uno de los objetivos primordiales de las ciencias empírico-descriptivas que se enmarcan dentro del "paradigma epigenético". Atendiendo con esta precisa

140 SERRA, A., COLOMBO, R. "Identidad y estatuto del embrión humano: la contribución de la biología" en "Identidad y Estatuto del embrión humano", Madrid: Ediciones Internacionales Universitarias SA., 2000, p. 140.

mirada sistemática filosófica zubiriana al dinamismo interno celular y, en particular, al desarrollo del SpG, encuentro que el momento genómico del sistema y los factores implicados en la epigénesis responden a lo que Zubiri denomina subsistema constitutivo y notas meramente constitucionales respectivamente. A mi juicio, el concepto filosófico de desarrollo entendido como transformación de las notas constitucionales no constitutivas puede ser una herramienta útil para una descripción sintética del complejo mecanismo molecular que acontece en la proliferación y diferenciación celular.

4.5.2 El fin del desarrollo en el blastocisto no implantado

Hay un caso del que no nos podemos desentender y del que solo tras esta exposición podemos dar razón: dijimos que cuando un embrión no recibe las señales precisas del medio materno en la implantación continúa su proliferación de forma desordenada y da lugar a un sistema amorfo que, alcanzados varios cientos de células, interrumpe su proliferación[141]. ¿Qué es lo ocurrido?

Repasemos el plano filosófico desde el que ofreceremos una respuesta: que lo constitutivo necesita necesitantemente lo constitucional para cumplir su función estructurante se traduce, a nivel del momento constitucional, en que lo constitutivo tiene una función sistemática: siendo ya sistema, seguir sistematizándolo. La estructura es constitucional porque cada nota posee una posición entendida como función con respecto de todas las demás. El sistema en interna determinación ha de poseer determinadas funciones (constitucionales), y si estas no se dan, aun no siendo notas esenciales, al ser necesarias necesitantemente por lo constitutivo, el sistema deja de estar estructurado, de ser estructura, de ser sustantivo.

141 Cfr. ALONSO BEDATE, C. "Reflexiones sobre cuestiones de vida y muerte: Hacia un nuevo paradigma de comprensión del valor ético de la entidad biológica humana en desarrollo", en ABEL, F., BONÉ, E., HARVEY, J.C. (eds.) "La vida humana: Origen y desarrollo. Reflexiones bioéticas de científicos y moralistas", Federación Internacional de Universidades Católicas, Madrid: Universidad Pontificia de Comillas, 1989, p. 70.

En un principio y tan solo aparentemente, esto podría apoyar la tesis en la que los factores extraembrionarios directamente implicados en la regulación génica son "esenciales" porque, sin ellos, no hay sistema, de lo que deduciría que, al igual que lo constitutivo, son también necesarios. Pero atendiendo con rigor al significado de esencialidad y constitucionalidad de la teoría zubiriana, la "necesidad" para que "haya" sistema desde la que discurre dicha tesis no se mueve en el ámbito de la constitución. Dedicamos un apartado en el capítulo segundo a la importante diferencia entre fundamentación, necesidad y suficiencia. El sistema "ya" es constitucional, ya es sustantivo, y en coordenadas constitucionales de interna determinación, lo constitutivo es principio necesitante de lo meramente constitucional y necesita necesitantemente determinar las notas meramente constitucionales funcionalmente. Es decir, necesita para "cumplir" su "ser momento fundante" notas que determinar, notas cuyas funciones concretas revertirán, como veremos en el último capítulo, en todo el sistema. Pero, además, por estar el sistema en interna determinación en continuo dinamismo, lo constitutivo no solo "estructura" sino que "va estructurando" el sistema. Por ello, afirmar que las notas constitucionales son "necesarias" para el devenir del sistema no les otorga esencialidad si esta esencialidad es entendida con toda la precisión y riqueza zubiriana.

En definitiva: el sistema entero se funda en lo constitutivo, y para que unas notas sean principio estructurante –para que sean constitutivas– es necesario que dispongan de qué estructurar[142]. Si el momento genómico del SpG no puede "seguir estructurando" el sistema (pues, si hablamos de sistema, es que ya "es" estructurado) no es porque comparta su función estructurante con notas meramente constitucionales sino, simplemente, porque no tiene qué estructurar. Si el momento genómico no puede estructurar, sometido como está el sistema a un dinamismo en interna determinación, la combinación funcional se "destruye", el sistema deja de estar en

142 Aquí, entiendo, se ve bien la relación ya explicitada entre el momento angular de la física y el momento fundante y, a la vez, necesitante de la esencia.

sincrogenización, el SpG deja de ser una estructura en combinación funcional, deja de ser tal y muere.

¿Cuándo deja exactamente de ser tal? ¿Cuándo sabemos que un SpG ha muerto? A la ciencia no le ha inquietado, o, mejor dicho, ni siquiera se ha planteado esta pregunta como un problema más allá de, en el contexto de las técnicas de FIV, tratar de hallar criterios de selección del SpG en términos de eficacia para proceder a su implantación. Lo que, en mi opinión, cabría esperar de la ciencia es la actitud que posee ante un organismo adulto: más que buscar características de lo que significa "estar muerto", trata de certificar que estamos, siguiendo criterios precisos, ante algo "sin unidad funcional". Pero un adulto recién fallecido, aun dejando de ser combinación funcional, no se transforma en ceniza ni se desintegra *ipso facto*: sin unidad vital, mantiene una unidad corporal donde las células pueden permanecer varios días "vivas", es decir, con cierto metabolismo interno, momento donde, por cierto, su definición biológica como "unidad funcional" cobra, filosóficamente, su sentido fuerte.

En el sistema que habiendo sido SpG deja de ser una combinación funcional, ocurre igual: que las células sigan "vivas" y con un metabolismo que, en su dinámica, es eminentemente proliferativa, no nos indica que estamos ante una combinación funcional. Ni siquiera hemos de afirmar, desde Zubiri, que porque posee ADN humano y este sigue activo es una sustantividad humana por poseer una esencia humana: si la esencia es esencia por la función que posee y esa función ha dejado de ser "a una" y principio estructurante de la totalidad (por no tener lo precisado para estructurar), lo que tenemos es un "rastro" que nos indica que estamos ante materia viva humana (que luego caracterizaremos), pero no ante un ser vivo entendido como sistema en combinación funcional ni unidad propia de constitución. Como digo, precisar el momento requeriría conocer, si no todos los procesos que ocurren en un blastocisto, sí todos aquellos en los que podríamos reconocer que el sistema está en combinación funcional y tratar de compararlos con el sistema ante el que nos encontramos. Los criterios morfológicos son, sin duda, los más evidentes –pero, a su vez, los más imprecisos–, de ahí que algunos autores hayan denominado a ese sistema "amorfo" "mola hidatiforme"[143].

Por otro lado, un estudio reciente ha analizado distintos parámetros no invasivos en el desarrollo normalizado del SpG para poder conocer qué embriones *in vitro* no alcanzarán el estado de blastocisto dando "fin" a su desarrollo en el camino[144]. Entiendo que, con el mismo planteamiento, es decir, desde Zubiri y conociendo con exactitud la dinámica estructurante y estructurada, se podría ofrecer una explicación precisa a estos hechos. A continuación abordaremos el carácter de estos sistemas con defectos en el desarrollo.

4.5.3 Defectos en el desarrollo del SpG

Son varios los estudios estadísticos que muestran el aumento significativo de secuelas en la salud de los organismos fruto de FIV[145] y ya hicimos referencia al abanico de enfermedades características de los organismos clónicos[146]. Pues bien, entiendo que el planteamiento

---

143 ALONSO BEDATE, C. "Reflexiones sobre cuestiones de vida y muerte: Hacia un nuevo paradigma de comprensión del valor ético de la entidad biológica humana en desarrollo", en ABEL, F., BONÉ, E., HARVEY, J.C. (eds.) "La vida humana: Origen y desarrollo. Reflexiones bioéticas de científicos y moralistas", Federación Internacional de Universidades Católicas, Madrid: Universidad Pontificia de Comillas, 1989, p. 70.

144 WONG, C. *et al.* "Non-invasive imaging of human embryos before embryonic genome activation predicts development to the blastocyst stage", Nature Biotechnology. 2010 | doi: 10.1038/nbt.1686. [Publicado en línea el 3 de octubre del 2010].

145 Cfr. REEFHUIS, J. *et al.*, "Assisted reproductive technology and major structural birth defects in the United States", Hum. Reprod. 2008. 24(2): pp. 360-366; cfr. SANCHIS CALVO, M. *et al.* "Características de los recién nacidos tras fecundación *in vitro*", Anales de Pediatría. 2009, 70 (4): pp. 333-339.

146 Cfr. REIK, W., DEAN, W. "Back to the beginning", Nature. 2002, 420: p. 127; Cfr. KATAYAMA, M. *et al.* "Mitochondrial distribution and microtubule organization in fertilized and cloned porcine embryos: implications for developmental potential", Development Biology. 2006, 299: pp. 206-220; cfr. SUN, Q.Y., SCHATTEN, H. "Centrosome inheritance after

zubiriano ofrece una explicación a estos hechos coherente con lo hasta ahora propuesto.

Decíamos que las notas constitucionales son necesarias pues ha de darse necesariamente su función, pero que lo importante es que haya siempre algún contenido que realice esa función, contenido que por la función que desempeñará es nota constitucional.

Apuntábamos también que el contenido no es indiferente, pues una función requiere de un "tipo" de contenido concreto, pero dentro de ese "tipo" de contenido da igual que la nota sea "tal" o "cual": lo importante es que cumpla la función y que esta esté integrada respecto de las demás. Este punto hace referencia a lo que apuntaba agudamente Ellacuría cuando nos decía con respecto a las notas constitucionales que

> más que los elementos constituyentes –también importantes–, lo que influye es la posición que ocupan en el sistema. Para ocupar una posición determinada se requerirán ciertas propiedades precisas, pero lo que esas notas aportarán a la especificidad del sistema se deberá formalmente a la posición que ocupen en él.[147]

Zubiri, nos dice que la presencia de una nota constitucional, aun siendo forzosamente determinada por lo constitutivo, puede ser impedida: "Puede ser impedida por alguna causa especial, pero esta causa lo que hará es determinar la presencia de otras notas"[148]. Aquí

---

fertilization and nuclear transfer in mamals", Adv Exp Med Biol. 2007, 591: pp. 58-71, citados en DE JESÚS GÓMEZ, S. "Las últimas causas del plan de desarrollo embrionario de la vida humana", Madrid: Editorial Universidad Francisco de Vitoria, 2009, pp. 87-88.

147 ELLACURÍA, I. "La idea de estructura en la filosofía de X. Zubiri" en "Realitas 1", Madrid: Edición Moneda y Crédito, 1974, pp. 470-471. Habiendo precisado el significado de "posición", podemos apoyar, siguiendo a Ellacuría, la acepción de estructura en Zubiri que antes habíamos traído a colación con motivo de las combinaciones funcionales: "cuando la totalidad tiene prioridad sobre las partes, cuando esa totalidad está estructuralmente posicionada, cuando la determinación es del todo a las partes... nos encontramos formalmente con una estructura" (Ibid p. 472).

148 SE, pp. 188-189.

el autor abre una vía para dar explicación a la consideración normal o anormal de los sistemas:

> Mientras esto no suceda, la fundamentación natural de estas notas en otras es lo que se llama la 'normalidad'. Tal es el caso de las peculiaridades fenotípicas, individuales o típicas, de los caracteres sexuales primarios y secundarios, de los caracteres raciales, de ciertos caracteres hereditarios (en una acepción restringida), etc.[149]

Impedida la presencia de determinadas notas constitucionales esperadas, otras, en su ausencia e igualmente determinadas por lo constitutivo, pueden cumplir su función con respecto a todas las demás sin llevarla a cabo necesariamente de la forma esperada (lo que hemos llamado disfunción). Pues bien, estas, "aunque anormales e insólitas, no por eso dejan de ser constitucionales"[150]. Por ello, ni la normalidad ni la anormalidad determina la suficiencia constitucional: es el sistema y no su suficiencia constitucional lo que consideramos anormal.

Desde Zubiri, lo que nos interesa en la caracterización de un sistema como sustantivo es el tipo de unidad que encontramos y no cuánto de normal o anormal sea esa estructura frente a otras estructuras. Siendo rigurosos, habría que decir que los criterios de "anormalidad" y "normalidad" son del todo incompatibles desde un análisis zubiriano en orden constitucional, entendida la individualidad en interna determinación[151].

---

149 SE, pp. 188-189.

150 SE, p. 188.

151 Creo que es importante fijarse que Zubiri se refiere a la normalidad y a la anormalidad en la primera página introducoria del artículo de 90 páginas que dedica a las notas esenciales, y que lo hace antes de proceder a caracterizar al subsistema esencial como momento último y momento fundante. Teniendo esto presente, lo que está queriendo anotar es que la "forzosidad" con que unas notas determinan a otras (momento fundante de lo constitutivo), otras son determinadas (notas meramente constitucionales fundadas) y otras son estricta y rigurosamente infundadas (momento último de lo constitutivo), no ha de definirse en términos de necesidad (ni lógica ni natural). El mismo autor nos lo dice: "Poco importa por lo demás el carácter de esa for-

Pues bien, en el caso de las malformaciones y secuelas de la salud en los organismos clónicos y de la FIV, desde el planteamiento zubiriano podríamos dar una respuesta sobre el carácter sustantivo de sistemas con defectos en su desarrollo. Aun dándose las funciones necesarias para la estructuración del sistema, estas son "cumplidas" pero no en el modo esperado por no ajustarse el contenido de la nota a lo requerido en la estructuración del sistema; aunque se observa que consiguen realizar su función, pues nos encontramos con una estructura constitucional, su posición no es exactamente la esperada repercutiendo así en la estructura del sistema.

Como hemos dicho, las propiedades precisas de algunas notas en estructuras con disfunciones no se ajustarán del todo a la posición esperada, pero seguirán ocupando una posición en él manteniéndose así su estructura. Las disfunciones en el nivel estructural se traducen en alteraciones en la acción unitaria del sistema que repercuten en su pervivencia, pero como veremos enseguida, el sistema será sustantivo no en términos de mayor o menor efectividad en sus respuestas al medio, sino en términos estrictos de unidad de constitución.

Que un sistema esté necesitado de cuidados especiales por tener una disfunción grave a nivel interno (una disfunción constitucional) no nos dice nada acerca de su "suficiencia constitucional": nos muestra que esa sustantividad es un "todo", es una estructura constitucional con ciertas disfunciones internas que se traducen en disfunciones sistemáticas por las cuales el individuo internamente determinado necesita cuidados especiales en orden a su *pervivencia.*[152]

En su obra *Estructura dinámica de la realidad* Zubiri dice que "no solo existe algo estable, sino que hay una estabilidad para la

zosidad. En unos casos puede revestir el carácter de necesidad estrictamente 'lógica' por así decirlo. (...) Otras veces, trátase más bien de una necesidad en cierto modo 'natural' o normal" (SE, p. 188).

152 Entiendo que con esta perspectiva se abre un interesante modo de reflexionar desde la teoría Zubiriana sobre aquellos organismos adultos en situaciones que, consideradas límite atendiendo a sus limitaciones en orden a la pervivencia (véase un individuo anencefálico), son reconocidas nítidamente como sistemas sustantivos en orden costitucional.

estabilidad misma."[153] Aunque será cuando profundicemos en el significado de independencia y control específico del medio cuando abordemos en profundidad esta cita, entiendo que atender al problema que aquí estamos tratando en términos de estabilidad puede dar luz. Podríamos decir que una sustantividad es una estructura estable (sistema constitucional) con una estabilidad (orden de pervivencia) para la estabilidad misma (interna determinación). De este modo se entiende como es el orden constitucional el que posibilita un análisis en orden a la pervivencia, actividad de su-pervivencia que, si no es eficaz, destruirá la estructuración misma, pero que de ninguna manera la define.

Pero ello no obsta a que sea fácil corroborar que este sistema que ahora tengo bajo el microscopio en los primeros estadios tras la fecundación está en sincrogenización, es decir, es un SpG. Y más difícil todavía se tornará precisar el momento preciso en que un SpG, si fuera el caso, por una circunstancia o por otra, muera.

Pero lo que sí podemos afirmar es que desde la reflexión zubiriana, la unidad de constitución se encuentra más allá de cualquier consideración sobre la eficiencia en sus respuestas ante el medio, de su estado de desarrollo, su salud o su capacidad. Una cosa es la actividad de un sistema para persistir en su propia sustantividad y otra su propia identidad de sustantividad.

Como he señalado, esto aquí apuntado solo será abordado en toda su amplitud cuando, en el último capítulo, ubiquemos la independencia frente al medio y el control específico sobre él en la teoría de la sustantividad.

4.6 Discusión del planteamiento zubiriano en el debate actual

En el capítulo segundo concluimos que las notas constitucionales como poseedoras de una función con respecto a todas las demás son una estructura, "ex-tructura" donde "ex" es entendido por Zubiri

153 EDR, p. 165.

como fuera "de" las demás pero formalmente "de" las demás[154]. Si atendemos a la función concreta de cada una de las notas del sistema constitucional observamos un subsistema que, por su función, es la esencia. La función por la que la esencia es esencia, por un lado, no le viene de "otro" sino de "sí mismo" y, por otro lado, es una función que solo ellas poseen: determinar la índole y posición del resto de notas del sistema. Atendiendo a ese criterio funcional, la estructura esencial posee un doble carácter distintivo del resto de notas y subsistemas de notas que pueden formar subestructuras dentro del sistema constitucional: por un lado, porque su función es ser determinación funcional del resto de notas y, por otro lado, porque su funcionamiento es "a una". Por su función es esencial, y por su funcionamiento es caracterizado con clausura cíclica, como constructo, función "a una" que se explica desde la unidad esencial.

Es entonces bajo coordenadas funcionales como el sistema constitucional es momento de la sustantividad y la esencia momento del momento constitucional, pero es siguiendo criterios funcionales distintos desde los cuales atendemos a la unidad constitucional o a la unidad esencial: por lo que cada nota esencial es "nota-de" el resto de notas esenciales es distinto al motivo por lo que una nota constitucional es "nota de" el resto de notas constitucionales.

Aplicando de este modo la teoría al SpG, podemos decir que, desde una perspectiva, el SpG es un sistema constitucional donde todas las notas constitucionales lo son por estar en función de todas las demás por, en y para la unidad del sistema. En este sentido, todo el SpG es sistema constitucional a excepción de aquellas notas adventicias que no desempeñen una función en orden a la unidad propia de "constitución", es decir, aquellas que no estén involucradas en la interna determinación del SpG.

Desde la consideración de las precisas funciones que desempeñan las notas constitucionales, reconocemos en el momento genómico del SpG un subsistema cuya función es determinar la función que cada nota meramente constitucional posee en orden al SpG: por este subsistema toda nota es de índole constitucional siendo el

154 Cfr. ETM, p. 353.

momento genómico principio necesitante para la función que respecto de todas las demás y en orden a la unidad de SpG desempeñan las notas meramente constitucionales.

No atender al preciso significado que implica el orden constitucional, no tener en consideración los distintos criterios funcionales desde los que se establece el momento constitucional de la realidad sustantiva y el momento constitutivo del sistema constitucional y confundir la infundamentalidad con la falta de necesidad ha llevado a conclusiones que desembocan en diversas actitudes tanto en el plano filosófico como en el modo de formular e interpretar la información científica del desarrollo embrionario.

En algunas reflexiones de inspiración zubiriana que luego mencionaremos, se entiende incompatible la caracterización de la esencia (la unidad esencial, término constructo y autosuficiencia) y la caracterización del sistema constitucional (unidad constitucional, estructura constitucional y suficiencia constitucional): o tenemos clausura en la esencia o la tenemos en el sistema constitucional. A mi juicio y tal y como he señalado a lo largo de la explicación, la incompatibilidad no acontece si se tiene presente que los criterios funcionales de esencialidad y constitucionalidad son distintos y las estructuras clausuradas responden a dos descripciones desde dos aproximaciones complementarias a una misma cosa real. Así entendida, la clausura de la esencia no implica el estatus de "independencia" que mediante el término "sistema cerrado" suele otorgársele a sistemas en teorías donde la posición es entendida en coordenadas topológicas o de mera localización. Se dice esencial clausura porque la esencia en su multiplicidad de notas desempeña "a una" una función concreta, función que, además, implica el determinar a otras notas, determinación por la que podemos decir que todas las notas constitucionales forman un sistema clausurado pues cada una está en función de todas las demás. A este respecto estoy de acuerdo con Ellacuría cuando afirma que "no debe concebirse la esencia como un sistema cerrado, que se relacionase con otro sistema cerrado, que sería la sustantividad."[155]

Pusimos dos ejemplos en el capítulo segundo que traigo ahora de nuevo: afirmar la clausura de un sistema por su color y, dentro de ese sistema, afirmar la clausura de un subsistema por su textura es compatible y coherente. Si en un coro, un grupo canta al unísono marcando la tonalidad y un ritmo preciso, y el resto de los miembros de la coral (por separado o en grupos) armonizan con la tonalidad siguiendo el ritmo marcado "a una" por el "subsistema fundamental", es perfectamente compatible y coherente afirmar que hay un grupo principal "clausurado" -cantan "a una" y, además, "determinan" los cánticos del resto- y, a su vez, afirmar que es "un" coro, es decir, un coro "clausurado" -pues todos poseen una voz con respecto a todas las demás voces por y en una misma obra.

Señalamos también que aquel modo de interpretar desde donde surgen las incoherencias ha derivado en dos posturas definidas: Diego Gracia ha dado cobertura tan solo a lo constitucional prescindiendo de toda consideración constitutiva; por otro lado, Pilar Fernández Beites, ha entendido "que lo constitucional es esencial"[156]. En ambos casos es importante señalar que la índole y posición no ha sido entendida, a mi juicio, en términos de funcionalidad, y como consecuencia, la esencia zubiriana ha sido interpretada y presentada como parte separada y no como momento.

En el plano de la descripción de la realidad embrionaria, la visión de Diego Gracia ha tenido consecuencias. Al no poder negarse la función sistematizadora y estructural del ADN corroborada desde la biología, el autor ha restado importancia al genoma difuminando su relevancia con la de los factores epigenéticos y aquellos de origen

---

155 ELLACURÍA, I. "La idea de estructura en la filosofía de X. Zubiri" en "Realitas 1", Madrid: Edición Moneda y Crédito, 1974, p. 465.

156 FERNÁNDEZ BEITES, P. "Sobre la esencia... humana", Pensamiento. 2007, p. 241

materno implicados en al regulación génica[157] llegando, incuso, a otorgar al ADN carácter de "resultado" del ambiente.

Este modo de interpretar los precisos contenidos de la teoría de la sustantividad y los datos ofrecidos por las ciencias se ve perfectamente en el siguiente pasaje de Diego Gracia:

> Es necesario insistir que la sustantividad de los seres vivos, y por tanto la suficiencia constitucional no se identifica con el genotipo sino con el fenotipo. El genotipo no es suficiente. De hecho, los genes surgen desde el medio y son una consecuencia suya. Los genes no tienen programa predeterminado ninguno ni menos finalidad o *telos.* (...) Los genes proceden por ensayo y error desde el medio. El plan, de existir, lo tiene el medio, no los genes. [158]

Esta idea es repetida por el autor en una publicación del 2003:

> Lo que llamamos código genético es el resultado de ese juego entre genes y ambiente, que está gobernado no por los genes, sino por el ambiente. Los

157 Esta actitud se ve también en Alonso Bedate cuando afirma: "El ADN como material no informa nada, ni constituye al organismo si no está integrado en la mecánica del organismo. ¿Por qué el ADN es marchamo de a especie y no el proteoma u otros órdenes superiores de estructura del organismo? ¿Por qué lo constituyente de un ser es el ADN? ¿Por qué se reduce lo constituyente a sólo uno de los elementos de lo constituido? Pienso que el marchamo de la mismidad hay que encontrarlo en el organismo y no en uno de sus elementos. (ALONSO BEDATE, C. "El valor ontológico del embrión humano: una visión alternativa" y "Estatuto ético del embrión humano: reflexiones ante una situación límite: ¿Es posible una visión alternativa? en BECA I. J. P. "El embrión", Chile: Editorial Mediterráneo Ltda. Santiago, 2002, p. 118). Se ve aquí con claridad que la explicación zubiriana del sistema sustantivo, con una correcta clasificación de las distintas notas que componen el único sistema constitucional y las precisas relaciones y necesidades entre ellas, ofrecen una respuesta sistemática coherente a la inquietud, en mi opinión, justificada, que muestra Bedate.

158 GRACIA, D. "El estatuto del embrión", en GAFO, J. (ed.) "Procreación humana asistida: aspectos técnicos, éticos y legales", Madrid: Ed. Universidad P. Comillas, 1998, p. 135.

genes son mero resultado. Y no resultado total. Es el medio el que acepta o rechaza un gen, un rasgo biológico y, más en general, un ser vivo.[159]

En mi opinión, esta argumentación se distancia de la teoría zubiriana al no someterse a coordenadas de "constitución" entendidas como determinación interna, al entender lo constitucional y adventicio bajo criterios de índole y conexión, por tomar la índole y posición en clave de conexión y mera localización y por no distinguir los distintos criterios funcionales desde los que, a mi juicio, Zubiri reconoce y caracteriza el término constructo y el sistema constitucional.

Gracia también ha negado la "hipótesis" de considerar el material genético como notas constitutivas al afirmar que no hay causalidad directa entre el material genético y el resto del sistema constitucional.[160] Esta interpretación se mueve en coordenadas manifiestamente alejadas de la "constitución", error advertido por Zubiri y recogido en multitud de lugares de la presente investigación.

Gracia ha afirmado también en repetidas ocasiones que desde el planteamiento zubiriano no podemos suponer que lo genético sea lo esencial porque "el genotipo es condición necesaria pero no suficiente."[161] Como ya dijimos, una cosa es la suficiencia del momento genómico en la línea de no estar fundamentado en otras notas y otra su suficiencia en la línea de fundamentar necesariamente el resto de notas del sistema. También explicamos en qué sentido el sistema constitucional posee suficiencia constitucional. Por otro lado, ya dejamos mostrado que no podemos confundir lo esencial con lo necesario ni la negación de toda necesidad con la infundamentalidad.

---

159 GRACIA, D. "El estatuto de las células embrionarias", en MAYOR ZARAGOZA, F., BEDATE, C.A. (coords.), "Gen-Ética", Barcelona: Ariel Editorial, 2003, p. 70.

160 Cfr. GRACIA, D. "Zubiri en los retos actuales de la antropología", en PINTOR RAMOS, A. (Coord.), "Zubiri desde el siglo XXI", Salamanca: Publicaciones Universidad Pontificia de Salamanca, 2009, p. 123.

161 Ibid.

Como vemos, el sentido de la terminología utilizada en aquella afirmación no tiene en consideración lo alcanzado en el análisis metafísico del autor y, a mi juicio, ni siquiera habría de tener cabida como reflexión metafísica de inspiración zubiriana. Si, por el contrario, prescindimos de la riqueza semántica y matices que se desprenden del análisis zubiriano y atendemos el anterior razonamiento tomando los términos necesidad y suficiencia en su acepción vulgar, habríamos de concluir exactamente lo contrario: desde el planteamiento metafísico de Zubiri podríamos suponer que el genotipo –momento genómico que diríamos aquí– es la esencia pues la esencia es condición necesaria pero no suficiente ya que, traducida esa necesidad e insuficiencia aludida por Gracia a coordenadas filosóficas zubirianas, la esencia es momento fundante y posee necesidad necesitante de lo meramente constitucional.

Por otro lado, vimos que aludir a la falta de suficiencia constitucional del sistema embrionario por considerar que los factores epigenéticos son esenciales responde a una interpretación que, a mi juicio, no ha sistematizado adecuadamente la índole constitucional y el carácter constitutivo, ni ha atendido al dato biológico con rigor pues, haciéndolo, lo epigenético no puede ser supuesto constitutivo.

La intuición zubiriana de considerar constitutivo lo genético suele criticarse también mediante una elaboración teórica que, en mi opinión, empobrece la riqueza del planteamiento del filósofo vasco al entificar la esencia constitutiva y reconocerla en la secuencia de nucleótidos del ADN para, seguidamente, rechazar su carácter esencial. Lo vemos en el siguiente razonamiento de Diego Gracia:

> El caso de los gemelos univitelinos demuestra bien que dos personas con la misma información genética tienen dos esencias constitutivas distintas; es decir, son dos seres humanos esencialmente distintos. La información genética no puede identificarse con la esencia constitutiva, y menos con la sustantividad.[162]

162 GRACIA, D. "La antropología de Zubiri", en NICOLÁS, J.A. Y BARROSO, O. (eds.), "Balance y perspectivas de la filosofía de X. Zubiri", Granada: Comares, 2004, p. 113. Es habitual –y, a su vez, comprensible– que autores interesados en el estatus del embrión aborden críticamente las

A modo general, encontramos también reflexiones que, desde perspectivas no zubirianas, consideran el genoma como parte y no como "momento genómico". En el siguiente capítulo veremos cómo algunas de estas reflexiones, por el modo como son presentadas, y aun defendiendo la realidad individual desde la fecundación, parecen dar a entender el genoma como una "entidad" independiente y separable.

Una vez perfilada la noción zubiriana de desarrollo y antes de concluir este apartado, me serviré de reflexiones que sobre el desarrollo y el material genético han realizado desde otras perspectivas interdisciplinares para mostrar el interés del modelo propuesto por Zubiri y traído a colación en esta investigación.

4.7 Aportaciones del planteamiento zubiriano al debate actual

Carlos Alonso Bedate realiza un interesante análisis sobre cómo se ha interpretado desde la biología la relación entre el material genético y el desarrollo:

---

reflexiones de Diego Gracia al respecto sin cuestionarse la fidelidad de estas con la obra zubiriana. Por ejemplo, Nicolás Jouve escribe: "Así, el Prof. Diego Gracia centra el debate sobre el valor humano del embrión en desarrollo en el concepto filosófico de constitución y, dejando a un lado que el hilo conductor del desarrollo embrionario está dirigido por la información genética configurada en la concepción, se plantea cuándo el ser naciente tiene entidad constitutiva, es decir cuándo se le debe atribuir la realidad de ser humano. Como buen seguidor de Xavier Zubiri, el Dr. Gracia se plantea el momento en que a lo largo del desarrollo la estructura en crecimiento adquiere suficiencia constitucional de acuerdo con la terminología acuñada por el filósofo Xavier Zubiri señalaba que para que haya suficiencia constitucional debe haber sustantividad y Diego Gracia no reconoce en la información genética constituida en el momento de la fecundación la sustantividad necesaria para que exista suficiencia constitucional". (JOUVE, N. "Entidad del embrión Humano. Una explicación genética del desarrollo embrionario y la macroevolución", Arbil. 2004, 103. [Publicación en línea] <www.arbil.org/103jouv.htm> [Consultado el 18 de junio del 2009]).

> Creo, además, que algunas posiciones han confundido el término información genética con el término programa de desarrollo, como si el programa de desarrollo estuviese contenido en una unidad biológica (ADN) al modo de *telos* biológico. Es cierto que existe una información genética que codifica elementos que dirigen la generación de patrones de desarrollo, pero otra cosa muy distinta es decir que esa información constituya el programa de desarrollo como si el ADN fuera un programa que al ejecutarlo, tal y como está escrito, diese lugar al proceso de desarrollo. El programa biológico de desarrollo o 'código de desarrollo' no existe escrito en ningún elemento de la célula (cigoto), ni en determinados órganos.[163]

Desde mi punto de vista, diferenciando la consideración de la esencia por sí misma y como "fundante" del resto de notas y atendiendo a la diferencial y cambiante necesidad necesitante –desarrollo– y posibilitante –variabilidad– del sistema, se puede no solo analizar y comprender plenamente la crítica de Bedate, sino proponer una correcta descripción de lo que acontece en SpG.

Efectivamente y tal y como apunta Bedate, el programa biológico de desarrollo o "código de desarrollo" no existe escrito en ningún elemento de la célula. Pero si entendemos el "código de desarrollo" desde el concepto zubiriano de desarrollo, se ve con claridad que este no es, como critica Bedate, una mera "ejecución" de lo escrito: desarrollo apunta a la compleja modificación epigenética –transformación de notas constitucionales no constitutivas sin modificación constitutiva– cuyo origen, fieles a la rigurosa letra zubiriana, no causa ningún problema a la hora de reconocer la suficiencia constitucional del sistema.

Desde una perspectiva metafísica, Urbano Ferrer también se acerca a esta problemática apuntando la importancia de la epigénesis:

> Por ello cobra especial importancia la distinción en el viviente entre la herencia constitutiva o genotipo (compuesto de ácidos nucleicos) y lo que

163 ALONSO BEDATE, C. "El valor ontológico del embrión humano: una visión alternativa" y "Estatuto ético del embrión humano: reflexiones ante una situación límite: ¿Es posible una visión alternativa? en BECA I. J. P. "El embrión", Chile: Editorial Mediterráneo Ltda. Santiago, 2002, p. 118.

manifiesta en su interacción con el medio o fenotipo (consistente en glúcidos, lípidos y prótidos), siendo este segundo plano donde se enmarca el crecimiento interno que sigue al recambio ininterrumpido de sus materiales debido a su relacionalidad igualmente constitutiva. Su identidad biológica no está contraída a los componentes químicos nucleares, sino que le es asimismo esencial el desarrollo logrado en la comunicación con el medio y que se acusa ya en el embrión. [164]

Aun identificando el material genético con lo constitutivo, Ferrer sugiere que el desarrollo es *asimismo* esencial para la identidad biológica, desarrollo logrado en la comunicación con el medio. Además apunta que la individualidad del ser vivo solo cabe entenderla de un modo diacrónico y dinámico[165], individualidad fundada "en el movimiento constitutivo en que se autorrealiza el organismo"[166].

El significado de "información genética" y "desarrollo" y la relación entre ambos apuntada tanto por Bedate como Urbano Ferrer queda, desde mi punto de vista, absorbida y nítidamente sistematizada a la luz del planteamiento filosófico zubiriano con la relación entre las notas constitucionales constitutivas y el resto del sistema constitucional. Dicho de otro modo: la relación entre la información genética y el código de desarrollo queda sistematizada en la relación entre lo esencial y lo inesencial de la teoría de la sustantividad.

Entiendo que la propuesta zubiriana bien interpretada queda excluida de las críticas que certeramente realiza el profesor Alejandro Serani –y con las que estoy en pleno acuerdo– a aquellos que toman como "organismo" al "genoma" y afirman que todo lo que será el organismo se encuentra ya en el genoma:

Lo que verdaderamente vive, crece, se nutre, se desarrolla y se reproduce es el organismo viviente en su totalidad. No se puede decir del núcleo ni del

164 FERRER, U. "De la teoría de sistemas a la unidad teleológica del viviente" Logos. Anales del Seminario de Metafísica. 2007, 40: p. 10. He de señalar que aunque en el texto de Urbano Ferrer aparece el término "constitutivo", este no se enmarca en un contexto de reflexión zubiriana.

165 Cfr. Ibid pp. 10-11.

166 Ibid p. 11.

> material genético en sentido propio que "viven" o que se reproducen, sino de un modo indirecto, derivado o metafórico. Descubrir el modo concreto cómo los organismos vivientes se las ingenian para autoconstruirse y autorreproducirse no nos dice nada todavía acerca de lo que sea la naturaleza íntima del vivir. Por esto, resulta equívoco, y más que equívoco, erróneo, afirmar sin más que todo lo que será el organismo adulto se encuentra ya contenido o almacenado en el material genético del huevo fecundado. Lo que es propiamente sujeto del vivir es el ser vivo como totalidad y no una de sus partes en forma aislada, como es el material genético.[167]

La teoría zubiriana de la sustantividad no es un intento de dar respuesta a lo que sea la "naturaleza íntima del vivir", entre otras cosas porque desde las coordenadas filosóficas en las que se mueve Zubiri en su metafísica noológica –asumimos que esta se mueve en orden constitucional– esos tres términos y la expresión conjunta probablemente no tendrían cabida, y, forzándola, el sentido de las mismas se vería fuertemente modificado. Esta observación que aquí apuntamos, por otra parte, no niega que estas sean cuestiones filosóficamente abordables y especialmente relevantes.

Por último cabe señalar que, conociendo los aciertos y limitaciones del orden constitucional y atendiendo correctamente a la imbricación entre el subsistema constitutivo como momento del único sistema constitucional, ni desde el planteamiento zubiriano lo que será el adulto se encuentra en el material genético, ni el sujeto propio del vivir –signifique lo que signifique ese "vivir"– es el material genético de forma aislada[168].

---

167 Cfr. SERANI MERLO, A. "El viviente humano. Estudios biofilosóficos y antropológicos", Pamplona: Eunsa, 2000, p. 68.

168 Para que el planteamiento zubiriano hasta aquí expuesto no resulte objeto de la certera crítica que el profesor Serani realiza a planteamientos reduccionista (cfr. SERANI MERLO, A. "El viviente humano. Estudios biofilosóficos y antropológicos", Pamplona: Eunsa, 2000, pp. 61-76), tendremos que seguir el recorrido de esta investigación hasta alcanzar, en el séptimo y último capítulo, una aproximación completa que entienda al sistema en su unidad esencial.

4.8 Conclusión

En el análisis estructural dinámico del SpG 0, el momento genómico del epigenoma responde a la caracterización de la índole constitutiva; la caracterización de las notas constitucionales no constitutivas se ajusta a la función y dinámica epigenética y a la compleja maquinaria que configura la estructura biomolecular necesitante para el desarrollo del sistema; por su parte, reconocemos en aquellas notas de origen extraembrionario advenidas al sistema la índole adventicia y la necesidad posibilitante siempre y cuando no haya una integración de las mismas en la estructura funcional del sistema, integración funcional que supondría su consideración constitucional.

La configuración bioquímica del ADN y la de las fibras cromatínicas, tomadas como ejemplos paradigmáticos de modificaciones epigenéticas, pueden suponerse, con lo dicho, como notas de índole constitucional no constitutiva de cuya transformación pende la precisa noción de "desarrollo" zubiriano. Atendiendo a toda la riqueza de la teoría de la sustantividad zubiriana, los factores epigenéticos han de ser tomados como notas constitucionales no constitutivas cuya transformación no solo define el desarrollo sino que puede explicar las particularidades estructurales del sistema en orden a su constitución.

Concluyo con lo que, desde mi punto de vista, han sido los errores interpretativos de la metafísica zubiriana que han conducido a un equivocado análisis ontológico de la realidad del embrión preimplantatorio:

- Entender la "posición" (y por ende, la suficiencia constitucional y clausura) en términos de localización espacial.
- No atender a los criterios distintos de funcionalidad desde los que Zubiri reconoce el momento constitucional y el momento constitutivo de la cosa real.
- No atender a la fundamentalidad de lo constitutivo como determinación de la índole y posición en clave funcional.
- Confundir lo esencial con lo necesario y la negación de toda necesidad con la infundamentalidad.

Capítulo 6. Análisis de lo acontecido en el estadio unicelular tras la interacción gamética

1 Introducción

Abordada la cuestión sobre la importancia de los factores epigenéticos, nos detendremos en un asunto de relevante actualidad en lo que concierne al estatuto ontológico del embrión. Actualmente y entre aquellos que defienden la aparición del estatus personal desde la fecundación, nos encontramos, principalmente, con dos hipótesis.

Una de ellas afirma que durante las primeras 12 horas desde la interacción gamética el sistema se encuentra en un proceso constituyente o de constitución, y reconoce a la realidad resultante de ese proceso –SpM– como individuo de la especie humana. Entiendo que esta interpretación se encuentra en la línea de la hipótesis que ya en 1990 planteó Dawson con la teoría de la cariogamia[1]: un nuevo sujeto completo aparecería tras la recombinación de los patrimonios genéticos paterno y materno generando un nuevo genoma, acontecimiento que ocurriría entre 21 y 22 horas aproximadamente tras la fecundación (unas 12 horas desde la interacción gamética)[2].

---

1 Cfr. DAWSON, K. "Fertilization and Moral Status: a Scientific Perspective", en SINGER P. *et al.* (eds.), "Embryo Experimentation", Cambridge: Cambridge University Press, 1990, pp. 43-52.

2 Tal y como predijo José López Guzmán en el 2002, esta teoría ha adquirido una relevancia significativa entre aquellos que defienden la realidad personal desde la fecundación: "Una de las teorías que está cobrando más relieve es la que mantiene que no se puede hablar de un nuevo ser hasta que lo pronúcleos paterno y materno se han fusionado en un núcleo diploide. Es decir, no hay un embrión humano hasta después de haberse concluido la primera división de segmentación. Los defensores de esta teoría afirman que sólo en-

La otra hipótesis también apunta a la fecundación como momento desde el cual reconoce tener presente a una realidad humana individual, pero en este caso no es al final de la misma, en SpM, sino desde el inicio de la fecundación, desde la interacción gamética.

No hay duda de que los acontecimientos a los que apuntan ambas líneas divisorias aparecen como momentos estelares del desarrollo biológico. Lo que aquí haremos será analizar críticamente la correspondencia entre la argumentación metabiológica y esos hechos.

Ambas hipótesis reconocen la realidad individual de la especie humana en SpM, así que nos centraremos principalmente en aquella que otorga a lo acontecido a partir de SpM una valoración cualitativamente diferencial.

La realidad que se nos presenta en el cigoto es distinta de la que se nos presentaba en el óvulo y el espermatozoide. Sobre la realidad celular antes y después del inicio de la fecundación no cabe la archiconocida fórmula zubiriana "es el mismo sin ser lo mismo".

En la mera observación del devenir del espermatozoide, el óvulo y el cigoto, no caben dudas acerca de, por un lado, la diferencia en el plano talitativo entre los tres, y, por otro, del distinto modo de actuar sobre sí mismo y sobre lo que le rodea entre los gametos y el cigoto.

Biológicamente hablando, queda patente que la unión de ambos produce unos cambios no solo aditivos, sino funcionales fruto de la nueva estructura originada. Que el sistema devenido en la fecundación sea una célula diploide inmersa en un ciclo celular mitótico es un hecho biológico diferencial con los gametos que nadie duda. Justo Aznar y Luis Miguel Pastor nos dicen que

> se puede afirmar con certeza que el inicio de la vida de un nuevo individuo de la especie humana, y como tal del ser humano, se da en el momento en

---

tonces el nuevo ser posee las células cuyos núcleos han adquirido la dotación cromosómica exacta que determina en el tiempo la identidad genética de la persona." (LÓPEZ GÚZMAN, J. "El estatuto biológico del embrión", en BALLESTEROS, J. (coord.), "La humanidad en Vitro, Granada: Editorial Comares, 2002, p. 87).

> el que se constituye el cigoto (...). Nadie duda en la actualidad que tras la fecundación se constituye un nuevo ser vivo con 46 cromosomas, (...) y, a través de la combinación de los cromosomas paternos y maternos, éste adquiere su propia identidad genética.[3]

Estas observaciones son las que empujan a afirmar que, en palabras de Aquilino Cayuela,

> es un acuerdo amplio entre los distintos posicionamientos bioéticos, el reconocer con nitidez que, desde la fecundación del óvulo hasta la muerte natural de un ser humano, estamos ante un ser vivo, individual (con genoma único y singular), de la especie humana. Esto es lo que nos dice la biología y la genética, y todos lo aceptamos sin apenas fisuras.[4]

Pero, en mi opinión, tal acuerdo básico no elimina las dificultades concretas a la hora de precisar el momento de la constitución del ser vivo. Me parece relevante la reflexión que a este respecto realiza Juan Ramón Lacadena:

> El propio proceso de fecundación es largo y complejo desde que –después de atravesar la zona pelúcida que envuelve al ovocito– entra el espermatozoide en el citoplasma de la célula femenina liberando en él su núcleo haploide hasta que se produce la aproximación de los dos pronúcleos. Todo ello tiene una duración de varias horas; por tanto, ¿en qué momento preciso podemos decir que existe ya el zigoto? Este interrogante afectaría a las posturas que mantienen que la persona aparece en el "momento" de la fecundación.[5]

---

3 AZNAR, J., PASTOR, L.M. "Estatuto biológico del embrión humano" en AZNAR, J. (coord.) "La vida humana naciente", Madrid: BAC, 2007, pp. 21-22

4 CAYUELA, A. "La corporalidad humana y la bioética", en POSTIGO SOLANA, E., TOMÁS Y GARRIDO, G. M. (eds.) "Bioética personalista: ciencia y controversias", Madrid: Ediciones Internacionales Universitarias, 2007, p. 71.

5 LACADENA, J.R. "Individualización y mismidad genética", en MAYOR ZARAGOZA, F., ALONSO BEDATE, C. (coords.), "Gen-Ética", Barcelona: Ariel editorial, 2003. p. 114.

Estamos pues en la concreción del "cuándo" podemos afirmar que estamos ante una realidad humana individual en el sistema unicelular. Veremos a continuación en qué base biológica se apoyan ambas hipótesis y cómo, entre una y otra, nos encontramos con planteamientos no definidos.

Una vez presentado el estado actual de la cuestión entre aquellos que defienden el estatus personal desde el inicio de la fecundación, expondré la tesis que defiende que SpP es ya una realidad individual, la tesis que defiende un periodo constituyente hasta la aparición de la realidad individual en SpM, y aquellas explicaciones que, en mi opinión, se mueven equívocamente entre una y otra.

Antes de comenzar a analizar estas posturas, he creído conveniente confeccionar un gráfico (véase figura 6.1) para situarnos visualmente en la discusión. Desde qué momento y por qué hechos biológicos denominar al sistema celular diploide resultante de la interacción gamética "cigoto" es, en síntesis, la decisiva discusión que abordaremos en este capítulo.

2 Primera hipótesis: el cigoto aparece desde la fusión de las membranas plasmáticas gaméticas

Científicos de reconocido prestigio internacional[6] se reunieron en la duodécima Asamblea General de la Pontificia Academia para la Vida para abordar la problemática del embrión humano preimplantatorio. Sus ponencias dieron lugar a un libro.

6 Por ejemplo, la profesora Magdalena Zernicka- Goetz (del Gurdon Institute de la Universidad de Cambridge), el genetista Kevin Fitzgerald (de la Division of Biochemistry and Pharmacology del Departamento de Oncología de la Universidad de Georgetown) o la genetista Marie-Odile Rethoré (Directora del Instituto Nacional de Salud e Investigación Médica de Francia y profesora del Centre Médical Jérôme Lejeune de Paris).

Figura 6.1: ¿Desde cuándo se denomina cigoto?

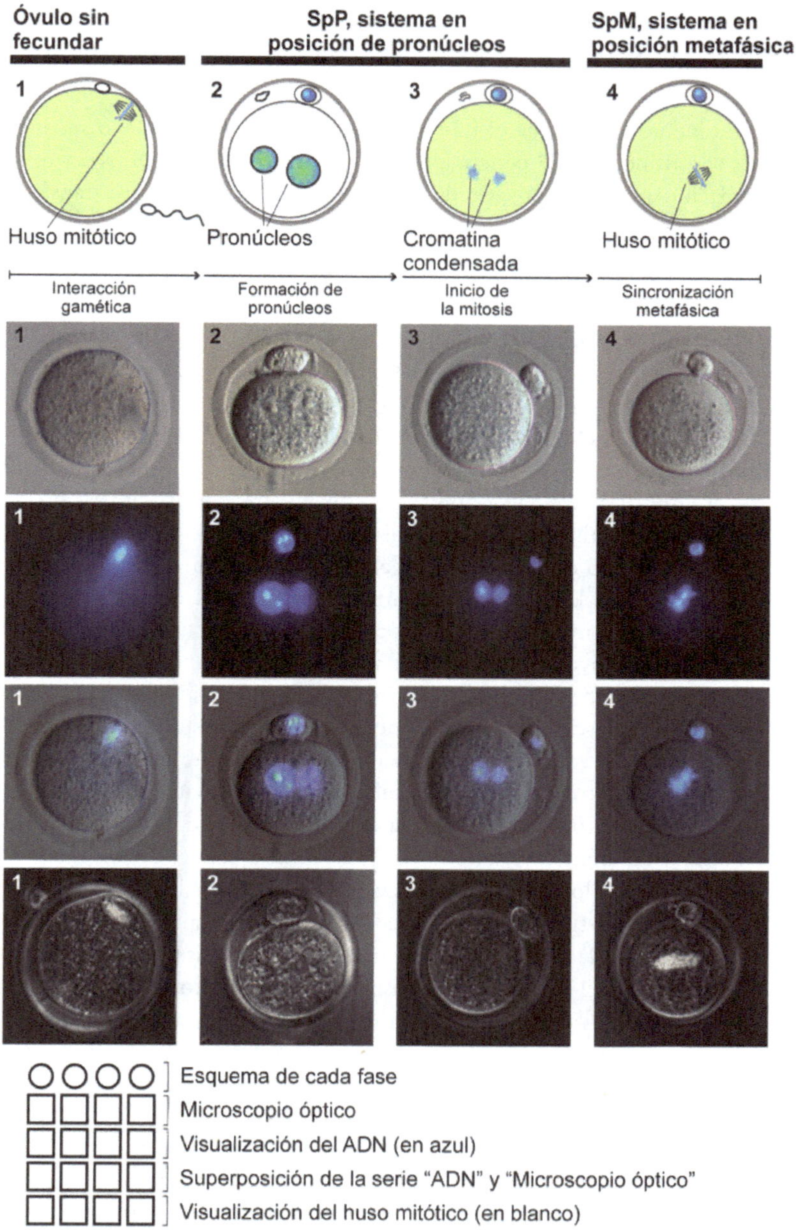

Figura modificada de EGLI, D., ROSAINS, J., BIRKHOFF, G., EGGAN, K. "Developmental reprogramming after chromosome transfer into mitotic mouse zygotes", Nature. 2007, 447: pp. 679-685, fig. 1.

El título de la publicación fue *El Embrión Humano en la Fase de Pre-Implantación*[7], y encontramos, a modo de conclusión, un comunicado final:

> El momento que marca el inicio de la existencia de un nuevo ser humano está constituido por la penetración del espermatozoide en el ovocito. La fecundación impulsa una serie de acontecimientos articulados y transforma la célula huevo en zigoto.[8]

En esta redacción parece claro que es la penetración del espermatozoide en el ovocito (y no la sincronización metafásica) la que marca

7 SGRECCIA, E., LAFFITTE, J. (eds.), "El embrión humano en la fase de preimplantación, Madrid: Biblioteca de Autores Cristianos, 2008.

8 Ibid p. 18. Por su interés, continúo transcribiendo el primer punto de la conclusión: "En la especie humana entran dentro del ovocito el núcleo del espermatozoide (incluido en la cabeza) y un centriolo (el cual desempeñará un papel decisivo en la formación del huso mitótico en el acto de la primera división celular); la membrana plasmática queda fuera. El núcleo masculino sufre profundas modificaciones bioquímicas y estructurales que dependen del citoplasma ovular y que van a predisponer la función que el genoma masculino comenzará a desarrollar inmediatamente. En efecto, se asiste a la descondensación de la cromatina (incluida por factores sintetizados en las últimas fases de la ovogénesis) que hace posible la transmisión de los genes paternos. El ovocito, después de la entrada del espermatozoide, completa su segunda división meiótica y expulsa el segundo cuerpo polar, reduciendo su genoma a un número haploide de cromosomas con el fin de reconstituir, juntamente con los cromosomas llevados desde el núcleo masculino, el cariotipo característico de la especie. Al mismo tiempo, lleva a cabo una 'activación' desde el punto de vista metabólico con vistas a la primera mitosis. Es también el ambiente citoplasmático del ovocito el que lleva al centríolo del espermatozoide a duplicarse, constituyendo así el centrosoma del zigoto. Ese centrosoma se duplica con vistas a la constitución de los microtúbulos que compondrán el huso mitótico. Los dos *set* cromosómicos encuentran el huso mitótico ya formado y se disponen en el ecuador en posición de metafase. Siguen las demás fases de la mitosis y al final el citoplasma se divide y el zigoto da vida a los dos primeros blastómeros. La activación del genoma embrionario es probablemente un proceso gradual. En el embrión unicelular humano ya están activos siete genes; otros se expresan en el paso de la fase de zigoto a la de dos células". (Ibid p. 18)

el inicio de la existencia de un nuevo ser humano. En su reciente obra *Sobre la dignidad del embrión*, Ignacio Núñez de Castro[9] se alinea de forma explícita y clara a este respecto:

> El momento de la singamia, o unión de gametos por la fusión de membranas y penetración del espermatozoide, es el momento crucial en el que podemos hablar del proceso del establecimiento de un nuevo organismo que tiene un "telos" interno. Se forma el cigoto célula única, híbrida de dos genomas materno y paterno. Estado unicelular del nuevo organismo.[10]

Mónica López Barahona[11] y José Carlos Abellán Salort[12], en una publicación donde abordan –entre otras– esta cuestión desde un punto de vista biológico, filosófico, bioético y jurídico, se alinean a este respecto:

> Una vez ya cerca del ovocito [el espermatozoide] tiene que atravesar la envoltura externa de éste (zona pelúcida) y la membrana plasmática que lo aísla del exterior. Atravesadas ya estas dos capas la cabeza del espermatozoide penetra en el citoplasma del óvulo y vierte en él su contenido genético, sus 23 cromosomas. Nos encontramos entonces ante una nueva entidad biológica: *el cigoto o embrión unicelular*, diferente de aquellas que lo han generado: el óvulo y el espermatozoide.[13]

---

9 Catedrático de Biología Molecular y Bioquímica de la Universidad de Málaga, Ignacio Núñez de Castro, también Profesor Emérito de Genética Humana de la Universidad Católica del Sagrado Corazón, quien fuera Director del Departamento de Genética de la Clínica Gemelli de la Universidad Católica de Roma.

10 NÚÑEZ DE CASTRO, I. "De la dignidad del embrión", Madrid: Universidad Pontificia de Comillas, 2008, p. 93.

11 Doctora en Ciencias Químicas (especialidad Bioquímica), López Barahona es Directora General Académica del Centro de Estudios Biosanitarios, Directora de la Cátedra de Bioética Jérôme Lejeune y miembro ordinario de la Academia Pontificia Pro Vita.

12 Doctor en Derecho, Abellán es Profesor en la Universidad Rey Juan Carlos de Madrid (URJC) y Director del Máster Universitario en Bioética de la URJC y del Programa de Doctorado en Bioética URJC-CEU San Pablo.

13 LÓPEZ BARAHONA, M., ABELLÁN SALORT, J.C. "Los códigos de la vida", Madrid: Homo Legens, 2009, p. 8.

Basándose en Angelo Serra, Núñez de Castro afirma que "desde el momento de la singamia, o fusión de membranas, comienza la nueva vida del embrión"[14]. Serra y Roberto Colombo, por su parte, nos dice que situado el espermatozoide entre la zona pelúcida y la membrana plasmática, podrán fundirse ambos gametos "dando inmediatamente empuje a la *singamia*".[15]

Recogeré a continuación aquellos hechos biológicos en los cuales Serra y Colombo se apoyan para concluir que es la interacción gamética lo que marca el inicio del desarrollo. Los autores señalan que es el aumento y la oscilación intracelular de los iones de calcio lo que marca el inicio del desarrollo embrionario, momento en el que

> Se ha formado una *nueva* célula: el *cigoto* o *embrión unicelular*. Esta nueva célula comienza a operar como un *sistema único*, un ser viviente ontológicamente unitario, esencialmente similar –si bien con alguna peculiaridad– a todas las otras células en fase mitótica.[16]

Los investigadores italianos anotan la reacción cortical[17] –la también denominada reacción de la zona– como una de las primeras actividades del nuevo sistema. También se apunta que la necesidad de la reorganización del genoma y la dinámica de los pronúcleos para alcanzar la sincronización metafásica de los cromosomas maternos y paternos.

> La exposición de estos datos esenciales sobre la formación del cigoto y sobre el paso del embrión unicelular al embrión de dos células indica, con toda evidencia, que en la fusión de los gametos comienza a operar como una

---

14 NÚÑEZ DE CASTRO, I. "De la dignidad del embrión", Madrid: Universidad Pontificia de Comillas, 2008, p. 57, cita 15.

15 SERRA, A., COLOMBO, R. "Identidad y estatuto del embrión humano: la contribución de la biología" en "Identidad y Estatuto del embrión humano", Madrid: Ediciones Internacionales Universitarias SA., 2000, p. 129.

16 Ibid p. 129.

17 Ibid.

> unidad una nueva célula humana, dotada de una nueva y exclusiva estructura informacional que constituye la base de su desarrollo posterior.[18]

A continuación, el autor subraya dos características que ayudan a entender mejor la naturaleza de la célula resultante de la interacción gamética:

> La primera es que el cigoto existe y actúa desde la singamia como un ser ontológicamente unitario, y con una precisa identidad. La segunda es que el cigoto está intrínsecamente orientado y determinado hacia un desarrollo bien definido. Ambas características, identidad y orientación, son esencialmente consecuencia de la información genética de la que está dotado. Esta información –sustancialmente invariable– es, en realidad, el fundamento de la pertenencia del cigoto a la especie humana y de su singularidad individual o identidad, y contiene un programa codificado completo que le dota de enorme potencialidad morfogenética que se realizará autónoma y gradualmente durante un proceso epigenético rigurosamente orientado. Esta potencialidad no significa mera "posibilidad", sino que representa la capacidad natural e intrínseca de un ser, que ya existente, puede realizar, en las debidas condiciones, el plano codificado entero.[19]

Tras una descripción morfológica sintética del embrión que abarcan los subapartados "Del cigoto al blastocisto", "Del blastocisto al disco embrionario" y "Del disco embrionario al feto", llevan a cabo una somera explicación sobre el control epigenético. En esta regulación de la expresión se hace hincapié en los genes reguladores, y apuntan que los datos científicos sugieren que

> es precisamente el nuevo genoma, que se establece en la fecundación, la base y el constante soporte de la unidad estructural y funcional del embrión, que se desarrolla a lo largo de una trayectoria que mantiene siempre una dirección bien definida.[20]

18 Ibid p. 130.
19 Ibid p. 131.
20 Ibid p. 137.

Teniendo en cuenta toda la descripción biológica, el autor hace un análisis de tipo inductivo[21] sobre esos datos para responder a la pregunta de cuándo comienza un ser humano su ciclo vital. Son tres las propiedades que se inducen de los datos que suministran las ciencias experimentales: la coordinación, la continuidad y la gradualidad. Veamos cada una de ellas:

> El desarrollo embrional, desde el momento de la fusión de los gametos hasta el de la formación del disco embrional alrededor de los 14 días tras las singamia (...) es un proceso donde existe una secuencia e interacción coordinada de actividad molecular y celular, bajo el control del nuevo genoma, que es modulado por una cascada ininterrumpida de señales transmitida de célula a célula y del ambiente externo y/o interno a las células singulares.[22]

Según los autores, "precisamente esta innegable propiedad implica, y aún más, exige una rigurosa unidad del ser que está en constante desarrollo"[23]. Con respecto a la continuidad, Serra afirma que atendiendo a la descripción del desarrollo parece innegable que en la singamia se inicia un nuevo ciclo vital. La aparición de tejidos y órganos fruto de la multiplicación celular es prueba final de una secuencia ininterrumpida de hechos interconectados, tal y como ya anotamos previamente, sin solución de continuidad.[24]

> Esta propiedad [la continuidad] implica y establece la unicidad o singularidad del nuevo ser humano: desde la singamia en adelante, él es siempre el mismo individuo humano que se construye autónomamente según un plan rigurosamente definido, pasando por estadios que son cualitativamente siempre más complejos.[25]

Por último, la gradualidad, por la cual la forma final se alcanza gradualmente:

---

21 "para responder a esas preguntas no es necesario formular nuevas hipótesis, sino simplemente analizar nuestros datos inductivamente." (Ibid p. 139).

22 Ibid.

23 Ibid p. 140.

24 Cfr. Ibid.

25 Ibid.

> Esta ley del gradual construirse de la forma final a través de muchos estadios partiendo del cigoto implica y exige una regulación que debe ser intrínseca a cualquier embrión singular, y mantiene el desarrollo permanentemente orientado en la dirección de la forma final. Es precisamente a causa de esta ley epigenética intrínseca, que está inscrita en el genoma y comienza a actuar desde el momento de la fusión de los dos gametos, que cada embrión (...) mantiene permanentemente la propia identidad, individualidad y unicidad, permaneciendo ininterrumpidamente el mismo idéntico individuo durante todo el proceso de desarrollo, desde la singamia en adelante, a pesar de la creciente complejidad de su totalidad.[26]

Tras la explicación de estas propiedades los autores exponen a modo de conclusión el siguiente texto con el que finalizaré este subapartado expositivo de la primera hipótesis.

> Por eso la inducción lógica de los datos que suministran las ciencias experimentales conduce a la única conclusión posible, esto es, que aparte de alteraciones fortuitas en la fusión de los dos gametos un nuevo individuo humano real comienza su propia existencia, o ciclo vital, durante el cual –dadas todas las condiciones necesarias y suficientes– realizará autónomamente todas las potencialidades de las que están intrínsecamente dotado. El embrión, por tanto, desde el momento de la fusión de los gametos es un individuo humano real, no un individuo humano potencial.[27]

3 Planteamientos equívocos

Entre aquellos que defienden el estatus individual del embrión desde la fecundación nos encontramos con un halo equívoco fruto, en mi opinión y fundamentalmente, de una insuficiente atención terminológica. Es frecuente que en la reflexión sobre el estatus ontológico del embrión y la cuestión sobre el inicio de la realidad personal se resuelva apuntando a la fusión de los gametos. El problema,

26 Ibid. p. 141.
27 Ibid.

a mi juicio, surge cuando se pretende precisar más allá de esa afirmación.

Así, por ejemplo, Ramón Lucas Lucas[28] deja entrever que lo determinante en la aparición de un nuevo individuo es el cumplimiento de la fusión de los dos pronúcleos, otorgando especial relevancia a la organización del material genético.

> Unas veinte horas después de la relación sexual, la cabeza del espermatozoide ha penetrado en el plasma de la célula huevo (singamia) y se avecina con determinación a su núcleo para fundir el uno en el otro sus respectivos materiales genéticos. Los núcleos se atraen y se funden: se realiza la fusión de las dos células y de su estructura cromosómica (formación de los pronúcleos). Esta fusión, que dura unas veinte horas, lleva a la construcción de un nuevo sistema genético con sus 46 cromosomas. Cuando se ha cumplido esa fusión, estamos delante de una nueva célula, el *cigoto*. Este nuevo ser no es la simple suma de los códigos genéticos de los padres. Es un ser con un proyecto y un programa nuevos, que nunca antes ha existido y no se repetirá jamás. Este programa genético –genoma– absolutamente original, individua el nuevo ser, que de ahora en adelante se desarrollará según ese genoma. [29]

Parece entenderse, entonces, que el momento de la aparición del "cigoto", es decir, de la realidad humana individual, es a las 12 horas aproximadamente de la interacción de las membranas gaméticas tras un proceso de "construcción", equivalente a lo que, desde otra perspectiva, es denominado "proceso constituyente".

El autor nos dice que

28 Profesor y Catedrático de Antropología Filosófica y Bioética de la Universidad Gregoriana de Roma.

29 LUCAS LUCAS, R. "Antropología y problemas bioéticos", Madrid: Biblioteca de Autores Cristianos, 2001, p. 68. He de apuntar que la falta de precisión en la exposición puede acharcarse al carácter divulgativo de la obra. En este subapartado no se pretende apuntar la falta de precisión y/o parcialidad de las exposiciones (por otro lado comprensible debido al carácter divulgativo), sino mostrar la ambigüedad que puede desprenderse de su lectura.

después de la concepción (fecundación del óvulo) el cigoto inicia el desarrollo, multiplicando el número de las células por un proceso de fusión y reduplicación (*mitosis*).[30]

El "después" parece aquí aceptar un periodo previo que comprende desde la interacción gamética hasta la sincronización metafásica, periodo que podría corresponder con la "concepción" o "fecundación del óvulo".

En otro lugar, afirma que la "unidad y continuidad del desarrollo embrionario exige que sea un individuo de la especie humana desde el momento de la concepción"[31]. Señala pues ahora que reconocemos a un individuo "desde el momento de la concepción", y no "después de la concepción" como parecía afirmar antes.

En otra publicación, Lucas Lucas trata de modo sintético y completo los motivos por el cual el embrión humano es un ser humano y persona humana desde el cigoto[32], pero aunque se muestra unívoco a la hora de describir los hechos biológicos y explicitar que es desde el inicio de la fecundación, no precisa más allá de lo que se deduce de las siguientes afirmaciones (en definitiva, que el cigoto es resultado de la fusión de un óvulo con un espermatozoide):

> La ciencia dice que, cuando un espermatozoide paterno se funde con el óvulo materno, se forma un nuevo organismo humano que se llama embrión. La primera fase unicelular de su desarrollo se llama cigoto.[33]
> Apenas penetra un espermatozoide en el óvulo, se activa el proceso del bloqueo de la penetración de otros espermatozoides. El óvulo es fecundado sólo por un espermatozoide. Después de la fecundación, el cigoto inicia su reduplicación celular.[34]
> Manteniéndose siempre el mismo e idéntico individuo a través de todo el proceso, que comienza en la fusión de los gametos.[35]

---

30 Ibid p. 68.

31 Ibid p. 70.

32 Cfr. LUCAS LUCAS, R. "Explícame la bioética", 2° ed. revisada. Madrid: Ediciones Palabra, 2008, pp. 124-135.

33 Ibid p. 126.

34 Ibid p. 54.

35 Ibid p. 130.

Es frecuente encontrar cierta imprecisión en este tipo de reflexiones de carácter interdisciplinar. Eduardo Rodríguez Yunta[36] escribe, junto con Robert Badillo[37], que

> desde el proceso de fecundación cuando el espermatozoide o célula germinal masculina penetra el óvulo o célula germinal femenina, formando la única célula del cigoto, la entidad biológica que emerge es un *ser humano.*[38]

Parece que aquí la denominación cigoto corresponde al instante de la fusión de los gametos sin esperar a la sincronización metafásica. En el mismo artículo, los autores concluyen:

> En resumen, no hay razón para considerar al cigoto como una entidad diferente del embrión. Es un hecho que se forma una vida humana como única constitución genética en el proceso de la fecundación. El huevo fecundado es un individuo humano único con 46 cromosomas diferentes en conjunto de los que se encuentra en el padre y en la madre y con el suficiente suplemento de moléculas morfogenéticas para controlar el comienzo del desarrollo.[39]

Si lo que el texto parece enfatizar es que lo que nos descubre estar ante una vida humana es la disposición de "46 cromosomas en conjunto", sería conveniente precisar qué se quiere decir con "conjunto", ya que se podría interpretar que es en la sincronización metafásica cuando tenemos los 46 cromosomas –visibles– "en conjunto" y no en "dos conjuntos", es decir, en un solo "núcleo" y no en dos pronúcleos. Por su parte, Rodríguez Yunta nos dice que en el ser humano

> la vida comienza con la formación del cigoto por unión de dos células germinales de sexo opuesto: el ovocito y el espermatozoide, que poseen cada

36 Doctor en Biología Genética y profesor de Antropología Médica de la Pontificia Universidad Católica de Chile.

37 Doctor en Filosofía y profesor de la Pontificia Universidad Católica de Chile.

38 BADILLO, R. Y RODRÍGUEZ, E. "El Cigoto, inicio de la vida humana desde una perspectiva biológica y metafísica", Ars Médica. 2002, 4 (6): p. 34.

39 Ibid p. 38.

> uno la mitad de la información genética para generar un nuevo ser humano. De tal forma que la concepción de un nuevo ser humano tiene lugar con la formación del cigoto.[40]

El autor se posiciona y apunta a la interacción gamética como inicio de la aparición del cigoto. Seguidamente, afirma que tras la unión del espermatozoide y el ovocito, "se genera el cigoto con la formación de los pronúcleos masculino y femenino"[41]. Esta afirmación parece situar la aparición del cigoto unas horas después de la interacción de las membranas, ya que, como dejamos señalado, la formación del pronúcleo masculino requiere de una desintegración de la membrana nuclear y una recomposición del ADN de origen paterno. Rodríguez Yunta hace una síntesis de lo acontecido desde la entrada del núcleo masculino:

> Los pronúcleos femenino y masculino se mueven hacia el centro del cigoto, replicando su ADN a medida que avanza. Al encontrarse, la envoltura nuclear se desintegra y los cromosomas se organizan en la única placa metafásica, por la que se unen las informaciones genéticas, e inmediatamente tendrá lugar la primera división celular. Después de la unión es cuando se puede decir que comienza el desarrollo de un nuevo ser que parte de una célula original bien formada: el cigoto.[42]

Ante esta descripción queda pendiente aclarar si "la célula original bien formada", el cigoto, hace referencia a lo acontecido desde la interacción gamética o más bien al momento en que se unen las informaciones gaméticas en la "única" placa metafásica. Parecería que nos encontramos, atendiendo a la descripción, con un periodo de formación del cigoto (*célula bien formada*) siendo, a partir de la primera sincronización metafásica, *cuando se puede decir que comienza el desarrollo de un nuevo ser.* Que el "desarrollo" comience en la sincronización metafásica ¿significa que tenemos un "ser" sin desarrollo antes de la interacción gamética, o tenemos que espe-

40 RODRÍGUEZ YUNTA, E. "El levonorgestrel y su mecanismo de acción", Ars Médica. 2002, 4 (6): p. 48.

41 Ibid pp. 48-49.

42 Ibid p. 49.

rar para decir que estamos ante un "nuevo ser" al comienzo del mismo?

Gigliola Sica[43] explica, en uno de los capítulos de la publicación de la Pontificia Academia Pro Vita, que la "fecundación consiste en el ingreso de un espermatozoide, portador de un patrimonio cromosómico haploide en una célula huevo"[44]. Tras una minuciosa descripción de cómo se produce la unión de los gametos, nos dice:

> La fusión de los gametos determina toda una serie de procesos que revela la existencia de una nueva célula, el cigoto. Estos procesos comienzan con la hidrólisis del fosfatidilinositol bifosfato en el oolema, seguida de modificaciones eléctricas y del aumento de los niveles de calcio intracelular.[45]

La autora, aunque atendiendo al conjunto del artículo se deduce que considera como cigoto a lo acontecido tras la interacción gamética, no explicita si es toda la serie de procesos, al comienzo, o al final de la aparición de esos procesos cuando se "revela" la existencia del cigoto. Eijk[46], con sendos doctorados en medicina y filosofía, explica en la conclusión de otra de las ponencias del mismo título de la Academia Pro Vita:

> En la valoración de los varios muy diversos criterios usados para valorar el estatuto del embrión humano resulta esencial que éste tenga un estatuto biológicamente humano desde la concepción. El embrión es un ser viviente cuyo desarrollo, dirigido por el genoma presente y activo desde la concepción, se realiza en modo autónomo, coordinado, continuo y gradual.[47]

---

43 Directora del Instituto de Histología y Embriología de la Universidad Católica de Roma.

44 SICA, G. "El desarrollo del embrión preimplantatorio", en SGRECCIA, E., LAFFITTE, J. (eds.), "El embrión humano en la fase de preimplantación, Aspectos científicos y consideraciones bioéticas", Madrid: Biblioteca de Autores Cristianos, 2008, p. 38.

45 Ibid p. 39.

46 Willen Jocobus Eijk es Arzobispo de Utrech con sendos doctorados en medicina y filosofía.

47 EIJK, W. J. "Los criterios de la individualidad orgánica y el estatuto bioantropológico del embrión preimplantatorio" en SGRECCIA, E., LAFFIT-

Estas afirmaciones, como veremos, podrían defender la postura que entiende que solo se puede hablar de un *genoma presente y activo* tras un proceso constituyente en el que se da "un encendido, una puesta en acto de la expresión de la información de los genes, que son el patrimonio del nuevo individuo"[48], proceso que, como explicaremos con detenimiento, para algunos autores nos situaría ante la realidad humana individual a partir de la primera sincronización metafásica y no desde la interacción gamética. Tomadas aisladamente no evitarían el reduccionismo de afirmar que el genoma dirige el desarrollo de modo autónomo, pues, como se ha mostrado, sin influencia epigenética no hay desarrollo coordinado, continuo y gradual.

Así, por ejemplo, Blázquez[49] precisa el momento decisivo de la aparición del individuo en la interacción gamética, pero a su vez, afirma:

> Todo lo que biológicamente somos y llegaremos a ser está ya como en negativo presente en nuestro código genético. Nuestra figura humana no es más que el revelado progresivo de todo lo que está impreso en la película del revelado de nuestro genoma.[50]

Aunque el autor apunta con precisión que el genoma "es biológicamente indispensable pero no suficiente"[51], lo epigenético no solo es algo "imprescindible", sino que posee un papel activo en la figura de lo que biológicamente somos y progresivamente vamos siendo. Atendiendo al caso de la abeja reina y las obreras se ve que todo lo que biológicamente cada una es y ha llegado a ser es más que el

---

TE, J. (eds.), "El embrión humano en la fase de preimplantación", Madrid: Biblioteca de Autores Cristianos, 2008, p. 113.

48 LÓPEZ MORATALLA, N. "El ser concebido individuo de nuestra especie", Aranjuez, 28 de julio de 2010, p. 6. Texto facilitado por la autora.

49 Niceto Blázquez es Dr. en Filosofía, licenciado en Teología, diplomado en Psicología Médica y profesor de la Universidad Complutense de Madrid.

50 BLÁZQUEZ, N. "La nueva ciencia", Madrid: Biblioteca de Autores Cristianos, 2000, pp. 133-134.

51 Ibid p. 133.

revelado progresivo del genoma inicial. Lo que nuestra figura humana es, lo que biológicamente cada uno es, es más que el revelado progresivo impreso en nuestro genoma.

En mi opinión, si entendemos que la concepción es un proceso, tendríamos que matizar a qué hechos biológicos denominamos concepción y si el cigoto se revela desde el inicio del proceso o al concluir el mismo.

En una situación similar nos encontramos si analizamos el uso y significado de la palabra desarrollo en este contexto: en las explicaciones traídas a colación, parece deducirse que el desarrollo comienza con la primera división mitótica. Como acaba de verse, para Eijk, el desarrollo comienza desde que el genoma está presente y activo. Lucas Lucas apuntaba que es tras cumplirse la fusión de los pronúcleos cuando "estamos delante de una nueva célula, *el cigoto*"[52], y que "justo *después* de la concepción (fecundación del óvulo), el cigoto inicia su desarrollo"[53]. Por su parte, cuando Badillo y Rodríguez afirman que el huevo fecundado posee "el suficiente suplemento de moléculas morfogenéticas para controlar el comienzo del desarrollo"[54], parecen pensar en un "huevo fecundado" previo a ese comienzo del desarrollo y entender el desarrollo como un acontecimiento ajeno a controlar por un sujeto. Rodríguez Yunta afirma, de modo más nítido, que "después de la unión [de los pronúcleos] es cuando se puede decir que comienza el desarrollo de un nuevo ser"[55].

52 LUCAS LUCAS, R. "Antropología y problemas bioéticos", Madrid: Biblioteca de Autores Cristianos, 2001, p. 68.

53 Ibid.

54 BADILLO, R., RODRÍGUEZ, E. "El Cigoto, inicio de la vida humana desde una perspectiva biológica y metafísica", Ars Médica. 2002, 4 (6): p. 38.

55 RODRÍGUEZ YUNTA, E. "El levonorgestrel y su mecanismo de acción", Ars Médica. 2002, 4 (6): p. 49. "El cigoto comienza el desarrollo dividiéndose para formar primero la mórula" (Ibid p. 49).

También el denominado "Manifiesto de Madrid"[56] hace referencia a este asunto que aquí estamos tratando. En lo que respecta al cigoto, nos dice:

> El cigoto es la primera realidad corporal del ser humano. Tras la fusión de los núcleos gaméticos materno y paterno, el núcleo resultante es el centro coordinador del desarrollo, que reside en las moléculas de ADN, resultado de la adición de los genes paternos y maternos en una combinación nueva y singular.[57]

El manifiesto reconoce al cigoto como primera realidad corporal, pero al hacer alusión a la fusión de *los núcleos gaméticos* –entiendo que habría de entenderse pronúcleos de origen gamético– en vez de a la interacción de las membranas gaméticas, parece que apunta a la primera sincronización metafásica como el momento donde aparece la realidad cigótica. Por otro lado, parece señalar que el desarrollo comenzaría desde el momento en el que nos encontramos con un "núcleo resultante" coordinador, lo cual parece remarcar la centralidad de la primera sincronización metafásica.

Lejos de realizar una descalificación a las diferentes posturas traídas a colación, lo que he querido mostrar es cómo, aunque parecen defender la misma tesis –que el individuo humano comienza con el cigoto–, en su formulación encontramos algunas diferencias a la hora de establecer su aparición y concretar el significado del término desarrollo. A este respecto, considero que la propuesta zubiriana y la clasificación que realiza para sistematizar la sustantividad

56 Manifiesto elaborado por el Catedrático de Genética Nicolás Jouve, el Catedrático de Bioquímica Luis Franco Vera y el Catedrático de Microbiología César Nombela, y subscrito por alrededor de 2000 profesionales del ámbito científico español en defensa de la vida humana en su etapa inicial ante la iniciativa del Grupo Socialista de promover la Ley Orgánica de Salud Sexual y Reproductiva y de la Interrupción Voluntaria del Embarazo, popularmente conocida como "ley de plazos" del aborto.

57 NICOLÁS, N., FRANCO VERA, L., NOMBELA, C. "Manifiesto de Madrid", Madrid, 2009, p. 1. [Publicación en línea] <www.hazteoir.org/files/Manifiesto%20de%20Madrid.doc> [Consultado el 1 de febrero de 2010]

y explicar su dinamismo es una herramienta muy útil para abordar con precisión la descripción del SpG.

En la segunda hipótesis que trataremos a continuación se delimitará con más precisión los tiempos y se distinguirán periodos, pero, como veremos, tampoco se concretará la noción de desarrollo. Tomás y Garrido[58] ejemplifica, a mi juicio, el paso de lo que aquí hemos presentado entre la primera hipótesis y lo que presentaremos en seguida como la segunda. En una publicación del 2007, la autora afirma que

> La singamia es un proceso irreversible que marca el comienzo del nuevo organismo: el cigoto o embrión unicelular. La primera consecuencia de la fusión de los gametos es la variación de la composición iónica del ovocito fecundado. Tras procesos complejos –y ya muy conocidos– se debe afirmar que ha comenzado el desarrollo de un nuevo individuo que tiene el patrimonio genético y molecular de la especie humana.[59]

Aquí se puede apreciar que aunque a primera vista esta reflexión se enmarca en la primera hipótesis, la autora distingue *el comienzo del nuevo organismo*, tras la interacción gamética, y el *comienzo del desarrollo de un nuevo individuo,* tras procesos complejos. Esto queda fuera de dudas cuando, líneas después, afirma:

> La mezcla de cromosomas y su preparación para dar lugar a la primera división celular puede ser considerada como el final de la fecundación y el comienzo del desarrollo embrionario.[60]

La autora distingue pues entre el comienzo del nuevo organismo y el comienzo del desarrollo embrionario. ¿Es el organismo antes del comienzo del desarrollo embrionario embrión?[61]

---

58 La doctora Gloria María Tomás y Garrido es profesora de la Universidad Católica de San Antonio de Murcia.

59 TOMÁS Y GARRIDO, M.G. "El estatuto científico del embrión", en POSTIGO SOLANA, E., TOMÁS Y GARRIDO, G. M. (eds.) "Bioética personalista: ciencia y controversias", Madrid: Ediciones Internacionales Universitarias, 2007, p. 167.

60 Ibid.

Tomás y Garrido recoge en este artículo –quizá con cierto titubeo– uno de los motivos por los que López Moratalla se inclinará por la hipótesis de reconocer el estatus individual del embrión tras la primera sincronización metafásica. Por un lado nos dice que "los dos pronúcleos ya constituyen el núcleo que forma el patrimonio genético del hijo"[62]. Pero, líneas después, afirma:

> Estos procesos [la formación y dinámica de los pronúcleos], unidos a los cambios en el material cromosómico, producen durante las primeras doce horas desde que se inició la fecundación un fenómeno sincronizado y ordenado de cambio de la llamada impronta parental; (...) Con estos cambios se inicia la expresión del genoma propio del hijo, del embrión. La fecundación es así el proceso constituyente de un nuevo individuo.[63]

En mi opinión, no queda en esta redacción del todo claro si el nuevo individuo es resultado del proceso constituyente o ya lo era desde que comenzó ese proceso aunque no hubiera expresión del genoma.

En un interesante artículo recogido en la misma publicación sobre el aborto y la contracepción –y sin posicionarse, a mi entender, explícitamente al respecto–, la autora reconoce la importancia que "muchos" le otorgan a la primera sincronización metafásica en detrimento de la interacción gamética:

---

61 En el apartado "La vida comienza en el momento de la fecundación" de su obra *Cuestiones de bioética* publicado en el 2006 también cabe realizar este análisis de los términos organismo, e individuo: "El primer hito en la vida de un organismo es su constitución como individuo por la actualización de la información genética en la unidad celular del cigoto" (TOMÁS Y GARRIDO, M.G. "Cuestiones actuales de bioética", Pamplona: Eunsa, 2006, p. 34). La autora afirma allí que los componentes del citoplasma activados modifican el material genético heredado actualizando la información potencial del genoma, y es esta primera concreción de mensaje genético lo que marca el comienzo de la existencia del viviente (cfr. ibid).

62 TOMÁS Y GARRIDO, M.G. "El estatuto científico del embrión", en POSTIGO SOLANA, E., TOMÁS Y GARRIDO, G. M. (eds.) "Bioética personalista: ciencia y controversias", Madrid: Ediciones Internacionales Universitarias, 2007, p. 167.

63 Ibid p. 168.

> El momento de la fusión de los pronúcleos, más que la adhesión de las membranas del espermatozoide y del óvulo, es para muchos el acontecimiento culminante de la fecundación, pues es entonces cuando se suman dos cargas genéticas.[64]

El físico cuántico y filósofo Antoine Suarez, en un artículo de 1989 titulado "El embrión es una persona. Una prueba", representa a uno de los "muchos" que apunta Garrido. Suarez define "óvulo impregnado" "al estadio comprendido entre la fusión de las membranas de los gametos y la fusión de los pronúcleos de los gametos"[65] y "embrión" a

> cada uno de los estadios tempranos (-1, -2, -4, -8, estadio celular, mórula, blastocisto, etc.) comprendidos entre la primera *segmentación celular*, que sigue a la unión de los gametos, y la aparición del eje de simetría embrionario.[66]

Como veremos a continuación, es en una publicación del 2009 firmada junto a Natalia López Moratalla[67] donde la profesora Tomás y Garrido apoyará sin titubeos la hipótesis de reconocer al sistema embrionario como realidad individual a partir de la primera sincronización metafásica. Esta postura –que aquí he clasificado como segunda hipótesis– entiende que el individuo humano aparece tras un proceso constituyente que se alarga durante las primeras 12 horas desde el inicio de la fecundación. Desde esta postura, que será

64 TOMÁS Y GARRIDO, G.M. "Aborto y contracepción", en POSTIGO SOLANA, E., TOMÁS Y GARRIDO, G. M. (eds.) "Bioética personalista: ciencia y controversias", Madrid: Ediciones Internacionales Universitarias, 2007, p. 287.

65 SUAREZ, A. "El embrión humano es una persona. Una prueba", Cuadernos de Bioética. 2002, XIII: p. 19, trabajo actualizado del publicado originalmente como SUAREZ, A. "Der menschliche Embryo, eine Person. Ein Beweis", Der Status des Embryos, IMABE (Viena)/Schweizerische Gesellschaft für Bioethik (Zurich), 1989: pp. 55- 80.

66 Ibid.

67 TOMÁS Y GARRIDO, G., LÓPEZ MORATALLA, N. "De la totipotencialidad del cigoto a las células troncales maduras y de reserva", Cuadernos de Bioética. 2009, XX (3): pp. 317-331.

abordada a continuación, el uso del término desarrollo es nítido: "En el primer proceso [el proceso constituyente] el individuo aparece, comienza a vivir, y a lo largo del segundo se desarrolla."[68]

Tras una exposición precisa de los argumentos en los que se apoya esta segunda hipótesis, llevaré a cabo un análisis crítico atendiendo a los datos ofrecidos por las ciencias posicionándome ante esta delicada situación.

4 Segunda hipótesis: tras el proceso de constitución aparece el cigoto

López Moratalla[69] e Iraburu Elizalde[70] afirmaban en una publicación del 2004 que

> Existe un periodo de tiempo, periodo constituyente, durante el cual se completa la fecundación; es un proceso auto organizativo de interacción, reestructuración y cambio de los genomas de los gametos materno y paterno y modificación de la conformación celular, que se inicia con la activación del óvulo por la entrada del espermio fecundante. Es el cambio del medio intracelular del oocito, por la activación, lo que permite que factores extragenéticos interaccionen con el genoma asimétrico formado por los dos pronúcleos y se ponga en marcha el programa. De estas interacciones genoma-medio *emerge* una información nueva que es más que la información genética (secuencia de nucleótidos y configuración cromosómica propia de los gametos) heredada por los progenitores.[71]

---

68 TOMÁS Y GARRIDO, G., LÓPEZ MORATALLA, N. "De la totipotencialidad del cigoto a las células troncales maduras y de reserva", Cuadernos de Bioética. 2009, XX (3): p. 321.

69 Natalia López Moratalla es Catedrática de Bioquímica en la Universidad de Navarra.

70 María José Iraburu Elizalde es doctora en Ciencias Biológicas por la Universidad de Navarra.

71 LÓPEZ MORATALLA, N. IRABURU ELIZALDE, M. "Los quince primeros días de una vida humana", 2° ed. Pamplona: EUNSA, 2006, p. 94.

Esta magnífica síntesis de lo acontecido en el SpG 0 presenta un término que, puesto en cursiva por las autoras, encierra una significativa tesis a la hora de abordar el estatuto ontológico del embrión: *emerger*. En este planteamiento, tras la fusión de los gametos, es decir, transcurrido el inicio de la fecundación, se produce una interacción molecular (genoma-medio intracelular) de la que *emerge* una información nueva que es *más* que la información genética de origen paterno y materno contenidos en el sistema en estado de pronúcleos. Este periodo, que comprende el estado unicelular acontecido durante las primeras horas tras la interacción gamética, es denominado "periodo constituyente"[72] y así nos referiremos a el a continuación. Las doctoras López Moratalla e Iraburu Elizalde explican que

> La célula con fenotipo cigoto tiene una realidad diferente de ya simple célula con núcleo (o dos pronúcleos, masculino y femenino); o dicho de otra forma: la fecundación no acaba con la fusión de los gametos, sino con los acontecimientos que, iniciados con la activación del oocito por el espermio activado, desembocan en la constitución de una unidad celular con un fenotipo polarizado característico y un estado propio, el del cigoto.[73]

La expresión "de ya" de la primera línea parece rechazar que el sistema unicelular en estado de pronúcleos es una célula con fenotipo cigoto, aunque la redacción, a mi juicio, no es del todo clara. Cuando es dicho de otra forma en la segunda afirmación, nos encontramos con un salto cualitativo que presupone la aparición del cigoto tras un periodo constituyente iniciado en la interacción gamética. En definitiva, la célula con fenotipo cigoto es una reali-

72 Diego Gracia indicaba con la misma expresión un periodo de constitución previo a la realidad sustantiva: "El periodo embrionario sería, pues, el periodo constituyente, y un embrión sería un ser vivo en proceso de constitución" (GRACIA, D. "El estatuto de las células embrionarias", en MAYOR ZARAGOZA, F., BEDATE, C.A. (coords.), "Gen-Ética", Barcelona: Ariel Editorial, 2003, p. 84 y GRACIA, D. "Como arqueros al blanco. Estudios de bioética", Madrid: Triacastela, 2004, p. 386).

73 LÓPEZ MORATALLA, N. IRABURU ELIZALDE, M. "Los quince primeros días de una vida humana", 2º ed. Pamplona: EUNSA, 2006, p 94.

dad diferente a la célula resultante tras la interacción de las membranas gaméticas.

Lo que nos interesa es observar que desde la interacción de las membranas gaméticas nos encontramos con un periodo constituyente en el que hasta que no se inicia la metafase en el sistema resultante de la fusión gamética no aparece el cigoto (o embrión unicelular). En una publicación del 2004 y "sin pretensión de dar nomenclatura nueva a las etapas biológicas de un individuo en constitución y sólo como aclaración terminológica"[74], López Moratalla afirmaba que "el prefijo 'pre' no puede darse al embrión"[75], pero sí podría utilizarse para el estadio previo a la primera sincronización metafásica, a la que denomina célula mixta:

> La única realidad *preembrionaria* es el cigoto en constitución (aún no constituido en tal) durante la fecundación: la célula mixta proveniente de la fusión de los gametos o la célula mixta formada artificialmente por la transferencia de un núcleo o un oocito desnucleado, el *nuclóvulo*. Sólo estos *precigotos* –tampoco los gametos sin fusionar– son realidades *preembriónicas*. Cualquier precigoto requiere una programación intrínseca; en el primer caso de forma natural durante la terminación de la fecundación, o inducida artificialmente en el segundo, tras la transferencia de un núcleo, para constituirse en individuo en estado unicelular o cigoto.[76]

La fecundación es entendida aquí como un proceso epigenético de constitución del cigoto. Como veremos enseguida, tras completarse el proceso constituyente o de constitución, la célula resultante, única estructura biológica unicelular totipotencial –no en el sentido por mí explicitado–, marca el tiempo cero de vida del organismo[77].

---

74 LÓPEZ MORATALLA, N. "Clones humanos", Cuadernos de bioética. 2009, XX (3): p. 391.

75 Ibid.

76 Ibid.

77 Cfr. TOMÁS Y GARRIDO, G., LÓPEZ MORATALLA, N. "De la totipotencialidad del cigoto a las células troncales maduras y de reserva", Cuadernos de Bioética. 2009, XX (3): p. 325; 77 LÓPEZ MORATALLA, N., SANTIAGO, E., HERRANZ RODRÍGUEZ, G. "Inicio de la vida

La fecundación de los gametos materno y paterno de la que resulta el individuo es un proceso epigenético debido a que la información genética heredada se retroalimenta a lo largo de las horas que dura el proceso, y el resultado, el zigoto, es más que la mera suma, o fusión, de los gametos.[78]

La comunidad científica no discute que el inicio de la fecundación se establece con la interacción de las membranas plasmáticas de los gametos. La cuestión abierta es la consideración de la primera mitosis como el final de la fecundación y el comienzo del desarrollo donde el cigoto, reconocido en el fenotipo de la célula en su estadio de sincronización metafásica[79], es tal por dos motivos: 1. porque la distribución asimétrica en ese estadio confiere una polaridad y asimetría celular e incoa unos ejes que otorgan el calificativo de un cuerpo y no de una simple célula[80]; y 2. porque su "genoma posee el estado característico propio de inicio de un programa de vida individual"[81].

---

de cada ser humano qué hace humano el cuerpo del hombre?", Cuadernos de bioética. 2011, XXII (2): p. 288.

78 LÓPEZ MORATALLA, N., SANTIAGO, E., HERRANZ RODRÍGUEZ, G. "Inicio de la vida de cada ser humano qué hace humano el cuerpo del hombre?", Cuadernos de bioética. 2011, XXII (2): p. 288.

79 Tal y como dejamos explicado en el tercer capítulo, la sincronización metafásica del cigoto es el estadio unicelular en el que se alinean los cromosomas por primera vez en el ecuador de la célula antes de la separación y migración de las cromátidas a polos opuestos, lo que denominados como el inicio de SpM. Ese estadio está recogido en las importantes figuras 3.3 y 3.6 de la presente investigación.

80 Cfr. LÓPEZ MORATALLA, N., SANTIAGO, E., HERRANZ RODRÍGUEZ, G. "Inicio de la vida de cada ser humano. ¿Qué hace humano el cuerpo del hombre?", Cuadernos de bioética. 2011, XXII (2): pp. 283-308; Cfr. TOMÁS Y GARRIDO, G., LÓPEZ MORATALLA, N. "De la totipo-tencialidad del cigoto a las células troncales maduras y de reserva", Cuadernos de Bioética. 2009, XX (3): pp. 317-331.

81 LÓPEZ MORATALLA, N., SANTIAGO, E., HERRANZ RODRÍGUEZ, G. "Inicio de la vida de cada ser humano qué hace humano el cuerpo del hombre?", Cuadernos de bioética. 2011, XXII (2): p. 288; TOMÁS Y GARRIDO, G., LÓPEZ MORATALLA, N. "De la totipo-

Este planteamiento de considerar el cigoto a partir de la célula en sincronización metafásica aparece explicitado en algunos manuales de embriología[82], pero la cuestión es mostrar qué hechos biológicos fundamentan la consideración del cigoto (o realidad personal) a partir de la primera división y no desde la interacción gamética, asunto no abordado y dado por hecho en aquellos manuales.

A continuación, y retomando la nomenclatura propuesta por la cual el fenotipo unicelular en sincronización metafásica es denominado "sistema en posición metafásica" (SpM) y el embrión unicelular desde la fusión de las membranas gaméticas hasta el SpM será "sistema en posición pronuclear" (SpP), iremos describiendo los hechos biológicos ya anotados que parecen apoyar esta tesis: la asimetría y los cambios en la impronta parental.

4.1 La asimetría del SpM

4.1.1 Premisas

Por un lado y como hemos descrito, desde la fusión de las membranas gaméticas los componentes citoplasmáticos se distribuyen asimétricamente siguiendo el gradiente de concentraciones de iones calcio.

Además de poseer una polaridad y asimetría diferencial, el embrión poseerá, iniciada la metafase, el eje antero-posterior y, perpendicular a él, el dorso-ventral, ejes que establecerán la estructura

tencialidad del cigoto a las células troncales maduras y de reserva", Cuadernos de Bioética. 2009, XX (3): p. 325.

82 "Los cromosmas maternos y paternos se organizan con rapidez alrededor de un huso mitótico como preparación de una división mitótica normal. En ese momento puede decirse que el proceso de fecundación se ha completado, y el óvulo fecundado se denomina cigoto." (CARLSON, B. M. "Embriología humana y biología del desarrollo" 4° ed. Barcelona: Elsevier España S.L., 2009, p. 35). "En cuanto los pronúcleos se fusionan en un único agregado diploide de cormosomas, el oótide se transforma en cigoto." (MOORE, K.L., PERSAUD, T.V.N. "Embriología clínica", 8° ed. Barcelona: Elsevier España S.L, 2008, p. 33).

corporal[83]. Desde esta hipótesis, SpM es, entonces y no antes cigoto, pues

> Posee polaridad y asimetría de tal forma que tiene trazados los ejes dorso-vientre y perpendicular a él el eje cabeza-cola, que establecerán la estructura corporal. Y se ha constituido mediante un proceso de autoorganización del material biológico resultante de la fusión de los gametos paterno y materno.[84]

En definitiva, la asimetría celular en ese estadio incoa unos ejes que otorgan al SpM el calificativo de un cuerpo y no de una simple célula; siendo el individuo humano siempre corporal, es con el inicio del cuerpo cuando podemos determinar su inicio. Con lo cual, es desde el SpM cuando podemos hablar de individuo de la especie humana, y no antes.[85]

---

83 "Porque el cigoto es asimétrico al tener una zona —la rica en iones calcio— que se corresponde con el dorso, y otra —pobre en estos iones— que será la zona ventral del cuerpo, de su primera división resultan dos células desiguales, y diferentes al cigoto, que constituyen el embrión en estado bi-celular. Ambas células seguirán caminos distintos en el desarrollo y ambas se constituyen en una unidad orgánica al interaccionar específicamente entre sí, a través de los componentes de sus membranas. (...) El cigoto es pues un viviente con las características propias de su tiempo cero de vida. Tiene realidad de viviente de su especie; realidad que no se confunde con la de una célula viva en un medio que le permite crecer, ni con un conjunto de células vivas. Es un cuerpo con los ejes corporales incoados, y no una a simple célula." (Cfr. TOMÁS Y GARRIDO, G., LÓPEZ MORATALLA, N. "De la totipotencialidad del cigoto a las células troncales maduras y de reserva", Cuadernos de Bioética. 2009, XX (3): p. 325).

84 LÓPEZ MORATALLA, N., SANTIAGO, E., HERRANZ RODRÍGUEZ, G. "Inicio de la vida de cada ser humano qué hace humano el cuerpo del hombre?", Cuadernos de bioética. 2011, XXII (2): p. 288.

85 Roberto Germán Zurriarán asume explícitamente la tesis de López Moratalla y hace una síntesis de la misma: "La célula con fenotipo cigoto difiere de cualquier otra célula, pues posee polaridad y asimetría, lo que demuestra que se ha constituido, mediante un proceso de auto organización, que es mucho más que una simple fusión, y posee capacidad de crecimiento unitario, coordinado y armonizado de la expresión de los genes", (ZURRIARÁIN, R.G. "Los embriones humanos...", p. 63).

4.1.2 Sobre el gradiente y la asimetría

Las oscilaciones en el gradiente de concentración iónica de la membrana del sistema hace que los "componentes citoplasmáticos se distribuyan asimétricamente siguiendo el gradiente de concentraciones de iones calcio."[86]

Esto hace que el SpM tenga una distribución de sus componentes diferente a la célula en periodo constituyente, el SpP. Lo que caracteriza a SpM como un "nuevo ser" es que hasta SpM no disponemos de un grado de polaridad y asimetría tal que polarice la luz.

> La observación del proceso de fusión de los gametos –óvulo y espermatozoide– ha permitido tener una señal visible de la aparición de un nuevo ser. La exploración microscópica permite apreciar un halo de luz que da al cigoto la apariencia de un sol. Este fenómeno físico manifiesta que aquello que aparece tras la fecundación no es una mera célula simétrica que se multiplica dando otras iguales a sí misma. No; es una célula que tiene una estructura asimétrica con dos mitades desiguales y por ello polariza la luz que le llega.[87]

Podemos decir entonces, por un lado, que esa asimetría que encontramos en el SpM responde a una distribución citoplasmática que se adquiere de forma gradual desde la interacción de las membranas gaméticas, y, por otro lado, que es el momento en que la luz es polarizada el que nos indica que tenemos dos mitades desiguales.

En mi opinión, habría que justificar la premisa en la que se apoya esta argumentación, es decir, aclarar por qué el fenómeno físico de la polaridad de la luz marca el cambio entre simetría a asimetría. A mi juicio, la señal luminosa apunta a un momento arbitrario de asimetría entre una asimetría no significativa y una asimetría significativa, ya que lo que acontece en el sistema no es sino una constante asimetría en aumento desde la misma interacción de

86 TOMÁS Y GARRIDO, G., LÓPEZ MORATALLA, N. "De la totipotencialidad del cigoto a las células troncales maduras y de reserva", Cuadernos de Bioética. 2009, XX (3): p. 324.

87 LÓPEZ MORATALLA, N. "El avance de la ciencia biomédica y la ley del aborto", Debate Actual. 2009, 10: p. 22.

las membranas gaméticas por los acontecimientos que desde esta se desencadenan.

4.1.3 Sobre la asimetría y el establecimiento de los ejes

Por el gradiente de concentraciones perpendicular al eje marcado por los polos animal y vegetal del sistema, los componentes citoplasmáticos se distribuyen asimétricamente quedando el eje antero-posterior incoado desde la primera división mitótica.

Recordemos, dicho esto, lo que expusimos en el apartado de la descripción biológica en relación a los ejes. Dijimos que la morfología ligeramente ovalada del óvulo, el SEP y la ubicación del segundo corpúsculo polar influían en la línea que marcaba el eje de la primera división, eje "corto" del sistema entre el SEP (región vegetal) y el polo animal (marcado por el segundo corpúsculo polar).

En la primera división quedan fijados en el embrión el eje embrionario antero-posterior (que corresponde al eje corto del sistema, generalmente eje animal-vegetal), que corresponderá, a su vez, con el eje dorso-ventral del embrión y marcará la región embrionaria y abembrionaria. Por esto se afirma que desde la primera célula en mitosis, desde SpM, podemos decir que estamos ante una célula con los ejes incoados.

Pero si afirmamos que el plano de la primera división está determinado por el SEP y el segundo corpúsculo polar – acontecimientos que, justamente, apuntan la aparición de un sistema sincrogenizado diploide, el "inicio" del SpG– , podemos afirmar que en ese momento los ejes ya están, si no fijados, pre-fijados. Ciertamente hemos de afirmar que no es hasta SpM cuando el eje está establecido, pero me parece significativo que sea a la interacción gamética a donde apuntan todas las investigaciones como el momento desde el cual predecir dónde se fijarán los ejes.

Lo que sí considero crucial es que, como dijimos, el SEP marca el punto desde el cual comienza la propagación del gradiente de las ondas de calcio a través de la membrana del sistema, por lo que la distribución asimétrica de los componentes citoplasmáticos está determinada por el SEP.

Esto no hace sino mostrar que tanto la causa de la polaridad como el establecimiento de los ejes van a estar programados desde la interacción gamética siendo SpM, en lo que respecta a la asimetría, polaridad y establecimiento de ejes, una etapa más ya prefijada desde la interacción de las membranas gaméticas.

4.1.4 Sobre la corporalidad

Con respecto a este importante punto, la autora afirma que

> la dimensión corporal es un elemento constitutivo de la persona humana: un ser humano no tiene su cuerpo, él es su cuerpo. Cada uno no se identifica con la estructura biológica y al mismo tiempo, el cuerpo es signo de la presencia de la persona[88].

En mi opinión, una cosa es que los ejes *sean signo de la presencia* de un cuerpo y otra distinta, que haya una "continuidad del desarrollo según la forma corporal dada por los ejes"[89].

Por ello, entiendo, habría que justificar porqué la distribución asimétrica –y para ser exactos, "cierto grado" de distribución asimétrica– según unos ejes establecidos es un rasgo sin el cual no pueda decirse que un sistema tenga corporalidad. De hecho, habría que anotar que hay seres vivos unicelulares, tales como las amebas, cuya distribución de metabolitos citoplasmáticos podrían asemejarse, en cuanto al grado de asimetría, a lo que encontramos en momentos puntuales en SpP, y no por ello, entiendo, se les ha de negar "corporalidad". Entiendo, a su vez, que tanto las amebas como todo ser vivo –incluido el sistema durante un hipotético "proceso constituyente"– se encuentran, rigurosamente analizado, en constante –aunque en algunos caso imperceptible– asimetría.

---

88 LÓPEZ MORATALLA, N., SANTIAGO, E., HERRANZ RODRÍGUEZ, G. "Inicio de la vida de cada ser humano qué hace humano el cuerpo del hombre?", Cuadernos de bioética. 2011, XXII (2): p. 285.

89 Ibid. p. 294.

4.1.5 Conclusión

En SpM el grado de asimetría es patente por efecto de la luz polarizada y los ejes antero-posterior y dorsal-ventral del sistema están fijados, pero podemos afirmar, en vista de los hechos biológicos señalados, que desde la interacción de las membranas citoplasmáticas gaméticas nos encontramos con un sistema ya asimétrico cuya asimetría aumenta por la progresiva distribución asimétrica de los componentes citoplasmáticos. Por otro lado, podemos afirmar que desde la interacción de las membranas gaméticas los ejes antero-posterior y dorso-ventral están pre-fijados.

Esto no hace sino mostrar que tanto la causa de la polaridad como el establecimiento de los ejes van a estar programados desde la interacción de las membranas gaméticas siendo SpM, en lo que respecta a la asimetría, polaridad y establecimiento de ejes, una etapa mas prefijada desde la interacción gamética.

Aunque es por todos admitido que la corporalidad es un rasgo –ahora sin precisiones filosóficas– "esencial" a todo ser vivo, afirmar que la distribución asimétrica según unos ejes es un rasgo sin el cual no pueda decirse que un sistema tenga corporalidad requiere una profunda revisión filosófica.

4.2 Cambios en el genoma

4.2.1 Premisas

Mostraremos ahora los hechos biológicos en los que se apoya la hipótesis que defiende un periodo constituyente y la aparición del cigoto atendiendo a la novedad de la información genética emergente en el SpM.

La información del código genético (de origen paterno y materno) contenida antes de la metafase sufre unos cambios epigenéticos significativos causados, principalmente, por la modificación del patrón de metilación (de forma general por la desmetilación del pronúcleo masculino y la metilación del femenino) y los cambios en la configuración espacial. Según esta postura, solo alcanzada la configuración epigenómica en SpM –con un patrón de metilación y una configuración estructural determinada– podemos afirmar que estamos ante una realidad personal denominada "cigoto".

En definitiva, se otorga al estadio celular del epigenoma en SpM –es decir, a la configuración concreta del genoma previo a la separación de las cromátidas– como el estadio celular donde emerge un nuevo individuo, "el hijo", la realidad personal[90].

A continuación sintetizaré las premisas que aparecen explícitas en la bibliografía consultada en las que, atendiendo al material genético, se apoya la hipótesis de un periodo constituyente.

Los cromosomas de origen materno y paterno, una vez desintegradas las membranas pronucleares, "se mezclan antes de la primera división mitótica."[91] O, tal y como se ha expuesto recientemente:

> El pronúcleo paterno atrae al pronúcleo materno hacia el centro del zigoto que se está constituyendo, y ahí se reúnen. Mientras se aproximan, las membranas nucleares se desintegran; los cromosomas paternos y maternos se constituyen, y se mezclan, y se alinean ordenadamente[92]

Para que se produzca la primera división celular, además de la mezcla de los cromosomas, el material genético ha de prepararse[93]. Esa preparación hace referencia a las modificaciones adicionales que sufre el material genético y que difiere según su origen, principalmente a los cambios en la estructura espacial del ADN y al patrón

90 En cierta manera, en esta segunda hipótesis se está realizando una argumentación que desemboca en una conclusión –que existe un "periodo constituyente"– equiparable a la de Alonso Bedate y Diego Gracia expuesta en el quinto capítulo con una significativa diferencia en cuanto al tiempo de constitución.

91 LÓPEZ MORATALLA, N. IRABURU ELIZALDE, M. "Los quince primeros días de una vida humana", 2º ed. Pamplona: EUNSA, 2006, p. 78.

92 LÓPEZ MORATALLA, N., SANTIAGO, E., HERRANZ RODRÍGUEZ, G. "Inicio de la vida de cada ser humano qué hace humano el cuerpo del hombre?", Cuadernos de bioética. 2011, XXII (2): p. 288.

93 LÓPEZ MORATALLA, N., IRABURU ELIZALDE, M. "Los quince primeros días de una vida humana", 2º ed. Pamplona: EUNSA, 2006, p. 78.

de metilación de las citosinas. "Sólo cuando la impronta de los pronúcleos se ha modificado, los cromosomas se integran en el huso."[94]

> Este cambio del patrón de metilación de las citosinas supone el cambio de información genética que aporta la suma de la de los gametos y es la información genética propia del cigoto.[95]

Lo importante de este modo de entender el inicio del desarrollo, queda sintetizado en estas tres citas:

> Durante las horas que dura la fecundación, el ADN de ambos progenitores cambian hasta alcanzar la estructura y el patrón de marcas propios de un nuevo individuo en fase de iniciar la expresión de los genes propios.[96]

> Con la fecundación se ha producido un "encendido", una puesta en acto, de la expresión de la información de los genes, que son el patrimonio del nuevo individuo.[97]

> La mezcla de los cromosomas y su preparación para dar lugar a la primera división celular puede ser considerada como el final de la fecundación y el comienzo del desarrollo embrionario.[98]

Analicemos ahora críticamente punto por punto la correspondencia de este planteamiento con la descripción del desarrollo embrionario expuesta en la segunda parte de la investigación. Primero trataremos lo relativo a la "formación" del genoma y, seguidamente, apuntaremos a la actividad del mismo.

---

94 Ibid p. 80.

95 Ibid.

96 LÓPEZ MORATALLA, N., SANTIAGO, E., HERRANZ RODRÍGUEZ, G. "Inicio de la vida de cada ser humano qué hace humano el cuerpo del hombre?", Cuadernos de bioética. 2011, XXII (2): p. 289.

97 Ibid. p. 290.

98 LÓPEZ MORATALLA, N., IRABURU ELIZALDE, M. "Los quince primeros días de una vida humana", 2° ed. Pamplona: EUNSA, 2006, p. 78.

4.2.2 La "mezcla" del material genético

Con respecto al primer punto, la usual utilización del término "mezcla" en los cromosomas es ambigua[99]. Ciertamente, el material genético se acerca, pero no se produce una "mezcla" de los mismos como ocurre, por ejemplo, en la profase de la meiosis I (*crossing over*) para la formación de los gametos. En la mitosis, y tal y como se observa cuando ambos pronúcleos se desintegran, ambos juegos de cromosomas se alinean en el ecuador de la célula.

El término correcto para describir lo que acontece en ese momento de la mitosis es, entiendo, el que he venido utilizando a lo largo de esta investigación: se produce una sincronización metafásica. En mi opinión, desde un punto de vista rigurosamente descriptivo lo acontecido queda reflejado correctamente en la siguiente afirmación de Núñez de Castro: "los cromosomas se alinean en el ecuador del huso y se distribuyen de modo ordenado en el citoplasma."[100]

4.2.3 Los cambios en el patrón de metilación

El segundo punto es de vital importancia. Por un lado, hemos de afirmar que la "impronta" no se modifica en el SpG 0, sino en la gametogénesis[101]. Existen cambios epigenéticos que modifican la

---

99 En bibliografía de referencia encontramos en este punto términos como "entremezclamiento de los cromosomas maternos y paternos" (CARLSON, B. M. "Embriología humana y biología del desarrollo" 4° ed. Barcelona: Elsevier España S.L., 2009, p. 31); "El cigoto es genéticamente único porque la mitad de los cromosomas provienen de la madre y la otra mitad, del padre. El cigoto contiene una nueva combinación de cromosomas" (MOORE, K.L., PERSAUD, T.V.N. "Embriología clínica", 8° ed. Barcelona: Elsevier España S.L, 2008, p. 33) y, en los mismos términos, "el cigoto posee una nueva combinación de cromosomas" (SADLER, T.W. "Langman´s medical embryology" 11° ed. Maryland: Lippincott Williams & Wilkins, 2010, p. 38).

100 NÚÑEZ DE CASTRO, I. "De la dignidad del embrión", Madrid: Universidad Pontificia de Comillas, 2008, p. 130.

101 "En cada ciclo reproductivo, los patrones de imprinting han de establecerse de nuevo, puesto que lo que en una meiosis fue material de origen paterno

configuración estructural (por ejemplo, la incorporación de histonas) y producen cambios en el patrón de metilación diferencial según el origen materno o paterno del ADN. Pues bien, hemos de tener en consideración dos apuntes: primero, que esos cambios, como hemos insistido anteriormente, comienzan a producirse en el ADN del sistema y de forma diferencial desde el vertido mismo del núcleo de origen espermático al citoplasma por los acontecimientos desencadenados desde la interacción gamética de una forma diferencial. En segundo lugar, y con respecto a la preparación del patrón de metilación en el "periodo constituyente", las modificaciones en la metilación de las citosinas no alcanzan un patrón concreto que se mantenga invariable a lo largo del desarrollo desde la primera sincronización metafásica: el patrón irá modificándose durante todo el desarrollo siendo responsable, tal y como dejamos señalado en el capítulo tres, de la proliferación y diferenciación celular.

Afirmar que el material genético necesita un patrón de metilación concreto para integrarse en el huso[102] corrobora lo que aquí estoy queriendo decir: si tenemos una precisa configuración bioquímica del ADN y de las fibras cromatínicas cuando los cromosomas se integran en el huso es porque, horas antes, teníamos otra que

---

(transmisión de un varón a su hija, por ejemplo) en la siguiente meiosis pasará a ser marcado como materno (cuando esa hija tenga descendencia). Para poder cambiar el imprinting es necesario borrar toda la información previa sobre cuál los alelos debe silenciarse. Como el genoma está muy desmetilado en los gametos, el cambio en los patrones de imprinting debe de tener lugar durante la gametogénesis. Con los datos actuales, la hipótesis más aceptada para explicar el borrado y re-establecimiento de los patrones de metilación durante la gametogénesis es la existencia de proteínas capaces de unirse a las DMR no-metiladas (y así protegerlas de la metilación), junto con otros factores que se unen a las DMR metiladas y ayudan a mantener el estado silenciado". [Publicación en línea] <www.unav.es/adi/servlet/Web2?course=4000001559&action=verWeb&pagina=96745> [Consultado el 16 de noviembre del 2012], web que actualiza el contenido de NOVO, F. J. "Genética Humana", Madrid: Pearson, 2007.

102 Cfr. LÓPEZ MORATALLA, N., IRABURU ELIZALDE, M. "Los quince primeros días de una vida humana", 2° ed. Pamplona: EUNSA, 2006, p. 78.

permitía el material genético inicia la fase S para replicar su ADN. Dicho con otras palabras: si se afirma que es necesario un patrón de metilación concreto para que los cromosomas se integren en el huso, se debería afirmar también que es necesario otro previo para que se inicie la replicación.

4.2.4 La nueva información epigenética del nuevo individuo

Centrémonos en el *quid* de la cuestión apuntado por la Dra. Moratalla: el ADN de ambos progenitores cambia hasta alcanzar la estructura y el patrón de marcas propios de un nuevo individuo.

Este modo de describir lo acontecido surge, según mi opinión, de entender la epigenética como estadios estáticos que se generan y, a su vez, son generadores de nuevas realidades.

> Aparece así una información, que crece con el proceso vital, que ordena temporal y espacialmente el desarrollo y la vida, al regular la expresión de la información genética, la construcción del organismo. Esta información, que se denomina epigenética, no se hereda sino que se genera en la constitución del individuo y se amplía a medida que avanza el desarrollo.[103]

Hemos dejado mostrado que las marcas epigenéticas hacen referencia a cambios heredables en el material genético que no supongan una alteración en la secuencia nucleotídica, cambios que afectarán de forma temporal o estable a la funcionalidad del ADN. Por este motivo, la "información epigenética" no ha entenderse como algo "estático" que se genera o alcanza, y, siendo precisos, ni siquiera como un "patrón". La epigénesis hace referencia a marcas en continuo dinamismo, más concretamente, a "cambios". El problema aparece, pienso, cuando las investigaciones científicas llevan a cabo mediciones globales de la metilación del ADN y esta se entiende como un "estado de información" del mismo modo que se dice que una secuencia concreta posee información para codificar una (o

---

103 LÓPEZ MORATALLA, N., SANTIAGO, E., HERRANZ RODRÍGUEZ, G. "Inicio de la vida de cada ser humano qué hace humano el cuerpo del hombre?", Cuadernos de bioética. 2011, XXII (2): p. 297.

varias) proteínas. Desde aquella visión escalonada se afirma, entonces, que la información epigenética se "genera" o se alcanza en tal momento, o durante tal periodo de tiempo, pero la reprogramación diferencial y asimétrica de las marcas epigenéticas que se inicia desde el inicio de la fecundación y se alarga durante el sistema unicelular en estado de pronúcleos no conlleva ni a un borrado total de las marcas epigenéticas (borrado que sí se da en la gametogénesis) ni a un "estado propio": conduce, en todo caso, a un sistema unicelular en metafase. Tal y como dejamos explicado, desde la interacción de los gametos el patrón de metilación va modificándose gradual y asimétricamente como lo hará a lo largo de todo el desarrollo del organismo sin alcanzar un punto concreto característico desde el cual podamos decir que comienza un "nuevo patrón". Esta reflexión tiene todavía más peso cuando nos encontramos con sistemas en desarrollo, pero hasta en las células somáticas, en las que cabría esperar un grado de metilación estable, estudios han demostrado que éste se va modificando conforme avanza la edad del organismo adulto, y que, además, los cambios son similares en individuos de la misma familia[104]. Todo esto nos muestra que en el desarrollo del embrión pre-implantatorio, más importante que "el patrón de metilación" o el "grado de metilación", ha de ser, a efectos de la regulación de la expresión génica de determinados genes, la localización de las citosinas metiladas o desmetiladas para que, por ejemplo, unos genes se silencien. Pero, como digo, el patrón de metilación y las modificaciones químicas de las histonas son algo en continuo dinamismo si tenemos, además, presente, que las modificaciones epigenéticas tienen también una función reguladora del nivel de expresión génica (es decir, no sólo qué se silencia o qué se activa, sino cuánto se expresa de lo que se activa, o cuán irreversible es lo que se silencia).

Si nos fijamos ahora en los cambios estructurales que se producen en el ADN a nivel de histonas durante las primeras horas, pare-

104 Cfr. BJORNSSON, H.T. *et al.* "Intra-individual Change Over Time in DNA Methylation With Familial Clustering", The Journal of American Medical Association. 2008, 299 (24): pp. 2877-2883.

ce que sí podríamos hablar de un comienzo y un final en la incorporación de proteínas maternas en sustitución de protaminas paternas. Hemos de percatarnos de que los cambios epigenéticos no hacen referencia a esa reestructuración, sino a las modificaciones químicas que pueden sufrir las histonas una vez completado dicho proceso. A este respecto, y si nos tomamos esa remodelación nucleosómica como "proceso de constitución", estudios apuntan que esta se completa durante la primera hora tras la internación de las membranas gaméticas[105], y, en todo caso, ha de realizarse antes de la replicación del ADN en los pronúcleos, es decir, antes de la fase S[106].

Esta explicación, de todas maneras, ha de completarse con la relación entre los cambios epigenéticos y la regulación de la expresión génica. Que la activación (o silenciamiento) de determinados genes (por ejemplo, los responsables de la pluripotencia) se den en determinados estadios del desarrollo del embrión, y que esta regulación precisa y concreta esté controlada por las marcas epigenéticas, podría interpretarse como señal de que, a partir de esa regulación, podríamos afirmar que se ha constituido un nuevo individuo. Lo veremos a continuación.

4.2.5 Sobre un genoma "inactivo"

Se ha afirmado que es tras un proceso constituyente, al completarse la fecundación, cuando se activa el genoma, dándose "un encendido, una puesta en acto de la expresión de la información de los genes"[107], momento en el que se genera el zigoto.

---

105 JONES, E. L., ZALENSKY, A. O., ZALENSKAYA, I. A. "Protamine withdrawal from human sperm nuclei following heterologous ICSI into hamster oocytes", ProteinPept.Lett. 2011, 18: pp. 811–816.

106 TIMOTHY G. JENKINS, DOUGLAS T. CARRELL, "Dynamic alterations in the paternal epigenetic landscape following fertilization", Front Genet. 2012, 3: p. 143.

107 LÓPEZ MORATALLA, N., SANTIAGO, E., HERRANZ RODRÍGUEZ, G. "Inicio de la vida de cada ser humano qué hace humano el cuerpo del hombre?", Cuadernos de bioética. 2011, XXII (2): p. 290.

Interpretar la actividad del genoma en términos exclusivos de expresión génica es una consideración incompleta de la actividad genómica. Atendiendo de un modo más preciso a la actividad del genoma, reconocemos a SpP como un sistema activo: la síntesis de ADN que se inicia de forma sincrónica en el pronúcleo masculino y femenino no son sino muestra de la actividad de genes que codifican proteínas para la duplicación del ADN[108] y la fase M del ciclo celular (enzimas y precursores de la síntesis de ADN, enzimas para la síntesis y ensamblaje, etc.). Es decir, en SpP es necesaria una actividad genómica unitaria para una biosíntesis proteica que posibilite que se alcance SpM.

Dicho esto surge, en mi opinión, la pregunta de porqué se toma la expresión del genoma, y, más concretamente, la expresión de determinados genes[109], como lo esencial para afirmar que comienza el tiempo cero de un individuo.

---

108 Cfr. WATSON, J. D., BAKER T. A. *et al.* "Biología Molecular del Gen", 5° ed. Madrid: Panamericana Editorial Médica, 2008, pp. 195-249; para un resumen de la misma, muy práctica y accesible, cfr. Ibid pp. 249-251.

109 Creo en este punto muy útil referirime a una reciente investigación ya traída a colación con motivo del criterio de temporalidad de nuestra propuesta terminológica (cfr. WONG, C. *et al.* "Non-invasive imaging of human embryos before embryonic genome activation predicts development to the blastocyst stage", Nature Biotechnology. 2010 | doi: 10.1038/nbt.1686. [Publicado en línea el 3 de octubre del 2010]). En ella se afirma que la activación génica comienza al tercer día tras la fecundación, cuando el embrión posee 8 células. Pero lo cierto es que en el artículo no se analiza cuándo se activa el genoma del embrión, sino cuándo se activan los denominados "genes embrionarios", una conjunto de genes cuya expresión es característica del estado embrionario, genes tomados como "representantes" del genoma del embrión (los denominados ESSP2 y ESSP3 en el artículo). En la investigación se muestra que la transcripción de esos genes empieza a ser significativa en relación con una selección de transcritos de origen ovular (ARNm de origen materno, recogidos como ESSP1). Lo que aquí nos interesa es que en ese artículo se tiene en cuenta la activación significativa de un grupo de genes representativos pero, siendo rigurosos, no hace justicia a la activación del genoma del sistema embrionario. Esto se ve con claridad cuando, en la misma investigación, se muestra la constante expresión génica de otro grupo de genes (ESSP4) desde el estadio unicelular, actividad que, aun no siendo

Por otra parte, hace justicia que la "actividad del genoma" entendida como "expresión del genoma" apunte no solo a la traducción, sino también a la transcripción. De hecho, en el manual de referencia internacional sobre biología molecular del gen, de Watson, Baker *et al,* podemos leer:

> La expresión génica es el proceso por el cual la información en la hélice doble del ADN se convierte en los ARN y proteínas (...). La transcripción es el primer paso de la información génica y comprende la copia del ADN en ARN.[110]

Además, en la transcripción el ADN está implicado de forma "más" directa en cuanto actividad, pues el ADN está allí directamente –físicamente– implicado, mientras que la traducción se realiza en el citoplasma.

Hemos de recordar también que si la síntesis de proteínas se realiza en su mayoría desde los ARN mensajeros de origen materno y encontramos abundante ARN no codificante de origen gamético es por una estrategia metabólica del sistema: la existencia y uso del ARN mensajero para formar proteínas y la actividad funcional del

---

de genes representativos, muestra con claridad la actividad del genoma del embrión. Un estudio reciente, aun recogiendo acríticamente lo alcanzado por el equipo de Wong, ya apunta a una "minor gene activation" en el estadio de dos células (cfr. KATHY K. *et al.* "Human pre-implantation embryo development", Development. 2012, 139: pp. 829-841). Por otra parte, que el trabajo de Wong afirme que las células de un embrión se encuentran en "distintas edades de desarrollo" a causa de las diferencias graduales en la expresión encontradas entre los blastómeros, y más concretamente, por las diferencias en la expresión de 10 transcritos de origen materno y 10 "genes embrionarios" seleccionados en 6 de los 24 embriones analizados es, en mi opinión, otro modo impreciso de describir la realidad. Más grave es, pienso, cuando Wong afirma que "los blastoméros individuales del embrión humano son células autónomas" al ver que la expresión génica entre las células del embrión pre-implantatorio difiere (afirmación parafraseada en el trabajo de Kathy *et al.*). Vemos aquí la importancia de una actitud crítica ante el dato científico a la hora de reflexionar y describir el desarrollo del embrión.

110 Cfr. WATSON, J. D., BAKER T. A. *et al.* "Biología Molecular del Gen", 5° ed. Madrid: Panamericana Editorial Médica, 2008, p. 404.

ARN no codificante de origen espermático y ovular en el sistema devenido de la interacción gamética elimina la necesidad de una transcripción extensiva del genoma del embrión por la ARN polimerasa, la cual podría interferir con la rápida replicación del genoma por la ADN Polimerasa.

4.3 *Conclusión sobre la consideración de SpM como inicio de la realidad personal*

La polaridad y el establecimiento de los ejes van a estar programados desde la interacción de las membranas gaméticas, y el embrión en su estadio unicelular en sincronización metafásica, en lo que respecta a la asimetría, polaridad y establecimiento de ejes, no es sino una etapa más prefijada desde la interacción gamética. Por ello concluimos que la argumentación racional que, basada en la polaridad, la asimetría, los ejes y el patrón de metilación, apoya la hipótesis de considerar la primera sincronización metafásica como final de un "proceso constituyente" e inicio de la realidad personal, puede apoyar de igual modo la consideración de cualquier momento del intervalo entre la interacción gamética y la primera sincronización metafásica como el punto de inflexión entre el final de un "proceso constituyente" y el inicio de la realidad personal.

Que la síntesis de proteínas del embrión en sus primeras divisiones mitóticas se realice en su mayoría desde los ARN mensajeros de origen materno y la actividad reguladora la lleve a cabo principalmente ARN no codificante de origen gamético antes de la primera sincronización metafásica se debe a una estrategia metabólica del sistema: la existencia y uso de transcritos de origen gamético elimina la necesidad de una transcripción extensiva del genoma del embrión por la ARN polimerasa, acción que podría interferir con la rápida replicación del ADN por la ADN Polimerasa. Esto explica que en el desarrollo del embrión preimplantatorio la actividad del genoma del embrión aumente de forma gradual mientras que la síntesis proteica a partir de ARN de origen materno disminuya.

Pero este aumento de la actividad del genoma del embrión inversamente proporcional al descenso de la actividad de transcritos de ARN de origen gamético en sus primeros estadios no implica la existencia de un estadio primero de inactividad del genoma embrionario: el dato científico nos muestra actividad en el genoma del embrión desde el mismo vertido del material genético espermático y no desde la primera sincronización metafásica o estadios posteriores.

5 Consideraciones sobre los datos científicos del SpG 0

La postura que sostiene un periodo constituyente previo, en mi opinión, descansa en la percepción de que hasta ese momento el sistema no es un sistema unitario y considera que, aunque reconociendo que ambos juegos y componentes interactúan, no lo hacen todavía de forma unitaria o "totipotencial" en el sentido de "poderlo todo", de que todavía no lo va a poder todo.

En este apartado, último del capítulo, veremos la importancia que, de hecho, posee SpM y abogaremos por una necesaria superación terminológica que, en este punto del análisis, adquiere gran relevancia.

La cuestión será indagar si SpP actúa unitariamente y si es "totipotencial" en el sentido que antes he definido como radical. En definitiva, indagaremos si en lo mostrado por las ciencias podemos afirmar que tenemos un "uno" y "todo pudiendo" al que quepa llamar, desde la interacción de las membranas gaméticas, cigoto.

5.1 Importancia del SpM para el análisis del sistema y su viabilidad

Hay un hecho que es necesario tener presente: aun teniendo la convicción, como aquí sostengo, de que científicamente no hay evidencias para afirmar un salto cualitativo en la consideración ontológica embrionaria entre SpP y SpM, tampoco entiendo preciso afirmar que la mera activación del óvulo por un espermatozoide –o la introducción, en el caso de la clonación, de un núcleo diploide en un óvulo enucleado– conlleve necesaria ni automáticamente a considerar que estamos ante un individuo de la especie humana.

Esto que parece contradecir lo que he sostenido a lo largo de esta investigación, es decir, la convicción de encontrar en y desde SpP un realidad sustantiva, no requiere más que percatarse de lo siguiente: es necesario que el óvulo y el espermatozoide sean sistemas "completos" o "maduros", es decir, tengan *per se* todo lo que como sistemas independientes requieren para que, tras su fusión, formen un sistema totipotencial en el sentido anteriormente expresado (el sistema es un "todo" "potente", no porque lo "pueda todo", sino porque siendo "todo" está pudiendo).

De este modo se puede ofrecer una explicación sobre el sistema que aparece en los embarazos denominados mola hidatiforme. Como dejamos apuntado, en terminología médica "mola hidatiforme" hace referencia a aquella implantación en la que "el trofoblasto se desarrolla y forma membranas placentarias, a pesar de que exista escaso tejido embrionario o ninguno"[111]. Cuando tan solo nos encontramos con tejidos placentarios y ningún resto de embrioblasto, se denomina "mola hidatiforme completa", estructura formada por células diploides que contienen tan solo cromosomas paternos; cuando encontramos algún signo de proliferación y diferenciación de las células que configuran el embrioblasto, se denominan "mola hidatiforme parcial" y, en este caso, se ha visto que las células poseen doble cantidad de cromosomas paternos[112]. En ambos casos, un espermatozoide ha tenido que fecundar un óvulo y se ha iniciado la proliferación y diferenciación celular de un nuevo sistema, pero, en estos casos, por no poseer los gametos (sea uno o ambos) la composición (o configuración) requerida, en ningún momento podríamos

111 SADLER, T.W. "Langman embriología médica con orientación clínica", 9° ed. Buenos Aires: Editorial Panamericana, 2004, p. 65.

112 Cfr. LARSEN, J.L. "Embriología humana", 3° ed. Madrid: Elsevier Science, 2003, pp. 45-46.

caracterizar al nuevo sistema como sustantivo; es decir, ante la existencia de una mola hidatiforme podemos afirmar que ni tras la fecundación ni durante la proliferación se hallaba un SpG[113].

Parémonos un momento aquí. Estos componentes de los que no pueden carecer los gametos no tienen porqué ser solo genéticos: desde una perspectiva zubiriana, al necesitar lo constitutivo necesitantemente lo constitucional, si de partida no contamos con el sistema constitucional (es decir, con la totalidad), de nada servirá tener todo el material genético: sencillamente, no tendremos sistema constitucional, es decir, no tendremos sustantividad.

Volviendo ahora al plano biológico, se entiende bien con estos apuntes la importancia de SpM. Es este el primer estadio donde se nos hace visible que el sistema "funciona", pero esta viabilidad esconde algo más radical: que hay una realidad que es viable. La simple transferencia de un núcleo a un óvulo, o la mera activación de un óvulo de mamífero, no es automáticamente un cigoto, pero esto no equivale a afirmar que no toda fecundación que se inicia acaba, y con ella, queda constituido el cigoto. Desde mi perspectiva, el que la fecundación "acabe" equivale a decir que, hasta ese momento, todo nos indica que lo que comenzó desde la fusión de las membranas gaméticas es un SpG (o cigoto). Y digo hasta ese momento porque igual hasta que el sistema no tiene 4 células no nos podemos percatar que desde el inicio aquella estructura inicial no era el "cigoto" que pensábamos que era.[114] La postura que aquí

113 Llegamos así desde el sistematismo zubiriano a la misma conclusión que otros autores han alcanzado ante esta problemática. Véase, por ejemplo, el interesante artículo de Nicolás Jouve a este respecto en JOUVE, N. "Entidad del embrión Humano. Una explicación genética del desarrollo embrionario y la macroevolución", Arbil. 2004, 103. [Publicación en línea] <www.arbil.org/103jouv.htm> [Consultado el 18 de junio del 2009].

114 Ciertamente habrá que diferenciar los motivos por los cuales el sistema nos muestra que la realidad acontecida no es la esperada: si lo fuera por la falta de factores necesarios externos del sistema requeridos para su correcto desarrollo –próximamente ofreceremos una explicación utilizando la precisa terminología zubiriana– tendrá, como veremos, distinta consideración que si lo es por la estructuración interna del sistema inicial resultante de la unión

sostengo es, en este sentido, más flexible que la segunda hipótesis y más realista del modo como se presenta la primera. Más flexible porque visualizar el cumplimiento de la primera sincronización metafísica no siempre tiene por qué ser definitorio: quizás sea en SpG 3 cuando no percatemos que la proliferación no era totipotencial, lo que *a posteriori* nos haría afirmar que el sistema anterior no era un SpG; y más realista porque no necesariamente toda interacción gamética tiene por qué originar una realidad individual: un gameto con una tara definitiva podría iniciar una mecánica procesual desde la interacción gamética sin ello implicar la originación de un individuo.

Con motivo de la viabilidad, quiero dejar anotado una breve reflexión para aquellos que la toman como argumento en análisis ontológicos del embrión: la viabilidad implica siempre una realidad previa sobre la que se predica, que solo por estar siendo ha de mantenerse y puede perderse. La cosa "ya" cosa está siendo viable, viabilidad que no añade nada a la cosa. No es razonable pensar que la viabilidad pueda ser razón de las cosas.

A modo de conclusión, desde un punto de vista biológico, a las 12 horas desde la fusión de las membranas gaméticas, en el SpM, se hacen "visibles" unas evidencias que, ciertamente, apuntan a ese periodo como uno de los primeros significativos para el análisis del sistema. A mi juicio, este análisis ha de ser interpretado prudentemente con la siguiente fórmula que propongo como directriz razo-

---

de los gametos. Como se aprecia, esta discusión requiere de una terminología precisa, terminología que, desde mi punto de vista y tal y como muestro en esta investigación, encuentra en el planteamiento zubiriano grandes posibilidades. Por otro lado, quiero apuntar que esta formulación fundamenta aquella que Gonzalo Herranz expresaba a la hora de aventurarse a encontrar una solución a la hipotética situación en la que un cigoto originara, tras la primera división, dos células separadas y totipotenciales: "quizá, en el futuro, los mapas de marcadores moleculares nos puedan mostrar que ya desde el principio hay dos donde ahora sólo vemos uno." (cfr. HERRANZ, G. "La biología de la bioética: usos y abusos de los datos científicos", Jornada de clausura del Máster de Bioética, Universidad Católica de Murcia, 22 de enero del 2009).

nable en estos estadios de incertidumbre: *esto que se nos muestra ahora, nos indica lo que antes teníamos.*

5.2 Necesaria superación de equívocos terminológicos

En este subapartado retomaré la exposición y reflexión sobre la posición de los factores epigenéticos para analizar de modo esquemático la situación que nos encontramos en esas primeras 12 horas. A su vez, procederé a anotar aquellas explicaciones habituales que, desde la reflexión interdisciplinar y en mi opinión, requieren ser revisadas.

Desde la fusión de las membranas gaméticas suele hablarse de "citoplasma del óvulo", de "activación del óvulo" y de los "pronúcleos masculino y femenino". Pues bien, esto, aunque es inevitable, es incorrecto. Continuar hablando de "citoplasma del óvulo" en el SpP no corresponde con la realidad pues el citoplasma ha dejado de ser del óvulo para convertirse en el citoplasma del nuevo sistema. Efectivamente, sus componentes son de origen mayoritariamente materno, pero recordemos que en él ya nos encontramos con factores de origen espermático como transcritos de ARN, centrosomas y, aunque escasas, mitocondrias.

Por el mismo motivo la "activación del óvulo" no es sino el sistema en sí mismo, sistema resultante de la interacción gamética. La denominación "activación del óvulo" es una limitación que induce a la consideración del sistema como "óvulo impregnado" u "óvulo fertilizado", consideración que entiende al óvulo fecundado como un sistema unitario al cual se le ha introducido otro sistema unitario cuya influencia sería equiparable a una infección o relación simbiótica (hechos que, por otra parte, nunca "originarían" un organismo).

Y digo que es inevitable porque a la hora de analizar y describir la realidad originada en su estado incipiente es lógico atender al origen de los elementos que la forman. De todas maneras, y atendiendo a lo esencial del sistema desde la rica perspectiva zubiriana de la constitución, veremos cómo, desde un punto de vista biológico, podemos afirmar que el sistema funciona como una unidad. Atendamos ahora a las muestras de comportamiento unitario que hemos ido apuntando a lo largo de la descripción biológica en esta investigación.

5.3 Comportamiento unitario del sistema desde una perspectiva científica

La oscilación de calcio, como hemos indicado, induce cambios en todo el sistema, cambios que revelan una actividad en la que todas las notas del sistema, diré ahora, se "sincrogenizan" para alcanzar un siguiente estadio. Esas oscilaciones de calcio comienzan desde la interacción de las membranas plasmáticas gaméticas y se prolongan durante las tres primeras horas mediando la formación de los pronúcleos. Esto nos da indicios del funcionamiento unitario desde sus primeras horas en la formación de los pronúcleos.

Decíamos que la membrana de una sola capa que rodeaba el material genético en el espermatozoide, tras la aparición del nuevo sistema, se desintegraba para, seguidamente, sintetizarse una verdadera membrana nuclear (de doble capa con porosidades), facilitando la acción epigenética y los cambios de composición y dejando entrar en juego sustancias de origen materno. Ya no es que sea más exacto hablar de "pronúcleo de origen masculino" en vez de "pronúcleo masculino": ni siquiera el pronúcleo es de origen masculino pues su membrana es de origen materno.[115]

Demos un paso más. Se podría afirmar que aunque la membrana sea de origen citoplasmático ovular el material genético sigue siendo de origen paterno. Pero dijimos que cuando penetraba el material genético de origen paterno, desde las primeras horas, histonas de origen materno sustituían a las histonas de origen paterno

---

115 Esta ya ha sido denunciado por otros autores: "En el llamado pronúcleo masculino la mayor parte de sus componentes (con la fundamental excepción (...) del ADN) son de origen ovular." (VIAL CORREA, J. "El embrión humano", Ars Medica. 2002, 4 (6): p. 17).

"originales" modificando así la configuración espacial y bioquímica del ADN y regulando la expresión génica. Por ello, prescindiendo de la composición de la membrana pronuclear, ni si quiera la molécula de ADN, si atendemos a su configuración epigenómica, es de origen exclusivamente paterno.

A su vez, el ADN de origen paterno iba sufriendo cambios en su configuración bioquímica en un constante movimiento epigenético inducido por factores citoplasmáticos del sistema. Y digo "del sistema" porque siendo de origen espermático y ovular, han sido activados por la interacción gamética y la consecuente oscilación de calcio. Por todo ello es del todo impreciso afirmar que factores del citoplasma del óvulo regulan el material genético del pronúcleo masculino: ni todos los metabolitos son de origen materno, ni el citoplasma es ya del óvulo, ni el pronúcleo es masculino.

Pero no todo queda aquí. No solo el ADN de origen paterno, diremos por ahora, "padece" todos esos cambios. A su vez, el ADN de origen materno sufre cambios en su estructura y su bioquímica inducidos por factores citoplasmáticos del sistema (de origen paterno y materno, pero activados). Por lo tanto, podemos afirmar que el único genoma que conforma el ADN (de origen materno y paterno) sufre modificaciones bioquímicas y estructurales, aun asimétricamente, de forma unitaria[116].

No hay que confundir la asimetría con el dinamismo unitario del sistema. La asimetría que encontramos en la configuración del material genético de origen paterno y materno no solo se mantendrá a lo largo de toda la diferenciación celular sino que, como dejamos señalado, es necesaria para el correcto desarrollo del sistema en todos sus estadios. Con lo dicho, defender la falta de unidad dinámica del sistema en sus primeras horas por la falta de asimetría genética conllevaría a condenar al sistema en cualquier de sus estadios preimplantatorio a dicha falta de unidad.

---

116 En referencia a lo acontecido entre la fusión de las membranas y la sincronización metafásica, Vial Correa afirma: "El proceso hasta aquí es una línea de desarrollo en la que intervienen cooperativamente biomoléculas de origen espermático y origen ovular" (Ibid).

Atendamos ahora a los centriolos. Dijimos que, por un lado, al procentriolo de origen espermático se le incorporan proteínas del citoplasma del sistema constituyendo uno de los dos centriolos de la célula necesarios para alcanzar la primera división celular. Por otro lado, explicamos que tras el inicio de la fecundación el centriolo de origen materno se encuentra desactivado y es el paterno el responsable de la formación de los microtúbulos, así como del funcionamiento del huso mitótico durante la primera división celular[117]. Se ve aquí de forma nítida que se da un funcionamiento unitario del material celular, con independencia de su origen, ordenado a la unidad del sistema.

Otra de la muestras del comportamiento unitario del sistema la vemos con la funcionalidad de los ARN no codificantes de origen espermático. Los experimentos en ratones muestran que la inhibición de uno de estos ARN no codificantes, el miR-34c, inhibe la síntesis de DNA y suprime la primera división celular[118]. Que este inhibidor sólo sea efectivo si se suministra antes de la fase S del embrión unicelular, es decir, antes de la síntesis de proteínas, muestra que encontramos transcritos de origen espermático que juegan un papel crucial para la dinámica unitaria del sistema embrionario antes y durante el estado de pronúcleos.

No solo el orden correcto de los eventos descritos desde la fusión de las membranas gaméticas está mediado por las oscilaciones de calcio (como por ejemplo, la formación de microfilamentos clave para el acercamiento de lo pronúcleos y la formación del huso mitótico). Dejamos mostrado que la actividad genética que tiene lugar hasta la primera sincronización metafásica está regulada por el gradiente discontinuo de calcio, habiéndose mostrado que un cam-

117 Cfr. TESARIK, J. "Paternal effects on cell division in the human preimplantation embryo", Reproduction BioMedical Online. 2005, 10 (3): pp. 370-375.

118 Cfr. WEI-MIN LIUA, B., RONALD T. K. PANG, PHILIP C. N. CHIUA, BENANCY, P. C. WONG, KAIQIN LAO, KAI-FAI LEE, WILLIAM S. B. YEUNGA "Sperm-borne microRNA-34c is required for the first cleavage division in mouse", Proceedings of the National Academy of Sciences. 2012, 109 (2): pp. 490-494.

bio en dichas oscilaciones compromete el desarrollo del embrión. Por ejemplo, al disminuir las oscilaciones de calcio, el 20% de los transcritos son mal regulados y los genes implicados en la adhesión celular sufren alteraciones en la expresión. Por otro lado, la hiperestimulación de la célula afecta a la regulación de un 3% de los transcritos afectando principalmente a genes implicados en el metabolismo[119].

Todo esto nos muestra que encontramos un dinamismo unitario desde la fusión de las mismas membranas plasmáticas, momento desde el cual el sistema se encuentra sin lugar a dudas en un dinamismo totipotencial –todo pudiendo– unidireccional para completar la primera mitosis en la que la sincronización metafásica no es sino un estadio más de la mitosis, y esta, una fase más del ciclo celular.

El profesor Núñez de Castro, Catedrático de Biología Molecular y Bioquímica de la Universidad de Málaga, lo sintetiza en esta anotación cuando afirma que desde la fusión de las membranas gaméticas,

> El cigoto es una nueva célula semejante a cualquier célula en fase diploide en proceso activo de mitosis o división celular, contiene todo el genoma como cualquier célula del organismo.[120]

Efectivamente, y como dejamos ya apuntado, reconocemos en las primeras horas del sistema una actividad que corresponde con el ya explicado ciclo celular en el que está embarcada toda célula diploide. Diploide que, tal y como señalan muchos manuales de genética cuando atienden a las células somáticas humanas, no debería equipararse con una célula con 23 pares de cromosomas visibles. Ya lo dijimos: diploide es toda célula somática en estado G1, donde ni siquiera el ADN está replicado, y S1 y G2, donde los cromosomas se encuentran descondensados.

---

119 Cfr. OZIL, J.P. *et al.* "Ca+ oscillatory pattern in fertilized mouse eggs affects gene expression and development to term", Developmental Biology. 2006, 300 (2): pp. 534-544.

120 NÚÑEZ DE CASTRO, I. "De la dignidad del embrión", Madrid: Universidad Pontificia de Comillas, 2008, p. 57.

Esta postura se desprende también de cómo suele denominarse en la bibliografía científica a este estadio. Shinya Yamanaka, uno de los investigadores de mayor reconocimiento internacional, en un brillante artículo firmado junto a Helen M. Blau, donde abordan los tres métodos actuales de reprogramación nuclear para obtener una célula pluripotencial, apoya lo que aquí quiero defender. La fase del ciclo celular del cigoto en la que, rotas las membranas nucleares, los cromosomas se alinean en el ecuador de la célula, es denominada por el investigador japonés "metafase de un cigoto sometido a mitosis"[121].

Otro claro ejemplo de esto que aquí defiendo aparece en una investigación firmada por investigadores del Harvard Stem Cell Institute y el Departamento de Biología Molecular y Celular de la Universidad de Harvard publicado en *Nature*[122]. En ella dan por hecho que desde la entrada del espermatozoide nos encontramos con una realidad que, por estar sometida al ciclo celular, no puede ser sino una célula diploide y aluden a la misma como "cigoto en mitosis".

A continuación reproduzco la figura antes presentada y modificada del artículo mencionado (figura 6.2) sobre la que nos apoyamos para plantear el estado de la discusión, ahora, aunque parcial, sin modificación alguna. En ella se representa un "cigoto en interfase" y se apoya la interpretación que aquí quiero mantener.

121 YAMANAKA, S., BLAU, S.H. "Nuclear reprogramming to a pluripotent state by three approaches", Nature. 2010, 465: p. 706.

122 Cfr. EGLI, D. *et al.* "Developmental reprogramming after chromosome transfer into mitotic mouse zygotes", Nature. 2007, 447: pp. 679-685.

Figura 6.2 El primer ciclo celular del SpG

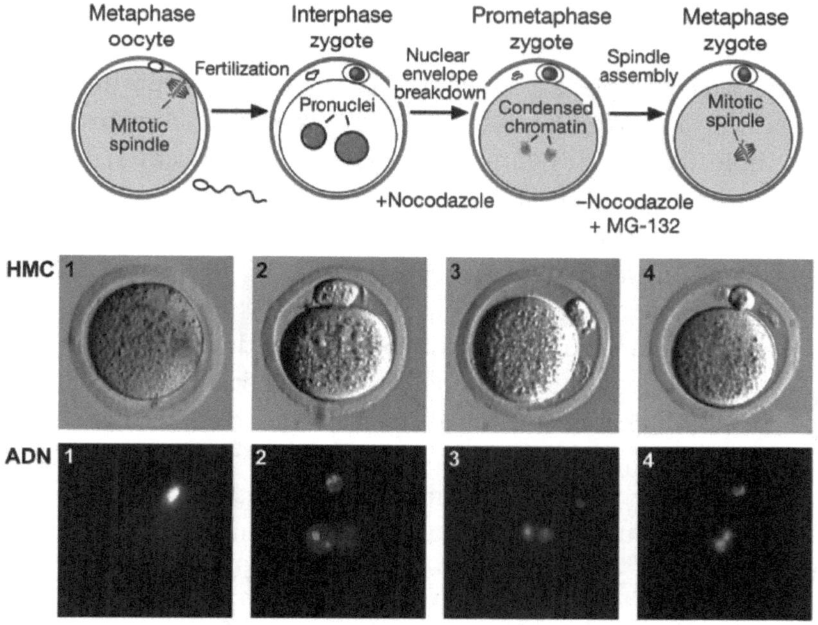

Reproducción parcial de EGLI, D., ROSAINS, J., BIRKHOFF, G., EGGAN, K. "Developmental reprogramming after chromosome transfer into mitotic mouse zygotes", Nature. 2007, 447: pp. 679-685, fig. 1.

Ciertamente hay diferencias entre la profase de una célula somática y lo que acontece a la etapa previa a la metafase de SpG 0. Esto hace que a la hora de describir lo acontecido desde la interacción de las membranas gaméticas se pase de una "interfase" a la "prometafase", sin aludir a la "profase".

De todas maneras, en libros de consulta de embriología de reconocimiento internacional encontramos afirmaciones sobre la mitosis en este primer estadio unicelular del embrión que apuntan explícitamente a la *normalidad* de la primera fase mitótica: "Los cromosomas maternos y paternos se organizan con rapidez alrededor de un huso mitótico como preparación de una división mitótica normal"[123].

Apoya la interpretación que aquí sostengo constatar que en toda célula diploide, al igual que en SpG 0, la interfase termina cuando, realizada la replicación del ADN, la membrana pronuclear se comienza a desintegrar y la cromatina empieza a condensarse. A nivel molecular, varios estudios muestran las concentraciones de proteínas implicadas en la regulación del ciclo celular en ovocitos maduros y en distintas etapas del desarrollo embrionario después de la interacción de las membranas gaméticas[124].

Estos trabajos se centran en las ciclinas y los complejos que forman con las enzimas quinasas dependientes de ciclinas, principales reguladoras de la transición de una etapa a otra del ciclo celular. A pesar de las diferencias a nivel molecular del ciclo celular[125] entre SpG 0 y SpG 1 (principalmente en las concentraciones de complejos reguladores y tiempos de duración de las etapas), algunos estudios muestran cómo los reguladores y mecanismos implicados en la transición de S a G2 y de G2 a M en SpG 0 son similares al ciclo celular de SpG 1[126] para la misma especie. Por lo cual, si se acepta que las particularidades de la regulación de los ciclos celulares que acontecen en SpG 1 (2,3) –un ciclo en cada célula– no son signifi-

---

123 CARLSON, B. M. "Embriología humana y biología del desarrollo" 4° ed. Barcelona: Elsevier España S.L., 2009, p. 35.

124 Cfr. MTANGO, R.M., LATHAM, K.E. "Differential Expression of Cell Cycle Genes in Rhesus Monkey Oocytes and Embryos of Different Developmental Potentials", Biology of reproduction. 2008, 78: pp. 254–266; cfr. FUCHIMOTO, D., MIZUKOSHI, A., SCHULTZ, R.M., SAKAI, S., AOKI, F. "Posttranscriptional Regulation of Cyclin A1 and Cyclin A2 during mouse oocyte meiotic maturation and preimplantation development", Biology of Reproduction. 2001, 65: pp. 986-993.

125 Para profundizar a este respecto, cfr. BRAYANT, J.A., FRANCIS, D. (eds.) "The eukariotic cell cycle", New York: Taylor & Francis Group, 2008.

126 Cfr. MTANGO, R.M., LATHAM, K.E. "Differential Expression of Cell Cycle Genes in Rhesus Monkey Oocytes and Embryos of Different Developmental Potentials", Biology of reproduction. 2008, 78: pp. 254-266.

cativamente distintas a las de cualquier célula del organismo adulto, tampoco tendrían que diferir significativamente de SpG 0.

Un reciente estudio apoya esto que aquí defiendo al concluir que porque los mecanismos moleculares de la regulación de la síntesis de ADN son muy similares entre el cigoto y células somáticas, los cigotos en estadio pronuclear son una fuente de experimentación significativa para probar hipótesis sobre lo acontecido en la regulación del ADN en células somáticas[127].

Todo ello apunta a que las evidentes diferencias entre la interfase de SpG 0 y de una célula somática (marcada principalmente por la existencia de dos pronúcleos y un citoplasma con una composición muy concreta) instan a atender a SpG como una célula diploide sometida al ciclo celular.

De hecho, en la literatura científica se da por hecho esta postura cuando, a la hora de describir la realidad que acontece, nos encontramos con anotaciones del tipo "óvulo fecundado (cigoto)"[128] y estudios que investigan "la localización de pronúcleos en cigotos fertilizados."[129] En un reciente artículo se refieren en su mismo título a "cigotos con pronúcleos normales o anormales"[130]; en otro que trata sobre la importancia del nucleolo para el correcto desarrollo del sistema en estado de pronúcleos, se afirma que los cigotos sin

127 Cfr. YAMAUCHI, Y., WARD, M.A., WARD, W.S. "Asynchronous DNA Replication and Origin Licensing in the Mouse One Cell Embryo", Journal Cell Biochemestry. 2009, 107(2): pp. 214-223.

128 Cfr. STITZEL, M. L., SEYDOUX, G. "Regulation of the Oocyte-to-Zygote Transition", Science. 2007, 316 (5823): pp. 407-408; cfr. YAMANAKA, S., BLAU, S.H. "Nuclear reprogramming to a pluripotent state by three approaches", Nature. 2010, 465: p. 706.

129 Cfr. ISACHENKO, E., ISACHENKO, V., TODOROV, P. *et al.* "Pregnancy after the calcium ionophore correction of pronuclei position in oocytes after intracytoplasmic sperm injection", Fertility and Sterility. 2010 | doi:10.1016/j.fertnstert.2010.04.034 [Publicado en línea el 25 de mayo del 2010].

130 Cfr. HUAN, Q., GAO, X., WANG, Y., SHEN, Y., MA, W., CHEN, Z.J. "Comparative evaluation of human embryonic stem cell lines derived from zygotes with normal and abnormal pronuclei", Developmental Dynamics. 2010, 239: pp. 425-438.

nucléolo mostraron un mayor trastorno en la organización de la cromatina tanto en el pronúcleo femenino como en el pronúcleo masculino[131]. Estos son algunos ejemplos que muestran cómo la comunidad científica utiliza el término "cigoto" indistintamente para referirse a SpP y SpM, es decir, para denominar SpG 0.

Es en esta última investigación científica citada donde aparece otra prueba significativa sobre la unidad que encontramos en el material genético en estado de pronúcleos. El nucleolo es una región del núcleo de las células que tiene consideración de orgánulo compuesta por proteínas y ADN ribosomal, y está íntimamente relacionado con la transcripción de ARN ribosómico, cuya función principal es la producción y ensamblaje de los componentes ribosómicos. Durante la maduración del oocito en el ovario, el nucleolo está activo y es responsable de la biogénesis de ribosomas. Una vez madurado el ovocito, se produce un cese en la transcripción del nucleolo y cesa también la síntesis de ribosomas[132], inactividad que se mantiene, si es fecundado, durante las primeras divisiones mitóticas.

Por otro lado, el espermatozoide no posee nucleolo pues este es eliminado durante la espermiogénesis[133]. En 2008 se demostró que el nucleolo del cigoto es exclusivamente de herencia materna te-

---

131 Cfr. SOGUSHI, S., SAITOU, M. "The nucleolus in the mouse oocyte is required for the early step of both female and male pronucleus organization", Journal of Reproduction and Development. 2010 | doi:10.1262/jrd.09-184H [Pubicado en línea el 1 de junio del 2010].

132 Cfr. CROZET, N. *et al.* "Nucleolar fine structure and RNA synthesis in porcine oocytes during early stages of antrum formation", Biology Cell. 1981, 41: pp. 35–42; cfr. BJERREGAARD, B., MADDOX-HYTTEL, P. "Regulation of ribosomal RNA gene expression in porcine oocytes", Animal Reproduction Science. 2004, 82-83: pp. 605-616.

133 Cfr. MONESI, V. "Synthetic activities during spermatogenesis in the mouse. RNA and protein", Exp. Cell Res. 1965, 39: pp. 197-224; cfr. TAKEUCHI, IK., TAKEUCHL, YK. "Ethanol-phosphotungstic acid and bismuth staining spermatid nucleoli In mouse spermiogenesis", J. Struct Biol. 1990, 103: pp. 104-112.

niendo su origen en el oocyto maduro[134]. En condiciones normales, vemos que en SpP ambos pronúcleos poseen nucleolo, lo cual nos indica que el nucleolo del pronúcleo masculino deriva del nucleolo inactivo de origen materno.

No se sabe actualmente qué función desempeña el nucleolo inactivo en ovocitos ni tampoco en el desarrollo del embrión temprano, pero sí se ha demostrado cómo cuando el núcleo del cigoto carece de nucleolo inactivo, tras unas primeras divisiones, el sistema deja de desarrollarse. De este descubrimiento los autores concluyen que el nucleolo, aun inactivo, es necesario para el desarrollo del embrión preimplantatorio[135].

En una reciente investigación han extraído el nucleolo de un oocito maduro y lo han reinyectado en diferentes estadios de maduración del oocito –sin nucleolo– y en un "oocito maduro recién fertilizado" sin nucleolo[136]. Atendiendo a los resultados, los autores concluyen que el nucleolo de origen materno es el responsable de la reorganización de la heterocromatina centromérica de ambos pronúcleos, y que el nucleolo de origen materno se encuentra involucrado en la etapa que discurre de la transformación del núcleo de origen masculino y femenino a los pronúcleos del cigoto[137] (es decir, entre el inicio y el final de lo que corresponde a SpP). En esta misma investigación anotan también que los datos parecen indicar que el nucleolo puede estar implicado, además de en la redistribución de la heterocromatina, en el reclutamiento de materiales pronucleares del nucleoplasma, cuerpos nucleares y membrana nuclear así como del crecimiento del pronúcleo masculino y femenino.

---

134 Cfr. OGUSHI, S., PALMIERI, C., FULKA, H., SAITOU, M., MIYANO, T., FULKA, J. "The maternal nucleous is essential for the early embryonic development in mammals", Science. 2008, 319: pp. 613-616.

135 Ibid.

136 Cfr. SOGUSHI, S., SAITOU, M. "The nucleolus in the mouse oocyte is required for the early step of both female and male pronucleus organization", Journal of Reproduction and Development. 2010 | doi: 10.1262/jrd.09-184H [Pubicado en línea el 1 de junio del 2010].

137 Ibid.

Esto no hace sino confirmar científicamente cómo, a nivel pronuclear, en la primerísima etapa, desde que el núcleo de origen paterno es vertido al interior del citoplasma, encontramos un funcionamiento unitario entre el material nuclear de origen materno y paterno. Queda así demostrado que, atendiendo a los datos mostrados por las ciencias, es un error interpretar que en SpP los pronúcleos funcionan de forma "independiente" hasta la primera sincronización metafásica, y puede afirmarse que para la correcta formación de los pronúcleos y para alcanzar la primera sincronización metafásica y las subsiguientes es necesario un comportamiento unitario entre los materiales nucleares de distinto origen desde que el núcleo espermático es vertido.

A todo esto que he defendido apoya una afirmación que la Dra. López Moratalla (junto con la Dra. Tomás y Garrido) realiza cuando, exponiendo su particular interpretación del "proceso constituyente", reconoce que los dos "procesos temporales, el periodo de constitución [SpP desde la interacción gamética] y el periodo de construcción [SpM en adelante] tienen un dinamismo idéntico"[138]. Después de lo mostrado anteriormente, el dinamismo idéntico es, además, dinamismo unitario.

Concluimos que lo acontecido desde la interacción gamética es un conjunto ordenado de eventos en el cual tiene lugar la replicación del ADN y, mientras se produce una migración de ambos pronúcleos al ecuador de la célula, da comienzo la mitosis para, tras una desintegración de las membranas nucleares, continuar con la metafase donde se produce el reparto de los productos de la replicación en las dos células hijas. Ni qué decir tiene que la migración de los pronúcleos sólo podría producirse por el funcionamiento unitario de todo el sistema donde los centriolos y microtúbulos de origen espermático juegan un papel determinante para el desarrollo mitótico de la primera división. Todos estos acontecimientos explicitados a lo largo de la descripción del sistema embrionario aducen

138 TOMÁS Y GARRIDO, G., LÓPEZ MORATALLA, N. "De la totipotencialidad del cigoto a las células troncales maduras y de reserva", Cuadernos de Bioética. 2009, XX (3): pp. 320-321.

razones suficientes por las que inclinarnos por la postura que afirma que desde la fusión de las membranas plasmáticas de los gametos nos encontramos ante un nuevo sistema con dinamismo unitario sin diferencias cualitativas con la primera sincronización metafísica.[139]

Faltará ahora analizar si en esas primeras 12 horas podemos afirmar lo que dejamos indicado en el capítulo anterior: la consideración del genoma como subsistema esencial del SpG desde la interacción gamética, ya que podría parecer que existen factores epigenéticos de igual manera esenciales no solo en la reprogramación del genoma, sino en el dinamismo explicitado del sistema.

Para ello analizaré si el genoma y el SpG, así como la relación que observamos entre ambos, puede corresponder con la caracterización metafísica zubiriana del subsistema esencial y el sistema sustantivo.

---

139 Esta tesis que apunto es la tomada por el profesor Angelo Serra: "La conclusión lógica del examen del cigoto en sí, desde el momento de la fusión de los gametos hasta el comienzo de la formación de surco que señala el inicio de la división celular, es que con la fusión de los dos *gametos una nueva célula humana, caracterizada por una nueva y exclusiva estructura informativa, comienza a actuar como una unidad individual*" (SERRA, A. "La ley de desarrollo de embrión humano revela cuándo 'Yo' soy 'Yo'" en LÓPEZ BARAHONA, M., LUCAS LUCAS, R. "El inicio de la vida: Identidad y estatuto del embrión humano", Madrid: Biblioteca de Autores Cristianos, 1999, p. 26. (Cursiva suya)).

Capítulo 7. Caracterización sustantiva del SpG a la luz de los datos científicos

1 Introducción

Difuminar o inhabilitar la metafísica zubiriana[1] ha neutralizado planteamientos que, desde ella, pudieran concluir que

> la reflexión zubiriana mantiene incólume el primado de la persona y de su dignidad, más allá de cualquier consideración sobre su utilidad o eficiencia, situación o desarrollo, salud y capacidad[2].

En las aproximaciones al modo en que Zubiri aborda la génesis de la realidad de cada hombre es fácil, aun afirmando la suficiencia constitucional del embrión preimplantatorio, concluir que Zubiri otorgó todo el protagonismo al ADN y enclasar su planteamiento en el horizonte genetista de corte teleológico. Esta postura queda bien ejemplificada en las conclusiones del interesante trabajo del profesor Luis Guerrero Rojas sobre la génesis de la realidad humana en Zubiri:

> En cuanto a la peculiar visión de la génesis humana, desde el punto de vista de la biología moderna, el pensamiento zubiriano correspondería a la llamada Escuela Genetista ya que considera al embrión como un ser humano, con vida desde el momento de la fecundación, que es toda potencialidad, que posee un código genético y cuyo crecimiento y desarrollo se realiza de acuerdo a lo que está escrito en este su código genético.[3]

---

1 Sobre esto versó el primer capítulo del presente libro.

2 GUERRERO ROJAS, L. "La sustantividad humana y el problema filosófico de su génesis en el pensamiento de Xavier Zubiri", Chile: Pontificia Universidad Católica de Valparaíso, 2003, p. 68.

3 Ibid.

La postura que lleva a adscribir a Zubiri a la Escuela Genetista es aquella que, entiendo, aun no errando al no otorgar a la epigénesis índole constitutiva, ni trae a primer plano de forma nítida el significado de desarrollo, es decir, la relación del subsistema constitutivo con el resto del sistema constitucional (desarrollo), ni precisa lo genético como "tan solo" momento del sistema. Esta perspectiva genetista, tal como hemos mostrado en el capítulo quinto, ha sido caldo de cultivo de críticas que, basándose en la influencia epigenética y no faltas de razón, la han tachado de reduccionista.

En este último capítulo y reuniendo las metas alcanzadas en los capítulos anteriores, traeré a colación algunos aspectos concretos de las obras *Espacio, Tiempo y Materia* y *Sobre el hombre*[4] para expli-

4 Principalmente el capítulo VIII titulado "Génesis de la realidad humana" (cfr. SH, pp. 445-461). A este respecto he de realizar un apunte. A la hora de investigar en el AFXZ , en el "Catálogo Archivos Xavier Zubiri" aparece clasificada en la carpeta 21 de la caja 111 lo siguiente explicitado entre corchetes [21."La morfogénesis humana": texto mecanografiado y corregido por Zubiri, que consta de 23 pp. Se trata de la primera redacción de "Génesis de la realidad humana", con unos folios anexos en los que Ellacuría cuestiona alguno de los puntos tratados por Zubiri. Editado con el título "La génesis humana" en *Sobre el hombre*, Capítulo VIII, pp. 445-461. La génesis humana, Se trata de una ulterior redacción más elaborada del anterior texto que consta de 35 pp. Con algunas correcciones de Zubiri. Coincide con la "génesis de la realidad humana", Capítulo VIII de]. Consultando la carpeta 111, no está ni la primera redacción de la "Génesis de la realidad humana" ni, lo que sería de gran interés: los folios anexos en los que Ellacuría cuestionaba algunos de los puntos tratados por Zubiri. En la página 47 del ejemplar impreso y encuadernado del catálogo de AFXZ para consultas *in situ* [consultas realizadas durante los años 2009 y 2010] aparece una anotación escrita a mano en la que se lee: "No está (según Esteban Vargas)" y "No están los folios anexos de Ellacuría". Me consta por Esteban Vargas que informó personalmente de la desaparición de los mismos en 2006. Por mi parte, advertí la pérdida de esos documentos vía e-mail y telefónicamente a la dirección de la FXZ, y la primera respuesta telefónica obtenida fue que los folios de Ellacuría probablemente nunca existieron. En un segundo momento, me comunicaron que se habían encontrado manuscritos relacionados con *Sobre el hombre* y otras obras de Zubiri no archivados ni catalogados y que a lo largo del verano de 2010 se tratarían de incluir en el archivo y catálogo

car el devenir del SpG con los instrumentos y la riqueza terminológica que la perspectiva zubiriana nos ofrece.

Primeramente mostraré cómo se puede explicar la funcionalidad, actividad y desarrollo del SpG desde la exposición que de estos conceptos realiza Zubiri atendiendo a la caracterización sustantiva.

Veremos también cómo la actividad accional y disposicional explica de forma precisa las acciones que, a modo de propagación, afectan a la configuración genómica, y esta a la totalidad del sistema. La precisa noción de desarrollo orgánico adquirirá ahora su lugar dentro de una explicación completa del devenir del SpG.

También abordaremos el momento genómico del SpG como la esencia del sistema. Analizaremos si el genoma responde al carácter de subsistema constitutivo encontrando en él la mismidad y funcionalidad ya anunciada en capítulos anteriores.

El momento constitutivo no es solo principio por lo que respecta a sus notas, sino también por lo que respecta a la unidad de las notas que lo forman. Para Zubiri en cada nota está el sistema completo[5]. Pues bien, en mi opinión, resulta sorprendente que las reflexiones que desde Zubiri se cuestionan la índole de lo genético y epigenético en el embrión preimplantatorio no aludan a la unidad esencial. Pero, si esto es así, no es sino porque en los estudios y lecturas metafísicas sobre Zubiri se ha prescindido de la unidad estructural en pro de sus notas.

Habría que preguntarse el motivo de este abandono –cosa que requeriría de otra investigación– pero, a mi juicio, el desvío que,

---

oficial. Al final del verano me comunicaron que, en una primera impresión, el material nuevo corresponde a textos de Zubiri ya publicados en *Sobre el hombre* y que se procedería a la digitalización de los nuevos documentos y a rehacer el catálogo para paliar sus deficiencias e imprecisiones.

5 Esteban Vargas recoge de forma eficaz las implicaciones de la unidad esencial en cada nota: "Así, por ejemplo, un paleontólogo encuentra un hueso y, a partir de él, puede reconstruir, en buena medida, a qué especie perteneció, sexo, tamaño del organismo, edad, etc. Del mismo modo, en cada una de nuestras células, está la referencia al organismo completo. En un sistema, la unidad está en cierto modo *en* cada una de sus notas." (VARGAS, E. "Materia y realidad", Pontificia Universidad Católica de Chile, 2006, p. 32).

como hemos visto, supone no someterse con rigor a sus coordenadas constitucionales desde el punto de partida, hace que la distancia al planteamiento de Zubiri sea mayor cuanto más camino se recorre; alcanzado el nivel de la esencia desde otras coordenadas, no es que se prescinda de la unidad esencial sino que, a mi juicio, la "esencia" se ubica en un análisis que no corresponde con el análisis de la esencia zubiriana, análisis, este último, que exige, culmina y se sostiene desde la unidad esencial[6].

Dejando esta cuestión abierta para ulteriores reflexiones, será en el último apartado, una vez traída a escena la unidad esencial, cuando atendiendo a la descripción del devenir del SpG encontraremos muestras de esa unidad coherencial exigencial primaria tal y como la expresa el autor. Comparto la siguiente observación de Esteban Vargas y, en cierta manera, respondo a ella con esta investigación: "es importante meditar esta idea de 'unidad primaria', un poco perdida en las teorías científicas, las cuales, al matematizarse, han olvidado este carácter."[7]

El análisis de la precisa determinación entre la unidad y las notas que el autor realiza en *Espacio, Tiempo y Materia* apoyará, desde otra perspectiva (con los conceptos de auto-procedencia y despliegue), la tesis que he defendido a lo largo de la investigación centrada en *Sobre la esencia*: la consideración del momento genómico del sistema como subsistema constitutivo del SpG.

En definitiva, parto de la suposición del momento genómico del sistema como la esencia del SpG y, en este capítulo, dejo paso a que sea la realidad embrionaria la que ponga a prueba tal suposición.

---

6 Tal y como explicamos en el capítulo segundo, Zubiri reflexiona dando prioridad a la unidad sobre la multiplicidad: desde la unidad constitucional alcanza la multiplicidad de notas, multiplicidad ordenada en y por la unidad constitucional, y desde la unidad esencial, la esencia es constructo consistente en notas-de, es decir, en la y por la unidad esencial, las notas son esencia.

7 Ibid.

2 El SpG: funcionalidad, actividad y desarrollo

2.1 Análisis de la funcionalidad del SpG: sistema orgánico en combinación funcional

Vimos cómo Zubiri introduce el término "combinación funcional" para caracterizar los sistemas vivos frente a los inertes, únicos sistemas a los que refiere su estricta idea de estructura[8]. Además de unidad corporal y resistencia a la disipación, las sustantividades poseen una positiva actividad de conservación:

> El viviente acusa la acción de los demás cuerpos no sólo resistiendo a ellos sino integrando esta acción en un equilibrio dinámico reversible. Este equilibrio es ahora dinamismo de conservación, que implica la independencia y control del medio, así como la replicación.[9]

Pero en *Sobre el hombre* Zubiri distingue dos subtipos de materia biológica: la materia viva y la materia viva organizada. La materia viva, nos dirá, no es

> la materia constituyente de los organismos, sino una estructura material que, sin tener la estructura de un organismo, posee sin embargo replicación, independencia y control.[10]

---

8 "El ácido sulfúrico no es una mezcla de azufre, oxígeno, hidrógeno, sino una combinación, esto es, la constitución de un cuerpo nuevo. Es una propiedad sistemática del sistema 'azufre-oxígeno-hidrógeno'. Pues bien, la vida sería no una combinación química sin más, sino una especie de combinación funcional por así decirlo. Porque el sistema estructural del viviente no es un nuevo cuerpo, como lo es el ácido sulfúrico, pero posee una propiedad sistemática nueva en su funcionamiento: es combinación funcional, un funcionamiento original. (...). Es una novedad, pero tan sólo sistemática y de orden funcional, una novedad determinada por la precisa estructuración de las notas que constituyen el constructo." (SH, p. 52).

9 SH, p. 56.

10 ETM, p. 361.

Zubiri afirma que la materia viva hace referencia al ADN y ARN: "Tal es el caso del sistema de los ácidos nucleicos, del ADN y ARN en sus diversas formas (mensajero, de transferencia, etc.)."[11] Por otro lado, nos dice, tenemos la estructuración de la materia viva en organismos:

> El cuerpo vivo tiene todas sus "partes biológicas" (...) con el carácter de órganos. Y a esto es a lo que debe llamarse *organismo*. El todo mismo del cuerpo viviente tiene en sí mismo intrínsecamente y formalmente una unidad de estructura funcional, es un sistema en combinación funcional. Pero un sistema de "órganos" en combinación funcional. No confundamos organismo y estructura funcional. Sólo es organismo aquella estructura que es estructura de "órganos", una estructura cuyos momentos estructurales son orgánicos y tienen la unidad de combinación funcional. Es una estructura o combinación funcional de órganos. En ella las partes (órganos) determinan la función del todo (organismo), y el todo (organismo) determina la función de las partes (órganos).[12]

A mi parecer esta distinción entre materia viva y organismo, a la luz de los conocimientos científicos actuales, podría matizarse. La materia viva a la que se refiere Zubiri, desde mi perspectiva, parece responder más que a los ácidos nucleicos[13], a las células que, sin ser por sí mismos un ser vivo (los procariontes) ni formar parte de un organismo, poseen una estructuración funcional que les permite replicación[14] y actividad para su conservación, es decir, poseen cierta independencia y control. Esto que apunto se ajustaría con precisión a los cultivos *in vitro* de células. Cada una de las células de un cultivo es una unidad funcional, no así el conglomerado fruto de la replica-

11 ETM, p. 361.

12 SH, p. 453.

13 De hecho, los ácidos nucleicos "aislados" no tienen capacidad de replicación. Cosa distinta es que la replicación, control e independencia de un sistema requiera siempre de la presencia de los ácidos nucleicos.

14 Ha de anotarse que la "replicación" a la que alude Zubiri no hace referencia a la replicación del ADN en cuanto tal. De hecho, no es riguroso la afirmar que el ADN se replica como si fuera una acción autónoma de la molécula. La replicación ha de entenderse en un contexto sistemático como la capacidad que tiene el sistema de replicarse.

ción de las mismas. El conglomerado o tejido aislado no posee una propiedad sistemática de nuevo tipo, así que sobre él solo podremos hablar de una "unión", pero no de una unidad con independencia del medio y control específico sobre él.

Observando a una célula aislada de ese cultivo podríamos decir que sus elementos poseen una función con respecto a todos los demás, lo cual, nos lleva a una situación delicada: parece que podríamos reconocerlo como un "sistema constitucional" y, a su vez, como una combinación funcional; es decir, lo hemos caracterizado, en definitiva, como un organismo unicelular. ¿Es tan solo el grado de control e independencia del medio lo que diferencia a un ser vivo unicelular y a la materia viva?

Para responder a esta pregunta tendríamos que analizar si una célula en cultivo es ciertamente un sistema constitucional. Aparentemente la respuesta ha de ser afirmativa pues es una unidad donde sus notas están en función de todas las demás y, a su vez, nos encontramos con un sistema con una estructuración funcional que le permite replicación y actividad para su conservación, es decir, en ese sentido es una combinación funcional. Sometámonos a estrictas coordenadas de constitución para indagar en esta cuestión.

Bajo coordenadas constitucionales, la interna determinación en la multiplicidad de notas modulaba la unidad previa, motivo por el cual la individualidad era de un sistema con unidad propia de constitución. Analizando el dinamismo estructural de una célula aislada de un cultivo, observamos que la interna determinación en la multiplicidad de notas está ordenada por una unidad previa, en la unidad, pero ¿lo está "para" la unidad? ¿lo está en orden a la unidad como lo está una célula procariota o un organismo pluricelular en su estado unicelular? Si afirmamos que una célula eucariótica aislada no totipotencial es unidad de constitución, estamos afirmando que estamos ante un sistema con suficiencia constitucional. Zubiri nos decía con respecto a los sistemas con unidad propia de constitución:

> La actualidad de la unidad en sus notas es lo que confiere al sistema el carácter de totalidad, y es en sí misma una unidad totalizada en ellas. De esta uni-

dad primaria en cuanto actualizada en notas constitucionales que formarán *ab intrínseco* una totalidad, esto es, en cuanto unidad totalizante y totalizada, decimos que es una unidad que posee suficiencia constitucional.[15]

Ahora parece que sí podemos posicionarnos: una célula eucariótica no totipotencial aislada en cultivo es una unidad en la multiplicidad totalizante pero, a mi juicio, no podemos decir que es totalizada pues, su "estructura" en su "interna determinación" está ordenada no a "totalizar" la multiplicidad sino más bien lo contrario: a su disgregación en multiplicidad de unidades.

Vemos entonces que las diferencias no están en el orden a la independencia y control del medio, sino en el tipo de unidad que nos encontramos en el sistema. Pero he de apuntar que si este análisis parece no haber sido concluyente (pues podríamos decir que las células procariotas, en cierto sentido, también están ordenadas a "multiplicidad de unidades") lo es por una precisa razón: estamos analizando y comparando sistemas estructurados por un principio estructurante, y tan solo podremos hallar una respuesta nítida si atendemos a las diferencias por lo que cada estructura es tal. No es nuestro objetivo adentrarnos en un análisis de estructura comparada atendiendo al principio estructurante entre procariotas, células ecutariotas aisladas no totipotentes y eucariotas, pero entiendo que la propuesta zubiriana, y más exactamente si apuntamos al constructo en cuanto unidad esencial[16], puede ofrecer herramientas en ese análisis que dejo para futuras investigaciones.

---

15 SE, pp. 152-153.

16 Decíamos que "esenciar" es "actualizar la talidad como momento esencial" (SE, p. 360), es decir, hacer las notas talificantes. Zubiri entiende que el contenido de la talidad pende del contenido de las notas, pero el "contenido-de" las notas, lo que hace que la esencia sea "tal", pende de la unidad. Esto hace que la unidad no sea tan sólo lo que hace de las notas algo unitario, "sino que es una unidad intrínseca y formalmente 'tal' *qua* unidad." (SE, p. 361). Por ello entiendo que podríamos hablar de dos "modos" en los que observamos esenciar a la unidad esencial, modos que vemos actualizados en dos tipos de constructo: el eucariótico y el procariótico; es decir, en este sistema eucariótico "tal" y en este otro procariótico "tal". Atendiendo a este sistema eucariótico "tal" (y siendo igual el razonamiento para el procariota),

Lo que sí es claro es que el "todo" de un organismo celular (sea procariota o eucariota) es distinto al "todo" conglomerado de materia viva que configura un cultivo de células madre o un órgano aislado *in vitro*: el "todo" del organismo está en combinación funcional y el conglomerado no.

Analizando al SpG y atendiendo a la funcionalidad como modo de clasificar la materia viva, podemos afirmar que nos encontramos ante un organismo pluricelular donde, sin lugar a dudas, las partes biológicas en combinación funcional configuran un todo sustantivo.

2.2 Lugar en el análisis de la sustantividad del control específico e independencia del medio

La falta de independencia y de control específico sobre el medio se ha tomado como argumento para negar la sustantividad del embrión. Ya adelantamos algo sobre este asunto cuando expusimos el concepto zubiriano de desarrollo y las disfunciones que podemos encontrar en sistemas sustantivos. Analicemos ahora con rigor cómo Zubiri sistematiza la independencia del medio y el control específico sobre él.

En *Sobre la esencia* el autor nos dice que las sustantividades, al referirse a los seres vivos, son "combinaciones funcionales dotadas de cierta independencia del medio y de cierto control específico sobre él: es la *vitalización de la materia estable*."[17] Así aborda Zubiri en aquella obra esta cuestión, y de allí no podemos ni afirmar ni deducir que la razón formal de la sustantividad, la suficiencia constitucional, sea definida como control específico e independencia del medio. Es en la obra *Estructura Dinámica de la Realidad* donde, al

el "tal" pende de esta unidad eucariótica "tal" actualizada en este "tal" constructo eucariótico. Me parece interesante que, de hecho, la morfología de la estructura constructa en eucariotas y procariotas difiera significativamente. Consciente de que esto aquí apuntado requiere de una profunda reflexión, tan sólo he querido orientar una posible investigación.

17 SE, p. 172.

reflexionar nuevamente sobre la vitalización de la materia, el autor precisa este asunto.

Zubiri expone las características de la sustantividad estructural de los organismos vivos y dice que esas estructuras ejercen

> una enorme actividad precisamente para persistir en su propia sustantividad, en su propia identidad de sustantividad. (...) Aquí –continua el autor– no solamente existe algo estable, sino que hay una estabilidad para la estabilidad misma.[18]

Ya parafraseamos esta cita anteriormente anunciando que sería ahora cuando ahondaríamos en su significado. Zubiri la precisa en tres puntos: primero, que "la estructura viva adquiere, en cierto modo, el carácter de una distancia activa, que cuanto más viva sea más se separa del Universo"[19]. En segundo lugar, la actividad respectiva de distanciamiento (frente a las demás cosas del Universo) no es una distinción de mera persistencia, sino es una actividad de equilibrio dinámico, lo que Zubiri llama actividad dinámica reversible[20]. Tercero, y he aquí la clave:

> para mantener su propia estructura, para mantener su propia sustantividad, cobra un carácter muy preciso en su diferencia de las cosas que le rodean. A saber: tiene una cierta independencia del medio, y cierto control sobre él. Ni qué decir tiene que cuanto más vivo sea un ser viviente tiene más independencia del medio y más control específico sobre ese medio.[21]

Páginas después, profundizando en la índole de la actividad dinámica del viviente, aparece por segunda vez citada la independencia del medio y el control específico:

> He ahí la primera descripción de la actividad de un ser viviente: Es independiente del medio y con control específico sobre él, para organizar unas respuestas adecuadas en orden a la persistencia de su sustantividad, en virtud de

18 EDR, p. 165.
19 EDR, p. 164.
20 Cfr. EDR, p. 166.
21 EDR, p. 166.

una situación que ha interrumpido aquel equilibrio en que se encontraba. Que no es ningún equilibrio deseable, porque si no tuviera suscitación ninguna se moriría el viviente.[22]

Ya no cabe duda de que Zubiri no define la suficiencia constitucional como independencia del medio y control específico sobre él. La independencia y el control es una descripción de la actividad de un ser viviente, acciones que expresan una suficiencia no en orden a la constitución, sino *en orden a la persistencia de la sustantividad.*[23]

Explicado esto, nos encontramos en disposición de analizar críticamente la reflexión de Gracia sobre el desarrollo embrionario cuando define la suficiencia constitucional con la independencia y control específico del medio:

22 EDR, p. 172. La última cita, y haciendo de nuevo referencia a la gradación, Zubiri afirma: "A medida que vamos creciendo en la escala biológica aparece precisamente el viviente dotado cada vez más de algo que se aproxima a lo que es la sustantividad real y efectiva: es decir: a la independencia plenaria respecto del medio, y al control específico sobre él." (cfr. EDR, p. 201). En esta cita cabe señalar que el "algo" de lo que está dotado es la actividad, actividad que, como veremos a continuación, no puede definir la razón formal de la sustantivad.

23 En la distinción entre la doble función talitativa de las notas que Zubiri explica en *Sobre el hombre* se corrobora lo que aquí sostengo. Por un lado, las notas poseen una función actuante: las notas actúan en la acción de la sustantividad, son determinantes de sus actos, lo que Zubiri simplifica con la denominación nota como "potencia de actos" (cfr. SH, pp. 90-91). Por otro lado, las notas poseen la función de principio. "Como potencia [como determinante de actos], la nota está ordenada a la actuación; como principio, la nota está ordenada a la constitución. Los principios son principios de las notas de su 'de'; son principios del 'de'. Así todo cuanto dije de los caracteres propios del sistema, a saber, posición, complexión, actualidad, son caracteres fundados en las notas como principios. En cambio, todo lo referente a la diversidad de acciones por dominancia de las notas, concierne a las notas como potencias de actos. En rigor, formalmente la estructura no es sistema de potencias, sino sistema de principios." (SH, p. 91). Se observa también aquí con claridad que la reflexión sobre la independencia y control del medio se mueve en orden a la actuación y no en orden a su constitución (orden, este último, donde está en juego la suficiencia constitucional del sistema).

> Lo que llamamos código genético es el resultado de ese juego entre genes y ambiente, que está gobernado no por los genes, sino por el ambiente. Los genes son mero resultado. Y no resultado total. Es el medio el que acepta o rechaza un gen, un rasgo biológico y, más en general, un ser vivo. De lo que cabe concluir que el ser vivo existe sólo cuando es capaz de sobrevivir autónomamente como tal en un medio determinado; es decir, cuando está dotado de "suficiencia constitucional", que Zubiri definió como independencia del medio y control específico sobre él.[24]

La actividad del ser vivo no define la suficiencia constitucional, sino que se fundamenta en ella: porque la realidad es sustantiva, es decir, porque posee suficiencia en el orden de la constitución, su actividad en orden a la persistencia es una actividad dinámica reversible con un carácter distintivo frente a la actividad de los sistemas que no son combinaciones funcionales.

Tal y como hemos mostrado, la independencia del medio y el control específico no es ni la definición de la sustantividad ni el modo como ha de entenderse la suficiencia constitucional: es la descripción de las actividades de una realidad que, ya sustantiva –orden constitucional– organiza una respuesta –orden operativo– para su persistencia.

En las reflexiones sobre el estatuto del embrión, Gracia y Alonso Bedate presentan la suficiencia constitucional desde la otra perspectiva. Se entiende entonces la inquietud de expertos que, habiendo reflexionado sobre el estatuto del embrión y el papel del material genético, han atendido a las exposiciones de Gracia. Traigamos a colación dos figuras representativas del panorama español a este respecto: César Nombela y Nicolás Jouve. Nombela escribe:

> cuando la suficiencia constitucional se identifica con un proceso, no con un acontecimiento biológico, que puede necesitar un tiempo pero que está bien definido, la cuestión queda subsumida en una nebulosa aún mayor. Cuestiones como cuándo, cómo y por qué se ha alcanzado la suficiencia constitucional no están resueltas. La propuesta es incapaz de contradecir el

---

24 GRACIA, D. "El estatuto de las células embrionarias", en MAYOR ZARAGOZA, F., BEDATE, C.A. (coords.), "Gen-Ética", Barcelona: Ariel Editorial, 2003, p. 70.

hecho de que todo el desarrollo embrionario es un proceso encadenado, sin que ningún otro hecho marque una solución de continuidad desde la fecundación.[25]

Como se pone de manifiesto en esta cita, cuando la suficiencia constitucional se sitúa en el orden procesual el discurso metabiológico es equívoco y denota falta de rigor. Tal y como apunta Nombela, la suficiencia constitucional habría de identificarse "con un acontecimiento biológico", esto es, un "acontecer", acontecimiento que no es sino la realidad sustantiva en orden constitucional.

Vemos ahora cómo Nicolás Jouve sintetiza el planteamiento de Diego Gracia:

> Así, el Prof. Diego Gracia centra el debate sobre el valor humano del embrión en desarrollo en el concepto filosófico de constitución y, dejando a un lado que el hilo conductor del desarrollo embrionario está dirigido por la información genética configurada en la concepción, se plantea cuándo el ser naciente tiene entidad constitutiva, es decir cuándo se le debe atribuir la realidad de ser humano. Como buen seguidor de Xavier Zubiri, el Dr. Gracia se plantea el momento en que a lo largo del desarrollo la estructura en crecimiento adquiere suficiencia constitucional de acuerdo con la terminología acuñada por el filósofo Xavier Zubiri señalaba que para que haya suficiencia constitucional debe haber sustantividad y Diego Gracia no reconoce en la información genética constituida en el momento de la fecundación la sustantividad necesaria para que exista suficiencia constitucional.[26]

Una lectura minuciosa de la argumentación y los términos de esta redacción muestra la distancia de lo que allí se plantea con lo alcanzado en la exposición sobre la teoría zubiriana de la sustantividad y de la esencia que, siguiendo con cautela la letra de Zubiri, hemos realizado en esta investigación.

---

25 NOMBELA, C. "Células madre", Madrid: Editorial Edaf, S.L. 2007, p. 193.

26 JOUVE, N. "Entidad del embrión Humano. Una explicación genética del desarrollo embrionario y la macroevolución", Arbil. 2004, 103. [Publicación en línea] <www.arbil.org/103jouv.htm> [Consultado el 18 de junio del 2009].

Sin reflexionar desde una perspectiva zubiriana, encontramos otros autores que apuntan que lo epigenético es esencial en el desarrollo orgánico dejando bien claro que lo es en orden a la supervivencia. Leamos a Urbano Ferrer:

> Su identidad biológica no está contraída a los componentes químicos nucleares, sino que le es asimismo esencial el desarrollo logrado en la comunicación con el medio y que se acusa ya en el embrión, en tanto que entabla un primer diálogo bioquímico con la madre, del que depende su supervivencia.[27]

Dicho esto, podemos completar con más precisión lo dicho con motivo de las disfunciones en el desarrollo que apuntamos en el capítulo quinto: por la estructuración en orden constitucional, la unidad en combinación funcional organiza una respuesta para su persistencia, persistencia que se traduce en independencia y control específico del medio. Pues bien, una disfunción estructural del sistema sustantivo podrá afectar a la respuesta de la unidad sistemática frente al medio y verse disminuido su grado de independencia y control; pero esta disminución no cuestiona ni define la unidad constitucional, la individualidad internamente modulada o la suficiencia constitucional del sistema.

Aquí podemos traer a colación la "totipotencialidad" y profundizar en el sentido que, a mi juicio, ha de responder este término. El sistema es un "todo pudiendo", pero no es el "pudiendo" lo que define o en lo que se fundamenta el "todo"; sería más bien al revés: porque es "todo", "esta pudiendo", pero tampoco así la fórmula expresa con radicalidad lo que acontece en las estructuras vivas: el "todo" no esta pudiendo "algo", el "todo" está pudiendo ser "todo" en su dinamismo interno[28], sigue "todo" en su interna deter-

27 FERRER, U. "De la teoría de sistemas a la unidad teleológica del viviente" Logos. Anales del Seminario de Metafísica. 2007, 40: p. 10. He de señalar que aunque en el texto de Urbano Ferrer aparece el término "constitutivo", este no se enmarca en el contexto de reflexión zubiriano.

28 En este sentido Núñez de Castro afirma, en mi opinión, que "en cualquier momento de su ciclo vital se manifiesta actualmente '*todo el organismo*' en

minación, y ni en ese "todo" ni en ese "poder" nos salimos del orden constitucional. Por ello, la actividad del "todo" en orden a la independencia y control del medio da por hecho, por muy ineficaz, efímera o mínima que sea esa respuesta, la unidad suficiente en orden constitucional.

Concluimos, por un lado, que solo sometiéndonos al orden constitucional podemos caracterizar correctamente desde un punto de vista zubiriano los sistemas sustantivos. Ahora se entenderá porqué es posible afirmar que los virus, al igual que los perros, entran dentro de la clasificación de sustantividades: que necesiten para su expansión mecanismos de otros sistemas no cuestiona la suficiencia constitucional del sistema. Es decir, que el modo de replicarse[29] de la estructura sustantiva vírica requiera de relaciones con otros sistemas que implican actividades conjuntas precisas (relaciones que se han definido desde la biología como parásitas donde los virus poseen el título de "parásitos obligados") no afecta a la suficiencia constitucional debidamente entendida. De hecho, tal y como hemos visto que expone Zubiri, en orden a las actividades siempre nos encontramos con "cierta" independencia y control, con unos sistemas con "más" independencia y control que otros.[30] De todas maneras, y en relación con los virus, la dependencia de células huesped para la replicación fue uno de los problemas que encontró la biología a la hora de clasificarlos como seres vivos, pero no el más importante, ya que, aunque por otros motivos –por dependencia adaptativa asociada a la reducción de ciertos genes–, algunas bacterias han sido clasificadas como patógenas intracelulares obligadas –por ejemplo, la *Rickettsia prowazekii*[31] o la *Chlamidia trachoma-*

---

la fase correspondiente." (NÚÑEZ DE CASTRO, I. "Notas sobre el estatuto ontológico del embrión" en FEITO, L. (ed.) "Bioética: La cuestión de la dignidad", Madrid: Universidad Pontifica de Comillas, 2004, p. 197.

29 Esta confusión habitual ya señalada no es sino muestra de cómo el sistema está ciertamente fundamentado en el subsistema constitutivo.

30 Cfr. EDR, p. 166.

31 Cfr. BAUMANN, P., MORAN, A.N., BAUMMAN, L. "Bacteriocyte-Associated Endosymbionts of Insects" en DWORKIN, M., FALKOW, S.,

tis[32]– y no por ello se ha dudado de su consideración de seres vivos. Más importante que la dependencia para la replicación ha sido el hecho de que los virus carezcan de estructura celular, estructura considerada como unidad básica de todo organismo vivo. En mi opinión, para la clasificación de los virus desde un punto de vista metabiológico no es importante si la estructura es talitativamente similar a la que encontramos en las bacterias y organismos pluricelulares, sino si esta estructura y su dinamismo responde a la caracterización de una realidad sustantiva. Desde un análisis estructural del sistema y atendiendo a la suficiencia constitucional, entiendo que no encontramos diferencias entre los virus y organismos unicelulares y pluricelulares a la hora de clasificarlos como realidades sustantivas.

Por otro lado concluimos, después de este amplio paréntesis vírico, que el hecho de que el embrión en un determinado estadio requiere para su persistencia una precisa relación con el sistema sustantivo materno no solo no cuestiona su suficiencia constitucional sino que, fieles a la letra zubiriana, la requiere, pues en ella se fundamenta.

2.3 Análisis de la actividad y despliegue del SpG

2.3.1 Aclaración previa

En este apartado traeré a colación una interesante reflexión de Zubiri recogida en *Sobre el hombre* donde precisa el significado de "actividad" y "despliegue", nociones con las que podremos describir con rigor lo acontecido a nivel intracelular. La exposición de la "actividad" requiere una aclaración previa que no podremos dejar de tener en consideración.

ROSENBERG, E., SCHLEIFER, K.H., STACKEBRANDT, E. "The Prokaryotes" 3° ed. New York: Springer, 1999, vol.1, p. 416.

32 Cfr. STEPHENS, R.S., KALMA, S., LAMMEL, C. et al. "Genome sequence of an obligate intracellular pathogens of humans: Chlamidia trachomatis", Science. 1982: pp. 754-759.

Es desde el análisis de lo que es una sustantividad abierta (el hombre) y la unicidad de su acción desde donde el autor precisa los distintos significados de la acción que aquí nos interesan. En este contexto, Zubiri parece no tener presente lo que en el capítulo segundo y quinto nos hemos esmerado por diferenciar siguiendo con atención su letra en *Sobre la esencia*: la diferencia entre la estructura esencial y la constitucional, la diferencia entre el constructo y el sistema de notas constitucionales.

En los dos primeros puntos del subapartado titulado "Carácter estructural de la apertura humana"[33] recogidos en *Sobre el Hombre*, lugar donde Zubiri propone la tipificación de las acciones que pretendo rescatar, nos encontramos esa correspondencia entre lo constitutivo y constitucional. Es importante percatarse de que Zubiri realiza allí una exposición en orden a la actividad y no en el orden "constitucional". Una cosa es atender a un sistema ordenado a su "constitución", es decir, establecer criterios de constitucionalidad y esencialidad en clave funcional atendiendo a su interna determinación (análisis acontecido en *Sobre la esencia*) y otra es explicar un sistema sustantivo desde la unicidad de su acción. A mi juicio, aunque esto que aquí afirmo se desprende de aquel texto recogido en *Sobre el hombre*, Zubiri no lo aclara suficientemente y utiliza el término "constructo" para referirse a todo el sistema.

> He aquí cómo y por qué el sistema estructural de la sustantividad humana es el fundamento de la unicidad de su acción. Lo es porque la sustantividad es un "de", un sistema constructo.[34]

Este hecho ha sido uno en los que se han apoyado aquellas interpretaciones traídas ya a colación que, no sometidas a coordenadas de constitución en clave funcional y aludiendo a las incoherencias resultantes de sus lecturas, han abogado por la necesidad de reformular su metafísica pues, según dicen, el mismo autor, sin atreverse

33 SH, pp. 72-88.
34 SH, pp. 73-74.

a dar el paso definitivo, apuntaba a que todo lo constitucional es esencial.[35]

A mi entender, para comprender el por qué de esta redacción es necesario tener presente que lo que Zubiri está explicando es la necesaria apertura del hombre traducida en un hacerse cargo de la realidad donde entran en juego "a una" todas las notas constitutivas entendidas como un constructo psico-orgánico.

> En virtud de la unicidad de la acción, esta apertura no pertenece al sistema en virtud sólo de las notas psíquicas (inteligencia, sentimiento, voluntad) sino también en virtud de las notas todas, inclusive de las fisicoquímicas.[36]

Por este motivo, a mi juicio, Zubiri no diferencia como lo hizo en *Sobre la esencia* la estructura constitucional y el constructo esencial, pues aquí su objetivo no es explicar la interna determinación y la fundamentación de lo constitucional en lo constitutivo, sino mostrar que es la precisa estructura sustantiva en la que se funda la unicidad de la acción. Es lógico entonces que Zubiri denomine en este contexto a todo el sistema constitucional como "constructo", pues no es sino un modo de apuntar que el sistema constitucional es constitucional y su estructura es tal por ser un sistema en interna determinación fundado en su momento último, en el subsistema constitutivo. En conclusión: de lo que habla allí no es de un "fundar" entre lo constitucional y lo constitutivo bajo coordenadas constitucionales, sino en el "fundar" de la unidad de la acción en el sistema.

Por todo esto entiendo que Zubiri, en este contexto, aplique la noción de "nota-de" a todo el sistema constitucional: en la línea de la acción no encontramos la distinción entre lo constitutivo y lo

35 Recordamos ahora la cita traída ya a colación: "He intentado mostrar en este trabajo que, como dice Zubiri, lo constitucional no es accidental (adventicio). Y, además, que esto sólo puede significar, aunque Zubiri no se atreva a sostenerlo explícitamente, que lo constitucional es esencial." (FERNÁNDEZ BEITES, P. "Sobre la esencia... humana", Pensamiento. 2007, 63(236): p. 265).

36 SH, p. 74.

meramente constitucional existente bajo coordenadas de "constitución" en clave funcional. Por nuestra parte, trasladaremos sin prestar atención a ese detalle ya justificado el rico análisis de la descripción de la acción y su unidad al desarrollo del SpG.

2.3.2 Posicionalidad, solidaridad y corporeidad

El autor afirma que el "de" es, como dejamos explicado, ante todo, posicional: "cada nota tiene una posición precisa en el sistema, en virtud de la función organizadora de este en su constructo estructural."[37]

Atendiendo al carácter dinámico de la realidad sustantiva y al desarrollo explicitado anteriormente, se observa que la modificación de la actividad de una nota va a modificar necesariamente la actividad de todas las demás. Dicho negativamente: "Una nota no puede modificar su actividad sin modificar la actividad de las demás."[38]

> ninguna nota actúa suelta y por su cuenta, por así decirlo, sino que a pesar de actuar según sus internas propiedades actúa siempre sistemáticamente, esto es, como siendo "nota-de". Por tanto, su actividad es siempre y sólo "actividad-de" todas las demás.[39]

Pero lo importante aquí no es que una nota modifica todas las demás, sino que la modifica de forma "absolutamente concreta, esto es, según el orden de la organización, según el orden de la posición del sistema."[40]

> La modificación se va propagando "solidariamente" según la posición que cada una de las demás notas ocupa en el sistema. (…) Las acciones son diver-

37 SH, p. 76.

38 SH, p. 77.

39 SH, p. 73. Aquí vemos que esa afirmación se cumple en la descripción tanto de las notas constitucionales frente a todas las demás como de las notas en las que consiste el constructo.

40 SH, p. 77.

sas no sólo por la distinta posición de cada nota en el sistema entero, sino porque su modificación modifica la configuración del *complexus*.[41]

Una nota es "de" las demás, y que el "de" sea ante todo un "de" posicional no significa que solo tenga ese carácter. Zubiri dice que el "de" es también "de" solidariamente, motivo por el cual el sistema tiene carácter complexivo[42]. Desde mi punto de vista podemos reconocer el carácter complexivo del sistema en los cambios epigenómicos y su propagación en todo el SpG. Atendamos la exposición del autor:

> Por razón de su complexividad, las notas no son solamente momentos especificantes, sino también momentos configurantes de la actividad total del sistema. La actividad es una e indivisa con unidad de complexión, de configuración, de solidaridad. La modificación de la actividad de cada nota lo que hace es cambiar (sea cualquiera el mecanismo de este cambio, que puede ser muy distinto según la notas), por el mero hecho de su modificación, la configuración entera de la actividad del sistema en virtud del carácter complexivo de este. Es una modificación de la configuración, y la totalidad así modificada es lo que determina la modificación del trabajo de las demás notas del sistema.[43]

En el contexto del desarrollo del SpG observamos que los distintos epigenomas del único momento genómico del sistema determinan la modificación del trabajo –el metabolismo celular– de las demás notas de cada blastómero; pero siendo uno el momento genómico (cuya función es "a una" en todos los epigenomas) modifica la configuración entera de la actividad del sistema (por lo que el sistema posee una unidad de acción). Este carácter complexivo también se observa de forma clara en las oscilaciones de calcio fruto de la interacción gamética y las modificaciones que estas producen en la configuración de la actividad del SpP.

41 SH, p. 77.
42 Cfr. SH, pp. 76-79.
43 SH, p. 78.

> La modificación en un punto no actúa *necesariamente* "sobre" otro punto (aunque en ciertas notas fisicoquímicas pueda hacerlo), sino que actúa "en" la onda, y lo que hace en ella es cambiar su configuración, con lo cual es la onda la que arrastra de forma distinta a los demás puntos. Es más que una "interacción", una "propagación".[44]

Podemos afirmar que el momento genómico a lo largo de todo el devenir del SpG en sus distintas configuraciones epigenéticas produce "una única acción 'ondulatoriamente' diversa en cada instante."[45] Dijimos en primer lugar que el "de" era un "de" posicional; por la complexividad del sistema constitucional, un "de" solidario y, como ahora trataremos, también es un "de" corpóreamente entendido.

> por la función de la corporeidad del sistema, cada nota, según su posición y complexión, determina de modo diverso la actualidad, la presencialidad del sistema. ¿Dónde? En la realidad. Por su corporeidad, la sustantividad humana tiene su actualidad propia: está aquí en la realidad. Tiene cuerpo en la realidad.[46]

Lo que nos interesa aquí es que, en este nivel por el que la nota es "de" las demás con las que forma sistema, cada nota determina la presencialidad del sistema, la corporalidad. El concepto de fenotipo entendido como "las características observables de un organismo, producidas por la interacción de su genotipo y el ambiente"[47] podría encajar perfectamente con esta dimensión de la nota como modo de determinar la figura estructural de la actualidad, actualidad entendida como modo de "estar aquí".[48]

---

44 SH, p. 78.
45 SH, p. 79.
46 SH, p. 79.
47 JOUVE, N. "Explorando los genes", Madrid: Ediciones Encuentro, S.A., 2008, p. 487.
48 Cfr. SH, p. 80.

esta actualidad puede ser, y es de hecho, muy variable a lo largo de la actividad de la sustantividad. No siempre se es igualmente "actual", igualmente "presente".[49]

Efectivamente, la sustantividad humana tiene así diferente actualidad o presencia en el SpG 0 (cigoto), en SpG 5 (mórula) y en SpG7 (blastocisto). Queda así expuesto completamente el triple carácter estructural en la riqueza concreta del "de" y mostrado cómo podemos observar en la realidad del SpG dicha caracterización atendiendo a la actividad interna del sistema.

2.3.3 Actividad accional y actividad disposicional

Aun siendo toda acción de la sustantividad una actuación del sistema con todas sus notas –por la integridad de las mismas y complexividad del sistema–, internamente nos encontramos con una gran diversidad de acciones. En una primera aproximación, la acción que encontramos en el interior de un sistema sustantivo vendrá marcada por el predominio de unas notas sobre otras, la dominancia: "la diversidad de acción en la integridad de las notas es formalmente una 'dominancia' de unas notas sobre otras en la acción del sistema entero."[50]

La dominancia de unas sobre otras puede abordarse, por un lado, desde las notas y sus actividades (es decir, fijarnos en qué aporta cada nota y su actividad al sistema), pero hay un modo más radical de abordar esa dominancia: atender a cómo aporta cada nota esa acción, de qué manera trabajan las notas dentro del sistema entero y para el sistema entero[51].

Zubiri dice que es el sistema íntegro el que realiza una acción, pero dentro del mismo, hay unas notas que determinan el carácter total de la acción polarizando al resto de las notas. La acción de este conjunto de notas polarizantes determina la actuación de las demás notas polarizadas. La acción de las notas polarizantes responde a un

49 SH, pp. 80-81.
50 SH, p. 81.
51 Cfr. SH, p. 82.

trabajo "accional", y las notas polarizadas actúan no en forma accional, sino "ordenados a la acción de las polarizantes: es el trabajo en disponibilidad."[52]

> Disponibilidad no es un "manejo extrínseco" o "instrumental", sino una indeterminación intrínseca y estructuralmente determinada en orden a distintas acciones del sistema entero, esto es, en orden a distintas polarizaciones.[53]

No es difícil encontrar en el SpG este modo de trabajar para el sistema entero. En cada epigenoma, el momento genómico posee una configuración estructural y bioquímica concreta que permitirá que esa célula esté configurada por un transcriptoma y apogenoma determinado. Esto explica que, por ejemplo, los genes activos de una célula del embrioblasto sean distintos a los genes activos de una del trofoblasto, y es fundamentalmente –que no solo– por esa configuración epigenética –por ese epigenoma diferencial– que una célula conforma el embrioblasto y otra el trofoblasto. Pues bien, serán las notas que configuran las secuencias de nucleótidos implicadas en la expresión de los genes, la maquinaria envuelta en la transcripción y sus productos las notas que estarán en actividad accional, quedando el resto de notas, "en disposición" por la onda expansiva fruto de la acción accional de las secuencias de ADN expresadas.

Aunque compleja (porque las cosas mismas a nivel molecular son complejas), es difícil encontrar mejor descripción de lo que acontece en el SpG que la aquí expresada, descripción que, ahora sintéticamente y sin entrar en detalles, podría formularse del siguiente modo: en la expresión génica está implicada una modificación bioquímica del ADN y de las fibras cromatínicas, modificación que se traduce en cambios en el metabolismo celular que se propagan a modo de onda expansiva.

Atendiendo ahora al material genético de un epigenoma no implicado directamente en la transcripción activa, podemos decir que aquellas notas poseen una actividad muy concreta: actúan dis-

52 SH, p. 83.
53 SH, p. 83.

poniblemente, quedan a disposición. Pero esto no implica que siempre sean las mismas secuencias de ADN las que actúan accionalmente mientras otras actúan siempre en disponibilidad: tal y como ocurre en el proceso de diferenciación (y en el propio ciclo celular), los epigenomas van cambiando su configuración a medida que avanza el desarrollo:

> Este modo de trabajo puede variar, y varía, en el curso de la acción del sistema: lo que ahora trabaja en disponibilidad puede pasar a trabajar accionalmente, y recíprocamente.[54]

Ahora ya podemos ofrecer una respuesta más precisa a algo que abordamos en el capítulo sexto con motivo de la suposición de la falta de actividad en el genoma en las primeras doce horas del sistema. Ahora podemos decir que los genes no expresados antes de SpM no están sin actividad: están en actividad disposicional. Esto queda corroborado con dos hechos experimentales: primero, aquel que demuestra que al variar la frecuencia de oscilaciones de iones calcio, la expresión génica "esperada" en estadios posteriores se ve afectada[55]; y segundo, por la importancia del microRNA-34c de origen paterno para que tenga lugar la síntesis de proteínas en el sistema unicelular en estado de pronúcleos[56]. Estos descubrimientos nos permiten, acudiendo a las nociones zubirianas, a describir con precisión lo acontecido en SpG 0: algunas secuencias nucleotídicas se encuentran, durante las primeras horas tras la interacción gamética, implicadas en la expresión génica necesaria para los sucesivos ciclos celulares al estar, en virtud del carácter complexivo del siste-

---

54 SH, pp. 83-84.

55 Cfr. OZIL, J.P. *et al.* "Ca+ oscillatory pattern in fertilized mouse eggs affects gene expression and development to term", Developmental Biology. 2006, 300 (2): pp. 534-544.

56 WEI-MIN LIUA, B., RONALD T. K. PANG, PHILIP C. N. CHIUA, BENANCY, P. C. WONG, KAIQIN LAO, KAI-FAI LEE, WILLIAM S. B. YEUNGA "Sperm-borne microRNA-34c is required for the first cleavage division in mouse", Proceedings of the National Academy of Sciences. 2012, 109 (2): pp. 490-494

ma, en actividad disposicional frente a la actividad accional del micro ARN-34 y de algunos metabolitos reguladores a los que va a afectar las oscilaciones de calcio.

Desde una sistematización rigurosa del significado de actividad y un análisis preciso de los hechos biológicos, corroboramos que en SpP el genoma no solo se encuentra, como concluimos, en actividad accional: si atendemos también a la regulación de la configuración epigenómica, podemos afirmar que desde el inicio de la fecundación el material genético se encuentra en actividad disposicional.

2.4 La estructura dinámica del SpG

2.4.1 Despliegue del SpG

Para el análisis del dinamismo que observamos en la proliferación celular y, en esta, de la proliferación de epigenomas, es necesario traer a colación el concepto de "despliegue" que Zubiri introduce en *Espacio, Tiempo y Materia* con motivo del análisis del dinamismo de la materia.

Zubiri dice que "el dar de sí según cambio es justo lo que formalmente constituye el *despliegue*: es el dinamismo en cambio"[57] que "no nos saca de lo que ya es formalmente la realidad material, sino que en cierto modo nos sumerge más en ella"[58]. El dinamismo material no es formalmente cambio aunque siempre involucre tal momento.

> En todo despliegue hay algo que en cierto modo está "plegado" y pasa a estar "desplegado". En este sentido hay cambio. Pero este cambio es tal que en él no salimos de la estructura misma: lo desplegado es justo la estructura misma. Cambiando no se ha salido de la estructura; sólo se ha dado de sí.[59]

57 ETM, p. 464.
58 ETM, p. 444.
59 ETM, p. 464.

Me parece sorprendente cómo con esta reflexión metabiológica sobre el dinamismo de la materia viva se puede comprender el dinamismo del SpG y, más concretamente, el despliegue constitutivo del genoma: a la hora de atender a la replicación del momento genómico del epigenoma, no vemos sino un despliegue de la estructura del ADN. El "darse de sí" es el desplegar de la estructura misma en desarrollo, desarrollo que implica un cambio entendido como transformación epigenética en el que no se sale de la estructura misma.

Ciertamente la estructura entendida como la secuencia de bases nucleotídicas que configura el momento genómico es, como hemos mostrado, invariable; pero el despliegue no es primero despliegue de lo constitutivo y luego del resto del sistema, o despliegue de lo constitutivo con "independencia" del resto del sistema: el despliegue que acontece en el sistema se funda constitucionalmente en su momento constitutivo, despliegue estructural necesitado necesitantemente del sistema constitucional por ser lo constitutivo tan solo momento –último y fundante, pero momento– de un único sistema constitucional. Zubiri hace un apunte muy interesante con motivo del despliegue:

> las potencialidades no son algo que se da o no se da, sino que son algo que se va determinando "*en cascada*", por así decirlo, esto es, progredientemente. La potenciación es esencialmente progrediente. Y esta determinación en *cascada* es justo *la esencia del despliegue.*[60]

Las potencialidades progredientes hacen en esta obra referencia al desarrollo y variación que ya salieron con motivo de la determinación de la esencia de lo meramente constitucional y adventicio. Presentemos ahora el desarrollo, tal y como lo hace Zubiri, como "virtualidad", y veremos como en este "dar de sí" reside la explicación última del sentido en el que he afirmado la totipotencialidad de los seres vivos.

60 ETM, p. 479.

2.4.2 Variación y Desarrollo del SpG

Traeremos ahora a colación dos precisiones del libro *Espacio, Tiempo y Materia* sobre la variación y desarrollo para abordar completamente este despliegue de la sustantividad en el SpG.

La variación consistía en la alteración de las notas adventicias, momento por el cual cada estructura prefija el ámbito donde puede variar, variación, en última instancia, posibilitada por el principio estructurante. En aquel libro, Zubiri la define como potenciación progrediente: potenciación pues no todas las cosas materiales tienen potencialidades para que advenga a ella cualquier cosa, y progrediente "porque las nuevas notas se van determinando en función de las notas adventicias anteriores"[61]. Pero el despliegue que más nos interesa en esta investigación es el desarrollo, que "no concierne a la determinación de las notas constitutivas, pero sí a la transformación de las constitucionales. La capacidad de esta transformación es justo la virtualidad. Y la transformación misma es el desarrollo"[62].

Pues bien, Zubiri entiende el "poder" del dar de sí en el cambio que observa en los sistemas constitucionales no como algo que es principio de cambio a otra cosa, sino a un cambio que nos sumerge cada vez más en su estructura; y a esa "capacidad de transformación" es a lo que llama "virtualidad", "poder" que, "ejecutado", es desarrollo. Como vemos, el "poder" no es devenir, sino que "es" actualmente en la estructura misma. El SpG no es germen porque conduzca a un organismo adulto, sino que conduce a un organismo adulto porque es germen,

> La virtualidad no atiende más que al término de un proceso, pero nuestro poder, aunque sea un poder cambiando, concierne a la estructura "procededora" misma, no al cambiar mismo como virtualidad ni como potencia. Es algo que concierne a la estructura misma en cuanto *determinante* estructural en el cambio. La bellota no es germen porque germina, sino que germina porque es germen.[63]

---

61 ETM, p. 480.
62 ETM, p. 480.
63 ETM, p. 467.

Lo que actualmente algo puede dar de sí es algo que debe incluirse como momento formal y actual suyo. Zubiri se está moviendo, en este análisis, en el orden de la constitución, orden más radical que el operacional. En él hemos de ubicar el "todo" y el "pudiendo" del "todo pudiendo" con el que nos propusimos describir a cada ser vivo, totipotencialidad ahora explicada correctamente bajo coordenadas constitucionales.

La dinámica que implica a los factores epigenéticos en la transformación del SpG se explica de forma muy precisa con el concepto de desarrollo y variación tal y como los entiende Zubiri. Ahora, habiendo traído también a colación el concepto de actividad, estamos en disposición de entender en todo su alcance la exposición realizada de "desarrollo". Aunque ciertamente la actividad es una por ser único el sistema sustantivo en dinamismo, el sistema puede abordarse desde distintas perspectivas (por ejemplo, en orden a la originación o en orden a la persistencia). Es importante recordar de nuevo que, a la hora de abordar la sustantividad en desarrollo, nos tenemos que situar en el orden constitucional. Decíamos que el desarrollo no concierne a la determinación de notas constitutivas, sino a la transformación de las constitucionales constitutivas, siendo la transformación misma, desarrollo.

El desarrollo del SpG entendido desde la precisa definición que hace Zubiri sobre la estructura dinámica del sistema constitucional (es decir, la transformación de notas meramente constitucionales y la variación de las adventicias) se ajusta de una forma precisa a lo que acontece en el devenir del SpG. La transformación de los factores epigenéticos –notas constitucionales no constitutivas– es el responsable de ese desarrollo del sistema constitucional. Una nota adventicia, por ejemplo, un metabolito del ambioma incorporado al sistema, adquirirá carácter constitucional cuando, dicho en una primera aproximación, sea necesario para el sistema; pero es en el momento genómico del sistema, como dejamos explicado, en el que se fundamenta la nota constitucional, fundamentación entendida como determinación de su posición y función en el sistema. Por otro lado, afirmar la necesidad necesitante de lo constitutivo implica, al ser este un momento del sistema constitucional, que esa nota es requerida para todo el sistema. Tener presentes estos matices no es sino entender correctamente la estrecha relación entre lo constitutivo y el resto del sistema constitucional, entendiendo el subsistema como momento del único sistema constitucional sustantivo.

Tal y como hemos mostrado a lo largo de la investigación, afirmar que lo constitutivo es el momento genómico y que, a su vez, en el desarrollo del sistema sustantivo el genoma necesita de factores epigenéticos, no solo es totalmente compatible con la consideración esencial de lo constitutivo desde una perspectiva zubiriana, sino también necesario.

Nos queda pendiente, una vez recordado todo esto, analizar si desde una perspectiva zubiriana el desarrollo de SpG comienza en SpP o SpM. Dejamos anotado que desde la salida del segundo corpúsculo polar podemos afirmar que tenemos una célula diploide, y que todo lo observado en el SpG nos indicaba la existencia de un dinamismo unidireccional totipotencial en el devenir del sistema que denominamos sincrogenización.

Dejamos también descrito cómo en esta célula y desde el mismo vertido del núcleo de origen espermático, se no mostraba el dinamismo unitario en los cambios epigenéticos y en la aparición de nuevas subestructuras celulares (por ejemplo, las fibras cromatínicas y la membrana pronuclear masculina). Pues bien, al encontrar en el análisis del sistema unicelular la transformación de notas constitucionales no constitutivas fundadas en el invariable momento constitutivo desde el mismo momento del vertido del núcleo, diremos que el desarrollo de la sustantividad comienza desde el mismo momento que nos encontramos ante dicha sustantividad.

Es decir, en el caso del sistema celular totipotencial sincrogenizado y tras el análisis de la actividad de las notas, afirmamos, por ahora, que el desarrollo comienza desde el inicio del SpP, corroborando, desde una perspectiva zubiriana, lo que alcanzamos tras un análisis no sistematizado del dinamismo unitario del sistema.

De todas manera, la pregunta sobre cúando comienza el desarrollo en SpG es una pregunta, en sentido filosófico y desde la perspectiva constitucional zubiriana, mal formulada. Los problemas y ambigüedades ya apuntados en el capítulo seis con lo relativo a la distinción entre un "proceso constituyente" del cigoto y cuándo este comienza el desarrollo derivan, justamente, de no reconocer la intrínseca determinación del viviente como lo característico de su modo de ser: los seres vivos no son una estructura que se desarrolla, lo característico de la estructura del viviente es que "es" en desarrollo. En los vivientes, decir estructura es estar afirmando "en desarrollo".

Esta es una de las grandes ventajas de la descripción dinámica estructurante de los organismos: además de tener siempre presente y dar prioridad a la unidad, mantiene, con justicia, la temporalidad como variable intrínseca, evitando así, como muchas otras aproximaciones, paralizar al viviente antes de comenzar si quiera a reflexionar sobre él. Por otra parte, atender a los organismos vivos, y en particular al SpG, como sustantividades –entendiendo "sustantividad" y "desarrollo" con toda la hondura de la teoría de la esencia– es un modo de comprender y explicar el dinamismo embrionario que incorpora y sitúa coherentemente y sin titubeos los datos que la ciencia nos va descubriendo.

Zubiri se limita a comprender la estructura de las cosas reales en su dinamismo con su teoría de la sustantividad, y lo que aquí hemos pretendido no es sino corroborar que cuando nos encontramos ante el sistema resultante desde la interacción gamética (SpP) podemos afirmar que ese sistema posee una sincrogenización unidireccional totipotencial que nos indica que lo que allí acontece puede caracterizarse como sustantividad en intrínseco desarrollo.

3 Momento genómico del SpG: la esencia

3.1 Momento genómico como subsistema constitutivo del SpG

El análisis de la esencia puede enfocarse desde el punto de vista de sus notas o desde el punto de vista de la unidad de sus notas, pero es importante no olvidar que lo constitutivo no puede entenderse conceptivamente –como mero concepto o abstracción–, sino físicamente bajo coordenadas de "constitución". El sistema constitucional, como no nos cansamos de repetir, se funda en el sistema de notas últimas, las cuales van a determinar que las notas meramente constitucionales lo sean y, con ello, el modo intrínseco y propio de ser algo física e irreductiblemente uno.

Profundizaré ahora en la suposición que considera que el subsistema de notas constitucionales constitutivas en el SpG es el momento genómico del epigenoma. Recordemos que la esencia como momento es momento entitativo y no operacional, y

> no se trata de un momento que concierne a las actividades o pasividades de una cosa respecto a las demás, sino de un momento que concierne a las notas que hemos llamado de tipo formal y de carácter constitucional.[64]

Introducimos, sin más explicación, el término de "momento genómico" por el de "genoma", y dejamos pendiente su justificación. En este subapartado, y hasta el final del capítulo, iremos perfilando esta noción.

El momento genómico del epigenoma no es una segunda "cosa" dentro del SpG (y, de modo general, de cualquier organismo), sino tan solo un momento del SpG que desempeña una función propia no en orden a la especiación, sino en orden a la estructura misma de la realidad. Es importante hacer hincapié en este asunto. Decir "epigenoma" y "momento genómico del epigenoma" podrían, aparentemente, equipararse, ya que el momento genómico

64 SE, pp. 180-181.

no se da sino en un epigenoma. Pero, para ser precisos, es el momento genómico del sistema el que es único momento constitutivo, momento inseparable de un solo epigenoma[65] en SpG 0, y de la multiplicidad de epigenomas en los siguientes estadios del SpG. En definitiva, el momento genómico es inseparable del sistema constitucional.

Desde la relación entre esencia y sustantividad de la teoría zubiriana, y tal y como hemos apuntado a lo largo de la investigación, se puede ofrecer un modelo explicativo de la relación entre el momento genómico y el conjunto de biomoléculas que configuran el sistema. La biología del desarrollo no deja lugar a dudas de que el momento genómico del epigenoma (supongamos, de un SpG 0), aun siendo "lo esencial" desde un punto de vista puramente intuitivo, requiere para su funcionamiento una maquinaria no genética que le ofrezca soporte estructural básico (nunca en orden a la constitución), así como un conjunto de biomoléculas celulares que le ofrezcan estabilidad y garantice el desarrollo. Querer identificar al genoma como una entidad independiente es, como hemos indicado, un error[66]. Es decir, la información que se desprende de la biología celular corrobora la licitud de considerar lo genético como momento del sistema constitucional que forma SpG 0 (1) en el sentido zubiriano: como algo no separable.

Hay un hecho biológico explicitado anteriormente que me ayudará a profundizar en la diferencia entre el momento esencial y la constitución del SpG. Es bien conocida la técnica de la clonación: mediante la extracción de un núcleo de célula epidérmica de un adulto y la posterior introducción de este en un óvulo enuclea-

65 Hasta tal punto es así que cuando en una clonación se "separa" el material genético de una célula para introducirla en otro no se separa "el genoma", sino el epigenoma.

66 Desde unas coordenadas no zubirianas la reflexión del profesor Alejandro Serani es muy clarificadora a este respecto, cfr. SERANI MERLO, A. "El viviente humano. Estudios biofilosóficos y antropológicos", Pamplona: Eunsa, 2000, pp. 65-68.

do[67], esa célula se reconfigura en una célula totipotencial correspondiente a lo que hemos denominado SpG 0. Es decir, un epigenoma unipotencial es reconfigurado en y por el citoplasma del óvulo enucleado, siendo este citoplasma modificado a su vez por el epigenoma.

Hemos señalado cómo, en la clonación, el ambiente citoplasmático del óvulo no era suficiente para formar un sistema con sincrogenización totipotencial unidireccional y que, en el caso que tras una reprogramación artificial previa se originara un SpG, las secuelas en la salud de organismo clónico serían significativas. Por otro lado, apuntamos que distintos clones derivados de un mismo individuo presentan fenotipos distintos por la influencia epigenética y ambiental, apuntando al caso extremo que acontece en las abejas.

Por todo ello es importante tener presente la siguiente diferencia para el análisis del momento genómico del (o de los) epigenoma(s) como subsistema constitutivo del SpG: una cosa es analizar el carácter individual del SpG y otro el carácter individual del genoma. Recordemos este fundamental pasaje: la realidad sustantiva "no es una realidad meramente singular, sino una unidad intrínsecamente determinada en su modo de ser 'una', y este modo es lo que he llamado 'constitución' en sentido filosófico."[68]

Lo constitutivo es por sí solo y dentro del sistema constitucional, algo individual. El individuo es tan solo el sistema individual completo, pero es su sistema de notas constitutivas, es decir, el momento genómico del sistema, el que confiere (por su función) individualidad al SpG. El individuo es todo el sistema aunque "su

67 Cfr. CAMPBELL, KH., MCWHIR, J., RITCHIE. W.A., WILMUT, I. "Sheep cloned by nuclear transfer from a cultured cell line", Nature. 1996, 380: pp. 64-66.

68 SE, p. 212. Dicho con otras palabras y desde otra perspectiva: "La individualidad orgánica de cada ser humano se funda sobre la singularidad del proceso ordenado de desarrollo y no sobre la unicidad del genoma" (GUERRA LÓPEZ, R. "Hacia una ontología del embrión humano", (Versión 2.2), Actas del Tercer Congreso Internacional de Centros e Instituciones de Bioética de Inspiración Personalista, Ciudad de México, 29 de Septiembre de 2005, p. 14).

'individualidad' le viene de su 'momento' constitutivo"[69], y al SpG, de su momento genómico.

El sistema cobra carácter individual porque la esencia es la raíz de la individualidad[70]. Porque en lo constitutivo radica la individualidad, las demás notas, como fundadas que son en el subsistema esencial, configuran un sistema individual. Pero si atendemos al planteamiento zubiriano en coordenadas de "constitución" en clave funcional, del "modo de ser uno" del sistema es responsable todo el sistema constitucional pues todo él está en interna determinación. Es importante en este punto atender a que la individualidad internamente modulada consistía justamente en la determinación sistemática por lo constitutivo a modo de determinación funcional, es decir, determinando la función de esa nota con respecto a todas las demás y en orden al sistema, en definitiva, "estructurando la estructura".

Pues bien, tal y como apuntamos, que lo constitutivo determine la función no implica ni la "eficacia" ni el "cómo" se lleve a cabo esa función: lo constitutivo necesita necesitantemente a "algo" que haga una función concreta en orden al sistema y a su individualidad, individualidad entendida, por ello, como interna determinación.

Por ello se entiende que afirmar que dos organismos clónicos (o gemelos monocigóticos) poseen la misma esencia y que por ello tendrían que ser "iguales" responde a una consideración reduccionista y superficial de lo que es esencia y constitución, afirmación que no atiende a la riqueza y profundidad del planteamiento zubiriano.

Como hemos mostrado a lo largo de la investigación, atendiendo al preciso planteamiento de Zubiri aquí expuesto en el orden de la constitución, es no solo razonable sino necesario que cuatro individuos clónicos sean cuatro individuos constitucionalmente únicos aunque su secuencia de nucleótidos sea equivalente.

---

69 SE, p. 212.

70 Cfr. SE, p. 213.

3.2 La mismidad como momento constitutivo del SpG

La caracterización de la sustantividad deriva del momento esencial que late en el sistema sustantivo. Analicemos brevemente lo concerniente a la mismidad. Además de ser absolutas e individuales, las notas de la esencia son constitutivamente inalterables en la línea de la mismidad. No es que no sean alterables: para que el sistema sustantivo siga siendo el mismo, no tienen que ser alterables. Aplicar esta descripción al material genético, explicaría, todavía intuitivamente, la cautela compartida por la comunidad científica de no modificar el material genético de ningún cigoto cuando la intención es permitir que este lleve su desarrollo a término.

Hay notas que cuando se alteran no alteran la mismidad de lo real, solo la modifican o modulan: "esto real deja, ciertamente, de ser 'lo' mismo, pero continúa siendo 'el' mismo."[71] Y he aquí donde se aprecia con más precisión la diferencia entre el momento genómico del sistema y el resto del sistema constitucional: el momento genómico es, si atendemos a sus notas, una secuencia de nucleótidos, en principio, invariable. Esta secuencia adquiere una configuración diferencial en cada epigenoma siendo las notas no genómicas –epigenéticas– del epigenoma las que, alterándose, modifican y modulan el SpG no alterando por ello la mismidad del momento genómico. Si a lo largo del desarrollo espacio temporal el SpG es el mismo sin ser lo mismo, lo es –considerando ahora la esencia en su talidad y no en su unidad– por la mismidad del momento genómico aunque, como acabamos de ver, este posea distintas configuraciones epigenómicas.

Al alterarse las notas constitucionales constitutivas, por el contrario, ya no se tendría "el" mismo, se tiene "otra" realidad. Es en este sentido que decimos que las notas constitucionales constitutivas son inalterables y por lo que "la esencia constituye precisa y formalmente el momento de mismidad"[72]. Que el SpG sea siempre

71 SE, p. 249.
72 SE, p. 249.

"el" mismo sin ser "lo" mismo deriva[73] del momento genómico del epigenoma en cuanto momento esencial del SpG, momento fundante del resto de las notas constitucionales y adventicias. Para entender qué quiere Zubiri afirmar con esto, tendremos que profundizar en la fundamentalidad del genoma pues la inalterabilidad no ha de afectar a la talidad en cuanto que talidad, sino a la función que hace que "ese" contenido sea talidad esencial.

3.3 Función del genoma en el SpG

Zubiri dice que la esencia siempre es esencia por la función que sus notas, las constitutivas, desempeñan en el sistema: "la esencia no es esencia por las notas según su consideración absoluta, sino según la función que estas notas desempeñan en la cosa real"[74]. Ellacuría comenta esta cita zubiriana magistralmente, y con ella me he posicionado a lo largo de la lectura que he realizado en este libro:

> Aquí se ve claro cómo no se trata de funcionalismo alguno, sino de un llegar efectivo a lo que la esencia es entitativamente según su propia realidad física. La "consideración absoluta" no es, por tanto, indiferente para nuestro problema: nuestro problema, en efecto, no es saber qué es la esencia de una cosa determinada, sino saber en qué consiste la realidad misma de ser esencia, y derivadamente, si se quiere, cómo se puede llegar a conocer lo que es la esencia de cada cosa a través de la función que ha de desempeñar en ella para ser su esencia física.[75]

---

73 Es importante atender al verbo que he utilizado aquí, "derivar". Es un reduccionismo afirmar que el SpG es "el mismo" tan sólo porque el genoma es "el mismo". Pero hay que apreciar la precisión de Zubiri: así como el genoma es tan sólo un momento genómico del único sistema constitucional, la mismidad del momento genómico no es sino momento de la mismidad única del sistema completo. Al estar analizando tan sólo la esencia en su aspecto talitativo sin haber llegado todavía al análisis de la unidad, nos encontramos con estas limitaciones que pronto subsanaremos.

74 SE, p. 183.

75 ELLACURÍA, I. "Principalidad de la esencia en Xavier Zubiri", Madrid: Universidad Complutense. Facultad de Filosofía, 1965, Tomo 2, p. 342.

Procederé a recordar el análisis de Zubiri sobre el carácter de la función de la esencia para perfilar el momento genómico del epigenoma y apoyar su reconocimiento como el subsistema esencial del SpG.

La esencia es, "en primer lugar, una función 'individual'"[76] en orden a la estructura misma de la realidad individual: "la esencia es esencia por una función que físicamente desempeña en la realidad individual."[77] En segundo lugar, es una función individual constitucional que concierne a la sustantividad[78], es decir, "es una función en orden a la 'suficiencia', esto es, en orden a la clausura y totalidad del sistema constitucional en cuanto tal."[79] Dicho con otras palabras: además de ser momento último (absoluto, individual e inalterable), la esencia posee función estructurante y sistematizadora de la sustantividad, es decir, determina la índole y la posición de las demás notas, determinación que hace de las notas estructura y de la multiplicidad sistema.

La función sistematizadora del momento genómico del epigenoma ha quedado ya explicitada a lo largo de la investigación quedando patente en la sincrogenización del sistema.

Por su importancia, recordémoslo una vez más: el SpG 0 (1) posee una sincronización unidireccional totipotencial entre los elementos biológicos, no genéticos y genéticos, que apuntan a una primera división.

La totipotencialidad biológica, dijimos, viene definida por la sincrogenización, con lo cual diremos que el sistema es una estructura sustantiva si posee una sincrogenización totipotencial. Esta sincrogenización, tal y como hemos mostrado a lo largo de la investigación, se fundamenta en la función estructurante y sistematizadora del momento genómico del epigenoma del SpG0, el subsistema esencial del sistema. Como vemos, es atendiendo a su función des-

---

76 SE, p. 183.
77 SE, p. 183.
78 Cfr. SE, p. 185.
79 SE, pp. 185-186.

de donde podemos asegurar que el momento genómico del epigenoma es el subsistema esencial del SpG.

Esto que hemos sistematizado hasta ahora recoge lo que desde análisis metabiológicos sobre la realidad embrionaria se realizan desde otras perspectivas. El significado de "base" y "soporte de la unidad estructural y funcional del embrión" de la siguiente reflexión ya traída a colación anteriormente del profesor Angelo Serra, se pueden sistematizar y comprender desde la teoría metafísica de la sustantividad y esencia zubiriana:

> es precisamente el nuevo genoma, que se establece en la fecundación, la base y el constante soporte de la unidad estructural y funcional del embrión, que se desarrolla a lo largo de una trayectoria que mantiene siempre una dirección bien definida.[80]

Pero desde el planteamiento zubiriano podemos también comprender lo expresado en los manuales de genética:

> La expresión génica es el proceso por el cual la información en la doble hélice de ADN se convierte en los ARN y las proteínas cuyas actividades le confieren a una célula sus características morfológicas y funcionales.[81]

Entiendo que estas son dos citas representativas en cuanto al modo de describir el metabolismo intracelular de dos obras significativas, la primera llevada a cabo en un contexto de reflexión interdisciplinar –como es el caso del texto de los profesores Serra y Colombo– y, la segunda, liderada por el descubridor de la doble hélice de ADN, reconocida obra de carácter estrictamente científico.

---

80 SERRA, A., COLOMBO, R. "Identidad y estatuto del embrión humano: la contribución de la biología" en "Identidad y Estatuto del embrión humano", Madrid: Ediciones Internacionales Universitarias SA., 2000, p. 129. p. 137.

81 WATSON, J. D., BAKER T. A. *et al.* "Biología Molecular del Gen", 5° ed. Madrid: Panamericana Editorial Médica, 2008, p. 404.

Pues bien, concluiré este apartado con un ejercicio de relación: uniré ambas citas y pondré entre paréntesis la noción o ámbito del sistema filosófico zubiriano desde el cual se pueden comprender:

> es precisamente el nuevo genoma (momento genómico del epigenona), que se establece en la fecundación, la base (fundamento) y el constante (dinamismo en interna determinación) soporte (principio estructurante) de la unidad estructural (unidad constitucional) y funcional (combinación funcional) del embrión (SpG), que se desarrolla (transformación de notas constitucionales no constitutivas), a lo largo de una trayectoria (SpG) que mantiene siempre una dirección bien definida (unidireccionalidad). La expresión génica (transformación de notas constitucionales no constitutivas) es el proceso (interna determinación) por el cual la información en la doble hélice de ADN (talidad del momento genómico) se convierte en los ARN y las proteínas (notas constitucionales) cuyas actividades (accional y disposicional) le confieren (propagación y solidaridad) a una célula sus características morfológicas (corporeidad) y funcionales (propiedades sistemáticas).

4 La unidad esencial en el SpG

4.1 El momento esencial en cuanto que unidad

Parece que podríamos sostener que hemos aplicado completamente el análisis metafísico zubiriano de la esencia al desarrollo del embrión preimplantatorio, pero no es así. Zubiri da un paso más y nos indica qué se esconde bajo ese aparente completo análisis del subsistema de notas constitucionales constitutivas: la unidad esencial. Será desde el análisis de la unidad esencial desde donde tendremos que retroceder sobre el camino recorrido y desde donde cobrará pleno sentido y rigor la teoría de la sustantividad zubiriana. Además, ahora la noción de "momento genómico" quedará completamente perfilada.

La esencia es principio por lo que respecta a sus notas, pero también por lo que respecta a la unidad de las mismas notas que lo forman. No bastaba con describir que un sistema consiste en elementos en interacción. Para Zubiri en la posición entendida como función de cada nota estaba, del modo ya explicitado, el subsistema completo: la función era "a una" en todo el constructo, y por ello tenía una estructura distintiva y definida frente a todas las demás notas y subsistemas constitucionales.

Recordemos qué tenemos en el SpG. En el SpG 0, explicamos, acontece una sincrogenización unidireccional totipotencial del sistema para alcanzar el estadio de dos células. A pesar de las dificultades que presentan los procesos moleculares tratados en el capítulo sexto que cuestionaban el inicio del sistema en SpP o en SpM, es relativamente sencillo abordar en un sistema unicelular y, más todavía desde un punto de vista constitucional, donde residía lo esencial. Intuitivamente nadie duda en otorgar al genoma en su configuración epigenómica una relevancia insustituible (por mucho que se quisiera adjudicar protagonismo a lo epigenético, lo epigenético sin lo genético, como el patronato sin patrimonio, perdería su propia denominación).

En un estadio pluricelular, por ejemplo, en SpG 1 (2,3), se entiende que cada blastómero no es totipotencial ni en el sentido antes por mí explicitado, ni, como vimos, en el sentido científico comúnmente aceptado. Es el sistema entero, es decir, SpG X, el "todo pudiendo" en ese momento factual del desarrollo, y es en el sistema –en su unidad– en el cual observamos la sincrogenización para alcanzar SpG X+1.

A mi juicio, ha pasado sorprendentemente inadvertido en la reflexión metabiológica sobre la importancia del genoma en los organismos el siguiente hecho: cuando se apoya o se critica al "genoma" como lo esencial o determinante del desarrollo orgánico –dejando ahora de lado el vacío que subyace habitualmente a esas palabras en ese contexto–, se entiende a este como el conjunto de material genético –o información genética– de una célula o individuo, pero esta acepción no es sino una abstracción e imprecisión que se aleja de un análisis sobre la realidad biológica que acontece en el plano físico.

Alejarse de lo físico del "genoma" ha sido la causa por la que no ha habido que enfrentarse a una cuestión obvia si nos acercamos fieles a una actitud anclada en lo físico: en SpG 2 (4567), aun con idéntico momento genómico, tenemos cuatro epigenomas distintos.

Es un hecho que, físicamente, tenemos cuatro estructuras genómicas. Se podrá decir que el momento genómico de los cuatro epigenomas "se repite", pero no tenemos sino cuatro estructuras genómicas que, aun repitiendo la misma secuencia nucleotídica, son físicamente distintas (una no es otra) con, además, una configuración bioquímica del ADN y de las fibras de cromatina diferencial.

Pero, de hecho, tenemos el mismo problema en SpG 0 (1): ciertamente tenemos dos moléculas de ADN con distinta información para los mismos caracteres. Es decir, el genoma no está sino formado por dos momentos físicos (material genético de origen materno y paterno) que, aun en perfecta sincronización asimétrica de expresión génica, son dos momentos físicamente distinguibles[82]. La expresión diferencial coordinada de los juegos de origen paterno y materno en SpG 0 no es prueba sino de una multiplicidad de notas del genoma que nosotros hemos precisado como "momento genómico".

Por ello, es necesario matizar ahora a qué y cómo llamaremos a lo esencial, no ya de un sistema unicelular, sino de un sistema pluricelular[83], teniendo en consideración la unidad. Cuando nos encon-

82 Habría que matizar que en el ciclo celular mitótico también nos encontramos con mecanismos de recombinación homóloga que permite, por ejemplo, el intercambio genético y la reparación de las cadenas de ADN rotas entre cromosomas homólogos (cfr. WATSON, J. D., BAKER T. A. *et al.* "Biología Molecular del Gen", 5° ed. Madrid: Panamericana Editorial Médica, 2008, pp. 279-314).

83 Podríamos también describir lo acontecido en SpG no tanto como una proliferación celular donde cada célula tendría una configuración genómica diferencial –lo que hemos hecho hasta ahora–, sino como una replicación y modificación epigenética de cada una de las moléculas de origen materno y paterno a lo largo de la proliferación celular. Para ser exactos, en el ciclo celular, en parte del periodo S, en G2 y en M antes de la citocinesis, nos encontramos con una sola célula con el material genético replicado. No tenemos un sistema con dos moléculas de ADN de origen y configuración dis-

trábamos con SpG 0, el análisis era sencillo: el momento genómico del epigenoma coincidía con el momento epigenómico del sistema. En SpG 2, tenemos cuatro epigenomas y cada uno con un mismo momento genómico, pero ciertamente estamos ante cuatro "unidades" físicamente distintas de ADN que no por ser secuencias repetidas dejan de ser una multiplicidad. Por ello, ahora que abordaré el problema atendiendo a su unidad, me referiré a cada una de ellas como nota genómica-de, notas "genómica-de" todo el resto de notas "genómica-de", modo, ahora sí preciso, de describir el momento genómico como término constructo.

La unidad de ese funcionamiento (el "a una") se tiene que dar, con lo dicho, en dos ámbitos: por un lado en la coordinación asimétrica de la expresión de secuencias concretas de ADN en los juegos de origen materno y paterno de una misma célula; y, por otro lado, en la coordinación diferencial en la expresión de epigenomas distintos entre células distintas en caso que SpG sea pluricelular.

Visto así y atendiendo a la replicación, lo cierto es que la coordinación entre epigenomas distintos se funda en la coordinación entre las moléculas de origen paterno y materno previa a la replicación. Dicho esto, parece razonable pensar que será antes de la primera replicación, es decir, en SpP (pues recordemos que la replicación comienza en las primerísimas horas tras interacción gamética en el estado pronuclear) cuando podemos atender al "fundamento" del desarrollo constitucional.

Por otro lado, y siendo precisos, el momento constitutivo que se repite de forma invariable, el "momento genómico" en todos los epigenomas, no es sino un momento invariable para cada molécula de distinto origen que configuran el genoma. De todas las maneras,

---

tinta, sino dos pares de moléculas donde en cada par una es réplica de la otra. Así que, otorgando importancia al material genético y no a la citocinesis podríamos hablar –simplificándolo para lo que aquí nos ocupa– de una etapa en la que la célula posee 46 moléculas de ADN (23 de origen materno y 23 paterno) y otra en la que posee 92 (23 repetidas de origen materno –es decir, 46– y otras 23 repetidas de origen paterno).

el momento constitutivo es invariable, y sea en su estado unicelular o pluricelular, el análisis de la unidad que encontramos entre sus notas constitutivas tendrá que ser el mismo. Para este problema Zubiri aporta una reflexión filosófica sin la cual no es posible comprender completamente qué entiende Zubiri por esencia ni, desde mi punto de vista, entender al momento genómico del sistema como lo constitutivo: la unidad esencial[84].

4.2 La unidad esencial en el planteamiento zubiriano

¿Cómo entiende Zubiri la unidad de la esencia? [85] Son cuatro los requisitos que el autor establecía como punto de partida para el análisis de la unidad esencial. Los recordamos ahora.

1. "La esencia es un sistema de notas constitutivas; por tanto, en cuanto sistema es algo 'uno', es una *unidad* esencial".[86]
2. "Esta unidad esencial es un carácter en orden a formar un sistema *por sí mismas*"[87] –ultimidad–. El problema es pues desmenuzar el significado del *por sí mismas*.

84 Es significativo señalar que en la bibliografía secundaria de Zubiri no encontramos, con la excepción de la tesis de Ignacio Ellacuría de más de mil cien páginas (ELLACURÍA, I. "Principalidad de la esencia en Xavier Zubiri", Madrid: Universidad Complutense. Facultad de Filosofía, 1965), ningún texto que aborde de forma sistemática y rigurosa esta cuestión en la que está fundamentada la teoría de la sustantividad y gira toda la metafísica zubiriana. A su vez, con lo que respecta a la bibliografía que aborda la problemática del embrión preimplantatorio desde una perspectiva zubiriana, a diferencia de términos como personeidad y personalidad, talidad, constitutivo y suficiencia constitucional, no aparece en ninguno de los trabajos recogidos en la bibliografía de esta tesis reflexiones sistemáticas sobre la "unidad esencial."

85 "La síntesis de notas constitutivas no es el acto que constituye la unidad de la esencia, sino que, por lo contrario, es la unidad de la esencia la que, 'en cierto modo' constituye la síntesis del acto. No hay unidad porque haya síntesis de notas, sino hay síntesis de notas porque hay unidad." (SE, p. 284).

86 SE, p. 285.

87 SE, p. 285.

3. "'por sí mismas' no significa 'en sí mismas' (...) 'por sí mismas' es un momento de las notas según su propia y formal realidad física."[88]
4. El momento físico 'por sí mismas' tiene dos aspectos: uno *intrínseco* suyo por el cual cada nota está vertida 'desde sí' hacia las demás y constituye una unidad, a la que denomina solidaridad; y otro según el cual cada nota está vertida 'desde sí misma' hacia las demás 'de antemano', formando no solo una unidad, sino una unidad *primaria.*[89]

Dos son las cuestiones a tratar del problema de la unidad esencial: su razón formal intrínseca y primariedad. Recuperaremos ahora el análisis de la unidad esencial para un ejercicio de reconocimiento en el SpG.

Recordemos brevemente lo ya expuesto: ¿qué significa que las notas constitutivas tengan un intrínseco vertido desde sí hacia las demás? Zubiri reconoce esencial a aquello que en orden a la constitución no está fundado en nada que no sea sí mismo (momento último) y porque, además, determina funcionalmente a todas aquellas notas que entran en juego en interna determinación. Zubiri se percata que esas notas poseen una estructura diferencial al resto: su función es "a una", es decir, en la función de cada nota está la función de todas las demás, y por ello dice que en lo que la esencia consiste es en una estructura donde cada notas está pre-relacionada con el resto de notas esenciales, son "notas-de".

Las "notas-de" solo pueden tener realidad física esencial con todas las notas del subsistema constitutivo de esta esencia física, así que Zubiri dirá que la razón formal de la nota esencial será co-herir con las demás, cohesión exigida previamente por la unidad. La unidad esencial es, entonces, unidad entre notas, unidad de coherencia, unidad que exige esa coherencia, y lo exige de antemano, previamente. Esta es una brevísima síntesis de la caracterización zubiriana ya presentada en el segundo capítulo de la unidad esencial como

88 SE, p. 285.
89 Cfr. SE, pp. 285-286.

coherencial, exigencial y primaria. No será fácil separar estos tres caracteres en indisoluble unidad, pero haré un esfuerzo por rastrear cada uno de ellos en el análisis del SpG y completar así la caracterización esencial del momento genómico del SpG propuesta en esta investigación.

4.3 Unidad coherencial en el SpG

Situémonos en el subsistema de notas constitucionales constitutivas. Recordamos lo ya explicitado, su carácter estricto y formal es ser "nota-de" las demás, carácter conferido por la unidad coherencial previa al constructo. He aquí un primer esbozo de la unidad coherencial en su "anterioridad":

> las notas son lo que son físicamente, tan sólo en la unidad del sistema [constitutivo], una unidad *per se* cuya índole formal es ser unidad coherencial. Y por esto es por lo que la unidad es "anterior" a las notas.[90]

El término constructo siempre presupone al término absoluto, de ahí que la unidad está en cada nota como momento absoluto y, de alguna manera, es previa a la realidad física de la nota. ¿Cuál es esa manera de estar previa? Si el carácter de las notas de la esencia es ser "notas-de" las demás, el carácter de la unidad coherencial es ser "en" todas las notas del subsistema constitutivo. Profundizando en el "de" Zubiri alcanza el "en", "en" que no hace sino referencia a la pertenencia intrínseca de cada nota a todas las demás, a la versión interna de cada nota a todas las demás; el "de" de quien las notas son "notas-de" no es simplemente 'todas las demás' sino el "todo unitario", es decir, la unidad esencial misma.

En el SpG se puede apreciar la unidad esencial coherencial en el sentido zubiriano recién explicado. Lo explicamos ahora: la "nota genómica-de" un epigenoma, junto con el resto de "notas genómicas-de", configura el único momento genómico de SpG 2 (4,5,6,7).

90 SE, p. 324.

Y es ahora, a mi juicio, cuando se observa con claridad porqué se ajusta con tanta precisión la teoría zubiriana de la esencia a la realidad genética: en un organismo pluricelular, pongamos, en SpG 2, el momento genómico del sistema funciona "a una", es decir, su esencial función (determinación funcional) no es un sumatorio de funciones que confieren unidad esencial a la esencia.

Si atendemos ahora a la unidad en la multiplicidad celular de una organismo, podemos afirmar que cada nota genómica-de lo es porque su función está "a una" en la función de todas las demás notas que forman el único momento esencial. Y es el "a una" del funcionamiento del momento genómico en la multiplicidad de notas "genómicas-de" observado en un organismo pluricelular lo que, a mi juicio, hizo a Zubiri preguntarse por la fundamentalidad del material genético y proponer una teoría que, en coordenadas constitucionales de interna determinación, explicara el papel funcional estructurante del material genético desde la unidad esencial.

Si atendemos a la unidad constitucional, la biología nos confirma que la célula del SpG "sabe" qué posición ocupa en el sistema y "conoce", además de su propia realidad, la realidad de los otros blastómeros por contactos intercelulares. Pero en el caso de la "unidad" que esencializa a las notas intuida por Zubiri en el constructo, la biología nos muestra también que cada nota genómica-de retiene el número de divisiones que arrastra el momento genómico en cada epigenoma y una copia original de una de las hebras de ADN del epigenoma que le precede, reteniendo así huellas físicas y bioquímicas de un origen común que se remonta hasta el SpG 0 (1).

Dicho esto, podemos precisar más ese momento constitutivo del sistema constitucional, es decir, el momento genómico del sistema. En el plano talitativo de la esencia el momento genómico es invariable, absoluto y único y por ello tenemos (normalmente[91])

91 Apuntamos la posibilidad de que una línea de iPS pudiera generar ratones adultos completos mediante la complementación de estas células en blastocistos tetraploides (cfr. KANG, L. *et al.* iPS cells can support full-term development of tetraploid blastocyst-complemented embryos", Cell Stem Cell. 2009, 5: pp. 135-138; cfr. ZHAO, X. *et al.* "iPS cells produce viable mice

una misma secuencia de nucleótidos, secuencia que reposa sobre sí mima en el orden constitucional.

Pero la esencialidad del momento genómico del sistema talitativamente "repetido" en cada nota genómica-de no reposa ni sobre sí mismo ni sobre la unión con el resto de notas genómicas-de: la esencialidad reposa sobre un intrínseco momento suyo, a saber, sobre "la unidad esencial" del sistema, unidad cuyos frutos se ven en la sincrogenización no ya de una célula, ni de la relación de unas con otras, sino en la sincrogenización coherencial del sistema. La unidad esencial del sistema está "en" cada nota genómica-de, y es por esa unidad por la que cada nota genómica-de "a una" funciona con el resto, es decir, es constructo. Dicha unidad esencial la encontramos por primera vez esenciando "a" o, más exactamente, esenciada "en" la intrínseca versión de las dos moléculas de ADN de distinto origen en SpP, unidad esencial por lo que cada molécula de ADN es ya nota-de, momento desde el que ya podemos hablar del momento esencial del sistema en todo su alcance y, lo que es lo mismo, de un sistema sustantivo.

4.4 La unidad exigencial en el SpG

La unidad esencial domina intrínsecamente en cada "nota-de" como exigencia del todo, siendo esta unidad momento exigencial de cada nota. Como expusimos anteriormente, la unión intrínseca de cada nota con todas las demás se da de forma precisa:

> Cada nota, pues, no sólo está en unión intrínseca con las demás, sino que este estar es algo más que mero estar, es un estar exigitivo. No es una unidad

---

through tetraploid complementation", Nature. 2009, 461: pp. 86-90 y cfr. BOLAND, M. *et al.* "Adult mice generated from induced pluripotent stem cells", Nature. 2009, 461: pp. 91-94). En este caso, nos encontramos ante un estadio del SpG con dos "genomas" distintos. Este hecho será analizado en breve.

tan sólo en el sentido de la indivisión, sino en el positivo de la exigencialidad.[92]

La unidad coherencial "no es sólo unidad indisoluble *por sí misma*, sino unidad exigitiva de lo otro *desde sí mismo*."[93] Tal y como dejamos explicado en el capítulo segundo, el exigir entitativo es el carácter positivo de la unidad coherencial, exigencia del todo por parte de cada nota.

Llegados a este punto, no es difícil de captar esta unidad coherencial exigencial en el desarrollo del SpG. La sincrogenización totipotencial del SpG no es sino muestra de la unidad coherencial cuyo estar exigitivo –entendido como necesidad interna constitutiva que es desde sí– queda patente en la realidad del embrión preimplantatorio. La unidad coherencial del SpG X es "una" y "en" cada nota genómica y, diremos –y justificaremos– la unidad exigitiva del SpG se nos mostrará en el dinamismo estructural del desarrollo preimplantacional.

Explicamos que la unidad domina físicamente las notas del subsistema. Veamos esto: afirmar que SpG 2 estaba contenido en SpG 1 puede entenderse de forma exigitiva causal (una es exigida por otra), pero, ni es eso a lo que apunta el autor en este contexto, ni es así como debe entenderse. Por un lado, SpG 2 es fruto de la necesidad interna de SpG 1, pero no hemos de hablar aquí de dos unidades distintas pues no hay que olvidar que en todo momento el sistema es el mismo, el SpG en desarrollo estructural dinámico, realidad mostrada y fundamentada en última instancia en la unidad esencial coherencial.

Donde queda patente esta exigencialidad fruto de la sincrogenización unitaria del sistema es en la capacidad autogenerativa del SpG. SpG 3 tiene un modo de estar constituido por su principio estructurante, principio constructo exigido por su unidad esencial: SpG 3 (P_4, T_4). Pues bien, cuando SpG 3 (P_4, T_3) se da a sí mismo, desde sí mismo, y por sí mismo el blastómero amputado para conti-

92 SE, p. 329.
93 SE, p. 331.

nuar su marcha, por ejemplo, (12), queda patente cómo la unidad coherencial en SpG 3 domina exigencialmente y físicamente las notas del subsistema esencial, momento genómico que, exigiéndose estar constituido en la plenitud concreta de su propia realidad formal, dirige la interna determinación para constituirse como SpG 3 (P_4, T_4).

Vemos en este caso con claridad la exigencia entitativa del SpG 3 (P_4,T_4) por parte del momento genómico del sistema, momento primariamente esenciado por la unidad esencial coherencial del único sistema constitucional, momento genómico a su vez fundante y necesitado necesitantemente de la maquinaria meramente constitucional. Necesitado necesitantemente porque, para conocer la pérdida, pongamos el mismo caso de SpG 3 (P_4,T_3), el sistema tiene que "saber" que algo le falta, saber dónde le falta y, lo que es más sorprendente, conocer la configuración epigenómica del blastómero desaparecido para poder "darse desde sí y por sí mismo" el blastómero perdido. Que el sistema se "percate" de la falta y del lugar de la célula se explica desde las estrechas conexiones intercelulares y continuo flujo de señales paracrinas. Pero el sistema, antes de reconfigurar el vacío y para poder continuar su marcha, ha de "saber" qué configuración epigenómica concreta poseía la célula desaparecida para reponerla lo más fiel posible y no dañar así la diferenciación celular (a corto, medio y largo plazo) y asegurar, en definitiva, la pervivencia del sistema como sistema sustantivo.

Esto, que puede parecer alejado de la realidad, es corroborado por lo que ya he anunciado antes: las ciencias nos hablan de la "memoria celular" o "memoria epigenética"[94] por la cual cada célu-

94 No hay que confundir este planteamiento con la hipótesis pseudocientífica habitualmente denominada "memoria celular" que aboga porque cada célula retiene los recuerdos, hábitos, intereses y gustos del sujeto, llegando a "entificar" el ADN y subordinar al organismo a este. Aquí quiero hacer referencia a la memoria celular entendida "como un mantenimiento a largo plazo de un patrón particular de expresión de genes a través de los ciclos de división celular" (HIROSE, S. "Crucial roles for chromatin dynamics in cellular memory", J. Biochem. 2007, 141 (5): p. 615). Reproduzco el siguiente texto que ofrece una idea correcta del alcance de esto que he apuntado: "Las

la (o grupo de células) del sistema puede retener en su nota genómica-de el número de replicaciones que "arrastra" desde SpG 0 (1) y, en su estructura epigenómica, el recorrido que han seguido gracias a las modificaciones epigenéticas que, a modo de huella, van quedando en él[95].

Esto hace que el sistema, por su único momento genómico "unitario" consistente en multiplicidad de epigenomas, pueda "resolver" situaciones que requieren un constante contacto intercelular donde haya interacción.[96]

---

células llevan la información transmitida de sus antepasados y son capaces de transmitir información a sus descendientes. La mayor parte de esta "memoria" se codifica en la secuencia de bases en el genoma de cada célula, con los ácidos nucleicos proporcionando la estabilidad y la alta heredabilidad exacta necesaria para la memoria en escalas de tiempo evolutivo [hasta aquí, lo ocurrido en relación con los mecanismos de generación]. En escalas de tiempo más cortos [lo que aquí nos interesa], las células también pueden heredar y transmitir información que no se almacena como cambios en su secuencia del genoma. Esta memoria "epigenética" celular implica señales transitorias manteniendo uno de por lo menos dos estados reguladores alternativos. Estos estados deben ser estables en el tiempo y deben ser heredados a través de la división celular. La memoria epigenética de células es particularmente importante en los organismos multicelulares, donde las células con genomas idénticos deben mantener identidades funcionales, a menudo en entornos similares o idénticos." (DODD, I.B., MICHEELSEN, M.A., SNEPPEN, K., THON G. "Theoretical analysis of epigenetic cell memory by nucleosome modification", Cell. 2007, 129 (4): pp. 813-822).

95 HIROSE, S. "Crucial roles for chromatin dynamics in cellular memory", J. Biochem. 2007, 141 (5): pp. 615-619; BIRD, A. "DNA methylation patterns and epigenetic memory", Genes Dev. 2002, 16 (1): 6-21;TURNER, B.M. "Cellular memory and the histone code", Cell. 2002, 111 (3): pp. 285-91.

96 "La interacción célula-célula en el nicho correspondiente activa los caminos de señalización intracelulares modificando el estado del genoma: informan a cada de las células de su identidad como parte de un todo bi-celular. La autoorganización asimétrica se mantiene a lo largo del desarrollo preimplantatorio implicando interacciones específicas intercelulares, y con ello expresión de genes diferentes en las células en función de la posición que ocupan en el embrión temprano. El desarrollo es por tanto un crecimiento acompañado de diferenciación, gracias a la información epigenética que permite la

Curiosamente, en hechos donde se pone en juego la persistencia del sistema, la suposición de Zubiri sobre la unidad estructural de lo real supera, de nuevo, el examen ante los datos ofrecidos por las ciencias.

4.5 iPS, blastocistos tetraploides y SpG: la unidad esencial primaria

Hay un asunto que dejamos pendiente en el capítulo tercero. Lo recordamos ahora para abordarlo con todas las armas que el planteamiento zubiriano nos ha otorgado.

Recientemente se mostró la posibilidad de que una línea de células madre inducidas (iPS) pudiera generar ratones adultos completos mediante la complementación de estas células a blastocistos tetraploides[97]. Para ello se obtuvieron blastocistos "vacíos", es decir, blastocistos con la capa de células externas o trofoblasto –capaces de generar las capas extraembrionarias– y carentes de las células de embrioblasto –las que derivarían en el cuerpo del feto–. Seguidamente se inyectaron iPS en el interior del blastocisto modificado para, posteriormente, proceder a la implantación del blastocisto en ratones hembra. De esa fusión e implantación nacieron ratones con las mismas características genéticas de los roedores utilizados para generar las iPS.[98]

---

trayectoria vital unitaria que hace del conjunto celular un organismo". (LÓPEZ MORATALLA, N. "El ser concebido individuo de nuestra especie", Aranjuez, 28 de julio de 2010, p. 8. Texto facilitado por la autora.

97 Cfr. KANG, L. *et al.* iPS cells can support full-term development of tetraploid blastocyst-complemented embryos", Cell Stem Cell. 2009, 5: pp. 135-138; cfr. ZHAO, X., LI, W., ZHUO, L. *et al.* "iPS cells produce viable mice through tetraploid complementation", Nature. 2009, 461: pp. 86-90 y cfr. BOLAND, M. *et al.* "Adult mice generated from induced pluripotent stem cells", Nature. 2009, 461: pp. 91-94.

98 El equipo de Zhao logró producir 31 ratones vivos y fértiles a partir de 37 líneas celulares iPS provenientes de fibroblastos de la piel (cfr. ZHAO, X., LI, W., ZHUO, L. *et al.* "iPS cells produce viable mice through tetraploid complementation", Nature. 2009, 461: pp. 86-90).

Esto muestra, por un lado, que durante parte del desarrollo embrionario de esos ratones tenemos distinta carga genética entre las células del trofoblasto y del embrioblasto. Es decir, tenemos un SpG con secuencias de ADN con un orden distinto de nucleótidos. Pero también muestra algo más sorprendente: que de la reunión de dos conglomerados biológicos celulares deviene un individuo. Analicemos esto con rigor.

En una fecundación también deviene un individuo de dos sistemas biológicos celulares. Se dirá que en el caso de la fecundación es una célula y no varias, pero si este origen no desconcierta, y aquel sí, es porque nos hemos inmunizado ante el sorprendente hecho de que de la reunión de dos células devenga un individuo.

Analizándolo pausadamente y con rigor, tenemos, en el caso de las iPS y blastocistos tetraploides, dos sistemas de materia viva que, fusionándose, van a formar un sistema en el que observamos sincrogenización unidireccional totipotencial. Es decir, ocurre exactamente lo mismo que observamos en la aparición de SpG 0. Por otro lado, aquel caso difiere del de las hipotéticas quimeras al suponer estas una ecuación distinta: dos sistemas sustantivos que, fusionándose, originarían uno. Pero esto no ocurre en el caso de las iPS y blastocistos tetraploides, es decir, aquí no encontramos problema alguno en ese sentido y, como veremos, en ninguno.

Con las herramientas que he propuesto la descripción es sencilla: el sistema devenido está en sincrogenización totipotencial unidireccional. Su explicación, entiendo, puede reafirmar la validez del planteamiento zubiriano en un punto. Hemos identificado la esencia con el momento genómico del sistema, y tras reconocer la esencialidad talitativa en la función del momento genómico del sistema, hemos rastreado en el SpG muestras de lo que Zubiri caracterizó como unidad esencial primaria. Es tarea imposible intentar, tal y como hice en esta investigación con un gráfico (véase figura 2.2), corroborar la actualización de la unidad esencial en cada nota genómica-de del SpG, unidad por lo que cada nota esencial es esencial.

La sincrogenización en el SpG de estos ratones no es sino muestra de la unidad que encontramos en el momento genómico del sistema, es decir, la unidad esencial en el constructo que consisten las "notas genómicas-de". Podríamos afirmar, desde Zubiri, que tras la fusión de ambos sistemas, nos encontramos ante un nuevo sistema donde unas notas han "sido" esenciadas al "ser" la unidad esencial "en" ellas: el constructo de "notas genómicas-de" lo está "siendo" habiendo "sido" esencializado, y el momento genómico es constructo en y por "su" unidad, y por su función estructural es estructura todo el sistema ya constitucional, ya sistema en combinación funcional. Esto no pretende ser una explicación del "origen" de los sistemas, sino una descripción de lo "ya esenciado", atendiendo a la unidad por la que la función es "a una" y por lo que el momento genómico es esencial, en definitiva, por lo que la esencia es esencia y la realidad, sustantiva.

Parece que se podría atribuir una falta de correspondencia entre lo que acontece en el experimento con los ratones y el planteamiento zubiriano por el hecho de que lo que usualmente suele denominarse "genoma" sea "distinto" entre las células del embrioblasto y trofoblasto. Traducido a los precisos términos que he empleado en esta investigación, observamos que en la multiplicidad de notas genómica-de en SpG 7 de estos ratones encontramos secuencias nucleotídicas distintas. Analicemos si desde la teoría de la sustantividad y la esencia se puede explicar este hecho mostrado por las ciencias o, por el contrario, anula nuestra propuesta.

Si atendemos al criterio zubiriano de esencialidad, la esencia lo es por la función que las notas desempeñan en el sistema: son determinantes funcionales del resto de notas constitucionales. En este sentido, reconocer la esencialidad de un subsistema con notas talitativamente distintas (en el sentido de no ser secuencias repetidas como usualmente suelen observarse en los organismos vivos) no tendría ningún problema, pues en ello no reside la esencialidad.

Atendamos ahora a la esencia en cuanto momento último. En orden a la constitución, en cuanto a su carácter factual (solamente ser real) en nada difiere del análisis sobre la factualidad del momento esencial de cualquier SpG. Con respecto al carácter entitativo individual en orden a la mismidad, recordamos que la mismidad es siempre del sistema constitucional entero, y lo es por su momento esencial, pero no porque la secuencia de nucleótidos sea la misma, sino porque el momento esencial posee una función constitucional individualizadora que se lleva a cabo de un modo preciso: es "constructo" porque su función es "a una", función que no es sino estructurante por lo que el sistema es estructura. Atendiendo en clave funcional y bajo coordenadas de interna determinación, no tiene problema ninguno que la secuencia de nucleótidos difiera: lo importante es que todas las notas "genómica-de" tengan "a una" la función por la que son constructo esencial. Que el "genoma" entendido como secuencia de bases se repita en todas las células no es el criterio de esencialidad.

Es ya conocida la existencia de organismos con grupos celulares con genomas de distinta procedencia, lo que se denominan quimeras. Con el planteamiento que aquí propongo, que la secuencia polinucleotídica difiera no afecta al motivo por el que reconocemos la esencialidad en el momento genómico del sistema: que su función en su multiplicidad talitativa sea "a una" es lo que caracteriza al momento genómico.

Estudios recientes sugieren que el cambio de un nucleótido en algunas secuencias de unión a factores de transcripción puede afectar al funcionamiento de esos elementos reguladores y, por consiguiente, a su metilación[99]. He de apuntar que estos cambios son los responsables, no del silenciamiento o activación de un gen, sino de la regulación del nivel de expresión (es decir, cuánto se expresa un gen o un grupo de genes de determinadas región). Por ese motivo, el que el funcionamiento sea "a una" admite una flexibilidad en la que también entran en juego no sólo modificaciones epigenéticas sino, también, cambios en la secuencia nucleotídica.

Atendiendo a la invariabilidad, Zubiri nos decía que las notas esenciales son constitutivamente inalterables en la línea de la mismi-

---

99 SHÜBEILER, D. "Epigenetic islands in a genetic ocean", Science. 2012, 9 noviembre, 388: pp. 756-757.

dad. Este análisis, aunque en principio podría resultar infranqueable desde el planteamiento zubiriano y desde todo aquel que tome la esencia como lo "invariable", es más sencillo que el anterior: lo importante no es que sean "iguales", sino que no se alteren, y una distinción puede permanecer siempre invariable. Además, no hay que perder de vista que este análisis se hace en clave funcional: no ha de alterarse la función esencial ordenada a la mismidad del sistema constitucional y, bajo ese prisma, es indiferente la secuencia de nucleótidos: lo importante es que, aun con secuencias nucleotídicas distintas, reconocemos a las notas como nota genómica-de, reconocemos un constructo por la precisa función esencial que desempeña en orden a la constitución y el modo con que la función es "a una". Por supuesto, esto no implica que sea absolutamente indiferente el contenido de la nota genómica-de para que encontremos un término constructo. De hecho, la unidad esencial solo la encontraremos en ciertos contenidos y no en todos o en cualquiera, pero lo que aquí queremos apuntar es a la primariedad de la unidad frente al contenido y a la funcionalidad como criterio de esencialidad del planteamiento zubiriano.

Todo este análisis nos dice, atendiendo a la precisa caracterización que Zubiri realiza de la esencia, que las secuencias nucleotídicas difieran en un sistema en sincrogenización unidireccional totipotencial no afectan a su caracterización como sustantividad ni a la de su momento genómico como esencia.

Además, considero que en esta situación mostrada por la ciencia se puede intuir que el momento de la unidad de la esencia (término absoluto) es primario respecto del momento talitativo de la esencia (término constructo), pues, en el caso apuntado de estos ratones, que lo constitutivo no es tal por ser la talidad una réplica talitativa de "notas genómicas-de": la talidad es tal por estar tales notas en unidad esencial y, si esto es así, es por estar en tales notas su unidad esencial actualizada.

¿Cómo explicar este "devenir" de la unidad a, o mejor dicho, en la vida? Ni Zubiri ni desde las ciencias se explica qué es ese "vivir" ni por qué deviene, pero con las herramientas zubirianas y como he mostrado, sí podemos describirlo sistemáticamente. Desde la reflexión zubiriana este hecho aquí presentado no tendría que causar más inquietud que la de la fecundación, y, como digo, muestra la importancia de la unidad esencial del planteamiento sustantivo zubiriano como explicación última (y, una vez alcanzada, primera) de la realidad esenciada, es decir, de la realidad de los seres vivos.

5 Conclusión

Los datos de la ciencia nos indican que el sistema embrionario posee una sincrogenización unidireccional totipotencial, lo que he denominado SpG. Hemos mostrado en este capítulo que podemos describir la actividad, funcionalidad y desarrollo del devenir del embrión preimplantatorio y, por extensión, de los organismos vivos, utilizando la sistematización con la que Zubiri describe el dinamismo estructurante de los sistemas sustantivos. También hemos constatado cómo la realidad descrita desde los datos que aportan las ciencias corrobora la licitud de la suposición de la consideración esencial del momento genómico del sistema, y cómo esta consideración responde al análisis de la mismidad del sistema y a la función que el momento genómico desempeñan en el SpG.

Encontramos también en el SpG –de forma evidente en la capacidad autoregenerativa que observamos en algunos estadios– muestras de la unidad coherencial y exigencial descrita por Zubiri. La determinación mutua entre la unidad y las notas del sistema explicada en términos de autoprocedencia y despliegue es una descripción metabiológica que se ajusta de forma precisa al dinamismo observable del SpG.

Aunque no sea el único modo –ni quizás el mejor– de comprender el dinamismo estructural de los seres vivos, con estas reflexiones he querido mostrar que la riqueza terminológica y argumentativa de la minuciosa y concienzuda sistematización zubiriana responde rigurosa y eficazmente a los datos que las ciencias nos van descubriendo.

A mi juicio y después del recorrido realizado, hay motivos suficientes para afirmar que Zubiri se basó en el dinamismo genético implicado en la dinámica celular (que conocía de la mano del mismo Severo Ochoa) para desarrollar una teoría metabiológica desde la cual comprender y describir, en clave funcional, lo esencial de la constitución de los seres vivos.

Ciertamente, solo después de un recorrido comprometido con la filosofía zubiriana y habiendo formulado con rigor la información de actualidad científica, se puede apreciar, en la aparente sencillez de la siguiente cita de Zubiri, la hondura de cada término y la precisión con que, como diría Zubiri, es verdadeada por la realidad. Con ella, pongo punto y final a esta investigación:

> Pienso que en el germen está ya todo lo que en su desarrollo constituirá lo que suele llamarse hombre, pero sin trans-formación ninguna, sólo por desarrollo. El germen es ya un ser humano.[100]

100 SH, p. 51.

Conclusiones

El amplio horizonte –ciertamente necesario– abarcado en esta obra me ha llevado a presentar las conclusiones del siguiente modo. Primero, la síntesis general que responde al objetivo principal marcado en esta investigación, la conclusión principal. En segundo lugar y a modo de conclusiones particulares, presentaré por puntos algunas de las ideas concluyentes alcanzadas en los distintos desarrollos.

1 Conclusión principal

La metafísica de Zubiri transcurre sometida a unas precisas coordenadas de constitución. Para obtener toda la riqueza del significado de esencia y sustantividad en su orden talitativo,

- se ha de atender a los distintos criterios de funcionalidad desde los que Zubiri reconoce el momento constitucional y el momento constitutivo del sistema sustantivo y distingue la índole constitucional de lo adventicio;
- ha de atenderse al momento fundante de lo constitutivo como determinación de la índole y posición en clave funcional, necesitado de lo inesencial, y a su momento último en orden constitucional,
- y ha de distinguirse en la esencia zubiriana la estructura de notas esenciales y la unidad esencial en ellas.

Estas consideraciones previenen de

- entender lo constitucional y adventicio bajo criterios de conexión;

- entender la "posición" (y por ende, la suficiencia constitucional y clausura) en términos de localización espacial;
- confundir lo esencial con lo necesario y la negación de toda necesidad con la Infundamentalidad,
- y no distinguir el análisis de la sustantividad en orden a la interna determinación con su análisis en orden a la causalidad, originación o persistencia.

Solo teniendo estos puntos presentes, las conclusiones sobre el análisis del carácter sustantivo del embrión, de la suficiencia constitucional del embrión y de la esencialidad o constitucionalidad del material genético y epigenético responderán a la precisión y riqueza que Zubiri otorga al significado de "sustantividad", "suficiencia constitucional" y "esencia."

Instalados en esta lectura, los datos que las ciencias nos aportan del devenir del embrión preimplantatorio corroboran la licitud de reconocer como el primer momento de una sustantividad a aquel sistema celular diploide resultante de la interacción de las membranas plasmáticas de los gametos originantes.

Por otro lado, los datos de la biología celular corroboran la suposición de la consideración esencial del momento genómico del sistema como momento infundado en el orden de la constitución, consideración que responde al análisis de la mismidad del sistema y a la función estructurante y sistematizadora que el momento genómico desempeña en el sistema embrionario y, por extensión, en los organismos.

La importancia insustituible de la influencia epigenética para el desarrollo embrionario mostrada desde la biología molecular queda recogida y sistematizada teóricamente en la necesidad de las notas constitucionales no constitutivas en la interna determinación de los sistemas sustantivos. Los metabolitos de origen extraembrionario implicados en la regulación de la expresión génica son, por lo tanto, de índole constitucional no constitutiva, notas necesitadas necesitantemente por el invariable momento genómico del sistema cuya transformación define la noción zubiriana de "desarrollo". Por ello, la incorporación al sistema embrionario de metabolitos ectocrinos necesarios para su desarrollo no cuestiona de ningún modo la suficiencia constitucional del sistema, es decir, su carácter sustantivo.

Por su estructuración constitucional, la sustantividad organiza una respuesta para su persistencia, persistencia que se traduce en una independencia del medio y control específico sobre él. La independencia del medio y el control específico no es ni la definición de la sustantividad ni el modo como ha de entenderse la suficiencia constitucional: es la descripción de las actividades de una realidad que, ya sustantiva, organiza una respuesta para su persistencia. No ha de confundirse la actividad de un sistema para persistir en su propia sustantividad y su propia identidad de sustantividad en orden constitucional. Por ello, que el embrión en un determinado estadio necesite para su persistencia una precisa relación con el sistema sustantivo materno o que la disfunción estructural de un sistema sustantivo pueda afectar a la respuesta de la unidad funcional sistemática frente al medio externo no solo no cuestiona su suficiencia constitucional, sino que, fieles a la letra zubiriana, la requiere pues en ella se fundamenta.

A su vez, atender a la teoría de la unidad esencial en la multiplicidad de notas que consiste el constructo nos permite describir el momento genómico como momento esencial único del embrión pre-implantatorio en la multiplicidad de epigenomas.

En definitiva, la riqueza y precisión terminológica y argumentativa de la teoría zubiriana sobre la estructura y dinamismo de la realidad humana explicitada en su teoría de la sustantividad y la esencia responde de forma adecuada a la sistematización de los datos que las distintas ciencias nos ofrecen sobre el desarrollo de los organismos.

2 Conclusiones particulares

1. Atendiendo a los datos mostrados por las ciencias, es un error interpretar que en el cigoto en estado pronuclear los pronúcleos funcionan de forma "independiente" hasta la primera sincronización metafásica; se puede afirmar que para la correcta formación y dinámica del embrión unicelular en estado de pronúcleos es necesario un comportamiento unitario entre los materiales biológicos de origen paterno y materno.

2. No se puede negar que lo acontecido desde la interacción gamética es un conjunto ordenado de eventos en el cual tiene lugar la replicación del ADN y, mientras se produce una migración de ambos pronúcleos al ecuador de la célula, da comienzo la mitosis para, tras una desintegración de las membranas nucleares, continuar con la metafase donde se produce el reparto de los productos de la replicación en las dos células hijas. Todos estos acontecimientos que han sido explicitados a lo largo de la descripción del sistema embrionario aducen razones, entiendo, suficientes por las que inclinarnos por la tesis que entiende que es desde la fusión de las membranas plasmáticas de los gametos cuando nos encontramos con un nuevo sistema con dinamismo unitario, sin diferencias cualitativas en cuanto al desarrollo biológico molecular acontecido en la primera sincronización metafásica y estadios posteriores.

3. Encontramos entre algunas argumentaciones de aquellos que defienden la aparición de un individuo de la especie humana desde la fecundación falta de rigor en la descripción de los hechos acontecidos durante la fecundación. Esta falta de rigurosidad responde, principalmente, a las imprecisiones a la hora de hacer alusión a lo acontecido en el material genético del sistema y al ambiguo uso e indeterminado significado del término desarrollo.

4. La polaridad y el establecimiento de los ejes van a estar programados desde la interacción de las membranas gaméticas, y el embrión en su estadio unicelular en sincronización metafásica, en lo que respecta a la asimetría, polaridad y establecimiento de ejes, es

una etapa más prefijada desde la interacción gamética. Por ello concluimos que la argumentación racional que, basada en la polaridad, la asimetría, los ejes y el patrón de metilación, apoya la hipótesis de considerar la primera sincronización metafásica como final de un "proceso constituyente" e inicio de la realidad personal, puede apoyar de igual modo la consideración de cualquier momento del intervalo entre la interacción gamética y la primera sincronización metafásica como el punto de inflexión entre el final de un "proceso constituyente" y el inicio de la realidad personal.

5. Que los transcritos del embrión sean, en sus primeras divisiones mitóticas, de origen gamético se debe a una estrategia metabólica del sistema: la existencia y uso de ARN codificante (para la síntesis de proteínas) y no codificante (con función regladora) de origen gamético en el sistema devenido de la interacción de las membranas gaméticas y durante las primeras divisiones mitóticas elimina la necesidad de una transcripción extensiva del genoma del embrión por la ARN telomerasa, acción que podría interferir con la rápida replicación del ADN por la ADN Polimerasa. Esto explica que en el desarrollo del embrión preimplantatorio la actividad transcriptacional del genoma del embrión aumente de forma gradual mientras que la funcionalidad del ARN de origen gamético disminuye. Pero este aumento de la actividad transcriptacional del genoma del embrión inversamente proporcional al descenso de la actividad el ARN de origen gamético en sus primeros estadios no implica la existencia de un estadio primero de inactividad del genoma embrionario: el dato científico nos muestra la actividad accional y disposicional en el genoma del embrión desde su estado pronuclear, motivo por el cual concluimos que no es legítimo afirmar que el genoma del embrión se active en la primera sincronización metafásica o estadios posteriores.

6. La sincrogenización (sincronización unidireccional totipotencial del material biológico que apunta hacia un estado unificado y cualificado de sus partes en su dinamismo proliferativo) que encontramos en el sistema diploide resultante de la interacción de las membranas plasmáticas gaméticas muestra la licitud y pertinencia de

denominar a la realidad pre-implantatoria desde ese momento con una fórmula que unifique inequívocamente los datos que nos ofrecen las ciencias, asuma en ella los acontecimientos relevantes y recoja secuencialmente la unidad del sistema, lo que he denominado Sistema en Posición Germinal.

7. La configuración espacial y la impronta parental implicada en la diferenciación celular del embrión preimplantatorio se pueden explicar desde la teoría de la sustantividad como transformaciones de notas constitucionales no constitutivas, que corresponden a lo que Zubiri denominaba "desarrollo", desarrollo, que, atendiendo a la actividad del sistema, se observa en el sistema diploide resultante de la interacción de las membranas plasmáticas gaméticas.

8. Desde que se completa la interacción de las membranas gaméticas nos encontramos ante un sistema celular unitario donde las biomoléculas en combinación funcional configuran un todo. Dicho esto, y fieles a la teoría de la sustantividad, podemos afirmar que en el sistema diploide resultante de la interacción de las membranas gaméticas –y siempre y cuando el sistema esté sincrogenizado totipotencialmente– encontramos un sistema con suficiencia constitucional, es decir, una realidad sustantiva.

9. Encontramos en la propuesta sistemática para describir las combinaciones funcionales como sustantividades bajo coordenadas de constitución un modelo donde la individualidad no se define ni por el grado de independencia y control del medio, ni por su estado de desarrollo o su salud, ni por la eficacia de sus propiedades sistemáticas, sino como sistema constitucional en interna determinación.

10. Entender la potencialidad como la mera posibilidad de una célula de desarrollarse en un organismo adulto completo, o como la posibilidad que posee una célula de, siendo ya "todo" y requiriendo de tiempo e interacciones con el medio, desarrollarse en un organismo adulto, no es completamente fiel a lo acontecido en el análisis de los seres vivos en combinación funcional. Un sistema celular es "todo" "potente" no porque lo "pueda todo", lo "vaya a poder todo" o siendo ya "todo" vaya a poder completar su desarrollo sino, fiel a lo acontecido en los seres vivos, porque siendo "todo"

está "pudiendo", fórmula que ha de predicarse del sistema con independencia de su estado unicelular o pluricelular. Este modo de entender la totipotencialidad adquiere toda la radicalidad bajo coordenadas constitucionales: el "todo" no está pudiendo "algo", el "todo" está pudiendo ser "todo" en su interna determinación. Por ello, la actividad del "todo" constitucional en orden a la independencia y control del medio dan por hecho, por muy ineficaz o mínima que sea su respuesta, y efímera su pervivencia, la unidad suficiente en orden constitucional.

11. Desde la distinción del término absoluto y término constructo, y desde la primariedad de aquel sobre este, se puede dar explicación sistemática y coherente al hecho corroborado empíricamente de un organismo con dos genomas distintos: estaríamos ante un sistema sustantivo con un único momento genómico en epigenomas con distintas secuencias nucleotídicas.

Bibliografía

1 Bibliografía fundamental[1]

MARCH, A. "La Física del Átomo. Iniciación en las nuevas teorías", Revista de Occidente. 1934, Colección "Nuevos hechos, Nuevas ideas", vol. XXXVIII, [Traducción; introducción (pp. 17-71) y prólogo (pp. 9-11) de Xavier Zubiri; 1934].

THIBAUD, J. "Vida y transmutaciones de los átomos", 20 ed. Madrid-Buenos Aires: Espasa Calpe S.A., 1942.

COLLIN, R. "Las hormonas", 20 ed. Argentina: Espasa Calpe S.A., 1944.

COLLIN, R. "Las hormonas", 10° ed. Argentina: Espasa Calpe S.A., 1939. [Traducción].

SCHRÖDINGER, E. "La nueva mecánica ondulatoria y otros escritos", Madrid: Biblioteca Nueva, 2001. [Traducción; 1° ed. 1935].

ZUBIRI, X. "Naturaleza, Historia y Dios", 4° ed. Madrid: Alianza Ed., 1959. [1° ed. 1944].

ZUBIRI, X. "Acerca del mundo", Madrid: Alianza Ed., 2010. [Curso 6 lecciones; 1960).

ZUBIRI, X. "Sobre la esencia", 2. ed. Madrid: Alianza Ed., 2008. [1° ed. 1962].

ZUBIRI, X. "El hombre, realidad personal", Revista de Occidente. 1963, I (1): pp. 5-29.

1 Repertorio bibliográfico ordenado cronológicamente según su 1° edición [si ha sido distinta a la utilizada aparecerá el año de la primera entre corchetes] y, aquellos publicados póstumamente, según el año del curso correspondiente [detalles y año al final de la cita entre corchetes]. La información ha sido consultada principalmente en cfr. LAZCANO, R. "Repertorio bibiográfico de Xavier Zubri", Washington DC: The Xavier Zubiri Foundation of North America, 2006.

ZUBIRI, X. “Ochoa, Severo” en “Gran Enciclopedia del Mundo”, Bilbao: Ed. Durvan, 1963, tomo 14, p. 268.
ZUBIRI, X. “El origen del hombre”, Revista de Occidente. 1964, II (17): pp. 146-173.
ZUBIRI, X. “El hombre y la verdad”, Madrid: Alianza Ed., 1999. [Curso 2 lecciones; 1966].
ZUBIRI, X. “Notas sobre la inteligencia humana”, Asclepio. (SEAF), 1967, XVIII-XIX: pp. 341-353.
ZUBIRI, X. “Estructura dinámica de la realidad”, Madrid: Alianza Ed., 1989. [Curso 14 lecciones; 1968].
OCHOA, S. “Base molecular de la expresión del mensaje genético” Madrid: Moneda y Crédito, 1969, pp. 9-10 y p. 165.
ZUBIRI, X. “Problemas Fundamentales de la metafísica occidental”, Madrid: Alianza Ed., 1994. [Curso 12 lecciones; 1970].
ZUBIRI, X. “El problema teologal del hombre: cristianismo”, Madrid: Alianza Ed./ Fundación Xavier Zubiri, 1999. [Curso titulado “El problema teologal del hombre: Dios, religión, cristianismo”, 26 lecciones; 1971-1972].
ZUBIRI, X. “Espacio, tiempo y materia”, 2° ed. Madrid: Alianza Ed. 2008. [1° ed. 1996] [Curso “Sobre el tiempo”, 2 lecciones, 1970; curso “Sobre el espacio”, 5 lecciones, 1973; sobre la materia corresponde a una redacción inconclusa comenzada en 1973][2].
ZUBIRI, X. “El hombre y Dios”, 1° ed. Madrid: Alianza Ed., 1984. [Curso 12 lecciones; 1973].
ZUBIRI, X. “El hombre y su cuerpo”, Asclepio. Sociedad Española de Antropología Física. 1973, XXV (193): pp. 5-15.
ZUBIRI, X. “La dimensión histórica del ser humano”, Realitas I. Madrid: Ed. Moneda y Crédito, 1974, pp. 11-69.
ZUBIRI, X. “Inteligencia sentiente”, 5° ed. Madrid: Alianza Ed., 1998. [1° ed. 1980].
ZUBIRI, X. “Inteligencia y logos”, Madrid: Alianza Ed., 1982.

2 Véase la presentación de Antonio Ferraz a la segunda edición del libro Espacio, Tiempo y Materia (cfr. ETM, pp. IV-V).

ZUBIRI, X. "Sentido de la vida intelectual" en NICOLÁS, J.A., BARROSO, O. (eds.), "Balance y perspectivas de la filosofía de X. Zubiri", Granada: Comares, 2004, p. 7-16. [Discurso; 1982].

ZUBIRI, X. "Inteligencia y razón", Madrid: Alianza Ed., 1983.

ZUBIRI, X. "Sobre el hombre", 2° reimpresión, Madrid: Alianza Ed., 2007 [1° ed. 1986][3].

2 Bibliografía secundaria[4]

ABDALLA, H., HIRABAYASHI, M., HOCHI, S. "Demethylation dynamics of the paternalgenome in pronuclear-stage bovine zygotes produced by invitro fertilization and ooplasmic in jection of freeze-thawed or freeze-dried spermatozoa", J. Reprod.Dev. 2009, 55: pp. 433–439.

ABEL, F. "Nascita e morte dell´uomo: prospecttive della biología e della medicina", en BIOLO, S. (Ed.) "Nasita e morte dell´uomo: Problema filosofici e scientifici della bioetica", Genova: Marita, 1993, pp. 37-53.

AIBA, K., NEDOREZOV, T., PIAO, Y., NISIYAMA, A., MATOBA, R., SHAROVA , L.V., SHAROVA, A.A. YAMANAKA, S., NIWA, H., KO, M.S.H. "Defining Developmental Potency and Cell Lineage Trajectories by Expression Profiling of Differentiating Mouse Embryonic Stem Cells" ADN Research. 2009, 16: pp. 73-80.

ALARCON, V.B., MARIKAWA, Y. "Deviation of the blastocyst axis from the first cleavage plane does not affect the quality of mouse postimplantation development", Biol. Reprod. 2003, 69: pp. 1208-1212.

---

3 Véase la complejidad de la referencia sobre los contenidos de la obra en su presentación por parte de Ignacio Ellacuría (cfr. SH, pp. ix-xxiii).

4 He creído conveniente no distinguir en la bibliografía secundaria la bibiografía filosófica y de reflexión interdisciplinar de la bibliografía estrictamente biológica para facilitar su consulta desde el texto.

ALLUNTIS, F. "Esencia, especiación, evolución en Xavier Zubiri", Verdad y Vida. 1981, 39: pp. 245-260.

ALLUNTIS, F. "La sustantividad según Xavier Zubiri". Letras de Deusto. 1981, 21: pp. 63-77.

ALONSO BEDATE, C. "El Estatuto ético del embrión humano", en MAYOR ZARAGOZA, F., ALONSO BEDATE, C. (coords.), "Gen-Ética", Barcelona: Ariel editorial, 2003. pp. 36-40.

ALONSO BEDATE, C. "El valor ontológico del embrión humano: una visión alternativa" en BECA I. J. P., "El embrión", Chile: Editorial Mediterráneo Ltda. Santiago, 2002, pp. 51-92.

ALONSO BEDATE, C. "Estatuto ético del embrión humano: reflexiones ante una situación límite: ¿Es posible una visión alternativa? en BECA I. J. P., "El embrión", Chile: Editorial Mediterráneo Ltda. Santiago, 2002, pp. 101-127.

ALONSO BEDATE, C. "Reflexiones sobre cuestiones de vida y muerte: Hacia un nuevo paradigma de comprensión del valor ético de la entidad biológica humana en desarrollo", en ABEL, F., BONÉ, E., HARVEY, J.C. (eds.), "La vida humana: Origen y desarrollo. Reflexiones bioéticas de científicos y moralistas", Federación Internacional de Universidades Católicas, Madrid: Universidad Pontificia de Comillas, 1989, pp. 57-84.

ALONSO BEDATE, C. *et al.* "Estatuto moral del embrión humano: Discusión", en BECA I. J. P., "El embrión", Chile: Editorial Mediterráneo Ltda. Santiago, 2002, pp. 129-141.

ALONSO BEDATE, C. *et al.* "Estatuto ontológico del embrión humano: Discusión", en BECA I. J. P., "El embrión", Chile: Editorial Mediterráneo Ltda. Santiago, 2002, pp. 93-101.

AMARAL, P. P., CLARK, M. B., GASCOIGNE, D. K., DINGER, M. E., MATTICK, J. S. "LncRNAdb: A reference database for long noncoding RNAs", Nucleic Acids Research 2010, 39 (Database issue), pp. D146-D151.

AMERICAN FERTILITY SOCIETY, "Ethical Consideration of the New Reproductive Technology", Fertil Steril. 1986, 46 (3) suppl: pp. 1s-94s.

AOKI, F., HARA, K.T., SCHULTZ, R.M. "Acquisition of transcriptional competence in the 1-cell mouse embryo: requirement for recruitment of maternal mRNAs", Molecular Reproduction and Development. 2003, 64: pp. 270-274.

ARTOLA, J.M. "En torno a 'Sobre la esencia'' de Xavier Zubiri", Estudios filosóficos. 1963, 12: pp. 297-332.

ASANGLA, A., ERICKSON, R.P., WINSTON, R., HANDYSUDE, A. "Transcription of paternal Y-linked genes in the human zygote as early as the pronucleate stage", Zygote. 1994, 2: pp. 281-287.

AVILION, A. NICOLIS, S.K. PEVNY, L.H. PEREZ, L. VIVIAN N., LOVELL-BADGE, R. "Multipotent cell lineages in early mouse development depend on SOX2 function", Genes Dev. 2003, 17: pp. 126-140.

AZNAR, J. (coord.) "La vida humana naciente", Madrid: BAC, 2007.

AZUARA, V. *et al.* "Chromatin signatures of pluripotent cell lines", Nature Cell Biology. 2006, 8: pp. 532-538.

BADILLO, R., RODRÍGUEZ, E. "El Cigoto, inicio de la vida humana desde una perspectiva biológica y metafísica", Ars Médica. 2002, 4 (6): pp. 31-47.

BALLESTEROS, J. "El estatuto ontológico del embrión" en BALLESTEROS, J. (coord.), "La humanidad *in vitro*", Granada: Comares, ed. 2002. pp. 225-243.

BAÑÓN, J. "Metafísica y Noología en Zubiri", Salamanca: Publicaciones Universidad Pontificia de Salamanca, 1999.

BARRERA MONCADA, G. "Psicopediatría. Problemas psicológicos del niño en la práctica diaria", Barcelona: Salvat S.A, 1987.

BAUMANN, P., MORAN, A.N., BAUMMAN, L. "Bacteriocyte-Associated Endosymbionts of Insects" en DWORKIN, M., FALKOW, S., ROSENBERG, E., SCHLEIFER, K.H., STACKEBRANDT, E. "The Prokaryotes" 3° ed. New York: Springer, 1999, vol.1. pp. 403-439.

BELLVER CAPELLA, V. "Células madre, genes, clones: el sendero del posthumanismo", en GERMAN ZURRIARÁIN, R. (Coord.), "Células madre: Ciencia, Ética y Derecho", Madrid: Eiunsa, 2009, pp. 139-180.

BENCHAIB M., BRAUN V., RESSNIKOF D., LORNAGE J., DURAND P., NIVELEAU A., GUERIN J. F. (2005). "Influence of global sperm DNA methylation on IVF results", Hum. Reprod. 2005, 20: pp. 768–773.

BHUTANI, N., BRADY, J.J., DAMIAN, M., SACCO, A., CORBEL, S.Y., BLAU, H. M. "Reprogramming towards pluripotency requires AID-dependent DNA demethylation", Nature. 2010, 463: pp. 1042-1047.

BIANCHI E., SETTE, C. "Post-Transcriptional Control of Gene Expres-sion in Mouse Early Embryo Development: A View from the Tip of the Iceberg", Genes. 2011, 2: pp. 345-359.

BIRD, A. "DNA methylation patterns and epigenetic memory", Genes Dev. 2002, 16 (1): pp. 6-21.

BJERREGAARD, B., MADDOX-HYTTEL, P. "Regulation of ribosomal RNA gene expression in porcine oocytes", Animal Reproduction Science. 2004, 82-83: pp. 605-616.

BLÁZQUEZ, N. "La nueva ciencia", Madrid: Biblioteca de Autores Cristianos, 2000.

BLEWITT, M. E., VICKARYOUS, N. K., PALDI, A., KOSEKI, H., WHITELAW, E. "Dynamic reprogramming of DNA methylation at an epigenetically sensitive allele in mice", PLoS Genetics. 2006, 2: e49.

BOLAND, M., HAZEN, J., NAZOR, K., *et al.* "Adult mice generated from induced pluripotent stem cells", Nature. 2009, 461: pp. 91-94.

BRAYANT, J.A., FRANCIS, D. (ed.) "The eukariotic cell cycle", New York: Taylor & Francis Group, 2008.

BROERS, J.L., RAMAEKERS, F.C., BONNE, G., YAOU, R.B., HUTCHISON, C.J. "Nuclear lamins: laminopathies and their role in premature ageing", Physiol. Rev. 2006, 86: pp. 967-1008.

BROOK, F. A., GARDNER, R. L. "The origin and efficient derivation of "embryonic stem cells in the mouse", Proc. Natl Acad. Sci. USA. 1997, 94: pp. 5709-5712.

BURGOS VELASCO, J.M. "Persona *versus* ser humano: un análisis del esquema argumentativo básico del debate", Cuadernos de Bioética. 2008 XIX (3): pp. 433-447

CABALLERO-CAMPO, P. CHIRINOS, M., FAN, X.J., GONZÁLEZ-GONZÁLEZ, M.E., GALICIA-CHAVARRÍA, M., LARREA, F., GERTON G.L. "Biological Effects of recombinant human ona pellucida poteins on sperm function", Biology of reproduction. 2006, 74: pp. 760-768.

CABALLERO-CAMPO, P., CHIRINOS, M., FAN, X.J., GONZÁLEZ-GONZÁLEZ, M.E., GALICIA-CHAVARRÍA, M., LARREA, F., GERTON, G.L. "Biological Effects of recombinant human zona pellucida proteins on sperm function", Biology of reproduction. 2006, 74: pp. 760-768.

CAMPBELL, K.H., MCWHIR, J., RITCHIE, W.A., WILMUT, I. "Sheep cloned by nuclear transfer from a cultured cell line", Nature. 1996, 380: pp. 64-66.

CARROL, S.B., PRUD´HOMME, B., GOMPEL, N. "La regulación de la evolución", Investigación y Ciencia. 2010, Temas 59: pp. 38-45.

CAYUELA, A. "La corporalidad humana y la bioética", en POSTIGO SOLANA, E., TOMÁS Y GARRIDO, G. M. (eds.) "Bioética personalisa: ciencia y controversias", Madrid: Ediciones Internacionales Universitarias, 2007, pp. 71-87.

CHAMBERS, I., COLBY, D., ROBERTSON, M., NICHOLS, J., LEE, S., TWEEDIE, S., SMITH, A. "Functional expression cloning of Nanog, a pluripotency sustaining factor in embryonic stem cells", Cell. 2003, 113: pp. 643-655.

CHROSCICKA, A., KOMOROWSKI, S., MALESZEWSKI, M. "Both blastomeres of the mouse 2-cell embryo contribute to the embryonic portion of the blastocyst", Mol. Reprod. Dev. 2004, 68: pp. 308-312.

CHUNG, Y. *et al.* "Embryonic and extraembryonic stem cell lines derived from single mouse blastomeres", Nature. 2006, 439: pp. 216-219.

CIGÜELA, J.M. "La metafísica de la esencia de Xavier Zubiri", Nordeste. 1965, 7: pp. 185-219.

COLEGIO AMERICANO DE OBSTETRAS Y GINECÓLOGOS, "Commite Opinión: Committe on Ethics. Preembryo Research: History, Scientific Background, and Ethical Considerations", Int. J. Gynaecol. Obstet. 1994, 45: pp. 201-301.

COLOMBO, R. "The process of fertilization and its stages. From parental gametes to a developing one–cell embryo" en SGRECCIA E. y LAFFITTE J. (eds.), "The human embryo before implantation, Ciudad del Vaticano: Librería Editrice Vaticana, 2007, pp. 37-127.

COMITÉ ASESOR DE ÉTICA EN LA INVESTIGACIÓN CIENTÍFICA Y TECNOLÓGICA, Informe de Investigación Sobre Células Troncales" (Fundación Española Para La Ciencia Y Tecnología" 2003) A partir de ahora, CAEICT. La versión utilizada sobre la cual se cita se encuentra en: [Publicación en línea] <www.cnb.csic.es/~transimp/INFORME_CELULAS_TRONCALES.pdf> [Consultado el 24 de noviembre del 2012].

CONILL, J. "El sentido de la Noología", en Nicolás J. A. y Barroso O. (eds.), "Balance y perspectivas de la filosofía de X. Zubiri", Granada: Editorial Comares, 2004, p. 117-128.

CONILL, J. "El crepúsculo de la metafísica". Barcelona: Ed. Anthropos, 1988, PINTOR RAMOS, A. "Realidad y verdad. Las bases de la filosofía de Zubiri", Salamanca: Universidad Pontificia de Salamanca, 1994.

COROMINAS, J., VICENS, J.A. "Xavier Zubiri. La Soledad Sonora", Madrid: Santillana Ediciones Generales, S.L., 2006.

CRAN, D.G., MOOR, R.M., IRVINE, R.F. "Initiation of the cortical reaction in hamster and sheep oocytes in response to inositol trisphosphate", Journal of Cell Science. 1988, 91: pp. 139-144.

CROZET, N. *et al.* "Nucleolar fine structure and RNA synthesis in porcine oocytes during early stages of antrum formation", Biology Cell. 1981, 41: pp. 35-42.

CRUZ CRUZ, J. "Filosofía de la Estructura" 2° ed. Pamplona: Eunsa, 1974.

CYRANOSKI, D. "No end in sight for stem-cell odyssey", Nature. 2006, 439: pp. 658-659.

DADOUNE, J. P. "spermatozoal rnas: what about their functions?" Microsc Res Tech. 2009, 72: pp. 536–551.

DAVY, P., ALLSOPP, R. "Balancing out the ends during iPSC nuclear reprogramming", Cell Stem Cell. 2009, 4 (2): pp. 95-96.

DE JESÚS GÓMEZ, S. "Las últimas causas del plan de desarrollo embrionario de la vida humana", Madrid: Editorial Universidad Francisco de Vitoria, 2009.

DELL, H. "Market from the start", Nature. 2007, 455: p. 157.

DIAMOND, J. "Abortion, Animation , and biological Hominizaion", Theological Studies. 1975, 36: pp. 305-324.

DOLGIN, E. "The Genome finishers", Nature. 2009, 462: pp. 843-845.

DOWSON, K. "Fertilización and Moral Status: a Scientific Perspective", en SINGER P. *et al.* (eds.), "Embryo Experimentation", Cambridge: Cambridge University Press, 1990, pp. 43-52.

DUAN, J.Z., ZAHNG, J.P., ZHU, S.X. "A novel gene involved in mouseembryonic development", Yi Chuan Xue Bao. 2006, 33 (8): pp. 692-701.

DUNDR, M., MISTELI, T. "Funcional architecture in the cell nucleus", The biochemical journal. 2001, 356: pp. 297-310.

EDITORIAL, "Time for epigenome", Nature. 2010. 463: p. 587.

EDITORIAL, "Artificially Induced Oocytes", Science. 2012, 16 November, 338 (6109): p. 862.

EGLI, D., BIRKHOFF G., EGGAN, K. "Mediators of reprogramming: transcription factors and transitions through mitosis", Molecular Cell Biology. 2008, 9: pp. 505-516.

EGLI, D., ROSAINS, J., BIRKHOFF, G., EGGAN, K. "Developmental reprogramming after chromosome transfer into mitotic mouse zygotes", Nature. 2007, 447: pp. 679-685.

EIJK, W.J. "Los criterios de la individualidad orgánica y el estatuto bioantropológico del embrión preimplantatorio" en SGRECCIA, E., LAFFITTE, J. (eds.), "El embrión humano en la fase de preimplantación", Madrid: Biblioteca de Autores Cristianos, 2008. pp. 85-113.

EL-HANI, C. N. "Between the cross and the sword: the crisis of the gene concept", Genetics and Molecular biology. 2007, 30: pp. 297-307.

ELLACURÍA, I. "Introducción crítica a la antropología filosófica de Zubiri", Cuadernos salmantinos de filosofía. 1975, II (1): pp. 157-184.

ELLACURÍA, I. "La idea de estructura en la filosofía de X. Zubiri" en "Realitas 1", Madrid: Edición Moneda y Crédito, 1974, pp. 71-139.
ELLACURÍA, I. "La nueva obra de Zubiri: "Inteligencia Sentiente", Razón y Fe. 1981, 994 (203): pp. 126-139.
ELLACURÍA, I. "Obras completas, Escritos filosóficos", San Salvador: UCA ed., 1999, Tomo I, II y III.
ELLACURÍA, I. "Principalidad de la esencia en Xavier Zubiri", Madrid: Universidad Complutense. Facultad de Filosofía, 1965. Tomos 1, 2 y 3. (Tesis).
ELLACURÍA, I. "Sobre la esencia. Indices", Madrid: Sociedad de Estudios y Publicaciones, 1965.
ELLIS, R.J., MILTON, A.P. "Cell biology: join the crowd", Nature. 2003, 425: pp. 27-28.
EVANS, M.J., KAUFMAN, M.H. "Establishment in culture of pluripotential cells from mouse embryos", Nature. 1981, 292: pp. 154-156.
EYNARD, A.R., VALENTICH, M.A., ROVASIO, R.A. "Histología y Embriología del ser humano", 4° ed. Buenos Aires: Editorial Médica Panamericana, 2008.
FACKLER, M. "Risk Taking Is in His Genes", New York Times. 11 de diciembre del 2007 [Publicación en línea] www.nytimes.com/2007-/12/11/science/11prof.html?pagewanted=all&_r=0 [Consultada el 12 de enero del 2013].
FERGUNSON-SMITH, A.C., SURANI, A. "Imprinting and the epigenetic asymmetry between parental genomes", Science. 2001, 293: pp. 1086-1089.
FERNÁNDEZ BEITES, P., "Tipos de todos (o sustantividades), según Xavier Zubiri", Daímon. Revista Internacional de Filosofía. 2010, 49: p. 83-100.
FERNÁNDEZ BEITES, P. "Teoría de la sustantividad: una necesaria ampliación de la teoría de la sustancia", Pensamiento. 2008, 64 (240): pp. 197-223.
FERNÁNDEZ BEITES, P. "Embriones y muerte cerebral", Madrid: Ediciones Cristiandad, 2007.
FERNÁNDEZ BEITES, P. "Sobre la esencia… humana", Pensamiento. 2007, 63(236): pp. 235-266.

FERNÁNDEZ BEITES, P. "¿Es el cosmos la única sustantividad material?", Cuadernos salmantinos de filosofía. 2006, XXXIII: pp. 463-489.
FERNÁNDEZ BEITES, P. "El estatuto ontológico del embrión preimplantatorio y la ley de reproducción asistida", Communio. Nueva época. 2006, 1: pp. 131-141.
FERNÁNDEZ BEITES, P. "Sustantividad humana: embrión y 'actividad pasiva' de la inteligencia", en "Filosofía práctica y persona humana", Salamanca: Publicaciones Universidad Pontificia de Salamanca, 2004, pp. 245-255.
FERNÁNDEZ DE LA MORA, G. "La teoría de la esencia en Zubiri", Atlántida. 1966, 22: pp. 363-380.
FERNÁNDEZ DE LA MORA, G. "Zubiri y la esencia", Cuadernos del Idioma. 1966, 5: pp. 5-25.
FERRAZ, A. "Zubiri, el realismo radical", Madrid: Ed. Cincel, 1988.
FERRER COLOMER, M. "El término `preembrión'": Génesis, bases biológicas que lo sustentan y uso en la literatura científica y bioética", Universidad de Murcia, 2007. (Tesis).
FERRER, U. "Base ético-antropológicas de la legislación alemana sobre el embrión", en BALLESTEROS, J. (coord.). "La humanidad *in vitro*", Granada: Comares, ed. 2002. pp. 85-107.
FERRER, U. "De la teoría de sistemas a la unidad teleológica del viviente" Logos. Anales del Seminario de Metafísica. 2007, 40: pp. 7-20.
FLANAGAN, J. M. *et al.* "Intra and interindividual epigenetic variation in human germ cells", American Journal Human Genetics. 2006, 79: pp. 67-84.
FORGACS, G., NEWMAN, S.A. "Biological physics of the developing embryo", New York: Cambridge University Press, 2005.
FUCHIMOTO, D., MIZUKOSHI, A., SCHULTZ, R.M., SAKAI, S., AOKI, F. "Posttranscriptional Regulation of Cyclin A1 and Cyclin A2 during mouse oocyte meiotic maturation and preimplantation development", Biology of Reproduction. 2001, 65: pp. 986-993.
GARCÍA-BELLIDO, A. "Hacia una gramática generativa", Madrid: Real Academia de Ciencias Exactas, Físicas y Naturales, 1984.

GARDNER, D.G. LARMAN, M.G., THOUAS, G.A. "Sex-related physiology of the preimplantation embryo", Molecular Human Reproduction. 2010. 16 (8): pp. 539-547.

GARDNER, R.L. "The early blastocyst is bilaterally symmetrical and its axis of symmetry is aligned with the animal-vegetal axis of the zygote in the mouse", Development. 1997, 124: pp. 289-301.

GARDNER, R.L."Specification of embryonic axes begins before cleavage in normal mouse development, Development. 2001, 128: pp. 839-847.

GERMAN ZURRIARÁIN, R. (Coord.), "Células madre: Ciencia, Ética y Derecho", Madrid: Eiunsa, 2009.

GIL, A. "El otro genoma", Investigación y Ciencia. 2010, Temas 59: pp. 4-11.

GILBERT, S.F. "Developmental Biology", 7° ed. Massachusetts: Sinauer Associates Inc., 2003.

GLASER, V. "Tapping miRNA-Regulated Pathways", Genetic Eng. Biotech News. 2008, Mar 1, 28 (5).

GODFREY-SMITH, P. "Information in Biology" en HULL D., RUSE M. (eds) "The cambridge Companion to the Philosophy of Biology", Cambridge University Press: Cambridge, 2007, pp. 103-107.

GODFREY-SMITH P. "On the theoretical role of 'Genetic Coding'", Philosophy of Science. 2000, 67: pp. 26-44.

GÓMEZ DUMM, C. "Embriología humana. Atlas y texto", Buenos Aires: El Ateneo, 2003.

GÓMEZ LOBO, A. "Morality and Human Goods", Washington DC: Georgetown University Press, 2002.

GÓMEZ, A. "Esencia y constitución en Zubiri", Pensamiento. 2008, 64 (240): pp. 225-250.

GRACIA, D. "Cuestiones filosóficas sobre la génesis humana", Jano. abril 1986, XXX (723): pp. 32-41.

GRACIA, D. "Introducción a la bioética. Siete ensayos", Santa Fe de Bogotá: Ed. El Buho, 1991.

GRACIA, D. "Problemas filosóficos en genética y embriología", en ABEL, FR. Y CAÑON, C. (ed.), "La mediación de la filosofía en la construcción de la bioética", Madrid: Universidad Pontificia de Comillas, 1993, pp. 217-254.

GRACIA, D. "La vida: Origen y evolución", en GONZÁLEZ DE POSADA, F. (ed.), "Cosmología. El sistema Solar: La Tierra, la vida, el hombre, Pozuelo de Alarcón (Madrid): Patronato Municipal de Cultura – Amigos de la Cultura Científica. 1995, pp. 85-105.

GRACIA, D. "Ética de los confines de la vida, Ética y Vida: Estudios de Bioética, nº 3", Santa Fe, Bogotá: Editorial El Buho, 1998.

GRACIA, D. "El estatuto del embrión", en GAFO, J. (ed.) "Procreación humana asistida: aspectos técnicos, éticos y legales", Madrid: Ed. Universidad P. Comillas, 1998, pp. 79-109.

GRACIA, D. "El estatuto del embrión", en GAFO, J. y AMOR, J. (ed.), "Deficiencia mental y comienzo de la vida humana", Madrid: Ed. Universidad P. Comillas, 1999, pp. 117-146.

GRACIA, D. "El estatuto de las células embrionarias", en MAYOR ZARAGOZA. F., ALONSO BEDATE , C.A. (coords.), "Gen-Ética", Barcelona: Ariel Editorial, 2003. pp. 67-94.

GRACIA, D. "El seminario 'Xavier Zubiri' de Madrid", en NICOLÁS, J.A. Y BARROSO, O. (eds.), "Balance y perspectivas de la filosofía de X. Zubiri", Granada: Comares, 2004, p. 752.

GRACIA, D. "La antropología de Zubiri", en NICOLÁS, J.A. Y BARROSO, O. (eds.), "Balance y perspectivas de la filosofía de X. Zubiri", Granada: Comares, 2004, pp. 87-116.

GRACIA, D. "Voluntad de verdad. Para leer a Zubiri", 2º ed. Madrid: Editorial Triacastela, 2007.

GRACIA, D. "Zubiri en los retos actuales de la antropología", en PINTOR RAMOS, A. (Coord.), "Zubiri desde el siglo XXI", Salamanca: Universidad Pontificia de Salamanca, 2009, pp. 111-158.

GRACIA, D. "La madurez de Zubiri (1960-1983)" en GARRIDO, M. *et al.* "El legado filosófico español e hispanoamericano del siglo XX", Madrid: Ediciones Cátedra, 2009, pp. 713-750.

GRAHAM, C.F., DEUSSEN, Z.A. "Features of cell lineage in preimplantation mouse development", J. Embryol. Exp. Morphol. 1978, 48: pp. 53-72.

GRANDE COVIÁN, F. "Zubiri y la biología teórica", en "Homenaje a Xavier Zubiri", Madrid: Editorial Revista de Alcalá, 1953, pp. 89-101.

GRAY, D. "First cleavage of the mouse embryos responds to change in egg shape at fertilization", Curr. Biol. 2004, 14: pp. 397-405.

GRIFFIN, H. "La clonación de Dolly", en CASADO, M., GONZÁLEZ-DUARTE, R. "Los retos de la genética en el siglo XXI: genética y bioética", Barcelona: Edicions Universitat de Barcelona. 1999, pp. 203-213.

GRIFFITHS, P. E., NEUMANN, R. D., "The many face of the gene. Bioscience. 1999, 49: pp. 656-662.

GROBSTEIN, C. "External human fertlization", Scientific American. 1979, 240 (6): pp. 57-67.

GROBSTEIN, C. "The early development of human embryos", J Med Philos. 1985, 10: pp. 213-236.

GÜELL, F. "Phylum, especie e individuo en Xavier Zubiri", Anuario Filosófico. 2009, XLI/2: pp. 415-439.

GÜELL, F. "Gemelación y suficiencia constitucional: compatibilidad en la realidad pre-implantatoria" en "Filosofía práctica y persona humana", Madrid: Diálogo Filosófico, 2004, pp. 337-346.

GÜELL, F., "La deriva interpretativa zubiriana en el análisis sustantivo del embrión", Diálogo Filosófico, 2012, nº82, pp. 73-88.

GÜELL, F., "La deriva interpretativa noológica del planteamiento zubiriano: lo que la verdad esconde", en Oriol, M. "Inteligencia y filosofía," Madrid: Editorial Marova, 2012, pp. 451-464.

GÜELL, F., "Teoría zubiriana de la esencia (I): sobre lo esenciable y lo esenciado", Cuadernos Salmantinos de Filosofía, 2011, Vol. XXXVIII, pp. 165-207.

GÜELL, F., "Teoría zubiriana de la esencia (II): sobre la esencia", Cuadernos Salmantinos de Filosofía, 2013, Vol. XXXIX, pp.309-368.

GÜELL, F., "La esencia como creación libre de la razón", Pensamiento. (Aceptado en enero del 2013).

GUERRA LÓPEZ, R. "Hacia una ontología del embrión humano" (Versión 2.2), Actas del Tercer Congreso Internacional de Centros e Instituciones de Bioética de Inspiración Personalista, Ciudad de México, 29 de Septiembre de 2005. [Publicación en línea] <www.celam.org/documentos_celam/180.doc> [Consultado el 18 de agosto del 2009].

GUERRA, J. M., FERNÁNDEZ-MORÍS, J. "Aspectos científicos de la inseminación artificial", en J. GAFO (ed.), "Procreación humana asistida: aspectos técnicos, éticos y legales", Madrid, 1998, pp. 21-44.

GUERRERO ROJAS, L. "La sustantividad humana y el problema filosófico de su génesis en el pensamiento de Xavier Zubiri", Chile: Pontificia Universidad Católica de Valparaíso, 2003. (Memoria de tesis).

GULYAS, B.A. "A re-examination of cleavage patterns in eutherian mammalian eggs: rotation of blastomere pairs during second cleavage in the rabbit", J. Exp. Zool. 1975, 193: pp. 235-248.

GÜTTINGER, S., LAURELL, E., KUTAY, U., "Orchstrating nuclear envelope disassembly and reassembly during mitosis", Nature Reviews Molecular Cell Biology. 2009, 10 (3): pp. 178-191.

GUY BRADLEY-SMITH *et al.* "Oxford handbook of genetics", Oxford-New York: Oxford University Press, 2010.

HAMILTON W.J., BOYD, G.J., MOSSMAN, H.W. "Human Embriology", 1° ed. Cambridge: Heffer, 1945.

HAMILTON W.J., BOYD, G.J., MOSSMAN, H.W. "Human Embriology", 3° ed. Cambridge: W. Heffer & Sons, 1964.

HAMILTON W.J., BOYD, G.J., MOSSMAN, H.W. "Human Embriology", 4° ed. Cambridge: W. Heffer & Sons, 1972.

HANNA, J. *et al.* "Direct cell reprogramming is a stochastic process amenable to acceleration", Nature. 2009, 462, pp. 595-601.

HARTWELL, L., HOOD, L., GOLDBERG M., REYNOLDS, A., SILVER, L., VERES, R. " Genetics, from genes to genomes", 3° ed. McGraw-Hill Higher Education, 2008, pp. 747-748.

HENIKOFF, S. *et al.* "Epigenomics: A Roadmap to Chromatin" Science. 2008, 322: p. 853.

HERRANZ YAGÜE, C. "Sobre el concepto de actualidad en Zubiri", Revista Agustiniana. 2001, XLII (127): pp. 3-51.

HERRANZ, G. “La biología de la bioética: usos y abusos de los datos científicos”, Jornada de clausura del Máster de Bioética, Universidad Católica de Murcia, 22 de enero del 2009.

HIIRAGI, T., LOUVET-VALLÉE, S., SOLTER, D., MARO, B., “Does prepatterning occur in the mouse egg?”, Nature. 2006, 442: E3-E4.

HILLMAN, N., SHERMAN, M.I., GRAHAM, C.F. “The effect of spatial arrangement on cell determination during mouse development”, J. Embryol. Exp. Morphol. 1972, 28: pp. 263-278.

HIROSE, S. "Crucial roles for chromatin dynamics in cellular memory", J. Biochem. 2007, 141 (5): pp. 615-619.

HOSKINS, A.A., MOORE, M.J. “The spliceosome: a flexible, reversible macromolecular machine”, Trends in Biochemical Sciences. 2012, 37 (5): pp. 179-188.

HUAN, Q., GAO, X., WANG, Y., SHEN, Y., MA, W., CHEN, Z.J. “Comparative evaluation of human embryonic stem cell lines derived from zygotes with normal and abnormal pronuclei”, Developmental Dynamics. 2010, 239: pp. 425-438.

HUGHES, E.C. (ed.) “Obstetric Gynaecologic Terminology with sections on neonatology and glossary of congenital anomalies”, Philadelphia: F.A. Davis Company, 1972.

HUXLEY, Sir A. “Research in the Embryo”, New Science. 1985, (April 11): p. 2.

HYSLOP, L.A., NIXON, V.L., LEVASSE, P., UR M. *et al.* “Ca2+ promoted cyclin B1 degradation in mouse oocytes requires the establishment of a metaphase arrest”, Developmental Biology. 2004, 269: pp. 206-219.

ISACHENKO, E., ISACHENKO, V., TODOROV, P. *et al.* “Pregnancy after the calcium ionophore correction of pronuclei position in oocytes after intracytoplasmic sperm injection”, Fertility and Sterility. 2010 | doi:10.1016/j.fertnstert.2010.04.034 [Publicado en línea el 25 de mayo de 2010].

JAENISCH, R., BIRD, A. “Epigenetic regulation of gene expression: how the genome integrates intrinsic and environmental signals”, Nature Genetics. 2003, 33 Suppl: pp. 245-254.

JENKINS, T.G., CARRELL, D.T. "Dynamic alterations in the paternal epigenetic landscape following fertilization", Front Genet. 2012, 3: p. 143.

JIMÉNEZ MORENO, L. "Impacto de la filosofía de Zubiri en la cultura española" en en NICOLÁS, J. A., BARROSO, O. (eds.), "Balance y perspectivas de la filosofía de X. Zubiri", Granada: Editorial Comares, 2004, pp. 51-65.

JONES, E. L., ZALENSKY, A. O., ZALENSKAYA, I. A. "Protamine withdrawal from human sperm nuclei following heterologous ICSI into hamster oocytes", ProteinPept.Lett. 2011, 18: pp. 811–816.

JOUVE, N. "Explorando los genes", Madrid: Ediciones Encuentro, S.A., 2008.

JOUVE, N. "Entidad del embrión Humano. Una explicación genética del desarrollo embrionario y la macroevolución", Arbil. 2004, 103. [Publicación en línea] <www.arbil.org/103jouv.¬htm> [Consultado el 18 de junio del 2009].

KAJI, K., NORRBY, K., PACA, A., MILEIKOVSKY, M., MOHSENI, P., WOLTJEN, K. "Virus-free induction of pluripotency and subsequent excision of reprogramming factors", Nature. 2009, 458: pp. 771-775.

KANG, L., WANG, J., ZHANG, Y. *et al.* "iPS cells can support full-term development of tetraploid blastocyst-complemented embryos", Cell Stem Cell. 2009, 5: pp. 135-138.

KATAYAMA, M., ZHONG, Z., LAI, L., SUTOVSKY, P., PRATHER, R.S., SCHATTEN, H. "Mitochondrial distribution and microtubule organization in fertilized and cloned porcine embryos: implications for developmental potential", Development Biology. 2006, 299: pp. 206-220.

KATSUHIKO, H., SUGAKO O., KAZUKI K., SO S., HIROSHI O., MITINORI S. "Offspring from Oocytes Derived from in Vitro Primordial Germ Cell–like Cells in Mice", Science. 2012, 16 November, 338 (6109): pp. 971-975.

KING, R.C., STANSFIELD, W.D., MULLIGAN, P.K. "A dictionary of genetics", 7 ed. New York: Oxford University Press, 2006.

KOUZARIDES, T. "Chromatin modifications and their function", Cell. 2007, 128: pp. 693-705.
KUCHARSKI, R., MALESZKA, J., FORET, S., MALESZKA, R. "Nutritional control of reproductive status in honeybees via DNA methylation", Science. 2008, 319: pp.1827-1830.
KUROTAKI, Y., HATTA, K., NAKAO, K., NABESHIMA, Y., FUJIMORI, T. "Blastocyst axis is specified independently of early cell lineage but aligns with the ZP shape", Science. 2007, 316: pp. 719-723.
LACADENA, J.R. "Individuación y mismidad genética en el desarrollo humano", en ZARAGOZA, M., BEDATE, C.A. (coords.), "Gen-Ética", Barcelona: Ariel editorial, 2003. pp. 113-122.
LAÍN ENTRALGO, P. "El cuerpo humano: teoría actual", Madrid: Espasa Calpe, 1989.
LARSEN, J.L. "Embriología humana", 3º ed. Madrid: Elsevier Science, 2003.
LATHAM, K.E. "Epigenetic modification and imprinting of the mammalian genome during development", Current Topics in Developmental Biology. 1999, 43: pp. 1-49.
LATSCHMAN, D.S. "Gene control", New York-Abingdon: Garland Science, 2010.
LAZCANO, R. "Repertorio bibiográfico de Xavier Zubri", Washington DC: The Xavier Zubiri Foundation of North America, 2006.
LECHNIAK, D., PERS-KAMCZYC, E., PAWLAK, P. "Timming of the first zygotic cleavage as a marker of developmental potential of mammalian embryos", Reproductive biology. 2008, 8 (1): pp. 23-42.
LEDFORD, H. "No more third time lucky", Nature. 2008, 455: pp. 1023-1028.
LEGIDO, M. "La meditación sobre la esencia de X. Zubiri", Salmaticensis. 1963, I (2): pp. 363-381.
LÓPEZ BARAHONA, M., ABELLÁN SALORT, J. "Los códigos de la vida" Madrid: Homo Legens, 2009.
LÓPEZ GÚZMAN, J. "El estatuto biológico del embrión", en BALLESTEROS, J. (coord.), "La humanidad *in vitro,* Granada: Editorial Comares, 2002, pp. 175-193.

LÓPEZ MORATALLA, N., SANTIAGO, E., HERRANZ RODRÍGUEZ, G. "Inicio de la vida de cada ser humano. ¿Qué hace humano el cuerpo del hombre?", Cuadernos de bioética. 2011, XXII (2): pp. 283-308.

LÓPEZ MORATALLA, N. "El avance de la ciencia biomédica y la ley del aborto", Debate Actual. 2009, 10: pp. 21-32.

LÓPEZ MORATALLA, N. "Clones humanos", Cuadernos de bioética. 2009, XX (3): pp. 385-404.

LÓPEZ MORATALLA, N. "La comunicación materno-filial en el embarazo", Pamplona: EUNSA, 2008.

LÓPEZ MORATALLA, N., IRABURU ELIZALDE, M. "Los quince primeros días de una vida humana", 2° ed. Pamplona: EUNSA, 2006.

LOPEZ MORATALLA, N. "Origen y comienzo de cada vida humana. Causa eficiente y causa final", Arvo Net. 2006. [publicación en línea] http://arvo.net/procreacion/origen-y-comienzo-de-cada-vida-humana/gmx-niv831-con15452.htm [consultado en octubre del 2009].

LÓPEZ MORATALLA, N. "El embrión humano como individuo: Una visión epigenética" en BALLESTEROS, J. (coord.). "La humanidad *in vitro*", Granada: Comares, ed. 2002. pp. 193-225.

LORIENTE PARDILLO, J.L. "Ignacio Ellacuría", Madrid: Fundación Emmanuel Mounier, 2004.

LUCAS LUCAS, R. "¿Cúando se inicia la persona humana? Individualidad biológica y existencia personal" en LÓPEZ BARAHONA, M., LUCAS LUCAS, R., "El inicio de la vida: Identidad y estatuto del embrión humano", Madrid: Biblioteca de Autores Cristianos, 1999, pp. 59-93.

LUCAS LUCAS, R. "Antropología y problemas bioéticos", Madrid: Biblioteca de Autores Cristianos, 2001.

LUCAS LUCAS, R. "El estatuto antropológico del embrión humano" en "Identidad y Estatuto del embrión humano", Madrid: Ediciones Internacionales Universitarias SA., 2000, pp. 155-175.

LUCAS LUCAS, R. "Explícame la bioética", 2° ed. revisada. Madrid: Ediciones Palabra, 2008.

LUONG, P. "Basic Principles of Genetics", Connexions. 2009. [Publicación en línea] http://cnx.org/content/m26565/1.1/ [Consultado el 1 de diciembre del 2009].

MADHANI *et al.* "Epigenomics: A Roadmap, But to Where?", Science. 2008, 322: pp. 43-44.

MADHANI, H.D. *et al.* "Epigenomics: A Roadmap, But to Where?", Science. 2008, 322: pp 43-44.

MADHANI, H.D. http://madhanilab.ucsf.edu/epigenomics. [Publicación en línea] [Consultado el 24 de abril del 2010].

MAHERALI, N. *et al.* "Directly reprogrammed fibroblasts show global epigenetic remodeling and widespread tissue contribution", Cell Stem Cell. 2007, 1: pp. 55-70.

MALCUIT, C., KUROKAWA, M., FISSORE, R.A. "Calcium oscillations and mammalian egg activation", Journal of Cellular Physiology. 2006, 206: pp. 565-573.

MARION, R. M. *et al.* "Telomeres acquire embryonic stem cell characteristics in induced pluripotent stem cells", Cell Stem Cell. 2009, 4: pp.141-154.

MARIÓN, R. M., STRATI, K., LI, H., MURGA, M., BLANCO, R., ORTEGA, S., FERNÁNDEZ-CAPETILLO, O., SERRANO, M., BLASCO, M.A. "A p53-mediated DNA damage response limits reprogramming to ensure iPS cell genomic integrity", Nature. 2009, 460: pp. 1149-1153.

MARSHALL, W.F. "Gene expresión and nuclear architecture during development and differentiation", Mechanisms of development. 2003, 120: pp. 1217-1230.

MARTIN, G. R. "Isolation of a pluripotent cell line from early mouse embryos cultured in medium conditioned by teratocarcinoma stem cells", Proc. Natl Acad. Sci. USA. 1981, 78: pp. 7634-7638.

MASAKI, O., DAPHNE, W. B., DANIEL, A. H., EN, L. "DNA Methyltransferases DNMT3A and DNMT3B Are Essential for De Novo Methylation and Mammalian Development", Cell. 1999, 99 (3): pp. 247-257.

MAYER, W., NIVELEAU, A., WALTER, J., FUNDELE, R., HAAF, T. "Demethylation of the zygotic paternal genome", Nature. 2000, 403: pp. 501-502.

MCCONNELL, J. PETRIE, L. STENNARD, F. RYAN K. NICHOLS, J. "Eomesodermin is expressed in mouse oocytes and pre-implantation embryos", Mol. Reprod. Dev. 2005, 71: pp. 399-404.

MCLAREN, A. "Prelude to embryogenesis", en BOOK, G., O´CONNOR, M. (eds). "Human embryo research: yes or no?", The CIBA Foundation. London: ed. Tavistock 1986, pp. 5-23.

MCLAREN, A. "Why study early human development?", New Science. 1986 (April 24): p. 49.

MERCER, T. R., DINGER, M. E.; MATTICK, J. S. "Long non-coding RNAs: Insights into functions". Nature Reviews Genetics, 2009, 10 (3): pp. 155-159.

MESNARD, D., FILIPE, M., BELO J.A., ZERNICKA-GOETZ, M. "The Anterior-Posterior Axis Emerges Respecting the Morphology of the Mouse Embryo that Changesand Aligns with the Uterus before Gastrulation", Current Biology. 2004, 14 (3): pp. 184-196.

MONESI, V. "Synthetic activities during spermatogenesis in the mouse. RNA and protein", Exp. Cell Res. 1965, 39: pp. 197-224.

MONTELL, D.J. *et al.* "Morphogenetic Cell Movements: Diversity from Modular Mechanical Properties", Science. 2008, 232: pp. 1502-1505.

MOORE, K.L., PERSAUD, T.V.N. "Embriología clínica", 7° ed. Barcelona: Elsevier España S.L, 2004.

MOORE, K.L., PERSAUD, T.V.N. "Embriología clínica", 8° ed. Barcelona: Elsevier España S.L, 2008.

MORRISON, S.J., SPRADLING, A.C. "Stem cells and niches: mechanisms that promote stem cell maintenance throughout life", Cell. 2008, 132(4): pp. 598-611.

MOTOSUGI, N., BAUER, T., POLANSKI, Z. *et al.* "Polarity of the mouse embryo is established at blastocyst and is not prepatterned", Genes & Development. 2005, 19: pp. 1-12.

MTANGO, R.M., LATHAM, K.E. "Differential Expression of Cell Cycle Genes in Rhesus Monkey Oocytes and Embryos of Different

Developmental Potentials", Biology of reproduction. 2008, 78: pp. 254-266.

MURRY, C.E., AND KELLER, G. "Differentiation of Embryonic Stem Cells to Clinically Relevant Populations: Lessons from Embryonic Development", Cell. 2008, 132: pp. 661-680.

MURRY, C.E., KELLER, G. "Differentiation of Embryonic Stem Cells to Clinically Relevant Populations: Lessons from Embryonic Development", Cell. 2008, 132: pp. 661-680.

NEWMAN SMITH, E.D., ROTHMAN, J.H. "The maternal to zygotic transition in embryonic patterning of *Caenorhabditis elegans*", Current Opinion in Genetics and Development. 1998, 4: pp. 472-480.

NIAKAN K. K., HAN J., PEDERSEN R. A., SIMON, C. y REIJO PERA R. A. "Human pre-implantation embryo development", Development. 2012, 139: pp. 829-841.

NICHOLS, J., ZEVNIK, B., ANASTASSIADIS, K., NIWA, H., KLEWE-NEBENIUS, D., CHAMBERS, I., SCHOLER H., SMITH, A., "Formation of pluripotent stem cells in the mammalian embryo depends on the POU transcription factor Oct4", Cell. 1998, 95: pp. 379-391.

NICOLÁS, J.A. "La teoría zubiriana de la verdad" en NICOLÁS, J.A., BARROSO, O. (eds.), "Balance y perspectivas de la filosofía de X. Zubiri", Granada: Comares, 2004, pp. 129-147.

NICOLÁS, J.A. "Realidad como fundameto", Pensamiento. 1986, 42: pp: 87-102.

NICOLÁS, N., FRANCO VERA, L., NOMBELA, C. "Manifiesto de Madrid", Madrid, 2009. [Publicación en línea] <www.hazteoir.org/files/Manifiesto%20de%20Madrid.doc> [consultado el 1 de febrero de 2010].

NING, J., PENG, X.B., QU, L.H., XIN, H.P., YAN, T.T., SUN, M. "Differential gene expression in egg cells and zygotes suggests that the transcriptome is restructed before the first zygotic division in tobacco" Federation of the Societies of Biochemistry and Molecular Biology. 2006, 580 (7): pp. 1747-1752.

NISHIOKA, N., SHINJI YAMAMOTO, N., KIYONARI, H., SATO, H., SAWADA., A., OTA, M., NAKAO, N., SASAKI, H. "Tead4 is required for specification of trophectoderm in pre-implantation mouse embryos", Mechanisms of Development. 2008, 125 (3-4): pp. 270-283.

NIWA, H., TOYOOKA, Y., SHIMOSATO, D., STRUMPF, D., TAKAHASHI, K., YAGI R., ROSSANT, J. "Interaction between Oct3/4 and Cdx2 determines trophectoderm differentiation", Cell. 2005, 123: pp. 917-929.

NOMBELA, C., SIMÓN, C. "Células madre", Madrid: CESIC, 2010.

NOMBELA, C. "Células madre", Madrid: Editorial Edaf, S.L. 2007.

NOVO, F. J. "Genética Humana", Madrid: Pearson, 2007.

NÚÑEZ DE CASTRO, I. "De la dignidad del embrión", Madrid: Universidad Pontificia de Comillas, 2008.

NÚÑEZ DE CASTRO, I. "Notas sobre el estatuto ontológico del embrión" en FEITO, L. (ed.) "Bioética: La cuestión de la dignidad", Madrid: Universidad Pontifica de Comillas, 2004, p. 197-202.

O´SULLIVAN, C.M., RANCOURT, S.L., LIU, S.Y., RANCOURT, D.E. "A novel murine tryptase involved in blastocyst hatching and outgrowth", Reproduction. 2001, 122: pp. 61-71.

OGUSHI, S., PALMIERI, C., FULKA, H., SAITOU, M., MIYANO, T., FULKA, J. "The maternal nucleous is essential for the early embryonic development in mammals", Science. 2008, 319: pp. 613-616.

OKADA, Y., YAMAGATA, K., HONG, K., WAKAYAMA T., ZHANG, Y. "A role for the elongator complex in zygotic paternal genome demethylation", Nature. 2010, 546: pp. 554-558.

OKADA, Y., YAMAGATA, K., HONG, K., WAKAYAMA, T., ZHANG, Y. "A role for the elongator complex in zygotic paternal genome demethylation", Nature. 2010, 463 (7280): pp. 554-559.

OKITA, K., ICHISAKA, T., YAMANAKA, S. "Generation of germline-competent induced pluripotent stem cells", Nature. 2007, 448: pp. 313-317.

OSTERMEIER, G., KRAWETZ, S., *et al.* "Delivering spermatozoan RNA to the oocyte", Nature. 2004, 429: p. 154.

OSWALD, J., *et al.* "Active demethylation of the paternal genome in the mouse zygote", Curr. Biol. 2000, 10: pp. 475-478.

OZIL, J.P. "The parthenogenesis development of rabbit oocytes after repetitive pulsatile electrical stimulation", Development. 1990, 109: pp. 117-127.

OZIL, J.P., BANREZES, B., TÓTH, S., PAN, H., SCHULLTZ, R.M. "Ca^{+} oscillatory pattern in fertilized mouse eggs affects gene expression and development to term", Developmental Biology. 2006, 300 (2): pp. 534-544.

OZIL, J.P., HUNEAU, D. "Activation of rabbit oocytes: the impact of the Ca^{2+} signal regime on development", Development. 2001, 128: pp. 917-28.

OZIL, J.P., MARKOULAKI, S., TOTH, S. *et al.* "Egg activation events are regulated by the duration of a sustained [Ca2+] cyt signal in the mouse", Developmental Biology. 2005, 282: pp. 39-54.

PARDO CABALLOS, A. "Cuestiones de bioética", Madrid: RIALP, 2010.

PARDO CABALLOS, A. "La determinación del comienzo de la vida humana: cuestiones de método", Cuadernos de Bioética. 2007 XVIII (3): pp. 335-345.

PARK, I.H. *et al.* "Reprogramming of human somatic cells to pluripotency with defined factors", Nature. 2008, 451: pp. 141-146.

PARRINGTON, J., SWANN, K., SCHEVCHENKO, V.I., SESAY, A.K., LAI, F.A. "Calcium oscilation in mamalian eggs triggered by a soluble sperm protein", Nature. 1996, 379: pp. 364-368.

PEARSON, H. "Your destiny from day one", Nature. 2002, 418: pp. 14-15.

PETRONIS, A. "Epigenetics as a unifying principle in the aetiology of complex traits and diseases", Nature. 2010, 465: pp. 721-727.

PIERCE, B. A. "Genética. Un enfoque conceptual", 3° ed. Barcelona: Editorial Panamericana, 2009.

PILLAI, R.S. "MicroRNA function: multiple mechanisms for a tiny RNA?", RNA. Dec. 2005, 11(12): pp. 1753-1761.

PINTOR RAMOS, A. "La concepción zubiriana de la Filosofía", en Pintor Ramos, A. (Coord.), "Zubiri desde el siglo XXI", Salamanca: Universidad Pontificia de Salamanca, 2009. pp. 427-496.

PINTOR RAMOS, A. "Nudos en la filosofía de Xavier Zubiri", Salamanca: Publicaciones Universidad Pontificia de Salamanca, 2006.

PINTOR RAMOS, A. "Zubiri (1898-1983)", Madrid: Ediciones del Orto, Biblioteca Filosófica, Colección Filósofos y Textos, 1996.

PINTOR RAMOS, A. "Realidad y verdad. Las bases de la filosofía de Zubiri", Salamanca: Universidad Pontificia de Salamanca, 1994.

PINTOR RAMOS, A. "Realidad y sentido. Desde una inspiración zubiriana", Salamanca: Universidad Pontificia de Salamanca, 1993.

PIOTROSKA K, ZERNICKA-GOETZ, M. "Role for sperm in spatial patterning of the early mouse embryo", Nature. 2001, 409: pp. 517-521.

PIOTROWSKA, K., WIANNY, F., PEDERSEN, R.A., ZERNICKA-GOETZ M. "Blastomeres arising from the first cleavage division have distinguishable fates in normal mouse development", Development. 2001, 128: pp. 3739-3748.

PIOTROWSKA, K., ZERNICKA-GOETZ, M. "Role for sperm in spatial patterning of the early mouse embryo", Nature. 2001, 409: pp. 517-521.

PIOTROWSKA-NITSCHE K., ZERNICKA-GOETZ, M. "Spatial arrangement of individual 4-cell stage blastomeres and the order in which they are generated correlate with blastocyst pattern in the mouse embryo", Mechanisms of Development. 2005, 122: pp. 487-500.

PIOTROWSKA-NITSCHE, K. PEREA-GOMEZ, A. HARAGUCHI, S. *et al.* "Four-cell stage mouse blastomeres have different developmental properties", Development. 2005, 132: pp. 479-490.

PLUSA, B., HADJANTONAKIS, A-K., GRAY, D., PIOTROWSKA-NITSCHE, K., JEDRUSIK, A., PAPAIOANNOU, V.E., GLOVER, D.M., ZERNICKA-GOETZ, M. "Does prepatterning occur in the mouse egg?" Nature. 2006, 442: E4.

POPP, C., DEAN, W., FENG, S., COKUS, S.J., ANDREWS, S., PELLEGRINI, M., JACOBSEN. S.E., REIK, W. "Genome-wide erasure of DNA methylation in mouse primordial germ cells is affected by AID deficiency", Nature. 2010, 463: pp. 1101-1106.

POSE VARELA, C.A. "Cuatro problemas sobre el hombre en Zubiri", Compostelanum. 2001, XLVI (1,2): pp. 27-44.

POUT SOTO, J. G. "Zubiri: Génesis de la realidad humana", Philosophica, 1988, 11: pp. 265-270.

PROBST, A.V., SANTOS, F., RIK, W., ALMOUZNI, G., DEAN, W. "Structural differences in centromeric heterochromatin are spatially reconciled on fertilisation in mouse zygote", Cromosoma. 2007, 116: pp. 403-415.

PTASHNE, M., HOBERT, O., DAVIDSON, E. "Questions over the scientific basis of epigenome project", Nature. 25 March 2010, 464, 487 | doi:10.1038/464487c [Publicado en línea el 24 de marzo 2010].

REEFHUIS, J., HONEIN, M.A, SCHIEVE, L.A., CORREA, A., HOBBS, C.A., RASMUSSEN, S.A. "Assisted reproductive technology and major structural birth defects in the United States", Hum. Reprod. 2008, 24(2): pp. 360-366.

REIK, W. "Stability and flexibility of epigenetic gene regulation in mammalian development", Nature. 2007, 447: pp. 425-432.

REIK, W., DEAN, W. "Back to the beginning", Nature. 2002, 420: p. 127.

RODRÍGUEZ YUNTA, E. "El levonorgestrel y su mecanismo de acción", Ars Médica. 2002, 4 (6): pp. 47-59.

ROF CARBALLO, J. "Zubiri como biólogo", en "Homenaje a Xavier Zubiri", Madrid: Editorial Revista de Alcalá, 1953, pp. 209-225.

ROGERS N.T., HOBSON, E., PICKERING, S. *et al.* "Phospholipase Cz causes Ca2+ oscillations and parthenogenetic activation of human oocytes, Reproduction. 2004, 128: pp. 697-702.

ROHEN, J.W., LÜTJEN-DRECOLL, E. "Embrionlogía funcional", 3º ed. Madrid: Editoral Médica Paramericana, 2008.

ROSSANT, J. "Stem Cells and Early Lineage Development", Cell. 2008, 132: pp. 527-531.

RUDDER BAKER, L. "When does a Person Begin?" en LIZZA, J.P. (ed.) "Definning the beginning and end of life", Maryland: The Johns Hopkins University Press, 2009, p. 386.

RUSS, A.P., WATTLER, S., COLLEDGE, W.H. *et al.* "Eomesodermin is required for mouse trophoblast development and mesoderm formation", Nature. 2000, 404 (6773): pp. 95-99.

SADLER, T.W. "Langman´s medical embryology" 11° ed. Maryland: Lippincott Williams & Wilkins, 2010.

SADLER, T.W. "Langman embriología médica con orientación clínica", Buenos Aires: Editorial Panamericana, 2004.

SAN BALDOMERO UCAR, J.M, "El significado de la vida y filosofía de Xavier Zubiri. (1898-1983). In memoriam en el centenario de su nacimiento", Príncipe de Viana. 1999, 60 (218): pp. 705-754.

SANCHIS CALVO, MARCOS PUIGC, B., JUAN GARCÍA, L., MORALES SUÁREZ-VARELAD, M.M., ABELEDO GÓMEZ, A., BALANZA MACHANCOSA, R., PINEDA CAPLLIUREA, A., TAMARIT BORDESC, G., GIMENO CLEMENTE, N., CERVERO MARTÍ L. "Características de los recién nacidos tras fecundación *in vitro*", Anales de Pediatría. 2009, 70(4): pp. 333-339.

SANTENARD, A., TORRES-PADILLA, M.E. "Epigenetic reprogramming in mammalian reproduction: contribution from histone variants", Epigenetics. 2009, 4 (2): pp. 80-84.

SANTENARD, A., TORRES-PADILLA, M.E., "Epigenetic reprogramming in mammalian reproduction: contribution from histone variants", Epigenetics. 2009, 4 (2): pp. 80-84.

SANTOS, F., HENDRIX, B., REIK,W., DEAN, W. "Dinamic reprogramming of DNA methylation in the early Mouse embryo", Development biology. 2002, 241: pp. 172-182.

SANTOS, F., PETERS, A.H, OTTE, A.P., REIK,W., DEAN, W. "Dinamic chromatine modifications characterise the first cell cycle un mouse embryo", Development biology. 2005, 289: pp. 225-236.

SAVIGNANO, A. "Ocho miradas al pensamiento español del siglo XX", Pamplona: Cuadernos de Pensamiento Español (EUNSA), n° 39, 2010.

SCHIER A. F. "The maternal-zygotic transition: death and birth of RNAs", 2007, Science. 316 (5823): pp. 406-407.

SEGAL, E., FONDUFE-MITTENDORF, M., CHEN, L., THÅSTRÖM, A.C., FIELD, Y., MOORE, I.K., WANG, JI-PING Z., WIDOM, J. "A genomic code for nucleosome positioning", Nature. 2006, 442: pp. 772-778.

SEGAL, E., FONDUFE-MITTENDORF, Y., CHEN, L., THÅSTRÖM, A., FIELD, Y., MOORE, I. K., JI-PING Z. WANG, WIDOM, J. A. "Genomic code for nucleosome positioning", Nature. 2006, 442: pp. 772-778.

SERANI MERLO, A. "El viviente humano. Estudios biofilosóficos y antropológicos", Pamplona: Eunsa, 2000.

SERRA, A. "La ley de desarrollo de embrión humano revela cuándo 'Yo' soy 'Yo'" en LÓPEZ BARAHONA, M., LUCAS LUCAS, R., "El inicio de la vida: Identidad y estatuto del embrión humano", Madrid: Biblioteca de Autores Cristianos, 1999, pp. 17-48.

SERRA, A., COLOMBO, R. "Identidad y estatuto del embrión humano: la contribución de la biología" en "Identidad y Estatuto del embrión humano", Madrid: Ediciones Internacionales Universitarias SA., 2000, pp. 107-152.

SESHGIRI, P. B., BAVISTER, B. D., WILLIAMSON, J.L., AIKEN, M. "Qualittive comparison of protein production at different stages of hamster pre-implantation development", Cell Differentiation and Development. 1990, 31: pp. 161-168.

SEVA DÍAZ, A. "El primer año de vida del niño" en SEVA DÍAZ, A. (coord.), "Psicología Médica", Zaragoza: INO Reproducciones S.A, 1994, pp. 435-455

SEVA DÍAZ, A. "El primer año de vida del niño" en SEVA DÍAZ, A. (coord.), "Psicología Médica", Zaragoza: INO Reproducciones S.A, 1994, pp. 435-455.

SHANNON, T.A., WOLTER, A.B. "Reflexions on the Moral Status of the Pre-Embryo", Theological Studies. 1990, 51: pp. 603-626.

SHOUENWOLF, G.C, BRAUER, P.R., BLEYL, S.B, FRANCIS-WEST, P.F. "Larsen´s human embryology", Philadelphia: Churchill Livingstone Elsevier, 2009.

SHÜBELLER, D. "Epigenetic islands in a genetic ocean", Science. 2012, 9 november, 388: pp. 756-757.
SICA, G. "El desarrollo del embrión preimplantatorio" en SGRECCIA, E., LAFFITTE, J. (eds.), "El embrión humano en la fase de preimplantación", Madrid: Biblioteca de Autores Cristianos, 2008. p. 38.
SICA, G. "El desarrollo del embrión preimplantatorio", en SGRECCIA, E., LAFFITTE, J. (eds.), "El embrión humano en la fase de preimplantación, Aspectos científicos y consideraciones bioéticas", Madrid: Biblioteca de Autores Cristianos, 2008, pp. 38-47.
SIMONPIETRI, F.A. "La antropología filosófica en 'Sobre la esencia' de Xavier Zubiri", Diálogos. 1973, 9: pp. 103-115.
SINGER, P. *et al.* (eds.), "Embryo Experimentation", Cambridge: Cambridge University Press, 1990.
SMITH, A. D. (ed.) "Oxford Dictionary of Biochemestry and Molecular Biology", Oxford: Oxford Universiy Press, 1997.
SNEDDEN, R. "ADN e Ingeniería genética" Ciudad Brisa: Uribe y Ferrari Editores, S.A. 2005.
SNEDDEN, R. "División celular y genética" Ciudad Brisa: Uribe y Ferrari Editores, S.A. 2005.
SOGUSHI, S., SAITOU, M. "The nucleolus in the mouse oocyte is required for the early step of both female and male pronucleus organization", Journal of Reproduction and Development. 2010 | doi:10.1262/jrd.09-184H [Publicado en línea el 1 de junio de 2010].
STADTFELD, M., NAGAYA, M., UTIKAL, J., WEIR, G., HOCHEDLINGER, K. "Induced Pluripotent Stem Cells Generated Without Viral Integration", Science. 2008, 322 (5903): pp. 945-949.
STEPHENS, R.S., KALMA, S., LAMMEL, C. *et al.* "Genome sequence of an obligate intracellular pathogens of humans: *Chlamidia trachomatis*", Science. 1982: pp. 754-759.
STERN, D. ed. "Gastrulation, from cells to Embryo", New York: Cold Spring Harbor, 2004.
STITZEL, M. L., SEYDOUX, G. "Regulation of the Oocyte-to-Zygote Transition", Science. 2007, 316 (5823): pp. 407-408.
STOTZ, K., GRIFFITHS, P. E., KNIGHT, R. "How biologist conceptualize genes: an empirical study", Studies in the history and

philosophy of biological and biomedical sciences. 2004, 34: pp. 647-673.

STRAHL, B.D., ALLIS, C.D. "The language of covalent histone modifications", Nature. 2000, 403: pp. 41-45.

SUÁREZ, A. "El embrión humano es una persona. Una prueba." Cuadernos de Bioética. 2002, XIII: pp. 19-42.

SUN, Q.Y. "Cellular and molecular mechanisms leading to cortical reaction and polyspermy block in mammalian eggs", Microscopy Research and Technique. 2003, 61: pp. 342-348.

SUN, Q.Y., SCHATTEN, H. "Centrosome inheritance alter fertilization and nuclear transfer in mamals", Adv Exp Med Biol. 2007, 591: pp. 58-71.

SURANI, A. "Reprogramming of genome function through epigenetic inheritance", Nature. 2001, 414: pp. 122-128.

SURANI, M.A., BARTON, S.C. "Spatial distribution of blastomeres is dependent on cell division order and interactions in mouse morulae", Dev. Biol. 1984, 102: pp. 335-343.

TAKAHASHI, K. *et al.* "Induction of pluripotent stem cells from adult human fibroblasts by defined factors", Cell. 2007, 131: pp. 861-872.

TAKAHASHI, K., YAMANAKA, S. "Induction of pluripotent stem cells from mouse embryonic and adult fibroblast cultures by defined factors", Cell. 2006, 126: pp. 663-676.

TAKEUCHI, I.K., TAKEUCHL, Y.K. "Ethanol-phosphotungstic acid and bismuth staining spermatid nucleoli In mouse spermiogenesis", J. Struct Biol. 1990, 103: pp. 104-112.

TANG, F., KANEDA, M., O'CARROLL, D., HAJKOVA, P., BARTON, S.C., SUN, Y.A., LEE, C., TARAKHOVSKY, A., LAO, K., SURANI, M.A. "Maternal microRNAs are essential for mouse zygotic development", Genes Dev. 2007, Mar 15, 21(6): pp. 644-648.

TARKOWSKI, A.K. "Experiments on the development of isolated balstomers of mouse eggs", Nature. 1959, 184: pp. 1286-1287.

TESAR, P.J. "Derivation of germ-line-competent embryonic stem cell lines from preblastocyst mouse embryos". Proc. Natl Acad. Sci. USA. 2005, 102: pp. 8239-8244.

TESAR, P.J., CHENOWETH, J.G., BROOK, F.A., DAVIES, T.J., EVANS, E.P., MACK, D.L., GARDNER, R.L., MCKAY, R.D.G. "New cell lines from mouse epiblast share defining features with human embryonic stem cells", Nature. 2007, 448: pp. 196-199.

TESARIK, J. "Paternal effects on cell division in the human preimplantation embryo", Reproduction BioMedical Online. 2005, 10 (3): pp. 370-375.

THUAN, N.V., KISHIGAMI, S., WAKAYAMA, T. "How to improve the success rate of mouse cloning technology", J. Reprod. Dev. 2010, 56: pp. 20-30.

TIAN WANG, Q., PIOTROWSKA, K., CIEMERYCH, M.A., MILENKOVIC, L., SCOTT, M.P., DAVIS, R.W., ZERNICKA-GOETZ, M. "A genorme-Wide Study of Gene Activity Reveals Developmental Signaling Pathways in the Preimplantation Mouse Embryo", Developmental Cell. 2004, 6: pp. 133-144.

TIAN WANG, Q., PIOTROWSKA, K., CIEMERYCH, M.A., MILENKOVIC, L., SCOTT, M.P., DAVIS, R.W., ZERNICKA-GOETZ, M. "A genorme-Wide Study of Gene Activity Reveals Developmental Signaling Pathways in the Preimplantation Mouse Embryo", Developmental Cell. 2004, 6: pp. 133-144.

TIAN WANG, Q., PIOTROWSKA, K., CIEMERYCH, M.A., MILENKOVIC, L., SCOTT, M.P., DAVIS, R.W., ZERNICKA-GOETZ, M. "A genorme-Wide Study of Gene Activity Reveals Developmental Signaling Pathways in the Preimplantation Mouse Embryo", Developmental Cell. 2004, 6: pp. 133-144.

TIAN WANG, Q., PIOTROWSKA, K., CIEMERYCH, M.A., MILENKOVIC, L., SCOTT, M.P., DAVIS, R.W., ZERNICKA-GOETZ, M. "A genorme-Wide Study of Gene Activity Reveals Developmental Signaling Pathways in the Preimplantation Mouse Embryo", Developmental Cell. 2004, 6: pp. 133-144.

TIMOTHY G. JENKINS, DOUGLAS T. CARRELL, "Dynamic alterations in the paternal epigenetic landscape following fertilization", Front Genet. 2012, 3: p. 143.

TIRADO SAN JUAN, V. M. "En torno al sujeto o de cómo ubicar a Zubiri en la postmodernidad" en NICOLÁS, J.A. Y BARROSO,

O. (eds.), "Balance y perspectivas de la filosofía de X. Zubiri", Granada: Comares, 2004, pp. 553-567.
TIRADO SAN JUAN, V. M. "Intencionalidad, actualidad y esencia: Husserl y Zubiri", Salamanca: Publicaciones Universidad Pontificia de Salamanca, 2002.
TOMÁS Y GARRIDO, G., LÓPEZ MORATALLA, N. "De la totipotencialidad del cigoto a las células troncales maduras y de reserva", Cuadernos de Bioética. 2009, XX (3): pp. 317-331.
TOMÁS Y GARRIDO, G.M. "Aborto y contracepción", en POSTIGO SOLANA, E., TOMÁS Y GARRIDO, G. M. (eds.) "Bioética personalisa: ciencia y controversias", Madrid: Ediciones Internacionales Universitarias, 2007, pp. 285-313.
TOMÁS Y GARRIDO, M.G. "Cuestiones actuales de bioética", Pamplona: Eunsa, 2006.
TOMÁS Y GARRIDO, M.G. "El estatuto científico del embrión", en POSTIGO SOLANA, E., TOMÁS Y GARRIDO, G. M. (eds.) "Bioética personalisa: ciencia y controversias", Madrid: Ediciones Internacionales Universitarias, 2007, pp. 163-175.
TSUNODA, Y., MCLAREN, A. "Effect of various procedures on the viability of mouse embryos containing half the normal number of blastomers", Journal Reproduction Fertile. 1983, 69: pp. 315-322.
TURNER, B.M. "Cellular memory and the histone code", Cell. 2002, 111 (3): pp. 285-91.
TURNPENNY, P., ELLARD, S. "Elementos de genética Médica", Barcelona, Elsevier España S.L, 2009.
VARGAS, E. "Materia y realidad", Pontificia Universidad Católica de Chile, 2006, pp. 32-33. (Tesis).
VEECK, L., ZANINOVIC, N. (eds.), "An atlas of human blastocyst", London-New York-Washington: Parthenon Publishing Group. 2003.
VELAYOS, J.L. "El ser humano como una unidad", Debate Actual. 2009, 10: pp. 33-41.
VERSTRAETEN V.L., BROERS J.L., RAMAEKERS F.C., VAN STEENSEL M.A. "The nuclear envelope, a key structure in cellular

integrity and gene expression" Curr. Med. Chem. 2007, 14: pp. 1231-1248.
VIAL CORREA, J. "El embrión humano", Ars Medica. 2002, 4 (6): pp. 15-21.
VILA CORO, M.D. "Introducción a la Biojurídica", Madrid: Publicaciones Universidad Complutense de Madrid, 1995.
VITULLO, A.D, OZIL, J.P. "Repetitive calcium stimuli drive meiotic resumption and pronuclear development during mouse oocyte activation", Developmental Biology. 1992, 151: pp. 128-136.
WANG, J., ZHANG, M., ZHANG,Y., KOU, Z., HAN,Z., CHEN, D., SUN, Q., GAO, G. "The Histone Demethylase JMJD2C Is Stage-Specifically Expressed in Preimplantation Mouse Embryos and Is Required for Embryonic Development", Biology of reproduction. 2010, 82: pp. 105-111.
WATSON, J.D., BAKER T.A. *et al.* "Biología Molecular del Gen", 5° ed. Madrid: Panamericana Editorial Médica, 2008.
WEI-MIN LIUA, B., RONALD T. K. PANG, PHILIP C. N. CHIUA, BENANCY, P. C. WONG, KAIQIN LAO, KAI-FAI LEE, WILLIAM S. B. YEUNGA "Sperm-borne microRNA-34c is required for the first cleavage division in mouse", Proceedings of the National Academy of Sciences. 2012, 109 (2): pp. 490-494.
WERNIG, M. *et al.* "*In Vitro* reprogramming of fibroblasts into a pluripotent ES-celllike state", Nature. 2007, 448: pp. 318-324.
WONG, C., LOEWKE, K. BOSSERT, N., BEHR, B., DE JONGE, C., BAER, T., REIJO PERA, R. "Non-invasive imaging of human embryos before embryonic genome activation predicts development to the blastocyst stage", Nature Biotechnology. 2010 | doi:10.1038/nbt.1686. [Publicado en línea el 3 de octubre del 2010].
WOSSIDLO, M., ARAND, J., SEBASTIANO, V., LEPIKHOV, K., BOIANI, M., REIN-HARDT, R., SCHOLER, H., ANDWALTER, J. "Dynamic link of DNA demethylation, DNA strand breaks and repair in mouse zygotes. Embo J. 2010, 29: pp. 1877–1888.
<www.med.ufl.edu/biochem/keithr/fig1pt1.html> [Publicación en línea] [Consultado el 1 de septiembre 2010].

<www.nibb.ac.jp/en/sections/fujimori.html> [Publicación en línea]. [Consultado el 28 de diciembre 2009].

<www.nature.com/encode/#/threads>[Publicación en línea] [Consultado el 12 de noviembre 2012].

<www.unav.es/adi/servlet/Web2?course=4000001559&action=verWeb&pagina=96706>[Publicación en línea] [consultado el 12 de noviembre 2012].

<www.unav.es/adi/servlet/Web2?course=4000001559&action=verWeb&pagina=96711>[Publicación en línea][consultado el 1 de noviembre 2012].

YAMANAKA, S., BLAU, H.M. "Nuclear reprogramming to a pluripotent state by three approaches", Nature. 2010. 465: pp. 704-712.

YAMAUCHI, Y., WARD, M.A., WARD, W.S. "Asynchronous DNA Replication and Origin Licensing in the Mouse One Cell Embryo," Journal Cell Biochemestry. 2009, 107(2): pp. 214-223.

YANAGIMACHI, R. "Sperm-egg fusion", en DUZGUNES, N., BRONNER, F. (eds.), "Current Topics in Membranes and Transport", Orlando, FL: Academic Press, 1988, pp. 3-44.

YANG, X. *et al.* "Nuclear reprogramming of cloned embryos and its implications for therapeutic cloning", Nature Genet. 2007, 39: pp. 295-302.

YU, J. *et al.* "Induced pluripotent stem cell lines derived from human somatic cells", Science. 2007, 318: pp. 1917-1920.

ZAMARRIEGO, J. "El inicio de la vida personal", en LÓPEZ BARAHONA, M., LUCAS LUCAS, R., "El inicio de la vida: Identidad y estatuto del embrión humano", Madrid: Biblioteca de Autores Cristianos, 1999, pp. 7-8.

ZARAGÜETA, J. "Una obra de Javier Zubiri", Revista de filosofía. 1962, XXI (81-82): pp. 255-279.

ZEISEL, S.H. "Nutrigenomics and metabolomics will change clinical nutrition and public health practice: insights from studies on dietary requirements for choline", American Journal of Clinical Nutrition. 2007, 86(3): pp. 542-548.

ZERNICKA-GOETZ, M. "Development cell biology: cleavage pattern and emerging asymetry of the mouse embryo", Nature Reviews Molecular Cell Biology. 2005, 6: pp. 919-928.

ZERNICKA-GOETZ, M. "Las células de embriones tempranos de ratón siguen un desarrollo comprometido", en SGRECCIA, E. y LAFFITTE, J. eds., "El embrión humano en la fase de preimplantación, Aspectos científicos y consideraciones bioéticas", Madrid: Biblioteca de Autores Cristianos, 2008, pp. 32-37.

ZERNICKA-GOETZ, M. Patterning of the embryo: the first spatial decisions in the life of a mouse", Development. 2002, 129: pp. 815-829.

ZHAO, X., LI, W., ZHUO, L. *et al.* "iPS cells produce viable mice through tetraploid complementation", Nature. 2009, 461: pp. 86-90.

ZORROZA, I. "La filosofía de lo real en X. Zubiri", Pamplona: Cuadernos de Pensamiento Español (EUNSA), nº 20, 2003.

ZURRIARÁIN, R.G. "Los embriones humanos congelados", Madrid: Ediciones Internacionales Universitarias S.L, 2007

Anexos

1 Anexo sobre documentos zubirianos de ámbito científico experimental

Reproducción de una selección de documentos del Catálogo del "Archivo Xavier Zubiri" de la Fundación Xavier Zubiri acerca de la producción del autor directamente relacionada con el ámbito científico.

1.1 V. Universidad de Madrid estudios de doctorado (1918-1921); Caja 11.

5. El saber científico, Texto mecanografiado enumerado pp. 16-35. s. f.

6. PASTOR REY, Julio. Elementos de análisis infinitesimal. Apuntes de Zubiri de las clases de Rey Pastor, 18-VI-1924;

Evolución de la matemática en la edad contemporánea. Madrid, 1916, 31 pp.

7. CABRERA, Blas. Electricidad y magnetismo. Apuntes tomados por Zubiri en clases del curso 1925-1926, dado en la Universidad de Madrid sobre: I. Teoría de los conductores; II. Teoría de los dieléctricos;

Grupo de ecuaciones diferenciales de Maxwell. Texto mecanografiado de 20 pp., firmado por el profesor Blas Cabrera en 1926 y conservado por Zubiri.

1.2VIII. Estancia en Berlín (1931-1932); Caja 30.

2. SCHRÖDINGER, Erwin. Einführung in die Quanttentheorie. Wintersemester 1927-1928, Berlín. Cuatro cuadernos de pasta negra y con numeración seguida: I: 1-61 pp.; II: 62-90 pp.; III. 91-122 pp.; IV: 123-151 pp. Confrontada la letra de este manuscrito con la letra de una carta del mismo autor dirigida a Zubiri, se llega a la conclusión que las cuatro libretas fueron manuscritas por el propio Schrödinger, amigo de Zubiri. Hay dos libretas más de apuntes de Zubiri.

3. SCHRÖDINGER, Erwin. Elektronertheorie. Berlín, 1929-1930. Se trata de apuntes en un cuaderno de 10 pp. escritas por ambas partes, en las que Zubiri recoge las explicaciones de dos conferencias dadas en la capital alemana los días: 4-XI-29 y 11-XI-29.

4. MISES, von Prof. Differential und integralgleichungen der Mechanik und Physik. Berlín, 1930-1931. Folleto impreso.

5. PERRON, O. Vorlessungen über gervöhleche Differentialghichungen, 1929. Cuaderno apuntes.

6. SOMMERFELD. Vorlesungen über partielle Differentialghichungen, y

7. SOMMERFELD. Übgen über die partielen Differentialghichungen. Dos cuadernos de apuntes tomados en Munich por Zubiri, con fecha 14 mayo de 1929.

8. EINSTEIN, A. La teoría de la relatividad. Esquemas manuscritos por Zubiri y cuadernos sobre dicho tema editados por la Academia de Ciencias de Berlín, 1930-1932.

1.3X. Universidad de Verano de Santander (1931-1935); Caja 38.

4. SCHRÖDINGER, E. Teoría de los quanta. Texto de 64 pp. manuscrito en francés por el propio E. y traducción española en 41 pp. mecanografiadas, de las conferencias dadas por el Nobel alemán y amigo de Zubiri en agosto de 1934. Posteriormente Zubiri

tradujo y publicó "La nueva mecánica ondulatoria de Schrödinger", Madrid 1935, 72 pp. Hay dos cartas suyas a Zubiri.

5. KOHLER. Cuatro conferencias. Texto de manuscrito de 1934, sobre los conceptos de ciencia, de orden, de instinto y sobre el porvenir de la ciencia, al parecer manuscritas por el autor.

6. TERRADAS, E. Seis conferencias. Texto de 7-98 pp. mecanografiadas sobre teoría de los espacios, dedicado a "mi querido Zubiri con el mejor ánimo y afecto".

7. FRÉCHET, M. Cuatro conferencias, sobre las probabilidades en cadena.

8. GRIMM, H. G. Sobre átomos, moléculas y conbinaciones. Texto de cuatro confencias en alemán y traducción española, 1934.

1.4XI. Estancia en Paris (1936-1939); Caja 41.

1. DE BROGLIE, L., *Mécanique ondulatoire des systhèmes de corpuscules.* Se trata de un curso dado por en Instituto Henri Poincaré de París, los días: 4, 9, 12, 16,19, 23, 26, 30 de noviembre; 7, 10, 14, 17, 21 de diciembre de 1936; 4, 7, 11, 14, 18, 21,22, 25, 28 de enero; 1, 4, 11, 15, 18, 22 y 25 de febrero de 1937; al mismo asistió Zubiri, recogiendo las explicaciones de De Broglie en dos libretas numeradas en forma continua: 1ª. del 1-186 pp.; 2ª. del 187-251 pp.

2. DE BROGLIE, L. Les rapports entre la theorie des Quanta et la rélativité. Texto mecanografiado de 24 pp.

3. DE BROGLIE, L. Sur une forme plus restrictive des relations d' incertitude, Folleto de 24 pp., Paris, 1932.

4. CARTAN, E. La teoría de los grupos y las investigaciones recientes de geometría diferencial. Testo mecanografiado de 10 pp. Les travaux de Monsieur Elie Cartan. Conferencias mecanografiadas del Seminario de Matemáticas organizado por el Instituto Internacional de Cooperación Intelectual de Naciones Unidas en Ginebra, del mes de noviembre de 1936 al mes de mayo 1937. Participaron

como ponentes: A. WEIL, H. CARTAN, Mme. DUBREIL, M. C. CHEVALLEY.

5. WEIL, A. Espace de Hilbert. Apuntes de la conferencia de Weil del 26 de nov. De 1936 tomados por Zubiri.

6. DELSARTE, M. Espace de Hilbert. Seminario de matemáticas 1934-1935.

2 Anexo sobre la psique en la célula germinal[1]

Son varios los trabajos que han explicado la teoría de Zubiri sobre la aparición de la psique en la célula[2].Todos ellos desengranan lo que podríamos sintetizar de la siguiente forma: lo somático da desde sí pero no por sí la psique por acción de la naturaleza naturante, acción que Zubiri denomina "elevación". Por su interés introduzco en este anexo, en cinco pasos, el significado de esta noción recurriendo a la letra zubiriana.

1 Encuentro muy sugerente el dualismo unitario que plantea Fernández Beites, planteamiento que recoge la clasificación de los tipos de actividad de Zubiri (cfr. SH, p. 81-87) y la distinción entre la potencia y facultad (cfr, SH, pp. 90-91 y cfr. IS, pp. 90-92) para defender que la psique se encuentra ya en el embrión (cfr. FERNÁNDEZ BEITES, P. "Embriones y muerte cerebral", Madrid: Ediciones Cristiandad, 2007, pp. 62-149) situándose en la línea argumentativa de Zubiri cuando este afirma que "Personalmente he pensado siempre que la psique surge en cuanto se produce la célula germinal. Todo lo que el hombre es, está ya embrionariamente en el punto de partida, y por tanto, en él hay ya psique. De suerte que en el punto de partida embrionario hay un sistema psico somático integrado por célula germinal y psique." (SH, p. 463).

2 Por ejemplo, cfr. POUT SOTO, J. "Zubiri: Génesis de la realidad humana", Philosophica. 1988, 11: pp. 265-270, cfr. FERNÁNDEZ BEITES, P. "Embriones y muerte cerebral", Madrid: Ediciones Cristiandad, 2007, pp. 136-149 o cfr. GUERRERO ROJAS, L. "La sustantividad humana y el problema filosófico de su génesis en el pensamiento de Xavier Zubiri", Chile: Pontificia Universidad Católica de Valparaíso, 2003, pp. 52-67).

1. "La psique no está 'en' el cuerpo, ni está exigida por él, sino que procesualmente brota desde el cuerpo mismo, es decir, de la célula germinal misma"[3]

2. "¿Qué es este 'brotar-desde'? Decimos que algo brota desde algo cuando el primer algo a que da origen el segundo es algo constituido por ese segundo. Brotar es ante todo un 'hacer' que consiste en 'constituir'. Las estructuras de la célula germinal hacen, constituyen las notas psíquicas. Trátese de un estricto 'hacer' constitutivo. El desde no es un mero punto de partida ni es un simple cauce, sino que es un 'desde' de originación. La psique está producida 'por' la célula misma y por sus propias estructuras"[4]

3. "Aunque las estructuras de la célula hacen *desde sí mismas* la psique, no hacen ni la pueden hacer *por sí mismas.* Si hacen brotar a la psique desde sí misma es porque algo las lleva intrínsecamente a hacerlo, porque algo les 'hace que hagan'"[5]

4. ¿Quién hace que haga? La naturaleza naturante, que "por ser la unidad primaria [del cosmos], determina lo más intrínseco de las naturalezas naturadas (...) y esta acción naturante es la que produce la psique"[6]

5. Acción denominada por Zubiri elevación: "la elevación consiste en que lo que hace la célula en las estructuras celulares mismas superior a las simples estructuras materiales. (...). Elevar es hacer que lo que es "de suyo" constituya un 'suyo', que actúe por su formal carácter de realidad"[7]. Traigo a colación un apunte interesante de Antonio Ferraz a este respecto:

> reconocida esa incapacidad que tiene la materia para producir la psique por sí misma, se está apuntando a un principio activo que pueda fundamentar esa potencialidad de hominización que posee el cosmos. Aunque no se

3 SH, p. 264.
4 SH, pp. 464-465.
5 SH, p. 465.
6 SH, p. 466.
7 SH, p. 468.

> mencione, Dios está en el horizonte. El hombre, en tanto que animal de realidades, es la vía hacia Dios.[8]

Quiero dejar apuntado que en la investigación que llevé a cabo en el AFXZ, en Madrid, encontré un texto de 35 páginas escrito por Zubiri titulado "El origen del hombre", con correcciones a mano del propio Zubiri. El texto es una redacción más elaborada del capítulo VIII de *Sobre el hombre*[9], capítulo que coincide prácticamente en su totalidad con aquel. En este texto archivado aparecen tachados párrafos que no fueron incorporados al capítulo del libro publicado póstumamente. Uno de los párrafos tachados es la respuesta a una pregunta que sí podemos leer en *Sobre el hombre*, "¿Qué es eso que la lleva [a la célula germinal] a hacer desde sí misma lo que por sí misma no podría hacer [la psique]?"[10]; y dice así:

> En rigor, desde el punto de vista de la Ciencia, me siento exonerado de contestar a esta pregunta, al igual que la física no se plantea la cuestión de porqué hay materia, o energía, o partículas elementales le basta por constatar su realidad, y estudiar su estructura y mecanismo. Lo más que pudiera decirse es que para que haya una psique, aquello que radicalmente produce su realidad es un acto que terminativamente es rigurosamente distinto de aquel acto por el que se ha constituido la materia.[11]

---

8 FERRAZ, A. "Zubiri, el realismo radical", Madrid: Ed. Cincel, 1988, p. 181.

9 Cfr. SH, pp. 445-461.

10 SH, p. 466.

11 AFXZ, carpeta 21 caja 111, página 17 (1) del borrador titulado "La génesis humana".

FSC
www.fsc.org
MIX
Papier | Fördert gute Waldnutzung
FSC® C083411

Kolibri 360 GmbH
Ferdinand-Jühlke-Straße 7
99095 Erfurt, Deutschland
produktsicherheit@kolibri360.de